Reine und angewandte Metallkunde in Einzeldarstellungen
Herausgegeben von W. Köster

2

Zunderfeste Legierungen

Von

Harald Pfeiffer und Hans Thomas
Dr. rer. nat. Dr. rer. nat.
Vacuumschmelze Aktiengesellschaft Hanau

Zweite völlig neubearbeitete Auflage
des Buches von W. Hessenbruch

Mit 292 Abbildungen

Springer-Verlag Berlin Heidelberg GmbH
1963

Die erste Auflage erschien 1940 unter dem Titel:
W. Hessenbruch
Zunderfeste Legierungen
(Metalle und Legierungen für hohe Temperaturen, 1. Teil)

ISBN 978-3-642-49154-2   ISBN 978-3-642-88740-6 (eBook)
DOI 10.1007/978-3-642-88740-6

Alle Rechte, insbesondere das der Übersetzung in fremde Sprachen, vorbehalten

Ohne ausdrückliche Genehmigung des Verlages ist es auch nicht gestattet,
dieses Buch oder Teile daraus auf photomechanischem Wege
(Photokopie, Mikrokopie) oder auf andere Art zu vervielfältigen

Copyright 1940 © 1963 by Springer-Verlag Berlin Heidelberg
Ursprünglich erschienen bei Springer-Verlag 1963
Softcover reprint of the hardcover 2nd edition 1963
Library of Congress Catalog Card Number: 63—16991

Die Wiedergabe von Gebrauchsnamen, Handelsnamen, Warenbezeichnungen usw. in diesem Buche berechtigt auch ohne besondere Kennzeichnung nicht zu der Annahme, daß solche Namen im Sinne der Warenzeichen- und Markenschutz-Gesetzgebung als frei zu betrachten wären und daher von jedermann benutzt werden dürften

Vorwort

Der Aufschwung der Elektrowärmetechnik in den letzten Jahrzehnten beruht zum großen Teil auf der Entwicklung und Vervollkommnung der zunderfesten Legierungen. Mit der Zahl der Anwendungsarten wuchsen die Ansprüche an die Leistungsfähigkeit der Werkstoffe. In unmittelbarem Zusammenhang damit zeigte es sich, wie wichtig die umfassende Kenntnis der Materialeigenschaften und der während des Gebrauches eintretenden Reaktionen ist. Es gehört zu den großen Verdiensten von W. HESSENBRUCH, in der ersten Auflage des vorliegenden Buches im Jahre 1940 die damals vorhandenen Erfahrungen und Erkenntnisse zusammenfassend und unter einheitlichen Gesichtspunkten dargestellt zu haben. Nicht lange zuvor waren entscheidende Verbesserungen der Zunderbeständigkeit gelungen und hatten neue hochzunderfeste Werkstoffe Eingang in die Technik gefunden. Daher spiegelt die erste Bearbeitung des Stoffes durch W. HESSENBRUCH, der selbst maßgeblichen Anteil an den damaligen Erfolgen hatte, gewissermaßen den Geist einer Pionierzeit wider.

In den letzten zwei Jahrzehnten ist eine große Fülle von Beobachtungsmaterial, von neuen theoretischen Vorstellungen und von technischen Erfahrungen hinzugekommen. Es hat sich eine Reihe von Werkstofftypen herausgebildet, deren metallkundliche Grundlagen weitgehend erforscht sind, deren Reaktionsverhalten bei höheren Temperaturen unter unterschiedlichen Einsatzbedingungen Gegenstand einer Vielzahl von Einzeluntersuchungen gewesen ist und für deren Anwendung fest umrissene Richtlinien bestehen. Aus alledem ergab sich die Notwendigkeit, für die zweite Auflage das Buch praktisch neu zu schreiben. Dabei ist aber die HESSENBRUCHsche Anordnung beibehalten worden, derzufolge zunächst die thermodynamischen und kinetischen Grundlagen der Reaktionen in ihrer allgemeinsten Form und die experimentellen Hilfsmittel zu ihrer Erforschung und dann erst die metallkundlichen Grundlagen und die Gebrauchseigenschaften der speziellen technischen Legierungen behandelt werden.

Die zweite Auflage entstand im Laboratorium der Vacuumschmelze AG, des gleichen Werkes, dem W. HESSENBRUCH als Betriebsleiter und zuletzt als technischer Direktor bis zu seinem jähen Tod im Dezember 1944 angehört hatte. Die Verfasser sind dem Vorstand der Vacuumschmelze AG, Herrn Dr.-Ing. W. DEISINGER und Herrn G. A. POGGENDORFF, und der Laboratoriumsleitung, Herrn Dr. F. ASSMUS, zu großem Dank verpflichtet für die Erlaubnis, das dort vorhandene technische Erfahrungsgut ebenso wie die Ergebnisse vieler Laboratoriumsuntersuchungen uneingeschränkt zu verwenden. Herr Dr. W. DEISINGER hat den Wunsch des Springer-Verlages, eine neue Auflage herauszubringen, bereitwillig aufgegriffen und an die Verfasser weitergegeben; so hat er diese Arbeit ermöglicht und ihre Durchführung mit großem und förderndem Interesse begleitet.

Die Verfasser danken ferner dem Herausgeber, Herrn Prof. Dr. W. KÖSTER, für die Durchsicht des Manuskripts und für seine kritischen Ratschläge. Dank gebührt ferner verschiedenen auswärtigen Stellen, so dem Nickel-Informationsbüro GmbH, Düsseldorf, für seine Hilfsbereitschaft bei der Besorgung technischer Literatur, und den Herstellerwerken A. B. Kanthal in Hallstahammar, C. Kuhbier & Sohn in Dahlerbrück, Edelstahlwerke J. C. Söding und Halbach in Hagen und Vereinigte Deutsche Metallwerke AG in Altena für die Überlassung von Prospektmaterial und für einzelne ergänzende Informationen.

Die Fülle und Eigenart des behandelten Stoffes ließ es geboten erscheinen, im Inhaltsverzeichnis die Verfasser der einzelnen Hauptteile des Buches zu nennen, ein Vorgehen, dem Herausgeber und Verlag freundlichst zugestimmt haben. Es versteht sich von selbst, daß trotzdem die Kapitel in enger Zusammenarbeit geschrieben und mehrfach gegenseitig kritisch durchgesehen wurden, um die Einheitlichkeit der Darstellung zu sichern.

Zum Schluß sei auch den Helfern in den eigenen Arbeitsbereichen gedankt: Für die Kapitel A, B, C, F und G Herrn Dipl.-Phys. G. SOMMER, der durch kritische Durchsicht und wertvolle Diskussionen an der endgültigen Fassung des Manuskriptes beteiligt war, und für die Kapitel D, E und H Frl. M. OFFENBÄCHER, die bei der Erfassung der Literatur, bei der Herstellung der Zeichnungsvorlagen und beim Lesen der Korrekturen unermüdlich geholfen hat.

Hanau, im April 1963

H. Pfeiffer   **H. Thomas**

Inhaltsverzeichnis

Seite

Einleitung 1

A. Allgemeine thermodynamische Grundlagen, von H. PFEIFFER 3

B. Mechanismus und Kinetik der Oxydation von Metallen und Legierungen, von H. PFEIFFER 16
   1. Die Fehlordnung in Oxyden und anderen heteropolaren Verbindungen 17
   2. Diffusion durch kompakte Deckschichten 20
   3. Gesetze des zeitlichen Verlaufs der Oxydation von Metallen und Legierungen 23
   4. Zundersysteme mit elektronenleitenden Deckschichten 32
      a) Deckschichten mit Elektronenüberschußleitung 34
      b) Deckschichten mit Elektronendefektleitung 37
   5. Die Temperaturabhängigkeit der Oxydation 41
      a) Beschreibung der Temperaturabhängigkeit durch die Arrhenius-Gleichung 41
      b) Gitter-, Korngrenzen- und Oberflächendiffusion 44
   6. Einige besondere Erscheinungen der Metalloxydation 48
      a) Keimbildung und Epitaxie 48
      b) Die selektive Oxydation 55
      c) Die innere Oxydation 64
      d) Einfluß der Sauerstoffdiffusion auf das Wachstum von Oxydschichten 70
      e) Die Beeinflussung der Oxydation durch niedrigschmelzende Oxyde 83

C. Experimentelle Methoden zur Untersuchung des Oxydationsverhaltens von Metallen und Legierungen, von H. PFEIFFER . . 90
   1. Optische Bestimmung der Dicke von Anlaufschichten 91
   2. Gravimetrische Bestimmung des Verlaufs der Oxydation von Metallen und Legierungen 94
   3. Bestimmung der zur Reaktion benötigten Gasmenge 102
   4. Elektrometrische Methoden zur Messung von Oxydationsgeschwindigkeiten 105
   5. Die Lebensdauerprüfung zunderfester Werkstoffe 107
   6. Bestimmung der Beständigkeit von Heizleiterlegierungen gegen chemische Angriffe 116

D. Metallkundliche Grundlagen der zunderfesten Legierungen, von H. THOMAS 119
   1. Eisen-Chrom-Legierungen 119
      a) Das Zustandsdiagramm 120

	Seite
b) Die σ-Phase	123
c) Die 475°-Versprödung	131
d) Eigenschaften	137
2. Ternäre Legierungen auf der Basis Eisen-Chrom	142
a) Das Randsystem Eisen-Silizium	142
b) Eisen-Chrom-Silizium-Legierungen	148
c) Das Randsystem Eisen-Aluminium	152
d) Eisen-Chrom-Aluminium-Legierungen	162
3. Nickel-Chrom-Legierungen	170
4. Mehrstofflegierungen auf der Basis Nickel-Chrom	179
a) Das Randsystem Nickel-Eisen	181
b) Nickel-Chrom-Eisen-Legierungen	182
c) Andere Mehrstofflegierungen	188
E. Technische Legierungen, von H. Thomas	189
1. Chromstähle	190
a) Nickelfreie Chromstähle	191
b) Nickelhaltige Chromstähle	200
c) Zunderfeste Gußlegierungen	212
d) Mechanische Eigenschaften bei hohen Temperaturen	218
2. Heizleiterlegierungen und hochlegierte Konstruktionswerkstoffe	223
a) Nickel-Chrom- und Nickel-Chrom-Eisen-Legierungen	224
b) Eisen-Chrom-Aluminium-Legierungen	240
3. Verwandte Legierungen und Spezialwerkstoffe	249
a) Hochwarmfeste Legierungen	249
b) Korrosionsbeständige Legierungen	250
c) Thermoelement-Legierungen	251
d) Heizleiter-Sonderwerkstoffe	252
α) Siliziumkarbid	252
β) Molybdändisilizid	253
F. Der Einfluß bestimmter Zusatzelemente auf die Oxydationsbeständigkeit von Heizleiterlegierungen und die Zusammensetzung der Oxydschichten, von H. Pfeiffer	254
1. Frühere Ergebnisse zur Beeinflussung der Lebensdauer von Heizleitern	255
2. Der heutige Stand der Qualität von Heizleiterlegierungen	261
3. Über den Mechanismus der Wirkungsweise von Zusatzelementen	263
a) Über die Zusammensetzung der Oxydschichten auf Nickel-Chrom-(Eisen-)Legierungen	265
b) Zum Mechanismus der Wirkungsweise von Zusatzelementen bei Legierungen auf Nickel-Chrom-Basis	274
c) Zum Mechanismus der Wirkungsweise von Zusatzelementen bei Legierungen auf Eisen-Chrom-Aluminium-Basis	283
G. Die Reaktionen zunderfester Legierungen mit verschiedenen Gasen, keramischen Massen und anderen angreifenden Substanzen, von H. Pfeiffer	294
1. Der Angriff durch Gase (außer Luft und Sauerstoff)	295
a) Der Einfluß des Wasserstoffs	295
b) Der Angriff durch Wasserdampf	299

Inhaltsverzeichnis VII

c) Der Angriff durch Stickstoff 303
d) Der Angriff kohlenstoffhaltiger Gase 315
e) Der Angriff schwefelhaltiger Gase 340
2. Der Angriff von Halogenen, Salzen, Emaillen und ähnlichen Stoffen auf zunderfeste Legierungen 345
3. Der Angriff geschmolzener Metalle 350
4. Der Einfluß von keramischen Stoffen auf das Oxydations- und Korrosionsverhalten von Heizleiterlegierungen 353
   a) Einfluß keramischer Stoffe auf die Oxydbildung bei hohen Temperaturen 353
   b) Das Korrosionsverhalten zunderfester Legierungen bei Kontakt mit keramischen Stoffen 357

H. Anwendungstechnik, von H. THOMAS 361

1. Auswahl der Legierungen 361
   a) Heizleiter in verschiedenen Ofenatmosphären 362
   b) Eigenschaften der Heizleiterlegierungen 366
   c) Chromstähle und hochlegierte Konstruktionswerkstoffe 367
2. Oberflächenbelastung 370
   a) Frei ausgespannte gerade Heizleiter 373
   b) Gewendelte Heizleiter in Kleingeräten 381
   c) Gewendelte Heizleiter in Industrieöfen 383
   d) Folgerungen für die Praxis 384
3. Dimensionierung von Heizelementen 385
4. Lieferformen und Prüfungen 390
5. Herstellung von Heizelementen 392
6. Bearbeitung 394
   a) Spanabhebende und spanlose Verformung 395
   b) Schweißen 395
   c) Löten 397
7. Einbau von Heizelementen 398

Namenverzeichnis 400
Sachverzeichnis 406

Einleitung

Unter Zunder versteht man das bei hoher Temperatur an der Oberfläche entstehende feste Produkt der Reaktion eines Metalls mit seiner (gasförmigen) Umgebung. Die *Verzunderung* führt zur Zerstörung des metallischen Werkstückes. Als zunderfest werden Legierungen bezeichnet, bei denen dieser Vorgang nahezu unmerklich oder mindestens so langsam abläuft, daß man mit einer ausreichenden Lebensdauer rechnen kann. Zunderfestigkeit ist ein relativer Begriff; eine allgemein gültige exakte Festlegung gibt es noch nicht. Als Anhaltspunkt mag die für zunderfeste Stähle häufig verwendete Definition gelten, daß ein Werkstoff dann als zunderfest bei einer bestimmten Temperatur gilt, wenn das Gewicht der verzunderten Metallmenge nicht größer als 1 g/m² h und bei einer um 50 grd höheren Temperatur nicht größer als 2 g/m² h ist; hierbei sind allerdings die etwaigen Einflüsse der Versuchszeit, der Zwischenabkühlungen, der Umgebung usw. nicht berücksichtigt. Die Technik bedient sich verschiedener Prüfmethoden, die aber großenteils nur relative Ergebnisse liefern. Wegen der Vielzahl der Einflußgrößen im praktischen Einsatz ist ein sicherer Schluß auf die tatsächlich erzielbare Lebensdauer ohnehin kaum möglich. Im vorliegenden Buch werden nur diejenigen technischen Legierungen behandelt, die bei mehr als 800 °C eine ausreichende Zunderfestigkeit aufweisen.

Grundsätzlich sicher gegen Verzunderung sind ihrer Natur nach die Edelmetalle, die jedoch in der Praxis der Elektrowärmetechnik aus wirtschaftlichen Gründen nur eine untergeordnete Rolle spielen. Im vorliegenden Buch sind sie nicht behandelt. Vielmehr beziehen sich die Ausführungen über die technischen Werkstoffe ausschließlich auf Legierungen aus Unedelmetallen, die bei höheren Temperaturen zwar mit der umgebenden Atmosphäre reagieren, aber dennoch eine hohe Zunderfestigkeit aufweisen. Der Grund ist der, daß bei diesen speziellen Werkstoffen das Reaktionsprodukt (meist oxydischer Natur) eine Oberflächenschicht von solcher Beschaffenheit bildet, daß der weitere Reaktionsvorgang sehr stark gehemmt, ja in vielen Fällen nahezu unterbunden wird. Die zunderfesten Werkstoffe sind also nicht etwa solche, die nicht oxydieren, sondern die gerade durch eine zunächst entstehende Oxydschicht vor der weiteren Verzunderung geschützt werden. Sie bilden zwei große Gruppen, nämlich die Legierungen für zunderfeste Bauteile, deren wichtigste Vertreter die sogenannten Chromstähle sind, und die Materialien für die stromdurchflossenen Heizelemente, die sogenannten Heizleiterlegierungen, die sich in der Hauptsache aus den Systemen Nickel-Chrom, Nickel-Chrom-Eisen und Eisen-Chrom-Aluminium herleiten.

Die Eigentümlichkeiten der Deckschichtenbildung wurden überwiegend an theoretisch gut erfaßbaren Systemen, gleichsam Modellsubstanzen, studiert. Daher enthalten die Kapitel A bis C Untersuchungsergebnisse, die an einer Vielfalt von Metallen und Legierungen gewonnen wurden, während sich die Kapitel D bis H auf die technischen Werkstoffe selbst beziehen. Der Stoff des Buches mußte somit einerseits der rein wissenschaftlichen Literatur, andererseits dem technischen Schrifttum entnommen werden. Daraus ergibt sich als eine wichtige Aufgabe der Darstellung, die gegenseitige Durchdringung technischer Gedankengänge und praktischer Erfahrungen mit den Ergebnissen der Grundlagenforschung deutlich zu machen. Bei der Besprechung der einzelnen Werkstoffe und ihrer Eigenschaften läßt es sich nicht umgehen, die (im allgemeinen erfreulich reichhaltigen) Firmenprospekte der Hersteller mit heranzuziehen. Um trotzdem die notwendige Objektivität zu wahren, werden ähnliche Erzeugnisse nach Möglichkeit zu Werkstofftypen zusammengefaßt, wozu die deutsche Normung und ausländische Standardisierungen eine willkommene und zweckmäßige Hilfe bieten. Mit Ausnahme ganz weniger Fälle, die an sich außerhalb des hier behandelten Stoffes liegen, werden grundsätzlich keine Warenzeichen genannt; ebenso wird auf die früher in den Schlußtabellen der ersten Auflage gegebene Zusammenstellung von Handelsnamen und Herstellern verzichtet.

Es entspricht der Themenstellung des Buches, daß nichtmetallische Materialien nicht oder nur kurz zur Vervollständigung erwähnt werden, und ferner, daß das große und für die moderne Technik sehr wichtige Gebiet der hochwarmfesten Werkstoffe nicht behandelt wird. Obwohl auch bei ihnen die Zunderfestigkeit eine Rolle spielt, liegen doch die Gebrauchstemperaturen an der unteren Grenze des hier betrachteten Bereichs, und das Hauptaugenmerk richtet sich auf die mechanischen Hochtemperatureigenschaften, deren eingehende Besprechung eine eigene Darstellung erfordern würde. Daher wurde hier nach Möglichkeit auch vermieden, von hitzebeständigen Legierungen zu sprechen, da dieser Begriff sowohl die zunderfesten als auch die warmfesten Werkstoffe umfaßt.

A. Allgemeine thermodynamische Grundlagen

Die Beschäftigung mit dem Problem der Oxydation von Metallen und Legierungen hat sowohl die Kenntnis thermodynamischer Zustandsgrößen der jeweils betrachteten Reaktion als auch kinetische Untersuchungen zum Zwecke der Feststellung des Reaktionsverlaufs und -mechanismus zur notwendigen Voraussetzung. Da kinetische Fragen in den meisten Kapiteln des vorliegenden Buches zur Sprache kommen werden, sollen zur Erzielung einer möglichst weitgehenden Einheitlichkeit des Aufbaus und der Gliederung des Stoffes die zwar nicht weniger wichtigen, aber im Hinblick auf die Reaktionskinetik in gedrängterer Form abzuhandelnden thermodynamischen Voraussetzungen geschlossen in diesem Kapitel besprochen werden.

Zunächst ein Wort zur Begriffsbestimmung der Oxydation. Man versteht darunter schlechthin nicht nur einen Sauerstoffangriff bzw. die Reaktion irgendeines — gasförmigen, flüssigen oder festen — Stoffes mit Sauerstoff. Vielmehr bezeichnet man definitionsgemäß alle jene chemischen Umsetzungen als Oxydation, die mit einem Elektronenübergang vom einen zum anderen Stoff verbunden sind, wobei das oxydierende Agens dem zu oxydierenden Stoff Elektronen entzieht. Strenggenommen sollte man derartige Reaktionen als Oxydations-Reduktions-Reaktionen auffassen, da sowohl der Elektronen abgebende Partner des Umsetzungsprozesses oxydiert als auch folgerichtig der Elektronen aufnehmende Partner reduziert wird. Nicht berücksichtigt bleiben in diesem Zusammenhang die elektrolytischen Oxydations- und Reduktionsprozesse und die Bildung homöopolarer Verbindungen.

Ganz allgemein kann eine chemische Umsetzung dann ablaufen, wenn sich das gesamte betrachtete System nach vollzogener Reaktion auf einer niedrigeren Energiestufe als dem Ausgangszustand entsprechend befindet, wenn also durch die Umsetzung Energie frei wird. Veranschaulichen wir uns die modernen Vorstellungen über die elektronische Struktur zweier im Kontakt miteinander stehender Phasen an Hand des Bändermodells, das die Lage der Energieniveaus der am Aufbau der betreffenden Atom- oder Molekelarten beteiligten Elektronen, besonders der energiereichsten Elektronen, wiedergibt, so zeigt sich, daß eine Oxydationsreaktion zwischen einem Metall und einem Metalloid dann zu erwarten ist, wenn die Elektronen des Metalls durch den Übergang zum Metalloid eine niedrigere Energiestufe einnehmen. Ein derartiger Fall ist in Abb. 1 dargestellt. Die Größe Φ ist ein Maß für die beim Elektronenübergang frei werdende Energie.

Ist eine chemische Umsetzung mit einem Energiegewinn verknüpft, so ist das zwar ein notwendiges, aber nicht hinreichendes Kriterium dafür, daß diese an sich mögliche Reaktion ablaufen wird. Vielmehr ist als bedeutende Einflußgröße die Aktivierungsenergie entscheidend für die Frage, ob der thermodynamisch mögliche Umsetzungsprozeß vonstatten geht oder nicht. Abb. 2 gibt diesen Sachverhalt in allgemeiner Form für eine beliebige chemische Umsetzung wieder.

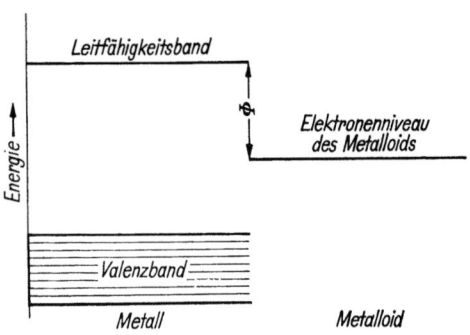

Abb. 1. Schematische Darstellung der Elektronen-Energieniveaus bei der Metalloxydation

Entsprechend der Lage der Energieniveaus sollte die Reaktion vom Ausgangszustand A zum Endzustand B ablaufen, sie kann es aber nur, wenn den Ausgangsstoffen auf eine beliebige Art und Weise Energien im Betrage der Aktivierungsenergie zugeführt werden. Die Reaktion verläuft *über einen Berg*. Das Vorhandensein der — in jedem Einzelfall verschieden großen — Aktivierungsenergie ist z. B. der Grund dafür, daß ein Knallgasgemisch bei Zimmertemperatur nicht explodiert, wenn nicht die Möglichkeit einer Aufhebung der Reaktionshemmung gegeben wird, z. B. durch Zündung, örtliche Erhitzung oder durch eine bei Auswahl geeigneter Katalysatoren erzielbare Herabsetzung der Aktivierungsenergie.

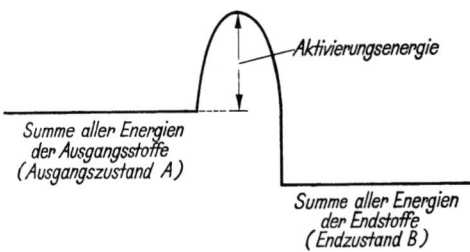

Abb. 2. Schematische Darstellung des Verlaufs einer chemischen Reaktion vom Ausgangszustand A zum Endzustand B unter Berücksichtigung der erforderlichen Aktivierungsenergie

THOMSEN und BERTHELOT begründeten vor etwa 100 Jahren auf Grund einer Vielzahl kalorimetrischer Messungen die Theorie, die Reaktionswärme sei die treibende Kraft einer chemischen Umsetzung, sie sei das Maß der Affinität. Die fundamentalen Arbeiten von CARNOT, VAN'T HOFF, GIBBS und HELMHOLTZ führten dagegen in der Folgezeit zu der Erkenntnis, daß die chemische Affinität durch eine thermodynamische Größe gegeben ist, die je nach Sprachgebrauch als GIBBSsche Funktion, freie Enthalpie, thermodynamisches Potential, freie Bildungsenergie oder maximale Arbeit bezeichnet wird. Diese thermodynamische Funktion G ist mit der Reaktionswärme oder Enthalpie H durch die Beziehung

$$G = H - TS \tag{1}$$

verknüpft. S ist die Entropie, T die absolute Temperatur. Das *Thomsen-Berthelotsche Prinzip* ist also insofern unrichtig, als das Entropieglied in Gl. (1) nicht berücksichtigt ist. Allerdings ist es in guter Näherung anwendbar in der Nähe des absoluten Nullpunktes der Temperatur, da nach NERNST die Entropie nicht nur am absoluten Nullpunkt Null ist, sondern in einem gewissen Temperaturbereich darüber hinaus (etwa bis 20 °K) sehr kleine Werte annimmt.

Eine logische Konsequenz der Auffassung von THOMSEN und BERTHELOT ist die, daß grundsätzlich nur exotherme und keine endothermen Reaktionen freiwillig ablaufen. Entgegen dieser Auffassung kann dennoch ein endothermer Prozeß vonstatten gehen, wenn nur der Entropiegewinn den Wärmebedarf mindestens ausgleicht.

Die mit jedem bei vorgegebener Temperatur und konstantem Druck ablaufenden chemischen Prozeß verknüpfte Änderung der freien Energie des Gesamtsystems ΔG stellt die aus dem betreffenden Vorgang gewonnene nutzbare Energie dar:

$$\Delta G = G_{\text{Endprodukte}} - G_{\text{Ausgangsstoffe}}. \tag{2}$$

Die Konzentrationsabhängigkeit der thermodynamischen Effekte verlangt eine Berücksichtigung bei allen jenen Reaktionen, bei denen die beteiligten Phasen nicht in definitionsmäßig festgelegten unveränderlichen Normalzuständen der Konzentrationen auftreten. Bei der Reaktion eines Metalls mit einem reinen Gas wird als Normalzustand der Konzentrationen jener Zustand definiert, bei dem der Gasdruck eine Atmosphäre beträgt und von der gegenseitigen Löslichkeit der metallischen Ausgangsphase und der entstehenden Verbindung abgesehen und also mit reinen Phasen gerechnet wird. Letztere Voraussetzung stellt im allgemeinen nur einen geringfügigen Unsicherheitsfaktor dar. Die Metalloxydation ist in vielen Fällen als eine Reaktion anzusehen, bei der konzentrationsabhängige Einflüsse entweder nicht vorhanden sind oder nur eine untergeordnete Rolle spielen. Die freie Bildungsenergie solcher Prozesse wird üblicherweise zur Unterscheidung von der entsprechenden konzentrationsabhängigen Größe mit ΔG_0 bezeichnet und Standardbildungsarbeit oder Standardaffinität genannt. Wir beziehen die im folgenden anzustellenden Überlegungen im wesentlichen auf die konzentrationsunabhängige Standardbildungsarbeit.

Da eine freiwillig ablaufende chemische Umsetzung grundsätzlich mit einem Gewinn an freier Energie verknüpft sein muß und also bei möglichen Reaktionen $G_\text{Ausgangsstoffe} > G_\text{Endprodukte}$ ist, läßt die Schreibweise der Gl. (2) schon die allgemeingültige Definition erkennen, daß die maximale Arbeit ΔG bei einem freiwillig ablaufenden Prozeß negativ ist. Diese Festlegung beruht auf der Überlegung, daß die bei einer chemischen Reaktion frei werdende Energie, etwa die bei einem isotherm geführten Prozeß an Wärmeaustauscher abgegebene Wärmemenge, dem betrachteten System verlorengeht und somit als negative Größe aufzufassen ist.

Die Verknüpfung der Gln. (1) und (2) führt zu der Beziehung

$$\Delta G = (H - TS)_\text{Endprodukte} - (H - TS)_\text{Ausgangsstoffe} \qquad (3\,\text{a})$$

bzw. der allgemein üblichen Form

$$\Delta G = \Delta H - T \Delta S. \qquad (3\,\text{b})$$

Das Vorzeichen der freien Bildungsenergie ΔG, dieser für die Reaktionsthermodynamik so bedeutsamen Größe, entscheidet, ob eine chemische Umsetzung stattfinden kann oder nicht. Bei negativem Vorzeichen besteht die Möglichkeit des Ablaufs der betrachteten Reaktion, und es erhebt sich im Einzelfall lediglich das Problem, etwa vorhandene Reaktionshemmungen z. B. vermittels geeigneter Katalysatoren ohne eine Beeinflussung der thermodynamischen Gegebenheiten zu beseitigen. Bei positivem Vorzeichen besteht dagegen erwartungsgemäß eine Tendenz der Umsetzung in entgegengesetzter Richtung, solange jedenfalls die Konzentrationsabhängigkeit unberücksichtigt bleibt. Im Falle $\Delta G = 0$ herrscht chemisches Gleichgewicht, d. h., es findet weder in der einen noch in der anderen Richtung eine Reaktion statt. Mit dieser Aussage vereinbar ist die Tatsache, daß es sich bei chemischen Gleichgewichten um dynamische und nicht statische Gleichgewichte handelt, d. h. Abläufe der Reaktion um sehr kleine Beträge sowohl nach der einen als auch nach der anderen Richtung erfolgen, da eine derartige Abweichung bei $\Delta G = 0$ keines äußeren Eingriffs und besonders keines Energieaufwandes bedarf.

Ohne auf die verschiedenen Bestimmungsmöglichkeiten von ΔG einzugehen, die im Falle der Verwendung der Beziehung (3) die Kenntnis der temperaturabhängigen ΔH- und ΔS-Werte für die betreffende Temperatur voraussetzen, wollen wir im Rahmen dieser gedrängten Darstellung einiger thermodynamischer Grundlagen lediglich die Temperaturabhängigkeit der freien Bildungsenergien für einige Oxydationsreaktionen mitteilen. Abb. 3 enthält solche Standardbildungsarbeiten in Abhängigkeit von der Temperatur. Die einzelnen Werte wurden einer von KUBASCHEWSKI und EVANS[1] gegebenen Zusammenstellung thermodynamischer Daten entnommen. Die Berechnung stellt eine in den meisten praktisch vorkommenden Fällen völlig ausreichende Annäherung dar, die auf vereinfachenden Annahmen bezüglich der Temperaturabhängigkeit der Enthalpie und der Entropie beruht. Wegen der Bedeutung der in Abb. 3 enthaltenen Ergebnisse wollen wir uns mit der Frage befassen, welche Rückschlüsse sie zu ziehen gestatten und welche experimentellen Möglichkeiten daraus abgeleitet werden können.

Mit Ausnahme der Geraden, die die Temperaturabhängigkeit der Standardaffinität der Kohlenoxydbildung aus den Elementen bzw. die seines Zerfalls wiedergibt, nähern sich alle anderen Geraden mit steigender Temperatur dem Werte $\Delta G_0 = 0$ und zeigen außerdem weitgehend übereinstimmende Neigungen. Daraus ergeben sich die folgenden Konsequenzen:

1. Die besonderen Verhältnisse der Temperaturabhängigkeit der freien Bildungsenergie bei der Umsetzung von Kohlenstoff mit Sauerstoff zu Kohlen-

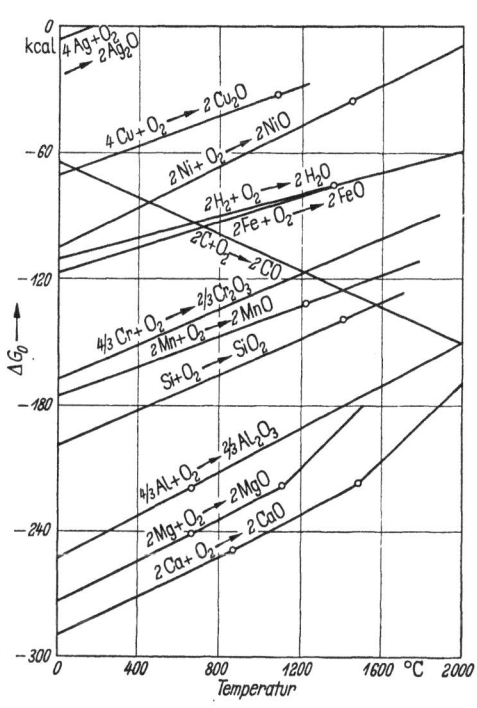

Abb. 3. Standardbildungsarbeiten einiger Oxydationsreaktionen in Abhängigkeit von der Temperatur. Die eingezeichneten Kreise entsprechen den Schmelz- und Siedepunkten der betreffenden Metalle

oxyd ermöglichen prinzipiell die Reduktion aller, auch der nicht in die Abbildung aufgenommenen Metalloxyde mit Kohlenstoff. Die zur Durchführung des Reduktionsprozesses erforderliche Temperatur ist ebenfalls aus der graphischen Darstellung zu entnehmen, sie liegt jeweils oberhalb des Schnittpunktes der die Temperaturabhängigkeit der freien Bildungsenergie von Kohlenoxyd und des betreffenden Metalloxyds wiedergebenden Kurven. Dieser Feststellung liegt die Anwendung des HESSschen Gesetzes der konstanten Wärmesummen zugrunde. Danach ist die Wärmetönung einer Reaktion unabhängig vom

---

[1] KUBASCHEWSKI, O., u. E. LL. EVANS: Metallurgical Thermochemistry, London (1956) S. 331—338.

Wege, also z. B. bei einem chemischen Vorgang unabhängig davon, auf welchem — wirklichen oder gedachten — Reaktionswege und über welche Zwischenprodukte dieser geführt wird. Dieses Gesetz ist später, experimentell und theoretisch gestützt, erweitert worden auf die umfassendere Aussage, daß alle Änderungen von Zustandsfunktionen, z. B. der Energie, der Entropie und der freien Enthalpie, vom Reaktionswege unabhängig sind. Die Anwendung dieser Gesetzmäßigkeit ermöglicht die gedankliche Lenkung einer bestimmten Reaktion über solche Umwegreaktionen, deren thermodynamische Daten bekannt sind.

Die sich damit ergebenden Möglichkeiten sollen am Beispiel der Reduktion von Aluminiumoxyd durch Kohlenstoff aufgezeigt werden. Die auf den Umsatz von einem Mol Sauerstoff bezogene Reaktionsgleichung

$$2/3\,Al_2O_3 + 2C \rightarrow 4/3\,Al + 2CO \tag{4}$$

wird wegen des Fehlens experimenteller Unterlagen zur Bestimmung der freien Bildungsenergie durch die folgenden Umwegreaktionen ausgedrückt:

$$2/3\,Al_2O_3 \rightarrow 4/3\,Al + O_2, \tag{4a}$$
$$2C + O_2 \rightarrow 2CO. \tag{4b}$$

Die Standardaffinitäten der gedachten Einzelprozesse (4a) und (4b) und ihre Temperaturabhängigkeiten sind bekannt. Die Summe beider Teilschritte ergibt die Gesamtreaktion (4), die Summe der einzelnen freien Bildungsenergien das gesuchte ΔG_0 für die Aluminiumoxydreduktion mit Kohlenstoff. Damit ist die Möglichkeit gegeben, die für den Prozeß erforderliche Temperatur aufzufinden, für die ΔG_0 negative Werte annehmen muß.

Die besondere Lage der Kohlenstoff-Sauerstoff-Affinitätskurve ist eine Folge der starken Entropiezunahme bei der Kohlenstoffverbrennung, die immer dann auftritt, wenn eine chemische Reaktion mit einer Vergrößerung der Molzahl der gasförmigen Bestandteile verbunden ist. Bei der Kohlenoxydbildung werden aus einem Mol Sauerstoff durch Reaktion mit Kohlenstoff zwei Mole Kohlenoxyd gebildet. Die nach Gl. (3b) mit der Temperatur zu multiplizierende Entropieänderung macht in diesem Falle einen um so erheblicheren Anteil an der freien Bildungsenergie aus, je höher die Temperatur gewählt wird, d. h., die freie Bildungsenergie wird mit steigender Temperatur negativer.

2. Die Wasserdampfbildung dagegen verläuft, wie auch die Metallreaktionen mit Sauerstoff, unter Verminderung der Molzahl der gasförmigen Reaktionspartner, so daß ihre Affinitätskurve mit denen der Metalloxydbildung etwa parallel geht. Außerdem sind die absoluten Beträge der ΔG_0-Werte der Wasserdampfbildung vergleichsweise nicht sehr hoch; der Wasserstoff ist also ein relativ edles Element. Wenn trotzdem Metalloxyde mit stärker negativen freien Bildungsenergien,

z. B. MnO und Cr_2O_3, mit Wasserstoff reduziert werden können, so hat das Ursachen, auf die wir weiter unten noch zu sprechen kommen.

3. Auf Grund der näherungsweise anzunehmenden Parallelität der Kurven in Abb. 3 lassen sich bereits ohne Kenntnis der Temperaturabhängigkeit von ΔG_0 grobe Schätzungen aus dem Vergleich der im allgemeinen bekannten Standardbildungsenergien bei 25 °C bezüglich der Frage anstellen, ob ein bestimmtes Metall das Oxyd eines anderen Metalls zu reduzieren imstande ist. Solche Überlegungen wird der Metallurge bei der Auswahl von Desoxydationsmitteln für Metallschmelzen bzw. bei der Wahl geeigneter Tiegelauskleidungen anstellen. Für eine möglichst exakte Durchrechnung spielt in solchen Fällen die Konzentrationsabhängigkeit der freien Bildungsenergie allerdings im allgemeinen eine erhebliche Rolle.

4. Mit Ausnahme der Kohlenstoff-Sauerstoff-Affinitätskurve nähern sich alle anderen mit steigender Temperatur der Abszisse, d. h. dem Werte $\Delta G_0 = 0$. Diese Tatsache ist ebenfalls ein Entropieeffekt, da ΔS infolge der Verminderung der Anzahl der Gasmoleküle negativ ist. Im Schnittpunkt, der z. B. für Silberoxyd bei 190 °C[1] liegt, herrscht Gleichgewicht zwischen Silber, Silberoxyd und Sauerstoff von einer Atmosphäre Druck. Alle Phasen sind nebeneinander beständig, es wird weder Silber oxydiert, noch zerfällt Silberoxyd. Mit anderen Worten, der Zersetzungsdruck von Silberoxyd ist unter den genannten Bedingungen gleich dem Sauerstoffdruck der umgebenden Atmosphäre, er beträgt also 760 mm Hg. Erniedrigen wir den Sauerstoffdruck, indem wir etwa den reinen Sauerstoff durch Luft ersetzen, so ist Silberoxyd bei 190 °C nicht mehr beständig, es zersetzt sich bereits bei niedrigerer Temperatur. Damit erhebt sich die Frage, wann also bei geringerem Sauerstoffdruck Gleichgewicht herrscht. Hier kommt uns die für den Gleichgewichtszustand gültige VAN'T HOFFsche Beziehung zwischen der Standardbildungsarbeit und der Konstanten K des Massenwirkungsgesetzes

$$\Delta G_0 = - RT \ln K \qquad (5)$$

zu Hilfe. Wir erhalten z. B. für den allgemeinen Fall einer Metalloxydation

$$2\,\mathrm{Me} + O_2 \rightleftarrows 2\,\mathrm{MeO} \qquad (6)$$

durch Anwendung des Massenwirkungsgesetzes die Beziehung

$$\frac{p^2_{\mathrm{MeO}}}{p^2_{\mathrm{Me}} \cdot p_{O_2}} = K'_p \qquad (7)$$

mit den Drucken p_i aller an der Reaktion beteiligten Stoffe und der Gleichgewichtskonstanten K'_p. Unter der Voraussetzung nicht zu großer gegenseitiger Löslichkeit des Metalls und Metalloxyds ineinander können

---
[1] LANGE, W.: Die thermodynamischen Eigenschaften der Metalloxyde, Berlin (1949) S. 22.

wir für beide Phasen den Normalzustand der Konzentrationen als gegeben ansehen. Damit sind aber auch die Dampfdrucke der als feste Reaktionsteilnehmer vorliegenden Phasen konstant und vom Reaktionsgeschehen unbeeinflußt und können in die Gleichgewichtskonstante einbezogen werden. Demzufolge vereinfacht sich die Gl. (7) zu

$$K_p = \frac{1}{p_{O_2}} \quad (8)$$

Diesen Ausdruck setzen wir in Gl. (5) ein und bekommen für $R = 1{,}986$ cal/grd Mol die Beziehung

$$\Delta G_0 = -RT \ln \frac{1}{p_{O_2}} = 4{,}574\, T \log p_{O_2}, \quad (9)$$

die für einen beliebig vorgegebenen Sauerstoffpartialdruck bei Kenntnis der Temperaturabhängigkeit von ΔG_0 und damit der von p_{O_2} die zugehörige Gleichgewichtstemperatur graphisch zu ermitteln gestattet. Da sich bei Sauerstoffdrucken $\neq 1$ Atm die Reaktionspartner nicht mehr in definitionsgemäß festgelegten Normalzuständen befinden, ist zwar die konzentrations- bzw. druckabhängige freie Bildungsenergie ΔG bei eingestelltem Gleichgewicht gleich Null, nicht aber die Standardbildungsarbeit ΔG_0. Beide Größen unterscheiden sich dann für den Fall einer Metalloxydation entsprechend der hier lediglich mitgeteilten Beziehung

$$\Delta G = \Delta G_0 - RT \ln p_{O_2} \quad (9\text{a})$$

um den Ausdruck $RT \ln p_{O_2}$. Für einen Sauerstoffdruck von einer Atmosphäre verschwindet das additive Glied, und die freie Bildungsenergie wird gleich der Standardbildungsarbeit, worauf wir bereits hingewiesen haben. Andererseits ist — unabhängig vom Sauerstoffdruck — im Gleichgewicht $\Delta G = 0$, und wir erhalten wieder die Beziehung (9).

Wichtiger als die Bestimmung der Gleichgewichtstemperatur einer Reaktion bei vorgegebenem Sauerstoffdruck ist die bei Kenntnis der Standardbildungsarbeiten unter Verwendung der Beziehung (9) ebenfalls mögliche, für viele praktische Zwecke nützliche Berechnung des Gleichgewichts-, d. h. des Zersetzungsdruckes einer Metall-Metalloid-Verbindung bei vorgegebener Temperatur. Der Zersetzungsdruck z. B. eines Metalloxyds ist jene Größe, die uns angibt, bei welchem Sauerstoffpartialdruck der umgebenden Gasatmosphäre das Oxyd bei der herrschenden Temperatur gerade noch beständig ist. Bei geringerem Sauerstoffdruck zerfällt die Verbindung in ihre Elemente bzw. in ein niederes Oxyd und Sauerstoff, bei höherem wird das betreffende Metall oder das Oxyd niedrigerer Wertigkeit oxydiert. Gold ist das einzige in reiner Form bei Zimmertemperatur an Luft beständige Metall, d. h., sein Oxydzersetzungsdruck ist bei 25 °C größer als der Sauerstoffpartialdruck der Luft. Alle anderen Metalle und Legierungen neigen unter den genannten Bedingungen zur Oxydbildung, die allerdings im allgemeinen wegen der geringen Reaktionsgeschwindigkeit nicht sichtbar wird. Abb. 4 stellt die aus den ΔG_0-Werten berechneten Dissoziationsdrucke einer Anzahl relativ leicht zersetzlicher Oxyde dar. Silberoxyd hat z. B. bei 144 °C, Palladiumoxyd bei 790 °C den Sauerstoffteildruck der Luft erreicht. Oberhalb dieser Temperaturen können sich die Oxyde dieser Metalle an Luft nicht mehr bilden. In reinem Sauerstoff von Atmosphärendruck liegen die Zersetzungstemperaturen entsprechend höher, für Silberoxyd bei etwa 190°, für Palladiumoxyd bei etwa 890 °C.

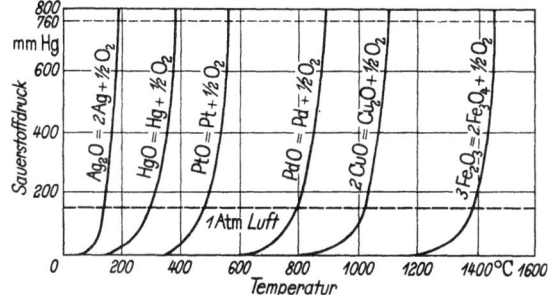

Abb. 4. Zersetzungsdrucke leicht dissoziierender Oxyde in Abhängigkeit von der Temperatur

Man kann solche relativ leicht zersetzlichen Oxyde mit Vorteil für reaktionskinetische Untersuchungen verwenden, bei denen Gasatmosphären mit bestimmtem Sauerstoffpartialdruck erforderlich sind. PFEIFFER und LAUBMEYER[1] verwandten zur Ermittlung der Sauerstoffdruckabhängigkeit der Eisenoxydation pulverisiertes Kupferoxyd, das entsprechend dem gewünschten Sauerstoffdruck auf der nach Gl. (9) zu berechnenden Temperatur gehalten wurde. Voraussetzung für die Konstanthaltung des Sauerstoffdruckes ist eine genügend rasche Einstellung des Gleichgewichtes, damit der durch die Reaktion verursachte Sauerstoffverbrauch kompensiert wird.

Abb. 5 zeigt die Abhängigkeit der Zersetzungsdrucke einiger beständiger Metalloxyde von der Temperatur. Die selbst bei hohen Temperaturen niedrigen Gleichgewichtsdrucke schließen die Möglichkeit der Zersetzung solcher Oxyde durch Glühung in reinen inerten Gasen ohne besondere Maßnahmen aus, da die erforderlichen Reinheitsgrade der betreffenden Gase nicht erreicht werden. Um den Sauerstoffgehalt solcher Gase möglichst weitgehend herabzusetzen, nutzt man die Getterwirkung reiner oder in entsprechenden Gemischen bzw. Legierungen vorliegender Metalle aus. Zu diesem Zwecke werden Metalle verwandt, deren Oxydzersetzungsdrucke möglichst niedrig sind, die also — thermo-

---
[1] PFEIFFER, H., u. C. LAUBMEYER: Z. Elektrochem. 50 (1955) 579.

dynamisch gesehen — durch Glühung in den zu reinigenden Gasen eine weitgehende Sauerstoffabsorption gewährleisten. Aus kinetischen Gründen ist das Arbeiten bei höheren Temperaturen meistens unerläßlich, da die Reaktionsgeschwindigkeit mit steigender Temperatur erheblich zunimmt. Als Gettersubstanzen werden z. B. mit gutem Erfolg Zirkon und Titan verwandt[1], die zur Erreichung möglichst großer absorbierender Oberflächen als Schwamm oder Pulver in den zu reinigenden Gasen auf höhere Temperatur aufgeheizt werden. Nach eigenen Erfahrungen bewähren sich Legierungen aus Eisen-Aluminium mit oder ohne Chrom in Draht- oder Bandform ebenfalls ausgezeichnet und haben gegenüber reinem Aluminium als Gettermetall den Vorteil hoher Schmelzpunkte, dadurch ermöglichter hoher Arbeitstemperaturen und also großer Absorptionsgeschwindigkeiten. Durch die Legierungsbildung wird die Verwendung von Aluminium mit seinen günstigen Gettereigenschaften erst ermöglicht, während der Einsatz des reinen Metalls wegen seines niedrigen Schmelzpunktes nicht in Frage kommt. In einem mit solchen Legierungen bei 1000 °C gereinigten Stickstoff mit einem ursprünglichen Sauerstoffgehalt von 0,01 °/₀₀ gelingt es, oxydierte Eisen- oder Nickel-Chrom-Bleche mit 20% Cr blankzuglühen. Eine nach dem gleichen Prinzip arbeitende Methode ist die von MEYER und RONGE[2] angegebene, bei der Sauerstoff durch feinverteiltes Kupfer auf Silicagel bei 200 °C absorbiert wird.

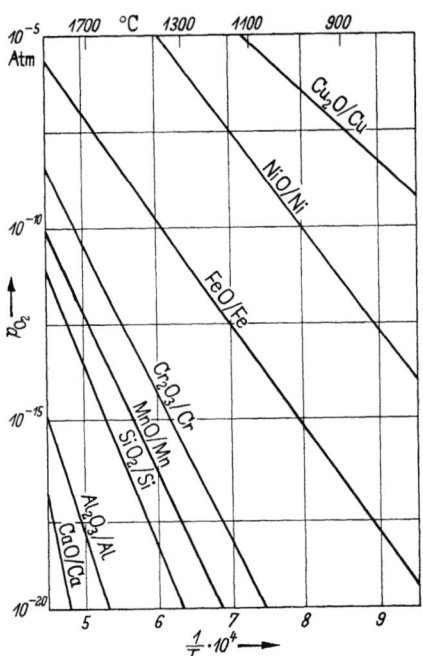

Abb. 5. Zersetzungsdrucke beständiger Oxyde in Abhängigkeit von der Temperatur in halblogarithmischer Darstellung

In Abb. 5 sind die nach Beziehung (9) berechneten Dissoziationsdrucke lediglich bis zu Drucken von 10^{-20} Atm enthalten. Angaben über noch niedrigere Drucke sind nicht sinnvoll, da die Umrechnung auf Teilchenzahlen zu geringe Werte liefert, denen keinerlei physikalische Bedeutung zukommt.

---

[1] Vgl. „Zirconium as a Getter", Foote-Prints 24 (1952) 27. – FAST, J. D.: Foote-Prints 13 (1940) 22. – STOUT, V. L., u. M. D. GIBBONS: J. appl. Physics 26 (1955) 1488.   [2] MEYER, F. R., u. G. RONGE: Z. angew. Chem. 52 (1939) 637.

An Hand eines Beispiels sollen die Möglichkeiten dargelegt werden, die sich aus der in den Gln. (5) bzw. (9) enthaltenen Beziehung zwischen Standardbildungsarbeit und Gleichgewichtskonstante bzw. Sauerstoffdruck ergeben. Wir wollen zu diesem Zweck die Frage beantworten, ob Aluminiumoxyd mit Wasserstoff reduziert werden kann oder nicht, eine Frage, die auch für die späteren Kapitel von Bedeutung ist. Der wiederum auf 1 Mol Sauerstoff bezogene Umsatz

$$2/3\,Al_2O_3 + 2\,H_2 = 4/3\,Al + 2\,H_2O \tag{10}$$

wird als Summe der beiden Teilreaktionen

$$2/3\,Al_2O_3 = 4/3\,Al + O_2, \tag{10a}$$
$$2\,H_2 + O_2 = 2\,H_2O \tag{10b}$$

aufgefaßt. Man beachte, daß Gl. (10a) die Zersetzung von Aluminiumoxyd darstellt und die Standardbildungsarbeit im Sinne der Bildung von metallischem Aluminium und gasförmigem Sauerstoff positive Werte annimmt. Die Anwendung des Massenwirkungsgesetzes auf den Prozeß der Al_2O_3-Reduktion (10) liefert die Massenwirkungskonstante

$$K_p = \frac{p_{H_2O}^2}{p_{H_2}^2}, \tag{11}$$

die in Gl. (5) eingesetzt wird:

$$1/2\,\Delta G_0 = -4{,}574\,T \log \frac{p_{H_2O}}{p_{H_2}}. \tag{12}$$

Beziehung (12) gestattet uns bei Kenntnis der temperaturabhängigen ΔG_0-Werte die Berechnung des Wasserdampfpartialdruckes, der bei einem Wasserstoffdruck von 1 Atm Gleichgewicht zwischen Aluminiumoxyd, metallischem Aluminium, Wasserstoff und Wasserdampf gewährleistet. Um den Reduktionsprozeß durchführen zu können, müßte der Wasserdampfdruck kleiner als jener berechnete sein. Tab. 1 enthält die aus den ΔG_0-Werten der Einzelreaktionen (10a) und (10b) berechneten Standardbildungsarbeiten der Al_2O_3-Reduktion mit Wasserstoff für den Temperaturbereich von 750—1250 °C[1] und die zugehörigen Gleichgewichts-Wasserdampfpartialdrucke.

Tabelle 1. *Standardbildungsarbeiten der Aluminiumoxydreduktion mit Wasserstoff und Gleichgewichts-Wasserdampfpartialdrucke*

Temperatur in °C	ΔG_0 in kcal	p_{H_2O} in Atm
750	+124,4	$5{,}1 \cdot 10^{-14}$
1000	+117,8	$7{,}8 \cdot 10^{-11}$
1250	+111,1	$1{,}1 \cdot 10^{-8}$

Man ersieht aus der Tabelle, daß der noch zulässige Wasserdampfgehalt der Wasserstoffatmosphäre zu gering ist, als daß man ihn tech-

---

[1] KUBASCHEWSKI, O., u. E. LL. EVANS: Metallurgical Thermochemistry, London (1956) S. 331—338.

nisch realisieren könnte, und selbst wenn man einen derartigen Reinheitsgrad erreichte, so wäre das für die Fortführung des durch die Reaktion gebildeten Wasserdampfes erforderliche Gasvolumen untragbar groß. Somit läßt sich Aluminiumoxyd praktisch nicht mit Wasserstoff reduzieren.

Andererseits haben wir bereits darauf hingewiesen, daß sich z. B. Chromoxyd und Manganoxyd mit Wasserstoff reduzieren lassen, obwohl die Lage der entsprechenden Standardaffinitätskurven in Abb. 3 eine solche Möglichkeit scheinbar ausschließt. Der Grund für derartige unter geeigneten Bedingungen mögliche Reduktionsprozesse ist also in der Konzentrationsabhängigkeit bzw. in diesen speziellen Fällen in der Sauerstoffdruckabhängigkeit der freien Bildungsenergien entsprechend der Beziehung (9a) zu sehen. Für die Reduktion von Chromoxyd mit Wasserstoff von einer Atmosphäre Druck bei 1000 °C z. B. ist der Gleichgewichts-Wasserdampfpartialdruck $2{,}8 \cdot 10^{-4}$ Atm, ein Wert, der selbst unter betrieblichen Bedingungen durchaus erreichbar erscheint. Zur Durchführung des Prozesses ist natürlich der während der Reaktion gebildete Wasserdampf fortlaufend zu entfernen.

Die bisher bezüglich der treibenden Kraft einer chemischen Umsetzung angestellten Überlegungen bezogen sich aus Gründen einer möglichst vereinfachenden Darstellung im wesentlichen auf die konzentrationsunabhängigen freien Bildungsenergien. Wir haben lediglich darauf hingewiesen und durch die soeben besprochenen Beispiele der Reduktion von stabilen Metalloxyden mit Wasserstoff gezeigt, daß in bestimmten Fällen die Konzentrationsabhängigkeit der ΔG-Werte zu berücksichtigen ist.

Eine von BAUKLOH[1] gegebene schematische Darstellung der Verhältnisse bei der Desoxydation einer Eisenschmelze durch mehrere Elemente mit hoher Sauerstoffaffinität veranschaulicht in einfacher Weise den Einfluß der Konzentration und zeigt, daß in diesem Fall ein Vergleich der Standardbildungsarbeiten der einzelnen Oxyde keinen schlüssigen Hinweis auf den Verlauf der Desoxydation gibt. Die in Abb. 6 gezeigten Kurven stellen Desoxydationsisothermen verschiedener Zusatzelemente dar. Sie gestatten, den zu jeder beliebigen Konzentration eines desoxydierenden Metalls gehörenden Gleichgewichts-Sauerstoffgehalt der Schmelze zu bestimmen. Dabei sei zur Vereinfachung vorausgesetzt, daß nur gelöster Sauerstoff zur Reaktion gelangt und keine Wechselwirkung zwischen den entstehenden Oxydationsprodukten und der Schmelze stattfindet. Die Legierungsgehalte der desoxydierenden Zusätze seien $[A]$, $[B]$ und $[C]$. Die absoluten Beträge der Standardaffinitäten der drei Metalle zum Sauerstoff nehmen, wie aus der

---
[1] BAUKLOH, W.: Die physikalisch-chemischen Grundlagen der Metallurgie, Berlin (1949) S. 174.

Darstellung ersichtlich, in der Reihenfolge $|\Delta G_{0(A)}|$, $|\Delta G_{0(B)}|$, $|\Delta G_{0(C)}|$ ab. Bei Außerachtlassung der Konzentrationsabhängigkeit der freien Bildungsenergien würde also der Legierungsbestandteil A vorwiegend der Oxydation unterliegen und praktisch allein wirksam sein. Unter Berücksichtigung der Konzentrationen jener Elemente dagegen verläuft die Desoxydation entsprechend der schematischen Darstellung in Abb. 6. Zunächst reagiert bevorzugt dasjenige Metall mit dem Sauerstoff der Schmelze, das mit dem niedrigst möglichen Sauerstoffgehalt im Gleichgewicht steht, in unserem Fall also das Metall B, das trotz relativ kleiner Standardbildungsarbeit seines Oxyds auf Grund seiner vergleichsweise hohen Konzentration bei Beginn der Desoxydation die größte Sauerstoffaffinität besitzt. Durch fortlaufenden Verbrauch an B wird schließlich eine Konzentration dieses zunächst wirksamsten Zusatzes erreicht, die dem Gleichgewichts-Sauerstoffgehalt von A entspricht. Der Schnittpunkt der Horizontalen in $[O]_A$ mit der Desoxydationsisothermen des Metalls B gäbe die zugehörigen Gleichgewichtsgehalte an gelöstem Sauerstoff und Legierungskomponente B wieder. Von diesem Zeitpunkt an reagieren die Elemente A und B gemeinsam, bis sich durch die Verarmung beider die zugehörigen Desoxydationskurven mit der Horizontalen in $[O]_C$ schneiden und das Metall C dann ebenfalls an der Desoxydation teilnimmt.

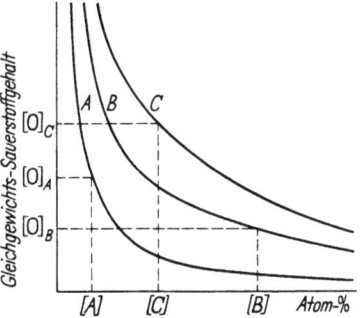

Abb. 6. Schematische Darstellung der Wirkung sauerstoffaffiner Elemente bei der Desoxydation einer Eisenschmelze, nach BAUKLOH

Zum Abschluß noch ein Wort über flüchtige Reaktionsprodukte. Die Möglichkeit ihrer Entfernung aus dem Reaktionsraum schafft sowohl in thermodynamischer als auch in kinetischer Hinsicht veränderte Verhältnisse, die eine Reaktionsbegünstigung bedeuten. In solchen Fällen ist mit einer stärker negativen freien Bildungsenergie und damit einem geringeren Zersetzungsdruck des Reaktionsprodukts zu rechnen, so daß die Reaktion bereits bei geringerem Teildruck des reagierenden Gases in der Glühatmosphäre abläuft, als wenn das Reaktionsprodukt als Bodenkörper vorliegen würde.

In Tab. 2 sind für einige Oxyde die Temperaturen angegeben, bei denen der Dampfdruck gerade 10^{-1} bzw. 1 mm Hg beträgt. Die aufgeführten Metalloxyde weisen bereits bei mäßigen Temperaturen relativ hohe Dampfdrucke auf, so daß bei der Oxydation der entsprechenden Metalle bzw. solche Metalle enthaltenden Legierungen mit einer merk-

Tabelle 2. *Schmelzpunkte und Dampfdrucke leicht flüchtiger Metalloxyde*[1]

Oxyd	Schmelzpunkt in °C	Erforderliche Temperatur (°C) für einen Dampfdruck (mm Hg) von	
		10^{-1}	1
OsO_4 (weiß)	39,5	−30,7	−5,5
OsO_4 (gelb)	41	−20,7	2,9
PbO	890	833	944
SnO		682	804
CdO		903	1012
MoO_3	795	662	734
V_2O_5	670	803	979
WO_3	1470	1206	1301

lichen Oxydverdampfung zu rechnen ist. Der hohe Dampfdruck und die niedrige Schmelztemperatur von MoO_3 sind die wesentlichen Faktoren, die den Betrieb mit Molybdänwicklungen versehener Öfen unter Schutzgasatmosphäre erforderlich machen. Die niedrigen Schmelzpunkte von Molybdän- und Vanadinoxyd werden noch Anlaß zu eingehenderen Betrachtungen über Mischoxyde sein, bei denen niedrigschmelzende Eutektika auftreten.

Dank seines hohen Dampfdruckes hat in jüngster Zeit das SiO weiteste Anwendungsgebiete gefunden. Es läßt sich im Vakuum ohne Schwierigkeiten auf metallische oder nichtmetallische Formstücke zum Zwecke der Ausbildung einer Isolationsschicht oder der elektronenmikroskopischen Abbildung von Oberflächen aufdampfen. Zahlreiche Beispiele für flüchtige Reaktionsprodukte gibt es ferner unter den Metallhalogeniden und -oxyhalogeniden. Kupfer reagiert z. B. bei hohen Temperaturen mit Chlor augenblicklich. Das entstehende Kupferchlorid verdampft. Die Flüchtigkeit der Halogenverbindungen wird in vielen Fällen zur Reindarstellung verschiedener Metalle ausgenutzt; so werden z. B. nach dem Verfahren von VAN ARKEL und DE BOER[2] für wissenschaftliche Zwecke reinstes Titan, Zirkon und Hafnium aus den entsprechenden Halogeniden hergestellt.

B. Mechanismus und Kinetik der Oxydation von Metallen und Legierungen

Die Reaktionsthermodynamik vermag zwar die Frage zu entscheiden, ob und unter welchen Bedingungen eine Reaktion ablaufen kann, sie sagt dagegen nichts aus über den Mechanismus der chemischen Umsetzung und über die Geschwindigkeit, mit welcher sich der Prozeß vollzieht.

---

[1] LANDOLT-BÖRNSTEIN, 6. Aufl., Bd. II/2a, S. 32—53 (1960).
[2] VAN ARKEL, A. E., u. J. H. DE BOER: Z. anorg. Chem. 148 (1925) 345.

Die Besonderheit von chemischen Umsetzungen zwischen Gasen und festen Stoffen liegt darin, daß sich in vielen Fällen feste Reaktionsprodukte bilden, die als trennende Phasen zwischen den Reaktionspartnern entstehen können. Nach erfolgter Ausbildung einer solchen festen Phase, etwa einer auf einer zundernden Metallprobe an der Oberfläche haftenden Oxydschicht, ist der Fortgang der Reaktion nur dann möglich, wenn mindestens einer der Ausgangsstoffe durch die Zunderschicht hindurchdiffundieren kann. Die Diffusion in festen Phasen ist in den letzten Jahrzehnten Gegenstand von Untersuchungen auf breitester Grundlage geworden und speziell das Problem der Diffusion durch heteropolare Ionenkristalle (z. B. Oxyde, Sulfide usw.) ist weitgehend durch Arbeiten von FRENKEL[1], WAGNER[2], SCHOTTKY[3] und JOST[4] geklärt worden.

1. Die Fehlordnung in Oxyden und anderen heteropolaren Verbindungen

Die wesentlichste Grundlage für das Verständnis von Diffusionsvorgängen in solchen Verbindungen ist die Kenntnis des Aufbaus realer Ionengitter, das Wissen um die nichtideale Anordnung der einzelnen Bausteine im Gitter. Die *Fehlordnung* in einem Ionenkristall ist sowohl von der Reinheit des betreffenden Stoffes als auch von der herrschenden Temperatur und dem Partialdruck der am Aufbau beteiligten Metalloidkomponente in der umgebenden Gasatmosphäre abhängig.

Die Fehlordnung in heteropolaren Ionenkristallen, wie Oxyden, Sulfiden, Halogeniden usw., ist qualitativ wie quantitativ sehr unterschiedlich. Viele Verbindungen, z. B. FeO, Cu_2O, ZnO, NiS, und auch intermediäre Kristallarten metallischer Zweistoffsysteme, sind im allgemeinen nur annähernd stöchiometrisch zusammengesetzt und weisen einen mehr oder weniger großen Überschuß bzw. Unterschuß der einen oder anderen Komponente auf. Während in diesen Fällen eine ideale Ordnung des Ionengitters offenbar unmöglich ist, gibt es andererseits eine Anzahl von Verbindungen, z. B. die Alkali- und Silberhalogenide, die zwar stöchiometrisch zusammengesetzt sind, deren Bausteine aber dennoch nicht vollkommen geordnet vorliegen. Entweder haben Teilchen der einen Ionenart ihre regulären Gitterplätze verlassen und sitzen auf Zwischengitterplätzen (Frenkel-Fehlordnung, Abb. 7), wie für

---

[1] FRENKEL, J.: Z. Phys. 35 (1926) 652.
[2] WAGNER, C., u. W. SCHOTTKY: Z. phys. Chem. (B) 11 (1930) 163. - WAGNER, C.: Z. phys. Chem., Bodenstein-Festband, 177 (1931); (B) 22 (1933) 181.
[3] SCHOTTKY, W.: Z. phys. Chem. (B) 29 (1935) 335; Z. Elektrochem. 45 (1939) 33.
[4] JOST, W.: J. chem. Physics 1 (1933) 466; Z. phys. Chem. (A) 169 (1934) 129; Trans. Faraday Soc. 34 (1938) 860.

den Fall des Silberbromids durch Überführungsmessungen[1] und Bestimmung der Gitterparameter[2] sichergestellt, oder eine gleiche Anzahl von Kationen- und Anionengitterplätzen ist unbesetzt (Schottky-Fehlordnung, Abb. 8).

Wir haben uns im folgenden mit den nichtstöchiometrischen Verbindungen zu befassen, bei denen insofern andere Verhältnisse vorliegen,

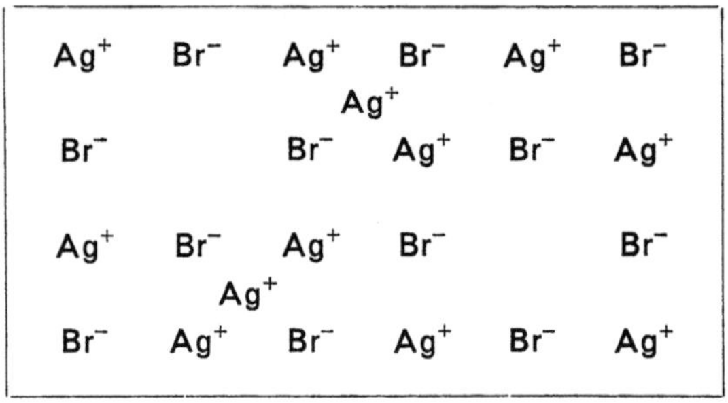

Ag^+	Br^-	Ag^+	Br^-	Ag^+	Br^-
		Ag^+			
Br^-		Br^-	Ag^+	Br^-	Ag^+
Ag^+	Br^-	Ag^+	Br^-		Br^-
		Ag^+			
Br^-	Ag^+	Br^-	Ag^+	Br^-	Ag^+

Abb. 7. Fehlordnungsmodell eines stöchiometrischen Ionenkristalls nach FRENKEL am Beispiel des Silberbromids

als hier zur Aufrechterhaltung der Elektroneutralität neben einer Ionenfehlordnung mit einer äquivalenten Elektronenfehlordnung zu rechnen ist. Das im Überschuß vorhandene Element kann entweder auf Zwischengitterplätzen untergebracht sein, oder es sind Leerstellen im Teilgitter einer Ionenart vorhanden. Zu dieser Stoffklasse gehören zwei Gruppen

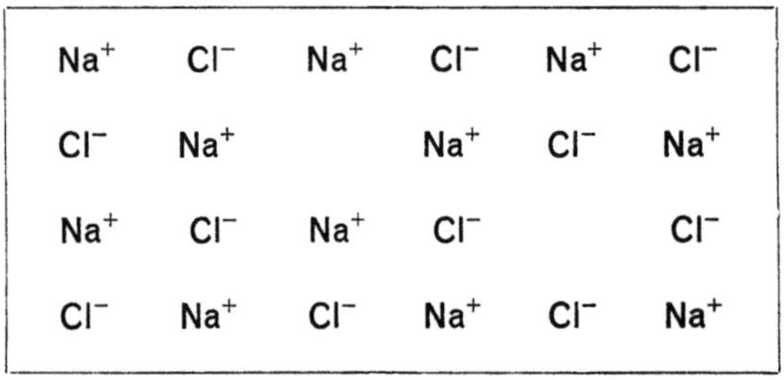

Na^+	Cl^-	Na^+	Cl^-	Na^+	Cl^-
Cl^-	Na^+		Na^+	Cl^-	Na^+
Na^+	Cl^-	Na^+	Cl^-		Cl^-
Cl^-	Na^+	Cl^-	Na^+	Cl^-	Na^+

Abb. 8. Fehlordnungsmodell eines stöchiometrischen Ionenkristalls nach SCHOTTKY am Beispiel des Natriumchlorids

elektronischer Halbleiter — kristalline Festkörper, die den elektrischen Strom schlechter als Metalle, aber besser als Isolatoren leiten und einen negativen Temperaturkoeffizienten des elektrischen Widerstandes aufweisen —, die wegen ihrer besonderen Bedeutung eingehender besprochen werden sollen: die Überschußhalbleiter und die Defekthalbleiter, die auch als n- und p-Leiter bezeichnet werden.

---

[1] TUBANDT, C., H. REINHOLD u. W. JOST: Z. phys. Chem. (A) 129 (1927) 69; Z. anorg. Chem. 177 (1928) 253. – TUBANDT, C.: Handbuch der Experimentalphysik Bd. 12, Tl. 1, Leipzig (1932) S. 383.
[2] BERRY, C. R.: Phys. Rev. 82 (1951) 422.

Im Überschußhalbleiter mit z. T. von Kationen besetzten Zwischengitterplätzen befindet sich eine äquivalente Anzahl beweglicher Elektronen, die die Leitfähigkeit des betreffenden Festkörpers verursachen. Ob sich im Zinkoxyd entsprechend der Abb. 9 zweiwertige Kationen oder nach einem Vorschlag von MOLLWO und STÖCKMANN[1] einwertige Kationen und also weniger Elektronen im Zwischenraume des Grund-

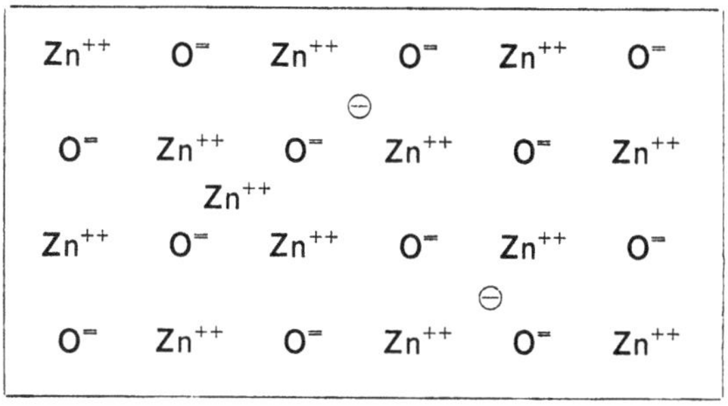

Zn^{++}	$O^=$	Zn^{++}	$O^=$	Zn^{++}	$O^=$
			$\ominus$		
$O^=$	Zn^{++}	$O^=$	Zn^{++}	$O^=$	Zn^{++}
	Zn^{++}				
Zn^{++}	$O^=$	Zn^{++}	$O^=$	Zn^{++}	$O^=$
				$\ominus$	
$O^=$	Zn^{++}	$O^=$	Zn^{++}	$O^=$	Zn^{++}

Abb. 9. Fehlordnungsmodell eines Überschußhalbleiters am Beispiel des Zinkoxyds

gitters befinden, ist bisher nicht mit Sicherheit geklärt und auch nicht entscheidend im Hinblick auf die Aussagen, die das Schema z. B. bezüglich des Mechanismus der Zinkoxydation zu machen gestattet. In anderen halbleitenden Verbindungen ist der Metallüberschuß dadurch gegeben, daß bei praktisch vollbesetztem Kationenteilgitter Anionen-

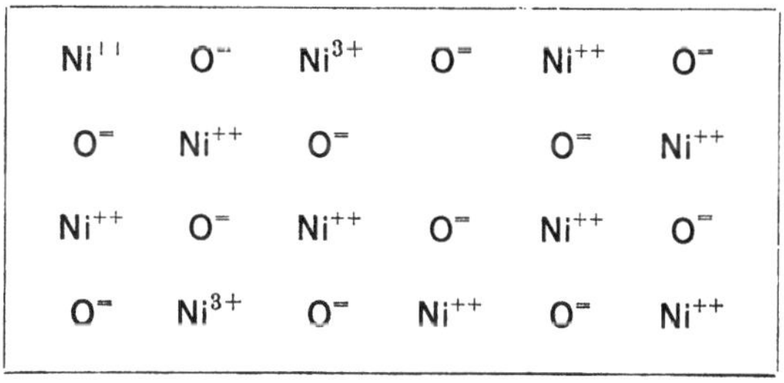

Ni^{++}	$O^=$	Ni^{3+}	$O^=$	Ni^{++}	$O^=$
$O^=$	Ni^{++}	$O^=$		$O^=$	Ni^{++}
Ni^{++}	$O^=$	Ni^{++}	$O^=$	Ni^{++}	$O^=$
$O^=$	Ni^{3+}	$O^=$	Ni^{++}	$O^=$	Ni^{++}

Abb. 10. Fehlordnungsmodell eines Defekthalbleiters am Beispiel des Nickeloxyds

leerstellen und freie Elektronen vorhanden sind. Solcherart scheint die Abweichung von der Stöchiometrie beim TiO_2 zu sein[2].

Die heteropolar aufgebauten Defekthalbleiter weisen ein Metalldefizit auf. Da ein unbesetzter Kationengitterplatz das Fehlen einer oder mehrerer positiver Ladungen bedeutet, kann im Sinne der Abb. 10 die Elektroneutralität der Verbindung nur dadurch gewahrt sein, daß eine äquivalente Anzahl höherwertiger Kationen, im Nickeloxyd also

---
[1] MOLLWO, E., u. F. STÖCKMANN: Ann. Phys. 3 (1948) 240.
[2] HAUFFE, K., H. GRUNEWALD u. R. TRÄNCKLER-GREESE: Z. Elektrochem. 56 (1952) 937. - TYLECOTE, R. F., u. T. E. MITCHELL: J. Iron Steel Inst. 196 (1960) 445.

dreiwertiger Nickelionen, vorhanden ist. Die Leitfähigkeit solcher Halbleiter ist abhängig von der Konzentration dieser Elektronendefektstellen (höherwertige Ionen der gleichen Ionenart). Der Stromtransport ist dadurch ermöglicht, daß ein normal geladenes Kation einer benachbarten Elektronendefektstelle ein Elektron übergibt, dadurch selbst zum dreiwertigen Ion aufgeladen wird und wiederum ein Elektron von einem Nachbarkation einfangen kann.

2. Diffusion durch kompakte Deckschichten

Die Vorstellung der Teilchendiffusion durch ein heteropolares Kristallgitter — etwa das eines Metalloxyds — bereitet nunmehr keine gedanklichen Schwierigkeiten mehr. In der Hauptsache sind es bei beiden Halbleitertypen fehlgeordnete Teilchen, die sich an der zur Fortsetzung der Oxydation notwendigen Diffusion durch die entstehende Deckschicht hindurch beteiligen. So können z. B. im Zwischengitterraum befindliche Kationen bei ausreichend hohen Temperaturen von einem zum andern Zwischengitterplatz springen, während Kationenleerstellen insofern diffusionsfähig sind, als ein benachbartes auf seinem normalen Gitterplatz sitzendes Kation bei Überwindung des Aktivierungsberges in die Gitterlücke hinüberwechselt. Der Vorgang wiederholt sich, und schließlich ist die Leerstelle um mehrere Gitterabstände *diffundiert*, während gleichviele Kationen nur je einen Sprung getan haben. Außer der reinen Gitterdiffusion findet natürlich auch eine vom jeweiligen Fehlordnungstyp unabhängige Korngrenzendiffusion statt, deren Beitrag zur Gesamtdiffusion aber wegen der relativ geringen Temperaturabhängigkeit des betreffenden Diffusionskoeffizienten mit steigender Temperatur abnimmt und bei hohen Temperaturen vernachlässigbar gering ist[1].

Der Mechanismus der Oxydation eines Metalls oder einer Legierung bei höherer Temperatur ist, soweit es sich lediglich um die Frage nach dem Fortgang der Reaktion handelt, bereits auf Grund der Kenntnis des Fehlordnungscharakters des jeweils entstehenden Oxyds geklärt. Die Sauerstoffdruckabhängigkeit der Gleichgewichtskonzentrationen fehlgeordneter Teilchen bei gegebener Temperatur hat unterschiedliche Konzentrationen in der Oxydschicht an den beiden Phasengrenzen Metall/Oxyd und Oxyd/Gasphase zur Folge. Dieses Konzentrationsgefälle — oder, im Hinblick auf die wirksame treibende Kraft der Diffusion exakter gesagt: dieses Gefälle der chemischen Potentiale — ist für den Materietransport durch die Zunderschicht und damit für den Fortgang' der Oxydation verantwortlich zu machen. Wird ein blankes Metall oder eine Legierung bei höherer Temperatur oxydiert, so treten nach Ausbildung einer dünnen Oxydschicht, deren Entstehungsmechanismus recht kom-

---
[1] Vgl. K. HAUFFE: Oxydation von Metallen und Metallegierungen, Berlin/Göttingen/Heidelberg (1956) S. 65—69.

pliziert ist, Metallionen und Elektronen aus dem Metallverband — je nach Fehlordnungstyp des Oxyds als Zwischengitterionen und -elektronen bzw. unter Auffüllung von Kationenleerstellen und Elektronendefektstellen — ins Oxyd ein. Sie diffundieren auf Grund des vorhandenen Gefälles der chemischen Potentiale über Fehlordnungsstellen in Richtung zur Gasphase, wo sie durch vorhandenen Sauerstoff unter Ausbildung weiterer Oxydnetzebenen verbraucht werden. Gleichzeitig findet in vielen Fällen eine Diffusion des Sauerstoffs in umgekehrter Richtung statt, die in einigen Oxyden sogar den entscheidenden Anteil ausmacht.

Wenn bei der Oxydation eines Metalls festhaftende, kompakte Deckschichten entstehen, dann werden sich diese im allgemeinen hemmend auf den weiteren Verlauf der Reaktion auswirken. Die Schutzwirkung von Zunderschichten ist allgemein bekannt und findet weiteste Nutzanwendungen. Dieser reaktionshemmende Einfluß der wachsenden Oxydschicht macht deutlich, daß nicht die Sauerstoffaffinität eines Metalls, sondern vielmehr der Fehlordnungsgrad seines Oxyds und die Beweglichkeit der im Oxyd diffundierenden Teilchen für ihre Bildungsgeschwindigkeit bestimmend sind. Man denke z. B. an die gute Zunderbeständigkeit von Aluminium bis in Schmelzpunktnähe, während Kupfer, Eisen und andere Metalle mit weit geringerer Sauerstoffaffinität im gleichen Temperaturbereich z. T. erheblich schneller oxydieren.

Bildet sich während der chemischen Umsetzung zweier oder mehrerer Stoffe miteinander eine feste Phase als Reaktionsprodukt, die eine räumliche Trennung der Ausgangsstoffe bewirkt, so muß dennoch eine zusätzliche Reaktionshemmung nicht mit Sicherheit erwartet werden. Vielmehr setzt sich die Reaktion aus einer Reihe von Einzelprozessen. zusammen, und erst kinetische Untersuchungen zeigen, in welcher Weise die Umsetzung verläuft, welche Faktoren sie beeinflussen und welcher Teilvorgang der langsamste und damit die Geschwindigkeit der Gesamtreaktion bestimmende ist. Eine Zusammenstellung der Einzelreaktionen und -vorgänge der Metalloxydation ist in Abb. 11 wiedergegeben[1], die die Diffusion von Metall- und Sauerstoffionen und die entsprechenden an den beiden Phasengrenzen ablaufenden Umsetzungen berücksichtigt.

Die Elektronenbeweglichkeit im Halbleiter ist im allgemeinen um einige Zehnerpotenzen größer als die der Ionen; Elektronenstörstellen sind schon bei niedriger Temperatur beweglich. Oxydische Halbleiter sind bei Zimmertemperatur ausschließlich elektronenleitend, während die Ionenstörstellen erst bei höheren Temperaturen beweglich werden. Wenn demnach während einer Reaktion sich bildende Deckschichten

---

[1] PFEIFFER, H., u. K. HAUFFE: Zundervorgänge an Metallen und Metalllegierungen, Wissenschaftliche Berichte, Bd. 49, Berlin (1952) S. 13. - HAUFFE, K.: Reaktionen in und an festen Stoffen, Berlin/Göttingen/Heidelberg (1955) S. 412.

schützend wirken, den Fortgang der Umsetzung also hemmen, so wird dieser Effekt durch den relativ langsamen Ionentransport durch das feste Reaktionsprodukt hindurch bewirkt.

Phasengrenzreaktionen haben meistens nur dann einen Einfluß auf den Verlauf der Oxydation, wenn keine kompakten oder festhaftenden Zunderschichten entstehen, das reagierende Gas also in stetem Kontakt mit der metallischen Oberfläche verbleibt. Allerdings spielen sie in Einzelfällen trotz des Vorhandenseins kompakter Oxydschichten eine beherrschende Rolle, wie HAUFFE und PFEIFFER[1] für den Fall der Oxydation von Eisen zu Wüstit in CO_2—CO-Gasgemischen gezeigt haben.

Außer den in Abb. 11 angegebenen Einzelprozessen haben noch weitere Faktoren einen z. T. erheblichen Einfluß auf Art und Struktur des entstehenden Reaktionsproduktes und damit nicht zuletzt auf seine Bildungsgeschwindigkeit, z. B.:

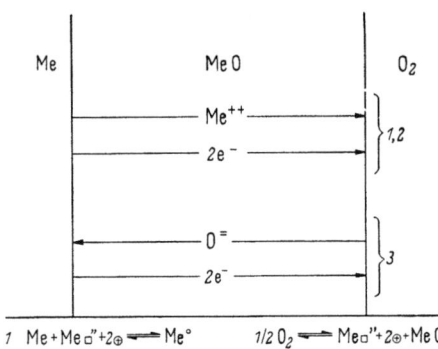

Abb. 11. Materietransport durch die Oxydschicht und an den Phasengrenzen ablaufende Reaktionen. (Mechanismus 1 für Defekthalbleiter, 2 für Überschußhalbleiter mit Kationen- und 3 mit Anionenfehlordnung. Me° und O° kennzeichnen normale Metall- bzw. Sauerstoffionen des Ionenkristalls, Me□'' bedeutet eine Kationenleerstelle, die relativ zum Gitter zweifach negativ geladen erscheint, MeO¨ ein zweifach positiv geladenes Überschußicn, ⊖ ein freies Elektron und ⊕ eine Elektronendefektstelle.)

1. Das Molvolumen des entstehenden Oxyds im Vergleich zu dem des Metalls.

2. Die thermodynamische Stabilität der jeweils in Frage kommenden Oxyde.

3. Der Gittertyp der Zunderschicht und seine Ähnlichkeit mit dem Gitter des Metalls bzw. der Legierung und damit eng verknüpft die Frage der Epitaxie[2], von der später noch die Rede sein wird.

4. Die selektive Oxydation, d. h. die ausschließliche oder bevorzugte Oxydation nur einer oder einiger weniger Komponenten einer Legierung.

5. Die Möglichkeit der Bildung mehrerer Oxydschichten, wie sie z. B. bei Metallen gegeben ist, die in mehreren Wertigkeitsstufen beständige Verbindungen eingehen. Hier werden u. U. verschiedenartige Diffusionsvorgänge beobachtet. Eisen ist dafür ein klassisches Beispiel. Es bildet bei hohen Temperaturen an Luft drei Oxydschichten, in der

---

[1] HAUFFE, K., u. H. PFEIFFER: Z. Elektrochem. 56 (1952) 390; Z. Metallkde. 44 (1953) 27.

[2] NEUHAUS, A.: Fortschr. Mineralog. 29/30 (1950/51) 136.

Reihenfolge FeO, Fe$_3$O$_4$, Fe$_2$O$_3$ auf der metallischen Oberfläche aufwachsend (Abb. 12). Außer den Elektronen diffundieren im FeO praktisch nur Kationen[1,2], im Fe$_3$O$_4$ und Fe$_2$O$_3$ nur Anionen[2].

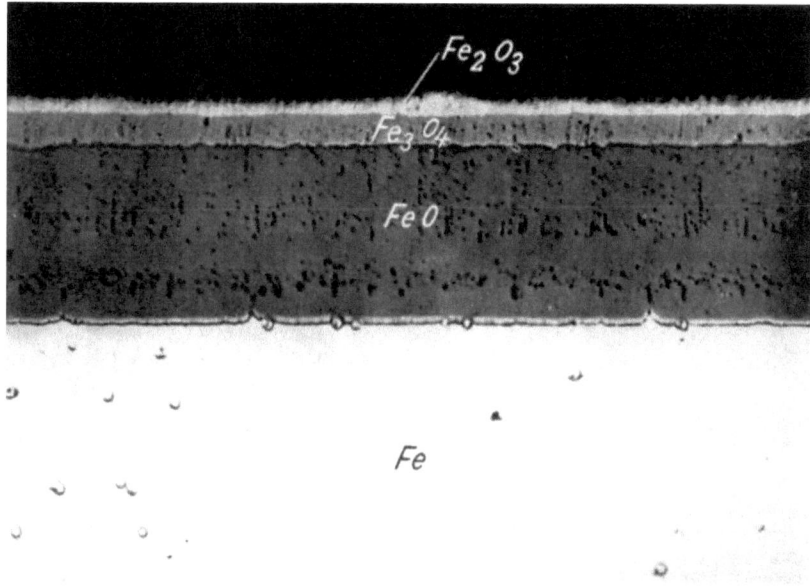

Abb. 12. Zunderschicht auf Eisen nach einer Glühung von 20 Std. bei 620 °C in Luft*. (Vergr. 350:1)

3. Gesetze des zeitlichen Verlaufs der Oxydation von Metallen und Legierungen

Die Metalloxydation stellt in Anbetracht der voraufgegangenen Ausführungen einen erheblich komplizierteren Prozeß dar, als die einfache chemische Umsetzungsgleichung zunächst erwarten läßt. Trotz der Abhängigkeit der Reaktionsgeschwindigkeit von derart vielen einzelnen Faktoren werden experimentell nur wenige verschiedenartige Gesetzmäßigkeiten des zeitlichen Verlaufs der Oxydation fester Körper beobachtet. Einige dieser Gesetze gelten nur bei sehr geringen Oxydschichtdicken, in denen nach CABRERA und MOTT[3] auf Grund der hohen Elektronenbeweglichkeit starke elektrische Felder entstehen, da die Elektronen den relativ langsamen Ionen in Richtung zur Gasphase voraus-

---

[1] PFEIFFER, H., u. B. ILSCHNER: Z. Elektrochem. 60 (1956) 424.
[2] DAVIES, M. H., M. T. SIMNAD u. C. E. BIRCHENALL: J. Metals 3 (1951) 889; 5 (1953) 1250.
[3] CABRERA, N., u. N. F. MOTT: Progress in Physics 12 (1949) 163.
* Für die freundliche Überlassung der Aufnahme danken wir Herrn Dr. A. RAHMEL, Mannesmann-Forschungsinstitut, Duisburg-Wanheim.

eilen und durch Bildung von Sauerstoffionen verbraucht werden. Das Oxyd wird damit praktisch zu einem aufgeladenen Kondensator mit positiver Ladung an der Metall/Oxyd- und negativer an der Oxyd/Gas-Phasengrenze. Das herrschende elektrische Potential bewirkt eine Ionenwanderung selbst bei sehr niedrigen Temperaturen, bei denen die thermische Energie nicht ausreicht, einen Platzwechsel zu ermöglichen. In dünnen Oxydschichten herrscht also im Volumenelement keine Elektroneutralität, wie Abb. 13 für einen Defekthalbleiter zeigt. Auf Einzelheiten des Mechanismus und der Kinetik der Anfangsoxydation soll hier nicht näher eingegangen werden. Wir wollen lediglich erwähnen, daß bei kinetischen Untersuchungen dieser Art ein parabolisches, kubisches, reziprok logarithmisches oder logarithmisches Zeitgesetz der Oxydation experimentell für gültig befunden wird, d. h., die Schichtdicke wächst proportional der zweiten oder dritten Wurzel bzw. dem Logarithmus oder dem Kehrwert des Logarithmus der Zeit[2].

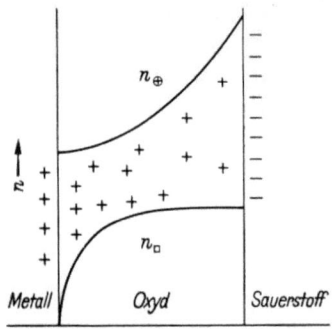

Abb. 13. Schematische Darstellung des Konzentrationsverlaufs der Fehlstellen und Ladungsverteilung in dünnen Oxydschichten („Raumladungsrandschichten") eines Defekthalbleiters nach ENGELL, HAUFFE und ILSCHNER[1]. ($n_\square$ ist die Konzentration der Kationenleerstellen, $n_\oplus$ die der Elektronendefektstellen)

Die unterschiedliche Beweglichkeit von Elektronen und Ionen im Oxyd und die darauf beruhende Ausbildung eines elektrischen Feldes in sehr dünnen Schichten ist die Ursache dafür, daß die meisten Metalle und Legierungen bereits bei Raumtemperatur und darunter von einer dünnen, *unsichtbaren* Oxydschicht bedeckt sind. Das Feld wird um so schwächer, je mehr die Schicht anwächst, bis es nach Erreichen einer bestimmten Dicke bei niedriger Temperatur als Triebkraft der Ionen nicht mehr ausreicht und die Reaktion zum Stillstand kommt.

Die Hochtemperaturoxydation (etwa oberhalb 500 °C bis in die Nähe der Schmelzpunkte der jeweils untersuchten Metalle oder Legierungen) unterliegt Gesetzen, die theoretisch im allgemeinen recht einfach zu deuten sind. In vielen Fällen ist die Diffusion eines Reaktionspartners durch die Oxydschicht hindurch relativ langsam und somit zeitbestimmend für die Oxydation. Experimentell wird dann ein parabolisches Zeitgesetz der Oxydation für gültig befunden (s. Abb. 14), d. h., in Über-

---

[1] ENGELL, H. J., K. HAUFFE u. B. ILSCHNER: Z. Elektrochem. 58 (1954) 478; vgl. auch K. HAUFFE: Oxydation von Metallen und Metallegierungen, Berlin/Göttingen/Heidelberg (1956) S. 105.

[2] Zusammenfassende Darstellung bei K. HAUFFE: Reaktionen in und an festen Stoffen, Berlin/Göttingen/Heidelberg (1955) S. 554—571.

einstimmung mit dem FICKschen Gesetz ist die Dickenzunahme in der Zeiteinheit umgekehrt proportional der Schichtdicke $\Delta\xi$:

$$\frac{d(\Delta\xi)}{dt} = \frac{k}{\Delta\xi}. \tag{13}$$

Diese einfache Gesetzmäßigkeit fanden TAMMANN[1] und später PILLING und BEDWORTH[2] unabhängig voneinander. Sie gilt nur bei konstantem Gefälle der chemischen Potentiale der diffundierenden Komponente, also nur dann, wenn an beiden Phasengrenzen praktisch zu jedem Zeitpunkt thermodynamisches Gleichgewicht herrscht und damit die chemischen Potentiale an der Innen- und Außenseite der Oxydschicht unabhängig von deren Dicke als konstant anzusehen sind. Mit anderen Worten: das parabolische Gesetz kann nur dann gelten, wenn alle Phasengrenzreaktionen mit genügend großer Geschwindigkeit ablaufen. Voraussetzung für seine Gültigkeit ist ferner die Ausbildung eines kompakten, anhaftenden Oxyds, wie sie bei Einhaltung konstanter Bedingungen, besonders gleichbleibender Temperatur, bei vielen Systemen erfüllt ist.

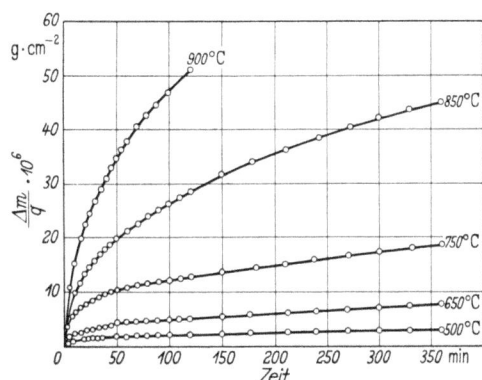

Abb. 14. Zeitlicher Verlauf der Oxydation einer Nickel-Chrom 80/20-Legierung bei 0,1 Atm Sauerstoffdruck bei verschiedenen Temperaturen nach GULBRANSEN und ANDREW[3]. An Stelle der Schichtdickenzunahmen sind die entsprechenden Gewichtszunahmen je Oberflächeneinheit $\Delta m/q$ aufgetragen

Die Integration des Differentialansatzes (13) ergibt

$$(\Delta\xi)^2 = 2k \cdot t = k' \cdot t \qquad k' \,[\text{cm}^2 \cdot \text{sec}^{-1}]. \tag{14}$$

Die graphische Auswertung von Versuchsergebnissen durch Auftragen von $\Delta\xi$ über der Zeit liefert also bei Anwendbarkeit des Gesetzes eine Parabel. Im allgemeinen wählt man die Darstellung $(\Delta\xi)^2$ gegen t und hat den Vorteil, Abweichungen von der strengen Gültigkeit des Gesetzes sofort zu erkennen und weiterhin den Proportionalitätsfaktor k', die Geschwindigkeitskonstante der Reaktion, unmittelbar als Neigung der erhaltenen Geraden bestimmen zu können und somit eine direkte Aussage über die Geschwindigkeit des jeweils untersuchten Oxydationsprozesses zu gewinnen.

---

[1] TAMMANN, G.: Z. anorg. Chem. 111 (1920) 78.
[2] PILLING, N. B., u. R. E. BEDWORTH: J. Inst. Met. 29 (1923) 529.
[3] GULBRANSEN, E. A., u. K. F. ANDREW: J. electrochem. Soc. 101 (1954) 163.

Über das Gebiet der Anlauffarben hinaus bereitet die exakte Bestimmung der Schichtdicke erhebliche Schwierigkeiten, weshalb meistens die Gewichtszunahme messend verfolgt wird. Analog zu Gl. (14) kann das parabolische Zeitgesetz in folgender Form geschrieben werden:

$$\left(\frac{\Delta m}{q}\right)^2 = k'' \cdot t \qquad k'' \,[\text{g}^2 \cdot \text{cm}^{-4} \cdot \text{sec}^{-1}]. \tag{15}$$

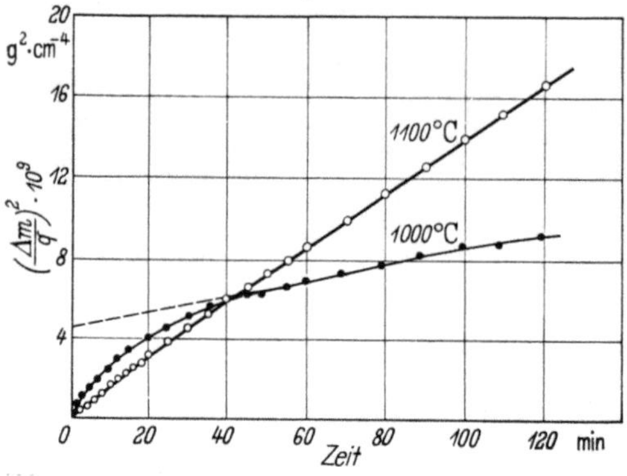

Δm ist die Gewichtszunahme, q die Oberfläche der zundernden Probe. Einige typische Oxydationsisothermen sind in Abb. 15 dargestellt.

Bilden sich während der Oxydation poröse oder leicht abplatzende Zunderschichten, so hat die Diffusion in vielen Fällen keinen Einfluß auf die Geschwindigkeit des Prozesses, da die Gasatmosphäre in dauernder direkter Wechselwirkung mit der metallischen Oberfläche steht und somit von einer Schutzwirkung der entstehenden Deckschicht keine Rede sein kann. Experimentell wird als Umsatz-Zeitkurve eine Gerade gefunden, wie aus Abb. 16 für das Beispiel der Oxydation von Cer zu ersehen ist[2]. Die Schichtdicken- oder Gewichtszunahme der zundernden Probe ist nahezu direkt proportional der Zeit, und die reaktionskinetischen Verhältnisse können durch folgende Beziehung wiedergegeben werden:

Abb. 15. Beispiele der Gültigkeit des parabolischen Zeitgesetzes der Oxydation bei Eisen-Chrom-Aluminium-Legierungen mit 22% Cr und 5% Al, nach GULBRANSEN und ANDREW[1], ($p_{O_2} = 76$ mm Hg)

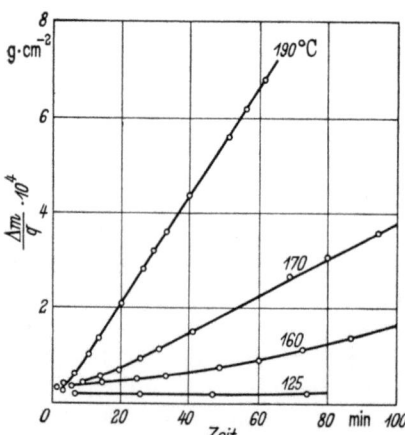

Abb. 16. Der lineare Verlauf der Oxydation von Cer in Sauerstoff im Temperaturbereich von 125 bis 190 °C, nach CUBICCIOTTI

$$\frac{\Delta m}{q} = l'' \cdot t \qquad l'' \,[\text{g} \cdot \text{cm}^{-2} \cdot \text{sec}^{-1}]. \tag{16}$$

l'' ist die Geschwindigkeitskonstante der Reaktion, Δm die gesamte Gewichtszunahme, worauf bei abplatzendem Zunder zu achten ist.

---
[1] GULBRANSEN, E. A., u. K. F. ANDREW: J. electrochem. Soc. 106 (1959) 294.
[2] CUBICCIOTTI, D.: J. Amer. chem. Soc. 74 (1952) 1079, 1200.

Die häufig beobachteten anfänglichen Abweichungen der Oxydationsisothermen (s. Abb. 15) haben nach GULBRANSEN und ANDREW[1] verschiedene Ursachen, z. B.:

1. Die Änderung der Oberflächenrauhigkeit mit fortschreitender Reaktion.
2. Der Einfluß der Reaktionswärme auf die Oxydationsgeschwindigkeit. Dünne Eisenbleche zeigen gelegentlich nach Aufheizen im Vakuum auf etwa 1000 °C und anschließendem Sauerstoffeinlaß als Folge der freiwerdenden Wärme Anschmelzerscheinungen. Die auftretenden Übertemperaturen sind von SCHMAHL, BAUMANN und SCHENCK[2] theoretisch behandelt worden.
3. Der Einfluß der Eindiffusion von Sauerstoff ins Metall auf die Geschwindigkeitskonstante. Der Effekt ist um so größer, je mehr Sauerstoff das betreffende Metall oder die Legierung aufzunehmen vermag. JENKINS[3] untersuchte die Verteilung des bei der Oxydation von Titan insgesamt absorbierten Sauerstoffs auf Metall und Oxydschicht. Nach 36stündiger Glühung bei 800 °C befanden sich 20% des verbrauchten Sauerstoffs im Metall. Die Verteilung ist abhängig von Temperatur, Dauer der Glühbehandlung und Sauerstoffdruck. Das Verhältnis des Sauerstoffgehalts in Oxyd und Metall verschiebt sich bei Erniedrigung des Druckes in Richtung auf höhere Gehalte im Metall, so daß dünne Oxydschichten bei anschließender Vakuumglühung völlig verschwinden.
4. Die Anreicherung von Verunreinigungen im Oxyd während des ersten Stadiums der Reaktion.
5. Änderungen in der Oxydzusammensetzung und Struktur der Deckschicht im Verlauf der Oxydation.
6. Der Einfluß des elektrischen Feldes in sehr dünnen Schichten auf den Mechanismus der Zunderung.

Das lineare Zeitgesetz Gl. (16) wird vielfach dann für gültig befunden, wenn das Molvolumen des Oxyds kleiner als das des entsprechenden Metalls ist, z. B. bei Alkali- und Erdalkalimetallen (PILLING-BEDWORTHsche Regel). Die sich bildenden Oxydschichten sind vielfach porös und verhindern nicht den freien Durchtritt des Sauerstoffs zur metallischen Oberfläche. In Tab. 3 sind die Verhältnisse (α) der Molvolumina von Oxyd und entsprechendem Metall für einige Verbindungen und die für bestimmte Temperaturbereiche für gültig befundenen Zeitgesetze der Oxydbildung in Luft oder Sauerstoff angegeben.

Berylliumoxyd fällt mit seinem relativ hohen α-Wert aus der Reihe der Erdalkalioxyde heraus und bildet sich nach dem parabolischen Zeit-

---

[1] GULBRANSEN, E. A., u. K. F. ANDREW: J. electrochem. Soc. 98 (1951) 241.
[2] SCHMAHL, N. G., H. BAUMANN u. H. SCHENCK: Arch. Eisenhüttenw. 29 (1958) 41.
[3] JENKINS, A. E.: J. Inst. Met. 82 (1954) 213.

Tabelle 3. *Volumenquotient von Oxyd und Metall in Beziehung zum Zeitgesetz der Oxydbildung*

Oxyd	$\alpha = \dfrac{\text{Molvolumen des Oxyds}}{\text{Molvolumen des Metalls}}$	Zeitgesetz der Oxydation	Temperaturbereich
BeO	1,68	parabolisch[1,2]	350— 970 °C
MgO	0,81	linear[3]	475— 575 °C
CaO	0,64	linear[4]	300— 500 °C
BaO	0,67	linear[5]	17 °C
NiO	1,65	parabolisch[6,7,8]	750—1240 °C
Cr_2O_3	2,07	parabolisch[9]	700— 900 °C

gesetz. Für die Mehrzahl der Schwermetalle, bei denen α immer >1 ist, wird bei höheren Temperaturen ebenfalls das parabolische Zeitgesetz für gültig befunden. Eine weitere Bestätigung der in vielen Fällen gefundenen Abhängigkeit des jeweils geltenden Zeitgesetzes vom Volumenverhältnis α ist die von SCHNEIDER und ESCH[10] mitgeteilte Beobachtung, daß die Oxydation von Magnesium in Schwefeldioxyd im Temperaturgebiet von 600—700 °C im Gegensatz zu der Glühung in Luft oder Sauerstoff nach dem parabolischen Zeitgesetz verläuft. Bei der Reaktion bildet sich außer Magnesiumoxyd zu einem mehr oder weniger großen, von der Temperatur abhängigen Anteil Magnesiumsulfat, dessen Molvolumen etwa um den Faktor 4 größer ist als das des Magnesiumoxyds, so daß bereits geringe Mengen Sulfat eine Änderung des Zunderungsmechanismus bewirken. Das Verhältnis der Molvolumina der Reaktionsprodukte und des Metalls wird >1, die entstehende Oxyd-Sulfat-Schicht ist kompakt und hemmt den Fortgang der Reaktion.

Allerdings sind auch Ausnahmen von der genannten Volumenregel bekannt geworden. So haben CATHCART, HALL und SMITH[11] bei der Oxydation von Natrium ($\alpha = 0{,}55$, bezogen auf das thermodynamisch beständige Na_2O) in trockenem Sauerstoff im Temperaturbereich von —78 bis 48 °C geringe Reaktionsgeschwindigkeiten beobachtet, die als Folge der Ausbildung gut deckender Oxydschichten anzusehen sind. Die Beobachtungen lassen sich zwar quantitativ durch keine der bisher

---

[1] CUBICCIOTTI, D.: J. Amer. chem. Soc. 72 (1950) 2084.
[2] GULBRANSEN, E. A., u. K. F. ANDREW: J. electrochem. Soc. 97 (1950) 383, 396.
[3] LEONTIS, T. E., u. F. N. RHINES: Trans. A.I.M.M.E. 166 (1946) 265.
[4] PILLING, N. B., u. R. E. BEDWORTH: J. Inst. Met. 29 (1923) 529.
[5] KUBASCHEWSKI, O., u. B. E. HOPKINS: Oxidation of Metals and Alloys, London (1962) S. 40.
[6] WAGNER, C., u. K. E. ZIMENS: Acta chem. Scand. 1 (1947) 547.
[7] KUBASCHEWSKI, O., u. O. v. GOLDBECK: Z. Metallkde. 39 (1948) 158.
[8] PFEIFFER, H., u. K. HAUFFE: Z. Metallkde. 43 (1952) 364.
[9] GULBRANSEN, E. A., u. K. F. ANDREW: J. electrochem. Soc. 99 (1952) 402.
[10] SCHNEIDER, A., u. U. ESCH: Z. Metallkde. 32 (1940) 173.
[11] CATHCART, J. V., L. L. HALL u. G. P. SMITH: Acta Met. 5 (1957) 245.

vorgeschlagenen Gesetzmäßigkeiten der Oxydationsgeschwindigkeit beschreiben, qualitativ entspricht aber die allgemeine Form der Geschwindigkeitskurven derjenigen, die sich aus dem MOTT-CABRERA-Modell ergibt. Vermutlich sind die Abweichungen der Inhomogenität dünner, auf Metalloberflächen aufwachsender Oxydfilme zuzuschreiben.

VERMILYEA[1] ging noch einen Schritt weiter und postulierte, daß im Verlauf der Oxydation metallischer Werkstoffe grundsätzlich schützende Deckschichten entstünden, wie er für den Fall der Oxydation von Natrium, Calcium und Magnesium in trockenem Sauerstoff bei niedrigen Temperaturen nachwies. Nach Meinung des Autors kann zunächst keine Porosität innerhalb der Oxydschicht entstehen, da neu gebildetes Oxyd in Kontakt mit der noch freien metallischen Oberfläche gebildet werden würde. Eine Deutung der z. B. bei Ca und Mg unter bestimmten Umständen beobachteten Gültigkeit des linearen Wachstumsgesetzes der betreffenden Oxydschichten hält VERMILYEA in Analogie zu dem vergleichbaren Oxydwachstum bei einigen Metallen mit $\alpha > 1$ für möglich. So erfahren die anfangs gebildeten schützenden Oxydschichten bei den Metallen Cer[2], Uran[3], Wolfram[4] und Aluminium[5] unter bestimmten Bedingungen eine Umwandlung und werden porös. Das weitere Wachstum verläuft dann nach dem linearen Zeitgesetz. Möglicherweise ist das Reaktionsgeschehen im Falle der Oxydation von Calcium und Magnesium ebenfalls auf Grund von Umwandlungsprozessen in anfangs schützenden Oxydschichten der gleichen Gesetzmäßigkeit unterworfen. Damit übereinstimmend fanden GREGG und JEPSON[6] eine Inkubationsperiode bei der Oxydation von Magnesium in Sauerstoff bei 475—575 °C, die durch abnehmende Reaktionsgeschwindigkeiten bei zunehmender Versuchsdauer ausgezeichnet und somit als Beweis der schützenden Wirkung dünner MgO-Schichten zu werten ist. Erst nach Erreichen einer kritischen Schichtdicke wird das Oxyd brüchig und porös, verliert seine Schutzeigenschaften, und experimentell wird das lineare Zeitgesetz für den Fortgang der Reaktion für gültig befunden.

Als Beispiel einer Oxydation, die durch das lineare Zeitgesetz zu beschreiben ist, obwohl der Materietransport durch die entstehende kompakte Deckschicht hindurch erfolgt, nennen wir die Oxydation von

---

[1] VERMILYEA, D. A.: Acta Met. 5 (1957) 492.
[2] LORIERS, J.: Compt. rend. 229 (1949) 547; 231 (1950) 522. – CUBICCIOTTI, D.: J. Amer. chem. Soc. 74 (1952) 1200.
[3] LORIERS, J.: Compt. rend. 234 (1952) 91.
[4] WEBB, W. W., J. T. NORTON u. C. WAGNER: J. electrochem. Soc. 103 (1956) 107.
[5] GULBRANSEN, E. A., u. W. S. WYSONG: J. phys. Chem. 51 (1947) 1087.
[6] GREGG, S. J., u. W. B. JEPSON: J. Inst. Met. 87 (1958/59) 187. – AYLMORE, D. W., S. J. GREGG u. W. B. JEPSON: J. electrochem. Soc. 106 (1959) 1010.

Eisen zu Wüstit bei 1000 °C im Sauerstoffdruckbereich von etwa 10^{-12} bis 1 mm Hg[1,2]. Der Grund für dieses Verhalten des Eisens ist in der abnorm hohen Fehlordnungskonzentration des FeO zu sehen, die im betrachteten Temperaturbereich etwa 10% beträgt[1], d. h., etwa jeder zehnte Eisenionengitterplatz ist unbesetzt. Der lineare Verlauf der Umsatz-Zeitkurve ist allerdings nicht bis zu beliebig starken Oxydschichtdicken zu erwarten, da nach dem parabolischen Zeitgesetz der Oxydation die Diffusionsgeschwindigkeit mit wachsender Schichtdicke abnimmt, schließlich der Geschwindigkeit der zeitbestimmenden Phasengrenzreaktion vergleichbar wird und bei weiterem Anwachsen der Schicht Diffusionsvorgänge allein ausschlaggebend für die Geschwindigkeit der Reak-

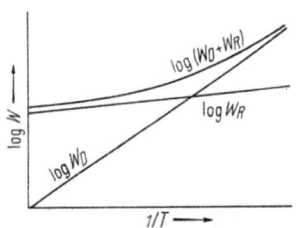

Abb. 17. Abhängigkeit des Diffusionswiderstandes W_D und Reaktionswiderstandes W_R von der Temperatur

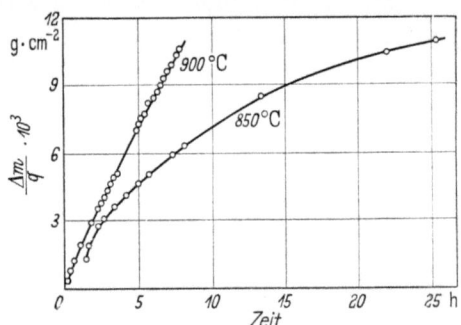

Abb. 18. Oxydation von Eisen in einem CO_2–CO-Gasgemisch mit 40 Vol.-% CO bei 850 und 900 °C, nach HAUFFE und PFEIFFER

tion sind. Dafür gaben DE BEAULIEU, CAGNET und MOREAU[3] eine experimentelle Bestätigung am Beispiel reinen und schwefelhaltigen Eisens in H_2–H_2O-Atmosphären bei 800 °C. Weiterhin ist der Einfluß der Temperatur u. U. von Bedeutung für die Frage, ob die Diffusion oder Reaktionen an den Phasengrenzen zeitbestimmend sind. Abb. 17 zeigt schematisch das Zusammenwirken der einzelnen auf den Reaktionsablauf einwirkenden Widerstände[4]. Der Widerstand der Phasengrenzreaktion W_R weist eine relativ geringe Temperaturabhängigkeit auf, während der Diffusionswiderstand W_D mit steigender Temperatur stark abnimmt. Je niedriger die Versuchstemperatur gewählt wird, um so wahrscheinlicher ist also ein parabolischer Verlauf der Oxydation. Mit steigender Temperatur gewinnt der Widerstand der Phasengrenzreaktionen mehr und mehr an Einfluß und kann schließlich ausschlaggebend für den Mechanismus der Reaktion werden. Die Wüstitbildung

---

[1] HAUFFE, K., u. H. PFEIFFER: Z. Elektrochem. 56 (1952) 390; Z. Metallkde. 44 (1953) 27. – PFEIFFER, H., u. C. LAUBMEYER: Z. Elektrochem. 50 (1955) 579.
[2] SMELTZER, W. W.: Trans. A.I.M.M.E. 218 (1960) 674; Acta Met. 8 (1960) 377.
[3] DE BEAULIEU, CH., M. CAGNET u. J. MOREAU: Compt. rend. 250 (1960) 3644.
[4] FISCHBECK, K., L. NEUNDEUBEL u. F. SALZER: Z. Elektrochem. 40 (1934) 517. – FISCHBECK, K., u. F. SALZER: Metallwirtsch. 14 (1935) 733.

in einem CO_2–CO-Gasgemisch mit 40 Volumenprozent CO verläuft bei 900 °C nach dem linearen, bei 850° nach dem parabolischen Zeitgesetz (s. Abb. 18).

Andererseits läßt sich voraussagen, daß in einem eng begrenzten Temperaturbereich — nämlich in der Nähe des Schnittpunktes der beiden Widerstandskurven in Abb. 17 — auch der Sauerstoffpartialdruck ausschlaggebend für den Reaktionsmechanismus sein muß, da bei konstanter Temperatur durch eine Erniedrigung des Druckes die Fehlordnungskonzentration der Eisenionen herabgesetzt wird, wie später noch im einzelnen erläutert werden soll. Unterschreitet sie ein bestimmtes Maß, so muß die Diffusion zeitbestimmend werden und die Oxydation nach dem parabolischen Gesetz verlaufen. Bei 850 °C verläuft die Wüstitbildung in einem 30 Vol.-% CO enthaltenden CO_2–CO-Gemisch nach dem linearen, bei 40 Vol.-% CO, wie bereits erwähnt, nach dem parabolischen Zeitgesetz (s. Abb. 19).

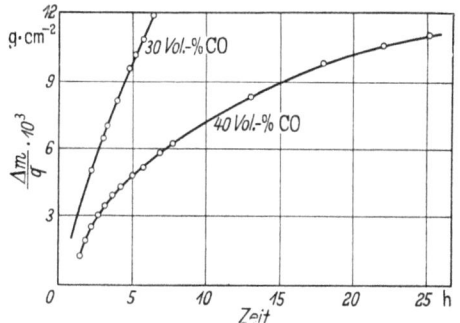

Abb. 19. Oxydation von Eisen bei 850 °C in CO_2–CO-Gasgemischen unterschiedlicher Zusammensetzung, nach HAUFFE und PFEIFFER

Oberhalb eines Sauerstoffdrucks von 1 mm Hg in Luft oder reinem Sauerstoff wird die Oxydationsgeschwindigkeit von Eisen bei 1000 °C schichtdickenabhängig; bis zu beliebig hohen Drucken hinauf gilt das parabolische Gesetz[1]. Der Wechsel des Zunderungsmechanismus ist verknüpft mit der zusätzlichen Bildung einer relativ dünnen Fe_3O_4-Schicht, die außen auf dem FeO aufwächst. Unter bestimmten Bedingungen entsteht außerdem auf dem Fe_3O_4 eine noch dünnere Schicht von Fe_2O_3 (vgl. Abb. 12). Die Wüstitbildung ist wegen ihres mengenmäßig überwiegenden Anteils an der gesamten Oxydschicht praktisch allein bestimmend für die Größe der Zunderkonstanten. Wenn trotzdem das parabolische Gesetz für gültig befunden wird, so nur deshalb, weil für die ausschließliche Bildung von Wüstit in CO_2–CO-Gasgemischen die Chemisorption von Sauerstoff entsprechend

$$CO_2 \rightleftharpoons O^-_{\text{chemisorbiert}} + CO + \oplus \qquad (17)$$

zeitbestimmend ist und die dafür verantwortliche Schwellenhemmung bei zusätzlicher Bildung einer Fe_3O_4-Schicht fortfällt. Außerdem muß die Oxydation unter den gegebenen Bedingungen bei zeitbestimmendem Wachstum der FeO-Phase sauerstoffdruckunabhängig sein, da der für

---
[1] s. Vorseite [1] H. PFEIFFER u. C. LAUBMEYER.

die FeO-Bildung wirksame Sauerstoffdruck durch das Zweiphasengleichgewicht FeO/Fe$_3$O$_4$ festgelegt ist. Der an dieser Phasengrenze herrschende Zersetzungsdruck ist unabhängig vom Sauerstoffpartialdruck der Gasphase und ausschließlich durch die Temperatur gegeben. Damit sind das Konzentrationsgefälle der Eisenionen-Leerstellen im Wüstit und also auch die Zunderkonstante unter den gegebenen Bedingungen nicht druckabhängig. Eine neuerliche Bestätigung dieses Sachverhalts gaben kürzlich RAHMEL und ENGELL[1], die im Temperaturbereich von 700—950 °C sowohl in Argon-Sauerstoff-Gemischen, als auch in reinem Sauerstoff keine Abhängigkeit der Oxydationsgeschwindigkeit vom Sauerstoffdruck fanden, wie Tab. 4 für Untersuchungen bei 950 °C zeigt.

Tabelle 4. *Abhängigkeit der Oxydationsgeschwindigkeit reinen Eisens vom Sauerstoffdruck bei 950 °C*

p_{O_2} [mm Hg]	15	33	120	204	285	386	558	625	760
Zunderkonstanten · 10^5 [g^2·cm^{-4}·min^{-1}]	2,9	3,1	3,1	3,1	3,4	3,2	3,1	3,1	3,5

Bezüglich der Oxydation von Metallen, die in ihren Verbindungen in mehreren Wertigkeitsstufen existent sind, gilt allgemein: wenn während der Oxydation eines Metalls mehrere Oxydschichten aufwachsen, wie etwa unter bestimmten Bedingungen bei Eisen oder Kupfer, so ist die Bildungsgeschwindigkeit der anteilmäßig am stärksten vertretenen Oxydphase zeitbestimmend für die Gesamtreaktion. Bildet sich vorwiegend die in direktem Kontakt mit der metallischen Oberfläche stehende Phase mit niederwertigen Kationen, so ist die Reaktion druckunabhängig. Ist dagegen die Bildungsgeschwindigkeit der äußeren Oxydphase überwiegend, so wird nur bei Defekthalbleitern eine Abhängigkeit der Zunderkonstanten vom Sauerstoffdruck zu erwarten sein, wie im nächsten Abschnitt gezeigt wird, bei Überschußhalbleitern nicht.

4. Zundersysteme mit elektronenleitenden Deckschichten

Im Gegensatz zu einigen wenigen bekannten ionenleitenden Verbindungen, z. B. dem Silberbromid[2], interessieren in dem zu behandelnden Problemkreis ausschließlich Systeme mit überwiegender Elektronenleitung. In beiden Halbleitertypen, den Überschuß- und den Defekthalbleitern, ist bei konstanter Temperatur und konstantem Sauerstoffpartialdruck die Oxydationsgeschwindigkeit von der Ionenteilleitfähigkeit, in der Mehrzahl aller Fälle von der Kationenteilleitfähigkeit ab-

---

[1] RAHMEL, A., u. H.-J. ENGELL: Arch. Eisenhüttenw. 30 (1959 743.
[2] TUBANDT, C., H. REINHOLD u. W. JOST: Z. phys. Chem. (A) 129 (1927) 69; Z. anorg. Chem. 177 (1928) 253. - TUBANDT, C.: Handbuch der Experimentalphysik Bd. 12, Tl. 1, Leipzig (1932) S. 383ff.

hängig, die ihrerseits dem Produkt aus Beweglichkeit und Fehlordnungskonzentration der betreffenden Ionenart proportional ist.

Die Beweglichkeit ist bei vorgegebener Temperatur als in erster Näherung konstant und vom Fehlordnungsgrad unabhängig anzusehen. Damit sind die Ionenteilleitfähigkeit und also auch die Zunderkonstante des parabolischen Zeitgesetzes eine unmittelbare Funktion der Ionenfehlordnungskonzentration.

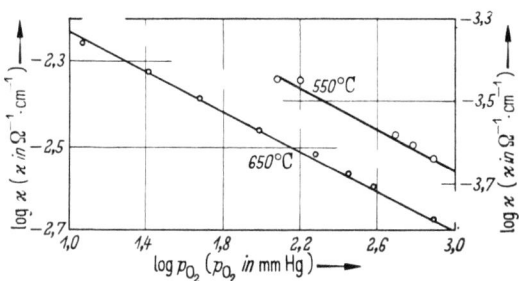

Abb. 20. Sauerstoffdruckabhängigkeit der elektrischen Leitfähigkeit von Zinkoxyd, nach v. BAUMBACH und WAGNER

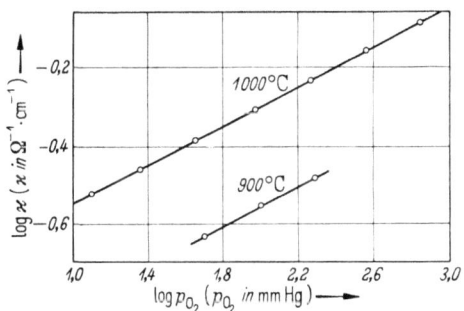

Abb. 21. Sauerstoffdruckabhängigkeit der elektrischen Leitfähigkeit von Nickeloxyd, nach v. BAUMBACH und WAGNER

Zur Unterscheidung, ob es sich bei einer elektronenleitenden Deckschicht um einen Überschuß- oder Defekthalbleiter handelt, können mehrere von der Art der Fehlordnung in verschiedener Weise abhängige Effekte herangezogen werden; z. B. haben Thermokraft und Hall-Konstante in Elektronenüberschußleitern negative, in Elektronendefektleitern positive Werte. Weiterhin läßt sich eine unterschiedliche Abhängigkeit der elektrischen Leitfähigkeit der verschiedenen Halbleitertypen vom Zusatz anderswertiger Ionen wie auch vom Sauerstoffdruck theoretisch voraussagen und experimentell bestätigen. Die Abbn. 20 und 21 zeigen die von BAUMBACH und WAGNER bestimmte Abhängigkeit der Leitfähigkeit von Zinkoxyd[1] und Nickeloxyd[2] vom Sauerstoffdruck. ZnO ist ein Überschußhalbleiter, die Konzentration an freien Elektronen und damit die Leitfähigkeit nehmen bei gegebener Temperatur mit wachsendem Sauerstoffdruck ab, während umgekehrt bei Defekthalbleitern eine Erhöhung des Druckes mit einer Zunahme der Konzentration an Defektelektronen und damit der Leitfähigkeit verknüpft ist.

a) Deckschichten mit Elektronenüberschußleitung

Der Fehlordnungsgrad in heteropolar aufgebauten Kristallen, z. B. den Oxyden, Sulfiden, Nitriden usw. ist im allgemeinen gering, so daß auf die fehlgeordneten Teilchen in vielen Fällen die Gesetze ideal verdünnter Lösungen, u. a. das Massenwirkungsgesetz in guter Annäherung anwendbar sind. Wir können beispielsweise ein Metalloxyd in chemischem Sinne als Elektrolyten auffassen, als verdünnte Lösung fehlgeordneter Teilchen im Lösungsmittel Oxyd. Damit ist die Möglichkeit der Festlegung quantitativer Verhältnisse zwischen Ionen- und Elektronenfehlordnung gegeben. Am Beispiel der Einstellung des Fehlordnungsgleichgewichts von Zinkoxyd möge die Anwendung des Massenwirkungsgesetzes erläutert sein:

$$ZnO \rightleftharpoons Zno^{\cdot\cdot} + 2\ominus + 1/2\,O_2. \qquad (18)$$

Meo$^{\cdot\cdot}$ wählen wir als Kennzeichnung für Metallionen auf Zwischengitterplätzen; ihre Ladung wird als nicht durch Anionen kompensiert jeweils angegeben. Analog zur Bezeichnung der Defektelektronen $\oplus$ bedeutet $\ominus$ ein überschüssig vorhandenes Elektron, das sich im Leitfähigkeitsband des Halbleiters befindet. Da die Konzentration an ZnO als im Überschuß vorhanden konstant gesetzt werden kann, lautet das auf obige Beziehung angewandte Massenwirkungsgesetz:

$$x_{Zno^{\cdot\cdot}} \cdot x_\ominus^2 = K \cdot p_{O_2}^{-1/2}, \qquad (19)$$

wenn x die Konzentrationen und K eine temperaturabhängige Massenwirkungskonstante sind.

Die Nutzanwendung der Fehlordnungstheorie im Hinblick auf die Zunderbeständigkeit von Metallen und Legierungen liegt in der Möglichkeit theoretischer Voraussagen über die Beeinflussung von Fehlordnungskonzentrationen durch Fremdionenzusatz. Die Beziehung (19) schreibt bei vorgegebenem Sauerstoffdruck und festgelegter Temperatur lediglich ein konstantes Produkt, nicht aber bestimmte Konzentrationen der einzelnen fehlgeordneten Teilchen vor. Um verbesserte Zunderbeständigkeiten zu erzielen, wird man versuchen, das in Beziehung (19) festgelegte Gleichgewicht im Sinne einer Erniedrigung der

---

[1] v. BAUMBACH, H. H., u. C. WAGNER: Z. phys. Chem. (B) 22 (1933) 199.
[2] v. BAUMBACH, H. H., u. C. WAGNER: Z. phys. Chem. (B) 24 (1934) 59.

Konzentration fehlgeordneter Ionen zu beeinflussen. Bei Gültigkeit des parabolischen Zeitgesetzes ist dann mit einer Abnahme der Oxydationsgeschwindigkeit zu rechnen. Die Menge der je Zeiteinheit an der Oberfläche ankommenden Teilchen nimmt ab, und die Zunderung verläuft um so langsamer, auf je geringere Werte man die Konzentration der Kationenfehlstellen zu erniedrigen imstande ist.

Die Möglichkeit der Beeinflussung der Fehlordnungskonzentrationen sei an Hand einiger Beispiele erläutert. Stellen wir uns ein einheitliches Oxyd im thermodynamischen Gleichgewicht bei gegebenen äußeren Bedingungen durch einen bestimmten Fehlordnungsgrad gekennzeichnet vor, so ist leicht einzusehen, daß durch den Ersatz einzelner Kationen durch Fremdionen höherer bzw. niedrigerer Wertigkeit zur Wahrung der Elektroneutralität zugleich Elektronen zusätzlich eingebaut bzw. entfernt sein müssen. Die Verknüpfung mit einer entsprechenden Erniedrigung oder Erhöhung der Konzentration an Kationenfehlstellen ist durch die Gleichgewichtsbedingung (19) gegeben. An Hand von Gleichungen, die den Einbau von Fremdoxyden charakterisieren, lassen sich die erzielten Effekte verstehen. Wir wählen als Beispiel die homogene Auflösung von Al_2O_3 in ZnO und schreiben schematisch:

$$Al_2O_3 \rightleftarrows 2 Al\bullet\ (Zn) + 2\ominus + 1/2 O_2 + 2 ZnO. \tag{20}$$

Die Störung des Gleichgewichts (19) durch den Einbau von Al_2O_3 in ZnO rührt daher, daß die Aluminiumionen die Gitterplätze von Zink-

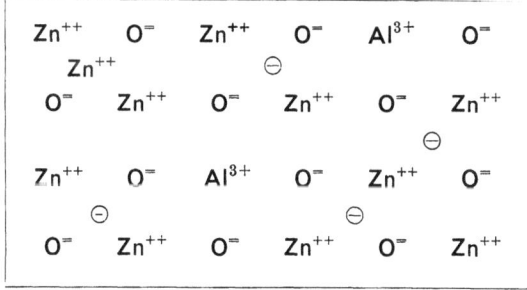

Abb. 22. Fehlordnung im Zinkoxyd bei geringfügigem Zusatz von Aluminiumoxyd

ionen einnehmen ($Al\bullet$ (Zn)) und die Störstelle wegen der im Vergleich zum Zinkion um eine Einheit höheren Ladung des Al^{3+}-Ions einfach positiv aufgeladen ist. Als Ausgleich der Ladungen gehen je eingebautem Al_2O_3-Molekül zwei Leitungselektronen ins Leitfähigkeitsband des Oxyds ein. Abb. 22 veranschaulicht die durch den Einbau von Aluminiumoxyd eingetretene Änderung des Fehlordnungsgleichgewichts im Zinkoxyd.

Die Schaffung zusätzlicher Elektronen muß sich in einer Zunahme der elektrischen Leitfähigkeit des *verunreinigten* Oxyds anzeigen, so daß deren Messung eine einfache Möglichkeit zur Prüfung gemachter Voraussagen darstellt. Derartige Messungen sind an mehreren Systemen durchgeführt und mit der Theorie in Übereinstimmung befunden worden[1]. Einige Beispiele sind in Abb. 23 wiedergegeben. Der gegensinnige Verlauf der Leitfähigkeitsänderung nach Zusatz einer gewissen Menge an Fremdionen mag seine Erklärung in der Ausbildung heterogener Oxydgemische finden, deren Leitungseigenschaften natürlich anderen Gesetzmäßigkeiten unterliegen.

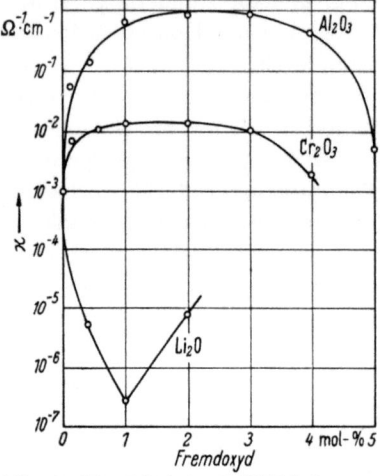

Abb. 23. Die elektrische Leitfähigkeit von Zinkoxyd in Abhängigkeit von verschiedenen Fremdoxydzusätzen in Luft bei 394 °C, nach HAUFFE und VIERK

Die geringere Leitfähigkeit der ZnO–Li$_2$O-Mischkristalle gegenüber reinem Zinkoxyd wird durch die Erniedrigung der Elektronenkonzentration beim Einbau von Lithiumoxyd wegen der geringeren Wertigkeit der Fremdkationen verursacht:

$$Li_2O + 1/2 O_2 + 2\ominus \rightleftarrows 2 Li\bullet'(Zn) + 2ZnO. \quad (21)$$

Der Einbau höherwertiger Fremdionen in Überschußhalbleiter bewirkt also eine Erhöhung der Elektronenkonzentration und der Leitfähigkeit des Oxyds und dementsprechend nach (19) eine Herabsetzung der Konzentration der Kationenfehlstellen und der Oxydationsgeschwindigkeit mit entsprechenden Elementen dotierten Zinkmetalls. Voraussetzung ist natürlich, daß sich jene Zusätze in Form ihrer Oxydverbindung in der Zunderschicht lösen. Umgekehrt wird durch den Einbau niederwertiger Ionen entsprechend der Abnahme der Leitfähigkeit die Zunderungsgeschwindigkeit zunehmen, da bei abnehmender Elektronenkonzentration zugleich die Konzentration an Zwischengitterionen ansteigt.

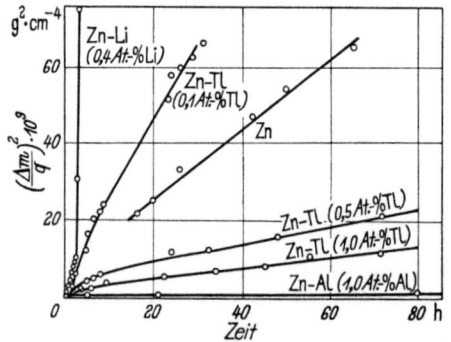

Abb. 24. Zeitlicher Verlauf der Oxydation von Zink und Zinklegierungen in Luft bei 390 °C, nach GENSCH und HAUFFE

Als Beispiel der Abhängigkeit der Oxydationsgeschwindigkeit vom

---

[1] HAUFFE, K., u. A. L. VIERK: Z. phys. Chem. 196 (1950) 160.

Fremdionenzusatz zeigt Abb. 24 den von GENSCH und HAUFFE[1] gemessenen zeitlichen Verlauf der Oxydation von Zink und Zinklegierungen. Die Beeinflussung des Zunderverhaltens von Zink durch Aluminium und Lithium ist besonders stark. Das anomale Verhalten der Zink-Thallium-Legierungen kann dadurch begründet sein, daß sich Thallium sowohl einwertig als auch dreiwertig im Zinkoxyd lösen kann und bei steigendem Zusatz die höherwertige Oxydationsstufe überwiegt.

b) Deckschichten mit Elektronendefektleitung

Das Fehlstellengleichgewicht im Defekthalbleiter sei am Beispiel des NiO durch die folgende Beziehung symbolisch dargestellt:

$$1/2\,O_2 \rightleftarrows \text{Ni}\square'' + 2\oplus + \text{NiO}\,. \tag{22}$$

Der Sauerstoff verbraucht je Atom zwei Elektronen und erzeugt somit zwei Elektronendefektstellen $\oplus$, d. h. zwei dreiwertige Nickelionen. Weiterhin wird je reagierendem Sauerstoffatom eine Kationenleerstelle $\text{Ni}\square''$ geschaffen, die im Vergleich zum Gitter zweifach negativ geladen erscheint. Eine derartige Fehlordnung kann praktisch nur in solchen Oxyden möglich sein, deren Kationen in verschiedenen Wertigkeitsstufen auftreten können. Defektleitende Oxyde sind z. B. Cu_2O, NiO, CoO und FeO.

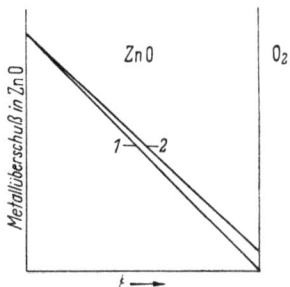

Abb. 25. Schematische Darstellung des Konzentrationsgefälles der Zwischengitterionen im Überschußhalbleiter Zinkoxyd bei hohem (Kurve *1*) und niedrigem (Kurve *2*) Sauerstoffdruck, nach WAGNER[2]

Während der Ausbildung von Oxydschichten auf Metallen werden bei Überschußhalbleitern die diffundierenden Teilchen, nämlich Zwischengitterionen und Elektronen, an der Phasengrenze Metall/Oxyd gebildet. Dort ist die Gleichgewichts-Fehlordnungskonzentration relativ groß, an der Phasengrenze Oxyd/Gas aber wegen der Reaktion mit atmosphärischem Sauerstoff selbst bei geringen Drucken sehr klein (s. Abb. 25). Demnach sind bei Überschußhalbleitern das Konzentrationsgefälle der fehlgeordneten Ionen und Elektronen und damit auch die Zunderungsgeschwindigkeit bei gegebener Temperatur praktisch konstant und unabhängig vom Sauerstoffdruck. Dieses Verhalten wurde schematisch durch die Kurven 1 und 2 angedeutet.

Dagegen werden bei Defekthalbleitern Kationenleerstellen und Elektronendefektstellen durch direkte Einwirkung des Sauerstoffs an der Phasengrenze Oxyd/Gas gebildet. Im Gegensatz zu Oxyden mit

---
[1] GENSCH, CH., u. K. HAUFFE: Z. phys. Chem. 196 (1951) 427.
[2] WAGNER, C.: Corrosion and Material Protection, J. of Corrosion 5, Sept.-Okt. 1948, 9.

Metallüberschuß sind deren Gleichgewichtskonzentrationen an der inneren Phasengrenze sehr niedrig und praktisch nur temperaturabhängig, an der äußeren relativ hoch und außerdem vom Sauerstoffdruck abhängig (s. Abb. 26). Daraus folgt, daß bei Defekthalbleitern das Konzentrationsgefälle und also auch die Oxydationsgeschwindigkeit der betreffenden Metalle vom Sauerstoffpartialdruck abhängig sind, wie u. a. WAGNER und GRÜNEWALD[1] am Beispiel der Oxydation von Kupfer zu Kupferoxydul experimentell nachwiesen.

Die Oxydation von Kobalt läßt sich nach BRIDGES, BAUR und FASSELL[2] oberhalb 950 °C bei Sauerstoffdrucken von 0,013 bis 27,2 Atm durch das parabolische Zeitgesetz beschreiben. Mit steigendem Sauerstoffdruck nimmt erwartungsgemäß die Oxydationsgeschwindigkeit zu. Das gilt besonders für Temperaturen oberhalb 1150 °C, während im Bereich tieferer Temperaturen bei bestimmten Drucken bereits maximale Geschwindigkeiten beobachtet werden. Als Erklärung wird Sättigung des CoO an Kationenleerstellen angenommen.

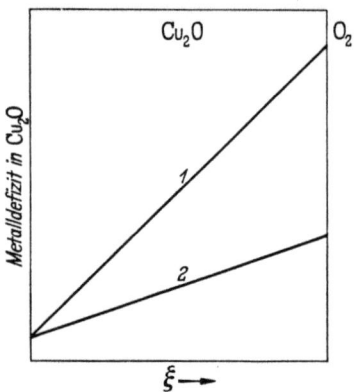

Abb. 26. Darstellung des sauerstoffdruckabhängigen Konzentrationsgefälles der Kationenleerstellen im Defekthalbleiter am Beispiel des Kupferoxyduls, nach WAGNER. Kurve 1 entspricht hohem, Kurve 2 niedrigem Sauerstoffdruck

Die Gleichgewichtsbedingung zwischen den Fehlordnungskonzentrationen erhalten wir — wieder am Beispiel des NiO — durch Anwendung des Massenwirkungsgesetzes auf die Gleichgewichtsbeziehung (22):

$$x_{\text{Ni}\square}''' \cdot x_{\oplus}^2 = K \cdot p_{O_2}^{1/2}. \tag{23}$$

Während bei Überschußhalbleitern z. B. der Einbau niederwertiger Ionen eine Abnahme der elektrischen Leitfähigkeit und damit eine Zunahme der Oxydationsgeschwindigkeit bedeutet, liegen entsprechend der Beziehung (23) bei Defekthalbleitern die Verhältnisse gerade umgekehrt. Die homogene Auflösung von Li_2O in NiO (s. Abb. 27) hat je nach dem Mischungsverhältnis eine mehr oder weniger stark ausgeprägte Erhöhung der Elektronendefektstellen-Konzentration zur Folge, wie Beziehung (24) verdeutlicht:

$$Li_2O + 1/2 O_2 \rightleftharpoons 2\,Li\bullet'(Ni) + 2\oplus + 2NiO. \tag{24}$$

---

[1] WAGNER, C., u. K. GRÜNEWALD: Z. phys. Chem. (B) 40 (1938) 455.
[2] BRIDGES, D. W., J. P. BAUR u. W. M. FASSELL jr.: J. electrochem. Soc. 103 (1956) 614.

Der Ersatz eines zweiwertigen Nickelions durch ein einwertiges Lithiumion bedeutet, relativ zum Gesamtgitter gesehen, eine einfach negative Aufladung der Kationenstörstelle. Die dadurch hervorgerufene Schaffung zusätzlicher Elektronendefektstellen verursacht sowohl einen Anstieg

$$
\begin{array}{cccccc}
Ni^{++} & O^- & Ni^{3+} & O^- & Ni^{++} & O^- \\
O^- & Li^+ & O^- & Ni^{++} & O^- & Ni^{3+} \\
Ni^{++} & O^- & Ni^{3+} & O^- & & O^- \\
O^- & Ni^{++} & O^- & Ni^{++} & O^- & Ni^{++}
\end{array}
$$

Abb. 27. Fehlordnung im homogenen Mischkristall Nickeloxyd-Lithiumoxyd

der Leitfähigkeit als auch nach (23) ein Absinken der Konzentration an Kationenleerstellen und damit eine Verbesserung der Zunderbeständigkeit gegenüber reinem Nickel. Abb. 28 zeigt die Beeinflussung der Oxydationsgeschwindigkeit von Nickel bei 1000 °C durch Anwesenheit von Li_2O-Dampf in der Glühatmosphäre[1]. Während der Oxydation löst sich eine vom Dampfdruck abhängige Menge Lithiumoxyd im Nickeloxyd und wird im Sinne einer Verbesserung der Zunderbeständigkeit des Nickels wirksam.

In Übereinstimmung mit den mitgeteilten theoretischen Voraussagen und experimentellen Befunden bezüglich der Möglichkeit, die Zunderbeständigkeit von Metallen durch Einbringen

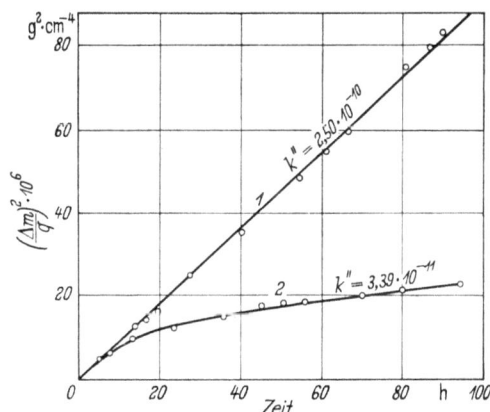

Abb. 28. Die Oxydationsgeschwindigkeit von Mond-Nickel in reinem Sauerstoff (Kurve 1) und in Sauerstoff mit einem Zusatz von Lithiumoxyd-Dampf (Kurve 2), nach PFEIFFER und HAUFFE

anderswertiger Ionen in die sich bildende Oxydschicht zu beeinflussen, finden die in Abb. 29 wiedergegebenen Versuchsergebnisse[2] über die Zunderung von Nickel-Chrom-Legierungen im Bereich geringer Chromzusätze ihre zwanglose Deutung. Die homogene Auflösung von Chrom-

---

[1] PFEIFFER, H., u. K. HAUFFE: Z. Metallkde. 43 (1952) 364.
[2] HORN, L.: Z. Metallkde. 40 (1949) 73.

oxyd in Nickeloxyd erhöht die Konzentration an Kationenleerstellen und damit die Oxydationsgeschwindigkeit:

$$Cr_2O_3 \rightleftharpoons 2Cr\bullet(Ni) + Ni\square'' + 3NiO. \qquad (25)$$

Bis zu Legierungsgehalten von etwa 6 Atom-% Chrom steigt bei 900 °C die Oxydationsgeschwindigkeit stark an, um bei höheren Gehalten schroff abzufallen. Hier wird erwartungsgemäß nicht mehr eine im wesentlichen aus Nickeloxyd bestehende Deckschicht gebildet, und also vermag auch die Beziehung (25) nicht mehr die Verhältnisse zu beschreiben. Bei Glühungen in reinem Sauerstoff bei 1000 °C liegt das Maximum der Kurve bereits bei geringeren Chromgehalten und ist sehr viel schwächer ausgebildet[1]. Das mag an der temperaturabhängigen Löslichkeit von Cr_2O_3 im NiO und dem unterschiedlichen Verhältnis der Diffusionsgeschwindigkeiten beider Elemente in der Legierung bei verschiedenen Temperaturen liegen. Das Maximum der Kurve dürfte für die jeweilige Versuchstemperatur durch die erreichte maximale Löslichkeit von Chromoxyd gekennzeichnet sein.

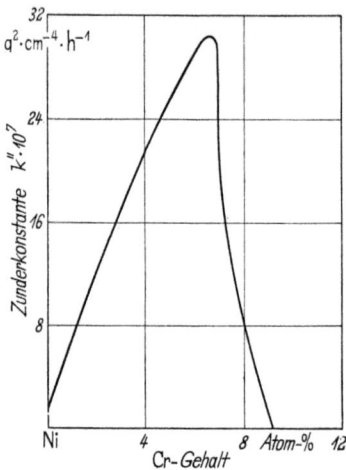

Abb. 29. Die Oxydationsgeschwindigkeit von Nickel-Chrom-Legierungen in Abhängigkeit vom Cr-Gehalt bei 900 °C, nach HORN

Die Zunahme der Oxydationsbeständigkeit der Legierungen mit höheren Chromgehalten wird auf die zunehmende Bildung von Cr_2O_3 und Nickel-Chrom-Spinell zurückzuführen sein. MOREAU und BÉNARD[2] untersuchten röntgenographisch und mikrographisch die auf Nickel-Chrom-Legierungen bis zu 10% Chrom im Temperaturbereich von 800—1300 °C gebildeten Oxydschichten und fanden einen schichtenartigen Aufbau der Deckschicht (s. Abb. 30). Die Ausscheidung von Chromoxydpartikeln in oberflächennahen Zonen der Legierung ist eine Folge der *inneren Oxydation*, von der später noch die Rede sein wird. Die eigentliche Oxydschicht weist zwei in ihrer Zusammensetzung unterschiedliche Bereiche auf. An die innere Oxydationszone grenzt eine Nickeloxydschicht mit eingebetteten Spinellpartikeln ($NiCr_2O_4$) an, während die äußere mit dem Sauerstoff in Berührung stehende Schicht praktisch aus reinem Nickeloxyd besteht. Ähnliche Ergebnisse im Hinblick auf

---

[1] WAGNER, C., u. K. E. ZIMENS: Acta chem. Scand. 1 (1947) 547.
[2] MOREAU, J., u. J. BÉNARD: Compt. rend. 237 (1953) 1417; J. Inst. Met. 83 (1954/55) 87.

mikroanalytisch untersuchte Oxydschichten auf Nickel-Chrom mit 4,6% Cr haben auch CASTAING, PHILIBERT und CRUSSARD[1] mitgeteilt. Unter derartigen Bedingungen ist die Fehlordnungstheorie nicht vorbehaltlos anwendbar, zumal über Fehlordnungserscheinungen und Platzwechselvorgänge in Spinellphasen noch wenig bekannt ist.

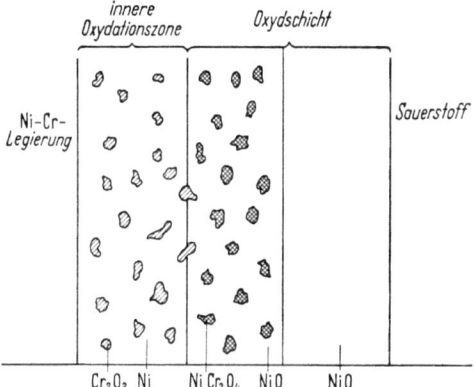

Abb. 30. Aufbau der Oxydschicht einer Nickel-Chrom-Legierung mit 5% Cr, nach MOREAU und BÉNARD

5. Die Temperaturabhängigkeit der Oxydation

Nachdem wir in den voraufgegangenen Kapiteln bereits das Wesentliche über den Einfluß des Sauerstoffdrucks auf das Zunderverhalten von Metallen gesagt haben, wollen wir noch — soweit es uns zum Verständnis der späteren Abhandlungen erforderlich erscheint — auf die Abhängigkeit der Oxydationsgeschwindigkeit von der Temperatur eingehen. Wie alle chemischen Reaktionen ist auch die Oxydbildung in starkem Maße temperaturabhängig.

a) Beschreibung der Temperaturabhängigkeit durch die Arrhenius-Gleichung

In vielen Fällen lassen sich die Reaktionen zwischen festen Körpern und Gasen bezüglich der Temperaturabhängigkeit ihrer Geschwindigkeit durch die ARRHENIUS-Beziehung

$$k = A \cdot \exp(-Q/RT) \qquad (26)$$

beschreiben, in der k die Reaktionsgeschwindigkeitskonstante, Q die Aktivierungsenergie des Prozesses und A eine Konstante bedeuten. Die Gültigkeit dieser Beziehung erstreckt sich sowohl auf Reaktionen, die dem parabolischen Zeitgesetz gehorchen, wie z. B. TYLECOTE[2] für die

---

[1] CASTAING, R., J. PHILIBERT u. C. CRUSSARD: Trans. A.I.M.M.E. 209 (1957) 389.
[2] TYLECOTE, R. F.: J. Inst. Met. 78 (1950) 259.

Oxydation von Kupfer gezeigt hat (Abb. 31), als auch auf solche, deren Umsatz-Zeit-Kurve linear verläuft. Ein Beispiel dafür gaben LEONTIS und RHINES[1], die den Temperatureinfluß auf die Oxydationsgeschwindigkeit von, Magnesium untersuchten (Abb. 32).

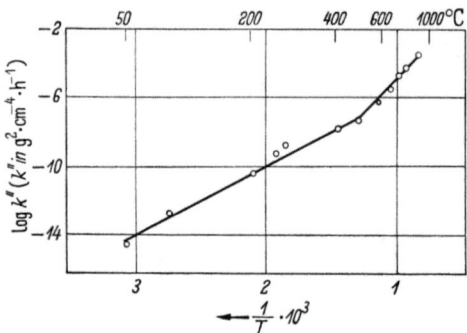

Abb. 31. Die Oxydationsgeschwindigkeit von Kupfer in Abhängigkeit von der Temperatur, nach TYLECOTE

Die Zusammensetzung der $\log k'' - 1/T$-Kurve aus zwei Geraden verschiedener Neigung, wie z. B. in Abb. 31, ist eine recht häufige Erscheinung. Die Neigung der Geraden ist nach (26) unter Berücksichtigung des Faktors $1/R$ die Aktivierungsenergie der Reaktion, deren Kenntnis in vielen Fällen Aussagen über den Mechanismus der betreffenden Umsetzung zu machen gestattet. Wenn nämlich Diffusionsprozesse für die Geschwindigkeit der Oxydation verantwortlich sind, dann wird die Aktivierungsenergie des am meisten verlangsamenden und hemmenden Teilschrittes, also der Diffusion dieser oder jener Komponente des Systems, vergleichbar sein mit der Aktivierungsenergie der gesamten Oxydationsreaktion. Nach VALENSI[2] sind die Aktivierungsenergien der Kupferoxydation im hohen und niedrigen Temperaturbereich 37 700 und 20 140 cal. Ein Vergleich dieser Werte mit der von CASTELLAN und MOORE[3] für die Diffusion von Cu^+-Ionen in Kupferoxydul bestimmten Aktivierungsenergie von 37 800 cal erlaubt die Folgerung, daß bei hohen Temperaturen — bei denen CuO ohnedies nicht beständig ist — die Diffusion von Kationenleerstellen im Cu_2O der

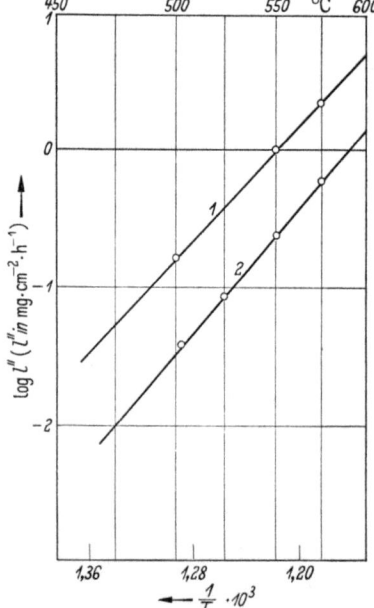

Abb. 32. Der Einfluß der Temperatur auf die Oxydationsgeschwindigkeit von Magnesium, nach LEONTIS und RHINES
Kurve 1: Oxydation in trockener Luft,
Kurve 2: Oxydation in reinem Sauerstoff

---

[1] LEONTIS, T. E., u. F. N. RHINES: Trans. A.I.M.M.E. 166 (1946) 265.
[2] VALENSI, G.: Rev. Métall. 45 (1948) 10.
[3] CASTELLAN, G. W., u. W. J. MOORE: J. chem. Physics 17 (1949) 41.

geschwindigkeitsbestimmende Teilprozeß der Gesamtreaktion ist. Die geringere Aktivierungsenergie bei tiefen Temperaturen scheint auf den CuO-Anteil der Oxydschicht zurückzuführen zu sein.

Ein anderes Beispiel ist in diesem Zusammenhang die Oxydation des Eisens. Die Wüstitbildung erfolgt bei höheren Temperaturen — wie wir gesehen haben — nach dem linearen Zeitgesetz der Oxydation. HAUFFE und PFEIFFER[1] fanden in der Nähe des α–γ-Umwandlungspunktes des Eisens einen Knickpunkt in der $\log l''$ — $1/T$-Kurve (Abb. 33), also unterschiedliche Aktivierungsenergien in verschiedenen Temperaturbereichen. Diese Beobachtung wurde kürzlich von SMELTZER[2] bestätigt, der Oxydationsuntersuchungen an reinstem Eisen sowohl in CO_2 als auch in CO_2–CO-Gasgemischen durchgeführt hat. Im Einklang damit stehen die

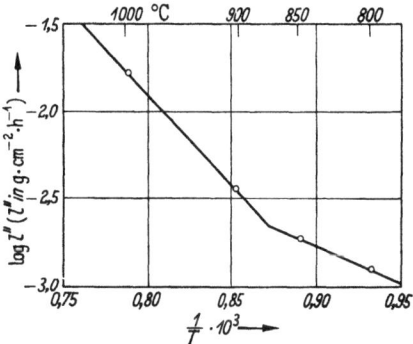

Abb. 33. Temperaturabhängigkeit der Oxydationsgeschwindigkeit von Eisen im CO_2-CO-Gasgemisch (30 Vol.-% CO), nach HAUFFE und PFEIFFER

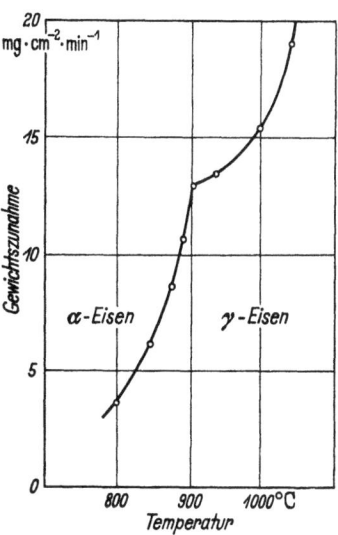

Abb. 34. Temperaturabhängigkeit der Oxydationsgeschwindigkeit von Eisen im Bereich der α–γ-Umwandlung, nach BÉNARD und TALBOT

Ergebnisse von FISCHBECK und Mitarbeitern[3] und später von BÉNARD und TALBOT[4], die ebenfalls eine Diskontinuität der Oxydationsgeschwindigkeit von Eisen in Abhängigkeit von der Temperatur in der Nähe der α–γ-Umwandlung beobachtet haben (Abb. 34), obwohl unter den gewählten Versuchsbedingungen sämtliche Oxyde des Eisens, in der Reihenfolge $FeO/Fe_3O_4/Fe_2O_3$, entstehen und also das parabolische Gesetz der Oxydation für gültig befunden wird.

---

[1] HAUFFE, K., u. H. PFEIFFER: Z. Elektrochem. 56 (1952) 390; Z. Metallkde. 44 (1953) 27.
[2] SMELTZER, W. W.: Acta Met. 8 (1960) 337; Trans. A.I.M.M.E. 218 (1960) 674.
[3] FISCHBECK, K., L. NEUNDEUBEL u. F. SALZER: Z. Elektrochem. 40 (1934) 517. - FISCHBECK, K., u. F. SALZER: Metallwirtsch. 14 (1935) 733.
[4] BÉNARD, J., u. J. TALBOT: Compt. rend. 226 (1948) 912.

Ähnliche Beispiele sind in der Literatur zahlreich beschrieben. Wir ziehen daraus die Schlußfolgerung, daß ein und derselbe Prozeß und damit eine bestimmte Aktivierungsenergie im allgemeinen nur in einem bestimmten — engeren oder weiteren — Temperaturbereich das Reaktionsgeschehen maßgeblich beeinflußt und eine konstante lineare Abhängigkeit des Logarithmus der Geschwindigkeitskonstanten vom Kehrwert der absoluten Temperatur nur in gewissen Grenzen gegeben ist.

b) Gitter-, Korngrenzen- und Oberflächendiffusion

Ein völlig andersgearteter Temperatureffekt ist der der Verschiebung der Anteiligkeit von Gitter-, Korngrenzen- und Oberflächendiffusion durch Änderung der Temperatur. Die Oberflächendiffusion liefert offensichtlich keinen nennenswerten Beitrag zum Aufbau von Deckschichten und soll demzufolge unberücksichtigt bleiben. Die Frage der Korngrenzen- und Gitter- bzw. Volumendiffusion ist bei Metallen und metallischen Mischkristallen eingehender untersucht worden als bei Ionenkristallen. Da die Probleme in beiden Systemen weitgehend analog sind, können die an Metallen gewonnenen Ergebnisse ohne nennenswerte Einschränkungen auf oxydische und andere Deckschichten übertragen werden.

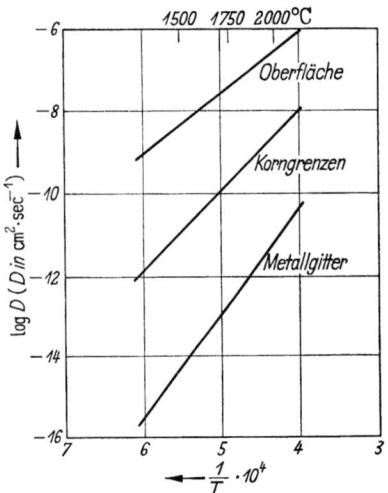

Abb. 35. Diffusion von Thorium in Wolfram; Abhängigkeit des Diffusionskoeffizienten von Temperatur und Diffusionsart, nach LANGMUIR

LANGMUIR[1] hat sich in einer grundlegenden Arbeit mit den unterschiedlichen Diffusionsgeschwindigkeiten an der Oberfläche, auf den Korngrenzen und im Gitter befaßt. Abb. 35 gibt für die Diffusion von Thorium in Wolfram die Abhängigkeit der Diffusionskoeffizienten D von der Temperatur für die verschiedenen Diffusionsarten wieder. Die Geschwindigkeit der Oberflächendiffusion wurde um ein Vielfaches größer gefunden als die auf den Korngrenzen, während der Volumen-Diffusionskoeffizient im Vergleich zu dem der Korngrenzendiffusion weitaus geringere Werte und eine stärkere Temperaturabhängigkeit aufweist.

FISHER[2] entwickelte unter vereinfachenden Annahmen Vorstellungen

---

[1] LANGMUIR, J.: J. Franklin Inst. 217 (1934) 543.
[2] FISHER, J. C.: J. appl. Physics 22 (1951) 74.

über den Konzentrationsverlauf eindiffundierender Atome in und in der Nähe einer Korngrenze (Abb. 36) und gab unter Berücksichtigung der von der Korngrenze aus seitwärts in die benachbarten Körner eindiffundierenden Atome eine Näherungsgleichung zur Berechnung der zu ermittelnden Konzentrationen in Abhängigkeit von der Eindringtiefe an. Ausgehend von diesen Vorstellungen und Ergebnissen entwickelte LE CLAIRE[1] eine einfache Beziehung zwischen der Volumen-Diffusionsgeschwindigkeit D_V und der Korngrenzen-Diffusionsgeschwindigkeit D_K:

$$\frac{D_K}{D_V} = \frac{2}{\varDelta} (\pi D_V t)^{1/2} \cot^2 \alpha. \tag{27}$$

$\varDelta$ ist die einheitlich gedachte Breite der Korngrenze, die voraussetzungsgemäß so klein ist, daß die Konzentration eindiffundierender Atome über die Dicke als konstant angesehen werden kann. t ist die Diffusionszeit und α der von der Kurve des Konzentrationsverlaufs im Gitter und der Korngrenze eingeschlossene Winkel (Abb. 36), der naturgemäß temperaturabhängig ist. Bedingungen für die Anwendbarkeit obiger Beziehung sind konstante Konzentration des eindiffundierenden Stoffes an der Oberfläche ($y = 0$), $D_K \gg D_V$ und konzentrationsunabhängige Diffusionskonstanten.

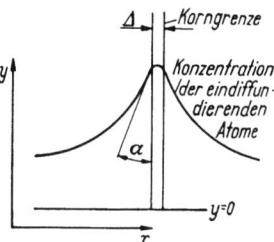

Abb. 36. Diffusion in der Nähe einer Korngrenze, nach FISHER. y ist die Eindringtiefe der Hauptdiffusionsrichtung, x die seitwärts gerichtete Komponente, die unmittelbar an der Korngrenze besonders deutlich ausgeprägt ist

Wendet man die Gl. (27) auf Ergebnisse der Diffusionsuntersuchungen von BARNES[2] an, so resultiert für die Eindiffusion von Kupfer in Nickel bei 1000 °C ein Verhältnis der Diffusionskonstanten

$$\frac{D_K}{D_V} \sim 8 \cdot 10^5.$$

D_K ist unter den gegebenen Bedingungen also um etwa 6 Zehnerpotenzen größer als D_V, wenn $\varDelta$ mit $5 \cdot 10^{-8}$ cm, α mit 30° und für D_V der an Einkristallen experimentell ermittelte Wert von 10^{-5} cm²/Tag eingesetzt werden. Für die Eindiffusion von Nickel in Kupfer bei 650 bis 825 °C fanden YUKAWA und SINNOTT[3] analog ein Verhältnis D_K/D_V von 10^4—10^5.

Mit steigender Temperatur nimmt wegen der unterschiedlichen Aktivierungsenergien — die Aktivierungsenergie der Volumendiffusion Q_V ist größer als die der Korngrenzendiffusion Q_K — das Verhältnis D_K/D_V kleinere Werte an, wie die allgemeingültige Beziehung

$$\frac{D_K}{D_V} = \varDelta \cdot \exp\{-(Q_K - Q_V)/RT\} \tag{28}$$

---

[1] LE CLAIRE, A. D.: Phil. Mag. 42 (1951) 468; Progr. Metal Physics 4 (1953) 287.
[2] BARNES, R. S.: Nature 166 (1950) 1032.
[3] YUKAWA, S., u. M. J. SINNOTT: Trans. A.I.M.M.E. 203 (1955) 996.

erkennen läßt. Damit wird wegen des geringen Korngrenzenvolumens im allgemeinen bereits bei mittleren Temperaturen um 500—700 °C der Einfluß der Korngrenzendiffusion vernachlässigbar gering.

Eine experimentelle Bestätigung dieser Aussage lieferten HOFFMAN und TURNBULL[1], die durch Verwendung radioaktiven Silbers die Selbstdiffusion in einkristallinem und polykristallinem Silber bestimmten. Sie schieden aus einem Cyanidbad elektrolytisch eine dünne Schicht radioaktiven Silbers auf jeweils einer Seite der Versuchsproben ab und bestimmten nach erfolgter Diffusionsglühung den Konzentrationsverlauf der eindiffundierten radioaktiven Atome in Abhängigkeit von der Eindringtiefe. Zu diesem Zweck wurden die Versuchsblöckchen in dünne, zur belegten Oberfläche parallele Scheiben geschnitten und deren Radioaktivität gemessen. Die Berechtigung der Annahme konstanter Oberflächenkonzentration dürfte durch die ausreichende Diffusionsgeschwindigkeit an der Oberfläche gegeben sein. Die Versuchsergebnisse der Selbstdiffusion in Silbereinkristallen lassen sich durch die Beziehung

$$D_V = 0{,}895 \exp(-45950/RT) \text{ cm}^2 \cdot \text{sec}^{-1} \qquad (29)$$

wiedergeben, die in Übereinstimmung mit Untersuchungen von JOHNSON[2] für Temperaturen oberhalb 700 °C auch für polykristallines Silber Gültigkeit hat, ein Beweis für den vernachlässigbaren Einfluß der Korngrenzendiffusion bei hohen Temperaturen. Unterhalb 700° treten Unterschiede zwischen Ein- und Vielkristallen auf, der Gesamtdiffusionskoeffizient des polykristallinen Materials ist größer als der in Einkristallen gemessene. Der Einfluß der Korngrenzendiffusion nimmt zu, wie auch die geringere Aktivierungsenergie im Temperaturbereich von 500 bis 700 °C beweist:

$$D = 2{,}3 \cdot 10^{-5} \exp(-26400/RT) \text{ cm}^2 \cdot \text{sec}^{-1}. \qquad (30)$$

Die Berechnung der Korngrenzen-Diffusionsgeschwindigkeit aus Selbstdiffusionsmessungen im Temperaturbereich von 350—500 °C ergibt

$$D_K = 0{,}03 \exp(-20200/RT) \text{ cm}^2 \cdot \text{sec}^{-1} \qquad (31)$$

mit einer Ungenauigkeit um etwa den Faktor 2—3, der durch die Annahme der in die Berechnung eingehenden mittleren Korngrenzenbreite von $5 \cdot 10^{-8}$ cm bedingt ist. Dagegen dürfte die Breite der Korngrenze nur wenig temperaturabhängig sein, und somit stellt die Aktivierungsenergie einen recht verläßlichen Wert dar.

Die Ergebnisse von HOFFMAN und TURNBULL[1] sind zusammenfassend in Abb. 37 dargestellt. Die gestrichelte Kurve gibt die Gesamt-

---

[1] HOFFMAN, R. E., u. D. TURNBULL: J. appl. Physics 22 (1951) 634. – TURNBULL, D.: Phys. Rev. 76 (1949) 471A.
[2] JOHNSON, W. A.: Trans. A.I.M.M.E. 143 (1941) 107.

Die Temperaturabhängigkeit der Oxydation 47

diffusionsgeschwindigkeit in polykristallinem Silber wieder. Bei etwa 700 °C mündet sie in die für Einkristalle gemessene Kurve ein, mit der sie sich bei höheren Temperaturen völlig deckt. Ein anschauliches Bei-

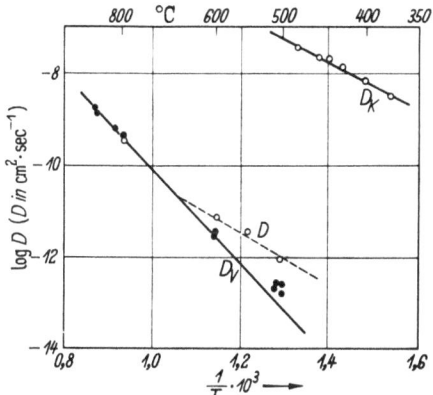

Abb. 37. Die Gitter- und Korngrenzendiffusion in Silber, nach HOFFMAN und TURNBULL

spiel der relativ großen Korngrenzen-Diffusionsgeschwindigkeit zeigte HOFFMAN[1] für die Chromdiffusion in Eisen-Nickel-Legierungen (Abb. 38).

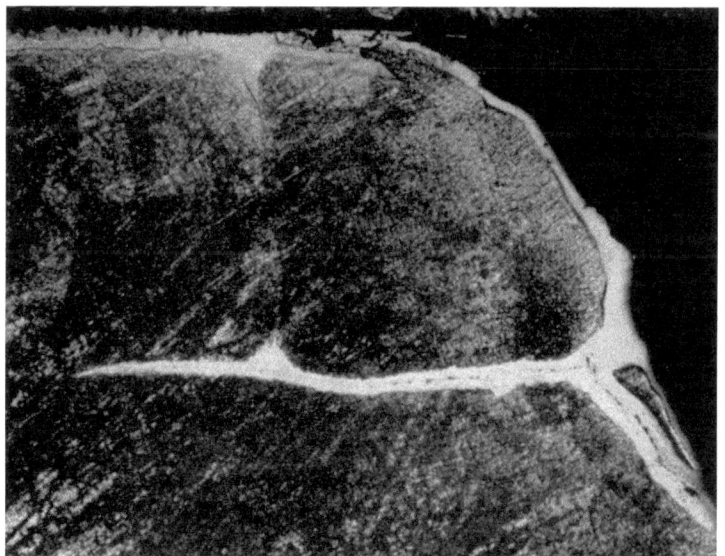

Abb. 38. Diffusion von Chrom auf den Korngrenzen einer Eisen-Nickel-Legierung, nach HOFFMAN.
(Vergr. 250:1)

[1] HOFFMAN, R. E.: Traces and other Techniques of Diffusion Measurements, in: Atom Movements, Cleveland 1951, S. 51.

Das mit steigender Temperatur abnehmende Verhältnis D_K/D_V macht Ergebnisse von MEIJERING[1] verständlich, der bei drei Eisenlegierungen bei 1200 °C keinerlei Bevorzugung einer Sauerstoffdiffusion über Korngrenzen beobachten konnte. Es muß daher angenommen werden, daß der Sauerstoff praktisch ausschließlich über Zwischengitterplätze durch die Legierungen diffundiert.

Die Orientierungsabhängigkeit der Korngrenzendiffusion soll hier nur erwähnt werden. Nach ACHTER und SMOLUCHOWSKI[2] ist z. B. bei der Diffusion von Silber in Kupfer bei Orientierungswinkeln < 20 und $> 70°$ die Eindringtiefe auf Korngrenzen nicht größer als im Gitter, während sie ein Maximum bei 45° aufweist (Abb. 39).

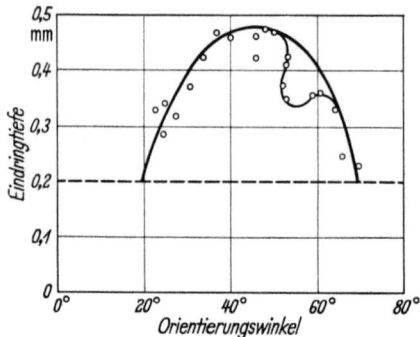

Abb. 39. Die Eindringtiefe von Silber in Kupfer in Abhängigkeit vom Korngrenzenwinkel nach 141 Stunden bei 725 °C, nach ACHTER und SMOLUCHOWSKI
------ Eindringtiefe durch Volumendiffusion,
─── Eindringtiefe durch Korngrenzendiffusion

6. Einige besondere Erscheinungen der Metalloxydation

In diesem Abschnitt wollen wir über einige bemerkenswerte Erscheinungen berichten, die unter bestimmten Umständen eine erhebliche Rolle bei der Oxydation von Metallen und Legierungen spielen. Aus der Fülle der in den voraufgegangenen Kapiteln noch nicht behandelten Probleme der Metalloxydation sollen nur wenige im Hinblick auf das allgemeine Verständnis der Reaktionen zwischen Festkörpern und Gasen und auf die betriebliche Anwendung hitzebeständiger Legierungen besonders wichtig erscheinende Punkte herausgegriffen und einer näheren Betrachtung unterzogen werden.

a) Keimbildung und Epitaxie

Die Anfangsoxydation ist durch die Entstehung von Oxydkeimen gekennzeichnet, deren geometrische Formen, kristallographische Orientierungen und Dichteverteilung auf der Metalloberfläche von der Orientierung des betreffenden Metallgitters abhängen. Bei mikroskopischer oder elektronenmikroskopischer Beobachtung werden die Unterschiede als Folge der verschiedenen Orientierung der metallischen Unterlage deutlich sichtbar. Das Metall kann also dem sich bildenden Oxyd einen bestimmten Kristallhabitus aufprägen, ein Effekt, der offensicht-

---
[1] MEIJERING, J. L.: Acta Met. 3 (1955) 157.
[2] ACHTER, M. R., u. R. SMOLUCHOWSKI: J. appl. Physics 22 (1951) 1260.

Einige besondere Erscheinungen der Metalloxydation   49

lich energetisch begünstigt ist. Erscheinungen dieser Art sind besonders eingehend bei Eisen[1,2,3] und Kupfer[4,5,6,7,8,9], ferner bei Nickel[10,11], Beryllium[12] und Nickel-Chrom-Legierungen[13] untersucht worden. Abb. 40 zeigt ein Eisenblech nach erfolgter schwacher Anfangsoxydation, das dem unbewaffneten Auge völlig oxydfrei erscheint, während bei mikroskopischer Betrachtung eine Menge von Oxydkeimen sichtbar wird. Über ähnliche Beobachtungen hat DÜKER[14] anläßlich der kinemato-

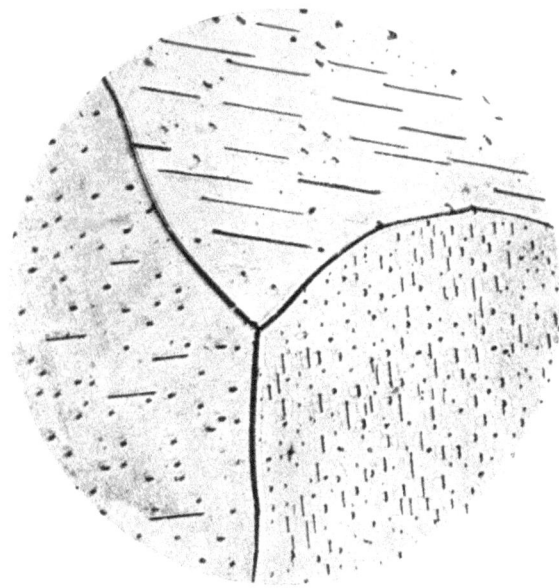

Abb. 40. Oxydkeime auf Eisen, gebildet bei 850 °C und einem Sauerstoffdruck von 10^{-2} bis 10^{-3} mm Hg, nach BARDOLLE und BÉNARD. (Vergr. 530 : 1)

[1] BARDOLLE, J., u. J. BÉNARD: Rev. Métall. 49 (1952) 613; Compt. rend. 232 (1951) 231 u. 239 (1954) 292. – BARDOLLE, J.: J. Chim. Physique Physico-Chim. biol. 53 (1956) 639.
[2] GULBRANSEN, E. A., W. R. McMILLAN u. K. F. ANDREW: Trans. A.I.M.M.E. 200 (1954) 1027. – GULBRANSEN, E. A., u. W. R. McMILLAN: J. appl. Physics 24 (1953) 1416. – GULBRANSEN, E. A., u. R. RUKA: J. electrochem. Soc. 99 (1952) 360.
[3] HAASE, O.: Z. Naturforsch. 11a (1956) 46.
[4] HARRIS, W. W., u. F. L. BALL: J. appl. Physics 24 (1953) 1416.
[5] DIXIT, K. R., u. V. V. AGASHE: Z. Naturforsch. 11a (1956) 41.
[6] GRØNLUND, F., u. J. BÉNARD: Compt. rend. 240 (1955) 624.
[7] GOSWAMI, A., u. T. N. TREHAN: Trans. Faraday Soc. 52 (1956) 358.
[8] LAWLESS, K. R., u. A. T. GWATHMEY: Acta Met. 4 (1956) 153.
[9] HARRIS, W. W., F. L. BALL u. A. T. GWATHMEY: Acta Met. 5 (1957) 574.
[10] HARRIS, W. W., u. F. L. BALL: J. appl. Physics 25 (1954) 1457.
[11] MARTIUS, N. M.: Canad. J. Physics 33 (1955) 466.
[12] KERR, I. S., u. H. WILMAN: J. Inst. Met. 84 (1956) 379.
[13] MOREAU, J., u. J. BÉNARD: J. Inst. Met. 83 (1954) 87.
[14] DÜKER, H.: Z. Metallkde. 51 (1960) 377.

graphischen Registrierung der Oxydbildung bei Eisen im Elektronen-Emissions-Mikroskop berichtet. Dabei wurden Proben aus Armco-Eisen bei verschiedenen Temperaturen mit Luft- oder Sauerstoffionen beschossen und orientiertes Wachstum der Oxydpartikeln festgestellt, deren Konzentration und Habitus sich nach der jeweiligen Indizierung der einzelnen Kristallebenen richteten. Analoge Befunde wurden z. B. von MENZEL, STÖSSEL und MENZEL-KOPP[1] für die thermische Oxydation ungestörter Kupferoberflächen bei geringem Sauerstoffdruck beschrieben. Der speziell interessierte Leser sei auf zwei zusammenfassende Darstellungen der orientierten Substanzabscheidung aufmerksam gemacht [2,3].

Die Erscheinung der Epitaxie, d. h. in diesem speziellen Fall des orientierten Aufwachsens von thermisch gebildetem Oxyd auf metallischen Oberflächen, ist nicht notwendigerweise verknüpft mit dem Auftreten der Pseudomorphie, und damit der Übereinstimmung der Gitterparameter von Deckschicht und Substrat. Bei der Oxydation von Zinkeinkristallen bildet sich nach LUCAS[4] und nach EHLERS und RAETHER[5] in den ersten etwa 10 Å dicken Schichten zwar kristallines und eindeutig orientiertes Oxyd, das aber die normale Struktur des ZnO-Gitters aufweist; wahrscheinlich tritt sogar grundsätzlich keine Pseudomorphie bei orientierungsabhängigem Wachstum auf. Die Oxydation von Aluminium in Luft oder Sauerstoff bei Raumtemperatur[6,7,8,9] ist durch die Bildung amorpher Oxydschichten gekennzeichnet, die bei höherer Temperatur in kristallines γ-Al_2O_3 übergehen dürften.

FRANK und VAN DER MERWE[10] haben auf Grund von Modellvorstellungen berechnet, daß ein epitaktisches Wachstum von Oxydschichten auf Metallen nur möglich ist, wenn die Abweichungen der Gitterparameter der Kationen im Oxyd und der Atome im Metallverband 9—14% nicht überschreiten. Diese Aussage kann nur rein qualitativen Charakter haben, da bei der Herleitung einer allgemeinen Beziehung zwischen den in Frage kommenden Parametern artspezifische Faktoren, wie z. B. zwischen Metall und Oxyd wirksame Kräfte und Kompressibilität des Oxyds, nicht berücksichtigt sein können. Immerhin

---

[1] MENZEL, E., W. STÖSSEL u. CH. MENZEL-KOPP: Z. Naturforsch. 12a (1957) 404.
[2] NEUHAUS, A.: Fortschr. Mineralog. 29/30 (1950/51) 136.
[3] BÉNARD, J.: Bull. Soc. franç. Minéralog. Cristallogr. 77 (1954) 1061.
[4] LUCAS, L. N. D.: Proc. phys. Soc. (A) 64 (1951) 943.
[5] EHLERS, H., u. H. RAETHER: Naturwiss. 39 (1952) 487. – EHLERS, H.: Z. Phys. 136 (1953) 379.
[6] PRESTON, G. D., u. L. L. BIRCUMSHAW: Phil. Mag. 22 (1936) 654.
[7] HART, R. K.: Proc. Roy. Soc. (A) 236 (1956) 68.
[8] DE BROUCKÈRE, L.: J. Inst. Met. 71 (1945) 131.
[9] WILSDORF, H. G. F.: Nature 168 (1951) 600.
[10] FRANK, F.C., u. J. H. VAN DER MERWE: Disc. Faraday Soc. 5 (1949) 48, 201.

bestehen durchaus vergleichbare Verhältnisse zwischen epitaktischem Wachstum von Oxydschichten auf Metallen und der ebenfalls häufig beobachteten Epitaxie dünner metallischer Aufdampfschichten, die nach ROYER[1] bis zu einer Abweichung der Gitterkonstanten von Substrat und Aufdampfschicht von etwa 15% möglich ist. SCHWAB[2] hat drei Regeln für das orientierte Aufwachsen von Deckschichten auf Metallen aufgestellt:

1. die Reaktion muß unter Volumenzunahme verlaufen,
2. Metall und Reaktionsprodukt müssen zueinander *affine* Netzebenen aufweisen,
3. die linearen Dimensionen innerhalb der affinen Netzebenen müssen bis auf $\pm$ 5% übereinstimmen.

Besonders die Forderung affiner Netzebenen dürfte dem Phänomen der Epitaxie besser gerecht werden als die eines maximal möglichen Verhältnisses der Gitterparameter. Mit wachsender Oxydschichtdicke verschwindet der Orientierungseinfluß der metallischen Unterlage mehr und mehr, und die Oxydation nimmt einen normalen Fortgang.

In engem Zusammenhang mit der Orientierungsabhängigkeit des zu Beginn der Reaktion gebildeten Oxyds steht die unterschiedliche Oxydationsgeschwindigkeit verschieden indizierter Flächen bestimmter Metalle.

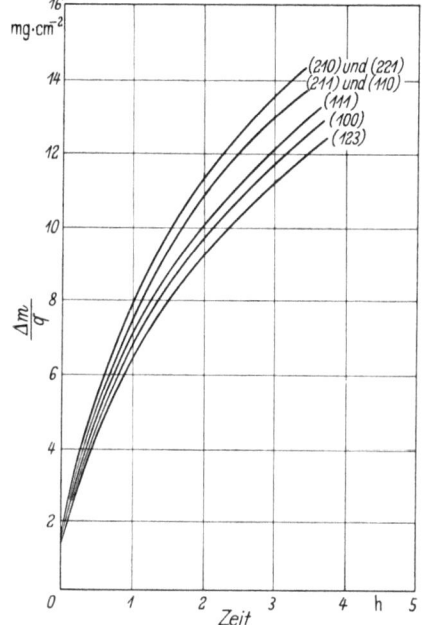

Abb. 41. Oxydationsgeschwindigkeiten verschieden indizierter Flächen von Kupfer-Einkristallen bei 900 °C, nach BÉNARD und TALBOT

Abb. 41 zeigt Ergebnisse von BÉNARD und TALBOT[3], wonach die Oxydationsgeschwindigkeit von Kupfereinkristallen bei 900 °C je nach ihrer Orientierung in der Reihenfolge (210) und (221), (211) und (110), (111), (100), (123) abnimmt. Das Verhältnis der Geschwindigkeiten ist stark temperatur- und schichtdickenabhängig. So fanden YOUNG, CATHCART und GWATHMEY[4] im Temperaturbereich von 70—178 °C

---

[1] ROYER, L.: J. Phys. Radium 17 (1956) 171.
[2] SCHWAB, G. M.: Z. phys. Chem. (B) 51 (1942) 245; Chimia (Zürich) 9 (1955) 250.
[3] BÉNARD, J., u. J. TALBOT: Compt. rend. 225 (1947) 411.
[4] YOUNG, F. W., J. V. CATHCART u. A. T. GWATHMEY: Acta Met. 4 (1956) 145.

gerade umgekehrt eine abnehmende Geschwindigkeit in der Reihenfolge (100), (111), (110), (311). Als Verhältnis der Oxydationsgeschwindigkeiten der (100)- und (311)-Ebenen haben sie die Werte 12,5 bei 178° und 1,8 bei 70 °C angegeben.

Einen indirekten Nachweis der texturabhängigen Oxydationsgeschwindigkeit lieferten LAWLESS und GWATHMEY[1] für die Oxydation von Kupfereinkristallen. Sie fanden im Bereich von 250—5000 Å dicken Oxydschichten röntgenographisch hauptsächlich orientiertes Cu_2O und erst nach Erreichen bestimmter Schichtdicken einen dünnen CuO-Film, der polykristallin ohne bevorzugte Orientierung auf der kompakten Cu_2O-Schicht entstand. Die Bildung höherwertigen Oxyds, z. B. auch beim Eisen, ist nicht nur eine Frage thermodynamischer Gegebenheiten, sondern muß auch kinetisch ermöglicht sein. Unterschreitet bei bestimmtem Sauerstoffdruck und konstanter Temperatur das Angebot an herandiffundierenden Metallionen je Zeit- und Oberflächeneinheit einen bestimmten Wert, so bildet sich — im allgemeinen als relativ dünne Oberflächenschicht — höherwertiges Oxyd. Der röntgenographisch von den genannten Autoren festgestellte Beginn der CuO-Bildung ist hinsichtlich der erforderlichen Schichtdicke abhängig von der Orientierung der verschiedenen Kristallflächen. Da demnach jenes kritische Angebot an Kupferionen bei unterschiedlicher Oxydschichtdicke unterschritten wird, ist der experimentelle Befund als Beweis der texturabhängigen Oxydationsgeschwindigkeit anzusehen. Tab. 5 enthält in der letzten Spalte die von der Indizierung, der Temperatur und dem Sauerstoffdruck abhängigen kritischen Oxyddicken, oberhalb derer sich jeweils CuO bildete.

Tabelle 5. *Nachweis der texturabhängigen Oxydationsgeschwindigkeit bei Kupfer*

Kristallindizierung	Temperatur [°C]	p_{O_2} [mm Hg]	Kritische Schichtdicke [Å]
(001)	250	760	3000
(011)	250	760	1100
(113)	250	760	800
(001)	350	20	5000
(011)	350	20	2000
(113)	350	20	1200
(111)	350	20	2500

Vorhandene Verunreinigungen, z. B. vom Polieren und Vorbereiten der untersuchten Proben, vermindern den Grad der Orientierung, ohne jedoch den Typ zu beeinflussen.

Einen visuellen Nachweis der orientierungsabhängigen Oxydationsgeschwindigkeit und damit zugleich eine Möglichkeit zur Bestimmung

---

[1] LAWLESS, K. R., u. A. T. GWATHMEY: Acta Met. 4 (1956) 153.

der Oberflächenreinheit hat BARDOLLE[1] aufgezeigt, der Eisenbleche nach geeigneter Vorbehandlung bei 500 °C einige Minuten an Luft oxydierte und klare, für jeden Kristalliten verschiedene, einheitliche Anlauffarben erhielt. Geringste physikalische oder chemische Einflüsse verursachen bereits lokale Farbänderungen, die in ausreichendem Ausmaß die Unterschiede zwischen den einzelnen Körnern verwischen können.

CARLSEN[2] hat versucht, eine Deutung des Einflusses der Kristallorientierung auf die Oxydationsgeschwindigkeit zu geben. Während des Anfangsstadiums der Metalloxydation diffundieren Sauerstoffionen in die oberflächennahen Bezirke des Metallgitters bzw. Metallionen und Elektronen aus dem Metallverband ins Oxydgitter ein, oder drittens findet eine entgegengesetzte Diffusion beider Reaktionspartner statt. Jeder dieser Prozesse hat eine bestimmte Aktivierungsenergie, die zu einem gewissen Anteil die Oxydationsgeschwindigkeit bestimmt. Findet der Sprung eines bzw. mehrerer Teilchen nach einem der genannten Möglichkeiten statt, so werden das oder die betreffenden Teilchen bei ausreichendem Energiegewinn in ihrer neuen Position verbleiben. Andernfalls werden sie mit um so größerer Wahrscheinlichkeit ihre Ausgangsposition wieder einnehmen, je geringer der Energiegewinn ausfiel, bzw. wenn ein Energieaufwand erforderlich war.

Metallatome mit hoher Sauerstoffaffinität wie Magnesium und Aluminium werden wegen des erheblichen Energiegewinns immer in ihrer neuen Lage stabil sein. Für weniger sauerstoffaffine Metalle wie Eisen und Kupfer dagegen wird möglicherweise nach dem Sprung die Energiebilanz nur dann ein Verbleiben der Metallionen in ihrer neuen Position sicherstellen, wenn ein Einbau in ein bereits vorhandenes Oxydgitter möglich ist. Solange ein derartig energetisch begünstigter Sprung mangels vorhandener Keime nicht erfolgen kann, werden von einzelnen Atomen ausgeführte Sprünge im allgemeinen reversibel sein. Indessen besteht eine gewisse Wahrscheinlichkeit dafür, daß mehrere benachbarte Atome zugleich in neue Positionen springen. Bei ausreichender Anzahl können sie einen Keim bilden, der sich als hinreichend stabil erweist und weiterwachsen kann.

Die gleichen Faktoren, die beim Wachsen von Oxydkeimen eine Rolle spielen, werden bei den Vorgängen an der Phasengrenze Metall/Oxyd wirksam sein. Metallatome in bestimmten Gitteranordnungen werden größere Sprungwahrscheinlichkeiten ins Oxyd haben als andere. Umgekehrt werden, Sauerstoffdiffusion vorausgesetzt, Sauerstoffionen bevorzugt in bestimmte Gitterrichtungen des Metalls eindiffundieren. Beide Vorgänge sind der Auflösung von Metall in starken Säuren vergleichbar, wobei die Entstehung verschieden ausgebildeter Ätzgruben

---

[1] BARDOLLE, J.: Compt. rend. 234 (1952) 2200.
[2] CARLSEN, K. M.: Acta Met. 5 (1957) 58.

auf die von Korn zu Korn unterschiedliche Angriffsgeschwindigkeit zurückzuführen ist.

Man kann die Erscheinung der Epitaxie u. U. zur mikrographischen Untersuchung von Oberflächen ausnutzen, wie ROBILLARD, DURAND und LACOMBE[1] am Beispiel der Ausbildung orientierter Oxydschichten auf Uran gezeigt haben. Die unter bestimmten Bedingungen an Luft gebildeten Schichten zeigen Interferenzfarben, können zur Bestimmung der Orientierung der einzelnen Kristallite dienen und machen Vorgänge wie Korngrenzenwanderung und Entmischungsprozesse sichtbar.

a b c

Abb. 42 a—c. Elektronenmikroskopische Aufnahmen von im Anfangsstadium der Oxydation gebildeten Oxydnadeln, nach PFEFFERKORN. (Vergr. 12000 : 1)
a) Kupferoxyd auf Phosphorbronze, 1 Std. bei 430 °C, b) Zinkoxyd nach 15,5 Std. bei 340 °C, c) Eisenoxyd bei 700 °C

In diesem Zusammenhang recht bedeutsam sind die elektronenmikroskopischen Untersuchungen zum Kristallwachstum der Oxyde von PFEFFERKORN[2], der auf mehreren Metallen nadelförmig oder lamellenartig ausgebildetes Oxyd beobachtete. Die Abbn. 42a—c zeigen einige Beispiele. Diese eigentümliche Erscheinung tritt im Bereich mittlerer Temperaturen auf. Die Nadeln und Blättchen wachsen aus einer geschlossenen Oxydschicht heraus und beeinflussen aus diesem Grunde die Oxydationsgeschwindigkeit der betreffenden Metalle oder Legierungen nur unmaßgeblich. Bei höheren Temperaturen verschwindet das absonderliche Kristallwachstum praktisch völlig, wobei allerdings erwähnt sei, daß auch aus relativ dicken Oxydschichten heraus unter be-

---

[1] ROBILLARD, A., J. DURAND u. P. LACOMBE: Compt. rend. 242 (1956) 508. - ROBILLARD, A., u. P. LACOMBE: J. Chim. Physique Physico-Chim. biol. 53 (1956) 798.

[2] PFEFFERKORN, G.: Naturwiss. 40 (1953) 551; Z. wiss. Mikroskop. mikroskop. Techn. 62 (1954) 109; Z. Metallkde. 46 (1955) 204. - Vgl. auch S. M. ARNOLD u. E. KOONCE: J. appl. Physics 27 (1956) 964.

stimmten Bedingungen gelegentlich mit bloßem Auge sichtbare Oxydkeime herauswachsen, so z. B. zu beobachten bei der Oxydation von Eisen zu Wüstit und bei Nickel-Chrom-Legierungen.

Die Frage, ob auf einer oxydfreien Metalloberfläche zunächst einzelne Oxydkeime entstehen, die durch laterales Wachstum zu einer geschlossenen Oxydschicht führen, oder ob sich umgekehrt die beobachteten Keime auf einem dünnen Oxydfilm ausbilden, beantworteten BÉNARD und andere[1] im Sinne des letzteren Mechanismus. So steht z. B. die bei Kupfer ermittelte Abhängigkeit der Keimdichte vom Druck im Widerspruch zu der Ansicht anderer Autoren, die Keime entstünden durch lokalisierten Angriff an den Durchstoßpunkten von Versetzungen, wie es ohne Zweifel bei oxydfilmfreier Oberfläche der Fall wäre. Solche und andere strukturellen *Fehler* der Metalloberfläche können aber nicht durch einen Oxydfilm hindurch auf die Lage der Keime wirken, wie die Druckabhängigkeit der Keimdichte beweist. Nach YOUNG[2] besteht eine topographische Beziehung zwischen den Versetzungen und Oxydkeimen nur bei verunreinigtem Kupfer, sie verschwindet dagegen bei sehr reinem Kupfer. Sind z. B. Verunreinigungen hoher Affinität in assoziierter Form an Versetzungen als dem wahrscheinlichsten Aufenthaltsort vorhanden, so wird eine bevorzugte Oxydation jener Elemente und damit die Bildung einzelner Keime zu beobachten sein, ein Effekt, der zur Sichtbarmachung von Versetzungen ausgenutzt werden kann[3]. An dem Verhalten sehr reinen Kupfers dagegen wird deutlich, daß der eigentliche Prozeß der Keimbildung unabhängig von — auch dort vorhandenen — strukturellen Unvollkommenheiten so abläuft, daß sich das Metall zunächst mit einem Oxydfilm überzieht, dessen Dicke ausreicht, eine Beeinflussung durch das Substrat auszuschließen. Erst dann vermögen an bestimmten Kristallisationszentren Oxydkeime zu entstehen und zu wachsen.

b) Die selektive Oxydation

Setzt man Legierungen aus zwei oder mehr Komponenten einer oxydierenden Behandlung aus, so entstehen Oxydschichten, deren Zusammensetzung hinsichtlich des Metallgehalts im allgemeinen anders als die der Legierung selbst ist. Diese häufig beschriebene und technisch in vielen Fällen genutzte Erfahrungstatsache ist auf verschiedenerlei Ursachen zurückzuführen. Als beherrschende Einflußgrößen im Hin-

---

[1] BÉNARD, J.: 3. Colloque de Métallurgie sur la Corrosion (1959), North Holland Publishing Cy, Amsterdam, S. 1. – BÉNARD, J., F. GRØNLUND, J. OUDAR u. M. DURET: Z. Elektrochem. 63 (1959) 799. – GRØNLUND, F.: J. Chim. Physique Physico-Chim. biol. 53 (1956) 660. – BÉNARD, J.: Acta Met. 8 (1960) 272. – Vgl. auch F. BOUILLON, M. JARDINIER-OFFERGELD, C. KAECKENBEECK – VAN DER SCHRICK u. J. STEVENS: European Regional Conference on Electron Microscopy, Delft (1960).
[2] YOUNG, F. W.: Acta Met. 8 (1960) 117.
[3] HIBBART, W., u. C. DUNN: Acta Met. 4 (1956) 306.

blick auf die Zusammensetzung der Oxydschichten sind unter den jeweils vorgegebenen Versuchsbedingungen die freien Bildungsenthalpien der Oxyde der einzelnen Legierungskomponenten und ihre Diffusionsgeschwindigkeiten in der Oxydschicht und innerhalb der Legierung anzusehen. Letztere spielt insofern eine Rolle, als die bevorzugte Oxydation eines Legierungselements eine ausreichende Diffusionsgeschwindigkeit der betreffenden Atomart in der metallischen Phase zur notwendigen Voraussetzung hat. Das Verhältnis der Konzentrationen der einzelnen Legierungskomponenten im Oxyd ist darüber hinaus abhängig von einer Reihe weiterer Faktoren, wie der Legierungszusammensetzung, der Temperatur, dem Sauerstoffdruck, der Versuchsdauer und dem Aufbau der oft heterogenen Oxydschicht.

Unter selektiver Oxydation versteht man die Erscheinung, daß praktisch nur eine Komponente der Legierung oxydiert und somit eine homogene Oxydschicht gebildet wird, wenn das betreffende Element nicht in verschiedenen Wertigkeitsstufen in der Oxydphase vorliegt. Bei binären Legierungen mit einer Edelmetallkomponente, wie z. B. bei Nickel-Platin oder Kupfer-Gold, kann aus thermodynamischen Gründen bei höheren Temperaturen lediglich eine selektive Oxydation des unedleren Legierungsbestandteils erfolgen. Derartige Untersuchungen

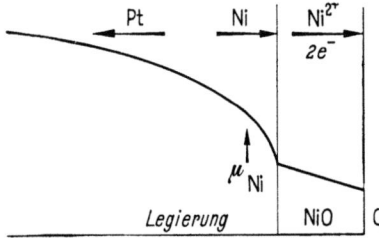

Abb. 43. Schematische Darstellung der Diffusionsprozesse und des chemischen Potentials von Nickel in Legierung und Oxyd während der Oxydation einer Nickel-Platin-Legierung, nach WAGNER

wurden z. B. von WAGNER[1] durchgeführt und eingehend behandelt. Der Verbrauch der unedlen Metallkomponente an der Phasengrenze Legierung/Oxyd hat eine Anreicherung des Edelmetalls zur Folge, das seinerseits auf Grund des entstehenden Konzentrationsgefälles eine Tendenz zur Abwanderung ins Innere der Legierung hinein aufweist. Abb. 43 veranschaulicht die Verhältnisse an einer Nickel-Platin-Legierung. Das thermodynamische Potential des Nickels μ_{Ni} sinkt mit zunehmender Anreicherung an Platin, wodurch eine Verbesserung der Zunderbeständigkeit gegenüber reinem Nickel verursacht wird. Allerdings eröffnet sich auf diese Weise kein technisch gangbarer Weg zur Qualitätsverbesserung von Metallen oder Legierungen bezüglich ihres Oxydationsverhaltens. Die Effekte sind zu gering und zu teuer erkauft. So ist z. B. nach KUBASCHEWSKI und v. GOLDBECK[2] die Konstante der Oxydationsgeschwindigkeit k'' einer Nickel-Platin-Legierung mit

---

[1] WAGNER, C., u. K. GRÜNEWALD: Z. phys. Chem. (B) 40 (1938) 455. — WAGNER, C.: J. electrochem. Soc. 99 (1952) 369; 103 (1956) 571.

[2] KUBASCHEWSKI, O., u. O. v. GOLDBECK: J. Inst. Met. 76 (1949) 255, 738.

20 Atom-% Platin im Temperaturbereich um 1000 °C nur um etwa den Faktor 2 kleiner als die reinen Nickels. Für die Oxydation von Nickel-Platin-Legierungen ist wie für reines Nickel das parabolische Zeitgesetz für gültig befunden, also eine echte Schutzwirkung der gebildeten NiO-Schicht beobachtet worden. In anderen Fällen entsteht eine heterogene Deckschicht mit einer äußeren homogenen Zone des Oxyds der unedlen Komponente und einem inneren heterogenen Gemenge aus Oxyd und an Edelmetall angereicherter Legierung. Die Schutzwirkung der Oxydschicht ist gering, so daß die Oxydationsgeschwindigkeit von Nickel-Gold-Legierungen mit steigendem Goldgehalt sogar zunimmt [1,2].

Ein ähnliches Verhalten zeigen u. U. auch Legierungen mit ausschließlich unedlen Komponenten, z. B. Eisen-Nickel-Legierungen mit etwa 30% Ni [3,4,5]. Bei der Oxydation entstehen ebenfalls heterogen zusammengesetzte Deckschichten, die ein Konglomerat aus Wüstit und an Nickel angereicherter Legierung unterhalb einer äußeren Schicht aus Oxyden des Eisens enthalten. Man darf annehmen, daß anfänglich sowohl Eisen als auch Nickel oxydiert werden[1] und im Verlauf der weiteren Oxydation infolge des schnelleren Wachstums von Eisenoxyd das bereits gebildete Nickeloxyd gleich einem Fremdkörper eingeschlossen wird. Wegen der stark unterschiedlichen freien Bildungsenthalpien von FeO und NiO wird das im heterogenen Oxydgemisch enthaltene Nickeloxyd durch nachdiffundierendes Eisen reduziert, und das gebildete metallische Nickel findet sich in mehr oder weniger feinverteilter Form in den inneren Oxydlagen vor. Die Oxydationsgeschwindigkeit bis zu einem Gehalt von 30 Atom-% Nickel ist nur wenig abhängig von der Nickelkonzentration [3,4,6].

Die Bildung einer metallischen Phase innerhalb der Oxydschicht ist nur ein Sonderfall, wie wir noch sehen werden. Im allgemeinen ist eine aus Oxyden verschiedener Legierungskomponenten gebildete Deckschicht als solche beständig.

Ob bei unedlen binären Legierungen eine selektive Oxydation stattfindet oder ein Oxydgemisch entsteht, hängt nach WAGNER[1] von einer Reihe von Faktoren ab, wie der freien Bildungsenthalpie der in Frage kommenden Oxyde, der prozentualen Zusammensetzung der Legierung, dem Verhältnis der Oxydationsgeschwindigkeiten der reinen Metalle und dem Verhältnis der Diffusionskonstanten innerhalb der Legierung zu den Oxydationskonstanten der reinen Metalle.

---

[1] s. Vorseite [1] WAGNER, C.
[2] HORN, L.: Z. Metallkde. 40 (1949) 73.
[3] PFEIL, L. B.: J. Iron Steel Inst. 119 (1929) 501.
[4] SCHEIL, E., u. K. KIWIT: Arch. Eisenhüttenw. 9 (1935/36) 405.
[5] BÉNARD, J., u. J. MOREAU: Rev. Métall. 47 (1950) 317.
[6] HATFIELD, W.: J. Iron Steel Inst. 115 (1927) 483.

Unter der Voraussetzung völliger Mischbarkeit der Metalle über den ganzen Konzentrationsbereich, dagegen einer vernachlässigbar geringen gegenseitigen Löslichkeit der jeweils möglichen Oxyde lassen sich theoretische Abschätzungen bezüglich der Bedingungen der selektiven Oxydation treffen, wie sie WAGNER[1] für Nickel-Kupfer-Legierungen angestellt hat. Die in bezug auf die Nickelkomponente aus der Umsetzungsgleichung

$$2\,Ni_{(Legierung)} + O_2 \rightleftarrows 2\,NiO \tag{32}$$

abzuleitende Gleichgewichtsbeziehung lautet

$$n_{Ni(l)}^2 \cdot p_{O_2(l)} = \pi_{O_2(NiO)}. \tag{33}$$

$n_{Ni(l)}$ ist der Nickelmolenbruch an der Phasengrenze Legierung/Oxyd, $p_{O_2(l)}$ der dort herrschende Sauerstoffdruck und π_{O_2} der zur jeweils gewählten Temperatur gehörige Oxydzersetzungsdruck des NiO, der entsprechend der Formulierung obiger Beziehung mit der Massenwirkungskonstanten identisch ist. Für die Kupferkomponente gilt die analoge Beziehung

$$n_{Cu(l)}^4 \cdot p_{O_2(l)} = \pi_{O_2(Cu_2O)}. \tag{34}$$

Die Kombination beider Gleichungen ergibt bei konstanter Temperatur jeweils eine bestimmte Legierungszusammensetzung, bei der Gleichgewicht zwischen beiden Komponenten, ihren Oxyden NiO und Cu₂O und dem an der Phasengrenze herrschenden Sauerstoffdruck besteht. Für 950 °C z. B. berechnet man aus den beiden obigen Gleichungen für einen NiO-Zersetzungsdruck[2] von $9 \cdot 10^{-12}$ Atm und einen Cu₂O-Zersetzungsdruck[3] von $2 \cdot 10^{-7}$ Atm einen Nickelgehalt der binären Legierung von 0,7%. Je größer der Unterschied der Dissoziationsdrucke beider Oxyde ist, um so geringer ist die errechnete Konzentration der unedleren Legierungskomponente, die dem gesuchten Gleichgewichtszustand entspricht. Oberhalb dieser errechneten kritischen Konzentrationen sollte für beliebige binäre Legierungen mit zwei oxydierbaren Komponenten jeweils nur eines der beiden möglichen Oxyde, unterhalb das andere gebildet werden. Diese rein thermodynamische Folgerung trifft nur zu für sehr große Diffusionsgeschwindigkeiten beider Metalle innerhalb der Legierung, eine Bedingung, die praktisch nie erfüllt ist.

Die ausschließlich thermodynamische Betrachtung würde mithin ausnahmslos die selektive Oxydation dieser oder jener Legierungskomponente erwarten lassen. Die in den meisten Fällen beobachtete Ausbildung heterogen zusammengesetzter Oxydschichten hat kinetische Ursachen. Im Falle der Oxydation von Nickel-Kupfer-Legierungen tritt

---

[1] s. S. 56 [1] WAGNER, C.
[2] FRICKE, R., u. G. WEITBRECHT: Z. Elektrochem. 48 (1942) 87, 389.
[3] GUNDERMANN, J., K. HAUFFE u. C. WAGNER: Z. phys. Chem. (B) 37 (1937) 148.

auf Grund der begrenzten Diffusionsgeschwindigkeiten in der metallischen Phase eine Anreicherung von Kupfer an der Phasengrenze Legierung/Oxyd auf, wodurch die Möglichkeit der alleinigen Bildung von Nickeloxyd stark eingeschränkt wird. WAGNER hat aus den FICKschen Gesetzen unter Verwendung der betreffenden Diffusions- und Oxydationskonstanten einen Wert von 75% Nickel als Mindestgehalt für die alleinige Entstehung von Nickeloxyd berechnet. Unterhalb dieser Konzentration ist die Bildung eines Oxydgemisches zu erwarten. Diese Voraussage steht in Übereinstimmung mit experimentellen Untersuchungen von PILLING und BEDWORTH[1], die bei der Oxydation von Nickel-Kupfer-Legierungen bei etwa 20—30% Kupfer eine Unstetigkeit in der Konzentrationsabhängigkeit der Oxydationsgeschwindigkeit gefunden haben.

Für Eisen-Nickel-Legierungen mit 5—30% Nickel bestimmten MOREAU und BÉNARD[2] röntgenographisch bei verschiedenen Temperaturen die Nickelanreicherung an der Phasengrenze Legierung/Oxyd in Abhängigkeit von der Glühdauer. Abb. 44 gibt die Ergebnisse für eine Legierung mit 30% Nickel wieder.

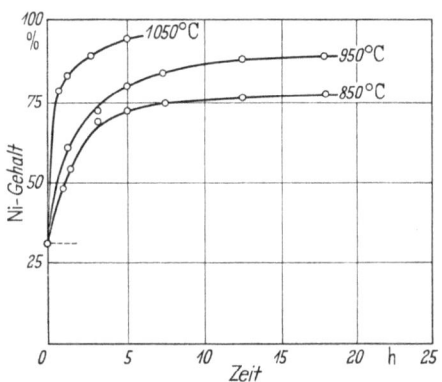

Abb. 44. Anreicherung von Nickel an der Phasengrenze Legierung/Oxyd bei Eisen-Nickel-Legierungen in Abhängigkeit von der Glühdauer, nach MOREAU und BÉNARD

Die Anreicherung der edleren Metallkomponente ist zu Beginn der Oxydation besonders stark ausgeprägt.

Die soeben angestellten Überlegungen zeigen, daß der Konzentrationsbereich der unedleren Metallkomponente im Hinblick auf die etwa gewünschte selektive Oxydation um so größer ist, je größer die Differenz der betreffenden Oxydzersetzungsdrucke bzw. der freien Bildungsenthalpien der Oxyde ist. Diese Aussage ist experimentell von DUNN[3] bestätigt worden, der Kupfer-Zink-Legierungen unterschiedlicher Zusammensetzung bei 800 °C oxydiert hat. Das parabolische Gesetz wurde im Konzentrationsbereich von 0—10% Zink für gültig befunden; die Oxydschicht bestand abgesehen von geringen Zinkoxyd-Einschlüssen[4] zur Hauptsache aus Cu_2O. Bei Zinkgehalten von etwa 10—15% sank die Oxydationsgeschwindigkeit stark ab (Abb. 45), und es wurden

---

[1] PILLING, N. B., u. R. E. BEDWORTH: Industr. Engng. Chem. 17 (1925) 372.
[2] MOREAU, J., u. J. BÉNARD: Compt. rend. 232 (1951) 1842.
[3] DUNN, J. S.: J. Inst. Met. 46 (1931) 25.
[4] RHINES, F. N., u. B. J. NELSON: Trans. A.I.M.M.E. 156 (1944) 171.

erhebliche Abweichungen vom parabolischen Gesetz beobachtet, wahrscheinlich verursacht durch teilweise Reduktion von Cu_2O durch Zink und kontinuierlichen Wechsel der Verteilung beider Oxyde in der Deckschicht. Bei Legierungen mit mehr als 15% Zink ist die Oxydationsgeschwindigkeit nahezu unabhängig von der Zusammensetzung, das parabolische Gesetz ist annähernd erfüllt, und es bildet sich praktisch ausschließlich Zinkoxyd. Die von WAGNER für den Temperaturbereich von 725—880 °C errechneten Werte der kritischen Zinkgehalte der Legierungen von 14—16% stimmen gut mit dem experimentellen Befund überein. Im Falle der Kupfer-Zink-Legierungen genügen also unter den genannten Bedingungen bereits etwa 15% Zink, um eine selektive Oxydation der unedleren Komponente sicherzustellen, während bei Nickel-Kupfer-Legierungen unter vergleichbaren Bedingungen erst oberhalb 75% Nickel reines NiO entsteht.

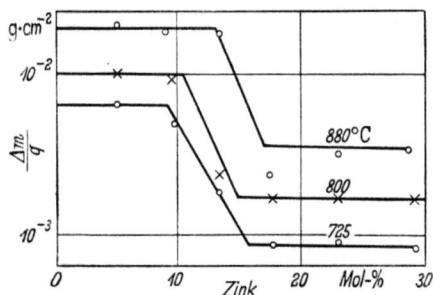

Abb. 45. Abhängigkeit der Oxydationsgeschwindigkeit von Kupfer-Zink-Legierungen vom Zinkgehalt bei 5stündiger Glühung in Sauerstoff, nach DUNN

Außer den genannten, die selektive Oxydation beeinflussenden Faktoren spielen der Sauerstoffpartialdruck der Glühatmosphäre und die Temperatur u. U. eine ausschlaggebende Rolle[1]. Nach TAKAHASHI und TRILLAT[2] ist beim α-Messing bei niedrigem Sauerstoffdruck der umgebenden Gasphase und bei Temperaturen unterhalb des Schmelzpunktes von Zink dessen Dampfdruck größer als der des Kupfers, während sich die Beweglichkeiten beider Elemente gerade umgekehrt zueinander verhalten. Die Oberfläche der Legierung wird sich demzufolge an Kupfer anreichern, wodurch sich bevorzugt Cu_2O bildet. Oberhalb 419 °C (Schmelzpunkt des Zink) ist dessen Diffusionsgeschwindigkeit durch die an der Oberfläche gebildete Oxydschicht relativ groß. Bereits vorhandenes Cu_2O wird reduziert, und die Deckschicht besteht letztlich praktisch aus reinem ZnO[3].

Den Temperatureinfluß haben u. a. auch HICKMAN und GULBRANSEN[4] wiederum am Beispiel der Nickel-Kupfer-Legierungen unterschiedlicher Zusammensetzung untersucht. Sie fanden bei Kupfergehalten von 10 bis 100% bei niedrigen Temperaturen ausschließlich Cu_2O bzw. Cu_2O und CuO, bei höheren Temperaturen, je nach Zusammensetzung bei 500

---

[1] HONJO, G.: J. Phys. Soc. Japan 8 (1953) 113.
[2] TAKAHASHI, N., u. J. J. TRILLAT: Acta Met. 4 (1956) 201.
[3] Vgl. S. MIYAKE: Sci. Pap. Inst. phys. chem. Res. 29 (1936) 167.
[4] HICKMAN, J. W., u. E. A. GULBRANSEN: Trans. A.I.M.M.E. 180 (1949) 534.

bis 800 °C beginnend, nur NiO. Je höher der Nickelgehalt der Legierung gewählt wird, um so niedriger liegt die Temperatur der ausschließlichen NiO-Bildung. Nach Ergebnissen von EVANS und Mitarbeitern[1] bilden sich dagegen bei der Oxydation von Nickel-Mangan-Legierungen bei 600 °C und Mangangehalten von etwa 15% ausschließlich Manganoxyde, während bei 1000 °C erst bei 60% Mn selektive Oxydation beobachtet wurde.

Ähnliche Verhältnisse sind bei der Oxydation von Kupfer-Beryllium-Legierungen mit 2% Be beobachtet worden. Nach HICKMAN[2] entstehen bei 300 und 400 °C beide Oxyde des Kupfers, bei 500 °C BeO und Cu_2O und bei 600 und 700 °C ausschließlich BeO. DE BROUCKÈRE und HUBRECHT[3] wiesen durch Elektronenbeugung bereits bei Temperaturen < 450 °C einen sehr dünnen Berylliumoxyd-Film nach, der bei höheren Temperaturen rasch an Stärke zunahm. Bis etwa 600 °C reproduziert der Film in amorpher Form die Oberfläche der Legierung, während sich bei höheren Temperaturen Kristallite ausbilden. Gleichzeitig entstehendes Kupferoxyd ist inselartig über die Berylliumoxydschicht verteilt. Solche heterogen zusammengesetzten Zunderschichten bieten keinen nennenswerten Schutz gegen die Oxydation, während bei höherer Temperatur gebildetes reines BeO ausgezeichnete Schutzeigenschaften aufweist.

Legierungen z. B. auf Eisen- und Kupferbasis mit geringem Zusatz ausgesprochen sauerstoffaffiner Elemente wie Ca, Al, Si, Ti usw. unterliegen häufig im Anfangsstadium der Zunderung der selektiven Oxydation, indem zunächst die unedle Legierungskomponente eine dünne Oxydschicht ausbildet, die im allgemeinen eine erhebliche Verminderung der Oxydationsgeschwindigkeit gegenüber der des reinen Metalls bewirkt. Im weiteren Verlauf der Oxydation entsteht auf dieser unmittelbar auf der Oberfläche der Legierung gebildeten Oxydschicht als äußere Deckschicht das Oxyd des edleren Basismetalls. Untersuchungen dieser Art wurden z. B. durchgeführt von DUNN[4], SCHEIL und SCHULZ[5], SCHEIL und KIWIT[6], FRÖHLICH[7], PRICE und THOMAS[8], DE BROUCKÈRE und HUBRECHT[3], HICKMAN und GULBRANSEN[9], MOREAU und BÉNARD[10].

---

[1] EVANS, E. B., C. A. PHALNIKAR u. W. M. BALDWIN: J. electrochem. Soc. 103 (1956) 367.
[2] HICKMAN, J. W.: Trans. A.I.M.M.E. 180 (1949) 547.
[3] DE BROUCKÈRE, L., u. L. HUBRECHT: Bull. Soc. chim. Belg. 61 (1952) 101. - HUBRECHT, L.: Bull. Soc. chim. Belg. 61 (1952) 205.
[4] DUNN, J. S.: J. Inst. Met. 46 (1931) 25.
[5] SCHEIL, E., u. E. H. SCHULZ: Arch. Eisenhüttenw. 6 (1932/33) 155.
[6] SCHEIL, E., u. K. KIWIT: Arch. Eisenhüttenw. 9 (1935/36) 405.
[7] FRÖHLICH, K. W.: Z. Metallkde. 28 (1936) 368.
[8] PRICE, L. E., u. G. J. THOMAS: J. Inst. Met. 63 (1938) 21, 29.
[9] HICKMAN, J. W., u. E. A. GULBRANSEN: Trans. A.I.M.M.E. 171 (1946) 344; 180 (1949) 519, 534; J. phys. Chem. 52 (1948) 1186. - HICKMAN, J. W.: Trans. A.I.M.M.E. 180 (1949) 547.   [10] MOREAU, J., u. J. BÉNARD: J. Inst. Met. 83 (1954) 87.

Die Möglichkeit der Verbesserung der Zunderbeständigkeit von Metallen und Legierungen durch eine Reihe relativ unedler Metalle macht man sich heute in weitestem Umfange zunutze. Der Einfluß solcher Legierungselemente auf die Qualität von Heizleiterlegierungen ist von besonderem Interesse und wird später noch im einzelnen besprochen werden. Hier sei zunächst lediglich mitgeteilt, daß die Art der Beeinflussung der Zunderbeständigkeit durch *verbessernde* Elemente durchaus unterschiedlicher Natur sein kann, in vielen Fällen allerdings auf den Prozeß der selektiven oder zumindest bevorzugten Oxydation der meistens nur in geringer Konzentration vorhandenen Zusatzelemente zurückzuführen ist.

Wird unter den jeweiligen Versuchsbedingungen bei geeigneten Legierungen keine selektive Oxydation beobachtet, so läßt sie sich im allgemeinen z. B. durch Erniedrigung des Sauerstoffpartialdrucks der umgebenden Gasatmosphäre erreichen. PRICE und THOMAS[1] haben gezeigt, daß die Zunderbeständigkeit von Kupfer-Aluminium-Legierungen durch eine erzwungene selektive Oxydation, z. B. durch vorheriges Erhitzen in Wasserstoff mit einem Wasserdampfdruck von 0,1 mm Hg bei 800 °C, erheblich verbessert werden kann. Unter diesen Bedingungen ist Kupferoxyd nicht beständig, es bildet sich vielmehr eine dünne, kompakte Oxydschicht der unedlen Metallkomponente, die den Fortgang der Oxydation stark hemmt.

Da die Diffusionsgeschwindigkeit fehlgeordneter Teilchen in einem dichten Oxyd und damit zugleich die Oxydationsgeschwindigkeit des betreffenden Metalls von der Fehlordnungskonzentration abhängig ist und ferner in einem reinen Oxyd die Konzentrationen fehlgeordneter Ionen und Elektronen einander äquivalent sind, kann man bei Vernachlässigung unterschiedlicher Elektronenbeweglichkeiten in verschiedenen Oxyden auf Grund der Kenntnis ihrer Leitfähigkeiten in grober Annäherung Voraussagen über die Schutzwirkung der betreffenden Oxyde machen. Tab. 6 enthält eine Zusammenstellung der elektrischen Leitfähigkeiten von Metalloxyden bei 1000 °C[1].

Tabelle 6. *Elektrische Leitfähigkeiten einiger Oxyde bei 1000 °C*

Oxyd	BeO	Al_2O_3	CaO	SiO_2	MgO	NiO	Cr_2O_3	CoO	Cu_2O	FeO
$\varkappa\,[\Omega^{-1}\,cm^{-1}]$	10^{-9}	10^{-7}	10^{-7}	10^{-6}	10^{-5}	10^{-2}	10^{-1}	10^{+1}	10^{+1}	10^{+2}

Unter der Voraussetzung der Ausbildung reiner Oxyde in kompakter Form und einer von Diffusionsprozessen abhängigen Oxydationsgeschwindigkeit steht zu erwarten, daß BeO, Al_2O_3, CaO, SiO_2 und MgO wegen ihrer geringen Leitfähigkeit besonders gut schützende Eigenschaften aufweisen müßten. Das gilt zwar nicht grundsätzlich,

---

[1] s. Vorseite [8] PRICE, L. E., u. G. J. THOMAS.

da eine Reihe anderer Faktoren mehr oder weniger wesentliche zusätzliche Einflußgrößen darstellen; immerhin ist die ausgesprochene Schutzwirkung von BeO, Al_2O_3 und SiO_2 allgemein bekannt und wird für viele Werkstoffe ausgenutzt.

Vermutlich liegen die geringen Fehlordnungskonzentrationen und damit auch elektrischen Leitfähigkeiten der Oxyde relativ unedler Elemente in der hohen Sauerstoffaffinität jener Metalle begründet. Es ist nämlich zu erwarten, daß sich im thermodynamischen Gleichgewicht

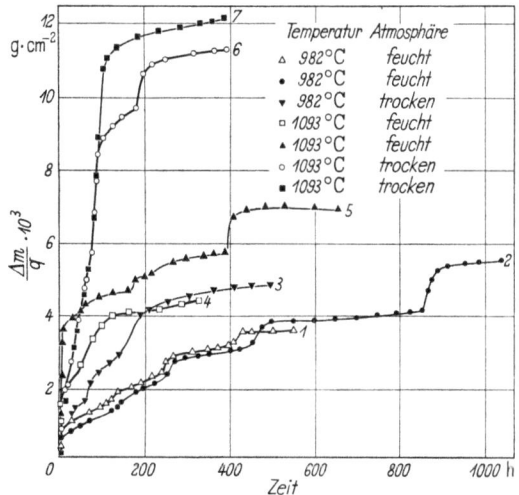

Abb. 46. Zeitlicher Verlauf der Oxydation einer Eisen-Chrom-Legierung mit 0,2% C, 0,4% Mn 0,44% Si, 0,32% Ni und 26,54% Cr bei 982 und 1093 °C in feuchter und trockener Luft, nach CAPLAN und COHEN

bei Überschußhalbleitern die Konzentrationen an Zwischengitterionen und -elektronen, d. h. nicht an Sauerstoff gebundener Ionen, in erster Näherung umgekehrt proportional der Affinität verhalten. Komplizierter liegen die Verhältnisse bei Defekthalbleitern, bei denen die Beständigkeit der verschiedenen möglichen Oxydationsstufen der betreffenden Metalle eine nicht unmittelbar übersehbare Rolle spielt.

Bei der Oxydation von Eisen-Chrom-Legierungen mit 26,5% Cr in feuchter und trockener Luft beobachteten CAPLAN und COHEN[1] eine anfänglich selektive Oxydation im Sinne der Ausbildung einer dünnen Cr_2O_3-Schicht, auf der im weiteren Verlauf mit geringer Bildungsgeschwindigkeit Eisenoxyd entstand. Die schützende Zwischenschicht bricht von Zeit zu Zeit auf, wodurch jedesmal ein Knickpunkt in der parabolischen Umsatz-Zeitkurve entsteht (Abb. 46). Der Kurvenverlauf

---
[1] CAPLAN, D., u. M. COHEN: Trans. A.I.M.M.E. 194 (1952) 1057.

ist annähernd reproduzierbar, d. h., die Oxydschicht bricht jeweils nach Erreichen gewisser kritischer Schichtdicken auf, und die Zahl der metallographisch sichtbaren Einzelschichten ist gleich der Zahl der Stufen in der Parabel. Auf den Einfluß der Feuchtigkeit werden wir in einem späteren Abschnitt (S. 216) noch zu sprechen kommen.

c) Die innere Oxydation

Eine besondere Erscheinung kann bei der Oxydation solcher Legierungen auftreten, deren Basismetall eine merkliche Löslichkeit für Sauerstoff aufweist. Enthalten derartige Legierungen Elemente mit größerer Sauerstoffaffinität als der des Grundmetalls entsprechend, dann ist unter bestimmten Voraussetzungen eine Reaktion zwischen eindiffundierendem Sauerstoff und jenen unedleren Bestandteilen, ausgehend von der Oberfläche ins Innere der Legierung fortschreitend, mit mehr oder weniger scharfer Reaktionsfront zu beobachten. Dieser Prozeß der *„inneren Oxydation"* kann sich sowohl bei Sauerstoffdrucken, die unter dem Zersetzungsdruck des Oxyds des Basismetalls liegen, also ohne Ausbildung einer äußeren Oxydschicht, als auch bei gleichzeitiger Bildung einer Deckschicht vollziehen. In letzterem Fall vermag entweder Sauerstoff durch die Oxydschicht hindurch zu diffundieren, eine Beobachtung, von der im nächsten Kapitel die Rede sein wird, oder es findet an der Phasengrenze Metall/Oxyd wegen unterschiedlicher thermodynamischer Potentiale des Sauerstoffs in den beiden Phasen in begrenztem Umfang eine Zersetzung von Oxyd und Eindiffusion des frei werdenden Sauerstoffs in die Legierung statt.

Besonders eingehend untersuchte Beispiele sind Kupfer- und Silberlegierungen, die wegen der beträchtlichen Sauerstofflöslichkeit beider Grundmetalle zur inneren Oxydation neigen[1]. Darüber hinaus wird die innere Oxydation z. B. auch bei Nickel und Eisen mit geringen Gehalten unedlerer Metalle beobachtet[2]. Obwohl diese Oxydationserscheinung seit langer Zeit bekannt ist[3-8], haben erst viel später RHINES und Mit-

---

[1] Eine zusammenfassende Darstellung über den Mechanismus der inneren Oxydation von Metallegierungen enthält ein Beitrag von S. RAETHER u. K. HAUFFE in „Passivierende Filme und Deckschichten", Berlin/Göttingen/Heidelberg (1956) S. 106; vgl. auch K. HAUFFE: Reaktionen in und an festen Stoffen, Berlin/Göttingen/Heidelberg (1955) S. 516. – CUPP, C. R.: Gases in Metals, Progr. Metal Physics 4 (1953) 151. – PFEIFFER, H., u. K. HAUFFE: Zundervorgänge an Metallen und Metallegierungen, Wissenschaftliche Berichte, Bd. 49, Berlin (1952) S. 47.

[2] MEIJERING, J. L.: Pittsburgh Internat. Conf. on Surface Reactions (Proceedings) (1948) 101. [3] TURNER, T.: J. Inst. Met. 8 (1912) 248.

[4] BLAZEY, C.: J. Inst. Met. 46 (1931) 353.

[5] WYMAN, L. L.: Trans. A.I.M.M.E. 104 (1933) 141; 111 (1934) 205.

[6] SMITH, C. S.: Min. and Met. 11 (1930) 213; 13 (1932) 481; J. Inst. Met. 46 (1931) 49. [7] FRÖHLICH, K. W.: Z. Metallkde. 28 (1936) 368.

[8] LEROUX, J. A., u. E. RAUB: Z. anorg. Chem. 188 (1930) 205.

Einige besondere Erscheinungen der Metalloxydation 65

arbeiter[1] systematische Untersuchungen durchgeführt und an Hand von kinetischen Messungen und metallographischen Studien quantitative Ansätze zur Beschreibung des Oxydationsmechanismus im Innern solcher Metallegierungen hergeleitet. RHINES untersuchte u. a. die Oxydation von Legierungen auf Kupferbasis im α-Mischkristallgebiet mit geringen Zusätzen (0,05—2 Gew.-%) von Si, Mn, P, Al, Zn, Mg usw. in Luft bzw. Sauerstoff bei verschiedenen Drucken und Temperaturen. Metallo-

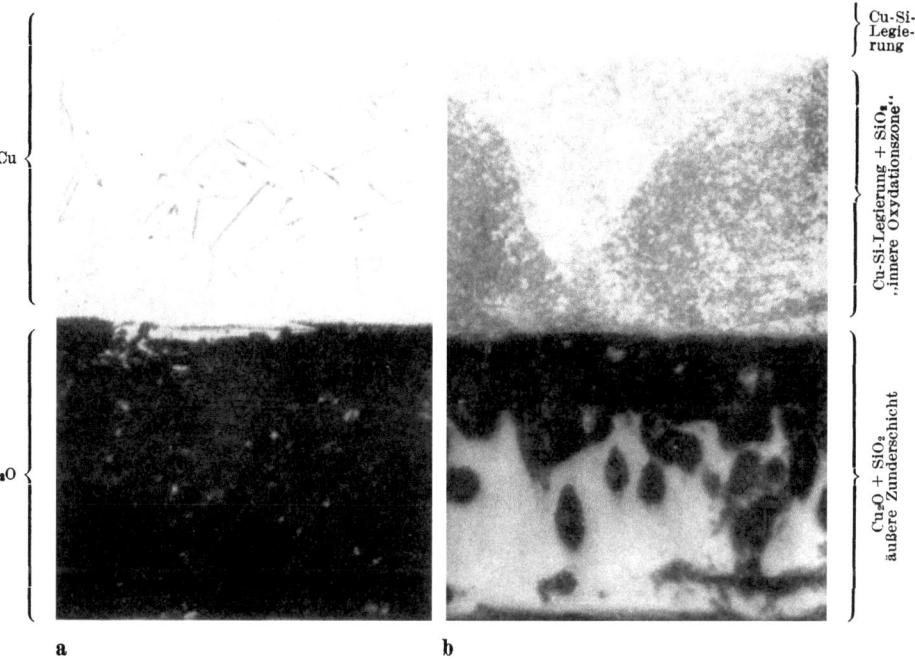

Abb. 47a u. b. Schliffbildaufnahmen reinen Kupfers (a) und einer Kupfer-Silizium-Legierung mit 0,5% Si, (b) nach 2stündiger Glühung in Luft bei 1000 °C, nach RHINES. (Vergr. 150:1)

graphische Untersuchungen an reinem Kupfer und an Kupfer-Silizium-Legierungen zeigten, daß nach 2stündiger Glühung in Luft bei 1000 °C in beiden Fällen gleich starke äußere Zunderschichten aufgetreten waren (Abb. 47), die bei reinem Kupfer aus Cu_2O, bei der Legierung aus Cu_2O und SiO_2 bestanden. Die Legierung läßt darüber hinaus deutlich die Erscheinung der inneren Oxydation erkennen, sie enthält bis zu einer bestimmten, von Temperatur, Versuchsdauer und Sauerstoffdruck abhängigen Tiefe in Kupfer eingebettete SiO_2-Kristalle, während Kupfer-

---

[1] RHINES, F. N.: Trans. A.I.M.M.E. 137 (1940) 246; 156 (1944) 335; Corrosion and Material Protection 4 (1947) 15; Trans. A.S.M. 43 (1951) 174. - RHINES, F. N., W. A. JOHNSON u. W. A. ANDERSON: Trans. A.I.M.M.E. 147 (1942) 205. - RHINES, F. N., u. A. H. GROBE: Trans. A.I.M.M.E. 147 (1942) 318.

66 Mechanismus und Kinetik der Oxydation

Abb. 48. Typisches Erscheinungsbild der inneren Oxydation. Kupfer mit 0,4% Mangan nach 8stündiger Glühung bei 1000 °C in Luft, nach RHINES. Man erkennt an der Dunkelfärbung einzelner Bezirke die bis zu einer scharfen Grenze vorgedrungene innere Oxydschicht. (Vergr. 50:1)

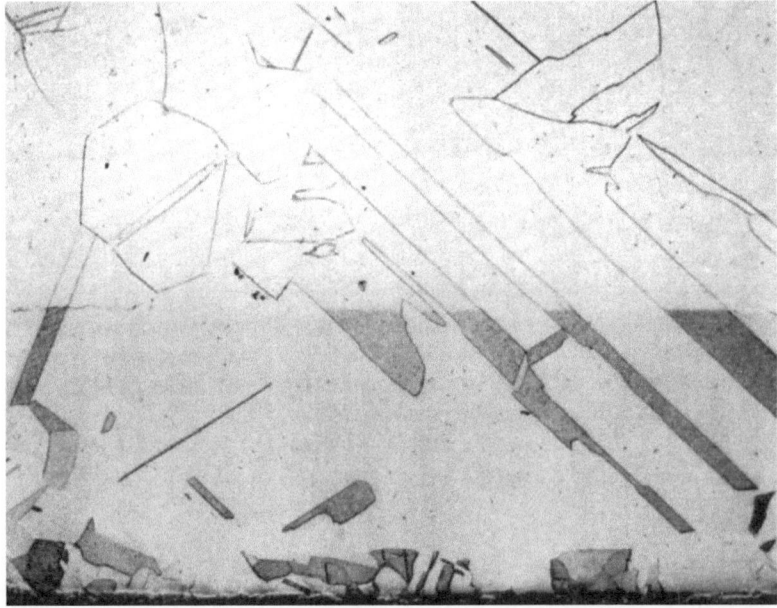

Abb. 49. Innere Oxydation einer Kupfer-Silizium-Legierung mit 0,1% Si bei niedrigem Sauerstoffdruck (keine äußere Oxydschicht), nach RHINES. (Vergr. 50:1)

Einige besondere Erscheinungen der Metalloxydation 67

oxyd in dieser Zone innerer Oxydation praktisch nicht festzustellen ist. Besonders deutlich erkennbar wird die scharfe Front eindringenden Oxyds bei einer Kupfer-Mangan-Legierung mit 0,4% Mn (Abb. 48) nach 8stündiger Glühung bei 1000 °C in Luft und einer Kupfer-Silizium-Legierung mit 0,1% Si nach Glühung bei sehr niedrigem Sauerstoffdruck (Abb. 49).

Als Bedingung für das Auftreten einer inneren Oxydationszone ist außer einer ausreichenden Löslichkeit des Basismetalls für Sauerstoff und einer relativ großen freien Bildungsenergie des Oxyds der zulegierten Komponente eine genügende Sauerstoffbeweglichkeit in der Legierung zu fordern. Sie muß bei gleichzeitiger Ausbildung einer äußeren Oxydschicht insbesondere größer sein als die Beweglichkeit der nach außen diffundierenden Legierungsatome, da andernfalls kein Sauerstoff in die Legierung hineingelangen kann. In Abb. 50 sind schematisch die Konzentrationen an gelöstem Sauerstoff und zulegiertem Metall in Abhängigkeit vom Orte aufgetragen. Der Verbrauch der unedlen Legierungskomponente durch Oxydbildung an der Phasengrenze zwischen nicht oxydierter Legierung und der Zone innerer Oxydation wird durch Nachdiffusion des sauerstoffaffinen Metalls gedeckt, wodurch dessen Konzentration im Innern der Legierung in der Nähe dieser Phasengrenze absinkt. Die Geschwindigkeit des Eindringens der inneren Oxydschicht ist abhängig von den Diffusionsgeschwindigkeiten sowohl des Sauerstoffs als auch des gelösten Metalls. Den Zusammenhang zwischen Eindringtiefe und ablaufenden Diffusionsprozessen weisen Untersuchungen an mancherlei Legierungssystemen nach, bei denen das parabolische Gesetz als Kriterium diffusionsgesteuerter Vorgänge für die Ausbildung der inneren Oxydationszone für gültig befunden wurde. Die mathematische Formulierung hat sowohl die Sauerstoffdiffusion als auch die der unedlen Metallatome zu berücksichtigen.

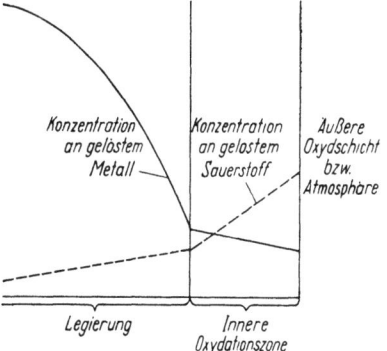

Abb. 50. Schematische Darstellung der Konzentrationsverhältnisse von gelöstem Sauerstoff und Zusatzmetall in Legierung und innerer Oxydationszone

Um quantitative Aussagen über die Wachstumsgeschwindigkeit der inneren Oxydationszone machen zu können, haben RHINES und Mitarbeiter die innere Oxydation als reines Diffusionsproblem behandelt und damit vorausgesetzt, daß Phasengrenzreaktionen und Nachlieferung von Sauerstoff an die metallische Oberfläche gegenüber den Diffusionsprozessen schnell verlaufen. Da die Konzentration der unedlen Komponente in der Legierung und des Sauerstoffs in der inneren Oxydationszone von Ort und Zeit abhängen, leiteten sie unter Zugrundelegung des zweiten FICKschen Diffusionsgesetzes für die Wachstumsgeschwindigkeit dieser Zone unter Vernachlässigung des Einflusses einer etwa vorhandenen äußeren Oxydschicht folgende Näherungsformel ab:

$$\frac{d^2}{t} = \frac{2 D_O c_O - 1{,}68 D_{Me} c_{Me} \cdot m_O/m_{Me}}{c_{Me} \cdot m_O/m_{Me} + c_O/3}. \tag{35}$$

d ist die Schichtdicke der inneren Oxydationszone zur Zeit t, D_O und D_{Me} sind die Diffusionskoeffizienten des Sauerstoffs in dieser Zone und des unedlen Metalls in der Legierung, c_O und c_{Me} die Sauerstoffkonzentration an der metallischen Oberfläche und die Ausgangskonzentration des Legierungsmetalls, m_O/m_{Me} das Gewichtsverhältnis von Sauerstoff und Metall im gebildeten Oxyd.

Diese Beziehung gilt mit hinreichender Genauigkeit erst oberhalb etwa 750 °C. Bei tieferen Temperaturen kommt es in vielen Fällen lediglich an Korngrenzen zur Oxydausscheidung, damit zu Einschlüssen einzelner Kristallite und demzufolge zur Abnahme der Bildungsgeschwindigkeit der inneren Oxydationszone. Andererseits besteht bei höheren Gehalten an Zusatzelementen die Möglichkeit des Aufbrechens dieser die einzelnen Körner umgebenden Oxydschutzhüllen, wodurch ein unkontrollierbarer Anstieg der Oxydationsgeschwindigkeit zu erwarten sein wird.

MAAK[1] leitete eine relativ einfache Beziehung ab, die es gestattet, aus der Dicke der Zone innerer Oxydation und einer etwa vorhandenen äußeren Oxydschicht das Produkt aus Löslichkeit und Diffusionskonstante des Sauerstoffs zu berechnen.

Der Einfluß der äußeren Zunderschicht macht sich im allgemeinen durch eine Verringerung der Bildungsgeschwindigkeit der inneren Oxydationszone bemerkbar, da der geringere Nachschub des Sauerstoffs eine mehr oder minder große Abnahme des Sauerstoffangebots an der metallischen Oberfläche und damit eine Erniedrigung des Konzentrationsgefälles in der inneren Oxydationszone zur Folge hat.

Bei der Oxydation ternärer Legierungen können sich nach RHINES zwei innere Oxydationszonen ausbilden. Voraussetzung ist ein ausreichender Unterschied der Bildungsarbeiten beider Oxyde der unedlen Metallzusätze. Die erste, der äußeren Zunderschicht bzw. der Gasphase benachbarte Zone innerer Oxydation enthält dann ein Gemisch beider Oxyde im Grundmetall, während in der zweiten inneren Oxydationszone nur das Metalloxyd mit der stärker negativen Bildungsarbeit vorhanden ist, was bei Berücksichtigung der dort herrschenden sehr geringen Sauerstoffkonzentration verständlich wird.

---

[1] MAAK, F.: Z. Metallkde. 52 (1961) 545.

Die Teilchengröße der Ausscheidungen hängt nach Angaben von RHINES von der chemischen Natur, der Konzentration der unedlen Legierungskomponente und der Glühtemperatur ab. Je stabiler die gebildeten Oxyde, in um so feinerer Form scheiden sie sich aus, wobei sowohl eine Erhöhung der Konzentration als auch ein Anstieg der Temperatur die Bildung größerer Oxydpartikel begünstigt, was auf den Einfluß von Kornbildungs- und Kornwachstumsgeschwindigkeit zurückzuführen ist.

Ein technisch bedeutsamer Sekundäreffekt der inneren Oxydation ist die Ausscheidungshärtung, die in diesem speziellen Fall als Oberflächenhärtung zu verstehen ist. CHASTON[1] hat über einen deutlichen Anstieg der Vickers-Härte bei Silberlegierungen mit geringen Gehalten an Aluminium oder Zink nach geeigneter Oxydationsbehandlung berichtet. Zur Erreichung maximaler Härtungseffekte sind offensichtlich optimale Konzentrationen an Zusatzelementen erforderlich, da insbesondere höhere Gehalte die Eindiffusion von Sauerstoff in die Legierung zu hemmen scheinen. Dafür spricht z. B. die Beobachtung abnehmender Eindringtiefe der inneren Oxydationszone mit zunehmender Fremdmetallkonzentration der Legierung.

MEIJERING und DRUYVESTEYN[2] haben den Effekt der Oberflächenhärtung durch Blockierung der Gleitebenen gedeutet, die auf die Ausscheidung kleiner Oxydpartikel zurückzuführen ist. Sie fanden nach 2stündiger Glühung bei 800 °C in Luft bei Silberlegierungen mit 0,3 Gewichts-% Magnesium bei einer Belastung von 2,5 kp eine Vickers-Härte von 170 kp/mm², bei einem Gehalt von 0,4% Aluminium 160 kp/mm² und schließlich bei 0,2% Beryllium 135 kp/mm². Die gleichen Legierungen wiesen nach Glühbehandlungen in Stickstoff oder Wasserstoff — also ohne Oxydausscheidung — Härten von nur 30—50 Vickers-Einheiten auf.

Eine Ausscheidungshärtung durch innere Oxydation ist um so leichter zu erreichen, je unterschiedlicher die freien Bildungsenthalpien der Oxyde beider Legierungskomponenten sind. So zeigen z. B. Silberlegierungen mit bestimmten Gehalten eines unedlen Begleitelements einen Härteanstieg, der bei gleichen Bedingungen und gleichen Legierungszusätzen in Kupferlegierungen entweder gar nicht oder nur schwach ausgeprägt wahrzunehmen ist. Andererseits werden geeignete Kupferlegierungen durch Glühung in sauerstoffhaltiger Atmosphäre durch innere Oxydation bis zu einer von den angewandten Bedingungen abhängigen Tiefe gehärtet, während entsprechende Nickellegierungen infolge der größeren Beständigkeit von Nickeloxyd nicht aushärten.

---
[1] CHASTON, J. C.: J. Inst. Met. 71 (1945) 23.
[2] MEIJERING, J. L., u. M. J. DRUYVESTEYN: Philips Res. Rep. 2 (1947) 81, 260.
— MEIJERING, J. L.: Plansee-Berichte 405 (1955).

Nach den Ergebnissen der genannten Autoren ist der Aushärtungseffekt nur bei sehr feiner Verteilung der oxydischen Ausscheidungen in der inneren Oxydationszone zu beobachten; so wurden z. B. bei 1200facher Vergrößerung noch keine Teilchen sichtbar. Als Bestätigung sind röntgenographische Messungen von Gitterabständen zu werten, die bei Silberlegierungen mit 0,36% Magnesium bzw. 0,26% Aluminium nach oxydierender Behandlung eine deutliche Gitteraufweitung gegenüber reinem Silber und den Legierungen im Ausgangszustand erkennen ließen, Ergebnisse, die für eine annähernd molekulare Verteilung des Oxyds im Grundmetall Silber sprechen. Dagegen zeigen nicht aushärtende Silberlegierungen mit Zink und Cadmium keine Gitteraufweitung, ein Beweis für die Ausscheidung gröberer Oxydpartikel.

d) Einfluß der Sauerstoffdiffusion auf das Wachstum von Oxydschichten

Die bisher angestellten Betrachtungen bezüglich des Materietransports durch Zunderschichten waren weitgehend auf alleinige Kationen- und Elektronendiffusion abgestellt. PFEIL[1] wies als erster experimentell die Metalldiffusion durch oxydische Deckschichten nach, indem er auf eine blanke Eisenprobe einen Quarzkristall aufbrachte, der nach anschließender Glühung in Luft von Oxyd umwachsen war. Bevor sich diese in mancherlei Hinsicht grundlegende Erkenntnis allgemein durchsetzte, hielt man ausschließlich einen Sauerstofftransport durch gebildete Deckschichten für möglich. Obwohl PFEIL darauf hinwies, daß sowohl Metall als auch Sauerstoff diffundieren, führte der damals völlig überraschende Nachweis des Metalltransports durch wachsende Zunderschichten in der Folgezeit zu einer gewissen Vernachlässigung des Problems der Sauerstoffdiffusion, das erst sehr viel später wieder aufgegriffen wurde.

Die Vorstellung einer überwiegenden Metalldiffusion führt nach PFEIFFER und ILSCHNER[2] zu folgenden Konsequenzen: Die aus dem Metallverband austretenden Metallatome verursachen eine Anreicherung von Leerstellen in der Metalloberfläche. Es ist möglich, daß diese Leerstellen bis zu einem gewissen Grade durch Diffusion nach innen zunächst im Metallgitter gelöst werden. Die Löslichkeitsgrenze des Gitters für Leerstellen wird jedoch sehr bald erreicht sein, so daß es zur Ausscheidung von Leerstellen in Form zunächst submikroskopischer Hohlräume kommt[3,4]. Bei fortlaufender Anlieferung neuer Leerstellen wachsen diese nahe der Metalloberfläche befindlichen Hohlräume und werden schließlich im Mikroskop sichtbar. Entsprechende *Kirkendall-Porositäten* nahe einer Metall/Oxyd-Phasengrenze wurden z. B. von

---
[1] PFEIL, L. B.: J. Iron Steel Inst. 119 (1929) 501; 123 (1931) 237.
[2] PFEIFFER, H., u. B. ILSCHNER: Z. Elektrochem. 60 (1956) 424.
[3] SEITZ, F.: Acta Met. 1 (1953) 365.
[4] BLIN, J.: Compt. rend. 239 (1954) 1293.

BRASUNAS[1] in verschiedenen Nickel-Chrom-Legierungen beobachtet (Abb. 51); bei der Oxydation von Armco-Eisen und Stählen wurden Hohlraumbildungen von verschiedenen Autoren festgestellt[2]. Im weiteren Verlauf der Reaktion werden größere Hohlräume entstehen, die schließlich einen Spalt zwischen dem Metall und der Oxydschicht bilden. Falls dieser Spalt als *Sperre* für den Übergang von Metallatomen in die wach-

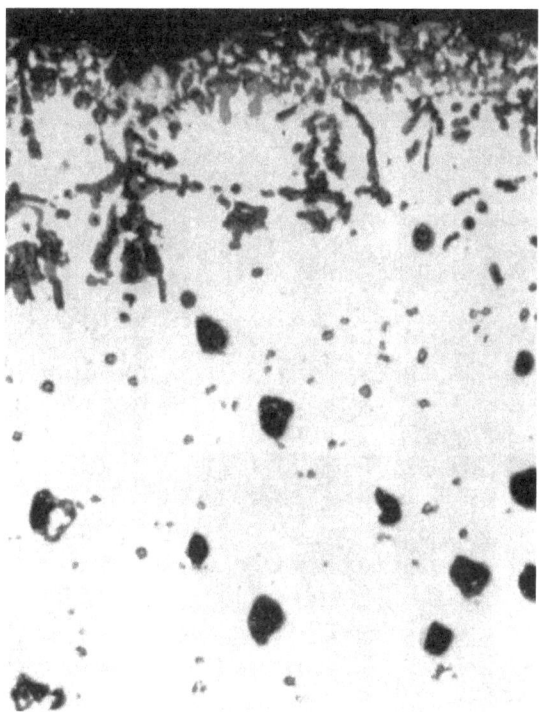

Abb. 51. Durch *Ausscheidung* von Leerstellen gebildete Hohlräume in einer Legierung mit 75% Ni, 15% Cr, 10% Fe nach 200 Stunden bei 1250 °C in Luft, nach BRASUNAS. (Vergr. 250:1)

sende Oxydschicht wirkt, sollte man eine exponentielle Verlangsamung des Wachstumsvorgangs erwarten, wenn nicht außer der Volumendiffusion andere Möglichkeiten des Übertritts von Metallatomen ins Oxyd bestehen. Im übrigen würde im Falle praktisch ausschließlicher, nicht behinderter Metalldiffusion z. B. bei der Zunderung von Drähten eine

---

[1] BRASUNAS, DE A. S.: Metal Progr. 62 (H. 6) (1952) 88.
[2] HEINDLHOFER, K., u. B. M. LARSEN: Trans. Amer. Soc. Steel Treat. 21 (1933) 865. - UPTHEGROVE, C., u. D. W. MURPHY: Trans. Amer. Soc. Steel Treat. 21 (1933) 73. - GRIFFITHS, R.: J. Iron Steel Inst. 130 (1934) 377. - DUNNINGTON, B. W., F. H. BECK u. M. G. FONTANA: Corrosion 8 (1952) 2. - BAUKLOH, W., u. G. THIEL: Korrosion u. Metallsch. 16 (1940) 121.

Oxydröhre entstehen, deren hohler Innenraum etwa dem ursprünglichen Drahtquerschnitt entsprechen sollte.

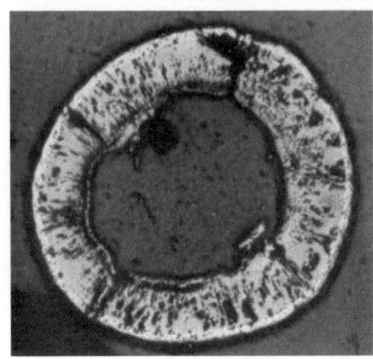

Abb. 52. Bei 700 °C in Luft durchgezunderter 0,4 mm starker Eisendraht, nach PFEIFFER und ILSCHNER. (Vergr. 60 : 1)

Oxydationsversuche an 0,4 mm starken Drähten aus Armco-Eisen im Temperaturbereich von 500 bis 1000 °C in Luft ergaben folgenden Befund[1]. Bei Temperaturen von 700—1000 °C bildete sich in der Tat nach vollständiger Verzunderung ein Hohlraum aus, der dem ursprünglich vom Draht eingenommenen Volumen entspricht (Abb. 52). Die erwähnte exponentielle Verlangsamung des Oxydwachstums wurde nicht beobachtet. Bei 500 und 600 °C bildeten sich dagegen keine nennenswerten Hohlräume, das Oxyd füllte praktisch den ganzen Querschnitt aus (Abb. 53).

Die Bildung von Oxydröhren bei höheren Temperaturen scheint zu beweisen, daß praktisch keine Sauerstoffdiffusion im Eisenoxyd statt-

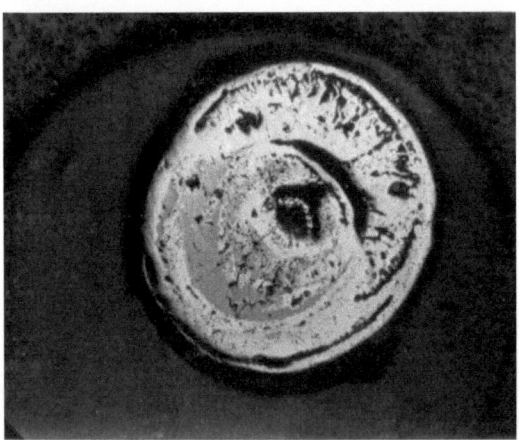

Abb. 53. Bei 600 °C in Luft durchgezunderter 0,4 mm starker Eisendraht, nach PFEIFFER und ILSCHNER. (Vergr. 80 : 1)

findet. Über analoge Ergebnisse hat FONTANA[2] berichtet, der Chromoxydkristalle auf eine Eisenoberfläche aufbrachte und sie nach der Zunderung noch im Kontakt mit dem Metall fand. Nach Untersuchun-

---

[1] s. Seite 70 [2] H. PFEIFFER u. B. ILSCHNER.
[2] FONTANA, M. G.: Industr. Engng. Chem. 43 (1951) 71 A.

gen von BIRCHENALL und Mitarbeitern[1] diffundiert im FeO nur Eisen, im Fe_3O_4 und Fe_2O_3 nur Sauerstoff, worauf wir bereits hinwiesen. Trotz der Sauerstoffdiffusion in den höherwertigen Oxyden ist die Entstehung großer Hohlräume im Innern der zundernden Probe zu verstehen, da im FeO kein Sauerstofftransport stattfindet und die Weiteroxydation von FeO zu Fe_3O_4 und schließlich Fe_2O_3 durch Eindiffusion von Sauerstoff durch die beiden äußeren Schichten keine erhebliche Volumenzunahme bedeutet. Insofern geht also die Oxydation von Eisen bei höherer Temperatur in Luft oder Sauerstoff von Atmosphärendruck trotz der Ausbildung relativ großer Hohlräume nur scheinbar durch alleinige Metalldiffusion durch die gesamte Oxydschicht vonstatten.

Die Bildung von Oxydröhren bei höheren Temperaturen läßt darauf schließen, daß entstehende Hohlräume unter den gegebenen Bedingungen offenbar nicht in stärkerem Maße als Sperre für den Kationenübertritt aus dem Metall ins Oxyd wirken. Als Erklärung wird angeführt, daß Metallatome einerseits durch Oberflächendiffusion längs der Spaltflächen, andererseits durch Verdampfung des Metalls über den (luftleeren!) Spalt hinweg[2] zur Oxydphase gelangen können.

Das Ergebnis bei niedrigerer Temperatur dagegen zeigt, daß hier ein Vorgang wirksam gewesen sein muß, der Sauerstoff während der Glühung in das Innere der Probe hat gelangen lassen. Bis zu welchem Ausmaß diese Gegendiffusion an der Gesamtreaktion beteiligt sein muß, um kompaktes, porenfreies Oxyd zu erhalten, zeigt folgendes Beispiel: Ein Kupferdraht von 2 mm Durchmesser hat, auf die Längeneinheit 1 cm bezogen, die Masse 0,282 g. Oxydiert man diesen Draht unter geeigneten Bedingungen vollständig zu CuO, so nimmt das Oxyd einen größeren Raum ein als das Metall, da sein Molvolumen um den Faktor 1,9 größer ist. Man kann demnach im Querschnitt der durchgezunderten Probe ein Gebiet I abgrenzen, welches dem Querschnitt des ursprünglichen Kupferdrahtes entspricht, sowie ein weiteres Gebiet II, welches konzentrisch um das erstere herumliegt. Beim Kupfer und unter bestimmten Bedingungen beim Eisen (Abb. 53) beobachtet man, daß das Gebiet I — von einer sehr kleinen leeren Röhre in der Mitte und kleineren Porositäten abgesehen — praktisch völlig von Oxyd erfüllt ist. Bei vollständiger Ausfüllung, also bei Erreichen normaler Dichte im gesamten Volumen, würde es nach der Durchoxydation des Kupferdrahtes 0,185 g CuO enthalten. Da vor der Reaktion in diesem Gebiet praktisch kein Sauerstoff zugegen war, müssen während der Reaktion 0,037 g Sauerstoff durch die wachsende Oxydschicht hindurch nach innen gelangt sein.

---

[1] DAVIES, M. H., M. T. SIMNAD u. C. E. BIRCHENALL: Trans. A.I.M.M.E. 191 (1951) 889; 197 (1953) 1250.
[2] Vgl. W. SEITH u. R. LUDWIG: Z. Metallkde. 45 (1954) 401.

Auf ähnliche Untersuchungsergebnisse haben KINNA und KNORR[1] hingewiesen, die das Verhalten von Titan in Luft und Sauerstoff bei 800, 1000 und 1200 °C beschrieben. Während sich bei 800° ausschließlich TiO_2 mit Rutilstruktur bildet, entstehen im Bereich höherer Temperaturen mehrere Oxydschichten, und zwar von innen nach außen zunächst poröse Schichten von TiO, Ti_2O_3 und TiO_2, während als äußere Schicht grobkristallines, porenfreies TiO_2 mit Rutilstruktur beobachtet wurde. Bei der Oxydation von Drähten bei 1200 °C entspricht der innere Durchmesser dieser kompakten Titandioxyd-Schicht dem ursprünglichen Drahtdurchmesser. Es muß also eine einwärts gerichtete Sauerstoffdiffusion durch die Außenschicht hindurch stattgefunden haben. Zur Unterstützung dieser Annahme führten die Verfasser unter gleichen Bedingungen Versuche mit Platinmarkierungen durch, die am Orte der ursprünglichen Metalloberfläche verblieben, also eingebettet im gesamten Oxyd an der inneren Seite der kompakten TiO_2-Schicht gefunden wurden.

Um in derartigen Fällen den Fortgang der Oxydation bzw. die Verschiebung der Phasengrenze Metall/Oxyd in das Metall hinein zu deuten, muß man sich mit der Frage auseinandersetzen, wie die erwähnten Hohlräume während der Reaktion wieder beseitigt werden, bzw. wie ihre Bildung von vornherein verhindert wird.

DRAVNIEKS und MCDONALD[2] haben die Oxydation eines Metalls als einen Vorgang beschrieben, der sowohl die Diffusion von Metall als auch die von Sauerstoff durch die gebildete Oxydschicht hindurch zur notwendigen Voraussetzung hat. Sie sehen die ihrer Meinung nach erwiesene Tatsache des nahezu völlig gehemmten Sauerstofftransports durch Aluminiumoxyd als mitverantwortlich dafür an, daß Aluminium nach Erreichen einer gewissen Oxydschichtdicke praktisch nicht mehr weiter zundert. BÉNARD[3] hält im Falle der Eisenoxydation — vorausgesetzt, daß alle drei Oxydphasen entstehen — neben dem Metalltransport in geringem Ausmaß auch die Diffusion des Sauerstoffs schon deshalb für erwiesen, als andernfalls die Bildung einer Schichtenfolge FeO, Fe_3O_4, Fe_2O_3, ausgehend vom Metall und parallel zu seiner Oberfläche, und zweitens die Weiteroxydation an Stellen, an denen sich das Oxyd vom Metall abhebt, nicht verständlich wären. ILSCHNER und PFEIFFER[4] und später auch SARTELL und LI[5] haben für den Fall der Nickeloxydation experimentell die Diffusion sowohl von Nickel als auch von Sauerstoff durch die gebildete Oxydschicht nachgewiesen, indem sie Platindrähte unverspannt auf die blanke Nickeloberfläche auflegten. Die Markierun-

---

[1] KINNA, W., u. W. KNORR: Z. Metallkde. 47 (1956) 594.
[2] DRAVNIEKS, A., u. H. J. MCDONALD: J. electrochem. Soc. 94 (1948) 139.
[3] BÉNARD, J.: Bull. Soc. chim. Fr., Documentat. 89 (1949).
[4] ILSCHNER, B., u. H. PFEIFFER: Naturwiss. 40 (1953) 603.
[5] SARTELL, J. A., u. C. H. LI: J. Inst. Met. 90 (1961) 92.

gen befanden sich nach 48stündiger Glühung bei 1000 °C in Luft etwa in der Mitte der Oxydschicht an der Stelle der ursprünglichen Metalloberfläche (Abb. 54). Das Oxyd weist deutlich zwei unterschiedliche Bereiche auf, deren gemeinsame Grenze in der Ebene der Platin-Markierungen liegt, wie der gleiche Ausschnitt bei Dunkelfeldbeleuchtung zeigt (Abb. 55). Der innere aufgelockerte Teil der Oxydschicht ist durch Einwärtsdiffusion von Sauerstoff, der äußere kompakte durch Metalldiffusion nach außen entstanden.

Zu dem gleichen Ergebnis gelangten PREECE und LUCAS[1], die ebenfalls zwei getrennte Nickeloxydschichten beobachteten, von denen die äußere dunkelgrün, zusammenhängend, die innere hellgrün und pulverig erschien. Die Farbeffekte sind eine Folge unterschiedlicher Sauerstoffgehalte. Beim Erhitzen in sauerstoffhaltiger Atmosphäre absorbiert Nickeloxyd bis zu temperatur- und druckabhängigen Gleichgewichtskonzentrationen überschüssigen Sauerstoff und nimmt bei ausreichendem Angebot die gleiche dunkelgrüne Farbe an, wie sie jene äußere Nickeloxydschicht aufwies. Die trennende Fläche zwischen beiden Oxydzonen wurde ebenfalls mit der ursprünglichen Metalloberfläche in Übereinstimmung befunden.

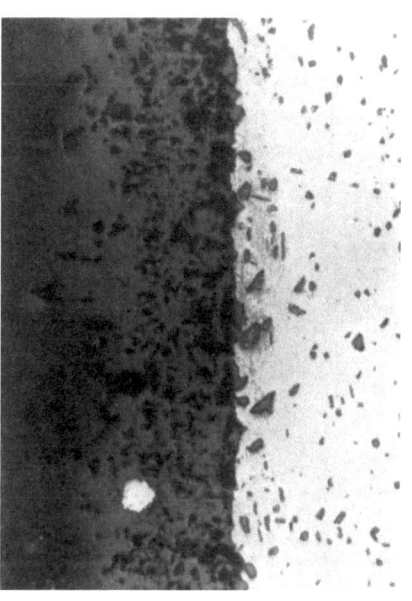

Abb. 54. Nickeloxydschicht auf Nickel mit 0,1% Mangan, nach ILSCHNER und PFEIFFER. Inmitten der Oxydschicht eine der Platinmarkierungen. Die Ausscheidungen im Metall (rechts) rühren von der inneren Oxydation des Mangans her. (Vergr. 150 : 1)

DEAL und SOEC[2] schlossen auf Grund von Markierungsversuchen, daß die einwärts gerichtete Diffusion von Sauerstoff den geschwindigkeitsbestimmenden Schritt bei der Oxydation von Thorium in Wasserdampf von 25—100 mm Hg im Temperaturbereich von 200 bis 600 °C darstellt. Auch für den Mechanismus der Oxydation von Molybdän bei 500—770 °C und einem Sauerstoffdruck von 1 Atm wurde durch Markierungsversuche sichergestellt, daß die Oxydschicht fast ausschließlich durch Anionendiffusion wächst[3]. GRUHL[4] folgerte aus Oxydations-

---

[1] PREECE, A., u. G. LUCAS: J. Inst. Met. 81 (1952/53) 219.
[2] DEAL, B. E., u. H. J. SOEC: J. electrochem. Soc. 103 (1956) 421.
[3] SIMNAD, M., u. A. SPILNERS: Trans. A.I.M.M.E. 203 (1955) 1011.
[4] GRUHL, W.: Z. Metallkde. 40 (1949) 225.

versuchen an Bleischmelzen in reiner Sauerstoffatmosphäre, daß Sauerstoffionen durch die feste Oxydschicht hindurch in nachweisbarem Maße an der Diffusion beteiligt sind. Nach SMELTZER und SIMNAD[1] spielt auch bei der Oxydation von Hafnium die Sauerstoffdiffusion eine ausschlaggebende Rolle, wie sich durch Markierungsversuche nachweisen ließ. Die Geschwindigkeit der Oxydation von Eisen-Nickel-Legierungen bei 850 °C ist nach BÉNARD und MOREAU[2] im Anfangsstadium durch die Diffusion von Eisenionen durch die gebildete Eisenoxydschicht und in ihrem weiteren Verlauf durch die Sauerstoffdiffusion bestimmt.

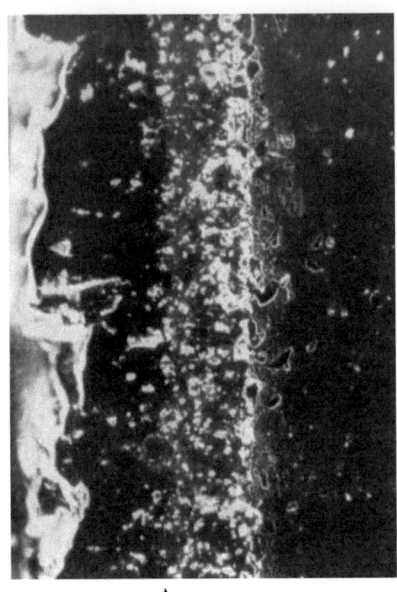

Abb. 55. Derselbe Ausschnitt wie in Abb. 54 in Dunkelfeldbeleuchtung zur Sichtbarmachung der unterschiedlichen Oxydbereiche. Die Pfeile zeigen die Lage der Platinmarkierung an

Durch Verwendung radioaktiven Schwefels zeigten PFEIFFER und ILSCHNER[3], daß bei der Schwefelung von Eisen das Metalloid durch die kompakte Deckschicht hindurch nach innen diffundiert. In gleichem Sinne haben GELD und JESSIN[4] ihre Ergebnisse der Eisenschwefelung bei höheren Temperaturen gedeutet. Sie nehmen an, daß der Eisentransport durch die Sulfidschicht zur Gasphase in dem Maße abnimmt, wie Hohlräume zwischen Metall und Sulfid entstehen, und daß dadurch die Diffusion von Schwefel durch die Deckschicht hindurch in Richtung zum Metall merklich wird.

Somit kann also trotz erheblich unterschiedlicher Beweglichkeiten der beiden diffundierenden Reaktionspartner[5] im stationären Zustand neben der Wanderung von Eisenionen von innen nach außen ein entgegengesetzt gerichteter Schwefeltransport stattfinden. Ähnliche Ansichten bezüglich eines Metalloidtransports durch Zunderschichten

---

[1] SMELTZER, W. W., u. M. T. SIMNAD: Acta Met. 5 (1957) 328.
[2] BÉNARD, J., u. J. MOREAU: Rev. Métall. 47 (1950) 317.
[3] PFEIFFER, H., u. B. ILSCHNER: Z. Elektrochem. 60 (1956) 424.
[4] GELD, P. W., u. O. A. JESSIN: Z. angew. Chem. USSR 19 (1946) 678.
[5] MEUSSNER, R. A., u. C. E. BIRCHENALL: Metallurgy Report 7 (1956), Princeton University.

sind außer von den genannten auch noch von anderen Autoren vertreten worden[1-4].

ANDRIEVSKY und MISCHENKO[5] befaßten sich mit der Anteiligkeit der Metall- und Sauerstoffdiffusion beim Aufbau der auf Kupfer gebildeten Cu_2O-Schicht in Abhängigkeit von der Temperatur. Sie fanden auf Grund metallographischer Untersuchungen unterhalb 1020 °C eine überwiegende Sauerstoffdiffusion, während oberhalb dieser Temperatur die Diffusion der metallischen Komponente ausschlaggebend wird.

In einem weit niedrigeren Temperaturbereich fanden VERNON und Mitarbeiter[6] einen Knickpunkt in der Kurve, die die Abhängigkeit des in einer Stunde von Flußstahl aufgenommenen Sauerstoffs von der Temperatur zeigt (Abb. 56). Unterhalb dieser kritischen Temperatur ist der Verlauf der Oxydation unabhängig von der Art der Probenvorbereitung, die durch mechanische Bearbeitung, chemisches Ätzen oder Tempern im Vakuum vorgenommen wurde, durch ein logarithmisches Zeitgesetz zu beschreiben, während sich oberhalb das parabolische Gesetz als gültig erwies. VERNON deutete diesen Befund im Sinne einer vorwiegenden Sauerstoffionendiffusion unterhalb 200 °C, während oberhalb die Metallionendiffusion überwiegen soll.

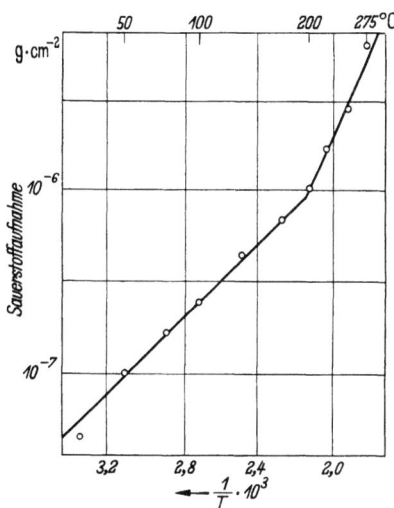

Abb. 56. Abhängigkeit der Oxydationsgeschwindigkeit von Eisen im Bereich niedriger Temperaturen, nach VERNON, CALMAN, CLEWS und NURSE. Der Knickpunkt der Kurve kennzeichnet einen Wechsel des Oxydationsmechanismus bei etwa 200 °C

Das Ausmaß der Sauerstoffdiffusion kann u. U. einen erheblichen Einfluß auf die Oxydationsgeschwindigkeit ausüben, wie PREECE und LUCAS[7] für die Oxydation von Kobalt nachgewiesen haben. Abb. 57 zeigt die Temperaturabhängigkeit der Oxydation von Kobalt und Nickel.

---

[1] TYLECOTE, R. F.: J. Inst. Met. 81 (1952/53) 681.
[2] DIJEW, N. P., u. M. J. KOTSCHNEW: Ber. Akad. Wiss. USSR 85 (1952) 563.
[3] STANLEY, J. K., J. v. HOENE u. R. T. HUNTOON: Trans. A.S.M. 43 (1951) 426.
[4] ARCHAROW, W. I., u. S. MARDESCHEW: Ber. Akad. Wiss. USSR 103 (1955) 273. – ARCHAROW, W. I., u. E. B. BLANKOWA: Physics Metals, Metallography 8 (H. 3) (1959) 119.
[5] ANDRIEVSKY, A. I., u. M. T. MISCHENKO: Zhur. Tekhn. Fiziki 26 (1956) 430.
[6] VERNON, W. H. J.: Trans. Faraday Soc. 31 (1935) 1670. – VERNON, W. H. J., E. A. CALNAN, C. J. B. CLEWS u. J. T. NURSE: Proc. Roy. Soc. (London) 216 (1953) 375. [7] PREECE, A., u. G. LUCAS: J. Inst. Met. 81 (1952/53) 219.

Während bei letzterem ein normales Verhalten beobachtet worden ist, zeigt die Kobaltoxydation hinsichtlich der Reaktionsgeschwindigkeit eine Diskontinuität bei 950 °C. Röntgenographisch ließ sich unterhalb dieser kritischen Temperatur auf dem gebildeten CoO eine dünne Co_3O_4-Schicht nachweisen, die bei höheren Temperaturen nicht mehr beständig ist. Die CoO-Schicht entstand wiederum in zwei deutlich unterschiedlichen Bereichen, einer harten, zusammenhängenden äußeren und einer bröckligen inneren Schicht. Bezüglich dieser Kobaltoxyd-Doppelschicht gilt das gleiche wie oben für die entsprechende Nickeloxydschicht dargelegt. Der zum Aufbau der inneren Schicht benötigte Sauerstoff wird durch Nachdiffusion von außen her geliefert. Diese wiederum scheint, wie ein Vergleich der Dicken der inneren und äußeren Oxydzonen in Abhängigkeit von der Temperatur zeigte, durch das Vorhandensein einer Co_3O_4-Schicht erheblich beschleunigt zu werden, möglicherweise durch Erhöhung der Lösungsgeschwindigkeit von Sauerstoff im CoO.

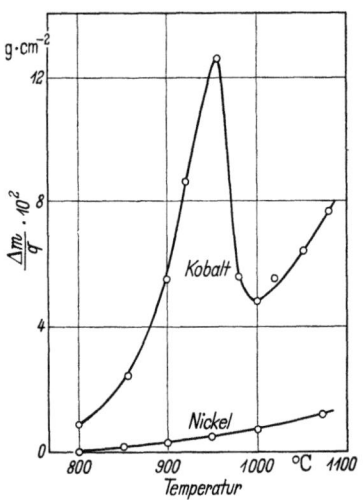

Abb. 57. Einfluß der Temperatur auf die Oxydation von Kobalt und Nickel bei 24stündiger Glühung in Sauerstoff, nach PREECE und LUCAS

In einigen Überschußhalbleitern ist die Fehlordnung durch das Vorhandensein von Anionenleerstellen gemäß dem Gleichgewicht

$$O° \rightleftharpoons O\square^{\cdot\cdot} + 2\ominus + 1/2 O_2 \qquad (36)$$

gegeben. $O°$ haben wir schon früher zur Kennzeichnung eines auf normalem Gitterplatz sitzenden Anions gewählt; $O\square^{\cdot\cdot}$ bedeutet eine Anionenleerstelle. In solchen Fällen ist der Oxydationsmechanismus ohne die zuvor besprochenen Komplikationen im wesentlichen durch eine Sauerstoffionendiffusion gegeben, wie wir sie für den Fall der Bildung von Fe_2O_3 und des Spinells Fe_3O_4 mit bisher nicht bekannter Fehlordnung bereits kennengelernt haben[1]. Unter Verwendung radioaktiven Silbers konnten DAVIES und BIRCHENALL[2] einen analogen Mechanismus für die Bildung von TiO_2 wahrscheinlich machen. Dafür sprechen auch die Untersuchungen von EHRLICH, der Sauerstoffionenleerstellen im Rutilgitter angenommen hat[3].

---

[1] DAVIES, M. H., M. T. SIMNAD u. C. E. BIRCHENALL: Trans. A.I.M.M.E. 191 (1951) 889; 197 (1953) 1250.

[2] DAVIES, M. H., u. C. E. BIRCHENALL: Trans. A.I.M.M.E. 191 (1951) 877.

[3] EHRLICH, P.: Z. Elektrochem. 45 (1939) 362; Z. anorg. allg. Chem. 247 (1941) 53; Z. anorg. allg. Chem. 259 (1949) 1.

An den früher besprochenen Gesetzmäßigkeiten, z. B. der Abhängigkeit der elektrischen Leitfähigkeit der Überschußhalbleiter vom Sauerstoffdruck oder der Beeinflussung der Oxydationsbeständigkeit der betreffenden Metalle durch geeignete Fremdionenzusätze in der Oxydschicht, ändert sich durch den genannten Fehlordnungscharakter nichts. Ob in Überschußhalbleitern die Fehlordnung auf überzählig vorhandenen Kationen auf Zwischengitterplätzen oder auf dem Vorhandensein von Anionenleerstellen beruht, in jedem Fall ist die Elektroneutralität des Oxyds durch eine äquivalente Konzentration an Überschußelektronen gewährleistet. Durch homogenen Einbau eines höherwertigen Oxyds wird sie erhöht, und demzufolge muß die Ionenfehlordnung unabhängig vom Fehlordnungscharakter des Überschußhalbleiters auf eine geringere Konzentration absinken. Im Falle einer diffusionsgesteuerten, nach dem parabolischen Zeitgesetz verlaufenden Oxydationsreaktion muß damit eine Verbesserung der Zunderbeständigkeit des betreffenden Metalls verbunden sein.

Den experimentellen Nachweis lieferten PFEIFFER und HAUFFE[1], die Titanbleche in lose aufgeschüttetes WO_3-Pulver einbetteten und bei 800 °C in reinem Sauerstoff von Atmosphärendruck oxydierten. Den Vergleich des Oxydationsverhaltens mit und ohne Einbettung zeigt Abb. 58. Unter den angegebenen Bedingungen läßt sich die Oxydationsbeständigkeit von Titan durch den Einbau von Wolframoxyd in die aufwachsende Oxydschicht um etwa eine Zehnerpotenz verbessern. Die entsprechend zu erwartende Erhöhung der Leitfähigkeit eines TiO_2-WO_3-Mischoxyds gegenüber reinem TiO_2 zeigt Abb. 59. Je niedriger die Versuchstemperatur gewählt wird, um so größer ist bei konstanter WO_3-Konzentration die Beeinflussung des elektrischen Widerstandes der Oxydprobe[2].

Für die Oxydation von Zirkon halten GULBRANSEN und ANDREW[3] auf Grund experimenteller Ergebnisse und thermodynamischer Überlegungen den Kationentransport über Leerstellen für ausschlaggebend, während andere Autoren die Anionendiffusion entsprechend einer Anionenfehlordnung für wahrscheinlicher halten. MALLET und ALBRECHT[4] führten zum Studium des Reaktionsmechanismus der Zirkonoxydation Markierungsversuche mit Cr_2O_3-Pulver durch. Proben aus reinem Zirkon und Zirkon-Zinn-Legierungen wurden mit wäßrigen Aufschlämmungen von Cr_2O_3 bestrichen, getrocknet und jeweils 6 Stunden bei 800 °C in Sauerstoff geglüht. Das Chromoxyd befand sich nach Beendigung der

---

[1] PFEIFFER, H., u. K. HAUFFE: Z. Metallkde. 43 (1952) 364.
[2] HAUFFE, K., H. GRUNEWALD u. R. TRÄNCKLER-GREESE: Z. Elektrochem. 56 (1952) 937.
[3] GULBRANSEN, E. A., u. K. F. ANDREW: Trans. A.I.M.M.E. 209 (1957) 394.
[4] MALLET, M. W., u. W. M. ALBRECHT: J. electrochem. Soc. 102 (1955) 407.

Glühung quantitativ auf der Oberfläche der gebildeten Oxydschicht. Die Reaktion muß demnach an der Phasengrenze Metall/Oxyd stattgefunden haben und Sauerstoff durch die aufwachsende Deckschicht hindurch nach innen diffundiert sein. Diese Aussage findet eine Bekräftigung in der Stromleitung in Nernststift-Massen, die zu 85% aus ZrO_2 und zu 15% aus Y_2O_3 bestehen[1], bei denen auf Grund von Messungen der EMK geeigneter elektrochemischer Ketten auf eine überwiegende Sauerstoffionenleitung geschlossen werden muß[2].

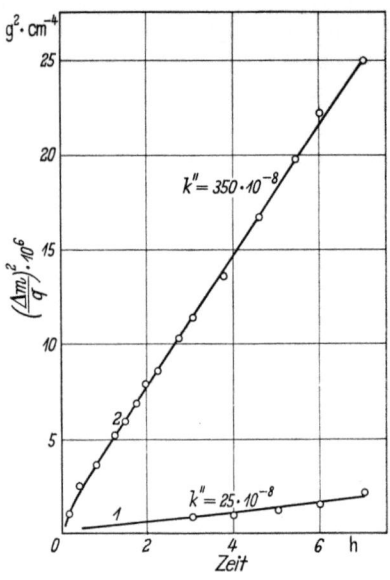

Abb. 58. Die Oxydationsgeschwindigkeit von Titan bei 800 °C in Sauerstoff mit (Kurve 1) und ohne (Kurve 2) Einbettung in Wolframoxyd, nach PFEIFFER und HAUFFE

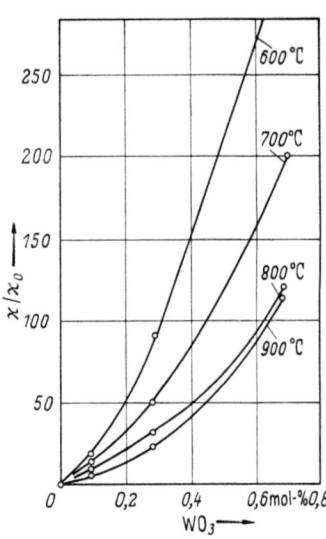

Abb. 59. Verhältnis der Leitfähigkeiten von TiO_2–WO_3-Mischoxyden und reinem TiO_2 in Abhängigkeit vom WO_3-Zusatz bei 600 bis 900 °C, nach HAUFFE, GRUNEWALD und TRÄNCKLER-GREESE

Andere Autoren halten eine Metalloiddiffusion durch Zunderschichten für wenig wahrscheinlich und führen die Beobachtung, daß die Oxydschicht im allgemeinen in Kontakt mit der zurückweichenden Metalloberfläche bleibt, auf plastisches Fließen oder die Bildung von Rissen zurück[3]. Die Entstehung beliebig großer Hohlräume an der Phasengrenze Metall/Oxyd ist zweifelsohne nicht zu erwarten. Nach Erreichen einer bestimmten Größe eines Hohlraumes wird die Oxyd-

---

[1] WAGNER, C.: Naturwiss. 31 (1953) 265.
[2] WEININGER, J. L., u. P. D. ZEMANY: J. chem. Physics 22 (1954) 1469.
[3] Vgl. z. B. W. J. MOORE: J. chem. Physics 21 (1953) 1117. – SARTELL, J. A., R. J. STOKES, S. H. BENDEL, T. J. JOHNSTON u. C. H. LI: Trans. Met. Soc. A.I.M.M.E. 215 (1959) 420.

schicht vielmehr dem äußeren Druck nachgeben und brechen. Das zeigt sich z. B. bei stärkeren Eisendrähten[1], deren bei höherer Temperatur gebildete Oxydschicht einbricht. Durch den Spalt dringt Sauerstoff ein, der im Inneren eine weitere Zunderschicht ausbildet, die nach Erreichen bestimmter Ausmaße der darunter liegenden Hohlräume wiederum bricht. Der Vorgang wiederholt sich bis zur völligen Durchoxydation. Abb. 60 läßt den geschilderten Prozeß der Oxydation eines 1 mm starken Armco-Eisendrahtes an der Ausbildung mehrerer Oxydschalen und Hohlräume erkennen. Die isolierten äußeren Oxydschichten werden je nach den gewählten Versuchsbedingungen weitgehend zu Fe_3O_4 bzw. Fe_2O_3 aufoxydiert, selbst wenn noch ein metallischer Kern im Innern vorhanden ist.

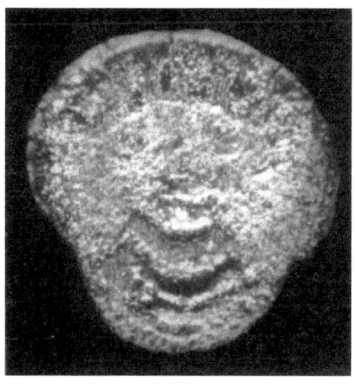

Abb. 60. Bei 940 °C in Luft durchgezunderter 1 mm starker Armco-Eisendraht, nach PFEIFFER und LAUBMEYER. (Vergr. 20 : 1)

ENGELL und WEVER[2] machen Fließvorgänge in der Oxydschicht verantwortlich für die feste Haftung des bei 600—850 °C auf Eisenblechen gebildeten Zunders, während sie oberhalb 850 °C durch Markierungsversuche eine anteilige Sauerstoffdiffusion für bewiesen erachten. Aus dem Verhältnis der gemessenen Diffusionskoeffizienten und dem Koeffizienten der Selbstdiffusion des Eisens im Wüstit haben sie für 1000 °C eine Anteiligkeit von 60% Eisendiffusion und 40% Sauerstoffdiffusion am gesamten Materietransport berechnet.

Das Fließen von Oxyden — ausreichende Plastizität vorausgesetzt — hat EVANS[3] auf das Vorhandensein innerer Spannungen in der wachsenden Oxydschicht zurückgeführt, die sich experimentell nachweisen ließen[4]. Auf Kunststoffolien von etwa 15 μ Stärke wurden dünne Metallfilme aufgedampft und anschließend oxydiert. Dabei krümmte sich die mit Oxyd belegte Folie in einem von der Art des aufgedampften Metalls abhängigen Sinne. Bei Nickel und Eisen befanden sich die entsprechenden Oxydschichten auf der konvexen Seite, bei Magnesium auf der konkaven Seite. Der unterschiedliche Krümmungssinn ist von den

---

[1] DUNNINGTON, B. W., F. H. BECK u. M. G. FONTANA: Corrosion 8 (1952) 2. — PFEIFFER, H., u. C. LAUBMEYER: Z. Elektrochem. 59 (1955) 579.
[2] ENGELL, H. J., u. F. WEVER: Acta Met. 5 (1957) 695. — ENGELL, H. J.: Acta Met. 6 (1958) 439.
[3] EVANS, U. R.: Research 6 (1953) 130.
[4] EVANS, U. R.: Inst. Metals Symposium on Internal Stresses in Metals and Alloys, 291 (1947). — DANKOV, P. D., u. P. V. CHURAEV: Ber. Akad. Wiss. USSR 73 (1950) 1221.

jeweiligen Verhältnissen der Oxyd- und Metallvolumina abhängig, die bei Nickel und Eisen > 1, bei Magnesium < 1 sind. Ob die auftretenden Spannungen in der Oxydschicht letztlich durch die unterschiedlichen Mol- bzw. Atomvolumina der Oxyde und Metalle verursacht werden, wie einige Autoren annehmen, oder durch die mangelnde Übereinstimmung der Gitterabstände, wie andere für wahrscheinlicher halten, mag dahingestellt sein. Jedenfalls wird, wie EVANS angenommen hat, ein Oxyd mit derartigen inneren Spannungen zusammenbrechen, wenn der Kontakt zwischen Metall und Oxyd infolge der Ausbildung von Hohlräumen verlorengeht. Ist das Oxyd im fraglichen Temperaturbereich ausreichend plastisch, so wird es, ohne aufzubrechen und ohne seine schützenden Eigenschaften einzubüßen, den Hohlraum durch einen Prozeß des Fließens und der plastischen Verformung ausfüllen.

BIRCHENALL und Mitarbeiter[1] haben sich ebenfalls mit der Bildung mehr oder weniger großer Hohlräume während der Oxydation von Eisendrähten befaßt und das plastische Verhalten der verschiedenen Eisenoxyde bei höheren Temperaturen untersucht. Sie fanden nach Glühungen bei 800—850 °C in Luft im Innern der durchgezunderten Probe einen zylindrischen Hohlraum, dessen Abmessungen mit denen des ursprünglichen Drahtes übereinstimmten. Bei schrittweiser Erhöhung der Glühtemperatur bis auf 1050 °C verringerten sich die Hohlraumausmaße. In reinem Wüstit, das durch Oxydation von Eisendrähten in Wasserstoff-Wasserdampf-Gemischen solcher Konzentrationen hergestellt wurde, die aus thermodynamischen Gründen die Möglichkeit der Bildung von Fe_3O_4 und Fe_2O_3 ausschließen, wurden — von geringfügigen Porositäten abgesehen — keine Hohlräume beobachtet. Diesen Befund führte BIRCHENALL auf die unterschiedlichen plastischen Eigenschaften der verschiedenen Oxyde des Eisens zurück, die qualitativ bestimmt wurden. Dabei zeigte sich, daß FeO weit mehr zum plastischen Fließen neigt als Fe_3O_4 und Fe_2O_3, und die Entstehung großer Hohlräume bei der Oxydation von Eisendrähten an Luft wurde dahingehend gedeutet, daß die Ausbildung der dünnen, nicht plastischen äußeren Oxydschichten aus Fe_3O_4 und Fe_2O_3 ein Fließen des gesamten Oxyds unter der Einwirkung des äußeren Drucks verhindert, während bei der ausschließlichen Bildung von Wüstit die Hohlräume durch plastisches Fließen aufgefüllt werden können.

LINDEGAARD-ANDERSEN[2] wies die plastische Verformung von Zinkoxyd nach, indem er einen dünnen Zink-Zinkoxyd-Film mit feinkörnigem SiO_2-Pulver übersät und unter dem Elektronenmikroskop erhitzt hat.

---

[1] JUENKER, D. W., R. A. MEUSSNER u. C. E. BIRCHENALL: Metallurgy Report 8 (1956), Princeton University; Phys. Rev. 99 (H. 2) (1955) 657. – MACKENZIE, J. D., u. C. E. BIRCHENALL: Metallurgy Report 10 (1956), Princeton University.
[2] LINDEGAARD-ANDERSEN, A.: Acta Met. 6 (1958) 306.

Das SiO_2 verursachte eine unterschiedliche Erwärmung, und durch thermische Spannungen entstanden Risse im Versuchsstreifen. Gleichzeitig ließen sich einzelne fadenförmige Einkristalle aus ZnO nachweisen. Bei intensiverer Erwärmung trat häufig eine Rißverbreiterung auf, und einige den Riß überbrückende Fadenkristalle wurden beträchtlich gedehnt, bevor sie abrissen. Nach erfolgtem Bruch trat keinerlei Längenänderung ein, was als Beweis für die Bildung solcher Fäden durch plastisches Fließen einiger Kristalle angesehen wurde. Wahrscheinlich hängt die maximale Verlängerung von der Orientierung und der Geschwindigkeit der Ausdehnung ab.

MROWEC und WERBER[1] haben auf Grund von Markierungsversuchen folgende Rückschlüsse im Hinblick auf den Oxydationsmechanismus gezogen:

1. Liegt die Markierung nach der Glühung an der Phasengrenze Metall/Deckschicht, so hat ausschließliche Kationendiffusion stattgefunden.

2. Liegt sie an der Phasengrenze Deckschicht/Gasatmosphäre, so ist eine alleinige Sauerstoffdiffusion dafür verantwortlich zu machen.

3. Wird sie schließlich in der Deckschicht eingebettet gefunden, so ist die äußere Schicht zwischen Markierungsebene und Gasphase durch ausschließliche Kationendiffusion gebildet worden, die innere dagegen entweder

a) durch Sauerstoffdiffusion durch die gebildete Schicht oder

b) durch Spaltbildung zwischen Metall und Deckschicht mit der Folge einer Zunahme des chemischen Potentials des Metalloids und damit seines Dampfdrucks, der sich in den Hohlräumen einstellt und zu weiterer Reaktion an der oxydfreien metallischen Oberfläche im Spalt führt. Dadurch können Brücken entstehen, die den normalen Fortgang der Oxydation zur Folge haben, und die in ihrer Gesamtheit schließlich die innere poröse Schicht bilden. Ein derartiger Mechanismus wurde früher im einzelnen von DRAVNIEKS und MCDONALD[2] dargelegt.

c) Schließlich soll die innere Zone der Deckschicht durch die Bildung einer übersättigten Lösung des oxydierenden Gases im metallischen Bereich entstehen können. Eine Kombination der genannten Möglichkeiten wurde zur Deutung des Bildungsmechanismus jener porösen Schicht ebenfalls in Erwägung gezogen.

e) **Die Beeinflussung der Oxydation durch niedrigschmelzende Oxyde**

Bei gewissen Legierungen und unter bestimmten Glühbedingungen wird oberhalb bestimmter Temperaturen ein völlig anomales Verhalten der Oxydation beobachtet, das sich in einer scharfen Diskontinuität der

---
[1] MROWEC, S., u. T. WERBER: Acta Met. 8 (1960) 819.
[2] DRAVNIEKS, A., u. H. J. MCDONALD: J. electrochem. Soc. 94 (1948) 139.

Temperaturabhängigkeit der Oxydationsgeschwindigkeit im Sinne einer rapiden Zunahme der Reaktionsgeschwindigkeit oberhalb jener kritischen Temperaturen anzeigt. Dieses Phänomen ist als „katastrophale Oxydation" in den allgemeinen Sprachgebrauch übernommen worden. Die Ursache der jeweils ermittelten ungewöhnlich hohen Oxydationsgeschwindigkeiten ist besonders auf das Vorhandensein von Molybdän bzw. Vanadin in Form ihrer niedrigschmelzenden Oxyde MoO_3 mit einem Schmelzpunkt von 795 °C und V_2O_5 mit einem Schmelzpunkt von 658 °C in der während der Oxydation entstehenden Oxydschicht zurückzuführen. Beide Metalle mit ihrer unter Umständen verheerenden Wirkung auf die Zunderbeständigkeit hitzebeständiger Legierungen können sowohl als Legierungspartner auftreten und durch Diffusion in die Oxydschicht gelangen, als auch in der Glühatmosphäre in oxydischer Form vorhanden sein und entsprechend ihrer Konzentration einen mehr oder weniger nennenswerten prozentualen Anteil der Deckschicht ausmachen.

LESLIE und FONTANA[1] beschäftigten sich erstmalig eingehender mit der Beeinflussung der Oxydation durch niedrigschmelzende Oxyde, die sie als „catastrophic oxidation" bezeichneten. Sie beobachteten eine besonders stark ausgeprägte Erniedrigung der Oxydationsbeständigkeit von Nickel-Chrom-Stählen bei 900 °C in Luft durch MoO_3 und V_2O_5, einen geringeren Einfluß in gleichem Sinne durch WO_3 (Smp. 1470 °C), Bi_2O_3 (817 °C) und PbO (885 °C), während eine Reihe anderer, im allgemeinen höher schmelzender Oxyde nicht störend wirkten. Wenn lediglich der Schmelzpunkt der verunreinigenden Oxyde als Kriterium für das Auftreten der katastrophalen Oxydation betrachtet wird, so ist die Wirkung des Wolframoxyds nicht zu verstehen. Möglicherweise bilden sich niedriger schmelzende Oxydhydrate, die einen verheerenden Einfluß auf die Hochtemperaturoxydation ausüben. Andere Legierungen und reine Metalle wie Eisen, Nickel, Chrom und Kobalt zeigen im Beisein von MoO_3 und V_2O_5 ähnliche Effekte.

Den Nachweis über den Zusammenhang zwischen beobachteter katastrophaler Oxydation und dem Auftreten örtlicher Schmelzen reiner Oxyde oder durch niedrigschmelzende Eutektika ausgezeichneter Oxydgemische führten RATHENAU und MEIJERING[2], die über das Verhalten von Kupfer und hitzebeständigen Kupferlegierungen, Eisen und entsprechenden Eisenlegierungen, Nickel und Nickel-Chrom- und schließlich Silber und Silber-Aluminium-Legierungen bei höheren Temperaturen in MoO_3-haltiger Luft berichtet haben. In den meisten Fällen tritt die übermäßig starke Oxydation nicht erst in Schmelzpunktsnähe des MoO_3, sondern schon bei tieferen Temperaturen auf. In systematischen Unter-

---

[1] LESLIE, W. C., u. M. G. FONTANA: Trans. A.S.M. 41 (1949) 1213.
[2] RATHENAU, G. W., u. J. L. MEIJERING: Metallurgia 42 (1950) 167; Nature (London) 165 (1950) 240.

suchungen bestimmten die Verfasser Schmelzpunkte von Oxydgemischen, deren Bildung während der Zunderung der betreffenden Metalle und Legierungen zu erwarten war, und fanden die kritischen Temperaturen, oberhalb derer jeweils die katastrophale Oxydation einsetzt, in guter Übereinstimmung mit den Schmelzpunkten in Frage kommender eutektischer Oxydgemische. Die in den Abbn. 61 und 62 wiedergegebenen Beispiele zeigen, daß unter den angegebenen Bedingungen die Anwesen-

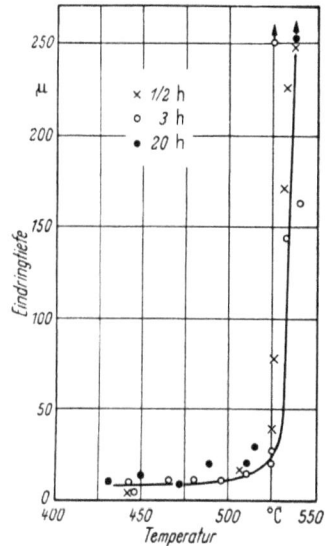

Abb. 61. Die katastrophale Oxydation bei Kupfer als Folge der Bildung eines niedrigschmelzenden Eutektikums im binären Mischoxyd MoO$_3$–Cu$_2$O, nach RATHENAU und MEIJERING

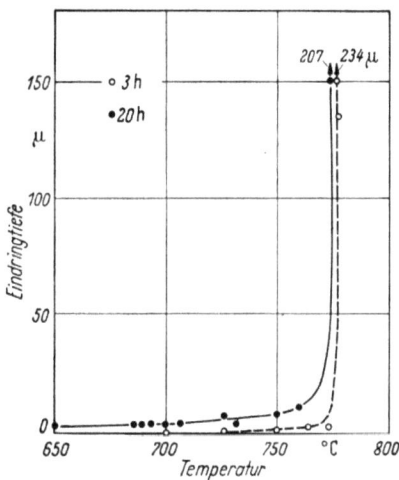

Abb. 62. Die durch Angriff von Molybdänoxyd verursachte katastrophale Oxydation bei einer Eisen-Chrom-Legierung mit 25% Cr, nach RATHENAU und MEIJERING

heit von MoO$_3$ oberhalb bestimmter Temperaturen zu kurzfristiger Zerstörung von Metallen oder Legierungen führen kann.

Experimentell wurde so verfahren, daß jeweils 0,5 mm starke Drähte in MoO$_3$-Einbettung und zum Vergleich ohne Einbettung in Luft oxydiert wurden. An Hand der anschließend gemessenen Bruchlast erhält man mit hinreichender Genauigkeit die Eindringtiefe d des Oxyds zu

$$d = r_0\left(1 - \sqrt{K_M/K_A}\right), \qquad (37)$$

wenn r_0 der ursprüngliche Radius des Drahtes, K_M die gemessene Bruchlast nach Behandlung in MoO$_3$-haltiger und K_A die Bruchlast nach Erhitzen in reiner Luft bedeuten. Die auf diese Weise ermittelten Eindringtiefen sind in beiden Abbn. gegen die Behandlungstemperatur aufgetragen. Bei Kupfer (Abb. 61) zeigt sich ein krasser Anstieg der Eindringtiefe bei etwa 530 °C. In Übereinstimmung mit dem Beginn der katastrophalen Oxydation wurde ein Eutektikum im binären System MoO_3–Cu_2O mit einem Schmelzpunkt von 535 °C gefunden.

Die eutektische Temperatur im ternären Oxydgemisch MoO_3–MoO_2–Cr_2O_3 bestimmten RATHENAU und MEIJERING zu 772 °C im Einklang mit dem Befund der in diesem Temperaturbereich bei Eisen-Chrom-Legierungen einsetzenden katastrophalen Oxydation (Abb. 62). Bei 705 °C, dem Eutektikum eines Gemisches aus Molybdänoxyden und Wüstit, zeigt sich kein beobachtbarer Effekt. Vermutlich ist die Oxydschicht nicht genügend an Eisenoxyd angereichert, als daß die maximal mögliche Schmelzpunktserniedrigung erfolgen könnte.

Über analoge Ergebnisse haben BRASUNAS und GRANT[1] berichtet, die anomal starke Oxydationsangriffe bei gewissen hitzebeständigen Stählen in Brennöfen mit Feuerungsölen feststellten, deren Asche z. T. erhebliche Mengen V_2O_5 enthielt. Die chemische Analyse wies an der Phasengrenze Metall/Oxyd eine beachtliche Konzentration an Vanadin bzw. Molybdän nach. Die kritischen Temperaturen, bei denen die katastrophale Oxydation einsetzte, nahmen bei den untersuchten Stählen entsprechend der Lage der Oxydschmelzpunkte in der Reihenfolge $T_{V_2O_5}$, T_{MoO_3}, T_{WO_3} zu, wobei $T_{V_2O_5}$ den Schmelzpunkt von V_2O_5 bzw. eines unter den gegebenen Bedingungen möglichen Eutektikums bedeutet und T_{MoO_3} sich analog auf niedrigschmelzendes Molybdänoxyd und T_{WO_3} auf Wolframoxyd beziehen.

Um den Mechanismus der katastrophalen Oxydation verstehen zu können, bedarf es nicht der Voraussetzung einer vollkommen aufgeschmolzenen Oxydschicht. Es genügt vielmehr die Entstehung lokaler Bereiche, innerhalb derer die Konzentrationsverteilung der verschiedenen Oxyde eine ausreichende Annäherung an den eutektischen Punkt des betreffenden Gemisches gewährleistet. RATHENAU und MEIJERING nehmen an, daß der Beginn des Aufschmelzens an den Korngrenzen und an der Phasengrenze Metall/Oxyd erfolgt. Die Diffusion durch flüssige Bereiche der Oxydschicht ist ein sehr rasch verlaufender Prozeß, so daß die durch feste Deckschichten verursachte Reaktionshemmung praktisch völlig aufgehoben wird und die endgültige Zerstörung des betreffenden Werkstoffes in kürzester Zeit erfolgt.

Einen interessanten Beitrag zur Aufklärung des Mechanismus der katastrophalen Oxydation lieferte ILSCHNER-GENSCH[2], die in Analogie zu Beobachtungen bei der Oxydation von Nickel unter Boratschmelzen auf den Einfluß von Lokalelementbildungen hinwies, wobei Ionen durch die flüssige und Elektronen durch die feste Oxydphase diffundieren.

---

[1] BRASUNAS, A. DE S., u. N. J. GRANT: Iron Age 166 (1950) 85; Trans. A.S.M. 44 (1952) 1117. – BRASUNAS, A. DE S.: Corrosion 11 (1955) 17. – CUNNINGHAM, G. W., u. A. DE S. BRASUNAS: Corrosion 12 (1956) 389.

[2] ILSCHNER-GENSCH, CH.: J. electrochem. Soc. 105 (1958) 635.

Eine gewisse Beständigkeit gegen die katastrophale Oxydation kann von der Legierungsseite her erreicht werden. So fand BRASUNAS[1] bei molybdänhaltigen Nickel-Chrom-Stählen eine ausreichende Beständigkeit bei Nickelgehalten $> 30\%$[2]. Dafür sprechen auch die Arbeiten von BETTERIDGE und Mitarbeitern[3], nach denen Nickel-Chrom-Legierungen gegen Vanadin und Molybdän beständiger sind als eine Reihe anderer untersuchter Stähle. MONKMAN und GRANT[4] beobachteten eine Verhinderung der beschleunigten Oxydation durch Oxyde des Calciums, Magnesiums und Nickels, die mit V_2O_5 hochschmelzende Verbindungen bilden. Bei Temperaturen etwa 150° oberhalb des Schmelzpunkts von V_2O_5 ist auch Natriumsulfat — lediglich durch eine Abschwächung des Zerstörungsprozesses — wirksam, während unterhalb dieser Temperatur durch Bildung einer flüssigen Phase beschleunigte Verzunderung eintritt. An der Phasengrenze Metall/Oxyd wurde durch Röntgenstrukturanalyse eine Verbindung vom orthorhombischen $VCrO_4$-Typ gefunden.

In einer ausgedehnten Versuchsreihe bestimmten AMERO, ROCCHINI und TRAUTMAN[5] den Einfluß verschiedener Inhibitionszusätze auf die Korrosion von nichtrostendem CrNi 25 20-Stahl durch Brennstoffasche. Die wirksamsten Zusätze enthielten eines oder mehrere der Elemente Mg, Mn, Na, K, Sr, Th, P, W, Ni, Sn, Zn und seltene Erden. Hinweise auf andere diesbezüglich vorgeschlagene Vorbeugungsmaßnahmen können einer umfangreichen, von SACHS[6] durchgeführten Arbeit über die Korrosion durch Brennstoffasche entnommen werden.

Mit dem Ziel, geeignete Plattierungen für Molybdän zum Gebrauch bei hohen Temperaturen zu finden, haben LACHANCE und JAFFEE[7] eine Reihe von Metallen und Legierungen in reiner Luft bei 980 °C und bei gleicher Temperatur in Luft mit MoO_3-Zusatz geglüht und eine relativ hohe Beständigkeit von Chrom, Nickel und Legierungen auf Nickelbasis gefunden. Die Hochtemperaturform des Nickelmolybdats scheint mithin eine gewisse Schutzwirkung auszuüben, wie auch Oxydationsversuche an Molybdän-Nickel-Legierungen mit 30% Ni bei 940 °C nachweisen[8]. Ebenso können durch hohe Kobaltgehalte relativ gute Schutzwirkungen gegen die Beeinträchtigung der Oxydationsbeständigkeit durch Vanadin-

---

[1] s. Vorseite [1] A. DE S. BRASUNAS u. N. J. GRANT.
[2] Vgl. auch E. E. REYNOLDS: Diskussion zu: W. C. LESLIE u. M. G. FONTANA: Trans. A.S.M. 41 (1949) 1213.
[3] BETTERIDGE, W., K. SACHS u. H. LEWIS: J. Inst. Petroleum 41 (1955) 170.
[4] MONKMAN, F. C., u. N. J. GRANT: Corrosion 9 (1953) 460.
[5] AMERO, R. C., A. G. ROCCHINI u. C. E. TRAUTMAN: Amer. Soc. Mech. Eng., Gas Turbine Power Conf. Exhibit, März 1958, 58-GTP-19.
[6] SACHS, K.: Metallurgia 57 (1958) 123, 167, 224.
[7] LACHANCE, M. H., u. R. I. JAFFEE: Trans. A.S.M. 48 (1955) 43.
[8] GLEISER, M., W. L. LARSEN, R. SPEISER u. J. W. SPRETNAK: Amer. Soc. Test. Mat., Special Techn. Publ. 171 (1955) 65.

oxyd erreicht werden, die durch die Ausbildung dünner Kobaltmolybdatschichten verursacht sein dürften [1,2]. Allerdings brechen sowohl Nickel- als auch Kobaltmolybdat-Zunderschichten beim Abkühlen infolge der Umwandlung der bei hohen Temperaturen beständigen γ-Phasen in die bei niedriger Temperatur gebildeten β-Phasen leicht auf und verlieren ihre Schutzwirkung. Durch gewisse Zusätze, wie SiO_2, MnO_2 oder $MgMoO_4$ läßt sich der Umwandlungspunkt unter Raumtemperatur herabdrücken und damit die Haftfestigkeit der Molybdatschichten verbessern. Eine weitere Möglichkeit der Verhinderung der beschleunigten Oxydation bei Chrom-Nickel-Stählen fanden FITZER und SCHWAB[3] in einer Silizium-Anreicherung in der Oberfläche, die offensichtlich auf die Beständigkeit von SiO_2 gegen Vanadinoxyd zurückzuführen ist.

PREECE und Mitarbeiter[4] haben den Einfluß von V_2O_5 auf reines Chrom untersucht und auf Grund der Ergebnisse angenommen, daß solche Legierungen dem Angriff von Vanadinoxyd bei höheren Temperaturen nicht gewachsen sind, deren Hitzebeständigkeit auf die Ausbildung einer chromoxydreichen Zunderschicht zurückzuführen ist. Zu analogen Ergebnissen kam auch BRENNER[5], der systematische Untersuchungen an Nickel-Molybdän-, Eisen-Molybdän- und molybdänhaltigen Eisen-Nickel- und Eisen-Chrom-Legierungen unterschiedlicher Zusammensetzungen durchgeführt hat. Die binären Legierungen zeigten auch bei relativ hohen Mo-Gehalten kein anomales Verhalten. Dagegen verursachten bestimmte Zusätze von Nickel und Chrom zu Fe-Mo-Legierungen eine stark beschleunigte Oxydation. Der Einfluß von Nickelzusätzen wurde durch 2stündige Glühungen bei 1000 °C in reinem Sauerstoff ermittelt; die Ergebnisse sind in Abb. 63 wiedergegeben. Bis zu Gehalten von etwa 10% Ni wurde eine geringfügige Verbesserung

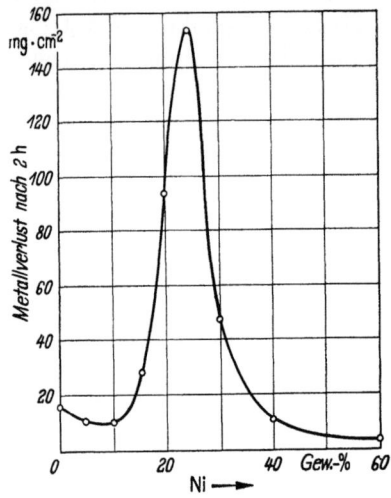

Abb. 63. Oxydationsgeschwindigkeit von Eisen-Molybdän-Nickel-Legierungen mit 20% Mo in Abhängigkeit vom Nickelgehalt bei 1000 °C, nach BRENNER

---

[1] s. Vorseite [8] M. GLEISER, W. L. LARSEN, R. SPEISER u. J. W. SPRETNAK.
[2] OLIVER, D. A., u. G. T. HARRIS: Symposium on High-Temperature Steels and Alloys for Gas Turbines, Iron Steel Inst. (1951) S. 46.
[3] FITZER, E., u. J. SCHWAB: Corrosion 12 (1956) 459.
[4] LUCAS, G., M. WEDDLE u. A. PREECE: J. Iron Steel Inst. 179 (1955) 342.
[5] BRENNER, S. S.: J. electrochem. Soc. 102 (1955) 7, 16.

Einige besondere Erscheinungen der Metalloxydation 89

des Zunderverhaltens der Legierungen festgestellt. Ni-Gehalte von etwa 15—35% haben dagegen einen krassen Anstieg der Oxydationsgeschwindigkeit zur Folge; darüber hinaus tritt keine anomale Oxydation auf. Die Legierungsbereiche in den ternären Systemen Fe–Mo–Ni und Fe–Mo–Cr, in denen die Erscheinung der katastrophalen Oxydation beobachtet wurde, sind in der Abb. 64 schraffiert eingezeichnet. Danach sind beispielsweise derartige Legierungen mit Nickelgehalten um 40% völlig beständig gegen Molybdänoxyd.

Das Problem der beschleunigten Oxydation durch die Bildung niedrigschmelzenden Molybdänoxyds ist insofern besonders aktuell, als man einerseits die ausgezeichnete Hochtemperaturfestigkeit von Molybdän und seinen Legierungen ausnutzen möchte, diesem technischen Vorteil aber andererseits die genannten Gefahren entgegenstehen. Um eine Kompromißlösung, die bei geeigneter Wahl der Legierungen das eine weitgehend gewährt und das andere verhindert, ist man heute vielerorts bemüht. So führte z. B. RENGSTORFF[1] auf breiter Grundlage Untersuchungen an molybdänhaltigen Werkstoffen durch mit dem Ziel, eine ausreichende Schutzwirkung durch zusätzliche Legierungselemente zu erreichen.

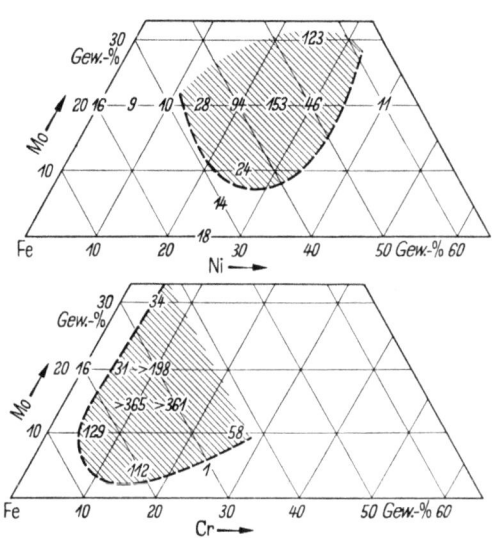

Abb. 64. Zusammenstellung von Oxydationsuntersuchungen an Fe–Mo–Ni- und Fe–Mo–Cr-Legierungen, nach BRENNER. Die eingetragenen Zahlen geben den Gewichtsverlust in mg/cm² nach jeweils 2 Std. bei 1000 °C Sauerstoff an

Diese Elemente sollten entweder mit dem Molybdänoxyd beständige und nicht flüchtige zusammengesetzte Oxyde bilden oder selbst bevorzugt oxydiert werden und, als kompakte Schicht die Bildung flüchtigen Molybdänoxyds verhindern. Auf Grund der Ergebnisse ist es unwahrscheinlich, eine Mo-Legierung entwickeln zu können, die im Bereich von etwa 1000—1100 °C die für unlegiertes Molybdän charakteristischen guten mechanischen Eigenschaften mit ausreichender Oxydationsbeständigkeit verbindet. Zwar läßt sich z. B. durch Legierungsgehalte von 15% Nickel oder 25% Chrom die Oxydationsgeschwindigkeit reinen Molybdäns um den Faktor 100 senken; sie liegt aber gleichwohl

---
[1] RENGSTORFF, G. W. P.: Trans. A.I.M.M.E. 206 (1956) 171.

für den Gebrauch im genannten Temperaturbereich noch zu hoch, und man müßte selbst dann in reduzierendem Medium arbeiten. Letztere Möglichkeit ist bei allen bisherigen Betrachtungen außer acht gelassen worden.

Das Problem der durch Vanadinoxyd verursachten katastrophalen Oxydation konzentriert sich weniger auf Vanadin enthaltende Legierungen als vielmehr auf die Verwendung von z. B. Gasturbinenlegierungen, die dem Angriff V_2O_5-haltiger Ölasche bei höheren Temperaturen ausgesetzt sind. Untersuchungen über den Einfluß der Zusammensetzung solcher Legierungen auf die Zunderbeständigkeit und den Angriff von Vanadinoxyd [1-3] zeigen, daß auch hier erhebliche Abhängigkeiten der unter den gegebenen Bedingungen zu fordernden Qualität von der Art und Zusammensetzung der Legierung bestehen.

Über eine der katastrophalen Oxydation analoge Erscheinung hat RAHMEL[4] in einer kürzlich erschienenen Arbeit berichtet. Am Endüberhitzer eines Hochdruckdampfkessels waren Korrosionserscheinungen aufgetreten, die auf Ablagerungen von Alkalisulfat beruhten, die bei gleichzeitiger Anwesenheit von Schwefel(VI)-oxydspuren in der Ofenatmosphäre eine starke Oxydation des hitzebeständigen Chrom-Nickel-Stahls oberhalb 625 °C auslösten. Bei dieser Temperatur bildet sich ein niedrigschmelzendes Eutektikum aus $K_3Fe(SO_4)_3$ und überschüssigem Kaliumsulfat. Bei Temperaturen um 800 °C fällt die Oxydationsgeschwindigkeit wieder ab, da das Kalium-Eisen-Sulfat nicht mehr beständig ist und also keine schmelzflüssige Phase mehr entstehen kann.

C. Experimentelle Methoden zur Untersuchung des Oxydationsverhaltens von Metallen und Legierungen

Die systematische Erforschung metallischer Werkstoffe hinsichtlich ihrer Zunderbeständigkeit setzt zuverlässige Prüfverfahren voraus. Da eine definitionsmäßig festgelegte Begriffsbestimmung der Beständigkeit gegen die Oxydation praktisch nicht besteht, ist auch bisher ein genormtes oder auch nur allgemein anerkanntes Meßverfahren der Zunderbeständigkeit nicht gefunden worden. Der Grund dafür liegt in der Schwierigkeit, verbindliche Prüfbedingungen festzulegen, bei deren Auswahl eine erhebliche Zahl von Faktoren und Besonderheiten berücksichtigt werden müßte, die alle einen mehr oder weniger großen Einfluß auf das Verhalten der zu prüfenden Werkstoffe bei hohen Temperaturen haben. Außerdem

---
[1] HARRIS, G. T., H. C. CHILD u. J. A. KERR: J. Iron Steel Inst. 179 (1955) 241.
[2] SCHLÄPFER, P., P. AMGWERD u. H. PREIS: Schweizer Arch. 15 (1949) 291.
[3] SYKES, C., u. H. SHIRLEY: Symposium on High-Temperature Steels and Alloys für Gas Turbines, Iron Steel Inst. (1951) S. 153.
[4] RAHMEL, A.: Arch. Eisenhüttenw. 31 (1960) 59.

erscheint es von vornherein aussichtslos, die Vielzahl der für den Gebrauch bei höheren Temperaturen in oxydierender Atmosphäre bestimmten Metalle und Legierungen durch ein einzelnes Prüfverfahren auf ihre Zunderbeständigkeit hin zu bewerten, da die zu erwartenden Unterschiede einen zu großen Bereich der Anwendbarkeit der Prüfbedingungen erfordern würden. Spezielle, sowohl in der Forschung als auch zur technischen Überwachung und Weiterentwicklung häufig angewandte Prüfmethoden sind lediglich für Heizleiterlegierungen entwickelt worden. Wir kommen darauf noch im einzelnen zurück.

Generell werden zwei Möglichkeiten zur Bestimmung des Zunderverhaltens metallischer Werkstoffe ausgenutzt:

1. Bestimmung der Dicke von Oxydschichten bzw. der Gewichtsänderung einer zundernden Probe oder der zur Reaktion benötigten Gasmenge,

2. Glühung von Drähten oder Blechstreifen bei direktem Stromdurchgang bei konstanter oder in bestimmter Weise wechselnder Temperatur bis zum Durchbrennen oder bis zum Erreichen einer vorgegebenen prozentualen Widerstandsänderung.

Bei dem ersten Verfahren handelt es sich im allgemeinen um Oxydationsversuche, die unter weitgehend konstanten Versuchsbedingungen, besonders hinsichtlich der Temperatur und Gaszusammensetzung durchgeführt werden. Unabhängig von der Art der jeweils angewandten Methode wird in jedem Einzelfall der Fortgang der Reaktion mit der Zeit bestimmt. Die gewonnenen Ergebnisse lassen sich durch bestimmte Gesetzmäßigkeiten beschreiben, aus deren Gültigkeit Rückschlüsse auf den Mechanismus der Oxydationsreaktion gezogen werden können. In der Technik wird zur Bestimmung von Zunderbeständigkeiten und damit zur Festlegung von Qualitätsmerkmalen von der zweitgenannten Möglichkeit Gebrauch gemacht. Dazu werden in bestimmter Weise dimensionierte und geformte Drähte der zu untersuchenden Werkstoffe bei direktem Stromdurchgang unter festgelegten Bedingungen geprüft. Wie sich noch zeigen wird, liefern die beiden Verfahren häufig durchaus unterschiedliche Resultate, die im Einzelfall nicht nur zwanglos zu deuten sind, sondern u. U. bedeutsame Hinweise auf das Verhalten der betreffenden Legierungen bei hohen Temperaturen vermitteln.

1. Optische Bestimmung der Dicke von Anlaufschichten

Unter Anlaufschichten seien solche durch Reaktion an metallischen Oberflächen gebildete Schichten verstanden, die bestimmte von Metall zu Metall verschiedene Dicken nicht überschreiten. Diese Schichtdicke ist jeweils dadurch ausgezeichnet, daß unterhalb Interferenzfarben („Anlauffarben") auftreten, während dickere Schichten die Eigenfarbe des betreffenden Oxyds annehmen. Die optische Bestimmungsmethode kommt nur im Bereich dünner Oxydschichten in Betracht, im allgemeinen also nach Anlassen bei relativ niedrigen Temperaturen. Gut sichtbare und einheitliche Anlauffarben entstehen nur, wenn dichte Deckschichten gleichmäßiger Dicke gebildet werden.

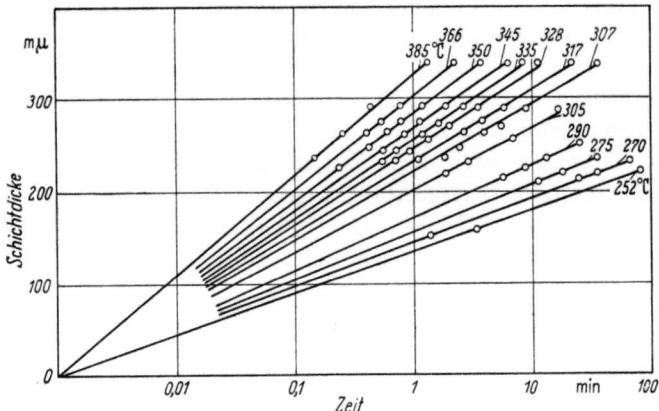

Abb. 65. Dicke der Anlaufschichten auf Eisen im Temperaturbereich von 252—385 °C, nach TAMMANN und KÖSTER

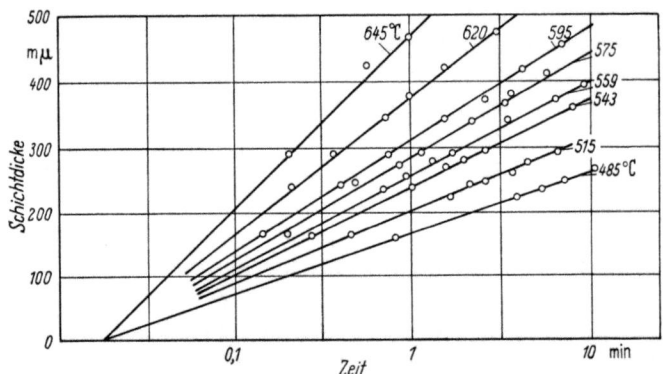

Abb. 66. Dicke der Anlaufschichten auf Nickel im Temperaturbereich von 485—645 °C, nach TAMMANN und KÖSTER

TAMMANN und Mitarbeiter[1] haben eine Reihe von Untersuchungen mit dem damals bereits bekannten optischen Verfahren zur Bestimmung von Oxydationsgeschwindigkeiten durchgeführt. Sie setzten einseitig polierte dünne Metallplättchen, die in kurzer Zeit auf die Versuchstemperatur aufgeheizt werden konnten, in einem durch einen aufgewickelten Nickel-Chrom-Draht zu beheizenden Glasrohr bei vorgegebener Temperatur der betreffenden Gasatmosphäre aus und be-

---

[1] TAMMANN, G.: Z. anorg. Chem. 111 (1920) 78. – TAMMANN, G., u. W. KÖSTER: Z. anorg. Chem. 123 (1922) 196. – TAMMANN, G., u. H. BREDEMEIER: Z. anorg. Chem. 136 (1924) 337.

obachteten die mit der Versuchszeit sich fortlaufend ändernden Interferenzfarben. Die zunächst blanken Proben durchlaufen mehrmals das Farbspektrum; man spricht von Farben erster, zweiter, dritter Ordnung usw. Jeder bestimmten Farbe und Ordnung entspricht eine bestimmte Oxyddicke. Die auf diese Weise erhaltenen Dicken der Anlaufschichten in Abhängigkeit von Temperatur und Versuchszeit sind für die reinen Metalle Eisen und Nickel in den Abbn. 65 und 66 wiedergegeben. In beiden Fällen wurde das exponentielle Anlaufgesetz für gültig befunden, so daß als Anlaufkurven bei halblogarithmischer Auftragung Geraden erhalten werden.

Die Zuordnung zwischen Anlauffarbe und Schichtdicke läßt sich aus den Gesetzen der Optik herleiten, wobei allerdings Randbedingungen eingeführt werden müssen, die nur näherungsweise erfüllt sind. Das Verfahren liefert demnach nur Näherungswerte, die im allgemeinen aber als hinreichend genau angesehen werden können[1]. Die Tabellen 7 und 8 enthalten einige Gegenüberstellungen nach verschiedenen Methoden gewonnener Ergebnisse, die zugleich die Zuordnung zwischen verschiedenen Interferenzfarben und entsprechenden Schichtdicken wiedergeben.

Tabelle 7.

Farbe	Elektrometrisch (MILEY[2])	Gravimetrisch (MILEY)	Optisch (CONSTABLE[3])
strohgelb	440	390	460
rötlich gelb	530	470	520
rotbraun	560	500	580
rötlich violett	625	560	630
violett	695	625	680
blau	725	650	720

Tabelle 8.
Schichtdicken und Interferenzfarben dünner Kupferoxyd-Deckschichten in Å

	Farbe	Elektrometrisch (MILEY)	Optisch (CONSTABLE)
Farben erster Ordnung	dunkelbraun	370	380
	rotbraun	410	420
	rötlich violett	460	450
	violett	485	480
	blau	520	500
	silbergrün	800	880
Farben zweiter Ordnung	gelb	940	980
	orange	1170	1200
	rot	1240	1260

---

[1] EVANS, U. R.: Metallic Corrosion, Passivity and Protection (London) 1937.
[2] MILEY, H. A.: J. Amer. chem. Soc. 59 (1937) 2626.
[3] CONSTABLE, F. H.: Proc. Roy. Soc. (A) 115 (1927) 570; (A) 117 (1928) 376.

Die Übereinstimmung der nach den verschiedenen Verfahren gemessenen Schichtdicken ist recht befriedigend, zumal bei derart dünnen Oxydfilmen das Verhältnis von wahrer zu geometrischer Oberfläche der untersuchten Metallprobe, der Rauhigkeitsfaktor, eine nicht unerhebliche Rolle spielen dürfte und die Versuchsergebnisse bei Anwendung verschiedener Methoden in unterschiedlichem Maße beeinflussen kann. So wurde z. B. die wahre Oberfläche mit 4/0-Papier polierter Tantalbleche um etwa den Faktor 10 größer gefunden als die geometrische, wie sich aus der Gegenüberstellung der durch Reflexionsmessungen und auf gravimetrischem Wege bestimmten Dicken der bei 220—350 °C an Luft gebildeten Oxydschichten ergab[1].

2. Gravimetrische Bestimmung des Verlaufs der Oxydation von Metallen und Legierungen

Die gravimetrische Methode der Bestimmung des Schichtdickenwachstums bzw. der fortlaufenden Gewichtsänderung der zundernden Probe mit der Zeit hat gegenüber anderen Verfahren den Vorteil vielseitiger Verwendbarkeit. Bei geeigneter Auswahl der jeweils zu verwendenden Waage im Hinblick auf die Versuchsbedingungen läßt sich der zeitliche Verlauf der Oxydation unabhängig von der gewählten Versuchstemperatur, den Probenabmessungen, der Gaszusammensetzung, dem Gasdruck und schließlich der zu erwartenden Schichtdicke bestimmen.

In einfachster Weise wird das gewichtsanalytische Verfahren angewandt, indem unter bestimmten Bedingungen geglühte Proben, die zweckmäßigerweise ein relativ großes Verhältnis von Oberfläche zu Volumen aufweisen sollten, in gewissen Zeitabständen ausgewogen werden. Wegen des unterschiedlichen Ausdehnungsverhaltens von Oxyd und Metall platzen die Oxydschichten beim Abkühlen in vielen Fällen teilweise ab, so daß die Fortführung einer Versuchsreihe mit einer bereits oxydierten Probe zu Fehlergebnissen führen kann und also für jede Einzelbestimmung blankes Ausgangsmaterial verwandt werden sollte. Dieser offensichtliche Nachteil macht die Messung einer einzigen Zunderkonstanten zu einem recht langwierigen Prozeß. Zudem muß sichergestellt sein, daß das abgesprungene Oxyd sorgfältig aufgefangen und mit ausgewogen wird.

Weitaus geeigneter und dem Wunsche nach kontinuierlicher Beobachtung des Oxydationsverlaufs entsprechend ist die Verwendung solcher Waagen, mit deren Waagebalken die in der heißen Zone eines senkrecht aufgestellten Ofens befindliche Metallprobe während der ganzen Versuchsdauer über einen unangreifbaren Aufhängedraht (z. B. Platindraht

---

[1] WABER, J. T., G. E. STURDY, E. M. WISE u. C. R. TIPTON: J. electrochem. Soc. 99 (1952) 121.

oder Quarzfaden) verbunden ist. Die Gewichtszunahme wird in bestimmten Zeitabständen abgelesen.

HONDA[1] benutzte zur Bestimmung der Oxydationsgeschwindigkeit die sogenannte Thermowaage (Abb. 67). Sie besteht im wesentlichen aus einem Quarzwaagebalken, der an einer Seite eine Platinschale trägt, welche sich ihrerseits in der konstanten Temperaturzone eines Ofens befindet. An der anderen Seite ist der Waagebalken mit einer Meßfeder verbunden, die sich zur Konstanthaltung ihrer Temperatur und damit ihrer elastischen Eigenschaften in einem Dewargefäß befindet und dort befestigt ist. In der Mitte des Waagebalkens ist ein Spiegel aufgesetzt, dessen Neigung außerhalb des geschlossenen Waagekastens gemes-

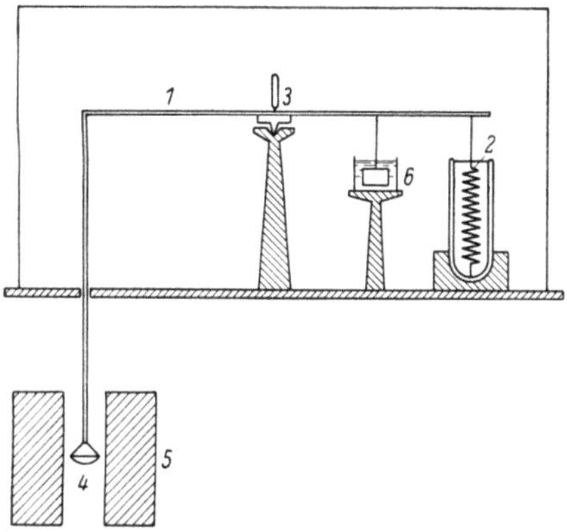

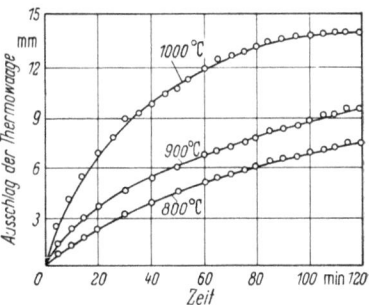

Abb. 67. Schematische Darstellung der Thermowaage, nach HONDA.
1 Quarzwaagebalken, 2 Meßfeder, 3 Spiegel, 4 Platinschale, 5 Ofen, 6 Öldämpfer

Abb. 68. Mit der Thermowaage gemessene Gewichtszunahmen bei der Oxydation von Kupfer, nach UTIDA und SAITO

sen werden kann. Zur Temperaturmessung ist ein Thermoelement in den Waagebalken eingebracht, das bis in die Platinschale reicht und dessen Enden am Auflagepunkt der Waage nach außen geführt sind. Eine kleine auf den Waagebalken oberhalb des Ofens aufgesetzte Waagschale dient zur Eichung. Ein Öldämpfer sorgt für eine ausreichende Stabilität der Waage. Zur Einstellung auf den Nullpunkt kann das Dewargefäß durch ein Feinganggetriebe in seiner Höhe verstellt werden.

UTIDA und SAITO[1] bestimmten an drahtförmigen Proben mit der Thermowaage die Oxydationsgeschwindigkeit von Eisen, Kupfer, Aluminium, Nickel und Nickel-Chrom-Legierungen bei verschiedenen Temperaturen. Als Beispiel seien die Ergebnisse der Oxydation von Kupfer in Abhängigkeit von Temperatur und Zeit mitgeteilt (Abb. 68).

In Abänderung der Thermowaage verwandte HORN[2] eine handels-

---

[1] HONDA, K.: Sci. Rep. Tôhoku Univ. 4 (1915) 97. – UTIDA, Y., u. M. SAITO: Sci. Rep. Tôhoku Univ. 13 (1924/25) 391. – HORIOKA, M.: Jap. Nickel Rev. 1 (1933) 292.

[2] HORN, L.: Z. Metallkde. 36 (1944) 142; 40 (1949) 73.

übliche Halbmikrowaage, an deren einer Waagschale ein Platindraht als Probenträger befestigt ist. Unter der Waage befindet sich durch eine Wärmeisolation getrennt ein Rohrofen, in den der durch Waagenboden und Isolationsschicht hindurchgeführte Platindraht hineinragt. Zur Vermeidung von Konvektionsströmungen ist der Ofen unten verschlossen und am oberen Ende möglichst gut abgedeckt. Nach dieser Methode wurde der Einfluß verschiedener Zusätze auf die Oxydationsbeständigkeit von Nickel bestimmt.

Die Thermowaagen haben den Nachteil, daß tunlichst in völlig staubfreier Luft gearbeitet werden sollte. Ferner sind Messungen in irgendwelchen anderen Gasen oder Gasgemischen bzw. die Bestimmung der Druckabhängigkeit der Oxydationsgeschwindigkeit nicht möglich.

Heute werden kinetische Untersuchungen der Reaktion fester Körper mit Gasen weitgehend in vakuumdicht verschließbaren Apparaturen durchgeführt, die im wesentlichen aus dem in einem Ofen befindlichen Reaktionsrohr und der im kalten Teil des Systems montierten Wägeinrichtung bestehen. Die Vorteile solcher Methoden liegen in der Möglichkeit des Aufheizens unter Hochvakuum, so daß auch die Anfangsoxydation in etwa unter den gewählten Versuchsbedingungen ablaufen kann. Ferner können beliebig vorgereinigte Gase oder Gasgemische verwandt werden, wobei in ruhendem oder strömendem Gas, bei Normaldruck oder beliebig vorgegebenen Drucken gearbeitet werden kann. Darüber hinaus ist die häufig interessierende Abhängigkeit des Zunderverhaltens vom Feuchtigkeitsgehalt der Glühatmosphäre in einfacher Weise zu ermitteln.

Relativ einfach gestaltet sich die Verwendung einer Quarzwendel als Waage, wie sie von HAUFFE und Mitarbeitern[1] benutzt wurde. Ein Quarzfaden, dessen Stärke je nach der erforderlichen Empfindlichkeit zu wählen ist, wird zum Wendeln in der Sparflamme eines Bunsenbrenners auf einen Kohlestab gewickelt und an einem Ende mit einem Aufhängebügel, am andern mit einem Zeiger versehen. Die Empfindlichkeit der Waage hängt von der Dicke des gewendelten Quarzfadens und der Anzahl der Windungen ab. Bei einer Belastung der Waage von 50—60 mg wird als Empfindlichkeit 0,5 mg angegeben. Die Elastizität der Wendeln ist hinreichend temperaturunabhängig, die Ausdehnung bei nicht zu großem Meßbereich weitgehend linear. Die durch Gewichtszunahme der Versuchsprobe hervorgerufene Längenänderung der im oberen Teil des Reaktionsrohres hängenden Waage wird durch kontinuierliche Beobachtung der Zeigerspitze mit einem Kathetometer gemessen und nach entsprechender Eichung ausgewertet. Zur Bestimmung des

---

[1] HAUFFE, K., u. CH. GENSCH: Z. phys. Chem. 195 (1950) 116, 386. – HAUFFE, K. u. A. RAHMEL: Z. phys. Chem. 199 (1952) 152. – HAUFFE, K., u. H. PFEIFFER: Z. Elektrochem. 56 (1952) 390; Z. Metallkde. 44 (1953) 27. – Vgl. auch V. KOHLSCHÜTTER u. E. KRÄHENBÜHL: Z. Elektrochem. 29 (1923) 670.

Einflusses der Gasströmungsgeschwindigkeit werden die einströmenden Gase durch ein System unterschiedlich dimensionierter Kapillaren geleitet. Nach Verlassen des Reaktionsraumes passiert das austretende Gas eine als Luftabschluß dienende, mit konzentrierter Schwefelsäure gefüllte Vorlage, die durch einen vorgeschalteten Vakuumhahn gegen die Apparatur verschließbar ist.

Bedingung für die Verwendung solcher oder anderer gravimetrischer Methoden ist eine vernachlässigbar geringe Verdampfungsgeschwindigkeit der Reaktionsprodukte. Die beobachtete Gewichtszunahme ist dann gleich der Menge des verbrauchten Sauerstoffs oder anderer reagierender Gase. Die Gefahr des Abplatzens gebildeter Deckschichten und dadurch verursachter Meßfehler ist um so geringer, je konstanter die jeweilige Versuchstemperatur gehalten wird.

WAGNER und GRÜNEWALD[1] verwandten als Wägevorrichtung einen einseitig gehaltenen, horizontal ausgespannten Quarzfaden, an dessen freiem Ende die zu untersuchende Metallprobe befestigt war. Für empfindlichere Messungen empfiehlt sich die Verwendung zweiarmiger Waagen, deren besonderer Vorteil in der weitgehend beliebigen Wahl des Ausgangsgewichtes der Versuchsprobe, selbst bei nur geringen zu erwartenden Gewichtszunahmen liegt. CHÉVENARD, WACHÉ und DE LA TULLAYE[2] haben eine Mikrowaage beschrieben, auf deren Waagebalken ein Spiegel montiert ist. Ein dort reflektierter Lichtstrahl zeichnet kontinuierlich die mit fortschreitender Oxydation zunehmende Neigung der Waage photographisch auf. Eine vergleichbare Anordnung hat DAY[3] zur Messung der Adsorptionsgeschwindigkeit von Wasserdampf an dielektrischen Stoffen verwendet. Das viereckige Waagebalkensystem ist aus Hartglas gefertigt und befindet sich in einem vakuumdichten Messinggehäuse. Ein Quarztorsionsfaden mit aufgesetztem Spiegel dient zur Bestimmung der Gewichtsänderung. Bei einer Belastung von 0,1 g wird eine Änderung von $2 \cdot 10^{-8}$ g angezeigt bei einer insgesamt erfaßbaren Gewichtszunahme von $3 \cdot 10^{-6}$ g.

Für thermodynamische Untersuchungen im System Eisen-Kohlenstoff-Sauerstoff benutzten DÜNWALD und WAGNER[4] eine Anordnung mit elektromagnetischer Kompensation der Gewichtsänderungen, die im Prinzip in Abb. 69 dargestellt ist. Die zur Kompensation erforderliche Stromstärke ist ein direktes Maß für die Gewichtszunahme der Versuchsprobe. Die für die genannten Untersuchungen verwandten CO_2–CO-Gasgemische strömten nach vorheriger Trocknung zunächst über einen

---

[1] WAGNER, C., u. K. GRÜNEWALD: Z. phys. Chem. (B) 40 (1938) 455.
[2] CHÉVENARD, P., X. WACHÉ u. R. DE LA TULLAYE: Bull. Soc. chim. Fr. 11 (1944) 41.
[3] DAY, A. G.: J. sci. Instrum. 30 (1953) 260.
[4] DÜNWALD, H., u. C. WAGNER: Z. anorg. allg. Chem. 199 (1931) 321.

Blasenzähler ins Freie bzw. zur Analysenapparatur. Bei Beginn des Versuchs wird bei aufgeheiztem Ofen der als Drosselventil wirkende Einlaßhahn 4 geöffnet und bei laufender Pumpe dem gewünschten Druck entsprechend eine bestimmte Quecksilberhöhe im Druckregler *11* eingestellt. Zur Vermeidung zu starker Konvektionsströme der heißen Gase aus dem Reaktionsraum in den kalten Teil der Apparatur weist das Gaszuführungsrohr zwischen Waagegehäuse und Reaktionsteil eine kurze Verengung von etwa 2 mm lichter Weite auf. Der im Ofen befindliche Teil des Quarzrohres ist von einem zweiteiligen Nickelblock umgeben, der an den Ofenwandungen anliegt und für guten Temperaturausgleich sorgt. Eine bis zur Mitte reichende vertikale Bohrung im Nickelblock dient zur Aufnahme des Thermoelements.

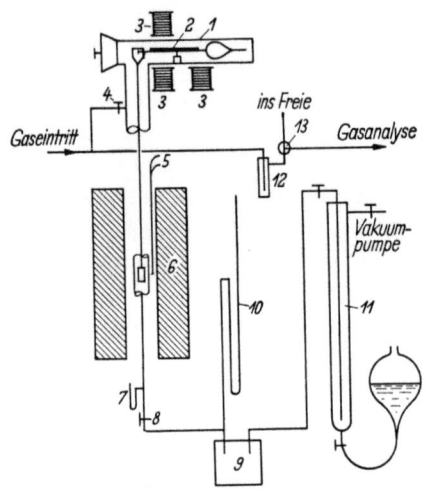

Abb. 69. Von DÜNWALD und WAGNER verwandte Waage mit elektromagnetischer Kompensation der Gewichtsänderungen.
1 Waagegehäuse, *2* Elektromagnetische Waage, *3* Spulen, *4, 8* und *13* Hähne, *5* Thermoelement, *6* Ofen, *7* und *10* Quecksilbermanometer, *9* Puffergefäß, *11* Druckregler, *12* Blasenzähler

Die Ausbildung der Waage selbst ist aus Abb. 70 zu ersehen. Sie wurde im Prinzip von STOCK und RITTER[1] entwickelt und ihre Empfindlichkeit mit 10^{-5} g angegeben. Die Schwebewaage besteht aus Quarz, um eine ungleichmäßige Ausdehnung beider Waagearme durch Temperaturschwankungen möglichst auszuschalten. Der Waagebalken wird von zwei Stahlspitzen *A* getragen, die in Achatnäpfchen spielen. *B* ist ein kleiner Dauermagnet, der in ein Quarzröhrchen eingeschmolzen ist, *C* ein massives Quarzgegengewicht und *D* ein Zeiger, der durch ein Meßmikroskop mit geeigneter Stricheinteilung beobachtet wird. Das aus Glas gefertigte Gestell *F* ist mit den beiden Glasfedern *G* versehen, die eine stabile Lagerung im Waagegehäuse gewährleisten. Der Kupferdraht *H* greift in den Waagebalken hinein und verhindert einen größeren

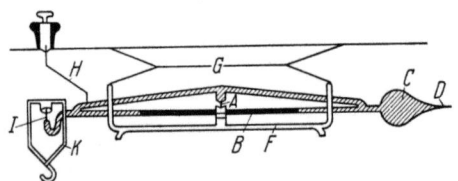

Abb. 70. Schwebewaage aus Quarz mit eingeschmolzenem Dauermagneten, nach DÜNWALD und WAGNER

---

[1] STOCK, A., u. G. RITTER: Z. phys. Chem. 119 (1926) 333; 124 (1926) 204. — STOCK, A.: Z. phys. Chem. 139 (1928) 47.

Ausschlag der Waage; andernfalls könnten sich die Ruhepunkte der Stahlspitzen in den Achatnäpfen und damit der Nullpunkt der Waage verändern. Am linken Ende der Waage ruht auf einer Stahlspitze I ein gleichfalls mit einer Achatlagerung versehener Glasbügel K, an dem die Versuchsprobe hängt.

Eine recht empfindliche Anordnung ist die von GULBRANSEN[1] entwickelte Vakuum-Mikrowaage, die eine Verbesserung der von NERNST und DONAU[2] vorgeschlagenen Apparatur darstellt und vorteilhaft zum Studium der Anfangsoxydation verwandt werden kann. Die gesamte Anordnung ist aus Abb. 71 ersichtlich, während Abb. 72 die eigentliche Meßeinrichtung darstellt. Die Apparatur ist — möglichst ohne Schliff-

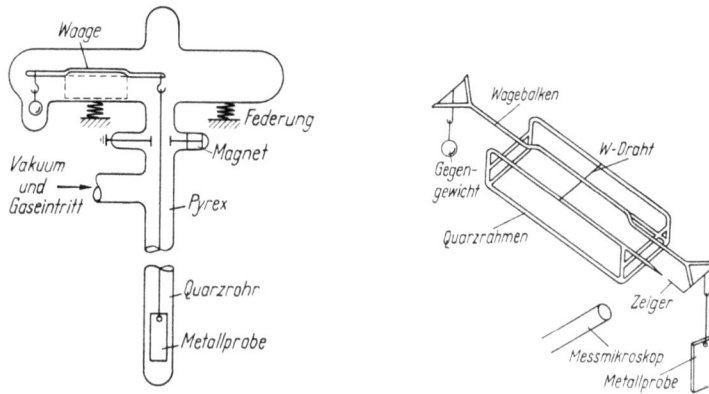

Abb. 71. Vakuum-Mikrowaage, nach GULBRANSEN

Abb. 72. Wägeeinrichtung der Mikrowaage, nach GULBRANSEN

verbindungen — aus Pyrex-Glas bzw. im Bereich der Glühzone aus Quarz gefertigt und gegen Erschütterungen federnd gelagert. Ein umgebender Luftthermostat hält die Temperatur im Wägeteil auf 0,25 °C konstant. Zur Entfernung einer etwaigen elektrischen Aufladung der Versuchsprobe wird sie über den metallischen Aufhängefaden mit Hilfe eines beweglichen Magneten geerdet. Das Waagegerüst ist aus etwa 3 mm, der Waagebalken aus 1,8 mm starken Quarzstäben gefertigt. Die Länge des Balkens wird mit 15 cm angegeben. Sein Schwerpunkt soll zur Erreichung einer genügenden Stabilität unterhalb des Auflagepunktes liegen; der Balken ist aus diesem Grunde an zwei Stellen symmetrisch nach unten abgewinkelt. Ferner sollen der Unterstützungspunkt und die Angriffspunkte von Versuchsprobe und Gegengewicht in einer Ebene liegen, da nach den Gesetzen der Mechanik unter diesen Bedingungen die Empfindlichkeit der Waage von der Belastung unabhängig ist. Die

---

[1] GULBRANSEN, E. A.: Trans. electrochem. Soc. 81 (1942) 187; Rev. sci. Instrum. 15 (1944) 201.
[2] DONAU, J.: Mikrochemie 9 (1931) 1; 13 (1933) 155.

Waage wird mit geschmolzenem Silberchlorid auf einem quer über das Trägergerüst gespannten 0,025 mm starken Wolframdraht befestigt. Um Beeinflussungen durch Druckschwankungen auszuschalten, wird die Dichte des Gegengewichts derjenigen des zu untersuchenden Metalls angeglichen. Die Messungen selbst werden durch Beobachtung einer fein ausgezogenen Zeigerspitze mit einem Ablesemikroskop ausgeführt.

Die Empfindlichkeit der Waage wird mit $0,3 \cdot 10^{-6}$ g bei einem Probengewicht von etwa 0,7 g und der Temperatureinfluß mit $0,8 \cdot 10^{-6}$ g/grd angegeben, während die Beeinflussung durch Druckschwankungen weniger als $0,3 \cdot 10^{-6}$ g bei einer Druckänderung um 1 Atm beträgt. Der Nullpunkt der Waage weicht unter Versuchsbedingungen innerhalb 24 Stunden um weniger als einer Gewichtsänderung von 10^{-6} g entsprechend ab. Die Apparatur gestattet Untersuchungen der Bildung dünner Oxydschichten im Temperaturbereich von $-90°$ bis 1000 °C bei Drucken von 10^{-5} mm Hg bis zu 1 Atm.

GULBRANSEN und Mitarbeiter haben mit der Vakuum-Mikrowaage eine Anzahl von Untersuchungen zur Klärung des Mechanismus der Oxydation von Titan, Zirkon, Niob, Beryllium, Eisen, Nickel-Chrom-Legierungen, Eisen-Chrom-Aluminium-Legierungen u. a. m. und der Nitridbildung von Titan und Zirkon durchgeführt. Einzelergebnisse sollen später noch besprochen werden. Die in den Abbn. 14 und 15 dargestellten Versuchsergebnisse wurden unter Anwendung der genannten Methode gewonnen.

RHODIN[1] erreichte mit der Vakuum-Mikrowaage eine Empfindlichkeit von 10^{-7} g, indem er den Waagenschwerpunkt bis dicht unterhalb des Auflagepunktes anhob und den Durchmesser des Torsionsfadens auf $10\,\mu$ verringerte. Er konnte damit Adsorptions- und Desorptionsmessungen von Argon und Stickstoff bei 80—90 °K an Kupferblechen von etwa 10 cm² Oberfläche durchführen. BOWERS und LONG[2] bestimmten mit der gleichen Apparatur Adsorptionsisothermen und -schichtdicken von Argon, Stickstoff und Sauerstoff an Aluminiumfolien bei 1,2—4,2 °K sowie die anomale Adsorption von Helium bei tiefen Temperaturen.

Eine ausführliche Darstellung über Mikrowaagen mit einer Genauigkeit von mindestens 10^{-6} g gab BEHRNDT[3], der je nach Konstruktionsprinzip eine Unterteilung in Gewichts-, Auftriebs-, Torsions-, Neigungs-, Feder-, Schwebe- und magnetisch-elektrische Waagen vorgenommen hat. Außer der eingehenden Beschreibung der einzelnen Waagentypen und einer theoretischen Behandlung ihrer Empfindlichkeit wurden die Her-

---

[1] RHODIN, T. N.: J. Amer. chem. Soc. 72 (1950) 4343, 5691.
[2] BOWERS, R.: Phil. Mag. 44 (1953) 467. – BOWERS, R., u. E. A. LONG: Rev. sci. Instrum. 26 (1955) 337.
[3] BEHRNDT, K.: Z. angew. Phys. 8 (1956) 453.

stellung der Waagen und ihre verschiedenen Fehlerquellen, wie Temperatureffekte, Vibrationen, elektrostatische Aufladungen, Adsorption, Druckschwankungen im Waagebehälter, elastische Nachwirkungen und andere Unvollkommenheiten, eingehend erörtert. Ferner schließt sich der Abhandlung eine Besprechung der Möglichkeiten zur Eichung der Waagen an, die sich um so schwieriger gestaltet, je empfindlicher die Mikrowaage anzeigt. Man verfährt bei der Eichung von Waagen mit hoher Empfindlichkeit z. B. so, daß man einen langen, dünnen Draht, dessen Gleichmäßigkeit unter dem Mikroskop zu prüfen ist, auf einer Analysenwaage auswiegt und in kurze Stücke zerschneidet, deren Länge ebenfalls mikroskopisch festgestellt und deren Gewicht berechnet wird[1]. Die Eichkurve wird durch Belastung der Waage mit verschieden langen Drahtstücken erhalten. Ein weiteres Eichverfahren beruht auf chemischen Methoden. Man verwendet unterschiedliche Mengen von Standardsalzlösungen, läßt sie eintrocknen bzw. verdampfen und benutzt die völlig trockenen Kristallisate als Eichgewichte.

Eine andere Möglichkeit zur Prüfung der Zunderbeständigkeit metallischer Werkstoffe besteht in der Bestimmung der Gewichtsabnahme. Man ermittelt zu diesem Zweck diejenige Metallmenge, die durch den Angriff der reagierenden Gase bei hohen Temperaturen verbraucht worden ist, ein Verfahren, das früher in der Technik weitgehende Anwendungen gefunden hat, heute dagegen wegen der ihm anhaftenden Mängel nur noch in Einzelfällen benutzt wird. Aus diesem Grunde sei die Methode nur im Prinzip geschildert. Man setzt eine Anzahl von Versuchsproben in einem geeigneten Ofen dem reagierenden Gas bei einer bestimmten Temperatur verschieden lange aus und befreit dann die erkalteten Proben sorgfältig von gebildetem Oxyd. Die Auflage der Proben auf der Haltevorrichtung sollte möglichst nur punktförmig sein, damit eine weitgehend gleichmäßige Oxydation auf der gesamten Oberfläche erreicht wird. Schon das lose Auflegen eines Blechstreifens etwa auf den Boden eines Porzellanschiffchens hat eine ungleichmäßige Oxydation auf Ober- und Unterseite der Metallprobe zur Folge, ein Effekt, der ohne Frage zu nicht reproduzierbaren Ergebnissen führt.

Die quantitative Entfernung der entstehenden Oxydschicht ist das entscheidende Problem dieser Arbeitsmethode. Der größte Teil des Zunders läßt sich häufig bereits dadurch beseitigen, daß die Proben nach Beendigung des Versuchs in Wasser abgeschreckt werden. Das noch anhaftende Oxyd wird mechanisch oder durch geeignete Beizbehandlung abgelöst. Bei Verwendung von Drähten kann man den nach der Abschreckbehandlung noch anhaftenden Zunder u. U. durch eine Reckbehandlung entfernen[2]. Die Schwierigkeit des Abbeizens liegt in der

---

[1] NEHER, H. V.: Kap. V in J. STRONG: Procedures in Experimental Physics, Prentice-Hall, Inc., New York (1951).   [2] ROHN, W.: ETZ 48 (1927) 227.

Auswahl der jeweiligen Elektrolytlösung, die eine gute Löslichkeit für die in Frage kommenden Oxyde, dagegen eine vernachlässigbar geringe für das Metall bzw. die einzelnen Komponenten der Legierung aufweisen soll. Vor der Beizbehandlung empfiehlt sich häufig ein Auflockern der Oxydschicht in oxydierenden Salzschmelzen unter gleichzeitiger Aufoxydation zu den jeweils höchsten Oxydationsstufen, die im allgemeinen leichter säurelöslich sind. Als solche kommen z. B. in Frage Natriumnitrat-Kaliumnitrat-Mischungen oder Kaliumhydroxyd bzw. Natriumhydroxyd mit Zusätzen von Kaliumpermanganat, wobei Temperatur und Tauchzeit den jeweiligen Verhältnissen anzupassen sind.

3. Bestimmung der zur Reaktion benötigten Gasmenge

Eine häufig angewandte Methode zur Untersuchung von Oxydationsvorgängen ist die der volumetrischen bzw. manometrischen Bestimmung des Gasverbrauchs. Die beim Ablauf der heterogenen Reaktion

$$A_{\text{fest}} + B_{\text{gasförmig}} = A\,B_{\text{fest}}$$

eintretende Volumenverminderung wird direkt oder indirekt quantitativ verfolgt und durch Umrechnung auf Normalbedingungen ausgewertet.

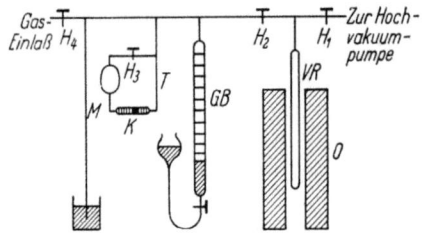

Abb. 73. Schematische Darstellung einer gasvolumetrisch arbeitenden Apparatur zur Messung von Oxydationsgeschwindigkeiten, nach ENGELL, HAUFFE und ILSCHNER.
VR Versuchsrohr, O Ofen, GB Gasbürette, T Differentialtensiometer, K Kapillare, M Quecksilbermanometer, H_{1-4} Verbindungshähne

Im Prinzip gestaltet sich das Verfahren sehr einfach. Die Apparatur besteht im wesentlichen aus einem heizbaren Reaktionsrohr, das mit einer Gaszuleitung und einer manometrischen Anordnung verbunden ist.

ENGELL, HAUFFE und ILSCHNER[1] untersuchten die Kinetik der Bildung von Oxydschichten auf Nickel bei 400 °C und Sauerstoffdrucken von 30 bis 240 mm Hg, indem sie den Sauerstoffverbrauch durch Oxydbildung mit Hilfe eines Differentialtensiometers volumetrisch gemessen haben. Die benutzte Anordnung ist aus Abb. 73 ersichtlich. Sämtliche Messungen wurden bei konstantem Druck durchgeführt. In der Kapillare des Tensiometers befindet sich ein Tropfen einer Flüssigkeit niedrigen Dampfdrucks, der während des Ablaufs der Oxydationsreaktion bei geschlossenem Hahn 3 nach rechts auswandert und somit den Sauerstoffverbrauch anzeigt. Durch Heben des Quecksilberspiegels in der Gasbürette wird die Volumenabnahme bei Bedarf ausgeglichen und der Tropfen wieder in die Ausgangsstellung zurückgeführt. Bei diesem und

---
[1] ENGELL, H. J., K. HAUFFE u. B. ILSCHNER: Z. Elektrochem. 58 (1954) 478.

allen anderen gasvolumetrischen Verfahren ist eine möglichst gute Temperaturkonstanz unerläßliche Bedingung. Die Ergebnisse der Oxydation von Nickel bei verschiedenen Sauerstoffdrucken sind in Abb. 74 wiedergegeben.

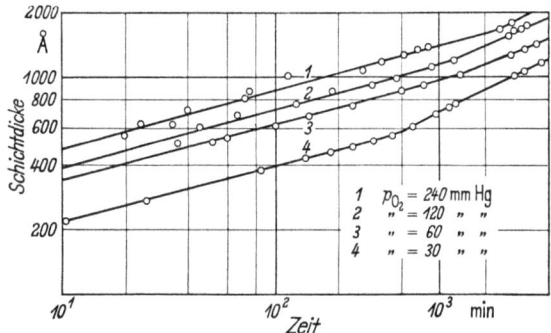

Abb. 74. Kinetik der Oxydation von Nickel bei 400 °C und verschiedenen Sauerstoffdrucken in doppelt logarithmischer Darstellung, nach ENGELL, HAUFFE und ILSCHNER

CAMPBELL und THOMAS[1] haben eine manometrische Methode zur Bestimmung geringer Oxydationsgeschwindigkeiten in trockenem oder feuchtem Sauerstoff beschrieben. Das Verfahren stellt eine Weiterentwicklung des von CONSTABLE[2] angewandten dar, wobei mit einem Differentialmanometer der Druckabfall im Reaktionsraum bei praktisch

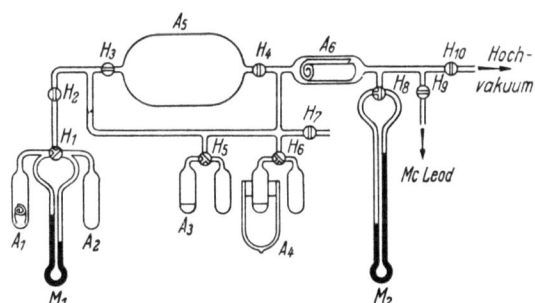

Abb. 75. Schematische Darstellung einer manometrisch messenden Apparatur zur Bestimmung geringer Oxydationsgeschwindigkeiten, nach CAMPBELL und THOMAS

konstantem Volumen gemessen wird. Eine schematische Darstellung der Apparatur zeigt Abb. 75. Die Versuchsprobe befindet sich als aufgewickelte Blechfolie im Reaktionsgefäß A_1, das über ein Differentialmanometer M_1 mit einem gleichdimensionierten Gefäß A_2 verbunden ist. Durch den Verbindungshahn H_1 können beide Volumina voneinander getrennt bzw. mit dem übrigen Teil der Apparatur verbunden werden. Während des

---

[1] CAMPBELL, W. E., u. U. B. THOMAS: Trans. electrochem. Soc. 91 (1947) 623.
[2] CONSTABLE, F. H.: Proc. Roy. Soc. (A) 115 (1927) 570.

Versuchs befinden sich beide Gefäße in einem Bad konstanter Temperatur, und der Fortgang der Oxydation wird bei geschlossenem Hahn H_1 am Manometer M_1 verfolgt. A_3 und A_4 sind Vorratsbehälter für Wasser und Sauerstoff. A_5 ist ein Gasmischer, während A_6 eine Goldfolie zur Absorption von Quecksilberdampf enthält. Nach Beschickung der Apparatur wird mit Ausnahme von A_3 und A_4 evakuiert und die gewünschte Gasmischung in A_5 mit Hilfe des Manometers M_2 eingestellt. Die gewonnenen Ergebnisse stimmen auf $\pm 0,25 \cdot 10^{-6}$ g Gewichtszunahme mit direkt gemessenen überein. Die kleinste gemessene Oxydationsgeschwindigkeit war die von Nickel bei 194 °C. Bei Annahme eines Rauhigkeitsfaktors 3 bildete sich in einer Stunde eine Schichtdicke von 1,7 Å entsprechend etwa einer einmolekularen Oxydbelegung.

CUBICCIOTTI[1] benutzte zur Untersuchung des Oxydationsverhaltens von Beryllium bei Temperaturen bis 970 °C eine ähnliche Apparatur, bei der A_1 und A_2 aus Quarzglas gefertigt waren. Zur Verhinderung einer Reaktion mit SiO_2 wurden die Versuchsproben an Platindrähten aufgehängt.

Eine vergleichbare, in weiten Temperaturbereichen verwendbare Anordnung soll wegen ihrer Einfachheit ebenfalls kurz beschrieben werden (Abb. 76)[2]. In einem horizontal liegenden Ofen befinden sich zwei gleich dimensionierte Quarzrohre, die sowohl über ein Differentialmanometer als auch direkt über einen Verbindungshahn

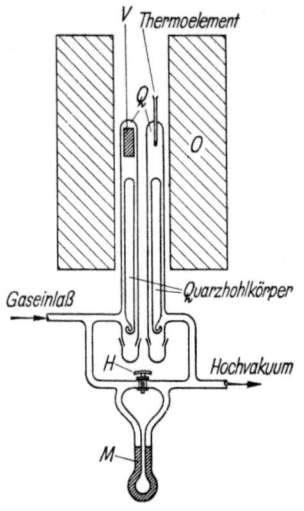

Abb. 76. Manometrisch messende Apparatur zur Untersuchung des Oxydationsverhaltens von Metallen und Legierungen, nach WAGNER und GRÜNEWALD.
Q Quarzrohre; V Versuchsprobe, M Differentialmanometer, O Ofen, H Verbindungshahn

miteinander verbunden sind. Reaktionsrohr und Vergleichsrohr sind zur Erhöhung der Empfindlichkeit mit Quarzhohlkörpern möglichst großer Abmessungen ausgefüllt. Die Apparatur wird unter Hochvakuum aufgeheizt und nach Einstellung der gewünschten Temperatur bei geöffnetem Verbindungshahn Gas eingelassen. Nach kurzer Zeit wird der Hahn geschlossen und der Sauerstoffverbrauch in bestimmten Zeitabständen am Manometer abgelesen. Die Eichung kann entweder gravimetrisch (Ein- und Auswaage der Versuchsprobe) oder auch durch Entnahme verschiedener Gasmengen aus dem Reaktionsteil bei geschlossenem Verbindungshahn erfolgen.

---

[1] CUBICCIOTTI, D.: J. Am. chem. Soc. 72 (1950) 2084.
[2] WAGNER, C., u. K. GRÜNEWALD: Z. phys. Chem. (B) 40 (1938) 473. – HAUFFE, K.: Z. anorg. allg. Chem. 257 (1948) 279.

4. Elektrometrische Methoden zur Messung von Oxydationsgeschwindigkeiten

Elektrometrische Verfahren zur Bestimmung der Dicke von Deckschichten beruhen auf der Messung des zur kathodischen Reduktion der Oxyd-, Sulfid-, Halogenid- oder anderer Schichten erforderlichen elektrischen Stromes. Die Methoden sind ausschließlich anwendbar zur Ermittlung dünner Anlaufschichten. Im Prinzip wird die zu untersuchende oxydierte Probe als Kathode geschaltet in einen geeigneten Elektrolyten getaucht und durch Anlegen einer bestimmten Spannung kathodisch reduziert. Bei vorgegebener konstanter Stromdichte wird der Prozeß so lange fortgeführt, bis ein an der Kathode auftretender Potentialsprung das Ende der Reduktion anzeigt. Aus der Stromdichte i und der Reaktionszeit t bis zur Beendigung der Reduktion der Deckschicht zum Metall bzw. einer Verbindung niedrigerer Oxydationsstufe berechnet man die Schichtdicke $\Delta \xi$ in Å nach der Beziehung:

$$\Delta \xi = \frac{i\, t\, m \cdot 10^5}{\varrho \cdot 96500}. \quad (38)$$

i ist angegeben in mA/cm^2, t in Sekunden, m ist das auf ein Grammatom Sauerstoff bezogene Molgewicht der abzubauenden Verbindung, ϱ deren Dichte in g/cm^3.

Das Verfahren ist nur anwendbar für die Reduktion solcher Verbindungen, die bei Potentialen verläuft, bei denen noch keine merkliche Wasserstoffentwicklung einsetzt. Eine weitere Forderung ist die einer vernachlässigbar geringen Löslichkeit der zu reduzierenden Schicht im Elektrolyten. U. U. kann in solchen Fällen durch Umsetzung der betreffenden Verbindung mit dem Elektrolyten Abhilfe geschaffen werden. So konnten PRICE und THOMAS[1] die Dicke von Silbersulfatschichten durch Verwendung von Ammoniumchlorid-Lösungen bestimmen, indem sich unlösliches Silberchlorid bildete, das in üblicher Weise reduziert wurde.

Das elektrometrische Verfahren wurde erstmalig angewandt von EVANS und BANNISTER[2], die die Dicke von Jodidschichten auf Silber bestimmten. MILEY und DYESS[3] verbesserten die Methode und führten Untersuchungen an Oxydschichten auf Eisen und an Oxyd- und Sulfidschichten auf Kupfer durch, während PRICE und THOMAS[1] die Dicke von Korrosions- und Oxydschichten auf Silber, Kupfer und Silber-Kupfer-Legierungen bestimmten. Eine weitere Verbesserung der

---

[1] PRICE, L. E., u. G. J. THOMAS: J. Inst. Met. 63 (1938) 21, 29; Trans. electrochem. Soc. 76 (1939) 329.
[2] EVANS, U. R., u. L. C. BANNISTER: Proc. Roy. Soc. (A) 125 (1929) 370.
[3] MILEY, H. A.: J. Amer. chem. Soc. 59 (1937) 2626. — DYESS, J. B., u. H. A. MILEY: Trans. A.I.M.M.E. 133 (1939) 239.

experimentellen Anordnung haben CAMPBELL und THOMAS[1] beschrieben, die die Bildung von Oxyd-Sulfidschichten auf Kupfer und Silber untersuchten. Die Abbn. 77 und 78 zeigen die Elektrolysezelle und die elektrische Anordnung des Verfahrens. Zur Ausschaltung störender Einflüsse arbeitet die Zelle unter inerter Gasatmosphäre. Zur Potentialmessung wird eine HABER-LUGGINsche Elektrode benutzt, die — als Kapillare ausgebildet — Potentiale in unmittelbarer Oberflächennähe zu messen gestattet. Um eine möglichst gleichmäßige Reduktion sicherzustellen, werden zwei Anoden verwandt. Zur Behinderung der Diffusion des

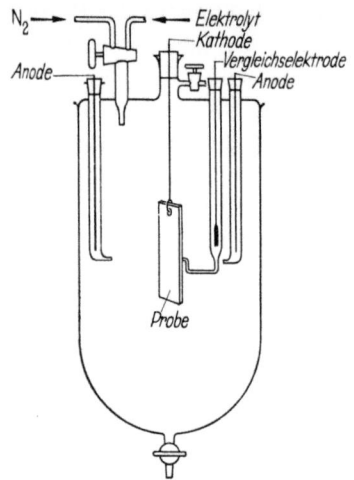

Abb. 77. Elektrolysezelle zur elektrochemischen Reduktion von Deckschichten, nach CAMPBELL und THOMAS

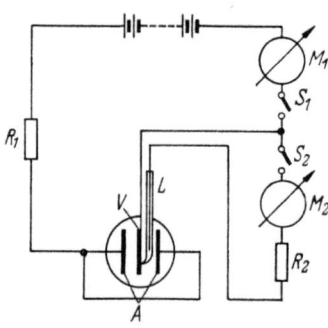

Abb. 78. Meßeinrichtung zur elektrochemischen Bestimmung der Dicke von Anlaufschichten, nach CAMPBELL und THOMAS.
V Versuchsprobe mit Anlaufschicht, als Kathode geschaltet, A Anoden, L Vergleichselektrode (HABER-LUGGIN-Kapillare), R_1 hochohmiger, R_2 niederohmiger Widerstand, $M_{1,2}$ Amperemeter, $S_{1,2}$ Schalter

anodisch entwickelten Sauerstoffs zur Kathode werden die Anoden in unten verjüngte Glasröhrchen eingesetzt. Die Versuchsprobe von etwa 2 cm^2 Oberfläche hängt an einem 0,25 mm starken Draht des gleichen Materials und ist vollkommen eingetaucht.

ALLEN[2] untersuchte durch Elektronenbeugung und mit einer empfindlicheren elektrometrischen Methode die Oberfläche elektrolytisch polierten Kupfers. Er konnte nachweisen, daß in Phosphorsäure polierte Proben unmittelbar nach dem elektrolytischen Polieren oxydfrei sind. Durch anschließendes Spülen mit Wasser bildete sich auf dem Kupfer eine Schicht, die wahrscheinlich aus basischem Kupferphosphat bestand. Sie ließ sich durch 10%ige Phosphorsäure entfernen, und die Probe war nach anschließendem Waschen mit Wasser und Alkohol frei von jeglichen

---

[1] CAMPBELL, W. E., u. U. B. THOMAS: Nature 142 (1938) 253; Trans. electrochem. Soc. 76 (1939) 303.

[2] ALLEN, J. A.: Trans. Faraday Soc. 48 (1952) 273.

Reaktionsprodukten. Nach einer derartigen Vorbehandlung bildeten sich in Sauerstoff innerhalb 30 Minuten Oxydfilme von 15 Å, in 17 Stunden von 20—25 Å Dicke. SALT und THOMAS[1] bestimmten nach dem gleichen Verfahren die Dicke der bei Raumtemperatur auf Zinn entstehenden Oxydfilme. Unter der Voraussetzung, daß sich reines SnO bildet, wurden nach einer Stunde Schichtdicken von 14—15 Å, nach 19 Stunden von 18—20 Å gemessen.

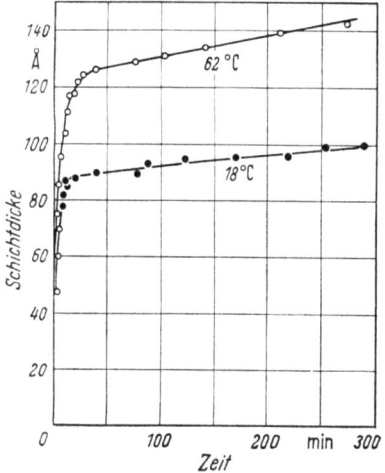

Abb. 79. Oxydationsgeschwindigkeit von Kupfer in Luft, nach EVANS und MILEY

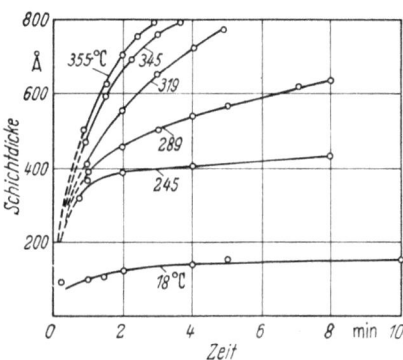

Abb. 80. Oxydationsgeschwindigkeit von Eisen in Luft, nach EVANS und MILEY

Von EVANS und MILEY[2] mitgeteilte Ergebnisse der Messung von Oxydationsgeschwindigkeiten an Kupfer und Eisen im Bereich niedriger Temperaturen sind in den Abbn. 79 und 80 wiedergegeben. Nach Erreichen bestimmter Schichtdicken, die noch nicht im sichtbaren Bereich liegen, tritt im Falle der Kupferoxydation ein plötzliches Absinken der Oxydationsgeschwindigkeit ein. Die in kurzer Zeit erfolgende Ausbildung der ersten Oxydschicht mit einer von der Temperatur und dem jeweils untersuchten Metall abhängigen Dicke ist auf den Einfluß der in dünnen Deckschichten wirksamen elektrischen Felder zurückzuführen.

5. Die Lebensdauerprüfung zunderfester Werkstoffe

Hohe Anforderungen bezüglich der Oxydationsbeständigkeit werden an metallische Widerstandsheizelemente gestellt, die in manchen Anwendungsfällen bis zu Temperaturen von 1350 °C gebraucht werden

---

[1] SALT, F. W., u. J. G. N. THOMAS: Nature (London) 178 (1956) 434.
[2] EVANS, U. R., u. H. A. MILEY: Nature 139 (1937) 283; J. chem. Soc. 1295 (1937); Rep. Corr. Comm. Iron Steel Inst. 5 (1938) 243. – MILEY, H. A.: Carnegie Schol. Mem. 25 (1936) 197.

und noch annehmbare Lebensdauern haben sollen. Dem Wunsche nach allgemein verwendbaren Kurzzeitprüfungen zur Bestimmung der Qualität zunderbeständiger Legierungen Rechnung tragend, wurden mit der stetigen Weiterentwicklung derartiger Werkstoffe Verfahren ausgearbeitet, die im Prinzip darauf beruhen, dünne Drähte der zu untersuchenden Heizleiterlegierungen in gewendelter oder auch gestreckter Form bei Stromdurchgang auf bestimmte Temperaturen aufzuheizen und bezüglich ihres Zunderverhaltens zu beobachten. Zur Verschärfung der Prüfbedingungen werden die Drähte im allgemeinen in zyklischer Schaltung geglüht, z. B. alternierend jeweils zwei Minuten ein- und zwei Minuten ausgeschaltet. Als *Lebensdauer* eines solchen Drahtes wird entweder die Zeit vom ersten Einschalten bis zum Durchbrennen angegeben oder die bis zu einer bestimmten Erhöhung des gleichzeitig laufend gemessenen Widerstandes (beispielsweise um 10%) erforderliche Zeit ermittelt, da im Hinblick auf die Praxis eine Heizwicklung nach entsprechender Änderung ihres Gesamtwiderstandes nicht mehr einsatzfähig erscheint.

Der Vorteil dieser Methoden zur Bestimmung des Oxydationsablaufs zunderfester Legierungen im Vergleich zu den bisher besprochenen Verfahren liegt in der Möglichkeit, sicherere Rückschlüsse auf das bei betrieblicher Nutzung der Werkstoffe zu erwartende Verhalten ziehen zu können. Dafür spricht sowohl die Verwendung von Prüfdrähten, einer Materialform, wie sie bevorzugt in der Praxis zur Anwendung gelangt, als auch besonders die im Gegensatz zu den anderen Untersuchungsmethoden nicht konstant gehaltene Temperatur. Wegen des unterschiedlichen Ausdehnungsverhaltens von Legierung und Oxyd spielen Temperaturänderungen eine ausschlaggebende Rolle. Die bei hoher Temperatur entstehenden, je nach Art und Zusammensetzung der Legierung verschieden starken und hinsichtlich ihrer Struktur und ihres Aufbaus unterschiedlichen Oxydschichten gewährleisten einen weitgehenden Schutz gegen den Fortgang der Oxydation. Er ist offensichtlich um so wirksamer, je fester haftend und kompakter die Oxydschicht die metallische Oberfläche bedeckt. Bricht das Oxyd infolge der unterschiedlichen thermischen Ausdehnung von Legierung und Deckschicht bei Temperaturänderungen auf, wird es rissig oder blättert ab, so läßt die Schutzwirkung in entsprechendem Maße nach. Die Haftfestigkeit von Zunderschichten ist mithin eine entscheidende Einflußgröße, die bei den zu besprechenden Prüfverfahren berücksichtigt wird, die dagegen bei den bisher genannten Methoden praktisch keine Bedeutung hatte.

Weitere Vorteile im Hinblick auf die Prüfung temperaturbeständiger Werkstoffe sind die Glühungen bei direktem Stromdurchgang, wie sie für Heizleiterlegierungen in der Praxis in den meisten Fällen in Frage kommen, und nicht zuletzt, im Gegensatz zu den bisher besprochenen

Verfahren, die Prüfung bis zur Unbrauchbarkeit. Letzterer Gesichtspunkt ist insofern von Bedeutung, als die Kenntnis der Anfangsoxydation nicht unbedingt Rückschlüsse auf das weitere Verhalten der betreffenden Legierung unter dem Einfluß der oxydierenden Atmosphäre zuläßt.

Man wendet auf Grund solcher Überlegungen die Methode der Lebensdauerprüfung von Drähten z. B. zur laufenden Qualitätsüberwachung hitzebeständiger Legierungen an, während die Verfahren zur Bestimmung des Zunderverhaltens unter konstanten Versuchsbedingungen, insbesondere bei konstanter Temperatur, Kenntnisse über den Mechanismus der Oxydationsreaktion vermitteln. Ein Vergleich der nach beiden Verfahren gewonnenen Ergebnisse erweist sich u. U. als wertvolle Hilfe zum Studium des günstigen Einflusses bestimmter Legierungszusätze auf das Oxydationsverhalten von Heizleiterlegierungen[1]. Wir werden derartige Möglichkeiten der Qualitätsverbesserung zunderfester Werkstoffe in einem gesonderten Kapitel behandeln.

ROHN[2] entwickelte ein Prüfverfahren für Heizleiterlegierungen, das bereits eine gewisse Ähnlichkeit mit der später allgemein eingeführten Methode der Lebensdauerprüfung aufweist. In einer inwendig blank polierten Blechrinne, die durch ein ebenfalls poliertes Blech abgedeckt werden kann, liegen zwei unglasierte Porzellanrohre und darauf die zu glühende Versuchswendel. Sie wird aus 0,5 mm starkem Draht gefertigt und auf einen 8 mm Dorn gewickelt; die Gesamtlänge des Drahtes beträgt 3,5 m, die Länge der gewickelten Wendel 390 mm. Erhitzt man sie eine Stunde lang bei freiem Luftzutritt ohne Abdeckblech auf die betreffende Versuchstemperatur und läßt dann abkühlen, so wird ein Teil des gebildeten Zunders abgesprüht, in der abgedeckten Rinne gesammelt und ausgewogen. Um den noch anhaftenden Zunder erfassen zu können, wird die Wendel gereckt und dabei der Draht um etwa 2% verformt. Der aufgefangene Zunder wird wiederum gewogen. Nach erneutem Wendeln wiederholt sich der Prozeß. Nach diesem Verfahren bestimmte ROHN die Zunderbeständigkeit einer Reihe von Nickel-Chrom-Legierungen mit und ohne Zusatz von Eisen und Molybdän.

SMITHELLS, WILLIAMS und AVERY[3] benutzten zur Bestimmung der Lebensdauer Wendeln aus 0,375 mm starken Drähten, die auf einen 3 mm Dorn gewickelt und zu einer Länge von 25 mm aufgezogen wurden. Diese Wendeln werden waagerecht zwischen zwei Anschlußklemmen aufgespannt und alle 2 Minuten ein- bzw. ausgeschaltet. Die Anfangstemperatur wird auf 1050 °C eingestellt und die nützliche Lebensdauer

---

[1] LUSTMAN, B.: Trans. A.I.M.M.E. 188 (1950) 995. – GULBRANSEN, E. A., u. K. F. ANDREW: J. electrochem. Soc. 101 (1954) 163. – PFEIFFER, H.: Werkstoffe u. Korrosion 8 (1957) 573.
[2] ROHN, W.: ETZ 48 (1927) 227.
[3] SMITHELLS, C. J., S. V. WILLIAMS u. J. W. AVERY: J. Inst. Met. 40 (1929) 269.

bei konstant gehaltener Spannung dann als erreicht angesehen, wenn die Temperatur um 100° abgefallen ist oder der Prüfdraht vorher durchbrennt. Da im Verlauf der ersten Glühstunden ein relativ starker Temperaturabfall beobachtet wird, ein Befund, der sich bei vielen hitzebeständigen Legierungen zeigt, werden die zu prüfenden Drähte zuvor jeweils 4 Stunden bei 1100 °C gealtert. Der Nachteil dieses Verfahrens besteht darin, daß bei konstanter Spannung die Temperatur in nicht genügend reproduzierbarer Weise abfällt, bei verschiedenen Legierungen starke Unterschiede auftreten und der Temperaturabfall offensichtlich von einer Reihe unkontrollierbarer Einflüsse abhängt.

In den USA und einer Reihe anderer Länder hat sich eine von BASH und HARSCH[1] vorgeschlagene und später mehrfach verbesserte Prüfmethode eingeführt, die in der Literatur als A.S.T.M. (American Society for Testing Materials)-Test bekannt geworden ist. Bei diesem Verfahren werden Drähte von etwa 0,65 mm Durchmesser und 300 mm Länge in gestrecktem Zustand senkrecht aufgehängt und im 2-Minuten-Schaltzyklus geglüht. Das untere Ende der Prüfdrähte taucht in ein Quecksilberbad ein, das als geeignete Stromzuführung im Hinblick auf die thermisch bedingten Längenänderungen gewählt wird. Die Prüflinge sind mit einem Zusatzgewicht von 10 p belastet, so daß die Prüfung unter einer geringfügigen Zugbeanspruchung von etwa 0,03 kp/mm² vorgenommen wird. Die für verschiedene Legierungen jeweils gesondert bestimmte Prüftemperatur wird so gewählt, daß die Lebensdauer etwa 100 Stunden beträgt. Z. B. werden NiCr 80 20-Legierungen bei 1175 °C, NiCr 60 15-Legierungen dagegen bei 1120 °C geprüft. Die Temperatur wird mit einem Pyrometer gemessen und innerhalb der ersten 24 Stunden nachreguliert. Anschließend wird der Spannungsabfall längs des Drahtes konstant gehalten. Dadurch ist zwar das Problem der Temperaturmessung und -regulierung weitgehend ausgeschaltet, dafür aber wird auf einen angemessenen Vergleich der Lebensdauerwerte verschiedenartiger Legierungen verzichtet.

Einige Beispiele der Reproduzierbarkeit der nach diesem Verfahren in drei verschiedenen Laboratorien gewonnenen Ergebnisse sind in Tab. 9 enthalten.

Die Frage der Widerstandsänderung von Heizleiterlegierungen im Verlaufe der Glühung ist sowohl hinsichtlich der Anwendung des Verfahrens der Lebensdauerprüfung bei konstanter Spannung als auch besonders für die Praxis von Bedeutung. Im Laufe des Gebrauchs ändern sich Warm- und Kaltwiderstand im allgemeinen nicht in gleicher

---

[1] BASH, F. E., u. J. W. HARSCH: Proc. Amer. Soc. Test. Mat. 29, Tl. II (1929) 506; A.S.T.M. Book of Standards, Tl. I (1933) 877; Tl. I, (1936) 734; Int. Verb. Mat.-Prüf. Kongr. im Haag 1, (1928) 463; Int. Verb. Mat.-Prüf. Kongr. London, Gr. AI, Nr. 33 (1937). – BASH, F. E.: Metal Progr. 33 (1938) 143.

Tabelle 9. *Ergebnisse der Lebensdauerprüfung von Heizleiterlegierungen auf Nickel-Chrom-Basis, gemessen nach der Methode von Bash und Harsch*

	Zahl der Prüfungen	Mittlere Lebensdauer [h]	Mittlere Abweichung [%]
NiCr 80 20			
Labor 1	4	115,5	± 7,0
Labor 2	4	106,4	± 3,8
Labor 3	8	118,7	± 8,0
		Mittelwert: 114,8	
NiCr 60 15			
Labor 1	4	112,0	± 1,8
Labor 2	4	110,0	± 7,8
Labor 3	4	114,0	± 1,3
		Mittelwert: 112,0	

Weise. Also ändert sich der Temperaturkoeffizient des elektrischen Widerstandes bei verschiedenen Legierungen in mehr oder weniger starkem Ausmaß.

Die Ursachen für die Änderung des Warm- und Kaltwiderstandes können sehr verschieden sein. Querschnittsverminderung durch Oxydation, Änderung der Legierungszusammensetzung durch Verarmung an Legierungsbestandteilen, die sich in der Oxydschicht anreichern, und Gefügeänderungen sind nur einige der wesentlichsten Ursachen. Chemische Analyse, metallographische und röntgenographische Untersuchungen vermögen in vielen Fällen näheren Aufschluß über das Verhalten des Widerstandes zu geben. Messungen der Widerstandsänderung von Heizleiterlegierungen während der Lebensdauerprüfung wurden bereits vor längerer Zeit von verschiedenen Autoren durchgeführt[1-4].

SCHULZE und BENDER[5] haben sich eingehend mit dem Verhalten metallischer Heizleiter bei der Lebensdauerprüfung befaßt und verschiedene Legierungen, sowohl auf Nickel-Chrom- als auch auf Eisen-Chrom-Aluminium-Basis, in Abhängigkeit von Drahtstärke und Temperatur untersucht. Während der Bestimmung der Lebensdauer wurde der Warm- und Kaltwiderstand der Proben kontinuierlich gemessen. Ergebnisse dieser Art gestatten in vielen Fällen, gewisse Rückschlüsse auf die sich während der Glühung im Innern der Legierungen abspielenden Vorgänge, z. B. die Diffusionsprozesse, zu ziehen.

---

[1] HOYT, S. L., u. M. A. SCHEIL: Trans. A.S.M. 23 (1935) 1022.
[2] DUNN, J. S.: Proc. Roy. Soc. (A) 111 (1926) 210.
[3] SCHOENE, E.: Dissertation Hannover 1937.
[4] HESSENBRUCH, W., u. W. ROHN: Die „Heraeus-Vacuumschmelze 1923/33", Hanau 1933, S. 247.
[5] SCHULZE, A., u. D. BENDER: Metall 9 (1955) 7, 878. – BENDER, D.: Elektrotechnik 8 (1954) 301.

In den Abbildungen 81—83 sind einige Ergebnisse mitgeteilt. Während die eisenhaltige Nickel-Chrom-Legierung einen etwa gleichartigen Verlauf des Warm- und Kaltwiderstandes und die eisenfreie Legierung nur im Bereich des letzten Drittels der Lebensdauer eine schwache Abweichung beider Widerstandswerte aufweist, zeigt die Eisen-Chrom-Aluminium-Legierung demgegenüber ein deutlich unterschiedliches Verhalten. Der Anstieg des Warmwiderstandes und Abfall des Kaltwiderstandes ist gleichbedeutend mit einem relativ starken Anstieg des Temperaturfaktors. Etwa übereinstimmend bei allen Legierungen nimmt der Warmwiderstand zu Anfang verhältnismäßig stark zu, bleibt dann über einen weiten Bereich praktisch konstant, um gegen Ende der Lebensdauer wiederum anzusteigen.

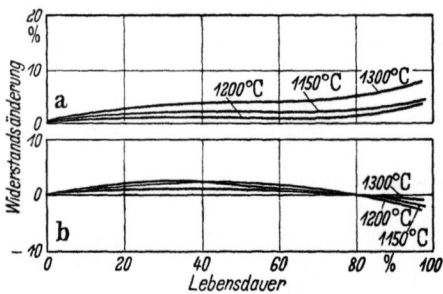

Abb. 81a u. b. Warmwiderstand (a) und Kaltwiderstand (b) einer NiCr 80 20-Legierung während der Lebensdauerprüfung, nach SCHULZE und BENDER

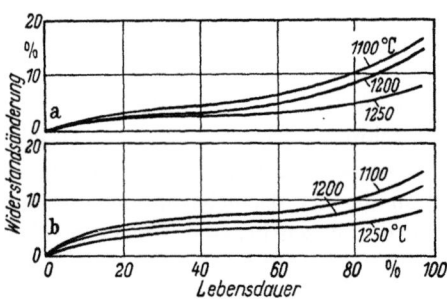

Abb. 82 a u. b. Warmwiderstand (a) und Kaltwiderstand (b) einer NiCr 60 15-Legierung während der Lebensdauerprüfung, nach SCHULZE und BENDER

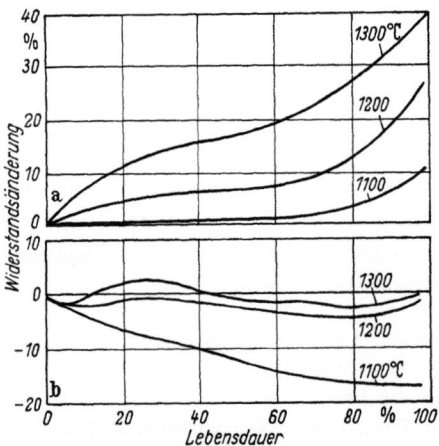

Abb. 83 a u. b. Warmwiderstand (a) und Kaltwiderstand (b) einer CrAl 25 5-Legierung während der Lebensdauerprüfung, nach SCHULZE und BENDER

Zur Beurteilung solcher Untersuchungsergebnisse sei vermerkt, daß geringfügige Änderungen der Legierungszusammensetzung erhebliche Unterschiede des Widerstandsverhaltens hervorrufen können. So stieg z. B. der Warmwiderstand einer anderen NiCr 80 20 - Legierung bei 1200 °C kontinuierlich um etwa 25% gegenüber maximal 5% in Abb. 81 an, bzw. nahm bei einer anderen FeCrAl-Legierung bei sonst vergleichbaren Eigenschaften der Kaltwiderstand nach einer 1200 °-Glühung bis zu 30% zu, wäh-

Die Lebensdauerprüfung zunderfester Werkstoffe 113

rend Abb. 83 für die gleichen Bedingungen eine geringfügige Abnahme erkennen läßt.

Zweckmäßiger und den Bedürfnissen einer Kurzzeitprüfung angepaßter als die Methode der Messung bei konstanter Spannung ist das Verfahren der Prüfung im 2 Minuten-Schaltzyklus bei vorgegebener Temperatur, wie HESSENBRUCH und ROHN[1] in umfangreichen Untersuchungen festgestellt haben[2]. Die Temperatur wird pyrometrisch gemessen und während der Einschaltzeiten laufend nachreguliert. Übliche Prüftemperaturen sind 1050 und 1200 °C. Als Prüfkörper wird im allgemeinen ein gezogener Draht von 0,4 mm Stärke verwandt, der auf einen Dorn von 3 mm Durchmesser zu einer Wendel von 10 Windungen dicht gewickelt und auf etwa 50 mm Wendellänge aufgezogen wird. Beiderseitig verbleiben gerade Enden ausreichender Länge zum Anklemmen an die Stromzuführungen. Die Prüfwendeln werden waagerecht mit mindestens 80 mm Bodenfreiheit an massiven Stromzuführungen befestigt. Durch geeignete Vorschaltwiderstände kann die Temperatur jeweils nachgeregelt werden. Die Betriebsspannung, die je nach zu prüfender Legierung und gewünschter Temperatur im allgemeinen zwischen 10 und 20 Volt liegt, wird auf eine Konstanz von $\pm 1/2\%$ geregelt. Die Abstände zwischen den einzelnen Prüfkörpern sind ausreichend groß zu wählen, damit eine gegenseitige Beeinflussung durch Strahlung vermieden wird. Die Schaltperioden werden durch Zählwerke registriert, wobei die Anzahl der Ein- und Ausschaltungen, also 15 Perioden je Stunde, vom ersten Einschalten bis zum Durchbrennen des Prüfkörpers als Kennziffer der Lebensdauer bezeichnet wird. Statt der Kennziffer, die als Mittelwert von mehreren Prüfungen zu bestimmen ist, wird häufig die Lebensdauer als gesamte Versuchsdauer in Stunden angegeben. Entsprechend der zyklischen Schaltung ist die effektive Glühzeit, wie beim Verfahren von BASH und HARSCH, also nur gleich der halben Lebensdauer.

Zur Prüfung dickerer Drähte schlugen HOYT und SCHEIL[3] eine Abart dieses Verfahrens vor, indem Drähte von etwa 3 mm Durchmesser in Form von Haarnadeln aufgehängt und wegen der längeren Aufheiz- und Abkühlzeit alle $3^3/_4$ Minuten ein- bzw. ausgeschaltet werden. Die Prüftemperaturen liegen zwischen 1205 und 1370 °C, wobei im allgemeinen 1315 °C gewählt wird. Mit Hilfe einer Photozelle wird die Temperatur konstant gehalten, indem ein geeignet bemessener Vorschaltwiderstand automatisch eingeschaltet wird, wenn die Temperatur über den Sollwert ansteigt, und bei abfallender Temperatur wieder ausgeschaltet wird. Die

---
[1] s. S. 111 [4] W. HESSENBRUCH u. W. ROHN.
[2] Vgl. auch W. FISCHER: Z. Elektrowärme 10 (1940) 59. – DEISINGER, W.: Schweizer Arch. angew. Wiss. Techn. 17 (1951) 299.
[3] HOYT, S. L., u. M. A. SCHEIL: Trans. A.S.M. 23 (1935) 1022.

auf diese Weise erzielte Temperaturkonstanz wird mit ± 1% des Sollwertes angegeben.

SCHULZE und BENDER[1] haben auch bei dünnen Prüfdrähten mit Vorteil an Stelle der subjektiven pyrometrischen Temperaturmessung das objektive Verfahren unter Einsatz von Photoelementen angewandt und ferner eine vollautomatische Meßeinrichtung benutzt. Nach vorheriger Eichung mit dem Pyrometer wird der Photostrom des in geeigneter Entfernung von der Prüfwendel montierten Photoelements an einem Lichtmarkengalvanometer gemessen. Außer der bei Anwendung dieser Methode erreichbaren Temperaturkonstanz ist ein weiterer Vorteil gegenüber der pyrometrischen Messung die Erfassung der gesamten Strahlung der dem Element zugekehrten Oberfläche des Prüflings, wobei die Auswahl der verschiedenen Photoelemente hinsichtlich ihrer spektralen Empfindlichkeit den jeweiligen Erfordernissen entsprechend getroffen werden kann. Dagegen läßt sich mit dem optischen Pyrometer jeweils nur die Temperatur an einer einzigen Stelle der Prüfwendel erfassen, wobei die Meßergebnisse sehr stark davon abhängen, ob z. B. auf die gegen Ende der Prüfung auftretende heiße Stelle eingestellt wird oder nicht, bzw. ob bei etwaigem Verwerfen der Wendel im Bereich eng benachbarter oder relativ weit aufgezogener Windungen gemessen wird.

Der Abstand des Photoelements von der glühenden Wendel ist so zu wählen, daß ein ausreichender Photostrom angezeigt wird und andererseits der im Verlauf der Prüfzeit zunehmende Durchhang der Drahtwendel, besonders bei den ferritischen Eisen-Chrom-Aluminium-Legierungen, die Anzeige noch nicht merklich beeinflußt. Die Anordnung eines Photoelements auf einem in bestimmtem Abstand vor den Prüfständen fahrbaren Gestell zeigt Abb. 84. Zur Abschirmung des Außenlichts befindet sich das Element in einem ausziehbaren Rohr, das in Richtung zur Wendel verschoben werden kann.

Den bei Bestrahlung resultierenden Photostrom nutzten SCHULZE und BENDER zur Erweiterung der Meßeinrichtung auf vollautomatischen Betrieb aus. Durch Variation des Abstandes zwischen Wendel und Element, nötigenfalls durch Vorsetzen von Blenden oder Parallelschalten geeigneter Widerstände zum Photoelement lassen sich die Prüfdrähte bei unterschiedlichen Dimensionen und Temperaturen auf den gleichen *Sollwert* des Photostromes abstimmen. Bei Abweichungen von diesem Sollwert um ± 2 Skalenteile am Anzeigeinstrument (entsprechend etwa ± 5 °C) wird durch eine lichtelektrische Steuereinrichtung ein Motor in Rechts- oder Linkslauf eingeschaltet, der einen Spindelwiderstand im Heizkreis der Wendel solange betätigt, bis die Solltemperatur wieder

---

[1] SCHULZE, A., u. D. BENDER: Metall 9 (1955) 7, 878. — BENDER, D.: Elektrotechnik 8 (1954) 301.

Die Lebensdauerprüfung zunderfester Werkstoffe 115

eingestellt ist. Bei Verwendung von Silizium-Photoelementen werden wegen größerer Empfindlichkeit höhere Genauigkeiten erzielt.
Die nach eigenen Messungen erhaltene Schwankungsbreite der Ergebnisse der Lebensdauerprüfung 0,4 mm starker Drähte bei 1200 °C in Luft im 2 Minuten-Schaltzyklus bei objektiver Temperaturmessung

Abb. 84. Anordnung des Photoelements zur Messung der Temperatur bei der Lebensdauerprüfung von Heizleiterlegierungen, nach SCHULZE und BENDER [1]

mit einem Silizium-Photoelement ist für verschiedene Heizleiterlegierungen in Tab. 10 wiedergegeben.

Die Übereinstimmung der Ergebnisse ist als ausreichend zu bezeichnen, zumal zahlreiche beeinflussende Faktoren, wie Luftfeuchtigkeit, Luftströmung, veränderlicher Windungsabstand usw., nicht genügend konstant gehalten werden können.

Tabelle 10. *Schwankungsbreite der Ergebnisse der Lebensdauerprüfung nach dem Verfahren von Hessenbruch und Rohn bei objektiver Temperaturkontrolle unter Verwendung von Photoelementen*

Legierung	Zahl der Prüfungen	Mittlere Abweichung [%] vom Durchschnittswert
CrAl 25 5	10	± 4,5
NiCr 80 20	10	± 6,1
NiCr 60 15	10	± 5,6
NiCr 30 20	10	± 4,9

Die Frage, ob sich die ermittelten Lebensdauerkennziffern als Grundlage zur Abschätzung der in der Praxis zu erwartenden, erheblich

---

[1] Für die freundliche Überlassung des Originalfotos danken wir Herrn Dr. D. BENDER, Deutsches Amt für Meßwesen, Berlin.

höheren Lebensdauerwerte zunderfester Werkstoffe auswerten lassen und daraufhin etwa genormte Garantiewerte festgelegt werden können, ist zu verneinen, da eine Vielzahl unterschiedlichster Anwendungsbedingungen die wirklich erreichbare Lebensdauer mehr oder minder stark beeinflußt. Wir erwähnen vorläufig nur die Glühtemperatur, die auftretenden Temperaturschwankungen und die Ein- und Ausschalt-Frequenz, den Einfluß der Glühatmosphäre, der keramischen und Einbettmassen und schließlich die konstruktiven Merkmale wie Wärmeisolation, Erschütterungsfestigkeit usw. Es erscheint einleuchtend, daß unter solchen Umständen eine Übertragung der unter eindeutig festgelegten Bedingungen ermittelten Lebensdauerkennziffern auf betriebliche Anwendungsfälle nicht möglich ist.

Die Lebensdauerprüfung dient mithin — abgesehen vom rein theoretischen Interesse zum Studium der Vorgänge bei der Hochtemperaturglühung — dem Qualitätsvergleich der in Frage kommenden Legierungen und kann allenfalls in Verbindung mit vorliegenden Erfahrungswerten hinsichtlich der Lebensdauer von Heizleitern in bestimmten, in Serienfertigung erstellten Elektrowärmegeräten, Industrieöfen usw. zur Beurteilung und zu vorsichtigen Abschätzungen herangezogen werden.

6. Bestimmung der Beständigkeit von Heizleiterlegierungen gegen chemische Angriffe

In vielen Fällen genügt nicht allein die Beständigkeit eines Heizleiters gegen den Luftsauerstoff. Z. B. wird dem jeweiligen Verwendungszweck eines Industrieofens entsprechend häufig eine ausreichende Beständigkeit gegen verschiedene andere, in der Ofenatmosphäre vorhandene aggressive Gase oder auf Grund der Konstruktion in unmittelbarer Nähe des Heizleiters befindliche flüssige oder feste Fremdstoffe gefordert werden müssen. Eine besondere Beachtung kommt in diesem Zusammenhang Untersuchungen über die Beständigkeit verschiedener Heizleiterlegierungen in vorgegebenen Gasatmosphären zu. Eine entsprechende Versuchsanordnung wird im folgenden beschrieben[1] (Abbn. 85 und 86).

Die verschiedenen Gase strömen zum Herstellen des gewünschten Gasgemisches über eine entsprechende Anzahl von Strömungsmessern in den mit Zu- und Ableitung versehenen Reaktionsraum, eine unten konisch angeschliffene Haube aus Pyrexglas, die auf einen entsprechend geschliffenen Sockel aus einer Legierung mit annähernd gleichem Ausdehnungskoeffizienten gasdicht aufgesetzt ist. Die Stromzuführungen

---

[1] PFEIFFER, H.: Arch. Eisenhüttenw. 29 (1958) 575. – DEISINGER, W., u. H. PFEIFFER: ETZ – B 7 (1955) 382. — Vgl. auch W. HESSENBRUCH, E. HORST u. K. SCHICHTEL: Arch. Eisenhüttenw. 11 (1937/38) 225.

sind durch Glasröhrchen gegen den Metallsockel isoliert, die Zwischenräume mit Araldit ausgegossen. Ein über der Gaszuleitung angebrachtes

Abb. 85. Gesamtansicht der Versuchsanordnung zur Bestimmung des Verhaltens zunderfester Legierungen in beliebig zusammengesetzten Gasgemischen, nach PFEIFFER

Deckblättchen verhindert einen unmittelbar gegen die Prüfwendel gerichteten Gasstrom.

Um bei langsamer Strömungsgeschwindigkeit des Gasgemisches mit Sicherheit eine Erhöhung des Sauerstoffgehaltes im Reaktionsraum durch zurückdiffundierende Luft auszuschließen, die zudem — je nach der Gaszusammensetzung — nicht immer ungefährlich ist (Knallgasexplosion bei Anwesenheit von Wasserstoff!), strömt

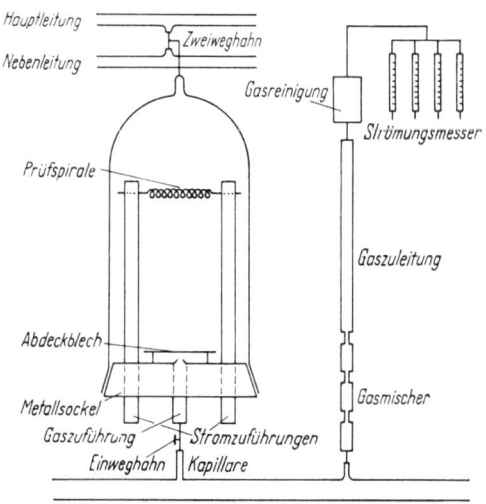

Abb. 86. Schematische Darstellung der Methode zur Lebensdauerprüfung in Gasen

das Gas nach Verlassen des Reaktionsraumes durch eine der Strömungsgeschwindigkeit angemessene Verjüngung der Gasableitung. Vor Beginn eines Versuches muß das Gasgemisch zur vollständigen Verdrängung der Luft hinreichend lange durch den Reaktionsraum strömen. Als zusätzliche Schutzmaßnahme ist vor den Prüfständen eine ausreichend hohe, versenkbare Plexiglasplatte montiert, die zur Temperaturmessung entfernt wird.

Die Gleichverteilung der Gasströmung, die im allgemeinen auf 100 cm^3/min je Prüfstand festgelegt ist, auf mehrere parallel geschaltete Prüfstände wird durch eine entsprechende Anzahl von Kapillaren erreicht, die auf ein relativ weites Zuleitungsrohr aufgesetzt sind. Sie werden hinsichtlich ihrer Länge und ihres lichten Durchmessers so bemessen, daß ihr Strömungswiderstand groß ist gegenüber dem gesamten Widerstand von dieser gemeinsamen Zuleitung bis zur Ableitung ins Freie.

Um während des normalen Betriebes eine oder mehrere Wendeln ohne Unterbrechung der Versuche und Änderung des Gasgemisches in den benachbarten Prüfständen auswechseln zu können, sind Möglichkeiten zur Abtrennung jedes einzelnen Reaktionsraumes, sowie ein Haupt- und ein Neben-Gasableitungsrohr vorgesehen. Die Ableitung der Gase erfolgt bei einzelnen neubeschickten Prüfständen bis zur völligen Verdrängung der Luft aus dem Reaktionsraum in die Nebenleitung. Dadurch wird verhindert, daß beim Abkühlen der Wendeln bei zyklischer Schaltung auf den benachbarten Prüfständen wegen des entstehenden Unterdrucks ein Luft-Gas-Gemisch angesaugt wird.

In der gemeinsamen Gaszuleitung mit einem Innendurchmesser von 8 mm beträgt bei 10 angeschlossenen Prüfständen bei einer Gasströmung von je 100 cm^3/min die mittlere Strömungsgeschwindigkeit 33 cm/sec. Für Gase, deren kinematische Zähigkeit etwa derjenigen der Luft entspricht, ergeben sich demnach Reynoldsche Zahlen in der Größenordnung 100. Die Strömung der Gase bzw. Gasgemische ist also laminar, und die Durchmischung der einzelnen Gaskomponenten erfolgt in der gemeinsamen Zuleitung praktisch ausschließlich durch Diffusion. Um eine zusätzliche Durchmischung zu erreichen, durchströmt das Gasgemisch vor Eintritt in die Hauptzuleitung ein System mehrerer abwechselnd hintereinander geschalteter kurzer Kapillaren ausreichender Durchlässigkeit und relativ weiter Rohre, in dem sich an den Übergängen von eng zu weit Wirbel ausbilden.

D. Metallkundliche Grundlagen der zunderfesten Legierungen

Nachdem in den vorhergehenden Kapiteln das Wesen des Zundervorganges und seine Gesetzmäßigkeiten dargelegt wurden, wenden wir uns jetzt den eigentlichen Werkstoffen zu und beschränken uns dabei auf die Systeme, denen im technischen Sinne zunderfeste Legierungen entstammen. Wie auf vielen Gebieten der Technik hat sich auch hier auf empirischem Wege eine Reihe brauchbarer und wichtiger Legierungen ergeben, bevor die metallkundlichen und physikalisch-chemischen Zusammenhänge im einzelnen bekannt waren. Die Grundlagenforschung konnte dann in vielen Fällen die Richtigkeit der Auswahl bestätigen, Wege zu bedeutsamen Weiterentwicklungen öffnen und vor allem das Verständnis zahlreicher Erscheinungen fördern, Zusammenhänge zwischen Eigenschaften, Zusammensetzung und Vorbehandlung aufhellen und Erklärungen für die unterschiedliche Bewährung einzelner Werkstoffe liefern. Daher ist es angebracht, daß wir uns zunächst den Grundlagen und erst im folgenden Kapitel den technischen Legierungen zuwenden.

Eine Durchsicht der verfügbaren Metalle und Legierungen bestätigt die von der Praxis bereits seit langem getroffene Auswahl: Die Hauptbestandteile der üblichen zunderfesten Legierungen sind Eisen, Chrom und Nickel. Dazu treten als wesentliche Zusätze Silizium und Aluminium. So kommen wir zu folgendem Schema:

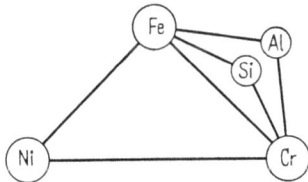

Die Besprechung der wichtigsten Legierungssysteme gliedert sich also in folgende Abschnitte: Eisen-Chrom, Eisen-Chrom-Silizium, Eisen-Chrom-Aluminium; Nickel-Chrom und Nickel-Chrom-Eisen. — Werkstoffe auf anderer Grundlage werden in einem eigenen Abschnitt behandelt.

1. Eisen-Chrom-Legierungen

Das System Eisen-Chrom ist die Grundlage der zunderfesten Legierungen mit kubisch raumzentrierter Struktur. Es ist außerdem auch am Aufbau der kubisch flächenzentrierten zunderbeständigen Werkstoffe beteiligt. Daher gebührt ihm eine besonders eingehende Betrachtung seiner Gestalt und seiner Eigentümlichkeiten.

a) Das Zustandsdiagramm

Abb. 87 zeigt das Zustandsdiagramm[1]. Die Liquidus- und die Soliduslinie fallen vom Schmelzpunkt des Eisens (1540 °C) aus zunächst etwas ab zu einem sehr flachen Minimum bei etwa 20% Cr und rund 1500 °C

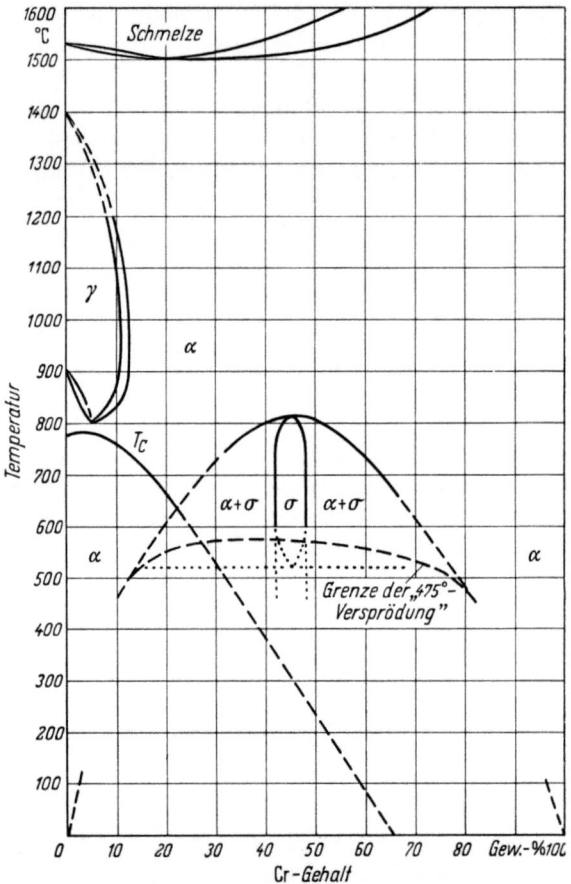

Abb. 87. Zustandsdiagramm der Eisen-Chrom-Legierungen.
T_c Curietemperatur

und steigen nach rechts wieder an zum Schmelzpunkt des reinen Chroms (rund 1900 °C). Unter der Soliduskurve liegt zunächst eine lückenlose Reihe von kubisch raumzentrierten Mischkristallen. Eine Allotropie des Chroms (Umwandlung in eine kubisch flächenzentrierte Form)[2], die

---

[1] HANSEN, M.: Der Aufbau der Zweistofflegierungen, Berlin: Springer 1936, S. 522ff.; Constitution of Binary Alloys, New York/Toronto/London: McGraw-Hill Book Co. 1958, S. 525ff.

[2] Vgl. hierzu die Ausführungen im Abschnitt über Nickel-Chrom (S. 171f.).

diese Mischkristallreihe wesentlich modifizieren müßte, ist bei Untersuchungen des Systems Eisen-Chrom bisher nicht in Erscheinung getreten.

Die eisenreichen Mischkristalle wandeln sich unterhalb von 1400 °C in die kubisch flächenzentrierte γ-Phase, unterhalb von 900 °C wieder in die kubisch raumzentrierte α-Phase um. Das γ-Feld wird durch steigenden Chromgehalt stark beschränkt und ist bei 12,4% Cr abgeschlossen; in Abb. 87 sind seine Grenzen nach ROE und FISHEL[1] eingetragen. Diese Autoren haben an sehr reinen Legierungen durch dilatometrische Messungen die erwähnte Grenze bei 12,4% Cr und 900 °C und das Minimum bei 5,14% Cr und 796 °C festgestellt. Ein geringer

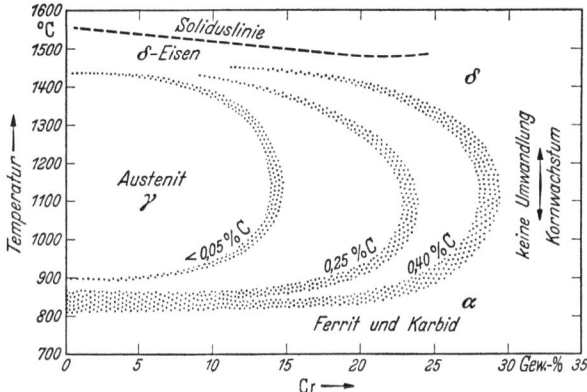

Abb. 88. Einfluß des Kohlenstoffgehalts auf die Stabilität der γ-Phase in Eisen-Chrom-Legierungen, nach BAIN

Kohlenstoffgehalt, der bekanntlich stabilisierend auf die γ-Phase wirkt, kann das γ-Feld beträchtlich vergrößern, wie es nach einer älteren Arbeit[2] in Abb. 88 dargestellt ist. Ähnlich wirken auch andere *Austenitbildner* wie Mangan, Nickel und Stickstoff, im Gegensatz zu Silizium[3].

Durch zahlreiche Untersuchungen ist bei Temperaturen unter 850 °C eine neue Phase sichergestellt worden, deren Existenzgebiet noch nicht in allen Einzelheiten festgelegt werden konnte. In Abb. 87 ist das Ergebnis von COOK u. JONES[4] aufgenommen worden, das von POMEY u. BASTIEN[5] trotz gewisser Unterschiede in der Form der Grenzkurve im großen und ganzen bestätigt wurde. Es besteht kein Zweifel, daß die ideale Zusammensetzung der Phase von der für die *Verbindung*

---

[1] ROE, W. P., u. W. P. FISHEL: Trans. A.S.M. 44 (1952) 1030.
[2] BAIN, E. C.: Trans. Amer. Soc. Steel Treat. 9 (1926) 9; Stahl u. Eisen 47 (1927) 189.
[3] POST, C. B., u. W. S. EBERLY: Trans. A.S.M. 43 (1951) 243.
[4] COOK, A. J., u. F. W. JONES: J. Iron Steel Inst. 148 (1943) 217.
[5] POMEY, G., u. P. BASTIEN: Rev. Métall. 53 (1956) 147.

$FeCr$ zu erwartenden (48,2% Cr) deutlich abweicht. Für diese Phase ist die Bezeichnung σ-Phase allgemein üblich geworden. An ihren verhältnismäßig schmalen Existenzbereich schließen sich links und rechts Zweiphasengebiete an, die mit sinkender Temperatur rasch breiter werden. Die Feststellung ihrer Grenzen ist unterhalb 600 °C äußerst schwierig und daher noch nicht gelungen. Aber mit der Amalgammethode konnte gezeigt werden[1], daß bei Raumtemperatur Eisen und Chrom praktisch nicht ineinander löslich sind, so daß man annehmen darf, daß die Grenzlinien $\alpha/(\alpha + \sigma)$ von 600 °C ab annähernd geradlinig zu den reinen Komponenten bei 0 °C herunterlaufen.

Die Tatsache, daß die Bildungsgeschwindigkeit der σ-Phase, wie später noch besprochen wird, mit sinkender Temperatur schließlich unmerklich klein wird, und die Ergebnisse eingehender Untersuchungen der gleichfalls weiter unten behandelten 475°-Versprödung haben zu dem Schluß geführt, daß unterhalb 550 °C im Gleichgewicht nur eisen- und chromreiche Mischkristalle vorliegen[2], daß also die σ-Phase nur bei höheren Temperaturen existenzfähig sei und bei rund 520 °C eutektoid in einen eisenreichen und einen chromreichen Mischkristall zerfalle[3,4]. Die sich so ergebenden Phasengrenzlinien sind in Abb. 87 punktiert eingetragen. Die Gültigkeit dieser Ansicht ist in einer Gemeinschaftsarbeit des Battelle Memorial Institute[5] nachgeprüft worden. Proben, die zunächst durch Glühung bei 700 °C in σ-Phase umgewandelt waren, verloren ihre hohe Härte zu einem beträchtlichen Teil durch anschließende Wärmebehandlungen von 1000 bis 1500 Stunden bei 480 bis 550 °C, ein Zeichen für den auch metallographisch beobachteten Zerfall. Demnach wäre in der Tat anzunehmen, daß die σ-Phase unterhalb 600 °C instabil ist. Andererseits muß man bei der beschriebenen Beobachtung der Wiedererweichung den mit der Bildung der σ-Phase einhergehenden großen inneren Spannungsgehalt berücksichtigen, der sich durch die nachfolgenden Wärmebehandlungen stark ändern wird[6]. Schließlich konnten H. J. SCHÜLLER und P. SCHWAAB[7] elektronenoptisch zeigen, daß sich die σ-Phase in dünnen Schichten bis herab zu 300 °C bildet, ein Befund, der im Gegensatz zu dem von WILLIAMS angenommenen eutektoiden Zerfall steht. Ein endgültiges Bild über die Phasenverhältnisse unterhalb 600 °C dürfte sich vorerst noch nicht gewinnen lassen.

---

[1] LIHL, F.: Z. Metallkde. 46 (1955) 434.
[2] KÖSTER, W., u. A. v. KIENLIN: Arch. Eisenhüttenw. 27 (1956) 793.
[3] WILLIAMS, R. O., u. H. W. PAXTON: J. Iron Steel Inst. 185 (1957) 358.
[4] WILLIAMS, R. O.: Trans. Met. Soc. A.I.M.M.E. 212 (1958) 497.
[5] CHUBB, W., S. ALFANT, A. A. BAUER, E. J. JABLONOWSKI, F. R. SHOBER u. R. F. DICKERSON: Battelle Memorial Institute, Report No. BMI-1298, 1958.
[6] BUNGARDT, K., u. W. SPYRA: Arch. Eisenhüttenw. 29 (1958) 471.
[7] SCHÜLLER, H. J., u. P. SCHWAAB: Z. Metallkde. 51 (1960) 81.

Die Temperatur der magnetischen Umwandlung des Eisens wird durch einen Chromzusatz geringfügig erhöht, durchläuft bei rund 5% Cr ein flaches Maximum und fällt dann mit weiter steigendem Chromgehalt ab.

b) Die σ-Phase

Die σ-Phase ist für das vorliegende und für einige daran anschließende oder damit verwandte Legierungssysteme so wichtig, daß sich eine nähere Betrachtung ihrer Struktur, ihres Auftretens, ihrer Bildung und ihrer Eigenschaften als notwendig erweist.

Das Hauptkennzeichen der σ-Phase ist ihre komplizierte Struktur, die zu einem linienreichen Röntgenbeugungsbild Anlaß gibt. Nach vielen Vorarbeiten ist ein Strukturvorschlag aufgestellt worden[1,2,3], dem große Wahrscheinlichkeit zukommt. Demnach gehört die σ-Phase zur Raumgruppe D_{4h}^{14} — P $4_2/m\,n\,m$ und hat eine tetragonale Elementarzelle mit den Kantenlängen (im Fe-Cr-System) $a = 8,800$ Å und $c = 4,544$ Å und 30 Atomen in der Zelle. Die Atome sind in mehreren Schichten angeordnet, die in verhältnismäßig komplizierter Weise übereinanderliegen. BERGMAN und SHOEMAKER[3] geben ein Bild der Projektion auf (001); eine räumliche Ansicht, wie man sich die Elementarzelle etwa vorzustellen hat, findet sich bei HUME-ROTHERY und RAYNOR[4]. Die Struktur ist mit der von β-Uran verwandt[5], wenn auch nicht identisch[6]. Mit Neutronenbeugung und Röntgeninterferenzen wurde versucht, die Verteilung der Atome auf die Strukturplätze zu ermitteln[7,8]. Unter gewissen Annahmen lassen sich die Struktur und die Konzentrationsabhängigkeit ihrer Parameter aus einer Kugelpackung ableiten[9].

Die σ-Phase ist nicht auf die Eisen-Chrom-Legierungen beschränkt, sondern kommt auch in einer ganzen Reihe weiterer Systeme vor. Lediglich als Beispiele seien genannt:

Cr–Mn	V–Mn	Mo–Mn
Cr–Fe	V–Fe	Mo–Fe
Cr–Co	V–Co	Mo–Co
	V–Ni	

---

[1] MENEZES, L., J. K. ROROS u. T. A. READ: A.S.T.M.-Symp. on the Nature, Occurrence and Effects of Sigma Phase, 1950, 71.
[2] DICKINS, G. J., A. M. B. DOUGLAS u. W. H. TAYLOR: Nature 167 (1951) 192; J. Iron Steel Inst. 167 (1951) 27.
[3] BERGMAN, G., u. D. P. SHOEMAKER: Acta Cryst. 7 (1954) 857.
[4] HUME-ROTHERY, W., u. G. V. RAYNOR: The Structure of Metals and Alloys, London (Inst. Metals) 1954, S. 210ff.
[5] TUCKER, C. W.: Acta Cryst. 4 (1951) 425.
[6] TUCKER, C. W., u. P. SENIO: Acta Cryst. 6 (1953) 753.
[7] KASPER, J. S., u. R. M. WATERSTRAT: Acta Cryst. 9 (1956) 289.
[8] WATERSTRAT, R. M., u. J. S. KASPER: Trans. A.I.M.M.E. 209 (1957) 872 [in J. Metals 9 (1957)].
[9] STÜWE, H. P.: Trans. Met. Soc. A.I.M.M.E. 215 (1959) 408.

124 Metallkundliche Grundlagen der zunderfesten Legierungen

Die frühere Meinung, daß am Zustandekommen der σ-Phase mindestens ein Element aus der ersten langen Periode des periodischen Systems beteiligt sei, ist durch die Auffindung von σ-Phasen in Mo–Ru[1], Mo–Os[2], Os–W[2,3], Os–Ta[3], Ir–Ta[3] und in Re-, Rh-, Pd- und Pt-Legierungen[4] widerlegt worden. Eine übersichtliche Zusammenstellung der in der ersten, zweiten und dritten langen Periode bis dahin gefundenen σ-Phasen wurde von KNAPTON[5] gegeben.

In ternären Systemen, die eins der vorgenannten als Randsystem enthalten, kann das σ-Gebiet gelegentlich rasch abgeschnürt werden (Fe–Cr–Al), reicht aber in anderen oft weit hinein, wobei mitunter auch der Temperaturbereich der Stabilität beträchtlich vergrößert wird (Fe–Cr–Si). Kommt die σ-Phase auf zwei Seiten eines ternären Systems und bei ähnlichen Temperaturen vor, dann läuft ihr Existenzgebiet durch das ganze System hindurch[6].

Die Ni–Cr–Mo- und Ni–Cr–W-Legierungen sind Beispiele dafür, daß eine σ-Phase im Inneren eines ternären Diagramms auftritt, ohne auch in einem der drei binären Randsysteme enthalten zu sein[7,8,9].

Das Auftreten der σ-Phase ist von verwirrender Vielfältigkeit. In einigen Legierungssystemen ist sie nur bei hohen Temperaturen stabil, in vielen anderen nur bei mittleren oder tiefen. Es sind auch Fälle bekannt, in denen die Stabilität bis zum Schmelzpunkt reicht. Die Zusammensetzung variiert in weiten Grenzen; sie kann beim Atomverhältnis 1 : 1 oder 1 : 3 oder anderen dazwischenliegenden Konzentrationen liegen. Gemeinsam ist allen σ-Phasen außer der Struktur, durch die sie ja definiert sind, offenbar die Tatsache, daß sie sich stets aus Übergangsmetallen aufbauen. So liegt die Vermutung nahe, daß die charakteristische Elektronenstruktur der Atome der Übergangsmetalle, nämlich die nicht aufgefüllten inneren Elektronenschalen, für ihr Vorkommen von ausschlaggebender Bedeutung ist. Hinweise dafür sind durch Untersuchungen der Röntgenspektren von Eisen und Chrom in der α- und der σ-Phase erbracht worden[10]. Es hat nicht an Versuchen gefehlt,

---

[1] BLOOM, D. S.: Trans. A.I.M.M.E. 203 (1955) 420 [in J. Metals 7 (1955)].
[2] RAUB, E.: Z. Metallkde. 48 (1957) 53.
[3] NEVITT, M. V., u. J. W. DOWNEY: Trans. A.I.M.M.E. 209 (1957) 1072 [in J. Metals 9 (1957)].
[4] GREENFIELD, P., u. P. A. BECK: Trans. A.I.M.M.E. 206 (1956) 265 [in J. Metals 8 (1956)].
[5] KNAPTON, A. G.: J. Inst. Met. 87 (1958/59) 28.
[6] DARBY, J. B., u. P. A. BECK: Trans. A.I.M.M.E. 209 (1957) 69 [in J. Metals 9 (1957)].
[7] PUTMAN, J. W., N. J. GRANT u. D. S. BLOOM: A.S.T.M.-Symp. on the Nature, Occurrence and Effects of Sigma Phase, 1950, 61.
[8] RIDEOUT, S., W. D. MANLY, E. L. KAMEN, B. S. LEMENT u. P. A. BECK: J. Metals 3 (1951) 872.   [9] KUO, K.: Acta Met. 1 (1953) 720.
[10] KASANZEW, W. A.: Doklady Akad. Nauk SSSR 101 (1955) 477.

Beziehungen zwischen der Lage der σ-Phase in dem betreffenden Legierungssystem und dem Elektronenaufbau der beteiligten Atome aufzufinden[1,2,3,4,5]. Ein befriedigender Abschluß ist jedoch noch nicht erreicht; es dürfte eine Menge weiterer experimenteller und theoretischer Arbeit nötig sein, um eine wirkliche Systematik für diesen Problemkreis aufzustellen.

Die σ-Phase ist sehr hart (Vickershärte rund 1000 kp/mm^2) und außerordentlich spröde. Daher wirkt sich ihre Bildung in technisch wichtigen Werkstoffen im allgemeinen äußerst nachteilig aus. Dies ist einer der Gründe für das rasche Anwachsen der über die σ-Phase vorhandenen Literatur. Der elektrische Widerstand ist verhältnismäßig groß. Die σ-Phasen sind bei Raumtemperatur paramagnetisch[6]. Bei sehr tiefen Temperaturen werden sie, oder mindestens ein großer Teil von ihnen, ferromagnetisch[7,8]. NEVITT und BECK haben als höchsten Curiepunkt den von Fe–V bei 203 °K und als tiefsten den von Ni–V bei 52 °K gefunden. Die Curiepunkte der übrigen untersuchten binären und ternären σ-Phasen liegen zwischen diesen Extremwerten. Die σ-Phase von Eisen–Chrom wird bei der Abkühlung auf 163 °K ferromagnetisch.

Eine weitere wichtige und kennzeichnende Eigenschaft vieler σ-Phasen ist ihre sehr kleine Bildungsgeschwindigkeit. Mit der Betrachtung der kinetischen Verhältnisse kehren wir nun wieder ausschließlich zum System Eisen-Chrom zurück.

Die Geschwindigkeit, mit der sich der α-Mischkristall in die σ-Phase umwandelt, hängt stark von der Vorbehandlung der Proben ab. So bildet sich die σ-Phase in kaltverformtem Material viel schneller als in geglühtem. Noch ausgeprägter ist der Einfluß kleiner Zusätze oder Verunreinigungen. Ein kleiner Aluminiumzusatz, beispielsweise 0,3%, vergrößert die Bildungsgeschwindigkeit der σ-Phase, während Al-Gehalte über 1% ihre Entstehung hemmen[9,10], wobei zunächst noch offen bleibt, ob sie dabei

---

[1] HUME-ROTHERY, W., u. G. V. RAYNOR: The Structure of Metals and Alloys, London (Inst. Metals) 1954, S. 210ff.
[2] SULLY, A. H.: Nature 167 (1951) 365.
[3] SULLY, A. H.: J. Inst. Met. 80 (1951/52) 173.
[4] BLOOM, D. S., u. N. J. GRANT: Trans. A.I.M.M.E. 197 (1953) 88 [in J. Metals 5 (1953)].
[5] GREENFIELD, P., u. P. A. BECK: Trans. A.I.M.M.E. 200 (1954) 253, 758 [in J. Metals 6 (1954)].
[6] BECK, P. A.: J. Metals 4 (1952) 420.
[7] NEVITT, M. V., u. P. A. BECK: Trans. A.I.M.M.E. 197 (1953) 1082 [in J. Metals 5 (1953)].
[8] NEVITT, M. V., u. P. A. BECK: Trans. A.I.M.M.E. 203 (1955) 669 [in J. Metals 7 (1955)].
[9] TAGAYA, M., u. S. NENNO: Technol. Rep. Osaka Univ. 5 (1955) 149.
[10] TAGAYA, M., S. NENNO u. M. KAWAMOTO: Nippon Kinzoku Gakkai-Si 22 (1958) 387.

schon nicht mehr existenzfähig ist oder ob nur ihre Bildungsgeschwindigkeit auf unmeßbar kleine Werte herabgesetzt wird. Im Gegensatz dazu beschleunigt ein kleiner Siliziumgehalt die Bildung der σ-Phase ganz wesentlich. Die stabilisierende Wirkung des Siliziums auf die σ-Phase wird bei der Besprechung des ternären Systems noch näher behandelt werden. Jedenfalls ist die Wirkung so stark, daß sogar die Frage erörtert wurde, ob Silizium etwa ein notwendiger Bestandteil der σ-Phase sei[1]. Diese Möglichkeit würde erklären, warum ADCOCK[2] an seinen hochreinen Fe–Cr-Legierungen die σ-Phase nicht gefunden hat. Doch ist sie dadurch widerlegt, daß COOK und JONES[3] in eben den ADCOCK'schen Proben durch Kaltverformung und lange Wärmebehandlung die σ-Phase erzeugt haben. Die Wirkung des Siliziums besteht also, wie erwähnt, tatsächlich nur in einer Beschleunigung der Umwandlung.

Ähnlich wie Silizium wirken auch andere kleine Zusätze, wie sie in technischen Stählen üblicherweise enthalten sind. SHORTSLEEVE und NICHOLSON[4] geben einen Vergleich für die Anlaufzeit (Inkubationszeit) zur Bildung der σ-Phase in einer wirklich reinen Eisen-Chrom-Legierung und in zwei Legierungen technischer Reinheit gemäß folgender Tabelle:

Zusammensetzung, %				Inkubationszeit zur σ-Bildung bei 595 °C (min)
Cr	C	Si	Mn	
34,75	0,01	—	—	1440—2160
33,03	0,08	0,80	0,72	90— 120
35,15	0,41	0,80	0,69	45— 60

Obwohl, wie metallographisch und röntgenographisch gezeigt wurde, ein Teil des Chromgehaltes durch den Kohlenstoff zu einem kubischen Eisen-Chrom-Karbid abgebunden wird, beginnt die Bildung der σ-Phase in der Probe mit höchstem Kohlenstoffgehalt am ehesten.

Die gleichen kleinen Zusätze bewirken außerdem eine Verschiebung der $\alpha/(\alpha + \sigma)$-Phasengrenze zu kleineren Chromgehalten, wie Abb. 89 nach SHORTSLEEVE und NICHOLSON[4] zeigt. In ähnlicher Weise ist der Befund von LINK und MARSHALL[5] zu erklären, die in Stählen mit 14, 15 und 16% Cr bereits Anzeichen für die σ-Phase gefunden haben.

Da der α-Mischkristall ferromagnetisch, die σ-Phase bei Raumtemperatur aber nicht ferromagnetisch ist, kann die Umwandlung $\alpha \to \sigma$ bequem durch Messung der magnetischen Sättigung verfolgt werden. Auf diese Weise haben POMEY und BASTIEN[6] die Kinetik der Umwand-

---
[1] JETTE, E. R., u. F. FOOTE: Metals & Alloys 7 (1936) 207.
[2] ADCOCK, F.: J. Iron Steel Inst. 124 (1931) 99.
[3] COOK, A. J., u. F. W. JONES: J. Iron Steel Inst. 148 (1943) 217.
[4] SHORTSLEEVE, F. J., u. M. E. NICHOLSON: Trans. A.S.M. 43 (1951) 142.
[5] LINK, H. S., u. P. W. MARSHALL: Trans. A.S.M. 44 (1952) 549.
[6] POMEY, G., u. P. BASTIEN: Rev. Métall. 53 (1956) 147.

lung an einer sehr reinen Legierung mit 44,8% Cr, BAERLECKEN und FABRITIUS[1] an einer Legierung technischer Reinheit mit 48,3% Cr (0,16% C; 0,93% Si; 0,18% Mn; 0,026% P; 0,19% N) bestimmt. Man beobachtet eine Inkubationszeit bis zum Beginn und auch ein langsames

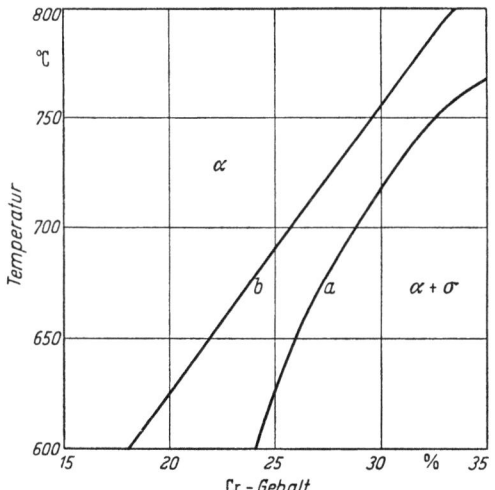

Abb. 89. Phasengrenze α/(α + σ) im Diagramm Eisen-Chrom für a) reine und b) weniger reine (≦ 0,08% C, ≦ 0,8% Si, ≦ 0,7% Mn) Legierungen, nach SHORTSLEEVE und NICHOLSON

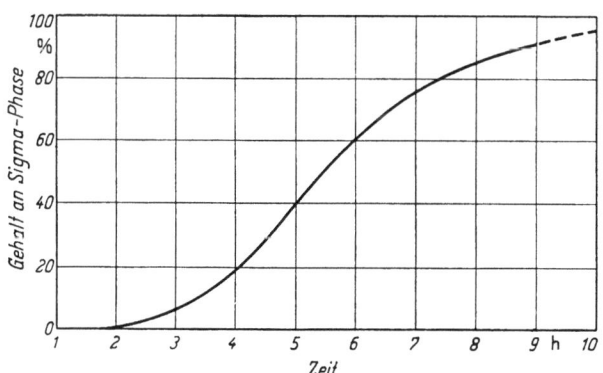

Abb. 90. Magnetisch bestimmter Gehalt an σ-Phase in Eisen-Chrom mit 48% Cr; Wärmebehandlung bei 750 °C, nach BAERLECKEN und FABRITIUS

Zuendegehen der Umwandlung, wie Abb. 90 zeigt. Die Ergebnisse beider Untersuchungen sind in Abb. 91 und 92 dargestellt. Übereinstimmend für beide Legierungen erreicht die Umwandlungsgeschwindigkeit einen Größtwert bei 750 °C; unter 600 °C wird die der reinen, unter 550° die der technischen Probe rasch unmeßbar klein. Dies ist der wesentliche

---

[1] BAERLECKEN, E., u. H. FABRITIUS: Arch. Eisenhüttenw. 26 (1955) 679.

Grund dafür, daß das Zustandsdiagramm der binären Eisen-Chrom-Legierungen nur bis herunter zu 600 °C zuverlässig bekannt ist.

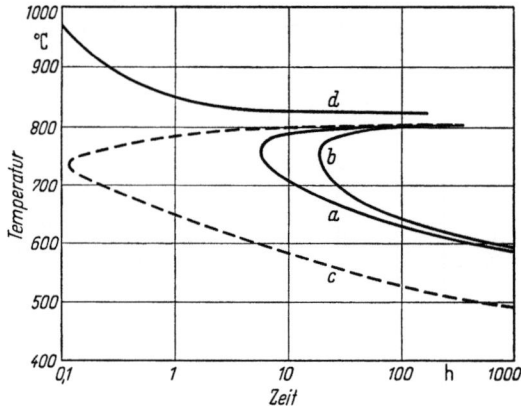

Abb. 91. Temperatur-Zeit-Schaubild der $\alpha \rightleftarrows \sigma$-Umwandlung in einer sehr reinen Eisen-Chrom-Legierung mit 44,8% Cr, nach BASTIEN und POMEY
a halb umgewandelt ⎫
b ganz umgewandelt ⎬ geglühter Ausgangszustand
c halb umgewandelt harter Ausgangszustand
d Ende der Rückumwandlung $\sigma \rightarrow \alpha$

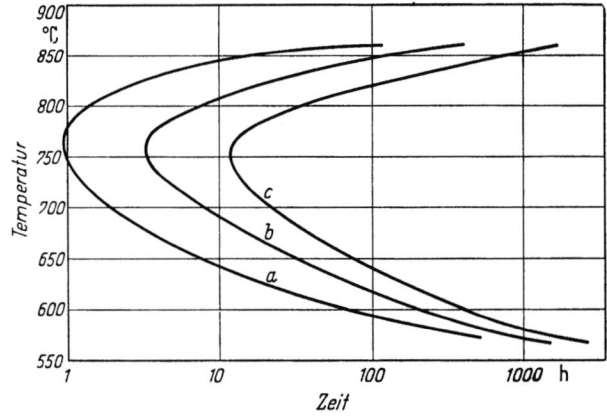

Abb. 92. Temperatur-Zeit-Schaubild der $\alpha \rightarrow \sigma$-Umwandlung in einer technisch reinen Eisen-Chrom-Legierung mit 48,3% Cr, nach BAERLECKEN und FABRITIUS
a Beginn der Umwandlung ⎫
b halb umgewandelt ⎬ geglühter Ausgangszustand
c ganz umgewandelt ⎭

Ebenfalls mit magnetischen Methoden untersuchte KUMADA[1] die Vorgänge in Eisen-Chrom-Legierungen und insbesondere die Bildung der σ-Phase. Dabei änderte sich bei fortgesetzter Wärmebehandlung die Curietemperatur der Eisen-Chrom-Mischkristalle nicht, so daß aus

---

[1] KUMADA, K.: Nippon Kinzoku Gakkai-Si 24 (1960) 335, 658, 662.

der Sättigungsmagnetisierung der restliche Ferritanteil und daraus die Menge der gebildeten σ-Phase ermittelt werden konnte. Er bestimmte ferner die Abhängigkeit der Umwandlung von der Vorbehandlung und wies auf die Rolle der möglicherweise nebenher ablaufenden Ausscheidung und Wiederauflösung von Cr_2C_3 oder CrN hin.

Die S-Form der für den Umwandlungsablauf typischen Kurve (Abb. 90) kennzeichnet einen auf Keimbildung und anschließendem Keimwachstum beruhenden Vorgang. Dafür spricht auch die stark temperaturabhängige Inkubationszeit. Eine solche tritt nicht auf bei der entgegengesetzten Umwandlung σ → α. Die Auflösung der σ-Phase beginnt in der von BAERLECKEN und FABRITIUS[1] benutzten Legierung vielmehr mit höchster Geschwindigkeit und verlangsamt sich dann immer mehr. Sogar nach 90 Stunden bei 945 °C schien sie bei diesen Versuchen noch nicht ganz verschwunden zu sein, da nach Abkühlung auf tiefere Temperaturen die Rückbildung von σ ohne Inkubationszeit einsetzte. Die Erhöhung der Grenztemperatur für die σ-Phase gegenüber dem an reinen Legierungen gefundenen Wert von 820 °C[2,3] geht nicht nur auf die geringen Gehalte an Kohlenstoff, Silizium und Mangan zurück, sondern ist offenbar auch ein Zeichen echter Hysterese.

MARTENS und DUWEZ[4] haben bei der Aufheizung einer ganz aus σ-Phase bestehenden Probe mit 44,7% Cr bei 840 °C eine scharfe Längenzunahme um etwa 0,08% festgestellt (Abb. 93). Da außerdem der Ausdehnungskoeffizient von σ größer ist als der des α-Mischkristalls, fanden sie als gesamte Längenzunahme der Probe beim Übergang σ → α, bei Raumtemperatur gemessen, etwa 0,27%. Dies bedeutet bei Raumtemperatur einen Dichteunterschied von rund 0,8%, der befriedigend zu den Angaben von POMEY und BASTIEN[3] paßt, die an einer Probe mit 47,9% Cr bei Raumtemperatur im α-Zustand eine Dichte von 7,50 g/cm³, im σ-Zustand von 7,55 g/cm³ bestimmt haben. Die Volumenabnahme bei der Umwandlung α → σ führt im Verein mit der Sprödigkeit der σ-Phase zu den häufig beobachteten Rissen in den σ-Kristallen.

Die Temperaturabhängigkeit des Elastizitätsmoduls der σ-Phase in Eisen-Chrom-Legierungen hat einen überraschenden Verlauf (Abb. 94). Im Mischkristall fällt der Elastizitätsmodul mit steigender Temperatur. Die Umwandlung in die σ-Phase bei 750 °C bewirkt eine starke Erhöhung, und bei der anschließenden Abkühlung fällt der Elastizitätsmodul in unerwarteter Weise stark ab, wobei eine beträchtliche Abhängigkeit von

---

[1] BAERLECKEN, E., u. H. FABRITIUS: Arch. Eisenhüttenw. 26 (1955) 679.
[2] COOK, A. J., u. F. W. JONES: J. Iron Steel Inst. 148 (1943) 217.
[3] POMEY, G., u. P. BASTIEN: Rev. Métall. 55 (1956) 147.
[4] MARTENS, H., u. P. DUWEZ: Trans. A.I.M.M.E. 206 (1956) 614 [in J. Metals 8 (1956)].

der Geschwindigkeit der Temperaturänderung besteht. Beim Wiedererwärmen zeigt sich eine Hysterese. Diese Anomalie, die in anderen σ-Phasen nicht auftritt und mit keiner Strukturänderung verknüpft ist,

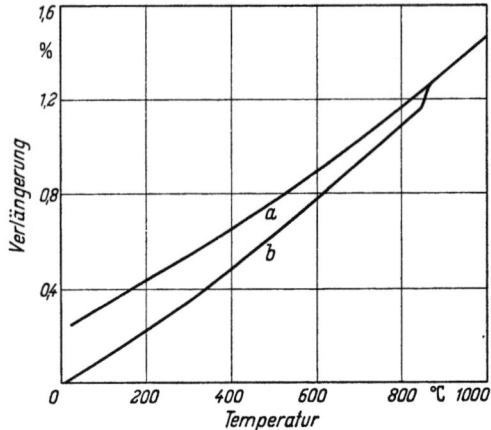

Abb. 93. Ausdehnungskurven einer Eisen-Chrom-Legierung mit 44,7% Cr, nach MARTENS und DUWEZ.
a Aufheizung aus dem α-Zustand; b Aufheizung aus dem σ-Zustand

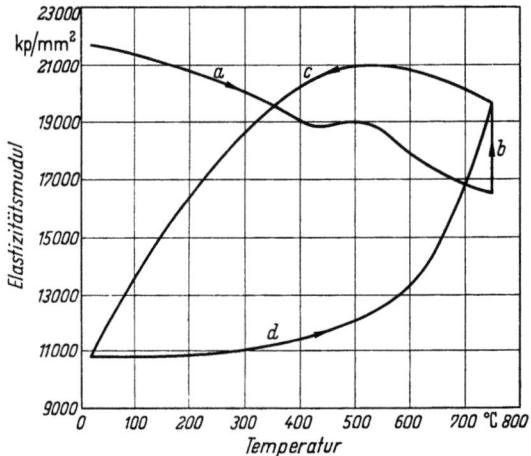

Abb. 94. Temperaturabhängigkeit des Elastizitätsmoduls einer Legierung mit 45% Cr und 0,3% Si, nach BUNGARDT und SPYRA.
a Aufheizung nach Abschreckung von 1000 °C; b 45 Std. bei 750 °C gehalten; c anschließende Abkühlung; d daran anschließende Wiedererhitzung

wurde auf den Eigenspannungsgehalt zurückgeführt[1]. Auf Grund elastischer Anomalien wurde von anderen Autoren sogar auf das Bestehen von zwei Modifikationen der Eisen-Chrom-σ-Phase geschlossen[2].

---

[1] BUNGARDT, K., u. W. SPYRA: Arch. Eisenhüttenw. 29 (1958) 471.
[2] MIMA, G., u. S. IMOTO: Nippon Kinzoku Gakkai-Si 17 (1953) 549.

Für die spezifische Wärme der σ-Phase in der Nähe des absoluten Nullpunkts wurde eine lineare und sehr starke Temperaturabhängigkeit gefunden, was mit den besonderen elektronischen Bindungsverhältnissen zusammenhängen dürfte[1].

Der Vollständigkeit halber seien zum Schluß noch zwei von den sonstigen Anschauungen und Ergebnissen abweichende Befunde erwähnt. KORNILOW und MICHEEW[2] haben an einer Reihe von Eisen-Chrom-Legierungen mit Chromgehalten zwischen 39 und 56% die Umwandlungsgeschwindigkeit gemessen und je nach Chromgehalt außerordentlich verschiedene Werte gefunden; die Halbwertszeiten stehen maximal im Verhältnis 1:128. Sie schlossen daraus auf drei nebeneinanderliegende getrennte Phasen: β (40,7% Cr), ϑ (44,7% Cr) und σ (47,8% Cr). Ferner führten TAKEDA und NAGAI[3] zahlreiche experimentelle Beobachtungen auf drei metastabile ferromagnetische Überstrukturen (Fe_3Cr, $FeCr$ und $FeCr_3$) und zwei metastabile Verbindungen (Fe_2Cr und $FeCr_2$) außer der bekannten σ-Phase zurück. Eine Bestätigung dieser Untersuchungen bleibt abzuwarten.

c) Die 475°-Versprödung

Das System Eisen-Chrom wird nicht nur durch die σ-Phase mit ihren Eigentümlichkeiten, sondern auch noch durch einen zweiten Versprödungsvorgang kompliziert. Erhitzt man Eisen-Chrom-Legierungen längere Zeit auf Temperaturen zwischen 400 und 550 °C, so zeigen sie eine beträchtliche Zunahme der Härte, eine auffallende Sprödigkeit und eine deutliche Änderung vieler physikalischer Eigenschaften. Man bezeichnet diesen Effekt meist als 475°-Versprödung (885 °F embrittlement).

Die Vermutungen, daß es sich um Ausscheidung von Fremdbestandteilen (Oxyden, Nitriden, Phosphiden u. dgl.) handle oder daß die σ-Phase unmittelbar beteiligt sei, können als widerlegt gelten. Wieweit ein mittelbarer Zusammenhang, etwa über die Elektronenstruktur der beteiligten Übergangsmetallatome und ihre Bindungsverhältnisse, besteht, läßt sich heute noch nicht entscheiden. Auf jeden Fall sind zahlreiche Untersuchungen so geführt und ihre Deutungen so versucht worden, als ob in dem betrachteten Temperaturbereich die σ-Phase überhaupt nicht existierte. Dies wird dadurch gerechtfertigt, daß unterhalb von 550 °C, wie oben ausgeführt, eine σ-Bildung nicht mehr beobachtet wird. Wie im Zusammenhang mit Abb. 87 ausgeführt, hat man sogar den Schluß gezogen, daß die σ-Phase unterhalb von 520 °C nicht mehr existenzfähig sei.

---

[1] HOARE, F. E., u. I. C. MATTHEWS: Proc. phys. Soc. 71 (1958) 220.
[2] KORNILOW, I. I., u. W. S. MICHEEW: Doklady Akad. Nauk SSSR 68 (1949) 527.
[3] TAKEDA, S., u. N. NAGAI: Mem. Fac. Engng., Nagoya Univ. 8 (1956) 1.

Zunächst sei darauf hingewiesen, daß die 475°-Versprödung auf die Anwesenheit kleiner Zusätze oder Verunreinigungen bei weitem nicht so empfindlich reagiert wie etwa die Bildung der σ-Phase. Man braucht also hierbei die Untersuchungen hochreiner und technischer Legierungen nicht so streng auseinanderzuhalten. Allerdings gibt es Anzeichen dafür, daß verschieden große Reinheit des Untersuchungsmaterials einen gewissen Einfluß auf die obere Grenztemperatur ausübt.

Die obere Grenztemperatur der 475°-Versprödung und der Konzentrationsbereich, in dem sie auftritt, lassen sich durch Auswertung der zu diesem Thema veröffentlichten Untersuchungen verhältnismäßig

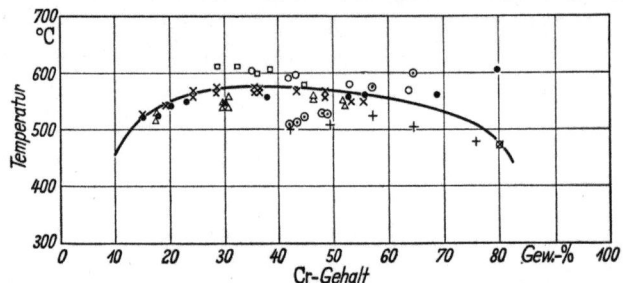

Abb. 95. Obere Grenztemperatur der 475°-Versprödung. Einzelbestimmungen: + dilatometrisch; ○, □, ○ magnetisch (IMAI und KUMADA, BUNGARDT und SPYRA, BASTIEN und POMEY); × thermisch; ⊗ chemisch; • Härte; △ elektrischer Widerstand

sicher festlegen. Dies ist in Abb. 95 geschehen. Die Methoden, die zu diesen Ergebnissen geführt haben, waren folgende: dilatometrische[1], magnetische[1,2,3], thermische[4], rückstandsanalytische[5] und Messungen der Härte und des elektrischen Widerstandes[6]. Der Konzentrationsbereich reicht von etwa 15% bis zu 80% Cr, die obere Grenztemperatur liegt zwischen 500 und 575 °C. Bevor auf die verschiedenen Deutungen eingegangen wird, sei kurz das Erscheinungsbild beschrieben.

Die primäre Beobachtung ist der Anstieg der Härte, wie ihn Abb. 96 als ein typisches Beispiel zeigt. Ein Härtehöchstwert mit nachfolgendem Abfall, also der für eine normale Aushärtung charakteristische Verlauf, wird in keinem Fall beobachtet. Vielmehr steigt die Härte auch nach

---

[1] POMEY, G., u. P. BASTIEN: Rev. Métall. 53 (1956) 147.
[2] BUNGARDT, K., u. W. SPYRA: Arch. Eisenhüttenw. 27 (1956) 777.
[3] IMAI, Y., u. K. KUMADA: Sci. Rep. Res. Inst. Tôhoku Univ. (A) 5 (1953) 218, 520.
[4] MASUMOTO, H., H. SAITO u. M. SUGIHARA: Sci. Rep. Res. Inst. Tôhoku Univ. (A) 5 (1953) 203.
[5] FISHER, R. M., E. J. DULIS u. K. G. CARROLL: Trans. A.I.M.M.E. 197 (1953) 690 [in J. Metals 5 (1953)].
[6] WILLIAMS, R. O., u. H. W. PAXTON: J. Iron Steel Inst. 185 (1957) 358.

5000 Stunden langsam weiter an[1]. Die nach 500 Stunden bei 500 °C[2], 1000 Stunden bei 535°C[1] und 5000 Stunden bei 500 °C[3] erreichten Härtesteigerungen sind zwischen 20 und 40% Cr besonders groß (Abb. 97). Bei Erhitzung auf Temperaturen über 550 °C verschwindet der Härteanstieg ebenso wie die anderen Eigenschaftsänderungen wieder innerhalb kurzer Glühzeiten. Sehr schön sind die Härtesteigerung durch die 475°-Versprödung und davon deutlich getrennt die Härtezunahme durch die σ-Bildung in Abb. 98 zu sehen[4].

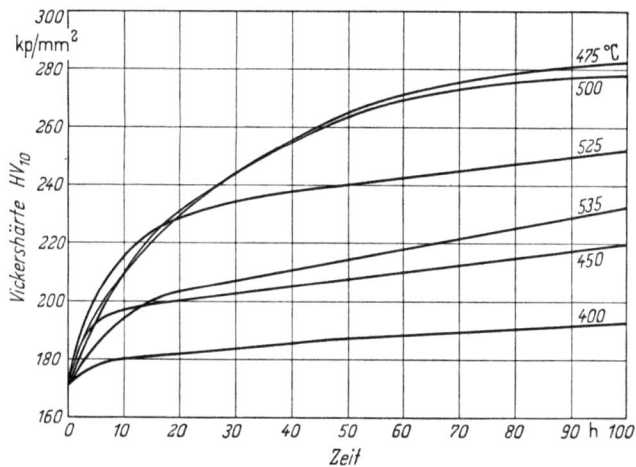

Abb. 96. Härteanstieg einer Eisen-Chrom-Legierung mit 25% Cr durch Wärmebehandlung bei verschiedenen Temperaturen, nach BUNGARDT und SPYRA

Während der 475°-Versprödung nimmt das Volumen zu. Dies läßt sich am besten dadurch beobachten, daß man die Proben zunächst durch eine Wärmebehandlung von etwa 1000 Stunden bei 475 °C versprödet und dann im Dilatometer langsam aufheizt. Hierbei findet man zwischen 550° und 600 °C eine deutliche Kontraktion, deren Größe mit steigendem Chromgehalt von 18 bis 36% Cr zunimmt[1]. Der Vorgang ist also genau umgekehrt wie bei der σ-Phase, deren Verschwinden eine Dilatation bewirkt (Abb. 93).

Der spezifische elektrische Widerstand sinkt während der Versprödung ab. Die Abhängigkeit vom Chromgehalt ist nicht sehr ausgeprägt.

Abb. 97 enthält ferner die Ergebnisse thermischer Analysen[5]. Beim Aufheizen werden Wärmetönungen beobachtet, deren Größe stark

---

[1] BUNGARDT, K., u. W. SPYRA: Arch. Eisenhüttenw. 27 (1956) 777.
[2] IMAI, Y., u. K. KUMADA: Sci. Rep. Res. Inst. Tôhoku Univ. (A) 5 (1953) 218, 520.
[3] BANDEL, G., u. W. TOFAUTE: Arch. Eisenhüttenw. 15 (1942) 307.
[4] HOUDREMONT, E.: Handbuch der Sonderstahlkunde, Berlin/Göttingen/Heidelberg: Springer; Düsseldorf: Stahleisen 1956, S. 684.
[5] MASUMOTO, H., H. SAITO u. M. SUGIHARA: Sci. Rep. Res. Inst. Tôhoku Univ. (A) 5 (1953) 203.

134 Metallkundliche Grundlagen der zunderfesten Legierungen

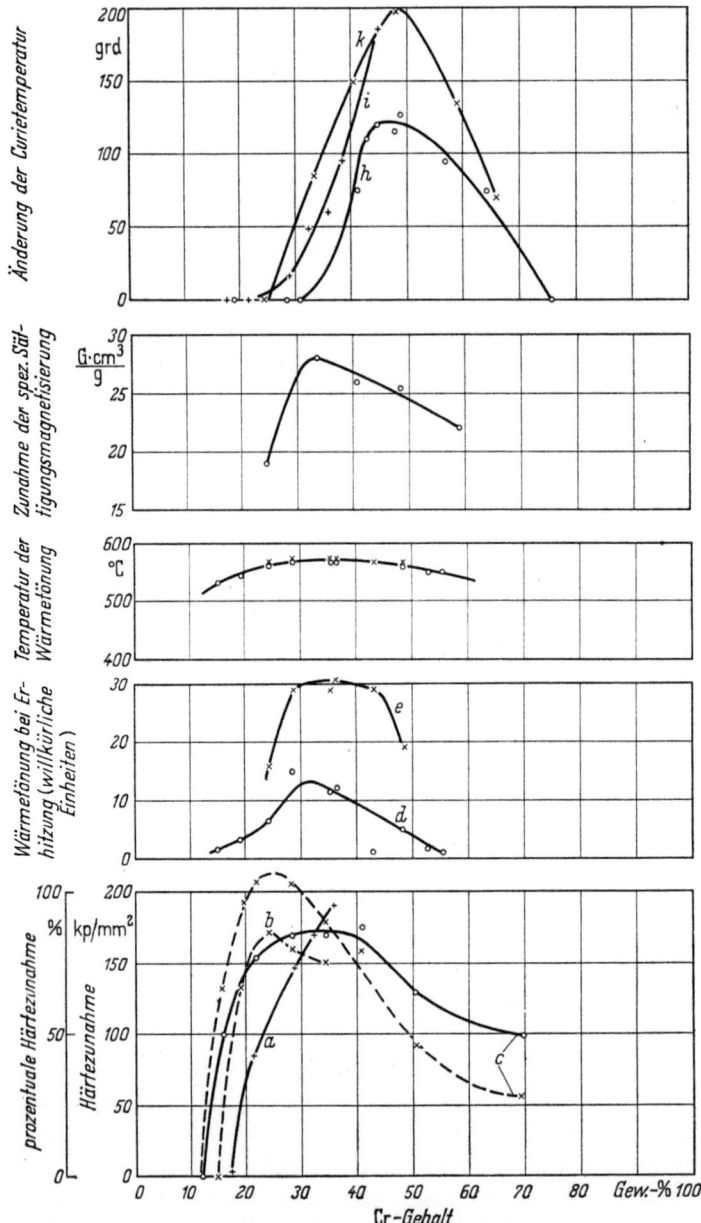

Abb. 97. Eigenschaftsänderungen bei der 475°-Versprödung.
Härte (- - proz. Zunahme): a) nach 1000 Std. 535° (BUNGARDT und SPYRA); b) nach 500 Std. 500° (IMAI und KUMADA); c) nach 5000 Std. 500° (BANDEL und TOFAUTE). — Wärmetönung: d) nach langsamer Abkühlung von 1000°; e) nach 200 Std. 475°. — Magnetische Sättigung: nach 3600 Std. 475°. — Curietemperatur. h) nach 100 Std. 500° (BASTIEN und POMEY); i) nach 1000 Std. 475° (BUNGARDT und SPYRA); k) nach langsamer Abkühlung von 1000°

zunimmt, wenn die Proben zuvor eine Wärmebehandlung von 200 Stunden bei 475°C erfahren haben.

Schließlich sind magnetische Messungen eingetragen, die eine Zunahme der spezifischen Sättigungsmagnetisierung[1] und der Curietemperatur[1,2,3] ergeben haben. Qualitativ ist die Änderung der Curietemperatur höchst bemerkenswert; quantitativ sagen jedoch die in Abb. 97 wiedergegebenen Werte nur wenig aus, da sie nicht oder mindestens weniger als die anderen Angaben Endwerte sind. Die Curietemperatur steigt nämlich gerade bei den chromreichen Legierungen mit der Glühzeit stetig an und erreicht schließlich die Werte der oberen Grenztemperatur überhaupt[4,5] (Abb. 95). Auf diesen Punkt sei besonders hingewiesen, da man aus der Arbeit von POMEY und BASTIEN[3] einen anderen Eindruck gewinnen könnte, der nicht der Wirklichkeit entspricht.

Sieht man aus diesem Grund von den quantitativen Änderungen der Curietemperatur ab, so entsteht die Vorstellung, daß das Konzentrationsgebiet zwischen 25 und 40% Cr etwas hervortritt. Daher liegt eine

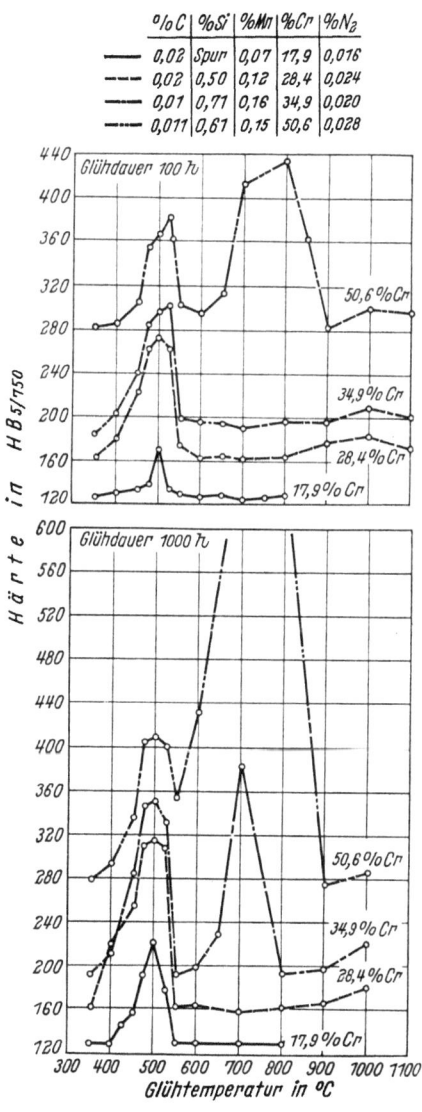

Abb. 98. Wirkung einer Dauerglühung bei verschiedenen Temperaturen auf die Härte von Eisen-Chrom-Legierungen (entnommen aus: E. HOUDREMONT, Handbuch der Sonderstahlkunde, S. 684)

---

[1] BAERLECKEN, E., u. H. FABRITIUS: Stahl u. Eisen 75 (1955) 1774.

[2] s. S. 133 [1] BUNGARDT, K., u. W. SPYRA.

[3] POMEY, G., u. P. BASTIEN: Rev. Métall. 53 (1956) 147.

[4] KÖSTER, W., u. A. v. KIENLIN: Arch. Eisenhüttenw. 27 (1956) 793.

[5] WILLIAMS, R. O., u. H. W. PAXTON: J. Iron Steel Inst. 185 (1957) 358.

Deutung der 475°-Versprödung durch einen Ordnungsvorgang nahe, die besonders von französischen[1,2] und japanischen Forschern[3,4] herausgestellt wurde. Dabei wurde an Fe_3Cr und an $FeCr$ gedacht, obwohl die Abb. 97 eher die Zusammensetzung Fe_2Cr vermuten ließe. Eine Stütze für die Deutung durch einen Ordnungsvorgang ist die Beobachtung von BAERLECKEN und FABRITIUS[5], wonach die Änderungen magnetischer Eigenschaften durch eine Kaltverformung teilweise rückgängig gemacht werden. Die andere Deutung, die vor allem von deutschen und amerikanischen Forschern [5,6,7,8,9] vertreten wird, führt die Erscheinung auf Aushärtungsvorgänge zurück. Hiernach ist die Kurve der oberen Grenztemperatur die Grenze einer Mischungslücke unterhalb 600° (mindestens im Lichte eines Realisierungsschaubildes). Diese Auffassung wird den Eigenschaftsänderungen sehr wohl gerecht, wobei die Höchstwerte bei Chromgehalten zwischen 25 und 40% möglicherweise damit in Verbindung zu bringen sind, daß die Kurve der Curietemperatur die Grenze der angenommenen Mischungslücke ganz in der Nähe dieser Konzentrationen schneidet. In Einklang damit sind außerdem die starke Erhöhung der Koerzitivkraft während der 475°-Versprödung[5] und vor allem auch die Änderung der Curietemperatur und der Sättigungsmagnetisierung, die den Werten des chromarmen Mischkristalls zustreben. Am sichersten gestützt wird diese Deutung durch die Ergebnisse von FISHER, DULIS und CARROLL[9]. Diese Autoren haben aus Eisen-Chrom-Legierungen mit 26 bis 27% Cr, die vier Jahre bei 475°C behandelt waren, durch ein subtiles Verfahren der Rückstandsanalyse Ausscheidungen isoliert, deren Chromgehalt zu rund 80% bestimmt wurde. Damit ist ein Zerfall in einen eisen- und einen chromreichen Mischkristall tatsächlich nachgewiesen. Freilich bestehen trotzdem Unterschiede zu einer normalen Ausscheidungshärtung. In Eisen-Chrom-Legierungen beginnt die 475°-Versprödung ohne jede Inkubationszeit, ein Zeichen, daß sie nicht mit Keimbildung einhergeht. Ferner verschwinden, worauf besonders JOSSO[2] hingewiesen hat, die oft in langwierigen Wärmebehandlungen bei Temperaturen unter 500°C erzeugten Eigenschaftsänderungen durch eine

---

[1] s. S. 135 [3] POMEY, G., u. P. BASTIEN.
[2] JOSSO, E.: C. R. 240 (1955) 776.
[3] IMAI, Y., u. K. KUMADA: Sci. Rep. Res. Inst. Tôhoku Univ. (A) 5 (1953) 218, 520.
[4] MASUMOTO, H., H. SAITO u. M. SUGIHARA: Sci. Rep. Res. Inst. Tôhoku Univ. (A) 5 (1953) 203.
[5] BAERLECKEN, E., u. H. FABRITIUS: Stahl u. Eisen 75 (1955) 1774.
[6] s. S. 135 [4] KÖSTER, W., u. A. v. KIENLIN.
[7] s. S. 135 [5] WILLIAMS, R. O., u. W. PAXTON.
[8] BUNGARDT, K., u. W. SPYRA: Arch. Eisenhüttenw. 27 (1956) 777.
[9] FISHER, R. M., E. J. DULIS u. K. G. CARROLL: Trans. A.I.M.M.E. 197 (1953) 690 [in J. Metals 5 (1953)].

sehr kurze Erhitzung auf 600 °C, während die Auflösung größerer ausgeschiedener Teilchen immerhin wesentlich länger dauern müßte. Damit stimmt andererseits die außerordentliche Kleinheit der nach vierjähriger Wärmebehandlung von FISHER, DULIS und CARROLL elektronenmikroskopisch beobachteten Teilchen überein, und die Tatsache, daß bisher mit Neutronen-[1] oder Röntgenstrahlenbeugung[2,3] keine nähere Analyse des Versprödungszustandes gelungen ist.

Man muß also auf einen Aushärtungsvorgang schließen, der mindestens zu Anfang in homogener Phase, ähnlich der sogenannten Kaltaushärtung (einphasige Entmischung) abläuft und der außerdem möglicherweise von einem Ordnungsvorgang begleitet wird.

Die nahezu unmeßbar kleine Bildungsgeschwindigkeit der σ-Phase in binären Eisen-Chrom-Legierungen bei Temperaturen unter 550 °C gestattet es nicht, das zeitliche oder räumliche Ineinandergreifen von 475°-Versprödung und σ-Bildung zu überblicken. So wird das vorerst als Realisierungsschaubild anzusprechende Diagramm von WILLIAMS und PAXTON[4] den experimentellen Ergebnissen an sich gut gerecht. Dabei ist aber die Frage nach den wirklichen Gleichgewichtsverhältnissen in dem betrachteten Konzentrations- und Temperaturbereich noch weitgehend offen.

d) Eigenschaften

Die Dichte der Eisen-Chrom-Legierungen ändert sich praktisch linear mit dem Chromgehalt zwischen 0 und 40% Cr (Abb. 99). Nicht linear verläuft dagegen die Abhängigkeit der Gitterkonstante der raumzentrierten Mischkristalle von der Zusammensetzung. PRESTON[5] hat an sehr reinen Legierungen, die so vorbehandelt waren, daß sie weder die σ-Phase enthielten noch bei 475 °C versprödet waren, die Gitterkonstanten gemessen, die in Abb. 100 eingetragen sind. Bemerkenswert und nicht näher gedeutet sind der anfängliche steile Anstieg und die ihm folgende deutliche Richtungsänderung bei 7% Cr. Die zweite Richtungsänderung zwischen 25 und 35% Cr und die dort vorhandene größere Streuung könnten mit der Nähe der Phasengrenze zusammenhängen.

Solange die Bildung der σ-Phase unterdrückt wird, sind die Legierungen bis über 60% Cr ferromagnetisch. Die Sättigungsinduktion fällt nach STÄBLEIN[6] von 21600 Gauß bei reinem Eisen linear auf 14500 Gauß

---

[1] SAMANS, C. H., in der Diskussion zu H. S. LINK u. P. W. MARSHALL: Trans. A.S.M. 44 (1952) 549.

[2] TAGAYA, M., S. NENNO u. Z. NISHIYAMA: Nippon Kinzoku Gakkai-Si 15 (1951) 235.

[3] LENA, A. J., u. M. F. HAWKES: Trans. A.I.M.M.E. 200 (1954) 607 [in J. Metals 6 (1954)].

[4] WILLIAMS, R. O., u. H. W. PAXTON: J. Iron Steel Inst. 185 (1957) 358.

[5] PRESTON, G. D.: Phil. Mag. [7] 13 (1932) 419.

[6] STÄBLEIN, F.: Arch. Eisenhüttenw. 3 (1929/30) 301.

138 Metallkundliche Grundlagen der zunderfesten Legierungen

bei 25% Cr. Sie wird, ebenso wie die übrigen magnetischen Eigenschaften, durch die 475°-Versprödung beeinflußt. Der elektrische Widerstand steigt mit dem Chromgehalt zunächst rasch, dann, ab 15% Cr, langsamer

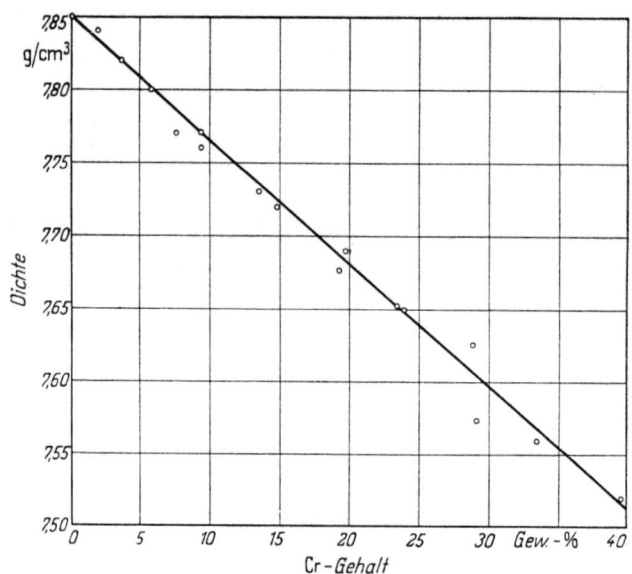

Abb. 99. Dichte der Eisen-Chrom-Legierungen

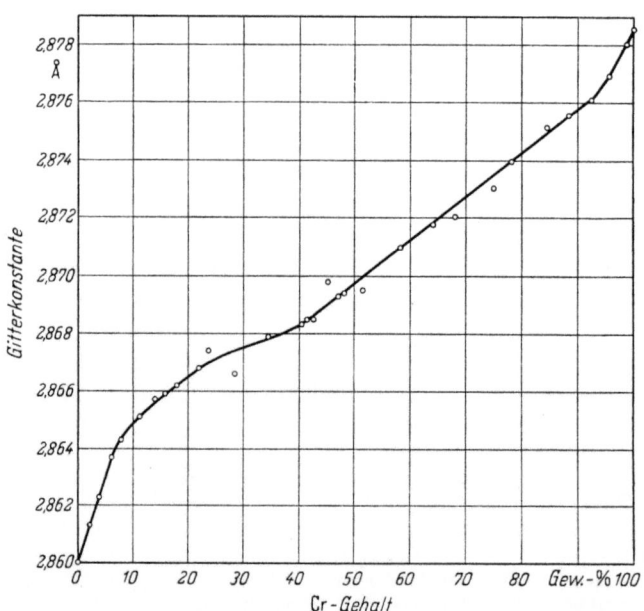

Abb. 100. Gitterkonstante der Eisen-Chrom-Legierungen, nach PRESTON

an. Er wird durch Verunreinigungen oder kleine Legierungszusätze in bekannter Weise beeinflußt. In Abb. 101 ist den eigenen Messungen eine von STÄBLEIN[1] an sehr reinen Legierungen erhaltene Kurve gegenübergestellt. Etwas höhere Werte fand RUF[2], doch ist der Charakter der Abhängigkeit in allen Fällen der gleiche. Durch eine Kaltverformung um beispielsweise 75% wird der spezifische Widerstand der Legierungen mit Chromgehalten bis zu 35% in normaler Weise um 1 bis 3% erhöht, wobei die Zunahme mit steigendem Chromgehalt größer wird; bei 40% Cr erhöht sich der spezifische Widerstand durch eine gleichgroße Verfor-

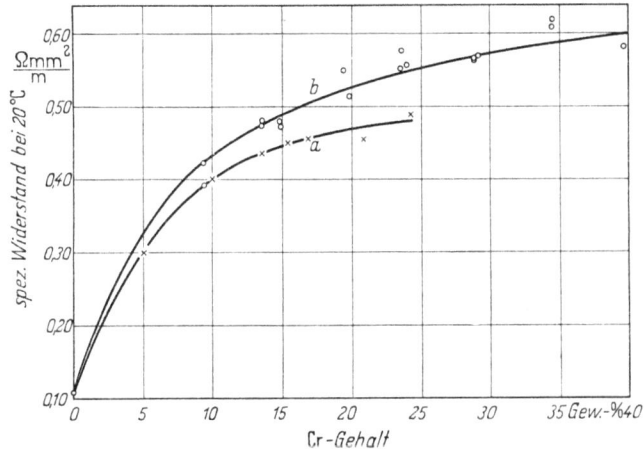

Abb. 101. Elektrischer Widerstand der Eisen-Chrom-Legierungen
a Legierungen hoher Reinheit, nach STÄBLEIN; *b* Legierungen technischer Reinheit ($\leq$ 0,2% Mn, $\leq$ 0,4% Si)

mung um 5%. Von etwa 15% Cr ab wird die Temperaturabhängigkeit des elektrischen Widerstandes nur noch wenig vom Chromgehalt beeinflußt. Nimmt man die Kurven nach langsamer Abkühlung der Proben auf, bei der die Anfänge der 475°-Versprödung schon eintreten, so wird sich deren Verschwinden oberhalb 500 °C durch mehr oder weniger ausgeprägte Richtungsänderungen der Kurven zwischen 550° und 600 °C bemerkbar machen. Dadurch wird der normale Einfluß des Curiepunktes auf den Kurvenverlauf teilweise überdeckt. Abb. 102 bringt als Beispiel die Widerstand-Temperatur-Kurve einer Legierung mit 23,9% Cr. Auf der chromreichen Seite zeigen die Widerstand-Temperatur-Kurven einen eigentümlichen Verlauf. Bei fallender Temperatur steigt der Widerstand von Legierungen mit Eisengehalten zwischen 0 und 16% unvermittelt auf beträchtlich größere Werte an, um dann weiterhin wieder langsam abzufallen. Der anomale Anstieg, dessen Höhe und Temperaturlage von

---
[1] s. S. 137 [6] STÄBLEIN, F.
[2] RUF, K.: Z. Elektrochem. 34 (1928) 813.

der Legierungszusammensetzung abhängen, steht vermutlich in Zusammenhang mit dem Übergang aus dem paramagnetischen in den antiferromagnetischen Zustand[1].

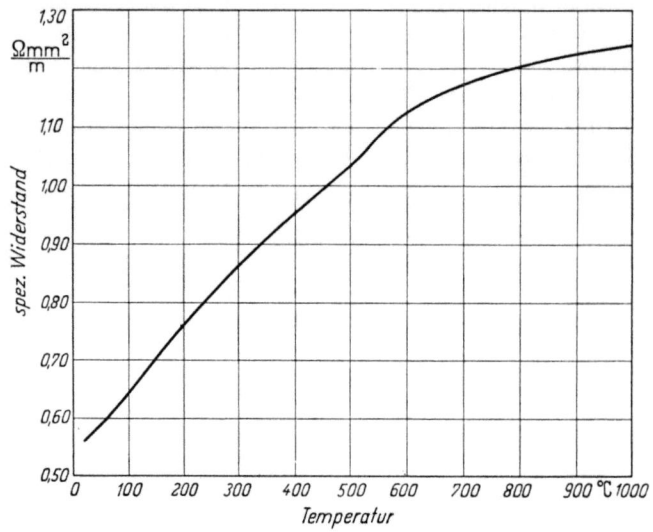

Abb. 102. Temperaturabhängigkeit des Widerstandes einer Eisen-Chrom-Legierung mit 23,9% Cr

Die Thermospannung der Eisen-Chrom-Legierungen gegen Platin steigt bis zu 7% Cr an und fällt dann langsam wieder ab[2]. Da ihre Temperaturabhängigkeit keine Besonderheiten aufweist, beschränkt sich Abb. 103 auf die Werte bei 1000 °C. Der Verlauf ist ähnlich wie bei den Nickel-Chrom-Legierungen. Auch die Thermospannung spricht auf die 475°-Versprödung an[3].

Die Wärmeleitfähigkeit fällt nach STÄBLEIN[4] vom Wert 0,16 cal/cm sec grad des reinen Eisens rasch auf 0,08 cal/cm sec grad bei 5% Cr, bleibt bis 13% Cr nahezu konstant und fällt dann nochmals auf 0,06 cal/cm sec grad bei rund 15% Cr, um danach wieder langsam anzusteigen.

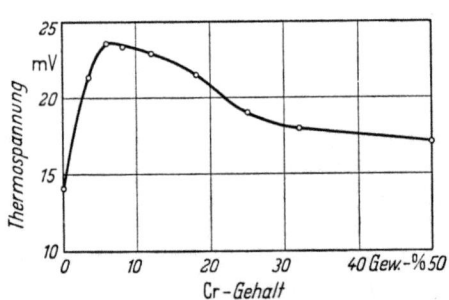

Abb. 103. Thermospannung der Eisen-Chrom-Legierungen gegen Platin bei 1000 °C (Vergleichsstelle 20 °C), nach RUF

---

[1] RAJAN, N. S., R. M. WATERSTRAT u. P. A. BECK: J. appl. Physics 31 (1960) 731. [2] s. S. 139 [2] RUF, K. [3] POMEY, G., u. J. PHILIBERT: C. R. 241 (1955) 877. [4] s. S. 137 [6] STÄBLEIN, F.

Die Wärmeausdehnung des Eisens wird durch Chromzusatz erniedrigt. Die Abhängigkeit vom Chromgehalt ist linear bis über 40% Cr, und zwar fällt der Ausdehnungskoeffizient (20 bis 200°) von 12×10^{-6} grad^{-1} bei 0% Cr auf 10×10^{-6} grad^{-1} bei 30% Cr[1].

Einen eigentümlichen Verlauf zeigt die Härte in Abhängigkeit von der Zusammensetzung[2, 3]. Sie steigt, vom reinen Eisen ausgehend, zunächst linear, ab 30% Cr etwas beschleunigt an und erreicht einen Größtwert erst bei 75% Cr (Abb. 104). Dieses merkwürdige Verhalten wird von KÖSTER und v. KIENLIN[4] als ein Zeichen *für die Abweichung des strukturellen Aufbaus der Eisen-Chrom-Mischkristalle von dem idealer Mischkristalle* angesehen; WILLIAMS[5] bringt es mit dem Antiferromagnetismus der chromreichen Mischkristalle in Verbindung. Die Zugfestigkeit weichgeglühter Proben wird durch steigenden Chromzusatz erhöht, überschreitet aber bis zu 30% nicht den Wert 60 kp/mm². Die Dehnung fällt von 40% auf rund 25% bei 30% Cr ab.

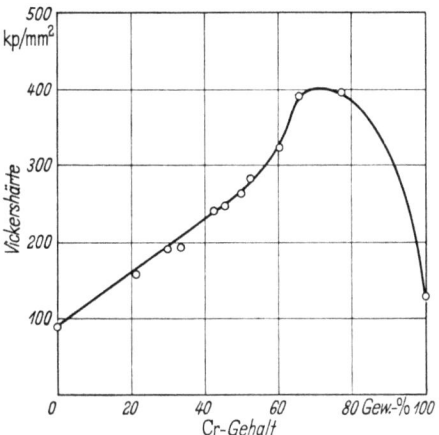

Abb. 104. Härte von unversprödeten und σ-freien Eisen-Chrom-Legierungen, nach POMEY

Bei etwa 13% Cr beginnt die Korrosionsbeständigkeit der Eisen-Chrom-Legierungen gegen Salpetersäure. Gegen Phosphorsäure ist die Beständigkeit erst ab 18% Cr gut. Salzsäure und Schwefelsäure greifen alle Eisen-Chrom-Legierungen stark an. Gegen kalte organische Säuren sind die Legierungen mit 13% Cr und mehr meist gut beständig, nicht aber gegen kochende. Nähere Angaben über das Korrosionsverhalten finden sich bei HOUDREMONT[6] und RITTER[7].

Etwa parallel mit der Säurebeständigkeit wächst auch die Oxydationsbeständigkeit mit steigendem Chromgehalt. Abb. 105 enthält

---

[1] HOUDREMONT, E.: Handbuch der Sonderstahlkunde, Berlin/Göttingen/Heidelberg: Springer; Düsseldorf: Stahleisen 1956, S. 731.
[2] ADCOCK, F.: J. Iron Steel Inst. 124 (1931) 99.
[3] POMEY, G.: Publ. Inst. Rech. Sidérurg., Sér. A, Nr. 117, 1955, 165.
[4] KÖSTER, W., u. A. v. KIENLIN: Arch. Eisenhüttenw. 27 (1956) 793.
[5] WILLIAMS, R. O.: Trans. Met. Soc. A.I.M.M.E. 212 (1958) 497.
[6] HOUDREMONT, E.: Handbuch der Sonderstahlkunde, Berlin/Göttingen/Heidelberg: Springer; Düsseldorf: Stahleisen 1956, S. 763ff.
[7] RITTER, F.: Korrosionstabellen metallischer Werkstoffe, Wien: Springer 1958.

nach HOUDREMONT[1] den Gewichtsverlust durch Verzunderung bei 900° bis 1200 °C. Ergebnisse von RICKETT und WOOD[2] fügen sich dieser Darstellung gut ein, ebenso die Messung der Gewichtszunahme durch SCHEIL und KIWIT[3]. Für die Verwendung im Temperaturgebiet unter 1100 °C ist demnach ein Chromgehalt von 18% ausreichend, während man für 1200 °C mindestens 25% Cr zulegieren muß. Dies gilt jedoch zunächst für binäre Legierungen. Wesentlich erhöhen läßt sich die Zunderfestigkeit durch Hinzunahme dritter Bestandteile wie Silizium oder Aluminium.

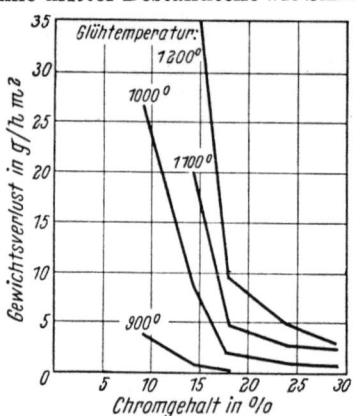

Abb. 105. Verzunderung von Eisen-Chrom-Legierungen (mit 0,5% C) bei Glühzeiten von 220 Std. (entnommen aus: E. HOUDREMONT, Handbuch der Sonderstahlkunde, S. 815)

2. Ternäre Legierungen auf der Basis Eisen-Chrom

Die wichtigsten Zusätze zu Eisen-Chrom-Legierungen, die deren Zunderbeständigkeit erhöhen, sind Silizium und Aluminium. Vor der Besprechung der so entstehenden ternären Legierungen Eisen-Chrom-Silizium und Eisen-Chrom-Aluminium werden jeweils die binären Randsysteme Eisen-Silizium und Eisen-Aluminium betrachtet.

a) Das Randsystem Eisen–Silizium

Abb. 106 zeigt das Zustandsdiagramm der Eisen-Silizium-Legierungen[4]. Siliziumzusätze schnüren das Feld der γ-Phase wesentlich schneller ab als Chromzusätze. Es reicht, einschließlich des Zweiphasengebietes $\alpha + \gamma$, nach CRANGLE[5] bis 2,15% Si, nach BENTLE und FISHEL[6] sogar

---

[1] HOUDREMONT, E.: Handbuch der Sonderstahlkunde, Berlin/Göttingen/Heidelberg: Springer; Düsseldorf: Stahleisen 1956, S. 815.
[2] RICKETT, R. L., u. W. P. WOOD: Trans. A.S.M. 22 (1934) 347.
[3] SCHEIL, E., u. K. KIWIT: Arch. Eisenhüttenw. 9 (1935/36) 405.
[4] HANSEN, M.: Constitution of Binary Alloys, New York/Toronto/London: McGraw-Hill Book Co. 1958, S. 711ff.
[5] CRANGLE, J.: Brit. J. appl. Physics 5 (1954) 151.
[6] BENTLE, G. G., u. W. P. FISHEL: Trans. A.I.M.M.E. 206 (1956) 1345 [in J. Metals 8 (1956)].

nur bis 1,8% Si bei 1115 °C. Bei 24% Si liegt eine hexagonale Hochtemperaturphase (η) zwischen 825° und 1030°C, der die Zusammensetzung Fe_5Si_3 zugeschrieben wird. Die ε-Phase (FeSi) mit ebenfalls sehr schmalem Existenzbereich erstarrt unmittelbar aus der Schmelze. Sie kristallisiert kubisch (B 20-Typ) und hat die Raumgruppe $T^4 - P2_13$ mit $a = 4{,}489$ Å und je vier Fe- und Si-Atomen in der Elementarzelle[1,2]. Ebenfalls aus der Schmelze erstarrt die tetragonale ζ-Phase ($FeSi_2$).

Von technischem Interesse sind nur die eisenreichen Legierungen. Dort findet sich noch eine Überstruktur Fe_3Si (14,3% Si) mit einem

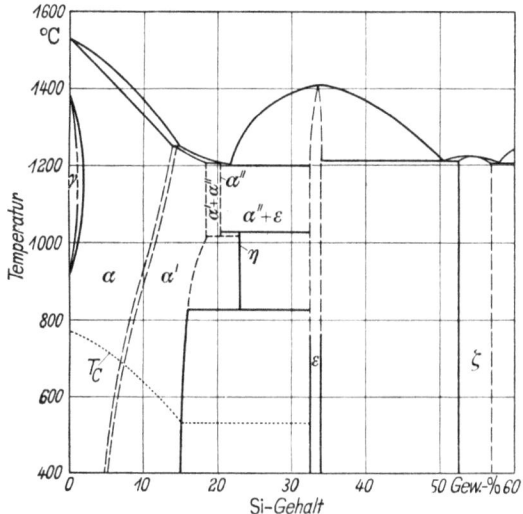

Abb. 106. Zustandsdiagramm der Eisen-Silizium-Legierungen, nach HANSEN

breiten Existenzbereich. Sie reicht nach GLASER und IVANICK[3] bis 80° unter den Schmelzpunkt hinauf. Diese ungewöhnlich hohe kritische Temperatur und die besondere Form der Liquiduskurve bei 14% Si haben zu der Annahme einer peritektischen Bildung von Fe_3Si Veranlassung gegeben[4]. Die Struktur von Fe_3Si stimmt mit der von Fe_3Al überein. Man erhält sie, indem man aus acht Elementarwürfeln der Unterstruktur einen großen Würfel bildet und die Raummitten der Unterstrukturwürfel abwechselnd mit Fe- und Si-Atomen besetzt[5]. Infolge der Strukturgleichheit kann ein lückenloser Übergang zwischen Fe_3Si und Fe_3Al im ternären Diagramm

---

[1] WEVER, F., u. H. MÖLLER: Z. Kristallogr. 75 (1930) 362; Naturwiss. 18 (1930) 734.
[2] PAULING, L., u. A. M. SOLDATE: Acta Cryst. 1 (1948) 212.
[3] GLASER, F. W., u. W. IVANICK: Trans. A.I.M.M.E. 206 (1956) 1290 [in J. Metals 8 (1956)].
[4] OSAWA, A., u. T. MURATA: Nippon Kinzoku Gakkai-Si 4 (1940) 228.
[5] JETTE, E. R., u. E. S. GREINER: Trans. A.I.M.M.E. 105 (1933) 259.

Eisen-Silizium-Aluminium entstehen, indem sich die Silizium- und Aluminiumatome gegenseitig ersetzen[1, 2]. Dieser Legierungsreihe verdankt man bekanntlich wichtige ferromagnetische Werkstoffe. Die kritische

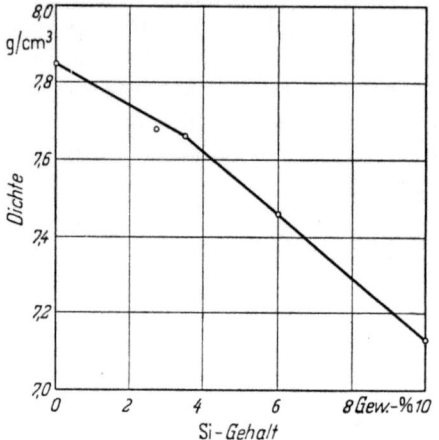

Abb. 107. Dichte der Eisen-Silizium-Legierungen

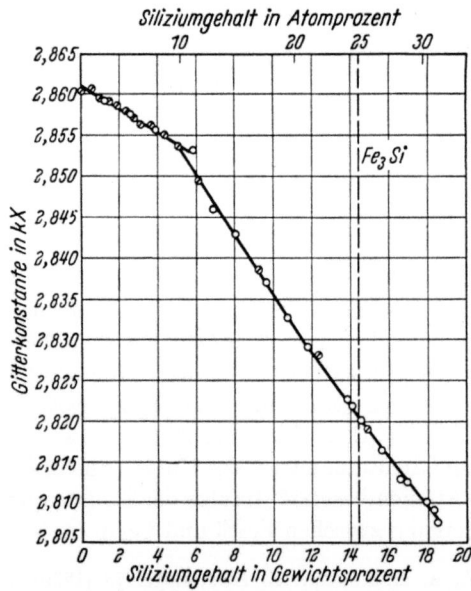

Abb. 108. Gitterkonstante der Eisen-Silizium-Legierungen, nach JETTE und GREINER, und FARQUHAR, LIPSON und WEILL (entnommen aus: E. HOUDREMONT, Handbuch der Sonderstahlkunde, S. 1147)

---

[1] OGAWA, S., u. Y. MATSUZAKI: Nippon Kinzoku Gakkai-Si 15 (1951) 242; Sci. Rep. Res. Inst. Tôhoku Univ. (A) 3 (1951) 50.
[2] SATO, H., u. H. YAMAMOTO: J. Phys. Soc. Japan 6 (1951) 65.

Temperatur der ternären Ordnungsphasen steigt zur Eisen-Silizium-Seite hin stark an[1,2].
Die Dichte der Eisen-Silizium-Legierungen (Abb. 107) fällt mit zunehmendem Silizium-Gehalt rasch ab[3]. Auch die Gitterkonstante wird durch Silizium-Zusatz vermindert (Abb. 108), wobei ein deutlicher Knick bei rund 5% Si auffällt[4,5].
Die Eisen-Silizium-Legierungen sind bis zur ε-Phase hin ferromagnetisch. Die Curietemperatur fällt bis zur Grenze der eisenreichen Mischkristalle bei rund 14% Si bis auf 530 °C ab. Die magnetischen Eigenschaften lassen sich zur Verfolgung von Umwandlungen und Feststellung von Phasengleichgewichten gut verwenden[6,7]. Die Legierungen mit 2 bis 4% Si haben als weichmagnetische Werkstoffe eine außerordentlich große technische Bedeutung erlangt.

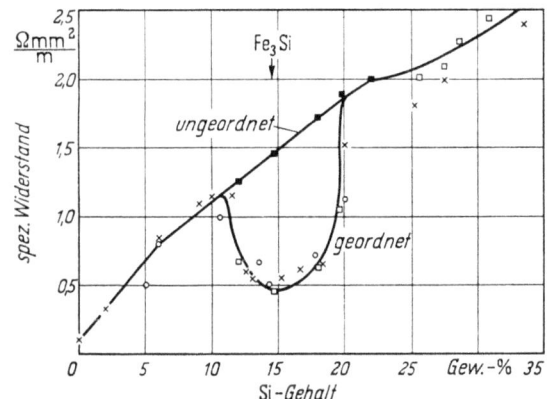

Abb. 109. Elektrischer Widerstand bei 20° der Eisen-Silizium-Legierungen
○ nach CORSON[8]   □ langsam abgekühlt } nach GLASER und IVANICK
× nach GLASER   ■ abgeschreckt

Wesentlichen Einfluß auf die physikalischen Eigenschaften übt die Ordnungsumwandlung in der Umgebung von 14,3% Si (Fe_3Si) aus. So zeigt der elektrische Widerstand (Abb. 109) den für solche Fälle typischen Verlauf[3,9]. Einige Besonderheiten sind jedoch noch nicht befriedigend

---

[1] s. Vorseite [2] SATO, H., u. H. YAMAMOTO.
[2] GARROD, R. I., u. L. M. HOGAN: Acta Met. 2 (1954) 887.
[3] GLASER, F. W.: Trans. A.I.M.M.E. 185 (1949) 475.
[4] JETTE, E. R., u. E. S. GREINER: Trans. A.I.M.M.E. 105 (1933) 259.
[5] FARQUHAR, M. C. M., H. LIPSON u. A. R. WEILL: J. Iron Steel Inst. 152 (1945) 457.
[6] GUGGENHEIMER, K. M., H. HEITLER u. K. HOSELITZ: J. Iron Steel Inst. 158 (1948) 192.
[7] GUGGENHEIMER, K. M., u. H. HEITLER: Trans. Faraday Soc. 45 (1949) 137.
[8] CORSON, M. G.: Trans. A.I.M.M.E. 80 (1928) 249.
[9] GLASER, F. W., u. W. IVANICK: Trans. A.I.M.M.E. 206 (1956) 1290 [in J. Metals 8 (1956)].

gedeutet, so der Knick bei rund 6% Si, der möglicherweise mit dem entsprechenden Knick im Verlauf der Gitterkonstante in Beziehung steht. Es muß dahingestellt bleiben, ob, wie gelegentlich behauptet wird, beide Erscheinungen die ersten Anzeichen der Überstrukturbildung darstellen. Ferner wurde gezeigt[1], daß der Widerstand binärer Legierungen mit mehr als 3% Si durch Kaltverformung nicht vergrößert, sondern verkleinert wird. Schließlich verhält sich die Widerstand-Temperatur-Kurve von Legierungen mit mehr als 15% Si ungewöhnlich[2, 3]. Der Widerstand steigt bis zum Curiepunkt mit zunehmender Temperatur steil an und nimmt dann bei höheren Temperaturen nur noch wenig, aber gleichmäßig bis zum Schmelzpunkt zu oder fällt bei größeren Silizium-Gehalten sogar etwas ab, wobei sich die durch Abschreckversuche ermittelte kritische Temperatur von Fe_3Si (1120 °C) auf den Kurven nicht abzeichnet (was für die peritektische Entstehung nach Abb. 106 spricht).

Die Wärmeleitfähigkeit sinkt durch Silizium-Zusatz zunächst schnell ab und erreicht bei 5% Si den Wert 0,08 cal/cm sec grad. Im geordneten Zustand haben Proben mit 15% Si eine Wärmeleitfähigkeit von 0,065 cal/cm sec grad, im ungeordneten Zustand erreichen sie nur 0,038 cal/cm sec grad[3].

Die mechanischen Eigenschaften sind stark von der Wärmebehandlung abhängig, auch im umwandlungsfreien eisenreichen Gebiet, da die Eisen-Silizium-Legierungen in hohem Maße zur Bildung eines grobkörnigen Gefüges neigen; ein Rekristallisationsschaubild ist von v. MOOS, OBERHOFFER und OERTEL[4] aufgestellt worden. Wegen der Tendenz zur Grobkörnigkeit sind diese Legierungen zur Herstellung und Untersuchung von Rekristallisationseinkristallen und zur Verfolgung der Fragen des Kristallwachstums hervorragend geeignet.

Die Korrosionsbeständigkeit des Eisens wird durch Siliziumzusätze erhöht. Nähere Angaben darüber macht HOUDREMONT[5]. Wirkliche Beständigkeit gegen viele Säuren wird aber erst bei mindestens 12% Si erreicht[6]. Die schlechte Verarbeitbarkeit der Legierungen mit Silizium-Gehalten über 4% bedingt jedoch, daß solche nur als Gußstücke verwendet werden können.

---

[1] THOMAS, H.: Z. Phys. 129 (1951) 219.
[2] GUTOVSKY, I. G., u. Y. P. SELISSKY: Fizika Metallov i Metallovedenie 2 (1956) 375.
[3] GLASER, F. W., u. W. IVANICK: Trans. A.I.M.M.E. 206 (1956) 1290 [in J. Metals 8 (1956)].
[4] v. MOOS, M., P. OBERHOFFER u. W. OERTEL: Stahl u. Eisen 48 (1928) 393.
[5] HOUDREMONT, E.: Handbuch der Sonderstahlkunde, Berlin/Göttingen/ Heidelberg: Springer; Düsseldorf: Stahleisen 1956, S. 1171 ff.
[6] TÖDT, F.: Korrosion und Korrosionsschutz, Berlin: W. de Gruyter & Co. 1955, S. 205.

Nach SCHEIL und KIWIT[1] wird die Oxydationsbeständigkeit durch Siliziumzusätze bis 1,5% leicht vermindert, dann aber bis zu 4% Si stark erhöht. Bei 4% Si und höheren Gehalten ist sie als sehr gut zu bezeichnen. Untersuchungen der Verzunderung von Eisen-Silizium-Legierungen in Sauerstoff haben die Abnahme der Zunderbeständigkeit durch kleine Zusätze nicht bestätigt, sondern vielmehr ergeben, daß schon kleinste Silizium-Gehalte (0,03%) eine Abnahme der Verzunderungsgeschwindigkeit gegenüber reinem Eisen bewirken[2]. Dabei wird auch auf die starke *Röschen*-Bildung und deren Zusammenhang mit dem Verlauf der kinetischen Verzunderungskurven hingewiesen. Unregelmäßigkeiten in der Abhängigkeit der Zunderkonstante vom Silizium-Gehalt wurden

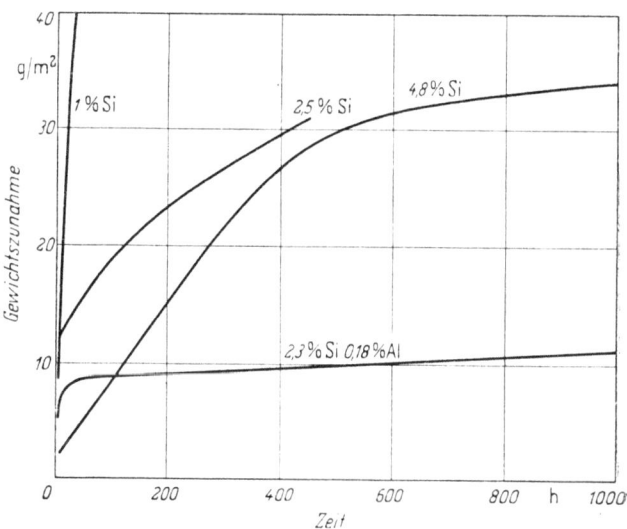

Abb. 110. Gewichtszunahme von Eisen-Silizium- und Eisen-Silizium-Aluminium-Legierungen durch Glühung in Luft bei 700 °C, nach BRANDES

auf das Hineinwirken der $\alpha \rightleftharpoons \gamma$-Umwandlung bei weniger als 2% Si zurückgeführt[3]. Durch Messung der Gewichtszunahme bei der Glühung in Luft hat BRANDES[4] das Zunderverhalten untersucht. Er fand bei 700 °C eine Abnahme der Oxydationsgeschwindigkeit mit steigendem Silizium-Gehalt, die darüber hinaus noch ganz wesentlich durch kleine Zusätze von Aluminium vermindert wird (Abb. 110). Trotzdem werden

---
[1] SCHEIL, E., u. K. KIWIT: Arch. Eisenhüttenw. 9 (1935/36) 405.
[2] SCHMAHL, N. G., H. BAUMANN u. H. SCHENCK: Arch. Eisenhüttenw. 30 (1959) 267.
[3] SCHMAHL, N. G., H. BAUMANN u. H. SCHENCK: Arch. Eisenhüttenw. 30 (1959) 415.
[4] BRANDES, E. A.: Oxidation resistant Silicon Aluminium Steels, Fulmer Research Inst., Spec. Rep. No. 2 (1956).

Eisen-Silizium-Legierungen nur in beschränktem Umfange als zunderfeste Werkstoffe gebraucht. Der Wert des Siliziums zeigt sich vielmehr in den ternären chromhaltigen Legierungen.

b) Eisen-Chrom-Silizium-Legierungen

Der eisenreiche Teil des Zustandsdiagramms der festen Eisen-Chrom-Silizium-Legierungen ist unter Benutzung der Arbeiten von ANDERSEN und JETTE[1] und von ARONSSON und LUNDSTRÖM[2] versuchsweise in Abb. 111 gezeichnet worden. Besonders auffallend ist die oben schon erwähnte außerordentlich große Stabilitätserhöhung der σ-Phase. Während diese in binären Eisen-Chrom-Legierungen oberhalb 850 °C nicht mehr beständig ist, geht ihr Existenzbereich bei Silizium-Gehalten von 3,2 bis 10,9% bis zu 1000 °C, ja bei 6,6 bis 9,6% Si sogar bis 1200 °C[2].

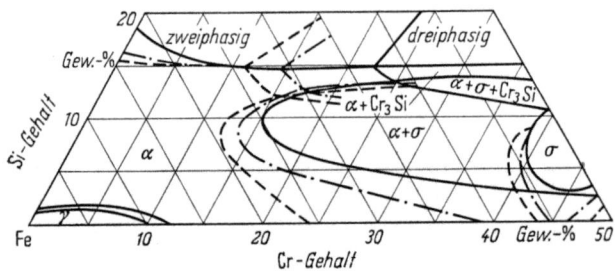

Abb. 111. Angenähertes Zustandsdiagramm der Eisen-Chrom-Silizium-Legierungen
——————— Phasengrenzen bei 1000 °C
—·—·—·— Phasengrenzen bei 800 °C
— — — — — Phasengrenzen bei 600 °C

Wichtig ist ferner der Verlauf der Phasengrenze der α-Mischkristalle zwischen 600° und 1000 °C, der zeigt, wie sehr sich das Zweiphasengebiet $\alpha + \sigma$ auch bei kleinen Silizium-Gehalten ausweitet. Bei 20% Cr beispielsweise dürften Legierungen mit 3% Si unterhalb 600 °C schon inhomogen werden.

Übrigens sind viele Einzelheiten des Diagrammteils in Abb. 111 noch nicht gesichert, beispielsweise die Breite des σ-Gebietes in den ternären Legierungen und die Ausdehnung der Phasen Fe_5Si_3 und $FeSi$ und der Überstruktur Fe_3Si in das ternäre Diagramm hinein.

Ausführliche Angaben über die Abhängigkeit der Gitterkonstante von der Zusammensetzung finden sich bei ANDERSEN und JETTE[1]. Der Knick auf den Kurven der binären Legierungen bei 7% Cr oder bei 5% Si scheint auch bei den ternären Mischkristallen im gleichen Konzentrationsgebiet wiederzukehren. Durch die Aufnahme von Silizium ändert sich das Gitter der σ-Phase in bestimmter Weise. Die a-Achse der tetragonalen

---
[1] ANDERSEN, A. G. H., u. E. R. JETTE: Trans. A.S.M. 24 (1936) 375.
[2] ARONSSON, B., u. T. LUNDSTRÖM: Acta chem. Scand. 11 (1957) 365.

Ternäre Legierungen auf der Basis Eisen-Chrom 149

Zelle wird kleiner und die c-Achse größer, wodurch das Achsenverhältnis c/a ansteigt und das Volumen der Elementarzelle sich mit steigendem Si-Gehalt vermindert[1].

Silizium erhöht den elektrischen Widerstand der Eisen-Chrom-Legierungen beträchtlich (Abb. 112) und erniedrigt dessen Temperaturkoeffizienten. Abb. 113 zeigt in einigen Beispielen die Temperaturabhängigkeit des Widerstandes für Legierungen mit 30% Cr und 0 bis 3% Si. Diese liegen an sich bereits im Zweiphasengebiet, doch wurden die Wärmebehandlungen so kurz gewählt, daß sich noch keine nennenswerten Mengen σ-Phase ausbilden konnten. Ähnliche Kurven erhält man bei 20% Cr.

Silizium-Zusätze vergrößern die Oxydationsbeständigkeit der Eisen-Chrom-Legierungen so stark, daß siliziumhaltige Werkstoffe schon mit 10% Cr und weniger bei nicht zu hohen Temperaturen als zunderfest gelten können

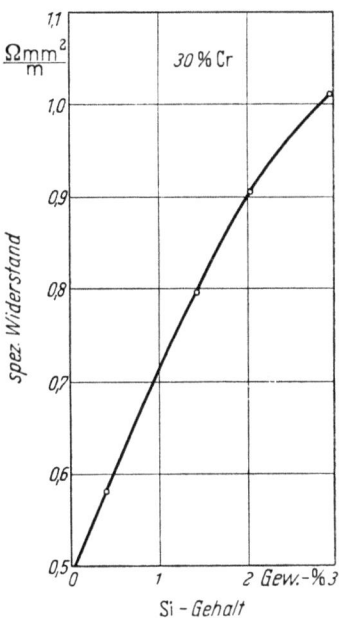

Abb. 112. Elektrischer Widerstand bei 20° der Eisen-Chrom-Silizium-Legierungen mit 30% Cr

[1] s. Vorseite [2] ARONSSON, B., u. T. LUNDSTRÖM.

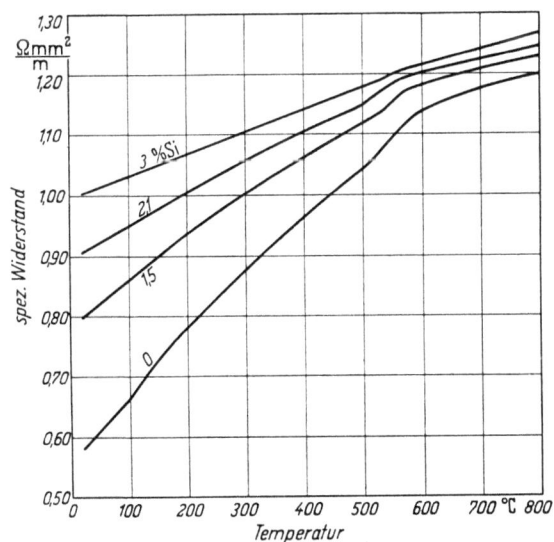

Abb. 113. Temperaturabhängigkeit des Widerstandes von Eisen-Chrom-Silizium-Legierungen mit 30% Cr

(Abb. 114 und 115). Das Zunderverhalten in diesem Konzentrationsgebiet ist nach BANDEL in Abb. 116 dargestellt[1]. Aus Abb. 117 wird nach

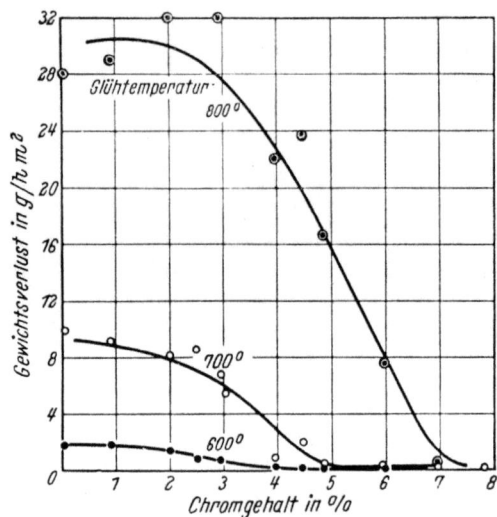

Abb. 114. Gewichtsverlust durch Verzunderung von Eisen-Chrom-Legierungen mit 0,7—0,9% Si (und 0.15% C) durch Glühung von 120 Std. Dauer in Luft (entnommen aus: E. HOUDREMONT, Handbuch der Sonderstahlkunde, S. 815)

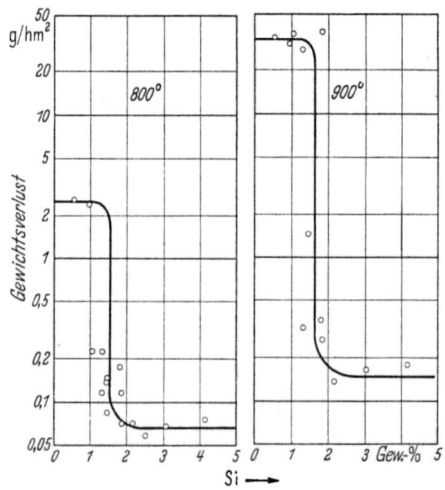

Abb. 115. Gewichtsverlust durch Verzunderung von Eisen-Chrom-Silizium-Legierungen mit 6% Cr und verschiedenem Siliziumgehalt bei Glühungen in Luft, nach HOUDREMONT u. SCHOTTKY

HOUDREMONT und BANDEL[2] die starke Verbesserung der Zunderfestigkeit bei größeren Chromgehalten schon durch Zusätze von 0,5 bis 1% Si

[1] HOUDREMONT, E.: Handbuch der Sonderstahlkunde, Berlin/Göttingen/Heidelberg: Springer; Düsseldorf: Stahleisen 1956, S. 817f.
[2] HOUDREMONT, E., u. G. BANDEL: Arch. Eisenhüttenw. 11 (1937/38) 131.

Ternäre Legierungen auf der Basis Eisen-Chrom

ersichtlich. Mit Rücksicht auf die Phasenverhältnisse bleibt die Höhe des Silizium-Zusatzes in technischen Legierungen bei 18% Cr auf 2,5%, bei 30% Cr auf 1% beschränkt.

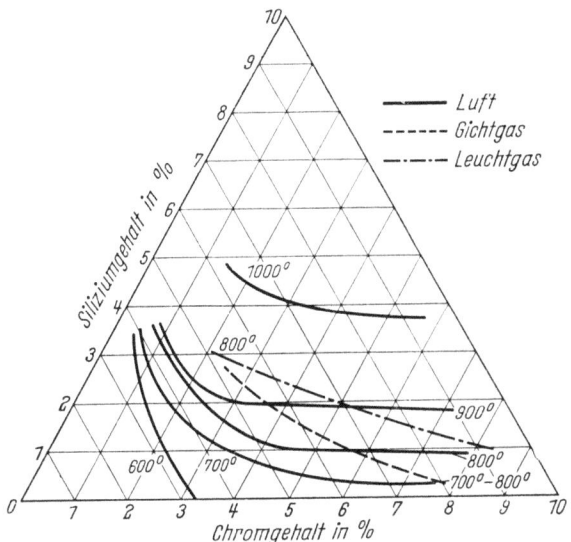

Abb. 116. Zunderverhalten von eisenreichen Eisen-Chrom-Silizium-Legierungen in Luft (und Gichtgas und Leuchtgas). Linien gleicher Gewichtsverluste (1 g/h m²) nach 120 Std., nach BANDEL (entnommen aus: E. HOUDREMONT, Handbuch der Sonderstahlkunde, S. 817)

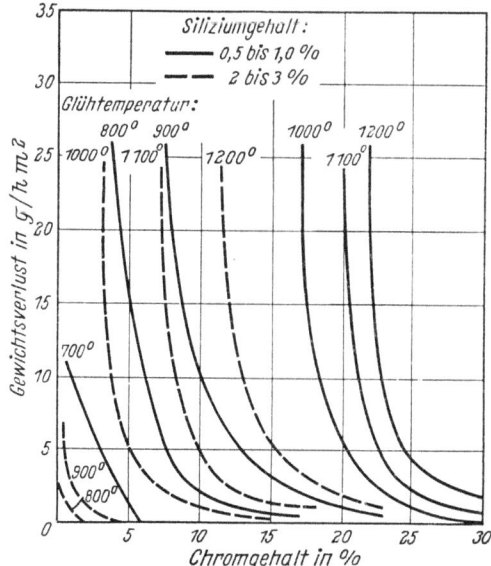

Abb. 117. Zunderverhalten von Eisen-Chrom-Silizium-Legierungen mit Chromgehalten bis zu 30%, nach HOUDREMONT u. BANDEL (entnommen aus: E. HOUDREMONT, Handbuch der Sonderstahlkunde, S. 818)

c) Das Randsystem Eisen–Aluminium

Wichtiger noch als Silizium sind Aluminiumzusätze zum Aufbau zunderfester Werkstoffe. Betrachten wir auch hier zunächst die binären Eisen-Aluminium-Legierungen, so fallen manche Ähnlichkeiten mit den Eisen-Silizium-Legierungen auf.

Das Zustandsschaubild der eisenreichen Legierungen ist in Abb. 118 nach TAYLOR und JONES[1] und nach LIHL und EBEL[2] gezeichnet. Schon durch Zusatz von rund 1% Al wird das Feld der kubisch flächenzentrier-

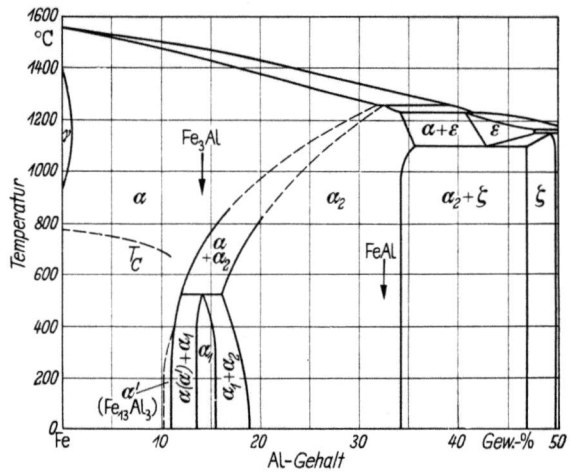

Abb. 118. Zustandsdiagramm der eisenreichen Eisen-Aluminium-Legierungen

ten γ-Phase geschlossen[3]. Im übrigen wird das Verhalten der eisenreichen Legierungen wesentlich durch die beiden Überstrukturen Fe_3Al und FeAl bestimmt, deren grundlegende Erforschung auf röntgenographischem Wege BRADLEY und JAY[4,5] zu verdanken ist. Ihre Ergebnisse wurden von TAYLOR und JONES[1] und von LIHL und EBEL[2] bestätigt und verfeinert.

Abgesehen von dem schmalen γ-Feld sind alle Legierungen der eisenreichen Seite kubisch raumzentriert. FeAl hat Cäsiumchlorid-Struktur. Hierbei sind die Ecken des Elementarwürfels mit Eisenatomen, die Raummitte mit einem Aluminiumatom besetzt. Die ideale Ordnung wird bei 50 At.-% oder 32,6 Gew.-% Al erreicht. Bemerkenswert ist nun, daß diese Struktur bis zu viel kleineren Aluminium-Gehalten (bei 600 °C

---

[1] TAYLOR, A., u. R. M. JONES: J. Phys. Chem. Solids 6 (1958) 16.
[2] LIHL, F., u. H. EBEL: Arch. Eisenhüttenw. 32 (1961) 483.
[3] HANSEN, M.: Constitution of Binary Allyos, New York/Toronto/London: McGraw-Hill Book Co. 1958, S. 90ff.
[4] BRADLEY, A. J., u. A. H. JAY: Proc. Roy. Soc. (A) 136 (1932) 210.
[5] BRADLEY, A. J., u. A. H. JAY: J. Iron Steel Inst. 125 (1932) 339.

bis zu 17% Al) bestehen bleibt. In der Struktur von Fe₃Al wird die Hälfte der Aluminium-Atome von FeAl durch Eisen-Atome ersetzt, und zwar so, daß auf den Raummitten der Elementarwürfel in allen drei Koordinatenrichtungen die regelmäßige Folge Fe–Al–Fe–Al entsteht. Die enge Verwandtschaft beider Strukturen verursacht den breiten Existenzbereich von FeAl. Bei Temperaturen über 500 °C oder bei Aluminiumgehalten über 17% wird einfach die Verteilung der Eisen- und Aluminium-Atome auf die Plätze in der Raummitte der Elementar-

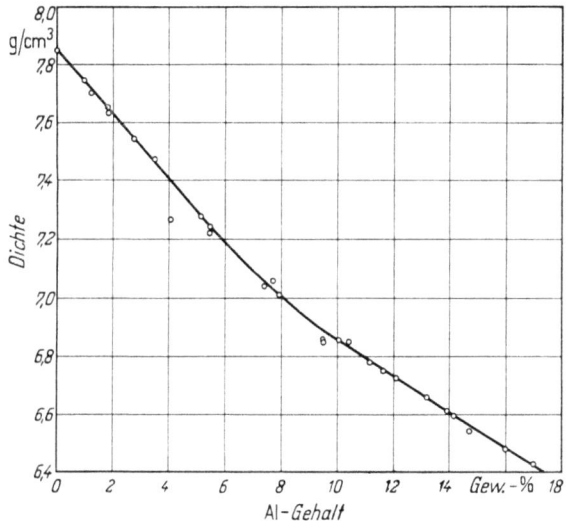

Abb. 119. Dichte der Eisen-Aluminium-Legierungen

würfel mehr oder weniger regellos. Rechts und links des verhältnismäßig schmalen Existenzbereiches von Fe₃Al konnten Zweiphasengebiete und links unmittelbar daran angrenzend eine weitere Überstruktur Fe₁₃Al₃ wahrscheinlich gemacht werden.

In Abb. 119 ist die Abhängigkeit der Dichte von der Zusammensetzung nach YAMAMOTO und TANIGUCHI[1] und eigenen Messungen dargestellt. Eine Wärmebehandlung beeinflußt die Werte nicht wesentlich; so beträgt die Dichte einer Legierung mit rund 12% Al nach Abschrecken von 700 °C 6,688 g/cm³, nach langsamer Abkühlung von 1000 °C 6,723 g/cm³. Bei 13,9% Al (Fe₃Al) ist der Unterschied vernachlässigbar klein[1]. Deutlicher ist die Beeinflussung der Gitterkonstante durch Wärmebehandlung. Abb. 120 zeigt das von TAYLOR und JONES[2] erhaltene Ergebnis, das in kleinen Einzelheiten von den Resultaten der *klassischen*

---

[1] YAMAMOTO, M., u. S. TANIGUCHI: Sci. Rep. Res. Inst. Tôhoku Univ. (A) 8 (1956) 112.

[2] TAYLOR, A., u. R. M. JONES: J. Phys. Chem. Solids 6 (1958) 16.

Untersuchung von BRADLEY und JAY[1] abweicht, vermutlich als Folge größerer Reinheit des Materials und besser definierter Probenvorbereitung. BRADLEY und JAY hatten auf der Gitterkonstante-Konzentration-Kurve der abgeschreckten Legierungen einen deutlichen Knick bei rund 10% Al gefunden. In der Darstellung von TAYLOR und JONES ist dieser Knick verschwunden. Er tritt nach LIHL und BURGER[2] nur dann auf, wenn die Proben nicht ganz schroff abgeschreckt werden. Bei

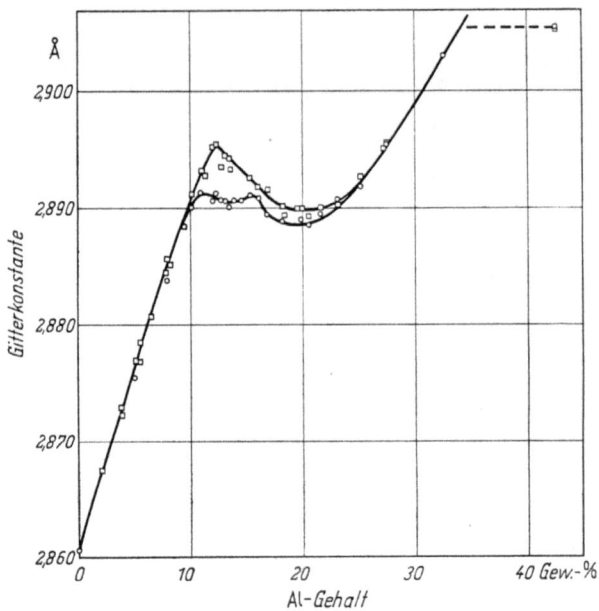

Abb. 120. Gitterkonstante der Eisen-Aluminium-Legierungen
□ nach Abschrecken von 1000 °C; ○ nach Abschrecken von 250 °C

ungenügender Abschreckgeschwindigkeit entstehen bereits während des Abkühlens die Anfänge der Überstruktur Fe_3Al, deren Bildung die Gitterkonstante verkleinert.

Die primären eisenreichen Mischkristalle und die Überstrukturphase Fe_3Al sind ferromagnetisch, die Phase FeAl dagegen nicht. Demgemäß fällt die spezifische Sättigungsmagnetisierung mit steigendem Aluminiumgehalt zunächst langsam, bei mehr als 12% Al rasch ab und verschwindet bei 17,6% Al[3,4]. Die magnetischen Eigenschaften werden durch die Überstruktur Fe_3Al stark beeinflußt und erreichen in der

---

[1] BRADLEY, A. J., u. A. H. JAY: J. Iron Steel Inst. 125 (1932) 339.
[2] LIHL, F., u. E. BURGER: Arch. Eisenhüttenw. 31 (1960) 129.
[3] s. Vorseite [1] YAMAMOTO, M., u. S. TANIGUCHI.
[4] SUCKSMITH, W.: Proc. Roy. Soc. (A) 171 (1939) 525.

Nähe (bei 16% Al) zum Teil Extremwerte, worauf technisch genutzte Werkstoffe beruhen[1,2,3,4]. Auf die Bedeutung der Eisen-Aluminium-Silizium-Legierungen zwischen Fe_3Al und Fe_3Si für magnetische Zwecke ist bereits hingewiesen worden. Eine bemerkenswerte Eigentümlichkeit zeigt die Curietemperatur der Legierungen mit 12 bis 14% Al. Durch rasche Abkühlung läßt sich die Grenze $\alpha/\alpha + \alpha_2$ (Abb. 118) über 500 °C nach rechts verschieben. Dadurch können Legierungen des genannten Konzentrationsbereichs bei Temperaturen über 550 °C ungeordnet und ferromagnetisch mit Curietemperaturen zwischen 650° und 550 °C sein.

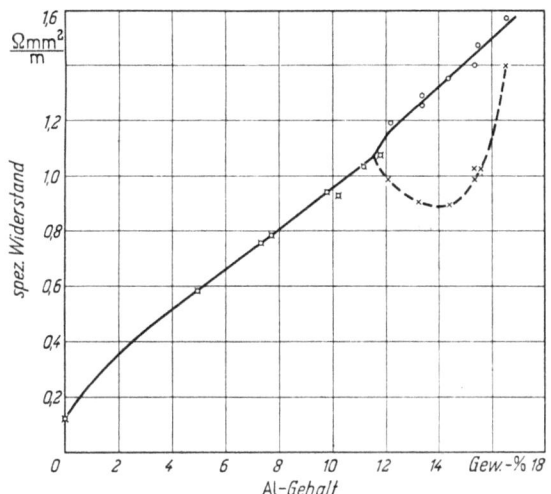

Abb. 121. Elektrischer Widerstand bei 20° der Eisen-Aluminium-Legierungen, nach SYKES und BAMPFYLDE
○ nach Abschreckung von 700 °C; × nach langsamer Abkühlung von 700 °C

Bei der Abkühlung bildet sich Fe_3Al, dessen Curietemperatur tiefer liegt. Eine Legierung mit beispielsweise 13,4% Al kann bei der Abkühlung von hoher Temperatur zunächst bei 575 °C ferromagnetisch werden, bei 525 °C den Magnetismus wieder verlieren und ihn bei 475 °C erneut gewinnen, um nunmehr bis Zimmertemperatur ferromagnetisch zu bleiben[5].

Einige Besonderheiten weist auch der elektrische Widerstand auf. Bis zu rund 11,5% Al steigt er gleichmäßig an (Abb. 121). Bei höheren

---

[1] s. S. 153 [1] YAMAMOTO, M., u. S. TANIGUCHI.
[2] MASUMOTO, H., u. H. SAITO: Sci. Rep. Res. Inst. Tôhoku Univ. (A) 3 (1951) 523.
[3] MASUMOTO, H., u. H. SAITO: Sci. Rep. Res. Inst. Tôhoku Univ. (A) 4 (1952) 321, 338.
[4] NACHMAN, J. F., u. W. J. BUEHLER: J. appl. Physics 25 (1954) 307.
[5] SYKES, C., u. H. EVANS: J. Iron Steel Inst. 131 (1935) 225. Vgl. Stahl u. Eisen 55 (1935) 968.

156 Metallkundliche Grundlagen der zunderfesten Legierungen

Aluminiumgehalten zeigt sich in üblicher Weise der Einfluß der Überstrukturbildung, indem der Widerstand ungeordneter Legierungen weiter mit dem Aluminiumgehalt ansteigt, der geordneter Legierungen dagegen

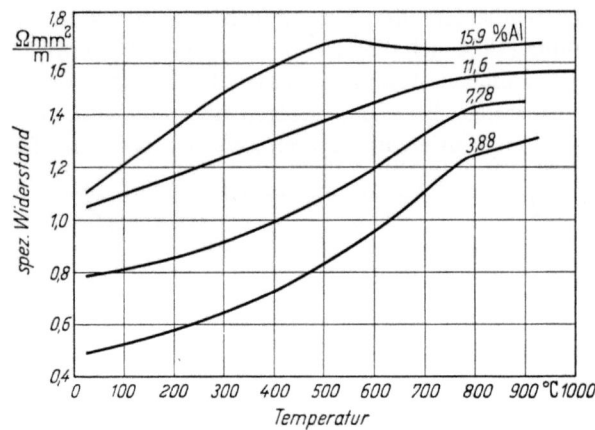

Abb. 122. Temperaturabhängigkeit des Widerstandes von Eisen-Aluminium-Legierungen, nach SYKES und BAMPFYLDE

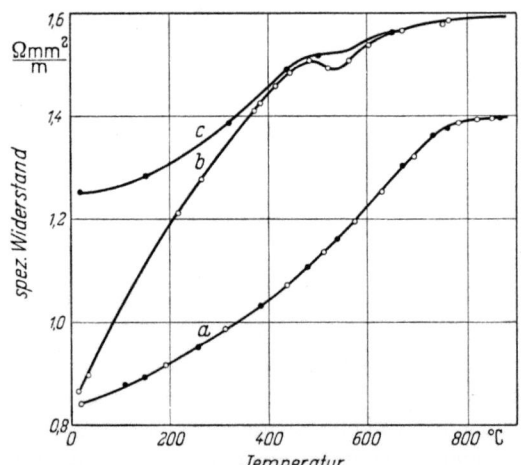

Abb. 123. Temperaturabhängigkeit des Widerstandes von Eisen-Aluminium-Legierungen, nach BENNETT
a Probe mit 9,4% Al; b, c Probe mit 13,1% Al; ● Aufheizung nach Abschreckung; ○ Aufheizung nach langsamer Abkühlung

einen Tiefstwert bei rund 14% Al erreicht[1]. Die Temperaturabhängigkeit des Widerstandes ergibt Kurven, wie sie in Abb. 122 für Aluminiumgehalte zwischen 3,8 und 15,9% dargestellt sind[1]. Qualitativ ähnliche

---

[1] SYKES, C., u. J. W. BAMPFYLDE: J. Iron Steel Inst. 130 (1934) 389.

Ergebnisse erhielten LIHL und STICKLER[1] sowohl hinsichtlich des Kaltwiderstandes nach verschiedener Vorbehandlung als auch hinsichtlich der Form der Widerstand-Temperatur-Kurven. Auffällig ist, daß diese Autoren wesentlich kleinere Absolutwerte des spezifischen elektrischen Widerstandes fanden als SYKES und BAMPFYLDE[2], BENNETT[3] und THOMAS[4]. Da es unwahrscheinlich ist, daß die Unterschiede nur mit der Reinheit der Proben zusammenhängen, muß ihre Ursache zunächst dahingestellt bleiben. Bei der Probe mit 15,9% Al finden wir in Abb. 122 eine S-förmige Krümmung; über solche Kurvenformen werden wir unten beim System Nickel-Chrom noch ausführlicher zu sprechen haben. Ähnlich wie bei Fe_3Si macht sich auch bei Fe_3Al zwar die Überstruktur im Kaltwiderstand bemerkbar, das Verschwinden der Ordnung bei hohen Temperaturen jedoch nicht[3] (Abb. 123). Die Unregelmäßigkeiten im Kurvenverlauf in

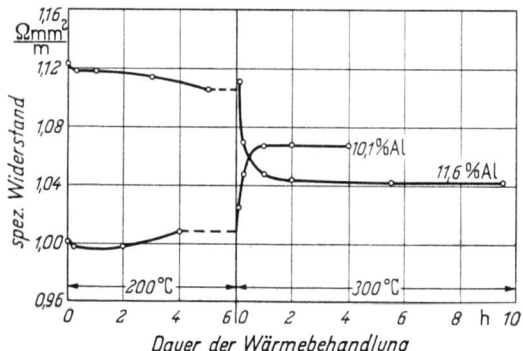

Abb. 124. Änderung des Widerstandes bei 20° zweier Eisen-Aluminium-Legierungen durch Wärmebehandlung bei 200 und 300 °C, nach THOMAS

der Gegend von 500 °C dürften mit den Curiepunkten des geordneten und des ungeordneten Zustandes zusammenhängen, so daß man zu ihrer Erklärung keine Zusatzannahmen braucht[5].

Bei Aluminiumgehalten unter 11%, das heißt im Bereich homogener Mischkristalle ohne Überstrukturbildung, wird der elektrische Widerstand durch eine Wärmebehandlung bei 100° bis 300 °C deutlich erhöht und durch eine Kaltverformung stark erniedrigt[4]. Abb. 124 zeigt das gegenläufige Verhalten zweier Legierungen, ohne und mit Befähigung zur Überstrukturbildung. Bei den überstrukturfreien Legierungen ist

---

[1] LIHL, F., u. R. STICKLER: Arch. Eisenhüttenw. 31 (1960) 47.
[2] s. Vorseite [1] SYKES, C., u. J. W. BAMPFYLDE.
[3] BENNETT, W. D.: J. Iron Steel Inst. 171 (1952) 372.
[4] THOMAS, H.: Z. Metallkde. 41 (1950) 185.
[5] Für eine genauere Analyse des Widerstandsverhaltens von Legierungen der Zusammensetzung nahe Fe_3Al vgl. man: FEDER, R., u. R. W. CAHN: Phil. Mag. (8) 5 (1960) 343. — CAHN, R. W., u. R. FEDER: Phil. Mag. (8) 5 (1960) 451.

158 Metallkundliche Grundlagen der zunderfesten Legierungen

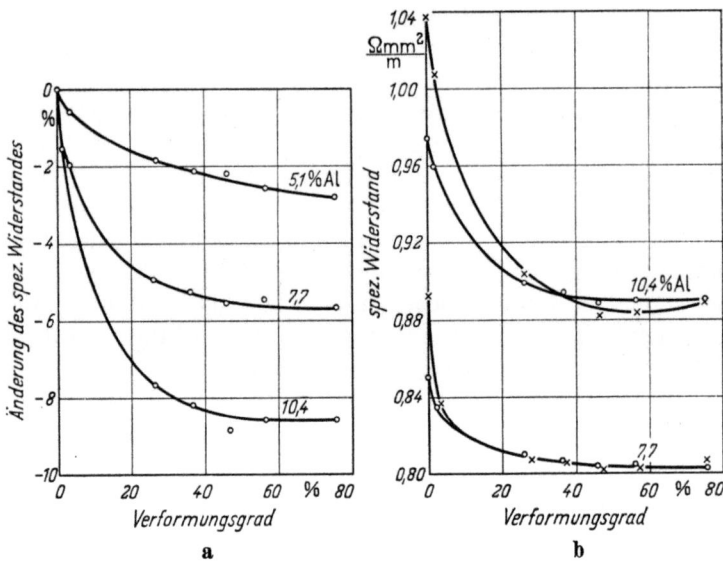

Abb. 125a u. b. Änderung des Widerstandes von Eisen-Aluminium-Legierungen bei 20° durch Kaltverformung, nach THOMAS.
a) nach Abschreckung von 800 °C; b) ⊙ nach Abschreckung von 800 °C; × nach zusätzlicher Wärmebehandlung bei 300 °C

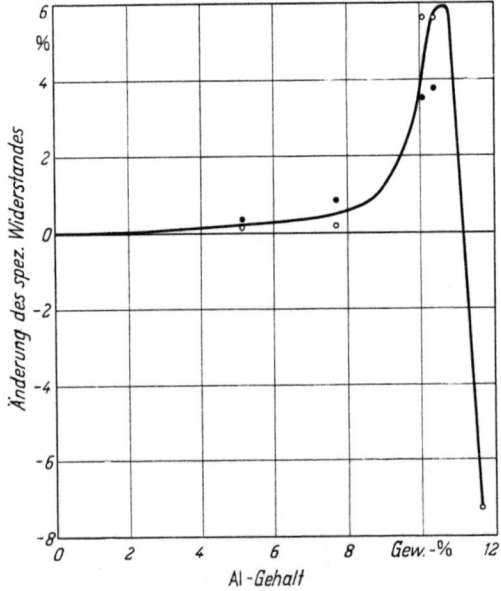

Abb. 126. Änderung des Widerstandes bei 20° von Eisen-Aluminium-Legierungen durch Wärmebehandlung bei 300 °C, nach THOMAS
○ nach Abschreckung von 800 °C; ● nach Kaltverformung

der durch eine Wärmebehandlung hervorgerufene Widerstandsanstieg um 6% ebenso ungewöhnlich wie der Widerstandsabfall durch Kaltverformung (Abb. 125). Dabei wird die durch eine vorausgegangene Wärmebehandlung erzeugte Widerstandserhöhung durch die Kaltverformung völlig beseitigt (Abb. 125b), so daß der spezifische Widerstand unabhängig von der Vorbehandlung der Probe schon bei rund 50% Querschnittsverminderung einen Endwert erreicht[1]. Die Abb. 126 erweckt den Eindruck, daß die zunächst mit dem Aluminiumgehalt wachsende Anomalie durch das Eintreten der Überstruktur plötzlich abgebrochen

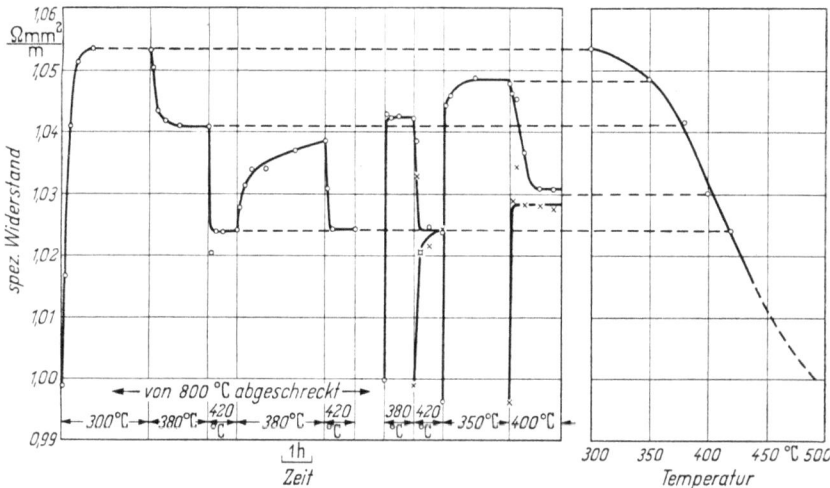

Abb. 127. Widerstand bei 20° einer Eisen-Aluminium-Legierung mit 10,1% Al nach verschiedener Wärmebehandlung. Zuordnung bestimmter Werte zur Behandlungstemperatur, unabhängig von der Vorgeschichte, und Konstruktion einer Existenzkurve, nach THOMAS

wird. Nach Abb. 127 läßt sich jeder Behandlungstemperatur zwischen 300° und 420 °C ein sich stets verhältnismäßig rasch einstellender Widerstandswert zuordnen, so daß man eine *Existenzkurve* des zugrunde liegenden Zustandes zeichnen kann[2].

In der Annahme, daß es sich hierbei um kleine Änderungen in der Gruppierung der Atome *(Komplexe)* handelt, entstand der Ausdruck K-Zustand[1]. LIHL und STICKLER[3] sprechen auf Grund thermoanalytischer Effekte von der Möglichkeit einer *Nahordnung* zwischen 4 und 11% Al. Bei den Nickel-Chrom-Legierungen wird näher auf den K-Zustand eingegangen.

---

[1] THOMAS, H.: Z. Phys. 129 (1951) 219.
[2] THOMAS, H.: Z. Metallkde. 41 (1950) 185.
[3] LIHL, F., u. R. STICKLER: Arch. Eisenhüttenw. 31 (1960) 47.

160   Metallkundliche Grundlagen der zunderfesten Legierungen

Für die Wärmeleitfähigkeit der Eisen-Aluminium-Legierungen geben
SYKES und BAMPFYLDE[1] einige Werte; sie fanden bei 11% Al 0,050, bei
12,4% Al 0,040 und bei 16% Al 0,024 cal/cm sec grad.

Die Wärmeausdehnung wird durch steigenden Aluminiumgehalt
zunächst nicht wesentlich beeinflußt. Bei der Aufheizung abgeschreckter
Legierungen mit mehr als
8% Al findet sich jedoch
oberhalb von 250 °C eine
charakteristische Krüm-
mung der Ausdehnungs-
kurve (Abb.128).Möglicher-
weise handelt es sich um
eine Auswirkung der Über-
strukturbildung, da die Erscheinung bei zunehmender
Annäherung an die Zu-
sammensetzung von Fe_3Al
einsinnig immer stärker
wird und außerdem in Ein-
klang mit dem Verhalten
der Gitterkonstante
(Abb. 120) ist.

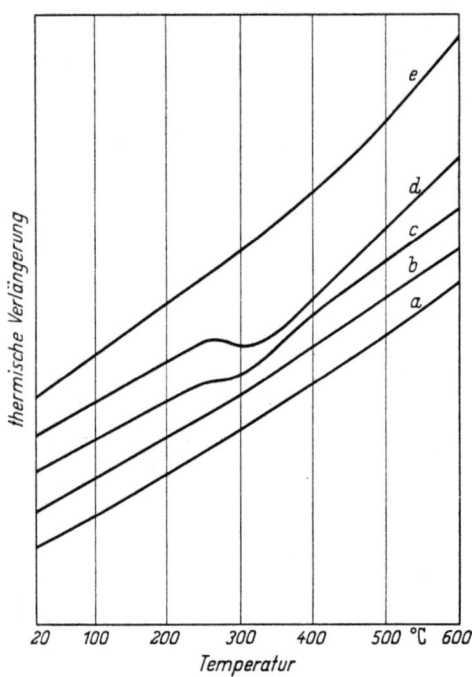

Abb. 128. Kurven der Wärmeausdehnung von Eisen-
Aluminium-Legierungen. Aufheizung nach Abschreckung
von 800 °C
a 6,3% Al; b 8,0% Al; c 10,4% Al; d 11,6% Al; e 15,7% Al

Die Zugfestigkeit wird
durch steigenden Alu-
miniumgehalt erhöht, die
Bruchdehnung erniedrigt.
Einige Zahlenwerte folgen
unten bei der Besprechung
der Eisen-Chrom-Alu-
minium-Legierungen. Im
übrigen werden die mecha-
nischen Eigenschaften ähnlich wie die der Eisen-Silizium-Legierungen
durch die große Neigung zur Bildung eines grobkörnigen Gefüges
bestimmt. Von Bedeutung ist auch die Wirkung kleiner Kohlenstoffgehalte. Beide Einflußgrößen werden von SYKES und BAMPFYLDE[1]
ausführlich erörtert.

Die Korrosionsbeständigkeit des Eisens wird durch Aluminium-
zusätze erhöht. In der Technik wird dies allerdings nur in geringem
Maße ausgenutzt. Viel wichtiger ist die Herabsetzung der Oxydationsgeschwindigkeit bei höheren Temperaturen. Abb. 129 enthält Ergebnisse von ZIEGLER[2], Abb. 130 solche von PORTEVIN, PRÉTET und JOLI-

---
[1] SYKES, C., u. J. W. BAMPFYLDE: J. Iron Steel Inst. 130 (1934) 389.
[2] ZIEGLER, N. A.: Trans. A.I.M.M.E. 100 (1932) 267.

VET[1, 2]. Aluminium-Zusätze wirken ganz ähnlich wie Silizium-Zusätze, was bei der Umrechnung der Konzentrationen in Atomprozente noch

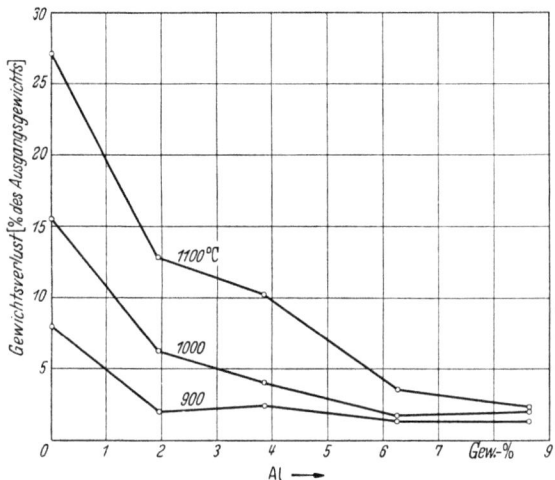

Abb. 129. Verzunderung von Eisen-Aluminium-Legierungen, nach ZIEGLER

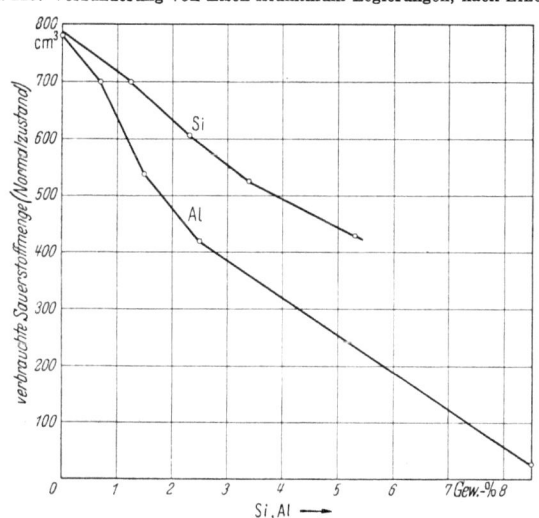

Abb. 130. Oxydationsgeschwindigkeit von Eisen-Aluminium- (2 Std. 1000 °C) und Eisen-Silizium-Legierungen (2 Std. 1025 °C), nach PORTEVIN, PRÉTET und JOLIVET

augenfälliger hervortreten würde. In qualitativer Übereinstimmung mit diesen Ergebnissen fand HAUTTMANN[3] eine ganz wesentliche Steigerung

---

[1] PORTEVIN, A. M., E. PRÉTET u. H. JOLIVET: Rev. Métall. 31 (1934) 223.
[2] PORTEVIN, A.M., E. PRÉTET u. H. JOLIVET: J. Iron Steel Inst. 130 (1934) 219.
[3] HAUTTMANN, A.: Stahl u. Eisen 51 (1931) 65.

der Zunderfestigkeit durch Zusatz von mehr als 4% Al. Eine neuere Untersuchung in Sauerstoff zeigte einen steilen Abfall der Zunderkonstante bei mehr als 4% Al[1]. Die Zunderschicht ist dann sehr dünn und besteht aus Al_2O_3, das einen nur sehr kleinen Sättigungsgehalt an Wüstit (FeO) hat. Ist der Aluminium-Gehalt der Legierung von vornherein oder nach Verarmung durch selektive Verzunderung sehr klein, dann entstehen neben Al_2O_3 der Spinell $FeAl_2O_4$, der bei weiterer Verkleinerung des Aluminium-Gehalts den isomorphen Magnetit aufnimmt, und schließlich außerdem Wüstit und Hämatit (Fe_2O_3). Auf diese verschiedenen Zunderarten und ihre Wechselbeziehungen wurde von den genannten Autoren der schwer verständliche Verlauf der Verzunderungskinetik zurückgeführt.

Die Verbesserung der Oxydationsbeständigkeit durch Aluminium-Zusätze tritt jedoch am stärksten bei den Eisen-Chrom-Aluminium-Legierungen hervor.

d) Eisen-Chrom-Aluminium-Legierungen

Das Zustandsdiagramm der eisenreichen Eisen-Chrom-Aluminium-Legierungen ist von KORNILOW und Mitarbeitern in mehreren Untersuchungen[2] und später in einer Gemeinschaftsarbeit des Battelle Memorial

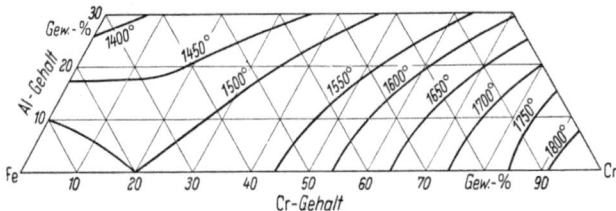

Abb. 131. Liquidusfläche der Eisen-Chrom-Aluminium-Legierungen, nach KORNILOW u. Mitarb.

Institute[3] erforscht worden. Die Liquidusfläche (Abb. 131) weist keine Besonderheiten auf. Im festen Zustand sind die Phasenverhältnisse noch nicht sicher geklärt.

Bei 1150 °C liegt in der Eisenecke das schmale γ-Feld, dessen Ausdehnung durch Chrom- und in stärkerem Maße noch durch Aluminium-Zusätze beschränkt wird. Daß sich die ε-Phase von Eisen-Aluminium wirklich durch das ganze Diagramm bis zum Randsystem Chrom-Alu-

---

[1] SCHMAHL, N. G., H. BAUMANN u. H. SCHENCK: Arch. Eisenhüttenw. 30 (1959) 345.
[2] KORNILOW, I. I., W. S. MICHEEW, O. K. KONENKO-GRACHEWA u. R. S. MINZ Izvest. Sekt. Fiziko-Chim. Anal. 16 (1946) 100.
[3] CHUBB, W., S. ALFANT, A. A. BAUER, E. J. JABLONOWSKI, F. R. SHOBER u. R. F. DICKERSON, Battelle Memorial Institute, Report No. BMI-1298, 1958.

minium fortsetzt[1], ist sehr fraglich, da die entsprechende Hochtemperaturphase γ_1 im letztgenannten System nicht gesichert ist[2, 3].

Die Abbildung 132 zeigt Schnitte durch das ternäre Diagramm bei 900° und 700 °C. Die Phasenverhältnisse bei höheren Aluminium-Gehalten sind zum Teil hypothetisch. Die Grenzen des Zweiphasengebietes ($\alpha + \sigma$) bei 0% Al wurden in Abweichung von den Originalarbeiten mit denen der Abb. 87 in Übereinstimmung gebracht. Nicht möglich war eine entsprechende Maßnahme beim Randsystem Eisen-Aluminium. Die Unterschiede in der Ausdehnung des α-Mischkristallbereichs gegenüber der

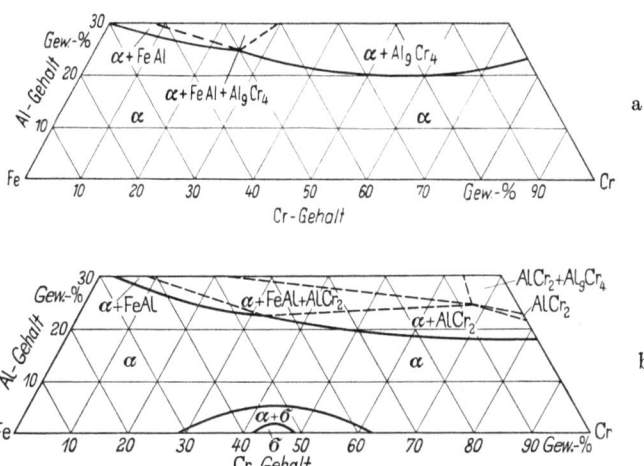

Abb. 132 a u. b. Zustandsdiagramm der festen Eisen-Chrom-Aluminium-Legierungen
a) bei 900 °C;   b) bei 700 °C

Abb. 118 sind so groß, daß auch nur eine Annäherung ohne krasse Willkür nicht gelingen dürfte. Keine Aussagen lassen sich auch über die Ausdehnung der Überstrukturphasen Fe_3Al und $FeAl$ in das ternäre Diagramm hinein machen. Auch aus diesen Gründen wurden die ternären Diagramme hier bei 30% Al abgebrochen.

Bei der Besprechung der Eigenschaften der eisenreichen Eisen-Chrom-Aluminium-Legierungen dürfen wir davon ausgehen, daß unter den Bedingungen der Praxis zwischen 0 und 30% Cr und zwischen 1 und mehr als 10% Al homogene umwandlungsfreie Mischkristalle vorliegen. Die Besonderheiten solcher Legierungen können jedenfalls nicht ohne weiteres auf Phasenänderungen zurückgeführt werden.

---

[1] s. Vorseite [2] KORNILOW, I. I., u. a.
[2] BRADLEY, A. J., u. S. S. LU: J. Inst. Met. 60 (1937) 319.
[3] HANSEN, M.: Constitution of Binary Alloys, New York/Toronto/London: McGraw-Hill Book Co. 1958, S. 81ff.

In Abb. 133 ist die Abhängigkeit der Dichte von der Zusammensetzung dargestellt. Einen ähnlich übersichtlichen Verlauf zeigt die Gitterkonstante, da deren Eigentümlichkeiten bei Fe$_3$Al außerhalb des hier betrachteten Bereichs liegen.

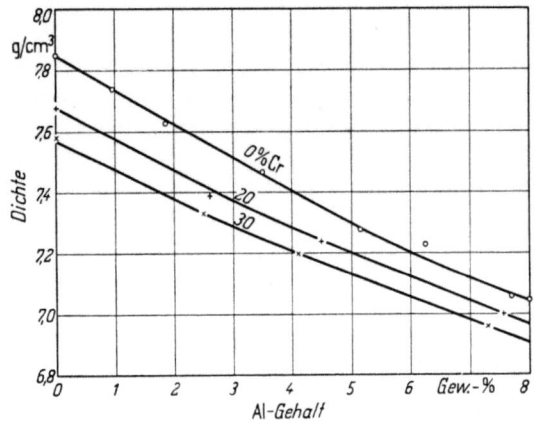

Abb. 133. Dichte der eisenreichen Eisen-Chrom-Aluminium-Legierungen

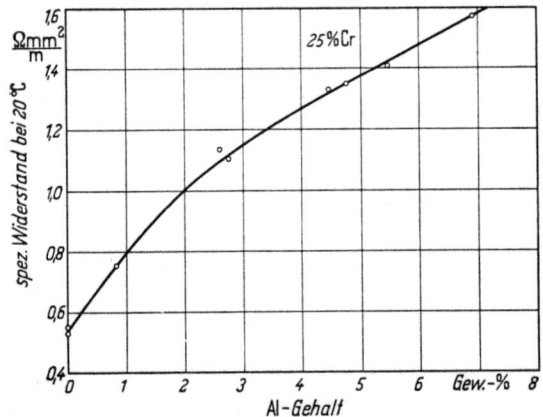

Abb. 134. Elektrischer Widerstand bei 20° der Eisen-Chrom-Aluminium-Legierungen mit 25% Cr

Alle Legierungen des genannten Konzentrationsgebietes sind ferromagnetisch. Gemäß dem Verlauf der Curietemperatur in den Randsystemen sollte der Ferromagnetismus der ternären Legierungen bis in das Temperaturgebiet von 500° bis 600 °C erhalten bleiben, in Übereinstimmung mit dem Ergebnis einzelner Stichversuche.

Der elektrische Widerstand der ternären Legierungen ist groß und sein Temperaturkoeffizient sehr klein. Die mit steigendem Aluminiumgehalt rasch zunehmenden Widerstandswerte (Abb. 134) übersteigen die der binären Eisen-Aluminium-Legierungen beträchtlich. Bei noch mäßiger Verformbarkeit kann man spezifische Widerstände von 1,5 Ohm mm²/m und darüber erreichen. Der Einfluß des Aluminium-Gehaltes scheint allerdings im vorliegenden ternären Diagramm (Abb. 135) durch die Zugrundelegung von Gewichtsprozenten überhöht. Eine Darstellung in Atomprozenten würde die Kurven gleicher Widerstände symmetrischer zur Eisenecke erscheinen lassen.

Sowohl bei 20 wie auch bei 30% Cr werden die Widerstand-Temperatur-Kurven durch zunehmende Aluminium-Gehalte schnell sehr flach (Abb. 136), wobei die Kurven im unteren Temperaturbereich sogar leicht abfallen können. Ist ein negativer Temperaturkoeffizient des Widerstandes selbst schon selten bei metallischen Werkstoffen, so ist er im vorliegenden Fall erst recht überraschend, weil die Legierungen ferro-

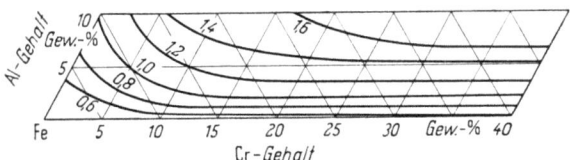

Abb. 135. Spezifischer elektrischer Widerstand bei 20 °C (in Ohm mm²/m) der eisenreichen Eisen-Chrom-Aluminium-Legierungen

magnetisch sind und der Ferromagnetismus sonst im Sinne eines verstärkt positiven Temperaturkoeffizienten wirkt. Immerhin ist auf den Kurven der Abb. 136 der Curiepunkt wenigstens noch angedeutet. Wie die oberste Kurve in Abb. 136b zeigt, wirkt Silizium in derartigen Legierungen ganz ähnlich auf den elektrischen Widerstand, so daß in dieser Hinsicht ein teilweiser Ersatz des Aluminiums durch Silizium praktisch keinen Einfluß hat. Auf die anomalen Werte des Temperaturkoeffizienten bei höheren Chrom-Gehalten hat SCHULZE[1] aufmerksam gemacht, der im übrigen die früher[2] an Legierungen mit kleineren Chromgehalten gewonnenen Beobachtungen bestätigte. Diese bestehen ebenso wie bei den binären Eisen-Aluminium-Legierungen darin, daß der spezifische Widerstand durch eine Kaltverformung erniedrigt und durch eine Wärmebehandlung bei 200° bis 300 °C erhöht wird. Für Legierungen mit 30% Cr geht der Einfluß des Aluminium-Gehaltes auf die Widerstandsänderung durch Kaltverformung deutlich aus Abb. 137 hervor. Während die aluminiumfreie Probe ihren Widerstand ganz normal um 2 bis 3% erhöht, erniedrigt sich der Widerstand bei 7% Al durch eine Verformung von 75% um rund 6%. Für verschiedene Chrom-Gehalte ist die Abhängigkeit der durch Kaltverformung hervorgerufenen

---

[1] SCHULZE, A.: Z. Metallkde. 42 (1951) 120.
[2] THOMAS, H.: Z. Metallkde. 41 (1950) 185.

166　Metallkundliche Grundlagen der zunderfesten Legierungen

Widerstandsänderung vom Aluminium-Gehalt in Abb. 138 dargestellt. In dieser Hinsicht wird also das Verhalten der ternären Mischkristalle durch das der binären Eisen-Aluminium-Legierungen bestimmt. Ähnlich ist es mit der Widerstandserhöhung durch Wärmebehandlung. Diese überschneidet sich allerdings bei Chrom-Gehalten über 10% mit der

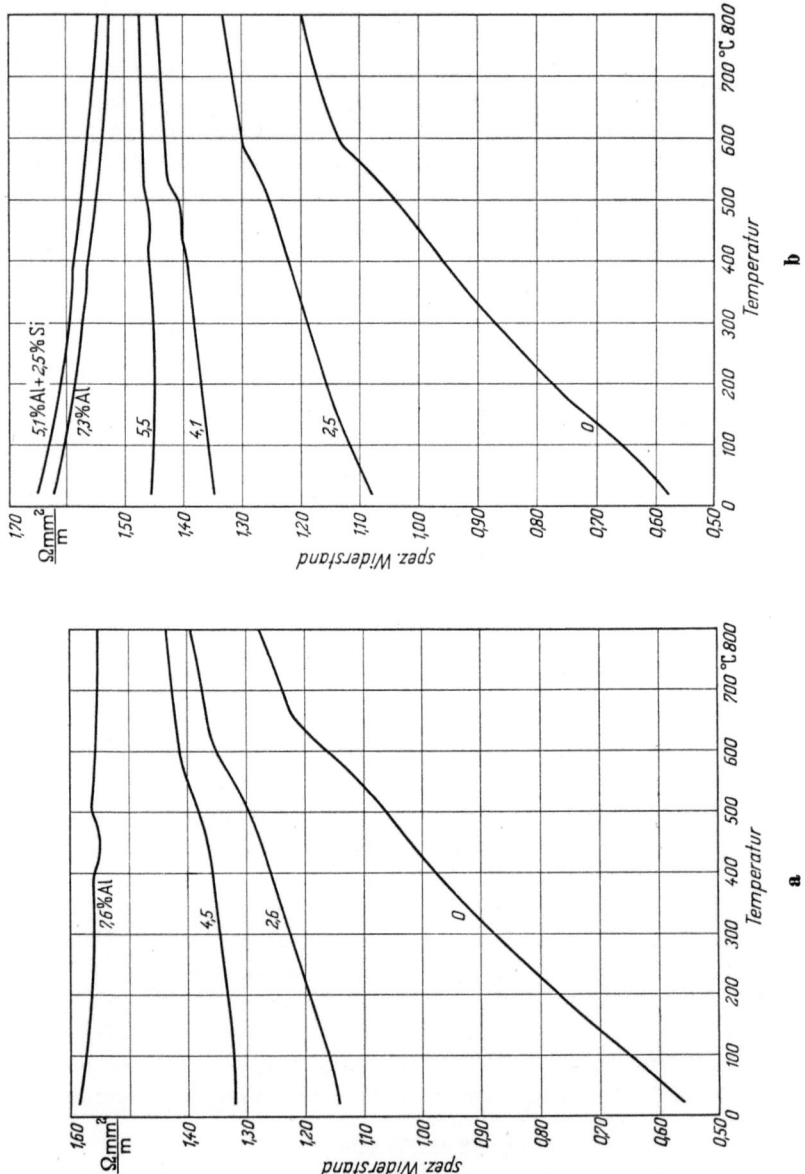

Abb. 136a u. b. Temperaturabhängigkeit des Widerstandes der Eisen-Chrom-Aluminium-Legierungen mit a) 20% Cr, b) 30% Cr

Ternäre Legierungen auf der Basis Eisen-Chrom

Widerstandserniedrigung durch die vom binären System Eisen-Chrom ausgehende 475°-Versprödung. Die Nachbarschaft beider Effekte,

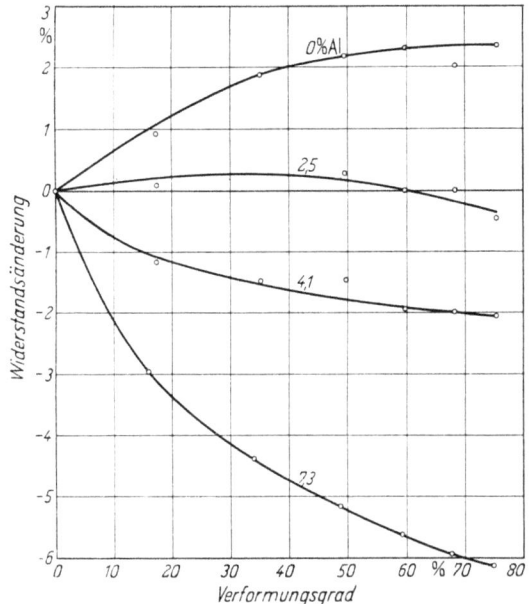

Abb. 137. Änderungen des Widerstandes bei 20° von Eisen-Chrom-Aluminium-Legierungen mit 30% Cr durch Kaltverformung

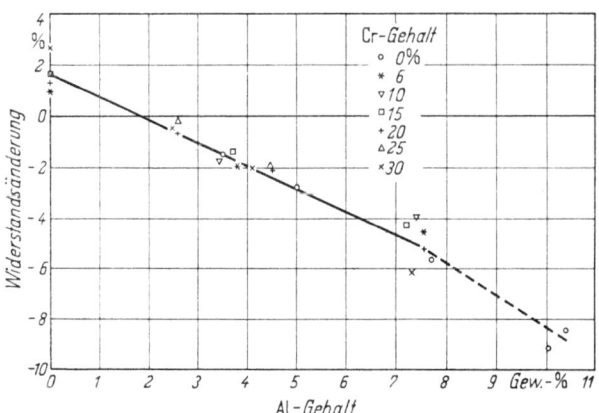

Abb. 138. Änderungen des Widerstandes bei 20° von Eisen-Chrom-Aluminium-Legierungen durch eine Kaltverformung um 75%

Widerstandserhöhung durch Wärmebehandlung bei 150° bis 300 °C und Widerstandserniedrigung durch Wärmebehandlung bei 350° bis 500 °C, ist in den Ergebnissen von SCHULZE[1] deutlich zu sehen (Abb. 139).

---

[1] s. S. 165 [1] SCHULZE, A.

In die zahlreichen Untersuchungen über die 475°-Versprödung sind Proben aus dem ternären System nur selten einbezogen worden. TAGAYA und NENNO[1] haben gezeigt, daß sich die Versprödung, im Gegensatz zur σ-Phase, in das Diagramm bis zu mindestens 4% Al, wahrscheinlich aber noch weiter, erstreckt. Eigene Messungen bestätigen, daß die Härte ternärer Legierungen mit einem Aluminiumgehalt von 5% durch Wärmebehandlungen bei 400 °C bis 450° ansteigt, während der Widerstand abfällt und das Volumen zunimmt.

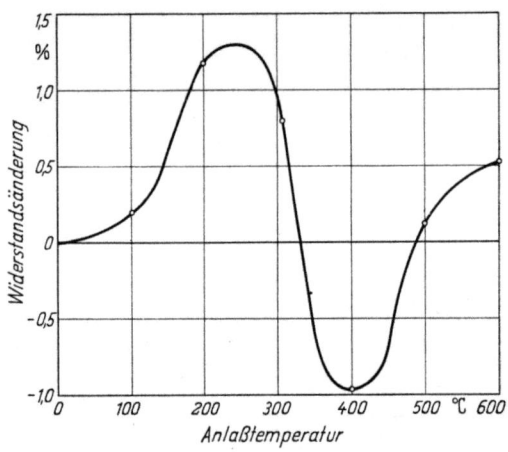

Abb. 139. Änderung des Widerstandes bei 20° einer Eisen-Chrom-Aluminium-Legierung mit 30% Cr und 5% Al durch Wärmebehandlung (je 50 Std.), nach SCHULZE

Die bei höheren Chromgehalten schon ziemlich kleine Wärmeleitfähigkeit der binären Eisen-Chrom-Legierungen wird durch Aluminium-Zusätze weiter verringert. Sie beträgt bei Legierungen mit 20 bis 30% Cr und 5% Al nur rund 0,025 cal/cm sec grad.

Die mechanischen Eigenschaften werden wie die der Eisen-Chrom-Silizium-Legierungen erheblich durch die Neigung der Legierungen zu grobkörnigem Gefüge beeinflußt. Außerdem macht sich, wie erwähnt, die 475°-Versprödung bemerkbar. Immerhin gelingt es bei vorsichtiger Wärmebehandlung (kurze Glühzeiten und rasche Abkühlung), die mechanischen Eigenschaften in ihrer Abhängigkeit von der Zusammensetzung einheitlich zusammenzufassen (Abb. 140). Auch der Verlauf der Verfestigungskurven hängt wieder in erster Linie von der Höhe des Aluminium-Gehalts ab (Abb. 141).

Aluminium-Zusätze verbessern die Zunderbeständigkeit der Eisen-Chrom-Legierungen ganz wesentlich. Dafür gibt Abb. 142 ein Beispiel. Untersuchungen über die Oxydation der Eisen-Chrom-Aluminium-

---

[1] TAGAYA, M., u. S. NENNO: Techn. Rep. Osaka Univ. 5 (1955) 149.

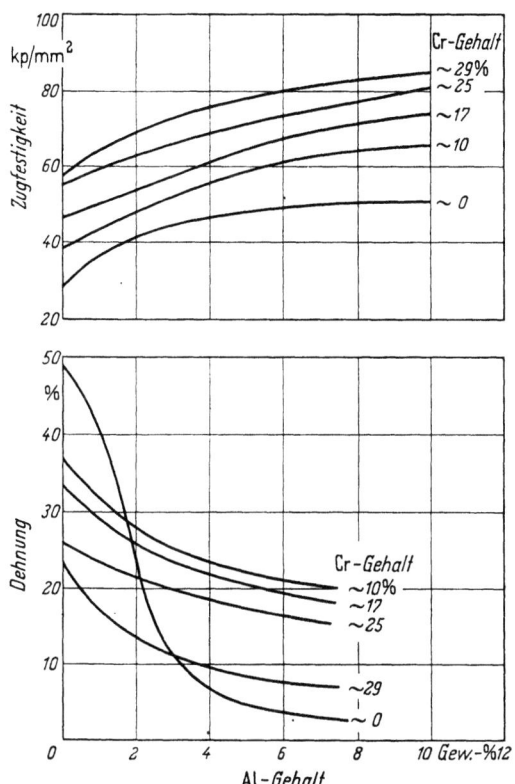

Abb. 140. Zerreißfestigkeit und Bruchdehnung von Eisen-Chrom-Aluminium-Legierungen im weichen Zustand, nach KORNILOW

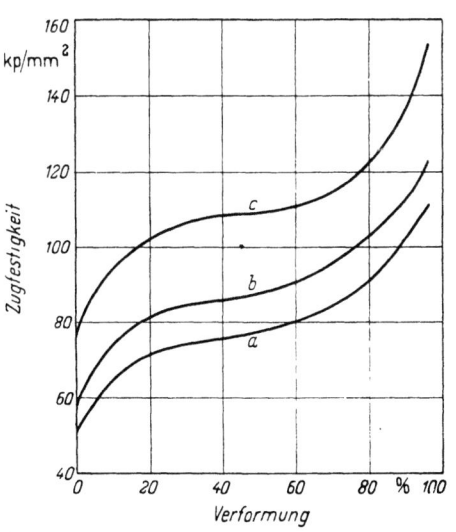

Abb. 141. Verfestigungskurven von Eisen-Chrom-Aluminium-Legierungen mit 20% Cr und a) 2,6% Al; b) 4,5% Al; c) 7,5% Al

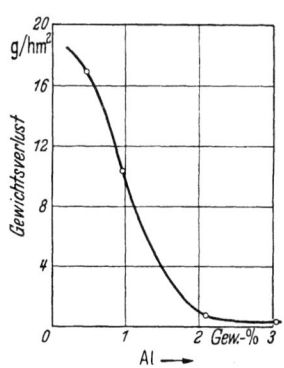

Abb. 142. Einfluß des Aluminium-Gehaltes auf die Verzunderung von Eisen-Chrom-Aluminium-Legierungen mit 6% Cr (0,5% Mo, 0,15% C) bei 800 °C in Luft (120 Std.), nach HOUDREMONT u. SCHOTTKY (vgl. BAUER, KRÖHNKE u. MASING: Die Korrosion metallischer Werkstoffe. Bd. 1 (1936) S. 487

Legierungen wurden auch von KORNILOW und SHPIKELMAN[1] durchgeführt. WHITE, CLARK und MCCOLLAM[2] befaßten sich mit der Wirkung von Aluminium- und Silizium-Gehalten auf niedrig legierte Chrom-Stähle. Sie fanden, daß beide Elemente gemeinsam schon in kleinen Konzentrationen die Zunderbeständigkeit stark verbessern. Wenn auch der Einfluß des Siliziums auf die Oxydationsfestigkeit ganz ähnlich wie der des Aluminiums ist, werden bei größeren Chrom-Gehalten doch die Eisen-Chrom-Aluminium-Legierungen bevorzugt, da sie von der σ-Phase frei bleiben. So haben diese als zunderfeste Werkstoffe eine außerordentlich große technische Bedeutung gewonnen.

3. Nickel-Chrom-Legierungen

Während für die zunderfesten Legierungen mit kubisch raumzentrierter Struktur das System Eisen-Chrom die Grundlage darstellt, beruhen die kubisch flächenzentrierten oxydationsbeständigen Werkstoffe auf dem System Nickel-Chrom. In Analogie zu den für Stähle kennzeichnenden Gefügebestandteilen Ferrit (kubisch raumzentriert) und Austenit (kubisch flächenzentriert) nennt man häufig die erste Legierungsgruppe ferritisch, die zweite austenitisch.

Trotz seiner großen technischen Bedeutung enthielt[3] und enthält das Zustandsdiagramm der Nickel-Chrom-Legierungen manche Unklarheiten[4]. Seit langer Zeit gesichert ist das Bestehen einer durch die verschiedene Gitterstruktur von Nickel und Chrom bedingten Mischungslücke zwischen mehr oder weniger ausgedehnten Gebieten primärer Mischkristalle. Unsicher ist dagegen vor allem eine Allotropie des Chroms mit ihren Folgen für die chromreiche Seite des Diagramms.

In Abb. 143 wurden die Liquidus- und die Soliduslinie nach JENKINS und Mitarbeitern[5] eingetragen. Die Löslichkeit von Nickel in Chrom ist stark temperaturabhängig; gute Übereinstimmung besteht zwischen den Ergebnissen von JETTE und Mitarbeitern[6] und von TAYLOR und FLOYD[7]. Die zwischen 1000 °C und dem Eutektikum beträchtlich höher liegenden Werte von WILLIAMS[8] wurden nicht berücksichtigt; in Systemen mit

---

[1] KORNILOW, I. I., u. A. I. SHPIKELMAN: Compt. Rend. (Doklady) Acad. Sci. URSS 53 (1956) 805.

[2] WHITE, A. E., C. L. CLARK u. C. H. MCCOLLAM: Trans. A.S.M. 27 (1939) 125.

[3] Vgl. M. HANSEN: Der Aufbau der Zweistofflegierungen, Berlin: Springer 1936, S. 539ff.

[4] HANSEN, M.: Constitution of Binary Alloys, New York/Toronto/London: McGraw-Hill Book Co. 1958, S. 541ff.

[5] JENKINS, C. H. M., E. H. BUCKNALL, C. R. AUSTIN u. G. A. MELLOR: J. Iron Steel Inst. 136 (1937) 187.

[6] JETTE, E. R., V. H. NORDSTROM, B. QUENEAU u. F. FOOTE: Trans. A.I.M.M.E. 111 (1934) 361.

[7] TAYLOR, A., u. R. W. FLOYD: J. Inst. Met. 80 (1951/52) 577.

[8] WILLIAMS, R. O.: Trans. A.I.M.M.E. 209 (1957) 1257 [in J. Metals 9 (1957)].

träger Einstellung des Gleichgewichts haben die niedrigsten Löslichkeitswerte im allgemeinen die größte Wahrscheinlichkeit. Die von GRANT und Mitarbeitern[1, 2, 3, 4] beobachtete Umwandlung des Chroms in eine

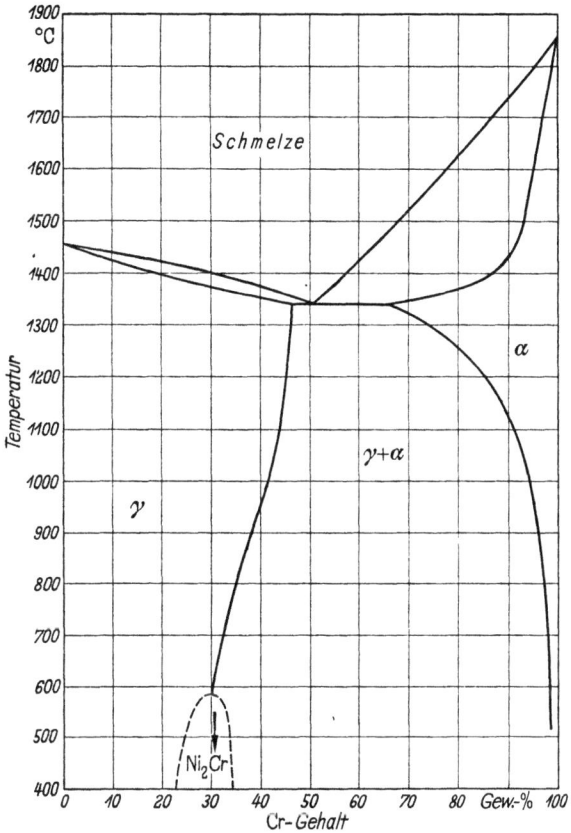

Abb. 143. Zustandsdiagramm der Nickel-Chrom-Legierungen

flächenzentrierte Modifikation β bei 1840 °C würde das Diagramm zum Teil stark verändern. Auch VASYUTINSKY, KOGAN und KARTMAZOW[5]

---

[1] BLOOM, D. S., u. N. J. GRANT: Trans. A.I.M.M.E. 191 (1951) 1009 [in J. Metals 3 (1951)].

[2] BLOOM, D. S., J. W. PUTMAN u. N. J. GRANT: Trans. A.I.M.M.E. 194 (1952) 626 [in J. Metals 4 (1952)].

[3] STEIN, C., u. N. J. GRANT: Trans. A.I.M.M.E. 203 (1955) 127 [in J. Metals 7 (1955)].

[4] ABRAHAMSON II, E. P., u. N. J. GRANT: Trans. A.I.M.M.E. 206 (1956) 975 [in J. Metals 8 (1956)].

[5] VASYUTINSKY, B. M., V. S. KOGAN u. G. N. KARTMAZOW: Fizika Metallov i Metallovedenie 9 (1960) 558.

fanden Hinweise für den eutektoiden Zerfall einer bei hohen Temperaturen stabilen β-Phase bei etwa 1200 °C, und zwar in dünnen Legierungsschichten, die durch Diffusion zwischen einer Chromauflage und ihrem Nickelträger hergestellt waren. Von anderen Autoren ist die flächenzentrierte Chrommodifikation nicht bestätigt und auch in anderen Chromlegierungen bisher nicht gefunden worden, so daß diese Frage zunächst offenbleibt.

Die im vorliegenden Zusammenhang stärker interessierende nickelreiche Seite des Zustandsdiagramms wird durch dieses Problem kaum berührt. Die Löslichkeit von Chrom in Nickel ist ziemlich groß; ihre Grenze wurde in Abb. 143 nach TAYLOR und FLOYD[1] und nach BAER[2] gezeichnet. Wegen der trägen Gleichgewichtseinstellung ist die Bestimmung ihres Verlaufs mühsam und unter 400 °C kaum möglich. Aus Anomalien physikalischer Eigenschaften und indirekten Röntgenuntersuchungen war mehrfach auf eine Überstruktur Ni_3Cr geschlossen worden[3,4,5,6]. Doch gelang es auch mit dem Verfahren der Neutronenbeugung nicht, eine Fernordnung oder auch nur eine ausgeprägte Nahordnung in einer Probe mit rund 26% Cr unmittelbar nachzuweisen[7]. Statt dessen konnte BAER durch eine besondere Röntgentechnik[8] und durch Verfolgung physikalischer Eigenschaften eindeutig die Überstruktur Ni_2Cr sicherstellen[2]. Deren Einfügung in die Phasengrenze der primären Mischkristalle ist noch vorläufiger Art.

Gewisse Analogiebetrachtungen und die Verhältnisse in einigen ternären Systemen (Cr–Co–Ni, Ni–Cr–Mo) machen eine σ-Phase im System Nickel-Chrom wahrscheinlich. In der Tat schlossen SCHÜLLER und SCHWAAB[9] aus elektronenoptischen Untersuchungen auf die Entstehung einer σ-Phase in aufgedampften Folien aus Nickel mit 70% Cr.

Bei der folgenden Besprechung der Eigenschaften beschränken wir uns auf die gut verarbeitbaren nickelreichen Mischkristalle. Die Dichte nimmt mit steigendem Chrom-Gehalt ab (Abb. 144). Gleichzeitig steigt die Gitterkonstante an (Abb. 145), und zwar nach TAYLOR und FLOYD[10] nach Abschrecken etwas steiler als nach langsamer Abkühlung. Durch

---

[1] s. S. 170 [7] TAYLOR, A., u. R. W. FLOYD.
[2] BAER, H. G.: Z. Metallkde. 49 (1958) 614.
[3] YANO, Z.: Japan. Nickel Rev. 9 (1941) 17.
[4] TAYLOR, A., u. K. G. HINTON: J. Inst. Met. 81 (1952/53) 169.
[5] KORNILOW, I. I., u. R. S. MINZ: Doklady Akad. Nauk 95 (1954) 543.
[6] MASUMOTO, H., M. SUGIHARA u. M. TAKAHASHI: Nippon Kinzoku Gakkai-Si 18 (1954) 85.
[7] ROBERTS, B. W., u. R. A. SWALIN: Trans. A.I.M.M.E. 209 (1957) 845 [in J. Metals 9 (1957)].
[8] BAER, H. G.: Naturwiss. 43 (1956) 298.
[9] SCHÜLLER, H.-J., u. P. SCHWAAB: Z. Metallkde. 51 (1960) 81.
[10] TAYLOR, A., u. R. W. FLOYD: J. Inst. Met. 80 (1951/52) 577.

die Ausbildung der Überstruktur Ni$_2$Cr entsteht eine leichte Kontraktion[1], die ebenfalls eingetragen ist; sie hat bei der genauen Zusammensetzung Ni$_2$Cr ihren Größtwert von 0,25%.

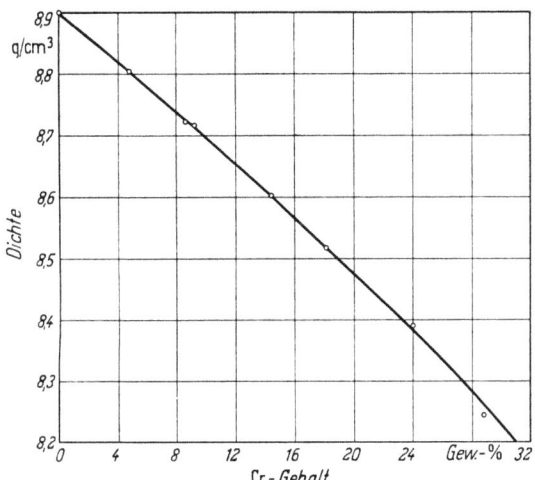

Abb. 144. Dichte der Nickel-Chrom-Legierungen

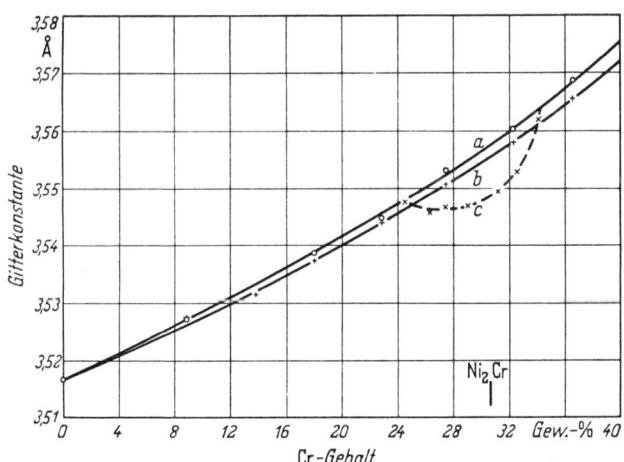

Abb. 145. Gitterkonstante der Nickel-Chrom-Legierungen
a nach Abschreckung von 1200 °C; *b* nach langsamer Abkühlung; *c* nach 2000 Std. 500 °C (Überstruktur)

Die Curietemperatur des Nickels wird durch Chrom-Zusätze erniedrigt; sie beträgt bei 6% Cr rund 75 °C, bei 10% Cr — 143 °C und dürfte bei rund 12% Cr den absoluten Nullpunkt erreichen[2].

---

[1] s. Vorseite   [2] BAER, H. G.
[2] SADRON, C.: C. R. 190 (1930) 1339.

Der elektrische Widerstand wird durch steigenden Chrom-Gehalt erhöht (Abb. 146). Im Bereich der Überstruktur, die sich erst nach

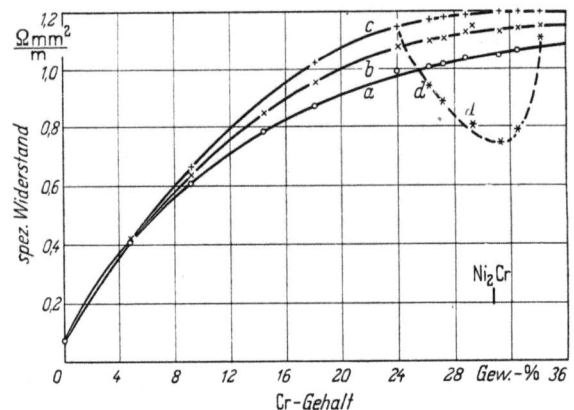

Abb. 146. Elektrischer Widerstand bei 20° der Nickel-Chrom-Legierungen
a nach Kaltverformung (75%); *b* nach Abschrecken von 800 °C; *c* nach 87 Std. 500 °C; *d* nach 2000 Std. 500 °C

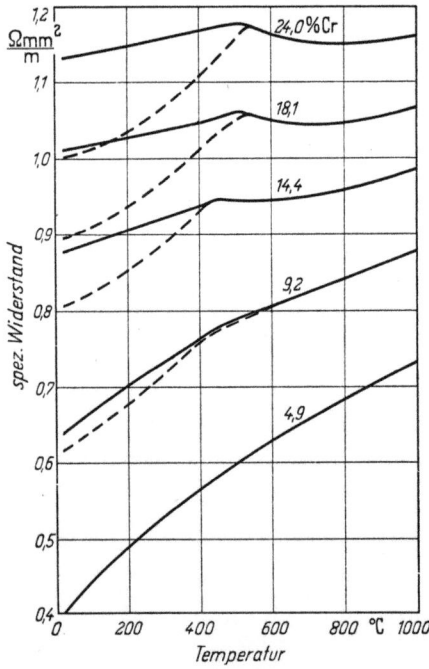

Abb. 147. Temperaturabhängigkeit des Widerstandes von Nickel-Chrom-Legierungen
———— geglühter Ausgangszustand;
– – – – harter Ausgangszustand (nach Kaltverformung)

langen Wärmebehandlungen bei 500 °C einstellt, verhält er sich in normaler Weise; auch wird die dort eingetretene Widerstandserniedrigung durch eine die Ordnung zerstörende Kaltverformung wieder beseitigt. Bei Chrom-Gehalten unter 24% zeigen sich Anomalien. Durch eine Wärmebehandlung bei 400 °C wird der Widerstand erhöht, durch eine Kaltverformung erniedrigt. Diese Erscheinungen[1], auf die wir schon bei den Eisen-Aluminium-Legierungen gestoßen sind und die dort einem *K-Zustand* zugeschrieben wurden, sind bei den Nickel-Chrom-Legierungen besonders

———
[1] Auf solche Anomalien haben schon frühzeitig W. ROHN [Z. Metallkde. 19 (1927) 196] und P. CHEVENARD [J. Inst. Met. 36 (1926) 39] hingewiesen.

deutlich[1]. Hinzu kommt hier die ganz ausgeprägte S-Form der Widerstand-Temperatur-Kurven (Abb. 147), die wegen des Ferromagnetismus der Eisen-Aluminium-Legierungen dort kaum bemerkbar ist. Werden die Proben nach einer Kaltverformung aufgeheizt, steigt der Widerstand um so viel stärker an, daß er bei 500 °C den Wert des weichgeglühten Zustandes erreicht. Im Konzentrationsgebiet von Ni_2Cr begegnet man zunächst den gleichen Erscheinungen. Läßt man dort aber

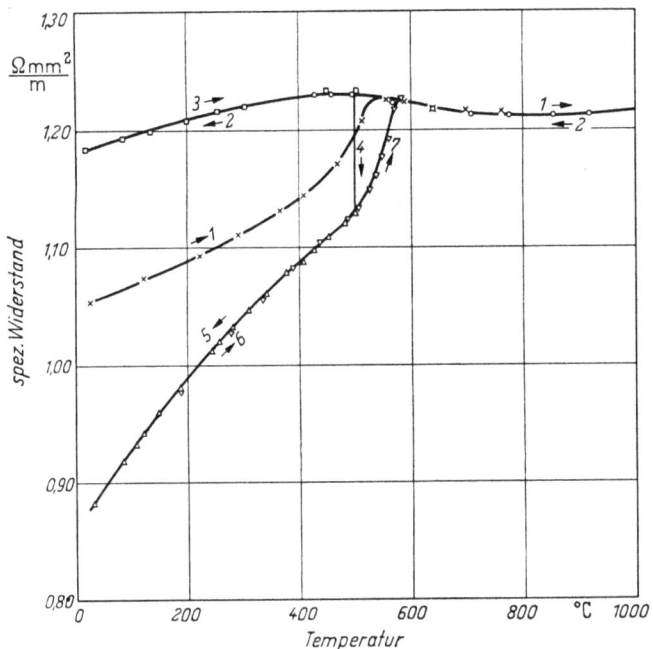

Abb. 148. Temperaturabhängigkeit des Widerstandes einer Nickel-Chrom-Legierung mit 31% Cr, nach BAER
1 Aufheizung nach Kaltverformung; 2 und 3 anschließende Abkühlung und Wiederaufheizung bis 500 °C; 4 165 Std. 500 °C; 5, 6 und 7 anschließende Abkühlung und Wiederaufheizung

die Fernordnung sich einstellt, dann erhält man eine dritte Kurve, die den wesentlich größeren Temperaturkoeffizienten im geordneten Zustand zeigt (Abb. 148).

Aus den Widerstandserhöhungen durch Wärmebehandlung, die für die Anlaßtemperatur 400 °C in Abb. 149 als Beispiel vorgeführt werden, läßt sich wieder eine *Existenzkurve des K-Zustandes* konstruieren. Zieht man diese graphisch von der Widerstand-Temperatur-Kurve ab (Abb. 150), so erhält man eine einsinnig ansteigende Temperaturabhängigkeit des

---

[1] THOMAS, H.: Z. Phys. 129 (1951) 219.

Widerstandes[1], die vom Wert des hartgezogenen Zustandes auszugehen scheint. Andererseits sinkt der Widerstand durch Kaltverformung auf

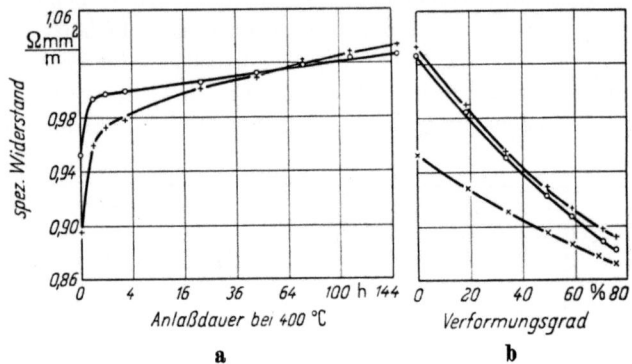

Abb. 149a u. b. Änderung des Widerstandes bei 20° einer Nickel-Chrom-Legierung mit 18% Cr a) durch eine Wärmebehandlung bei 400 °C; ○ nach Abschrecken von 800 °C; + nach Kaltverformung; b) durch eine Kaltverformung der gleichen Proben; × dritte Probe, frisch von 800 °C abgeschreckt

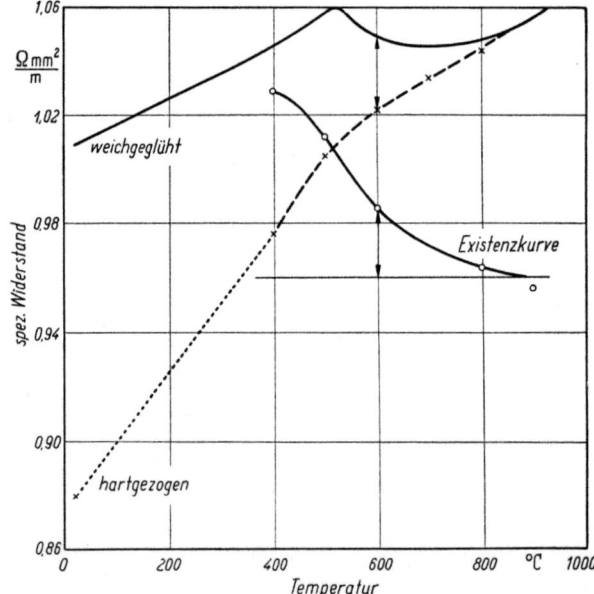

Abb. 150. Konstruktion einer anomaliefreien Widerstand-Temperatur-Kurve einer Nickel-Chrom-Legierung mit 18% Cr durch Subtraktion der *Existenzkurve* des K-Zustandes von der wirklichen Widerstand-Temperatur-Kurve

etwa den gleichen Endwert, unabhängig davon, ob er durch eine 400°-Behandlung vorher überhöht worden ist oder nicht (Abb. 149b). Die

[1] GERRITSEN, A. N., in S. FLÜGGE: Handbuch der Physik, Bd. XIX, Berlin/Göttingen/Heidelberg: Springer 1956, S. 220. — THOMAS, H.: Z. Phys. 129 (1951) 219.

Beobachtungen legen folgende Beschreibung nahe: Nach jeder Wärmebehandlung, beispielsweise auch nach Abschrecken von 800 °C oder höher, ist der K-Zustand in schwächerer oder stärkerer Ausprägung vorhanden. Daher ist er verantwortlich für das Maximum auf den Widerstand-Temperatur-Kurven. Oberhalb 600 °C bildet er sich zurück, durch Kaltverformung wird er beseitigt. Der zeitliche Verlauf der Widerstandszunahme (Abb. 149) läßt die Mitwirkung eines Diffusionsvorganges annehmen, wobei aber die Platzwechsel der Atome wahrscheinlich nur in kleinsten Bereichen stattfinden. Die Konzentrationsabhängigkeit der Widerstandsanomalien ist in Abb. 151 dargestellt. Der K-Zustand wurde in verschiedenen Deutungsversuchen mit vermuteten Überstruk-

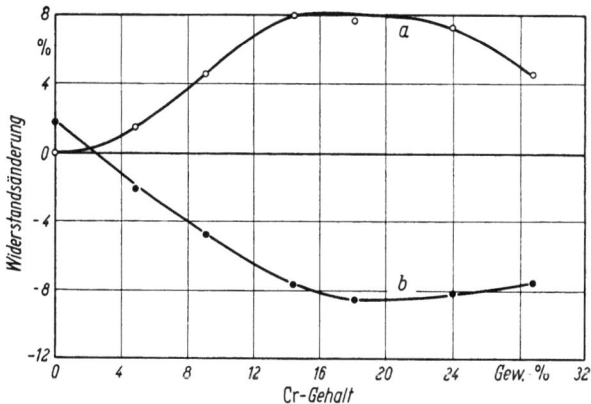

Abb. 151. Konzentrationsabhängigkeit der Widerstandsänderungen von Nickel-Chrom-Legierungen (a) durch Wärmebehandlung bei 400 °C und (b) durch Kaltverformung

turen[1,2,3] oder Nahordnungen[4,5,6,7,8,9,10] in Zusammenhang gebracht. Dabei wurde die Wechselwirkung der s- und d- oder nur der d-Schalen der benachbarten Atome betrachtet und angenommen, daß deren Zustandsdichte oder Besetzung durch die Nachbarschaftsverhältnisse beeinflußt werden. Es ist bisher aber nicht gelungen, ins einzelne gehende Vorstellungen von der Eigenart der Atomanordnungen zu geben.

---
[1] YANO, Z.: Japan. Nickel Rev. 9 (1941) 17.
[2] TAYLOR, A., u. K. G. HINTON: J. Inst. Met. 81 (1952/53) 169.
[3] GERTSRIKEN, S. D., u. A. V. PROGRUSHCHENKO: Fizika Metallov i Metallovedenie 4 (1957) 505.
[4] BAER, H. G.: Z. Metallkde. 49 (1958) 614.
[5] NORDHEIM, R., u. N. J. GRANT: J. Inst. Met. 82 (1953/54) 440.
[6] KÖSTER, W., u. P. ROCHOLL: Z. Metallkde. 48 (1957) 485.
[7] MÜLLER, H. G.: Die Technik 11 (1956) 275.
[8] MÜLLER, H. G., u. A. H. SCHULZE: Z. Metallkde. 48 (1957) 72.
[9] MÜLLER, H. G., u. P. MUTH: Z. Metallkde. 50 (1959) 217.
[10] MUTH, P.: Z. Metallkde. 53 (1962) 203.

178 Metallkundliche Grundlagen der zunderfesten Legierungen

Ergänzend sei noch bemerkt, daß die hier dargelegten Gedankengänge über den K-Zustand eine einheitliche Beschreibung des Verhaltens vieler sogenannter Widerstandslegierungen gestatten, die sich meist

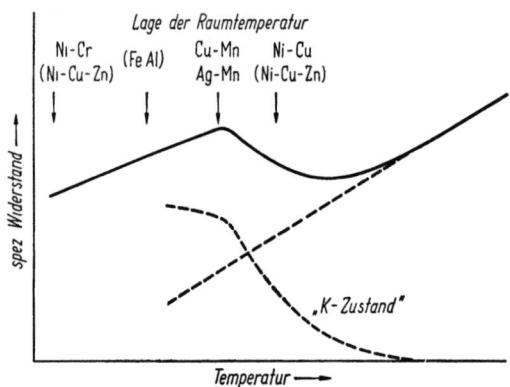

Abb. 152. Schematische Darstellung der Temperaturabhängigkeit des Widerstandes typischer Widerstandslegierungen, nach THOMAS

durch einen sehr kleinen (positiven oder negativen) Temperaturkoeffizienten des Widerstandes auszeichnen. Man braucht dazu nur anzunehmen, daß die Temperaturabhängigkeit des Widerstandes derartiger Legierungen durch mehr oder weniger große Teile einer S-Kurve dargestellt wird, wobei die Lage des Anfangspunktes (Raumtemperatur) auf einer solchen gemeinsamen Kurve verschieden ist und der Abszissen- oder Ordinatenmaßstab gedehnt oder gestaucht sein kann (Abb. 152)[1,2]. Bei Eisen-Aluminium wird das zu erwartende Verhalten durch den Ferromagnetismus überdeckt, bei Nickel-Kupfer-Zink kommen je nach Zusammensetzung verschiedene Formen der Widerstand-Temperatur-Kurven vor. Neuerdings sind die Erscheinungen im System Nickel-Kupfer-Zink und ihr Zusammenhang mit der geordneten Atomverteilung Cu_2NiZn von SCHÜLE und KEHRER[3] im einzelnen untersucht worden.

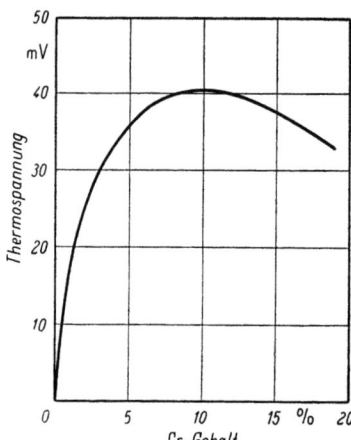

Abb. 153. Thermospannung der Nickel-Chrom-Legierungen gegen Nickel bei 1000 °C; Vergleichsstellentemperatur 0 °C

---
[1] THOMAS, H.: Z. Phys. 129 (1951) 219.
[2] GERRITSEN, A. N., in S. FLÜGGE: Handbuch der Physik, Bd. XIX, Berlin/Göttingen/Heidelberg: Springer 1956, S. 220.
[3] SCHÜLE, W., u. H-P. KEHRER: Z. Metallkde. 51 (1960) 711.

Die Thermospannung der Nickel-Chrom-Legierungen gegen Nickel hat bei etwa 10% Cr einen Größtwert (Abb. 153)[1]. Davon macht man bei den in DIN 43710 genormten NiCr-Ni-Thermoelementen in der Temperaturmeßtechnik Gebrauch.

Ähnlich wie die elektrische wird auch die thermische Leitfähigkeit durch steigenden Chrom-Gehalt verkleinert. Sie beträgt bei 10% Cr etwa 0,04 und bei 20% Cr etwa 0,03 cal/cm sec grad.

Die Wärmeausdehnung der Nickel-Chrom-Legierungen wird durch die Höhe des Chrom-Gehalts nicht nennenswert beeinflußt. Auf den Dilatometerkurven macht sich die Einstellung und Zerstörung des K-Zustandes durch eine ganz schwache S-förmige Krümmung bemerkbar[2].

Die Gewichtszunahme durch Oxydation ist für die Nickel-Chrom-Legierungen in Abb. 154 dargestellt[3]. Demnach sollte die Oxydationsgeschwindigkeit bei 50% Cr am kleinsten sein. Doch scheiden aus technologischen Gründen Legierungen mit mehr als 25% Cr aus. Das Verhalten bei kleinen Chrom-Zusätzen wurde von HORN[4] untersucht (s. S. 40).

Die mechanischen Eigenschaften sind in ganz normaler Weise von der Zusammensetzung abhängig. Die Zugfestigkeit weichgeglühter Proben steigt von rund 65 kp/mm² bei 10% Cr auf rund 75 kp/mm² bei 20% Cr. Die Bruchdehnung nimmt dabei um einen gewissen Betrag ab. Die temperaturabhängige Löslichkeit von Chrom in Nickel kann zu Aushärtungserscheinungen führen; doch müßte hierfür der Chrom-Gehalt höher sein, als es aus technologischen Gründen in der Praxis möglich ist.

Die Korrosionsbeständigkeit des Nickels gegen Salpetersäure wird durch Chrom-Zusätze zunächst verringert; sie ist besonders klein bei 10% Cr. Erst bei mehr als 15% Cr ist die Beständigkeit besser als die des reinen Nickels; ab 18% sind die Legierungen praktisch vollkommen beständig[5]. Die an sich schon gute Beständigkcit des Nickels gegen andere Säuren wird durch Chrom-Zusätze wenig beeinflußt.

4. Mehrstofflegierungen auf der Basis Nickel-Chrom

Die wichtigsten zunderfesten Mehrstofflegierungen mit kubisch flächenzentrierter Kristallstruktur gehören dem System Nickel-Chrom-Eisen an, dem deshalb eine ausführlichere Besprechung zukommt.

---

[1] ROHN, W.: Z. Metallkde. 16 (1924) 297.
[2] CHEVENARD, P.: C. R. 182 (1926) 1281.
[3] MATSUNAGA, Y.: Japan. Nickel Rev. 1 (1933) 347.
[4] HORN, L.: Z. Metallkde. 40 (1949) 73.
[5] KRULLA, R.: nach Nickel-Handbuch, Nickel-Chrom I: Korrosionsbeständige Nickellegierungen, Frankfurt (Main) (Nickel-Informationsbüro GmbH), 1934, S. 9.

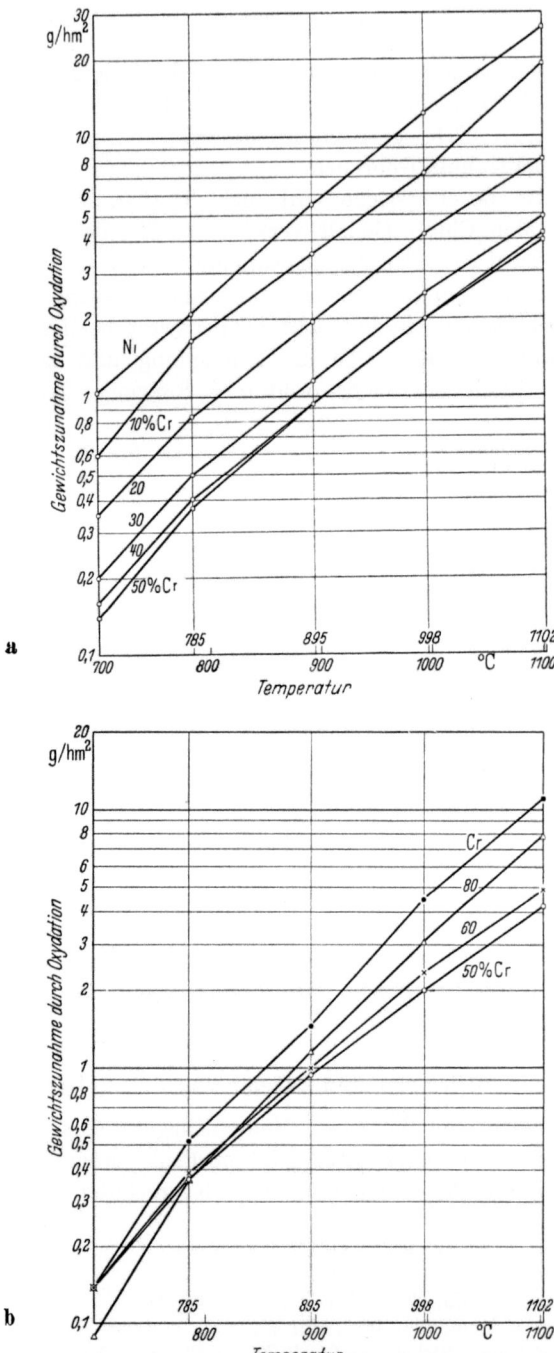

Abb. 154a u. b. Verzunderung von Nickel-Chrom-Legierungen bei verschiedenen Chromgehalten und Temperaturen, nach MATSUNAGA

a) Das Randsystem Nickel-Eisen

Von den Randsystemen sind bereits Eisen–Chrom und Nickel–Chrom behandelt worden. Die Nickel-Eisen-Legierungen haben mit den beiden anderen Legierungsreihen die Eigentümlichkeit außerordentlich träger Gleichgewichtseinstellung bei mittleren Temperaturen gemeinsam. Deshalb sind die dem wirklichen Gleichgewicht entsprechenden Grenzen der Mischungslücke zwischen der raumzentrierten Tieftemperaturphase

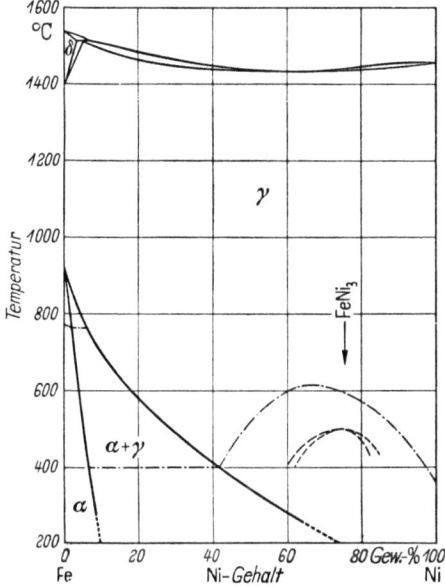

Abb. 155. Zustandsdiagramm der Eisen-Nickel-Legierungen, nach HANSEN

des Eisens und dem flächenzentrierten Nickel erst spät ermittelt worden. Danach[1] reicht die Mischungslücke (Abb. 155) bei 400 °C von 6,5% Ni bis 42% Ni, bei 300 °C von 8% Ni bis 57% Ni, bei 200 °C von 10% Ni bis 74% Ni. Viele der technisch wichtigen Eisen-Nickel-Legierungen sind also metastabil. Doch kann die Praxis, eben wegen der trägen Gleichgewichtseinstellung, mit einem Realisierungsschaubild rechnen, in dem die Umwandlung flächenzentriert ⇌ raumzentriert auf Nickel-Gehalte unter 35% beschränkt ist (Abb. 156). Bei kleineren Nickel-Gehalten liegen die sogenannten irreversiblen Legierungen, bei denen die Umwandlung flächenzentriert ⇌ raumzentriert eine große und von der Zusammensetzung abhängige Hysterese aufweist.

---

[1] HANSEN, M.: Constitution of Binary Alloys, New York/Toronto/London: McGraw-Hill Book Co. 1958, S. 677 ff.

Die Eigenschaften der Nickel-Eisen-Legierungen besitzen, teilweise bedingt durch die Stabilitätsverhältnisse, eine ganze Reihe von Besonderheiten, die sie einerseits metallkundlich äußerst reizvoll, andererseits technisch höchst wichtig machen. Im Rahmen des vorliegenden Buches kann jedoch hierauf nicht näher eingegangen werden. Vielmehr sei auf andere zusammenfassende Darstellungen verwiesen[1, 2].

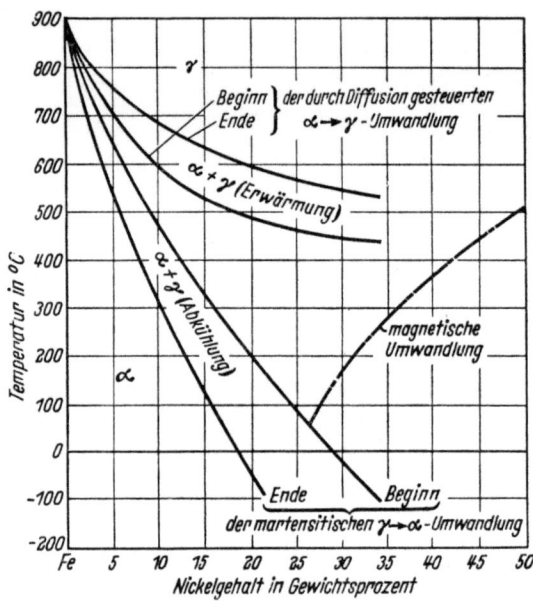

Abb. 156. Realisierungsdiagramm der Eisen-Nickel-Legierungen (entnommen aus: E. HOUDREMONT, Handbuch der Sonderstahlkunde, S. 552)

b) Nickel-Chrom-Eisen-Legierungen

Abb. 157 zeigt die Solidusfläche der Nickel-Chrom-Eisen-Legierungen nach JENKINS und Mitarbeitern[3] bis zu Chrom-Gehalten von 50%. Darunter ist die Phasenverteilung zunächst sehr einfach. Der isotherme Schnitt bei 1300 °C wurde von PRICE und GRANT[4] ermittelt. Wie Abb. 158a für 1100 °C zeigt[5], erstreckt sich zwischen dem ausgedehnten Gebiet der kubisch flächenzentrierten γ-Mischkristalle und dem

---

[1] HOUDREMONT, E.: Handbuch der Sonderstahlkunde, Berlin/Göttingen/Heidelberg: Springer; Düsseldorf: Stahleisen 1956, S. 549ff., 583ff.
[2] BOZORTH, R. M.: Ferromagnetism, Toronto/NewYork/London: D. van Nostrand Co. 1953, S. 102ff.
[3] JENKINS, C. H. M., E. H. BUCKNALL, C. R. AUSTIN u. G. A. MELLOR: J. Iron Steel Inst. 136 (1937) 187.
[4] PRICE, P. E., u. N. J. GRANT: Trans. Met. Soc., A.I.M.M.E. 215 (1959) 635.
[5] SCHAFMEISTER, P., u. R. ERGANG: Arch. Eisenhüttenw. 12 (1939) 459.

schmaleren der kubisch raumzentrierten α-Mischkristalle eine Mischungslücke, die mit zunehmendem Eisen-Gehalt immer schmaler wird. Bei tieferen Temperaturen kommen zwei träge, aber sehr wichtige Vorgänge ins Spiel, nämlich die mit großer Hysterese erfolgende, vom Randsystem Eisen-Nickel ausgehende α–γ-Umwandlung und die vom Randsystem Eisen-Chrom kommende Bildung der σ-Phase. Dem wirklichen Gleichgewicht dürften die Ergebnisse von REES, BURNS und COOK[1] und von COOK und BROWN[2] am nächsten kommen, die sehr lange Glühzeiten (bis zu zwei Jahren) angewandt haben. Ihren Arbeiten wurden die Phasengrenzen bis zu etwa 40% Cr in Abb. 158 b und c entnommen, während die chromreiche Ecke in Abb. 158 b nach SCHAFMEISTER und ERGANG[3] und in Abb. 158 c nach BRADLEY und GOLDSCHMIDT[4] ergänzt wurde. Demgegenüber dürften die Darstellungen von PUGH und NISBET[5] zu den Realisierungsdiagrammen zu rechnen sein. Die Ausdehnung der Überstruktur Ni_2Cr in das ternäre Diagramm hinein ist unbekannt. Die Überstruktur Ni_3Fe wird schon durch kleine Chrom-Zusätze unterdrückt[6]. Unterhalb 550 °C liegen keine zuverlässigen Bestimmungen der Phasengrenzen vor.

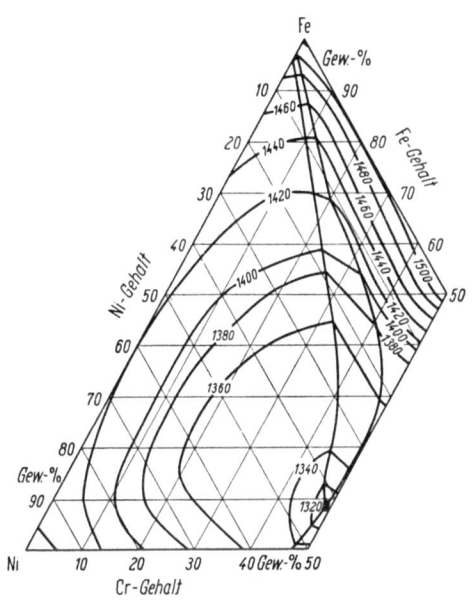

Abb. 157. Solidusfläche der Nickel-Chrom-Eisen-Legierungen, nach JENKINS und Mitarbeitern

In Abb. 158 fällt die Unsymmetrie des σ-Feldes besonders auf. Am Rand der nach der Eisenecke hin benachbarten Zwei- und Dreiphasengebiete liegen die rostfreien Stähle und — bei Hinzufügung weiterer Legierungselemente — auch einige hitzebeständige (warmfeste) Stähle, deren

---

[1] REES, W. P., B. D. BURNS u. A. J. COOK: J. Iron Steel Inst. 162 (1949) 325.
[2] COOK, A. J., u. B. R. BROWN: J. Iron Steel Inst. 171 (1952) 345.
[3] s. Vorseite [5] SCHAFMEISTER, P., u. R. ERGANG.
[4] BRADLEY, A. J., u. H. J. GOLDSCHMIDT: J. Iron Steel Inst. 144 (1941) 273.
[5] PUGH, J. W., u. J. D. NISBET: Trans. A.I.M.M.E. 188 (1950) 268 [in J. Metals 2 (1950)].
[6] BUMM, H.: Z. Metallkde. 31 (1939) 318.

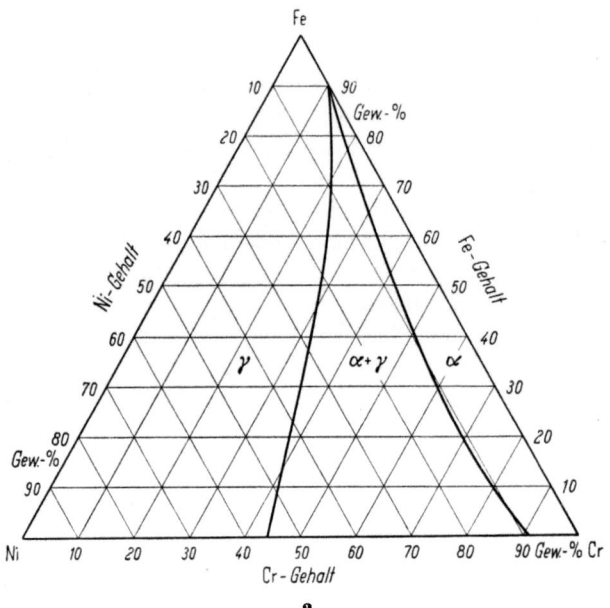

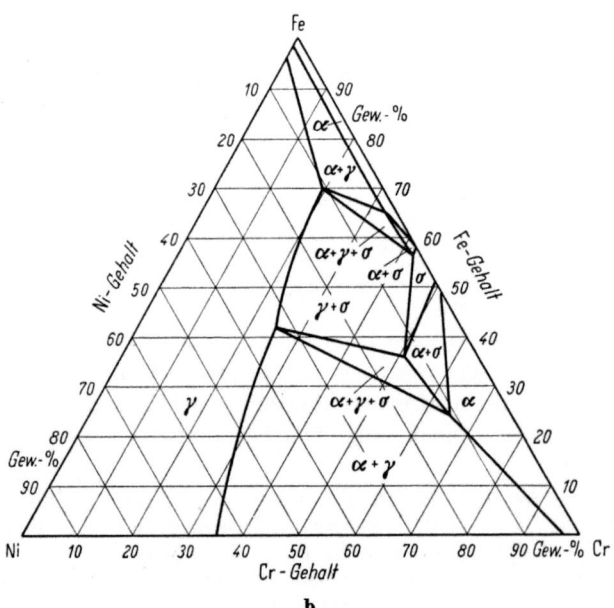

Abb. 158a u. b

Verhalten bei Dauerglühungen den Gegenstand zahlreicher Untersuchungen bildet, auf die aber hier nicht eingegangen werden kann. Die typischen zunderfesten Legierungen liegen im Bereich der kubisch flächenzentrierten γ-Phase (s. S. 226), der mit sinkender Temperatur allmählich schmaler wird. Eine Legierung mit 25% Cr und 20% Ni liegt bei 800 °C beispielsweise schon im Zweiphasengebiet $\gamma + \sigma$ und kann demzufolge bei großen Glühzeiten verspröden. Die unter anderen von WILLIAMS[1] (s. S. 122) vorgeschlagene untere Begrenzung der σ-Phase in Eisen-

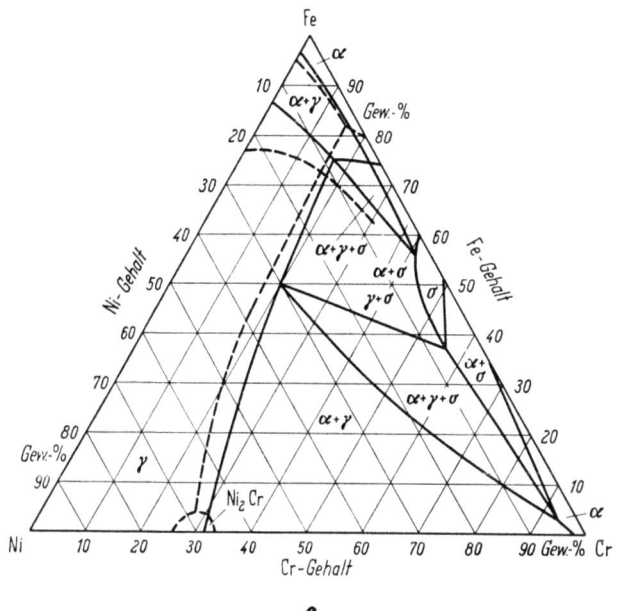

Abb. 158a–o. Phasenverteilung in den festen Nickel-Chrom-Eisen-Legierungen
a) bei 1100 °C; b) bei 800 °C; c) bei 650 °C (——) und 550 °C (– – –)

Chrom-Legierungen würde eine reizvolle Vereinfachung des ternären Diagramms bei Temperaturen unter 500 °C mit sich bringen.

Wesentliche Verschiebungen der Phasengrenzen können auch hier durch kleine Zusätze austenit- oder ferritstabilisierender Elemente verursacht werden. Insbesondere sind von Kohlenstoff nennenswerte Einflüsse zu erwarten.

Im folgenden betrachten wir nur das Gebiet der flächenzentrierten γ-Mischkristalle. Die Dichte der Legierungen nimmt nach Abb. 159 erwartungsgemäß mit steigendem Chrom- und mit steigendem Eisen-Gehalt ab. Der Verlauf zwischen 30 und 40% Ni geht auf das Dichteminimum der binären Nickel-Eisen-Legierungen zurück. Für den Verlauf

---

[1] WILLIAMS, R. O.: Trans. Met. Soc. A.I.M.M.E. 212 (1958) 497.

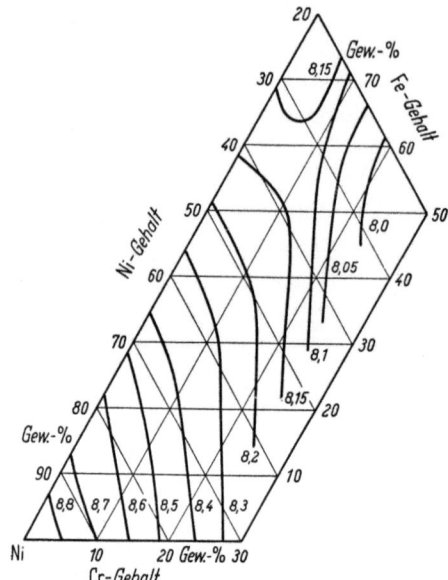

Abb. 159. Abhängigkeit der Dichte der Nickel-Chrom-Eisen-Legierungen von der Zusammensetzung. Die Zahlen an den Kurven bedeuten die Dichte in g/cm³

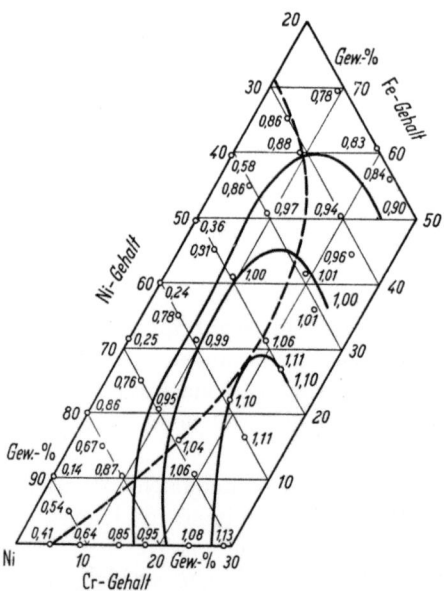

Abb. 160. Spezifischer Widerstand bei 20 °C der Nickel-Chrom-Eisen-Legierungen. Entlang der gestrichelten Linie beträgt die Curietemperatur 0 °C

der Gitterkonstanten, der die Konzentrationsabhängigkeit der Dichte widerspiegelt, sei auf die Originalarbeiten[1,2] verwiesen.

Die Curietemperatur der Nickel-Chrom-Eisen-Legierungen wird durch zunehmenden Chrom-Gehalt rasch erniedrigt. In Abb. 160 ist nach BOZORTH[3] durch eine gestrichelte Linie angegeben, bei welchen Zusammensetzungen die Curietemperatur gerade 0 °C beträgt. Demnach ist eine Reihe von Dreistofflegierungen bei Raumtemperatur ferromagnetisch.

Wenn man von den Nickel-Eisen-Legierungen ausgeht, so steigt der elektrische Widerstand bei kleinen Chrom-Zusätzen sehr schnell, bei etwas größeren aber nur noch langsam weiter an (Abb. 160). Während in anderen Legierungen der Ferromagnetismus den Raumtemperatur-Widerstand stark erniedrigt, ist hier von einer solchen Wirkung kaum etwas zu sehen. Im ganzen Konzentrationsbereich zwischen 5 und 30 % Cr und zwischen 30 und

---

[1] REES, W. P., B. D. BURNS u. A. J. COOK: J. Iron Steel Inst. 162 (1949) 325.
[2] COOK, A. J., u. B. R. BROWN: J. Iron Steel Inst. 171 (1952) 345.
[3] BOZORTH, R. M.: Ferromagnetism, New York/Toronto/London: D. van Nostrand Co., 1953, S. 149.

Mehrstofflegierungen auf der Basis Nickel-Chrom

80% Ni liegt er fast durchweg zwischen 0,9 und 1,1 Ohm mm²/m. Die charakteristische S-Form der Widerstand-Temperatur-Kurven, die wir von den Nickel-Chrom-Legierungen kennen, verliert sich bei

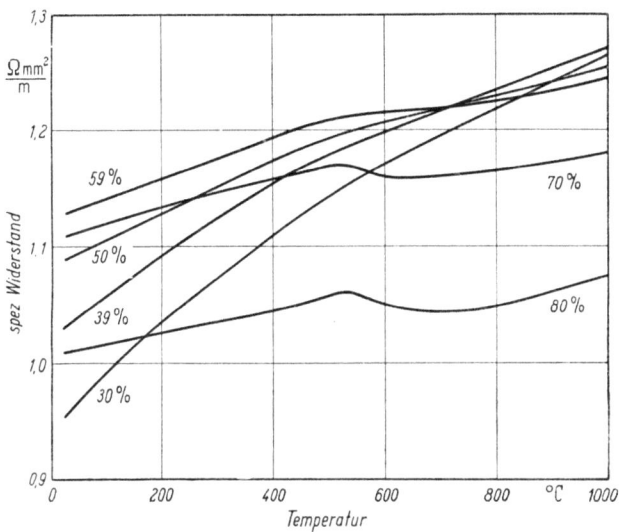

Abb. 161. Temperaturabhängigkeit des Widerstandes von Nickel-Chrom- und Nickel-Chrom-Eisen-Legierungen mit 20% Cr. Die Zahlen bezeichnen den Nickelgehalt

steigendem Eisen-Gehalt immer mehr (Abb. 161). Gleichzeitig nimmt auch die Ausprägung des K-Zustandes ab. Da dieser am stärksten in Nickel-Chrom-Legierungen mit 20 bis 30% Cr auftritt, während in Nickel-Eisen-Legierungen mit 20 bis 30% Fe die Überstruktur Ni_3Fe mit entgegengesetzten Widerstandseffekten vorliegt, ist die Betrachtung eines Schnittes im ternären Diagramm bei 80 und 70% Ni besonders interessant. Aus Abb. 162, in der der K-Zustand durch die Größe der durch eine Kaltverformung erzeugten Widerstandsänderung charakterisiert ist, sieht

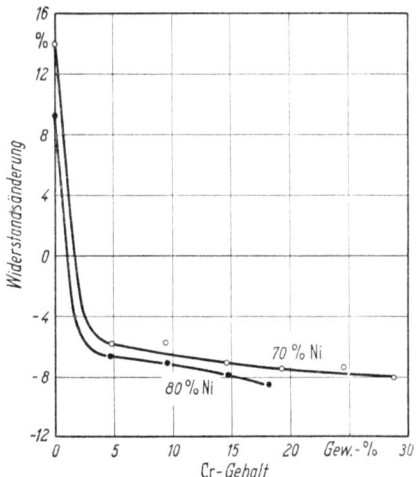

Abb. 162. Widerstandsänderung von Nickel-Chrom-Eisen-Legierungen durch Kaltverformung (75%) nach Abschrecken von 800 °C, nach THOMAS

man, daß schon kleine Chrom-Gehalte die von der Überstruktur herrührenden Erscheinungen in ihr Gegenteil verkehren. Wegen weiterer

Einzelheiten sei auf die Originalliteratur verwiesen[1]. Ganz allgemein kann man sagen, daß das Widerstandsverhalten der ternären nickelreichen Mischkristalle im wesentlichen durch den K-Zustand beherrscht wird, und daß dessen Auswirkungen mit steigendem Eisen-Gehalt kleiner werden.

Auch die große Thermospannung der Nickel-Chrom-Legierungen gegen Nickel wird durch Eisen-Zusatz verkleinert. Als Beispiele seien folgende, auf ganze Millivolt abgerundete Werte genannt, die sich auf eine Meßtemperatur von 1000 °C und eine Vergleichstemperatur von 0 °C beziehen:

Zusammensetzung	Thermospannung bei 1000 °C gegen Nickel
10% Cr, Rest Ni	41 mV
20% Cr, Rest Ni	32 mV
20% Cr, 20% Fe, Rest Ni	28 mV
20% Cr, 50% Fe, Rest Ni	24 mV

Entsprechend der geringen Konzentrationsabhängigkeit des elektrischen Widerstandes ist auch die Wärmeleitfähigkeit der Nickel-Chrom-Eisen-Legierungen ziemlich einheitlich. Sieht man vom Randsystem Nickel–Eisen ab und betrachtet nur Legierungen mit 10 bis 30% Cr, so kann man mit dem Wert 0,03 cal/cm sec grad rechnen.

Auch die Wärmeausdehnung ist im Gebiet der γ-Phase und bei Chrom-Gehalten über 10% nur wenig von der Zusammensetzung abhängig. Der Ausdehnungskoeffizient (20 bis 600 °C) beträgt beispielsweise bei 20% Cr und 0% Fe 16×10^{-6} grad^{-1} und bei 20% Cr und 50% Fe 18×10^{-6} grad^{-1}.

Die mechanischen Eigenschaften und die Korrosions- und Oxydationsbeständigkeit der Nickel-Chrom-Eisen-Legierungen mit mindestens 10% Cr unterscheiden sich im Bereich der γ-Mischkristalle wenig von denen der binären Nickel-Chrom-Legierungen. Die Säurebeständigkeit und die Zunderfestigkeit nehmen bei größeren Eisengehalten langsam ab. Entscheidende Änderungen treten erst bei nennenswerter Überschreitung der Phasengrenzen ein.

c) Andere Mehrstofflegierungen

Zusätze von Aluminium oder Silizium erhöhen die Zunderbeständigkeit der Nickel-Chrom-Legierungen[2]. Doch handelt es sich dabei nur um kleine Gehalte, da anderenfalls die Grenze der γ-Mischkristalle überschritten wird[3]. Deshalb brauchen wir auf die Besprechung der ternären Legierungssysteme und ihrer metallkundlichen Grundlagen hier nicht

---
[1] THOMAS, H.: Metall 10 (1956) 95.
[2] HORIOKA, M.: Japan. Nickel Rev. 1 (1933) 292.
[3] TAYLOR, A., u. R. W. FLOYD: J. Inst. Met. 81 (1952/53) 451.

näher einzugehen. Ähnliches gilt für Wolfram- und Molybdän-Zusätze, deren Einfluß auf das Zunderverhalten der Nickel-Chrom-Legierungen gleichfalls untersucht worden ist[1].

Es sei noch darauf hingewiesen, daß die Nickel-Chrom-Eisen-Legierungen auch die Grundlage für eisenarme Werkstoffe mit hoher Korrosionsbeständigkeit oder höchster Warmfestigkeit bilden, wobei Zusätze von Molybdän, Wolfram, Kobalt, Titan, Tantal und andere eine Rolle spielen. Ausgesprochen zunderfest bis zu höchsten Temperaturen sind diese Legierungen jedoch nicht. In Teilsystemen, zum Beispiel bei gewissen Nickel-Eisen-Molybdän- oder Chrom-Eisen-Molybdän-Legierungen tritt sogar der früher (s. S. 83 ff.) behandelte Fall der katastrophalen Oxydation auf.

E. Technische Legierungen

Die im vorigen Kapitel besprochenen systematischen Zusammenhänge stützen sich bevorzugt auf Arbeiten an definierten Stoffen und beschränken sich daher weitgehend auf wirkliche Zweistoff- und Dreistoff-Legierungen, die aus möglichst reinen Metallen hergestellt sind. Für eine Systematik ist diese Beschränkung von besonderer Wichtigkeit; denn schon Vierstoff-Legierungen sind kaum mehr zu übersehen. Die technischen Werkstoffe enthalten aber stets außer den Hauptbestandteilen noch weitere Elemente in wechselnden kleinen Konzentrationen, sei es, daß diese in den Rohstoffen als erwünschte oder unerwünschte Beimengungen enthalten sind, oder sei es, daß sie zur Verbesserung der Verarbeitbarkeit oder zur Verstärkung erstrebter Sondereigenschaften absichtlich zugefügt werden. Die Betrachtungen des vorigen Kapitels, so unentbehrlich sie zum Verständnis der metallkundlichen Grundlagen sind, gelten daher für die Legierungen der Technik nicht streng quantitativ, erhellen aber grundsätzlich die Abhängigkeit der Eigenschaften von den mannigfachen Einflußgrößen.

Ganz allgemein sind für die zunderfesten Legierungen zwei Hauptanwendungsarten zu unterscheiden:

1. Verwendung als Konstruktionsteile. Hierbei werden sie durch ihre heiße Umgebung mit aufgeheizt und müssen außer einer ausreichenden Zunderbeständigkeit häufig noch eine gewisse mechanische Widerstandsfähigkeit bei hohen Temperaturen aufweisen. Als Beispiele seien genannt: Stütz- und Tragteile in Öfen, Glühkästen, Emaillierroste, Förderbänder, Strahlungsrohre, Schutzrohre für Temperaturfühler, Anschlußenden für Heizwicklungen.

---

[1] SMITHELLS, C. J., S. V. WILLIAMS u. J. W. AVERY: J. Inst. Met. 40 (1929) 269.

2. Verwendung als Heizleiter. Dabei werden die Werkstoffe vom elektrischen Strom durchflossen und wirken als Wärmequelle. In verschiedener Hinsicht sind die Anforderungen an die Qualität höher als im ersten Fall. Denn neben der Zunderbeständigkeit sind die elektrischen Werkstoffeigenschaften und deren Temperaturabhängigkeit wichtig. Bei der Zunderbeständigkeit ist folgender Gesichtspunkt bedeutsam. Die Heizleiter sind stets auf höherer Temperatur als ihre Umgebung, also thermisch besonders hoch beansprucht. Ferner verursachen irgendwie entstandene örtliche Querschnittsverminderungen als Folge der so erzeugten Widerstandserhöhungen in den stromdurchflossenen Heizleitern lokale Überhitzungen, eine Gefahr, die in den von außen beheizten Konstruktionsteilen nicht auftritt.

Wegen der verschiedenen Anwendungsarten gibt es eine, im allgemeinen niedriger legierte Gruppe zunderfester Legierungen, deren Hauptvertreter die ferritischen und austenitischen Eisen-Chrom-Legierungen mit kleineren Zusätzen von Silizium, Aluminium und Nickel und mit hohem Eisengehalt (> 50%) sind *(Chromstähle)*, und eine höher legierte Gruppe, nämlich die typischen Heizleiterwerkstoffe, die einerseits die Nickel-Chrom- und Nickel-Chrom-Eisen-Legierungen (Eisengehalt < 50%) und andererseits die Eisen-Chrom-Aluminium-Legierungen umfaßt. Diese Unterteilung schließt nicht aus, daß gelegentlich für kleinere thermische Beanspruchungen Heizelemente auch einmal aus Chromstählen hergestellt werden; ebenso wenig den häufigeren Fall, daß man für thermisch hochbelastete Konstruktionsteile auf Heizleiterlegierungen zurückgreift.

Bei der Besprechung der technischen Werkstoffe ist es nicht möglich, alle Varianten in Zusammensetzung und Eigenschaften zu erwähnen oder gar im einzelnen zu behandeln. Vielmehr ist unser Ziel, eine Anzahl typischer Legierungen und Legierungsgruppen zusammenzustellen und daran die gemeinsamen Merkmale und die kennzeichnenden Eigenheiten darzulegen. Diese Absicht steht im Einklang mit den Bestrebungen der Technik, die Werkstoffe zu vereinheitlichen, Bestrebungen, die in der Aufstellung von Normen ihren Ausdruck gefunden haben.

1. Chromstähle

Unter der Bezeichnung Chromstähle fassen wir sowohl die ferritischen Eisen-Chrom-Legierungen mit Zusätzen von Silizium (< 3%) und Aluminium (< 2%) als auch die austenitischen Eisen-Chrom-Nickel-Legierungen mit hohem Eisengehalt und die dazwischenliegenden Werkstoffe mit ferritisch-austenitischem Mischgefüge zusammen. Kennzeichnend ist dabei, daß stets Eisen und Chrom die Hauptbestandteile bilden. Die Bezeichnungen *ferritisch* und *austenitisch* sind bekanntlich vom Gefüge der Eisen-Kohlenstoff-Legierungen hergeleitet; sie charakterisieren wie dort die kubisch-raumzentriert bzw. kubisch-flächenzentriert aufgebauten Gefügebestandteile.

a) Nickelfreie Chromstähle

Die ferritischen Chromstähle gehen unmittelbar von den binären Eisen-Chrom-Legierungen aus (vgl. Abb. 87), enthalten aber kleine Zusätze von Silizium und gegebenenfalls Aluminium zur Erhöhung der Zunderbeständigkeit und von Mangan zur Verbesserung der Verarbeitbarkeit. Die technisch wichtigen Bereiche der Zusammensetzung sind in Abb. 163 in einem Ausschnitt des Eisen-Chrom-Silizium-Diagramms (vgl. Abb. 111) eingetragen.

Da die Umwandlung $\alpha \rightleftharpoons \gamma$ wegen der Gefügeumbildung und der mit ihr verbundenen Volumenänderung die Zunderbeständigkeit nachteilig beeinflussen würde, spart man den Bereich der γ-Phase sorgfältig aus. Das erreicht man entweder durch Chromgehalte über 12% oder durch

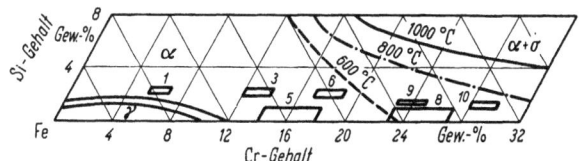

Abb. 163. Zunderfeste, ferritische, siliziumhaltige Chromstähle im Eisen-Chrom-Silizium-Diagramm. Die Zahlen stimmen mit den Nummern in Tab. 11 überein

Siliziumgehalte über 2%. Doch gilt dies nur für reine Dreistofflegierungen. In der Praxis ist ein besonderes Augenmerk auf austenitstabilisierende Beimengungen, in erster Linie also auf kleine Gehalte von Kohlenstoff, Mangan, Nickel und Stickstoff, zu richten. Das Umwandlungsverhalten von Stählen mit 12 bis 14% Cr und Kohlenstoff-Gehalten zwischen 0,07 und 2,07% wurde von PETER und MATZ[1] untersucht. POST und EBERLY[2] haben gefunden, daß in Legierungen mit 25 bis 30%Cr, 0,4% Si und 0,15% N nach Wärmebehandlungen zwischen 1200° und 1300 °C bereits Spuren von Austenit auftreten, wenn entweder der Mangangehalt über 0,8% (bei 0,08% C und 0,15% N) oder der Kohlenstoffgehalt über 0,08% (bei 0,6% Mn und 0,15% N) oder der Nickelgehalt über 0,3% (bei 0,08% C und 0,6% Mn) liegen. Sie geben eine Formel zur Berechnung des für die Ferritstabilisierung zur Verfügung stehenden Chromgehalts Cr_F an, wobei die übrigen Elemente je nach ihrem günstigen oder ungünstigen Einfluß positiv oder negativ hinzutreten und der Grad ihrer Wirksamkeit sich in einem Faktor ausdrückt:

$$Cr_F = Cr + 4 \times Si - 22 \times C - 0,5 \times Mn - 1,5 \times Ni - 30 \times N.$$

---
[1] PETER, W., u. W. MATZ: Arch. Eisenhüttenw. 28 (1957) 807.
[2] POST, C. B., u. W. S. EBERLY: Trans. A. S.M. 43 (1951) 243.

Die Formel gilt natürlich nur für gewisse Konzentrationsbereiche. Der scheinbar beherrschende Einfluß der Kohlenstoff- und Stickstoffgehalte tritt weniger hervor, wenn man die Formel für Atomprozente umrechnet, wobei sie angenähert lautet:

$$Cr_F = Cr + 2 \times Si - 4{,}5 \times C - 0{,}5 \times Mn - 1{,}5 \times Ni - 4 \times N.$$

Die immer noch leicht hervortretenden Faktoren von Kohlenstoff und Stickstoff gehen zum Teil unmittelbar auf deren austenitstabilisierende Wirkung, zum Teil aber auf die Verminderung des gelösten Chrom-Anteils im Mischkristall durch Abbindung von Chrom zu Karbid und Nitrid zurück.

In der Praxis der ferritischen Chromstähle hält man aus den erwähnten Gründen die Gehalte an Mangan und Nickel niedrig, auf jeden Fall unter 1%, und begrenzt bei kleinen Chromgehalten den Kohlenstoff auf höchstens 0,12%, meist sogar auf höchstens 0,08%. Erst bei mehr als 20% Cr sind Kohlenstoffgehalte bis zu 0,2% oder darüber ohne Nachteil für die Gefügestabilität.

Durch die gänzliche Beseitigung der γ-Phase verlieren die zunderfesten ferritischen Chromstähle die bei anderen Stählen bekannte Härtbarkeit. Dieser Verzicht spielt aber keine wesentliche Rolle, da bei den hohen Anwendungstemperaturen ohnehin die sonst in der Regel durch eine Wärmebehandlung in mittleren Temperaturbereichen erzeugte Härtung wieder verschwinden würde.

Da Silizium das Existenzgebiet der σ-Phase ausweitet, liegen die höher legierten Chrom- und Chrom-Silizium-Stähle bereits im Zweiphasengebiet $\alpha + \sigma$. Bei langen Wärmebehandlungen (5000 bis 10000 Stunden) im Temperaturbereich zwischen 480° und 600 °C muß man sogar bis herunter zu 13% Cr mit dem Auftreten spröder Gefügebestandteile rechnen[1, 2, 3], während bei den Stählen mit mehr als 20% Cr eine Versprödung schon nach kurzzeitigen Wärmebehandlungen zwischen 600° und 900 °C eintritt. Silizium erhöht auch die Bildungsgeschwindigkeit der σ-Phase, deshalb muß der genannte Temperaturbereich im Dauergebrauch möglichst vermieden werden. Allerdings ist es in den technischen Stählen immer möglich, durch Erhitzen auf 1000 °C die gebildete σ-Phase wieder zum Verschwinden zu bringen.

Im Gegensatz zu Silizium engt Aluminium das Existenzgebiet der σ-Phase im System Eisen–Chrom ganz außerordentlich ein. Daher wird häufig in den ferritischen Chromstählen ein Teil des Siliziums durch Aluminium ersetzt, ohne daß allerdings dadurch die Bildung der σ-Phase

---

[1] SHORTSLEEVE, F. J., u. M. E. NICHOLSON: Trans. A.S.M. 43 (1951) 142.
[2] LINK, H. S., u. P. W. MARSHALL: Trans. A.S.M. 44 (1952) 549.
[3] HEGER, J. J.: A.S.T.M.-Symp. on the Nature, Occurrence and Effects of Sigma Phase, 1950, 75.

schon gänzlich unterdrückt würde. Aluminium beeinträchtigt weiterhin die Duktilität der Chromstähle nicht so stark wie Silizium. In der Erhöhung der Oxydationsbeständigkeit verhalten sich beide Zusätze ähnlich[1]. Unter bestimmten Verhältnissen, vor allem bei Gebrauch in stickstoffreichen, sauerstoffarmen Gasen, kann jedoch bevorzugt das Aluminium als Nitrid abgebunden werden, wodurch seine oxydationshemmende Wirkung verloren geht. Da die Nitrierung, wie später noch gezeigt wird, oft an geringfügigen Oberflächenfehlern einsetzt, entstehen so örtlich begrenzte stärkere Zunderangriffe. Die Vor- und Nachteile des kleinen Aluminiumzusatzes haben dazu geführt, daß die aluminiumfreien und die aluminiumhaltigen Eisen-Chrom-Silizium-Legierungen praktisch gleichberechtigt nebeneinanderstehen.

Auch ohne die Anwesenheit von Chrom erhöhen Silizium und Aluminium die Oxydationsbeständigkeit so stark, daß 2,5 bis 3% Si bis zu 10% Cr ersetzen können[2]. Sogar chromfreie oder chromarme Silizium-Aluminium-Stähle können schon ähnliche Zunderfestigkeiten zeigen wie die später zu besprechenden niedriger legierten austenitischen Chromstähle. So wird für Werkstoffe mit 2—3% Si und 0,5—1% Al als oberste Gebrauchstemperatur 800° oder sogar 900 °C genannt[3]. Solche Legierungen vermeiden die durch die σ-Phase und die 475°-Versprödung verursachten Komplikationen.

In allen ferritischen Chromstählen mit mindestens 15% Cr tritt durch Wärmebehandlungen zwischen 400° und 550 °C die 475°-Versprödung auf, gleichgültig, ob noch Silizium oder Aluminium oder beide Zusätze vorhanden sind. Ein Beispiel zeigt Abb. 164 für einen technischen Stahl mit 17% Cr, 1% Si, 0,3% Mn und 0,07% C, der 400 Stunden lang in einem Ofen mit einem Temperaturgradienten geglüht wurde[4]. Die Auswirkungen der 475°-Versprödung werden wie die der σ-Phase mit steigendem Chromgehalt stärker, treten aber wegen ihrer andersartigen Kinetik rascher in Erscheinung; durch eine kurze Erwärmung auf 600 °C mit nachfolgender schneller Abkühlung läßt sich die 475°-Versprödung wieder beseitigen.

Eine weitere Versprödungsursache der ferritischen Chromstähle ist die Kornvergröberung bei Glühungen über 950 °C. Diese läßt sich durch Wärmebehandlungen nicht rückgängig machen, wohl aber durch Einlagerung fremder nichtmetallischer Gefügebestandteile, die die Verschiebung der Korngrenzen hemmen, bis zu einem gewissen Grade vermeiden; wir kommen hierauf später zurück.

---

[1] WHITE, A. E., C. L. CLARK u. C. H. MCCOLLAM: Trans. A.S.M. 27 (1939) 125.
[2] RIEDRICH, G.: Stahl u. Eisen 61 (1941) 852.
[3] BRANDES, E. A.: Oxidation Resistant Silicon Aluminium Steels, Fulmer Research Inst., Spec. Rep. No. 2, 1956.
[4] NEWELL, H. D.: Metal Progr. 51 (1947) 617.

194 Technische Legierungen

Außer auf die Kornvergröberung kann nach THIELSCH[1] die Hochtemperaturversprödung auch auf die Auflösung karbidischer Gefügebestandteile oberhalb 980 °C zurückgeführt werden; durch Wärmebehandlungen zwischen 650° und 790 °C lassen sich diese Bestandteile wieder ausscheiden, wodurch die Duktilität leicht verbessert wird.

Tab. 11, zu deren Aufstellung Firmenschriften[2,3,4,5,6] und andere Quellen[7,8] benutzt wurden, gibt eine Auswahl von 10 typischen nickelfreien Chromstählen (vgl. auch Abb. 163). Zur bequemen Einordnung in die technischen Werkstofflisten sind die Kennzeichnungen nach

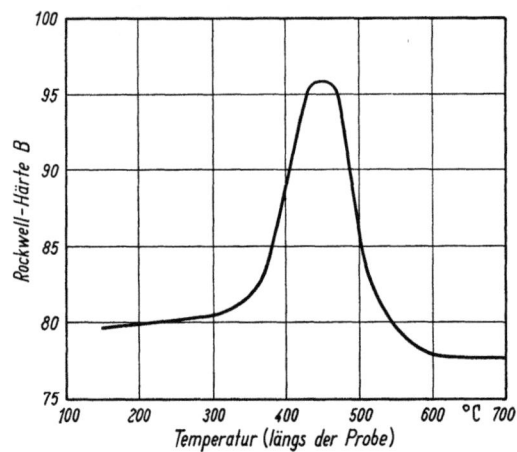

Abb. 164. Rockwellhärte eines technischen Chromstahls mit 17% Cr, 1% Si, 0,3% Mn, 0,07% C nach 400 Std. langem Tempern im Temperaturgradienten, nach NEWELL

der deutschen Norm und die Typennummern des American Iron and Steel Institute (A.I.S.I.) hinzugefügt. Dabei ist jedoch zu beachten, daß in einigen Fällen Kompromisse zwischen verschiedenen Konzentrationsangaben gemacht wurden, um eine allzu große und technisch unbegründete Differenzierung zu vermeiden. Weiter ist zu bemerken, daß die Schmelztemperatur keine exakte Größe ist. Wie bei allen Mischkristallsystemen hätte man eigentlich zwischen der Solidus- und der Liquidus-

---

[1] THIELSCH, H.: Metallurgia 44 (1951) 220.
[2] Deutsche Edelstahlwerke AG, Krefeld: Thermax-Stähle (hochhitzebeständig), 1958.
[3] Phoenix-Rheinrohr AG, Düsseldorf: Hitzebeständige Stähle, 1956.
[4] Stahlwerke Südwestfalen, Geisweid: Hitzebeständige Stähle, 1954.
[5] Stahlwerke Bochum AG, Bochum: Pyron, Hochhitzebeständige Stähle, 1958.
[6] Edelstahlwerke J. C. Söding & Halbach, Hagen: Hitzebeständige Stähle.
[7] Am. Soc. Test. Mat., Data on Corrosion- and Heat-Resistant Steels and Alloys – Wrought and Cast, Special Techn. Publ. Nr. 52-A, 1950.
[8] HOUDREMONT, E.: Handbuch der Sonderstahlkunde, Berlin/Göttingen/Heidelberg: Springer; Düsseldorf: Stahleisen 1956, Zahlentafel 151.

Chromstähle

temperatur zu unterscheiden, die in den vorliegenden Fällen um 50° oder mehr auseinander liegen können. Da diese Temperaturen jedoch stark von der Höhe der Legierungszusätze abhängen, wurde nur eine Durchschnittstemperatur als Richtwert angegeben.

Aus dem Vergleich etwa der Legierungen 5 mit 4 oder 6 oder der Legierung 8 mit 9 geht die Wirkung der erhöhten Silizium-(oder Silizium- und Aluminium-)Gehalte auf die höchstzulässige Gebrauchstemperatur, aber auch auf den elektrischen Widerstand und die Wärmeleitfähigkeit hervor.

Die angegebenen Eigenschaftswerte gelten für den weichen Zustand, wie er sich durch eine die 475°-Versprödung und die σ-Bildung vermeidende Wärmebehandlung einstellt. Da die Chromstähle in erster

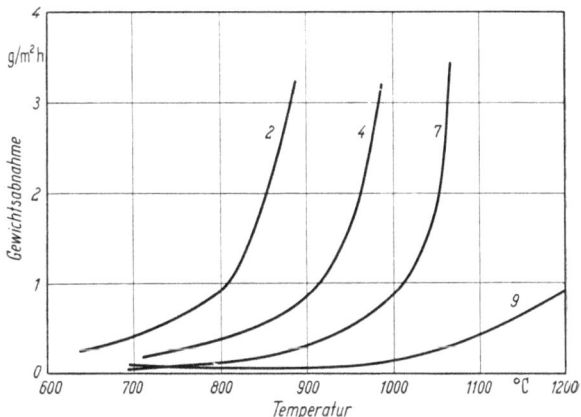

Abb. 165. Verzunderung ferritischer Chromstähle. Die Zahlen stimmen mit den Nummern der Tab. 11 überein

Linie für Konstruktionsteile verwendet werden, kommt ihren mechanischen Eigenschaften besondere Bedeutung zu. Für Raumtemperatur sind diese gleichfalls in Tabelle 11 angegeben, wobei natürlich je nach Schwankungen der Zusammensetzung (Si, C!) und je nach Führung der Schlußglühung eine gewisse Variationsmöglichkeit besteht. Die mechanischen Eigenschaften bei höheren Temperaturen sollen weiter unten zusammenfassend besprochen werden.

Nach der bei hitzebeständigen Stählen üblichen Definition gilt ein Stahl als zunderfest bei einer bestimmten Temperatur, wenn das Gewicht der verzunderten Metallmenge bei dieser Temperatur rund 1 g/m²h und bei einer um 50° höheren Temperatur rund 2 g/m²h nicht überschreitet, bestimmt im 120-Stunden-Versuch mit vier Zwischenabkühlungen. Zur Veranschaulichung diene nach Firmenangaben[1] die Abb. 165. Wie man

---
[1] s. Vorseite [2] Deutsche Edelstahlwerke AG, Krefeld.

Tabelle 11. *Verformbare Chromstähle*,

Lfd. Nr.	Etwa entsprechend Stahl-Eisen-Werkstoffblatt 470-60	A.I.S.I. Typ	Zusammensetzung[1], Gew.-%				Mn, max.	C, max.
			Cr	Ni	Si	Al		
1	× 10 CrSi 6		5,5—7	—	2—2,5	—	1	0,12
2	× 10 CrAl 7		6—7	—	0,5—1	0,5—1	1	0,12
3	× 10 CrSi 13		12—14	—	1,9—2,4	—	1	0,12
4	× 10 CrAl 13		12—14	—	0,9—1,4	0,7—1,2	1	0,12
5		430	14—18	—	≤1	—	1	0,12
6	× 10 CrSi 18		17—19	—	1,9—2,4	—	1	0,12
7	× 10 CrAl 18		17—19	—	0,7—1,2	0,7—1,2	1	0,12
8		446	23—27	—	≤1	—	1	0,35
9	× 10 CrAl 24		23—25	—	1,2—1,6	1,2—1,6	1	0,12
10	× 10 CrSi 29		28—30	—	1—1,5	—	1	0,12
11	× 20 CrNiSi 25 4		24—26	3,5—5	0,8—1,3	—	2	0,25
12	× 12 CrNiTi 18 9[2]	304	17—19	8—11	≤1	—	2	0,12
13	× 15 CrNiSi 20 12	308	19—21	11—13	1,8—2,3	—	2	0,20
14		309	22—24	12—15	≤3,5	—	2	0,20
15	× 15 CrNiSi 25 20	310	24—26	19—21	1,8—2,3	—	2	0,20

Lfd. Nr.	Wärmeleitfähigkeit cal/cm sec grd	Ausdehnungskoeffizient 10^{-6} grd^{-1}			Elastizitätsmodul kp/mm²		
		20—400°	20—800°	20—1000 °C	20°	400°	800 °C
1	0,045	12,0	13,0		21000	18500	11500
2	0,054	12,0	13,0		21000	18500	11500
3	0,042	11,5	12,5	13,5	21000	18500	11500
4	0,049	11,5	12,5	13,5	21000	18500	11500
5	0,062	11,5	12,5		21000	18500	11500
6	0,040	11,5	12,5	13,0	21000	18500	11500
7	0,045	11,5	12,5	13,5	21000	18500	11500
8	0,050	11,5	12,5		21000	18500	11500
9	0,040	11,0	12,5	14,0	21000	18500	11500
10	0,040	11,0	12,0	13,0	21000	18500	11500
11	0,040	13,5	14,5	15,0	21000	18500	11500
12	0,035	18,0	19,0		20000	18000	13000
13	0,035	17,5	18,5	19,5	20000	18000	13000
14	0,033	17,0	19,5		20500	18500	13000
15	0,031	17,0	18,0	19,0	20000	18000	13000

sieht, folgen hieraus die in Tabelle 11 genannten höchsten Gebrauchstemperaturen nicht exakt. Es ist jedoch zu bedenken, daß die gegebene Definition viele für den Gebrauch wichtige Einflußgrößen überhaupt nicht erfaßt, wie die Abmessungen, besonders die Dicke der Werkstücke, die Temperaturwechselbeanspruchung, die Oberflächenbeschaffenheit. Aus ähnlichen Gründen stellt natürlich auch die oberste Gebrauchstemperatur keine allgemeingültige Grenze, sondern nur einen Anhaltswert dar.

---

[1] Rest Fe. — S und P $< 0{,}04\%$ [2] Ti $> 5 \times$ C

Zusammensetzung und Eigenschaften (weichgeglüht)

Anwendbarkeits-grenze in Luft, °C	Schmelz-temperatur °C, etwa	Dichte g/cm³	Spez. Widerstand Ohm mm²/m	Spez. Wärme cal/g grd
850	1460	7,7	0,75	0,12
800	1480	7,7	0,70	0,12
950	1450	7,7	0,90	0,12
950	1450	7,7	0,80	0,12
850	1490	7,7	0,60	0,11
1050	1430	7,7	0,95	0,12
1050	1470	7,6	0,93	0,12
1100	1490	7,6	0,67	0,12
1200	1480	7,6	1,15	0,12
1200	1420	7,7	0,80	0,12
1100	1430	7,7	0,80	0,12
800	1390	7,8	0,73	0,12
1050	1390	7,8	0,85	0,12
1100	1390	7,9	0,78	0,12
1200	1360	7,8	0,95	0,12

Streckgrenze (0,2%) kp/mm²	Zugfestigkeit kp/mm²	Bruchdehnung (L = 50 mm), %	Gefüge
≥ 40	55—70	≥ 18	ferritisch
≥ 25	45—60	≥ 20	ferritisch
≥ 35	55—70	≥ 15	ferritisch
≥ 30	50—65	≥ 15	ferritisch
≥ 30	50—65	≥ 15	ferritisch
≥ 35	55—70	≥ 15	ferritisch
≥ 30	50—65	≥ 12	ferritisch
≥ 35	50—65	≥ 15	ferritisch
≥ 35	50—65	≥ 10	ferritisch
≥ 40	55—70	≥ 12	ferritisch
≥ 40	60—75	≥ 25	ferritisch/austenitisch
≥ 27	55—75	≥ 40	austenitisch
≥ 30	60—75	≥ 40	austenitisch
≥ 28	60—75	≥ 40	austenitisch
≥ 30	60—75	≥ 40	austenitisch

Das Zunderverhalten der Chromstähle ist mehrfach untersucht worden[1,2,3]. Die Verzunderung folgt dem parabolischen Gesetz. Im Zunder reichert sich das Chrom als Chromoxyd an, und zwar bevorzugt nahe der Grenzschicht Metall/Oxyd[4] (Abb. 166). Die Wirkung des Sili-

---

[1] COLOMBIER, L.: Métaux, Corrosion – Industries 30 (1955) 294.
[2] HEINDLHOFER, K., u. B. M. LARSEN: Trans. Amer. Soc. Steel Treat. 21 (1933) 868.
[3] NEWELL, H. D.: Metal Progr. 51 (1947) 617.
[4] SCHEIL, E., u. K. KIWIT: Arch. Eisenhüttenw. 9 (1935/36) 405.

ziumzusatzes soll darauf beruhen[1], daß sich zwischen Metall und Zunder bevorzugt SiO_2 bildet, das die Diffusion der Metallionen nach außen behindert. Dadurch tritt eine Hemmung der Verzunderung ein, die durch Aufreißen der Oxydschicht unterbrochen und durch Ausheilen der Störungen wiederhergestellt werden kann.

Die Untersuchung der Kinetik der Oxydation von Silizium- und Chrom-Silizium-Stählen[2,3] ergab Einblicke in den Aufbau der Deckschichten. Bei Stählen mit 6% Cr und 1,4 bis 3,4% Si wurde die Oxydationszone frei von Wüstit (FeO) gefunden. Die kinetischen Kurven

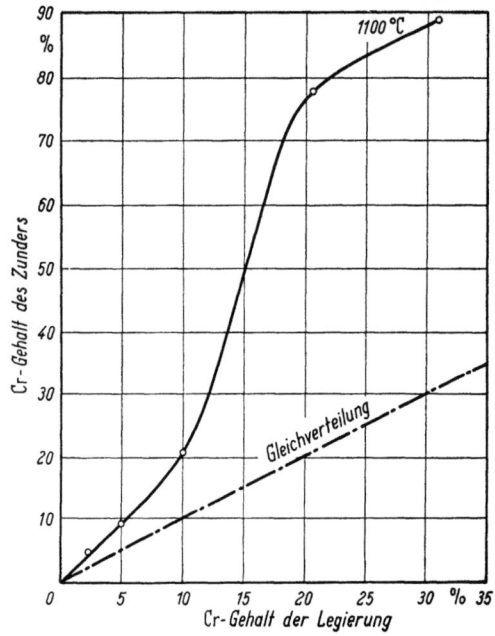

Abb. 166. Chromanreicherung im Zunder von Eisen-Chrom-Legierungen durch eine 5 stündige Glühung bei 1100 °C, nach SCHEIL und KIWIT

(Quadrat der Gewichtszunahme gegen die Zeit aufgetragen) zeigen eine schnellere Anfangsperiode und eine langsamere Weiteroxydation; im Übergangsbereich wächst die Dicke der äußeren Fe_2O_3-Schicht auf Kosten der mittleren Fe_3O_4-Zone und der inneren Spinell-Fayalit-Zone, die das Chrom und das Silizium in Form von $FeCr_2O_4$ (Spinell) und Fe_2SiO_4 (Fayalit) enthält.

---

[1] CAPLAN, D., u. M. COHEN: Trans. A.I.M.M.E. 194 (1952) 1057 [in J. Metals 4 (1952)].
[2] IPATJEW, W. W., u. G. M. ORLOWA: J. angew. Chem. (russ.) 29 (1956) 811.
[3] ORLOWA, G. M., u. W. W. IPATJEW: J. angew. Chem. (russ.) 29 (1956) 819.

Untersuchungen an siliziumärmeren Chromstählen[1] ergaben, daß man je nach Chromgehalt und Temperatur zwei Zunderungsarten, A und B, unterscheiden kann (Abb. 167). Die verwendeten Legierungen enthielten außer Eisen und Chrom 0 bis 0,33% Ni, 0,40 bis 0,68% Mn und 0,23 bis 0,74% Si. Nach Glühungen von 5 bis 100 Stunden Dauer bei den durch die Ordinate angegebenen Temperaturen wurden im Feld A neben dem weit vorherrschenden Cr_2O_3 nur geringe Mengen Fe_2O_3 und — bei Mangan-Gehalten über 0,3% — auch der Spinell $MnCr_2O_4$ gefunden. Im Feld B des starken Oxydationsangriffs hat die Zunderschicht mehrere Lagen. Die innere Schicht setzt sich zusammen aus Wüstit (FeO mit

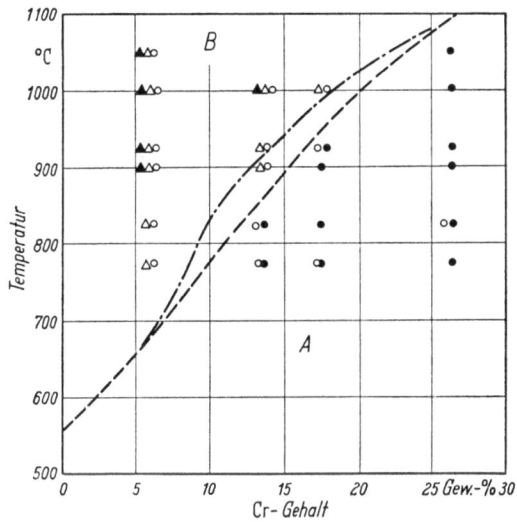

Abb. 167. Verzunderung ferritischer Chromstähle und struktureller Aufbau der Oxydschichten.
Verzunderungsgeschwindigkeit: ––––– 2 g/m² h im Versuch von 10—20 Std. Dauer,
–·–·–·–. 1 g/m² h im Versuch von 100 Std. Dauer.
● Cr_2O_3; ○ Fe_2O_3; △ $FeFe_{(2-x)}Cr_xO_4$; ▲ Wüstit (FeO),
nach YEARIAN, RANDELL und LONGO und nach COLOMBIER

einer gewissen Leerstellenkonzentration) und dem Spinell $FeFe_{(2-x)}Cr_xO_4$, wobei x von dem Wert 2 ($FeCr_2O_4$) an der Metalloberfläche rasch auf etwa 1 abfällt (Fe_2CrO_4), nahezu konstant bleibt und dann ziemlich schnell auf 0 sinkt (Fe_3O_4). Dieser Spinell geht dann ganz außen in Fe_2O_3 über. Zwischen die Bereiche A und B, die sich so durch die Art der entstehenden Oxyde unterscheiden, lassen sich Kurven konstanter Oxydationsgeschwindigkeit legen; diese bilden für 0,4 bis 4 g/m²h ein schmales Bündel, von dem in Abb. 167 nur die im Kurzzeitversuch gewonnene Kurve für 2 g/m²h eingezeichnet wurde. In befriedigender Übereinstimmung damit ist eine an ähnlichen Legierungen im 100-Stun-

---

[1] YEARIAN, H. J., E. C. RANDELL u. T. A. LONGO: Corrosion 12 (1956) 515 t.

den-Versuch ermittelte Kurve[1]. Aus Abb. 167 wird anschaulich klar, daß bei den Chromstählen die Zunderfestigkeit wesentlich auf der Deckschicht aus Cr_2O_3 (in Verbindung mit der Zwischenschicht aus SiO_2) beruht, während dem Chrom-Eisen-Spinell keine besondere Schutzwirkung zukommt.

b) Nickelhaltige Chromstähle

Von den Versprödungsursachen, die bei den nickelfreien Chromstählen besprochen wurden, lassen sich die 475°-Versprödung und die

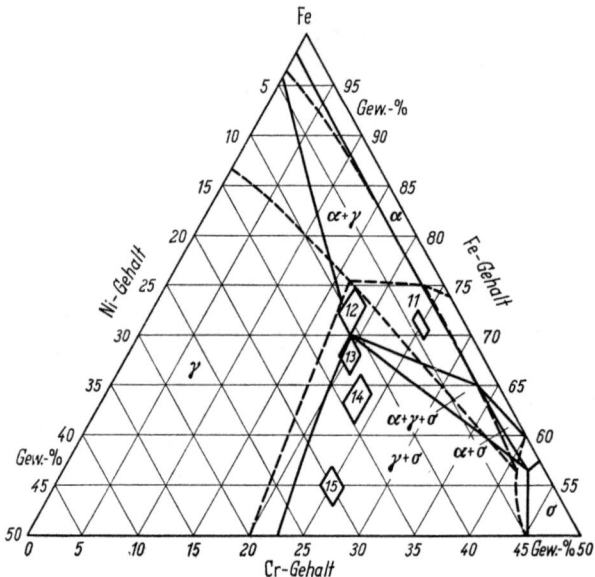

Abb. 168. Zunderfeste nickelhaltige Chromstähle im Eisen-Chrom-Nickel-Diagramm. Die Zahlen stimmen mit den Nummern in Tab. 11 überein.
Phasengrenzen: ——— bei 800 °C, – – – bei 650 °C

Grobkornbildung ausschalten durch Übergang auf ein austenitisches Gefüge. Man erreicht dies in den meisten Fällen durch einen Zusatz von Nickel, wobei auch noch andere Austenitstabilisatoren (Kohlenstoff, Stickstoff, Mangan) beteiligt sein können. So kommen wir zu den nickelhaltigen Chromstählen, deren Reihe wir jedoch bei 22% Ni zunächst abbrechen. Die nickelreicheren Werkstoffe werden bei den typischen Heizleiterlegierungen behandelt.

Die hierher gehörige Eisenecke des Dreistoffsystems Eisen-Chrom-Nickel ist in Abb. 168 als vergrößerter Ausschnitt aus Abb. 158 dargestellt. Außerdem sind die wichtigsten Werkstoffe in Tabelle 11 auf-

---

[1] COLOMBIER, L.: Métaux, Corrosion-Industries 30 (1955) 294.

geführt. Mit Rücksicht auf hohe Zunderbeständigkeit beträgt der Chromgehalt der technischen Legierungen mindestens 17%. Zu einer für viele Zwecke ausreichenden Stabilisierung des Austenits sind ferner mindestens 8% Ni nötig. Dadurch erhält man als erste die weitverbreiteten rostfreien *18/8-Stähle*, deren Oxydationsbeständigkeit bis etwa 800 °C hinaufreicht. Eine Vergrößerung des Chrom- und des Nickelgehalts um durchschnittlich je 2% steigert die obere Gebrauchstemperatur auf 1050 °C, während eine weitere Erhöhung auf rund 25% Cr und 20% Ni die Werkstoffe bis 1200 °C verwendbar macht. Zusätzliche Verbesserungen durch Siliziumzusätze wirken dabei mit[1]. In der Reihe dieser Werkstoffarten tritt die einsinnige Steigerung der höchsten Gebrauchstemperatur mit zunehmenden Gehalten an Chrom und Nickel deutlich hervor.

Daneben gibt es noch eine Gruppe mit kleinem Nickelgehalt und einem aus Ferrit und Austenit bestehenden Mischgefüge, die in Folge des hohen Chromgehalts ebenfalls bis etwa 1100 °C verwendbar ist.

Nach Abb. 168 liegen die technischen Werkstoffe in heterogenen Gebieten. An dieser Tatsache ändert sich praktisch nichts dadurch, daß die Phasengrenzen nicht nur durch die Hauptbestandteile Eisen, Chrom und Nickel, sondern auch durch die Anwesenheit weiterer Elemente bestimmt werden. Von den *18/8-Stählen* ist bekannt, daß sie sich mehr oder weniger in Ferrit umwandeln können und daß in ihnen nach entsprechender Vorbehandlung auch die σ-Phase gefunden wird[2]; deren Bildung ist auch in Stählen hoher Reinheit mit 18% Cr und 10% Ni sichergestellt[3]. Da die Zunderbeständigkeit der Stähle mit 18% Cr und 8% Ni an der unteren Grenze des von uns betrachteten Bereichs liegt, wollen wir auf die Legierungstechnik und die ganze Problematik dieser Werkstoffgruppe nicht in aller Ausführlichkeit eingehen, sondern auf zusammenfassende Darstellungen verweisen[4]. Wegen der außerordentlichen technischen Bedeutung hinsichtlich Rost- und Korrosionsbeständigkeit sind diese Legierungen jedoch so eingehend untersucht, daß wir für die Darlegung der grundsätzlichen Vorgänge und Erscheinungen auf einzelne Beispiele auch aus diesem Konzentrationsbereich zurückkommen werden.

Das Verhalten der nickelhaltigen Chromstähle ist im wesentlichen durch die Wechselbeziehungen zwischen Ferrit, Austenit und σ-Phase bestimmt. Die σ-Phase bildet sich aus dem Ferrit wesentlich schneller als aus dem Austenit. Daher ist die ferrit- oder austenitstabilisierende Wir-

---

[1] RIEDRICH, G.: Stahl u. Eisen 61 (1941) 852.
[2] BUCHHOLTZ, H., H. KRÄCHTER u. F. KRAEMER: Arch. Eisenhüttenw. 24 (1953) 113.
[3] ROSENBERG, S. J., u. C. R. IRISH: Metal Progr. 61 (1952) (H. 5) 92.
[4] HOUDREMONT, E.: Handbuch der Sonderstahlkunde: Berlin/Göttingen/Heidelberg: Springer; Düsseldorf: Stahleisen 1956, S. 644ff. und 706ff.

kung weiterer Legierungszusätze auch gerade im Hinblick auf die
σ-Phase besonders zu beachten.

Abb. 169 zeigt den Einfluß des Siliziums auf die Lage der Phasengrenzen[1,2]. Es weitet hier ebenso wie bei den rein ferritischen Stählen den Bereich der σ-Phase aus.

Die Stabilität des Austenits läßt sich durch magnetische Messungen von kaltverformten Proben bestimmen. Eine Verformung wirkt stets in Richtung auf stabileres Gefüge; sie wandelt also einen nicht ganz beständigen Austenit mehr oder weniger in Ferrit um. Da der Austenit

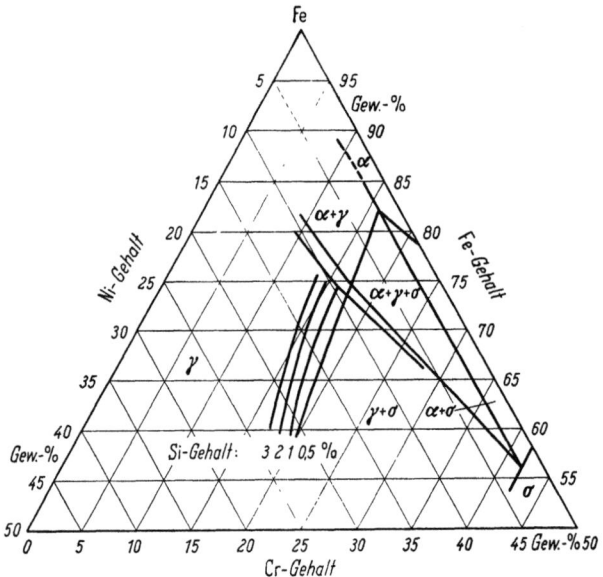

Abb. 169. Einfluß von Siliziumzusätzen auf die Lage der Phasengrenzen im Eisen-Chrom-Nickel-Diagramm bei 650 °C, nach NICHOLSON, SAMANS und SHORTSLEEVE

in den hier betrachteten Konzentrationsbereichen unmagnetisch, der Ferrit dagegen ferromagnetisch ist, gibt die Höhe der magnetischen Sättigungsinduktion unmittelbar ein Maß für die Ferritmenge (Abb. 170)[3]. Die im Ferrit vorkommende 475°-Versprödung wird durch eine Härtesteigerung empfindlich angezeigt, während die zwischen 500° und 900 °C entstehende σ-Phase neben einer Härtezunahme insbesondere auch zu einem ganz beträchtlichen Abfall der Kerbschlagzähigkeit führt[2], ver-

---

[1] NICHOLSON, M. E., C. H. SAMANS u. F. J. SHORTSLEEVE: Trans. A.S.M. 44 (1952) 601.
[2] TALBOT, A. M., u. D. E. FURMAN: Trans. A.S.M. 45 (1953) 429.
[3] HOUDREMONT, E.: Handbuch der Sonderstahlkunde, Berlin/Göttingen/Heidelberg: Springer; Düsseldorf: Stahleisen 1956, S. 708.

bunden mit einer Abnahme der Sättigungsinduktion, soweit die Bildung wirklich aus Ferrit erfolgt.

Die ferritstabilisierenden Elemente Silizium, Molybdän, Titan, Niob und Vanadin begünstigen die Entstehung der σ-Phase[1,2,3]; besonders rasch bildet sie sich in molybdänhaltigen Chromnickelstählen[1,3,4]. Diese Beobachtung ist in anderem Zusammenhang wichtig, weil Molybdän-Zusätze wegen ihrer vorteilhaften Wirkung auf die Korrosionsbeständigkeit beliebt sind; im Hinblick auf die Zunderfestigkeit sind sie nicht günstig. Die Wirkung von Titan und Niob wird dadurch verstärkt, daß diese Zusätze die Austenitbildner Kohlenstoff und Stickstoff abbinden, wodurch sie zu vermehrter Ferritbildung beitragen. Austenitstabilisie-

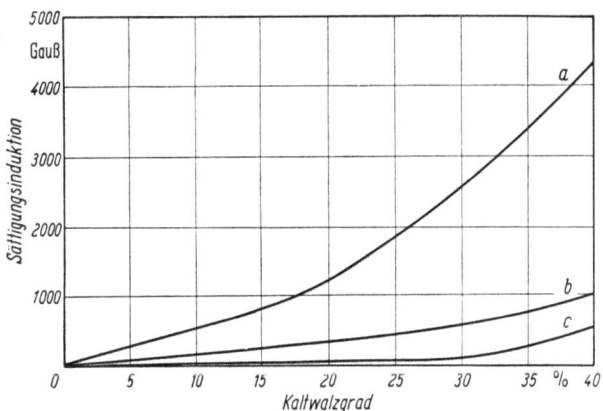

Abb. 170. Änderung der Sättigungsmagnetisierung von nickelhaltigen Chromstählen infolge einer teilweisen, durch Kaltverformung herbeigeführten Gitterumwandlung, nach HOUDREMONT, a 18% Cr, 8% Ni; b 23% Cr, 4% Ni, 0,25% N; c 12% Cr, 12% Ni

rende Zusätze, wie Kohlenstoff, Stickstoff und Mangan, drängen die σ-Phase zurück.

Die Chromkarbide sind leicht metallographisch nachzuweisen. Sie bilden sich bevorzugt an den Korngrenzen und in deren Nähe. Ihre eigene Versprödungswirkung wird erst bei Kohlenstoffgehalten von mehr als 0,2% beträchtlich. Ähnlich ist der Einfluß eines Stickstoffgehaltes[1,5,6]. doch erzeugen die Nitride stärkere Versprödung.

[1] BAERLECKEN, E., u. W. HIRSCH: Stahl u. Eisen 75 (1955) 570.
[2] BINDARI, A. E., P. H. KOH u. O. ZMESKAL: Trans. A.S.M. 43 (1951) 226, 236.
[3] MORLEY, J. J., u. H. W. KIRKBY: J. Iron Steel Inst. 172 (1952) 129.
[4] BUCHHOLTZ, H., H. KRÄCHTER u. F. KRAEMER: Arch. Eisenhüttenw. 24 (1953) 113.
[5] DULIS, E. J., u. G. V. SMITH: Trans. A.I.M.M.E. 194 (1952) 1083 [in J. Metals 4 (1952)].
[6] TISINAI, G. F., J. K. STANLEY u. C. H. SAMANS: Trans. A.I.M.M.E. 200 (1954) 1259 [in J. Metals 6 (1954)].

Wie erwähnt, hängt die Bildungsgeschwindigkeit der σ-Phase vom Ausgangsgefüge ab. Die daraus entstandene Annahme, σ könne sich nur aus Ferrit oder auf dem Umweg über Ferrit bilden, ist aber widerlegt. Auch in den Stählen mit 25% Cr und 20% Ni (Abb. 168), die weit von den ferritischen Bereichen entfernt sind, ist die σ-Phase nach geeigneten

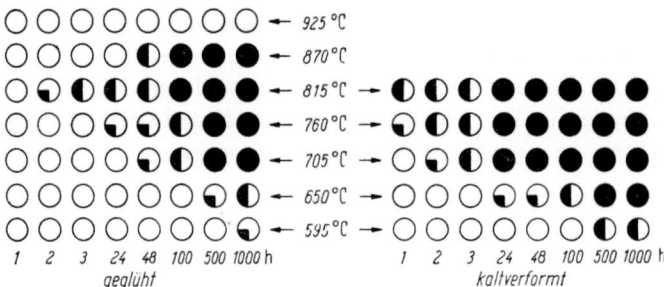

Abb. 171. Abhängigkeit der σ-Phasenbildung von Zeit, Temperatur und Vorbehandlung in einem austenitischen Chromstahl mit 25% Cr und 20% Ni, nach EMMANUEL. Der Mengenanteil von σ im Gefüge ist durch den Ausfüllungsgrad der Kreise angedeutet

Wärmebehandlungen eindeutig metallographisch und röntgenographisch nachgewiesen[1, 2, 3, 4]. Wie in anderen Fällen wird ihre Ausbildung durch

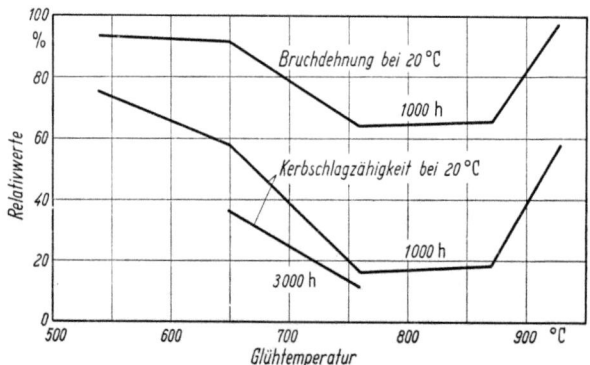

Abb. 172. Einfluß der σ-Phasenbildung auf die mechanischen Eigenschaften bei Raumtemperatur. Glühungen von 1000 und 3000 Std. Dauer eines technischen austenitischen Chromstahls mit 25% Cr und 20% Ni, nach EMMANUEL

eine vorausgehende Kaltverformung beschleunigt (Abb. 171). Abb. 172 zeigt die Auswirkungen auf die mechanischen Eigenschaften; da die

---

[1] BARNETT, W. J., u. A. R. TROIANO: Metal Progr. 53 (1948) 366.
[2] LISMER, R. E., L. PRYCE u. K. W. ANDREWS: J. Iron Steel Inst. 171 (1952) 49.
[3] EMMANUEL, G. N.: A.S.T.M.-Symp. on the Nature, Occurrence and Effects of Sigma Phase, 1950, 82.
[4] SMITH, G. V., E. J. DULIS u. H. S. LINK: Weld.-I. 30 (1951) 385 S.

Kohlenstoffgehalte der untersuchten Legierungen 0,07 bis 0,09% betrugen, können auch Karbide beteiligt sein. Der Einfluß der σ-Phase auf Festigkeit und Duktilität wurde ferner von SMITH und DULIS[1] geprüft. Eine ausführliche Untersuchung über die Bildung der σ-Phase in Stählen mit 25% Cr und 20% Ni und über die Einflüsse weiterer Legierungselemente wurde von MORLEY und KIRKBY[2] unternommen. Diese Autoren haben einen bemerkenswerten Einfluß der Wärmevorbehandlung und der dadurch bestimmten Gefügeausbildung auf die bei 800 °C entstehende σ-Phase gefunden. Der Einfluß ist verständlich, da die σ-Phase bevorzugt an den Korngrenzen auftritt. Bei sehr grobem Gefüge bildet sie sich auch im Inneren der Körner, in Gestalt plattenförmiger Teilchen, zwar langsamer, aber mit viel stärkerer Versprödungswirkung. Durch anodische Behandlung in einer Lösung von Kaliumjodid und Zitronensäure wurden

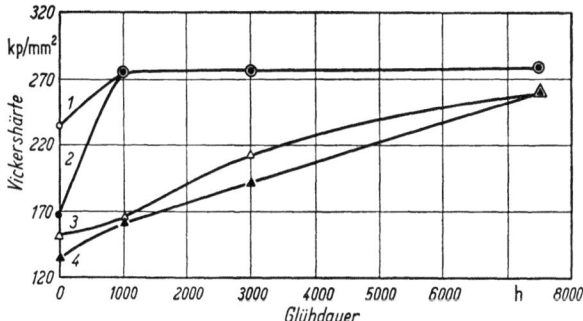

Abb. 173. Abhängigkeit der Härte eines austenitischen Chromstahls (27,2% Cr, 22,2% Ni, 0,5% Si, 1,8% Mn, 0,07% C) von der Glühdauer bei 700 °C, nach SMITH, DULIS und LINK.
Vorbehandlung: *1* Glühung bei 930 °C mit Luftabkühlung, *2* Glühung bei 1040 °C mit Luftabkühlung, *3* Glühung bei 1150 °C mit Luftabkühlung, *4* Glühung bei 1260 °C mit Luftabkühlung

σ-Körner isoliert, deren Analyse nach Abzug der Chromkarbide folgende ungefähre Zusammensetzung zeigte: 42% Cr, 10% Ni, 3% Si, Rest Fe.

In Stählen mit 25% Cr und 20% Ni wurde die σ-Phase auch nach Glühungen bei 900 °C und höher festgestellt. In großer Menge, bis zu 40% des Gefüges, bildete sie sich durch Glühungen bei 700 °C (bis zu 7500 Std. Dauer). Der Härteanstieg erfolgte dabei um so langsamer, bei je höherer Temperatur die Proben vorher geglüht worden waren (Abb. 173). Der Einfluß der Vorbehandlung wurde auf die Verteilung der Karbide und die damit zusammenhängenden lokalen Konzentrationsschwankungen der Matrix und außerdem, wie bei MORLEY und KIRKBY[2], auf die Korngröße zurückgeführt[3].

---

[1] SMITH, G. V., u. E. J. DULIS: A.S.T.M.-Symp. on Strength and Ductility of Metals at Elevated Temperatures, 1953, S. 225.
[2] MORLEY, J. J., u. H. W. KIRKBY: J. Iron Steel Inst. 172 (1952) 129.
[3] s. Vorseite [4] SMITH, G. V., E. J. DULIS u. H. S. LINK.

Die Bildung der σ-Phase in nickelhaltigen Chromstählen erfolgt nach einer *C-Kurve* im Temperatur-Zeit-Schaubild, wie sie auch für den entsprechenden Vorgang in binären Eisen-Chrom-Legierungen gefunden wird. Die Entstehung dieser Kurvenform geht sehr anschaulich aus dem linken Teil von Abb. 171 hervor[1]. Die folgende Tab. enthält Ergebnisse einer derartigen Untersuchung[2]. Verwendet wurden dabei Feilspäne

Hauptbestandteile (außer Eisen) %		Temperatur max. Bildungs- geschwin- digkeit	Anlaßzeit (Std.) bis zur Bildung nachweisbarer σ-Keime				obere Grenz- tempe- ratur für σ-Bildung
			Feilspäne nach Abschrecken von		massive Proben vorbehandelt bei		
Cr	Ni	°C	950 °C	1230 °C	1000 °C	1230 °C	°C
18	8	600	3—7	150—1000	—	—	700
25	12	790	<0,05	<0,05	100—500	>2000	900
25	20	820	<0,03	<0,03	≥20	≥2000	980

als stark kaltverformtes Material und geglühte massive Proben. Die angegebenen Vorbehandlungen (bei 950° und 1230 °C) wurden vor dem Zerfeilen vorgenommen. Wieder bestätigt sich besonders die beschleunigende Wirkung einer Kaltverformung.

In Abb. 174 sind die wichtigsten Versprödungserscheinungen und ihre Ursachen übersichtlich zusammengefaßt[3].

Obwohl die σ-Phase wegen ihrer Sprödigkeit im allgemeinen gefürchtet ist, gibt es Fälle, in denen die durch ihre Entstehung bewirkte Härtesteigerung bei hitzebeständigen Legierungen technisch ausgenutzt werden kann, beispielsweise in austenitisch-ferritischen Stählen mit 23—25% Cr, 3—6% Ni, 0,5—1,5% Si, 0,2—0,4% C und weiteren Zusätzen (2—4,5% Mo oder 4—5% Mn)[4].

Der metallographische Nachweis der σ-Phase neben Austenit, Ferrit und Karbid ist nicht einfach. EMMANUEL[5] stellt vier mögliche Ätzverfahren für σ-haltiges Gefüge in Stählen mit 25% Cr und 20% Ni zusammen. Danach lassen sich die Korngrenzen der σ-Phase durch sehr kurzzeitiges elektrolytisches Ätzen in Oxalsäure sichtbar machen. Königswasser führt zu einem starken Angriff, der zunächst die σ-Kristalle und die Karbide sichtbar werden läßt, dann aber die σ-Körner ganz herauslöst. Mit MURAKAMI's Reagenz in konzentrierter Form (30 g $K_3Fe(CN)_6$ und 30 g KOH in 60 ml Wasser) wird die σ-Phase bevorzugt angeätzt; schließlich wird auch noch die thermische Färbung durch Erhitzen polierter Schliffe in Luft auf 650 °C erwähnt, bei der zuerst die Austenit- und dann die

---
[1] s. S. 204 [3] EMMANUEL, G. N.
[2] TISINAL, G. F., J. K. STANLEY u. C. H. SAMANS: Trans. A.I.M.M.E. 206 (1956) 600 [in J. Metals 8 (1956)].
[3] HOCH, G.: Arch. Eisenhüttenw. 23 (1952) 257.
[4] GILMAN, J. J.: Trans. A.S.M. 43 (1951) 161.
[5] EMMANUEL, G. N.: Metal Progr. 52 (1947) (H. 1) 78.

σ-Kristalle die Skala der Anlauffarben durchlaufen, während die Karbide weiß bleiben.

LISMER, PRYCE und ANDREWS[1] nennen neben Oxalsäure folgende Ätzmöglichkeiten:
1. Elektrolytisches Ätzen in 10%iger Natriumcyanidlösung; dadurch werden zuerst die Karbide sichtbar gemacht.
2. Salzsäure-Salpetersäure-Wasser (50:5:50).
3. MURAKAMI's Reagenz in geeigneter Konzentration. Durch sekundenlanges Eintauchen bei 80 °C werden nicht zu kleine σ-Teilchen gefärbt, wobei die Farbe zwischen gelblich und hellblau wechselt.

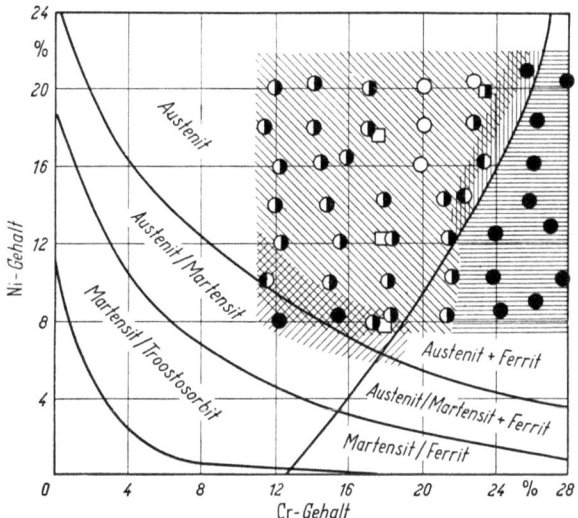

Abb. 174. Gefüge und Versprödungsursachen nickelhaltiger Chromstähle (○ mit etwa 0,1% C, □ mit etwa 0,04% C) nach 1000stündiger Glühung bei 800 °C, nach HOCH.
\\\\\ Karbidausscheidung   ≡≡≡ σ aus Ferrit
///// Ausscheidung von α-Eisen ||||| σ aus Austenit
Versprödungsgrad: ○ □ 0 bis 30%; ◐◧ 30 bis 50%; ◉ 50 bis 70%; ● 70 bis 100%

4. Elektrolytisches Ätzen in einer Lösung von 10% Kupfersulfat und 10% Schwefelsäure in Wasser, mit einer Stromdichte von 30 bis 100 mA/cm² und Zeiten von etwa 50 Sekunden.

5. Ätzung durch Anlauffarben (20 Minuten bei 650 °C). Austenit erscheint blau bis purpur, Ferrit blaßgelb, σ orange bis bronzefarben, Karbid weiß.

DULIS und SMITH[2] geben eine Reihe von Ätzverfahren und zahlreiche Gefügebilder. In vielen Fällen bewährten sich nach sorgfältiger Probenvorbereitung folgende Ätzmittel:

---
[1] LISMER, R. E., L. PRYCE u. K. W. ANDREWS: J. Iron Steel Inst. 171 (1952) 49.
[2] DULIS, E. J., u. G. V. SMITH: A.S.T.M.-Symp. on the Nature, Occurrence and Effects of Sigma Phase, 1950, 3.

1. Pikrinsäure-Salzsäure, alkoholische Lösung: Sichtbarmachung des Gefüges.
2. Alkalische Ferricyanidlösung bei Raumtemperatur: Färbung der Karbide, kein Angriff von Ferrit und σ-Phase.
3. Elektrolytische Ätzung in Chromsäure: Schneller Angriff der σ-Phase und der Karbide.

LENA[1] stellt zur Unterscheidung der Karbide von den σ-Teilchen folgende Ätzmittel zur Wahl: Königswasser, Kupfersulfat, Eisenchlorid-Salzsäure-Lösung, elektrolytisches Ätzen in Natriumcyanid oder Chromsäure. Die Karbide bleiben in fast allen Fällen als Relief stehen, während σ angegriffen wird; nur die elektrolytische Ätzung in Natriumcyanid hat die umgekehrte Wirkung.

Eine weitere, für zahlreiche rostfreie Chromnickelstähle geeignete Methode wird von GILMAN[2] genannt:

1. Pikrinsäure — Salzsäure (wie oben).
2. Elektrolytische Ätzung in $10n$ Kaliumhydroxyd: Färbung der σ-Kristalle.
3. Elektrolytische Ätzung in konzentriertem Ammoniumhydroxyd: Färbung der Karbide.

Die elektrolytische Ätzung in $10\,n$ Natriumhydroxydlösung unter Verwendung eines elektronischen Potentiostaten wurde von SCHAARWÄCHTER, LÜDERING und NAUMANN[3] empfohlen.

GILMAN hat ferner gezeigt, daß die von anderen Autoren metallographisch beobachteten Risse nur in den durch die Ätzung entstehenden Oberflächenfilmen, nicht aber in den σ-Kristallen selbst vorhanden sind.

Eine sichere Identifizierung der σ-Phase gelingt stets röntgenographisch. Hierzu ist es oft vorteilhaft, die σ-Teilchen durch anodisches Herauslösen der Grundsubstanz reliefartig zu isolieren[1,4,5].

Die in Tab. 11 eingetragenen Eigenschaften der austenitischen Chromstähle gelten für den weichen Zustand, und zwar nach einer Glühung, die keine Umwandlung in andere Gefügebestandteile (α, σ) herbeigeführt hat. Gegenüber den nickelfreien Chromstählen fallen folgende Unterschiede auf.

Die Schmelztemperaturen, die auch hier etwa die Mitte des Schmelzintervalls zwischen Solidus- und Liquiduslinie repräsentieren, liegen durchweg etwas niedriger, ebenso die Wärmeleitfähigkeiten. Bemerkenswert ist die wesentlich größere Wärmeausdehnung. Dies ist ganz allgemein

---

[1] LENA, A. J.: Metal Progr. 66 (1954) (H. 3) 122.
[2] GILMAN, J. J.: Trans. A.S.M. 44 (1952) 566.
[3] SCHAARWÄCHTER, W., H. LÜDERING u. F. K. NAUMANN: Arch. Eisenhüttenw. 31 (1960) 385.
[4] BARNETT, W. J., u. A. R. TROIANO: Metal Progr. 53 (1948) 366.
[5] KOH, P. K.: Trans. A.I.M.M.E. 197 (1953) 339 [in J. Metals 5 (1953)].

Chromstähle

eine Folge des austenitischen Gefügeaufbaues; der Ausdehnungskoeffizient kann unmittelbar als Indikator für die Struktur dienen. Parallel dazu geht der Ferromagnetismus, der in den hier betrachteten Konzentrationsbereichen nur dem Ferrit eigentümlich ist. So werden im gleichen Maß, wie etwa die in Folge einer geeigneten Schlußglühung zunächst austenitisch vorliegende Legierung Nr. 12 (rund 18% Cr, 8% Ni) durch eine nachträgliche Kaltverformung zur teilweisen Umwandlung gebracht wird, der Ferromagnetismus hervorgerufen und verstärkt (vgl. Abb. 170) und der Ausdehnungskoeffizient erniedrigt. Folgerichtig liegt auch der Aus-

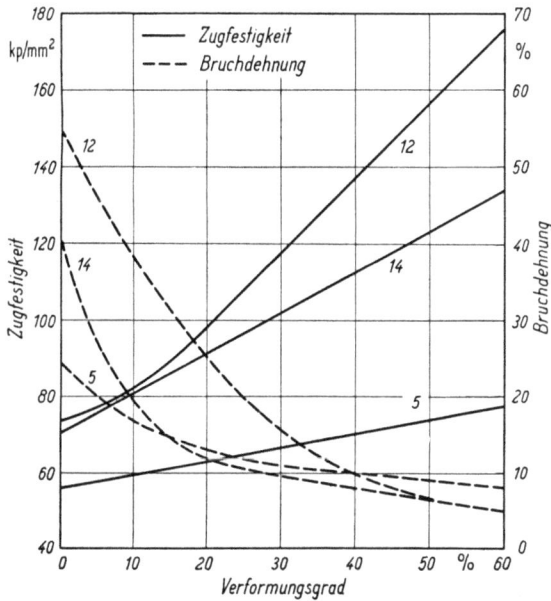

Abb. 175. Verfestigung von Drähten aus Chromstählen durch Kaltziehen. Die Zahlen stimmen mit den Nummern in Tab. 11 überein

dehnungskoeffizient der Legierung Nr. 11 (25% Cr, 4% Ni) mit austenitisch-ferritischem Mischgefüge zwischen den Werten der nickelfreien ferritischen und der nickelhaltigen austenitischen Chromstähle. Weiter fällt auf, daß trotz ähnlicher Werte für Streckgrenze und Zugfestigkeit die Bruchdehnungen der austenitischen Chromstähle um den Faktor 2 bis 3 größer sind als die der ferritischen. Darin äußert sich die ganz wesentlich höhere Duktilität der nickelhaltigen Chromstähle. Das verschiedenartige Verhalten der beiden Werkstoffgruppen bei mechanischer Beanspruchung zeigt sich auch in der Verformungsverfestigung, für die Abb. 175 Beispiele bringt[1]. Der starke Festigkeitsanstieg des Stahls mit

---

[1] Am. Soc. Test. Mat., Data on Corrosion- and Heat-Resistant Steels and Alloys — Wrought and Cast, Special Techn. Publ. Nr. 52-A, 1950.

210   Technische Legierungen

18% Cr und 8% Ni (Nr. 12) ist allerdings nicht nur auf die austenitische Struktur, sondern auch auf die mit der Verformung einhergehende teilweise Umwandlung in Ferrit (Martensit) zurückzuführen. Auf die charakteristischen Unterschiede in den mechanischen Eigenschaften bei höheren Temperaturen kommen wir noch zurück.

Wenn auch die bisher besprochenen Eigentümlichkeiten den austenitischen Chromstählen einen Vorrang zu geben scheinen, so sind in der Beständigkeit gegen schwefelhaltige Glühatmosphären die nickelfreien Werkstoffe stark überlegen. Wie in Kapitel G ausführlich dargelegt wird, bringt ein Nickelgehalt stets eine mehr oder weniger große Anfälligkeit gegen Korrosion durch Schwefel mit sich. Auch wirtschaftliche Erwägun-

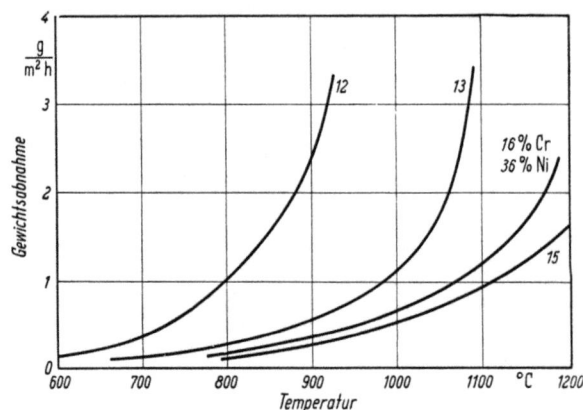

Abb. 176. Verzunderung austenitischer Chromstähle. Die Zahlen stimmen mit den Nummern der Tab. 11 überein

gen (Einsparung an Nickel) sprechen zugunsten der ferritischen Stähle. Auf der anderen Seite sind deren Versprödungserscheinungen (475°-Versprödung, σ-Bildung, Kornvergröberung) zahlreicher, da die austenitischen Stähle nur durch σ-Bildung verspröden können.

Abb. 176 zeigt als Maß für die Verzunderungsgeschwindigkeit die Abhängigkeit der Gewichtsabnahme von der Temperatur für einige nickelhaltige Stähle[1]. In den Abbildungen 177 und 178 sind Ergebnisse von Zunderversuchen bei zyklischer Temperaturbeanspruchung dargestellt[2]. Hierbei wurden bandförmige Proben (0,8 mm × 19 mm × 76 mm) in regelmäßigem Wechsel 15 Minuten lang in einem senkrechten Ofen erhitzt und 5 Minuten in freier Luft abgekühlt. Die

---

[1] Deutsche Edelstahlwerke AG, Krefeld: Thermax-Stähle (hochhitzebeständig), 1958.

[2] EISELSTEIN, H. L., u. E. N. SKINNER: Symp. on Effect of Cyclic Heating and Stressing on Metals at Elevated Temperatures. A.S.T.M. Spec. Techn. Publ. Nr. 165 (1954) S. 162.

Chromstähle

Versuchsdauer betrug 1000 Stunden; nach je 100 Stunden wurde die Gewichtsänderung bestimmt. Man sieht deutlich die verhältnismäßig kleine Zunderbeständigkeit der wegen ihrer Korrosionsfestigkeit weit

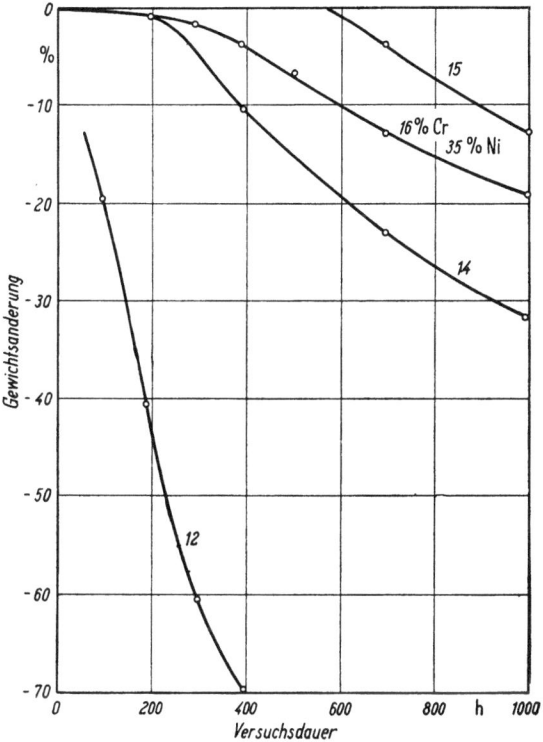

Abb. 177. Verzunderung nickelhaltiger Chromstähle bei 980 °C, bei zyklischer Beanspruchung, nach EISELSTEIN und SKINNER. Die Zahlen stimmen mit den Nummern der Tab. 11 überein.

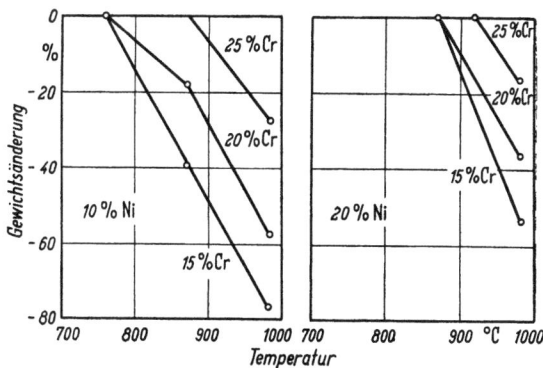

Abb. 178. Verzunderung von Eisen-Chrom-Nickel-Legierungen in 1000 Std. bei zyklischer Beanspruchung, nach EISELSTEIN und SKINNER.

verbreiteten *18/8-Stähle*. Ferner zeigt sich die förderliche Wirkung größerer Nickelgehalte, eine Tendenz, die bei den später zu besprechenden Heizleiterlegierungen ebenfalls eine Rolle spielt.

Wie schon früher dargelegt wurde, wird auch hier die Zunderfestigkeit bestimmt durch den Aufbau der Oxydschicht, der seinerseits weitgehend von der Stahlzusammensetzung abhängt[1]. Nach Oxydation bei 600 °C und bei 815 °C besteht der Zunder des Stahls mit 18% Cr und 8% Ni (Nr. 12 in Tab. 11) aus Fe_2O_3 und einem Spinell, dessen Zusammensetzung von $NiCr_2O_4$ über $FeCr_2O_4$ und $NiFe_2O_4$ bis zu $FeFe_2O_4$ variieren kann. Die Oxydschicht des weit zunderbeständigeren Stahls mit 25% Cr und 20% Ni (Nr. 15 in Tab. 11) enthält dagegen in der Hauptsache Cr_2O_3 und ebenfalls einen Spinell, allerdings nur in kleiner Konzentration; seine Zusammensetzung ist vermutlich $MnCr_2O_4$, wie sie auch bei den zunderfesten nickelfreien Chromstählen gefunden wurde. SCHEIL und KIWIT[2] erkannten an den nickelhaltigen Chromstählen ebenfalls das Cr_2O_3 als den wesentlichen Träger der Zunderfestigkeit (s. auch S. 199). Erst bei Chromgehalten unter 14% und gleichzeitiger Anwesenheit von rund 20% Ni fanden sie Spinellstrukturen, deren Auftreten parallel ging mit einem raschen Anstieg der Verzunderungsgeschwindigkeit.

c) Zunderfeste Gußlegierungen

Bei den bisher besprochenen Chromstählen mußte die Zusammensetzung stets eine gute Verformbarkeit gestatten. Diese Beschränkung tritt ganz in den Hintergrund, wenn man auf spanlose Verformung verzichtet und die Legierungen als Gußstücke verwendet, ein Weg, der sich im vorliegenden Zusammenhang schon deshalb anbietet, weil wir es meist mit Konstruktionsteilen zu tun haben, die sich verhältnismäßig leicht und wirtschaftlich durch Formguß herstellen lassen.

Das unlegierte Gußeisen selbst ist keinesfalls als oxydationsbeständig anzusprechen. Durch Zusätze von Silizium oder Aluminium läßt sich jedoch bereits eine gewisse Zunderfestigkeit erzielen. Bei Kohlenstoffgehalten zwischen 2 und 3,5% fand THYSSEN[3] eine beträchtliche Abnahme der Verzunderung bei 950 °C durch Zusätze von mindestens 5% Si und ein ausgesprochenes Minimum bei rund 7% Si. Ähnliche Wirkungen erzielte ein Aluminiumzusatz zu Gußlegierungen mit 2 bis 3,5% C und 1,8 bis 2,2% Si, wie Abb. 179 für eine fünfstündige Erhitzung auf 950 °C zeigt. Bei wenig mehr als 5% Al sinkt die Gewichtszunahme durch Oxyda-

---

[1] RADAVICH, J. F.: A.S.T.M. Spec. Techn. Publ. Nr. 171 (Basic Effects of Environment on the Strength, Scaling and Embrittlement of Metals at High Temperatures), 1955, S. 14, 89.

[2] SCHEIL, E., u. K. KIWIT: Arch. Eisenhüttenw. 9 (1935/36) 405.

[3] THYSSEN, M. H.: J. Iron Steel Inst. 130 (1934) 153.

tion auf sehr kleine Beträge ab und behält die niedrigen Werte bis mindestens 18% Al bei.

Solche zunderbeständigen Gußeisensorten sind jedoch spröde und wenig widerstandsfähig gegenüber mechanischen Beanspruchungen. Deshalb haben gegossene Chromstähle mit erhöhter Zähigkeit eine weit größere Bedeutung erlangt. Gerade wegen der Zähigkeit beschränkt man dabei den zur besseren Gießbarkeit notwendigen Kohlenstoffgehalt in den meisten Fällen auf weniger als 1%.

Zunächst sind die nickelfreien ferritischen chromhaltigen Gußlegierungen zu nennen. Deren physikalische Eigenschaften halten sich in üblichem Rahmen. Der Einfluß des Kohlenstoffgehalts auf die Verzunderung setzt sich aus mehreren Anteilen zusammen. Kohlenstoff erniedrigt die Schmelztemperatur, was aber im Vergleich zu den Anwendungstemperaturen nicht ins Gewicht fällt. Durch Abbindung von Chrom zu Karbiden vermindert er außerdem den eben durch Chrom bewirkten Oxydationsschutz. Trotzdem haben OERTEL und LANDT[1] eine Abnahme der Verzunderungsgeschwindigkeit bei steigendem Kohlenstoffgehalt bis zu einem Minimum bei rund 1% C gefunden, allerdings nur bei Chromgehalten von 10 und 20%, während bei 30% Cr die Verzunderung durch Kohlenstoff einsinnig verstärkt wurde. Im Zusammenhang mit Gefügeuntersuchungen schlossen die Verfasser, daß die Wirkung des Kohlenstoffs primär in der Aufrechterhaltung des austenitischen Gefüges bestünde, das der Verzunderung einen größeren Widerstand entgegensetzte als der Ferrit. In der Tat findet sich auch beim reinen Eisen eine derartige Abhängigkeit des Verzunderungsverlaufs vom Gefügeaufbau angedeutet[2].

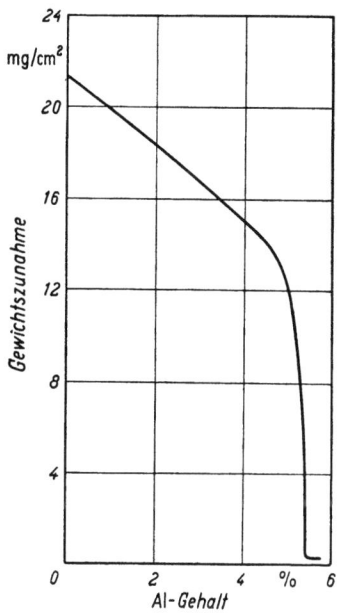

Abb. 179. Einfluß des Aluminiumgehalts auf die Verzunderung von Gußeisen (2 bis 3,5% C, 0,3 bis 0,5% Mn, 1,8 bis 2,2% Si) in 5 Std. bei 950 °C, nach THYSSEN

Eine beträchtliche Erhöhung der Zähigkeit bei Raumtemperatur und eine wesentliche Verbesserung der mechanischen Eigenschaften bei hohen Temperaturen erzielt man, wie bei den Knetlegierungen, durch den Übergang auf nickelhaltige austenitische Werkstoffe. Tab. 12 ent-

---
[1] OERTEL, W., u. W. LANDT: Stahl u. Eisen 57 (1937) 764.
[2] FISCHBECK, K., u. F. SALZER: Metallwirtsch. 14 (1935) 733.

Tabelle 12. *Zunderfeste Gußlegierungen*,

Lfd. Nr.	Etwa entsprechend Stahl-Eisen-Werkstoffblatt 471-60	A.C.I. Typ	Zusammensetzung, Gew.-%				
			Cr	Ni	Si	Mn, max.	C
16	G×30 CrSi 6		6— 8	—	1,5—2,5	1	0,2 —0,4
17	G×40 CrSi 17		16—18	—	1—2,5	1	0,3 —0,5
18	G×40 CrSi 22		21—23	—	1—2,5	1	0,3 —0,5
19	G×40 CrSi 29		27—30	—	1—2,5	1	0,3 —0,7
20	G×130 CrSi 29		27—30	—	1—2,5	1	1,2 —1,4
21	G×40 CrNi 27 4	HC	26—30	≤ 5	1—2	1	0,2 —0,5
22		HD	26—30	4— 7	1—2	1,5	0,2 —0,5
23		HE	26—30	8—11	1—2	2	0,2 —0,5
24	G×40 CrNiSi 22 9	HF	19—23	9—12	1—2,5	2	0,2 —0,5
25	G×25 CrNiSi 20 14		19—21	13—15	1—2,5	1,5	0,2 —0,3
26	G×35 CrNiSi 25 12	HH	24—28	11—15	1—2,5	2	0,2 —0,5
27	G×40 CrNiSi 26 14	HI	26—30	14—18	1—2,5	2	0,2 —0,5
28	G×40 CrNiSi 25 20	HK	24—28	18—22	1—2,5	2	0,2 —0,6
29		HL	28—32	18—22	1—2	2	0,2 —0,6
30		HN	19—23	23—27	1—2	2	0,2 —0,5
31	G×40 NiCrSi 36 16	HT	13—18	33—38	1—2,5	2	0,35—0,75
32		HU	17—21	37—41	1—2,5	2	0,35—0,75
33		HW	10—14	58—62	1—2,5	2	0,35—0,75
34		HX	15—19	64—68	1—2,5	2	0,35—0,75

Lfd. Nr.	Wärmeleitfähigkeit cal/cm sec grad				Ausdehnungskoeffizient 10^{-6} grad^{-1}			Elastizitätsmodul
	20°	500°	800°	1100 °C	20—500°	20—800°	20—1100°	kp/mm²
16	0,045				12,5	13,5		
17	0,045				12,5	13,5		
18	0,045				12,0	14,0		
19	0,045				11,5	14,0		
20	0,045				11,5	14,0		
21	0,048	0,071	0,085	0,100	11,5	12,0	14,0	20400
22	0,048	0,071	0,085	0,100	14,0	15,0	16,5	19000
23			0,041		17,0	18,5	20,0	17600
24	0,035	0,051	0,061	0,071	17,5	18,5	19,0	19700
25	0,035							
26	0,031	0,047	0,058	0,068	17,0	18,0	19,5	19000
27	0,035	0,035			17,5	18,5	19,5	19000
28	0,032	0,043	0,050		16,5	17,5	18,5	20400
29	0,032	0,043	0,050		16,5	17,5	18,5	20400
30								19000
31	0,029	0,046			15,5	16,5	17,5	19000
32		0,037			15,5	16,5	17,5	19000
33	0,030				14,0	15,0	16,5	17600
34					14,0	15,5	17,5	17600

[1] Erste Zahl: <1% Ni, kein N; zweite Zahl: >1% Ni, ≥ 0,15% N.
[2] 24 Std. bei 760 °C geglüht, Ofenkühlung.
[3] 24 Std. bei 760 °C geglüht, Luftkühlung.
[4] 48 Std. bei 980 °C geglüht, Luftkühlung.

Chromstähle

Zusammensetzung und Eigenschaften

Anwendbarkeits- grenze in Luft, °C	Schmelz- temperatur °C, etwa	Dichte g/cm³	Spez. Widerstand Ohm mm²/m	Spez. Wärme cal/g grad
850		7,7		0,12
950		7,7		0,12
1050		7,6		0,12
1150		7,5		0,12
1100		7,5		0,12
1100	1495	7,5	0,77	0,12
1100	1480	7,6	0,81	0,12
1100	1455	7,7	0,85	0,14
1000	1400	7,7	0,80	0,12
1000		7,8		0,12
1100	1370	7,7	0,85	0,12
1150	1400	7,7		0,12
1150	1400	7,8	0,90	0,12
1150	1425	7,7	0,94	0,12
1150	1370	7,8		0,11
1100	1345	8,0	1,00	0,11
1150	1345	8,0	1,05	0,11
1120	1290	8,1	1,12	0,11
1150	1290	8,1		0,11

Zugfestigkeit kp/mm², etwa		Streckgrenze (0,2%) kp/mm², etwa		Bruchdehnung ($L = 50$ mm), %, etwa		Gefüge
Guß	geglüht	Guß	geglüht	Guß	geglüht	
	63				4	ferritisch
	65				2	ferritisch
						ferritisch
						ferritisch
						ferritisch
50/77[1]	81[2]	46/53[1]	56	2/19[1]		ferritisch
						ferritisch und austenitisch
67	63[2]	32	39	20	10	ferritisch und austenitisch
60	70[2]	32	35	25	12	austenitisch
						austenitisch
56	60[2]	35	39	25	11	hauptsächlich austenitisch
56	63[2]	32	46	12	6	austenitisch (Karbide)
53	60[3]	35	35	17	10	austenitisch, Karbide
58		37		19		austenitisch, Karbide
48		27		17		austenitisch, Karbide
49	53[3]	28	32	10	5	austenitisch, Karbide
49	51[4]	28	30	9	5	austenitisch, Karbide
48	59[4]	25	37	4	4	austenitisch, Karbide
46	51[4]	25	31	9	9	austenitisch, Karbide

hält eine große Anzahl ferritischer und austenitischer Legierungen samt ihren wichtigsten Daten. Die Tabelle wurde im wesentlichen nach HOUDREMONT[1] und nach Veröffentlichungen des Alloy Casting Institute (A.C.I.)[2, 3] zusammengestellt.

Sie gibt zur bequemen Kennzeichnung der Werkstoffe auch deren Kurzzeichen nach der deutschen Norm und die A.C.I.-Buchstabensymbole. Abb. 180 zeigt die Einordnung der Legierungen in das Zustands-

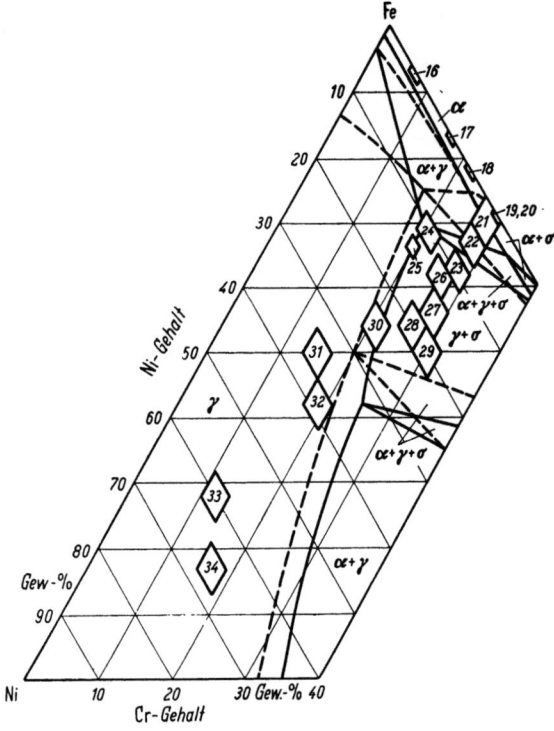

Abb. 180. Zunderfeste Gußlegierungen im Nickel-Chrom-Eisen-Diagramm. Die Zahlen stimmen mit den Nummern der Tab. 12 überein
Phasengrenzen: ——— bei 800 °C — — — bei 650 °C;

---

[1] HOUDREMONT, E.: Handbuch der Sonderstahlkunde, Berlin/Göttingen/Heidelberg: Springer; Düsseldorf: Stahleisen 1956, Tab. 151.

[2] Alloy Casting Institute: Data Sheets, Mineola, N. Y., 1957.

[3] Die Eigenschaftswerte der *Data Sheets* des Alloy Casting Institute unterscheiden sich zum Teil nicht unerheblich von den Angaben einer anderen Veröffentlichung: G. F. GEIGER: Rev. du Nickel 19 (1953) 79, im gleichen Wortlaut erschienen im IV. Congrès International du Chauffage Industriel 1952, Tome 1, Groupe I, Section 16, Nr. 146, S. 1. Doch wurde den Daten des Alloy Casting Institute der Vorzug gegeben, da diese jünger sind. Siehe auch C. K. LOCKWOOD: Product Engng. 26 (1955) 163, dessen Angaben nahezu mit denen der *Data Sheets* von 1957 übereinstimmen.

Chromstähle 217

diagramm. Der Vollständigkeit halber enthalten Tab. 12 und Abb. 180 auch Gußlegierungen mit mehr als 20% Ni und weniger als 50% Fe.

Die Lage der Phasengrenzen, die vom Schaubild der reinen Dreistofflegierungen übernommen wurde, kann hier wegen der gleichzeitigen Anwesenheit von Silizium, Mangan und insbesondere Kohlenstoff nur angenäherte Gültigkeit haben. Trotzdem ordnet sich der beobachtete Gefügeaufbau in großen Zügen gut in die Phasenfelder ein. Wie bei den Knetlegierungen besteht auch hier eine enge Verknüpfung zwischen Gefüge und Wärmeausdehnung; man vergleiche den niedrigen Ausdehnungskoeffizienten der ferritischen Werkstoffe Nr. 16 bis 21 mit dem mittelgroßen der ferritisch/austenitischen Nr. 22 und 23 und dem hohen der austenitischen Nr. 24 bis 29 in Tab. 12. In den austenitischen Legierungen sinkt der Ausdehnungskoeffizient mit steigendem Nickelgehalt und abnehmendem Eisengehalt langsam auf den Wert des reinen Nickels.

Die Gußlegierung mit 26% Cr und 13% Ni (Nr. 26) liegt so nahe an der Phasengrenze, daß ihr Gefügeaufbau empfindlich von der Zusammensetzung abhängt. Sie kommt daher in zwei Spielarten vor, eine mit starker Neigung zur Ferritbildung, die andere mit vollstabilisiertem Austenit.

In allen ferritischen oder ferrithaltigen Legierungen kann durch Wärmebehandlung im Temperaturgebiet zwischen 700° und 800 °C verhältnismäßig leicht die σ-Phase entstehen. Aus dem Austenit bildet sie sich schwerer, doch kommt sie in Übereinstimmung mit den früheren Ausführungen auch in den Gußlegierungen Nr. 27 bis 29 vor, nicht mehr dagegen in den Werkstoffen Nr. 30 bis 34.

Der verhältnismäßig große Kohlenstoffgehalt der Gußlegierungen ruft einen gewissen Karbidanteil im Gefüge hervor. Die Ausbildungsform der Karbide ist abhängig von der Wärmebehandlung. Im Gußzustand treten die Karbide häufig zu regelrechten Netzwerken zusammen, nach geeigneten Wärmebehandlungen liegen sie dagegen oft in feindisperser Form vor. Diese Unterschiede wirken sich auf die mechanischen Eigenschaften aus, deren Abhängigkeit von der Vorbehandlung dadurch verständlich wird. Die in Tab. 12 angegebenen Glühbehandlungen erhöhen durchweg die Zugfestigkeit und die Streckgrenze und verkleinern die im Gußzustand vorhandene, überraschend hohe Bruchdehnung.

Die Betrachtung der Tab. 12 wirft die Frage auf, ob eine derartige Vielfalt von zunderfesten Gußlegierungen technisch gerechtfertigt ist. Dazu ist auf die mannigfachen Einflüsse der Glühatmosphären hinzuweisen. Die nickelfreien und nickelarmen Werkstoffe bewähren sich in schwefelhaltigen Gasen weit besser. Andererseits zeichnen sich die nickelhaltigen Legierungen durch größere Festigkeit in der Wärme aus, wie wir im nächsten Abschnitt sehen werden. Im allgemeinen ist das

Bestreben zu erkennen, Gußlegierungen mit ähnlichen Zusammensetzungen zu haben, wie sie die Knetlegierungen besitzen, wobei man aber wegen des Verzichts auf Duktilität die Konzentrationen der Bestandteile dem jeweiligen Verwendungszweck entsprechend freier wählen darf.

d) Mechanische Eigenschaften bei hohen Temperaturen

Eingangs wurde erwähnt, daß die nickelfreien und die nickelhaltigen Chromstähle in erster Linie zur Herstellung hitze- und zunderbeständiger Konstruktionsteile dienen. Deshalb seien die für diesen Verwendungszweck besonders wichtigen mechanischen Eigenschaften bei höheren Temperaturen zusammenfassend besprochen. Hierbei wird aber ausdrücklich darauf hingewiesen, daß die Angaben großenteils verschiedenen Firmenschriften entnommen sind. Wegen der Abhängigkeit von den jeweils gewählten Versuchsbedingungen ist es nicht immer möglich, die Einzelwerte quantitativ zueinander in Beziehung zu setzen. Ferner dürfen die in diesem Abschnitt gebrachten Festigkeitswerte nicht als allgemein gültige Konstruktionsunterlagen betrachtet werden. Solche sind vielmehr in jedem Anwendungsfall durch geeignete Prüfverfahren zu ermitteln oder von den Herstellern der Werkstoffe speziell zu erfragen.

Bei Raumtemperatur zeigen die in den Tabellen 11 und 12 gegebenen Festigkeitswerte keine allzu großen Unterschiede, ob es sich um nickelfreie oder nickelhaltige, um Knet- oder Gußlegierungen handelt. Die Bruchdehnung variiert natürlich in Abhängigkeit von der Struktur und der Herstellungsart stärker.

Wesentlich differenzierter werden die mechanischen Eigenschaften bei erhöhten Temperaturen, wo meist das tatsächliche Arbeitsgebiet liegt. Zunächst muß man zwischen Kurzzeit- und Langzeitversuch unterscheiden. Der Kurzzeitversuch ist einfach ein in normaler Weise, lediglich bei hoher Temperatur vorgenommener Zerreißversuch, in dessen Ergebnisse in erster Linie die Temperaturabhängigkeit der die mechanischen Eigenschaften bestimmenden Größen eingeht. Im Langzeitversuch bringt man dagegen eine Belastung auf, die erst nach 10, 100 oder 1000 Stunden oder noch später zum Bruch führt. Dabei wird in zunehmendem Maß das Wechselspiel zwischen Verformung, Verfestigung, Erholung und Rekristallisation maßgebend; es findet eine Beeinflussung und Begünstigung der Gleitvorgänge in den Kristallebenen und an den Korngrenzen statt. Daher führt eine um so kleinere Belastung zum Bruch, je höher die Temperatur und je größer die Versuchsdauer gewählt wird. Bei den sehr großen Versuchszeiten tritt der Kriechvorgang immer deutlicher hervor, das ist die Erscheinung, daß bei erhöhter Temperatur und unter mechanischer Belastung eine nicht zur Ruhe kommende plastische Verformung stattfindet. Eine genauere Analyse zeigt allgemein folgende Züge dieses

Chromstähle 219

Vorgangs (Abb. 181). Zu Beginn der Belastung erfolgt eine verhältnismäßig große Dehnung (Abschnitt 1), an die sich ein Gebiet mit mehr oder weniger konstanter Dehngeschwindigkeit anschließt (Abschnitt 2). Dann folgt wieder eine beschleunigte Dehnung bis zum Bruch (Abschnitt 3).

Als Maß für das Kriechen haben sich zwei verschiedene Festsetzungen eingeführt. Nach DIN 50 119 definiert und in Deutschland verbreitet ist die Zeitdehngrenze als die Belastung, die in 1000 Stunden eine bleibende Gesamtdehnung von 1% erzeugt. Im Schema der Abb. 181 umfaßt diese Definition den Kurvenabschnitt 1 und einen Teil von Abschnitt 2. Im amerikanischen Schrifttum findet man statt dessen häufiger die nach

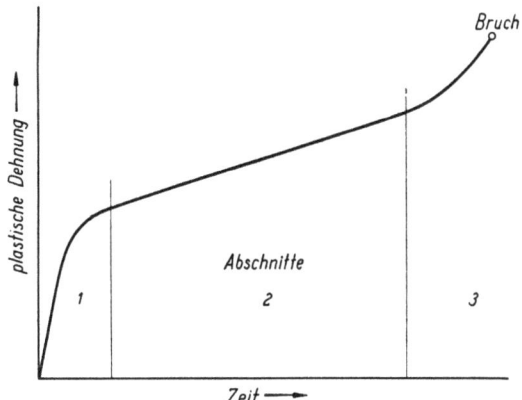

Abb. 181. Schematische Darstellung des Kriechvorganges

DIN 50 119 als Kriechgeschwindigkeitsgrenze (creep strength) definierte Belastung, die nach Durchschreiten des Kurvenabschnitts 1 im Abschnitt 2 eine konstante Kriechgeschwindigkeit von 10^{-4}% pro Stunde erzeugt. Da der schematische Kurvenverlauf der Abb. 181 in Wirklichkeit von Werkstoff zu Werkstoff verschieden sein kann, ist es nicht möglich, zwischen der Zeitdehngrenze und der Kriechgeschwindigkeitsgrenze (Kriechgrenze) allgemeingültige rechnerische Beziehungen herzustellen.

Die mechanischen Eigenschaften der verformbaren Chromstähle bei erhöhten Temperaturen gehen aus den Abbildungen 182, 183 und 184 hervor. Abb. 182 zeigt die Zugfestigkeit und Bruchdehnung im Kurzzerreißversuch[1]. Schon hier fällt die deutlich größere Festigkeit der nickelhaltigen austenitischen Chromstähle bei Temperaturen über 600 °C auf. Der

---
[1] Am. Soc. Test. Mat., Data on Corrosion- and Heat-Resistant Steels and Alloys — Wrought and Cast. Special Techn. Publ. Nr. 52 — A, 1950.

Verlauf der Bruchdehnungen in Abhängigkeit von der Versuchstemperatur ist ziemlich unklar. Immerhin sieht man den enormen Anstieg bei den ferritischen Werkstoffen bei 550° bis 700 °C als Zeichen für deren hervorragende Verformungsfähigkeit bei hohen Temperaturen. Bemerkenswert ist ferner der Dehnungsabfall der austenitischen Chromstähle mit 18% Cr und 9% Ni (Nr. 12) und mit 23% Cr und 13% Ni (Nr. 14), aus dem auf eine Verminderung der Duktilität zu schließen ist. Einigermaßen normal verhält sich die Legierung mit 25% Cr und 20% Ni (Nr. 15).

In Abb. 183 ist die Kriechgeschwindigkeitsgrenze[1] von fünf Chromstählen und in Abb. 184 die Zeitdehngrenze für eine Reihe weiterer Werkstoffe der Tab. 11 wiedergegeben[2,3]. Der Unterschied in diesen die *Warmfestigkeit* kennzeichnenden Größen zwischen den ferritischen und den austenitischen Legierungen ist überaus deutlich. Bei 600° und 700 °C liegen die Werte der austenitischen Chromstähle um den Faktor 3 bis 5 über denen der ferritischen. In allen Fällen, in denen zunderfeste Legierungen größeren mechanischen Belastungen ausgesetzt werden, bevorzugt man daher die austenitischen Werk-

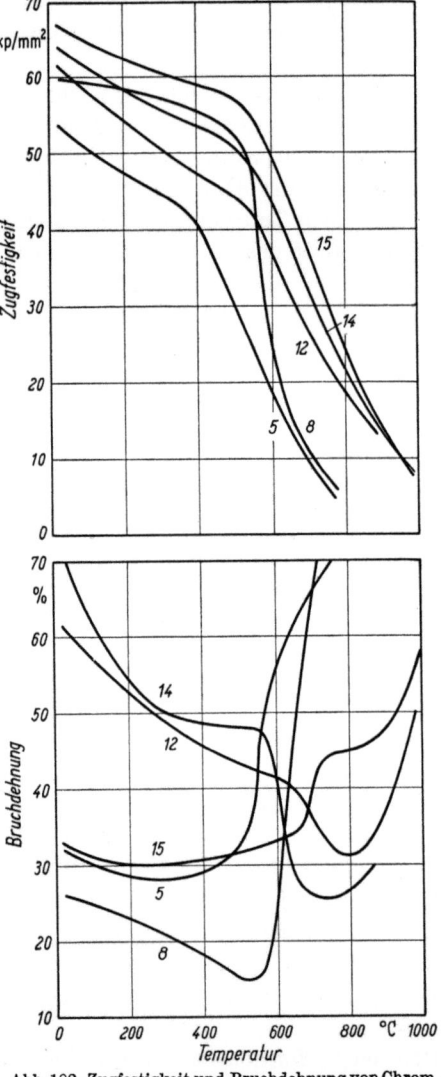

Abb. 182. Zugfestigkeit und Bruchdehnung von Chromstählen im Kurzzeitversuch. Die Zahlen stimmen mit den Nummern der Tab. 11 überein

---

[1] s. Vorseite [1] Am. Soc. Test. Mat.
[2] Deutsche Edelstahlwerke AG, Krefeld: Thermax-Stähle (hochhitzebeständig), 1958.
[3] HOUDREMONT, E.: Handbuch der Sonderstahlkunde, Berlin/Göttingen/Heidelberg: Springer; Düsseldorf: Stahleisen 1956, Zahlentafel 151.

stoffe, wenn es die übrigen Verhältnisse, insbesondere die Atmosphäre, nur irgend zulassen.

Ähnliche Verhältnisse liegen bei den zunderfesten Gußlegierungen vor. Hier finden sich auch einige Daten für Zerreißversuche verschiedener Dauer bei erhöhten Temperaturen[1]. Abb. 185 bringt drei Beispiele. Die Ergebnisse der Kurzzeitversuche stimmen einigermaßen mit den an Knetlegierungen gewonnenen (Abb. 182) überein. Es geht aus Abb. 185 sehr deutlich hervor, daß die Belastung um so kleiner sein muß, je später der Bruch erfolgen soll. Die Temperaturabhängigkeit der Zugfestigkeit im 1000-Stunden-Versuch ist anders als im 10- und 100-Stunden-Versuch und nähert sich erwartungsgemäß der Kurve für die Kriechgeschwindigkeitsgrenze. Diese Größe ist in Abb. 186 für eine Auswahl von Werkstoffen der Tab. 12 aufgetragen[1]. Wieder zeigt sich hier der generelle Unterschied zwischen den ferritischen und den austenitischen Legierungen. Eine weitere Differenzierung innerhalb der austenitischen Werkstoffe liegt darin, daß die Kriechgrenze der eisenreichsten dieser Legierungen (Nr. 30) am höchsten liegt und mit steigendem Nickelgehalt kleiner wird. Mög-

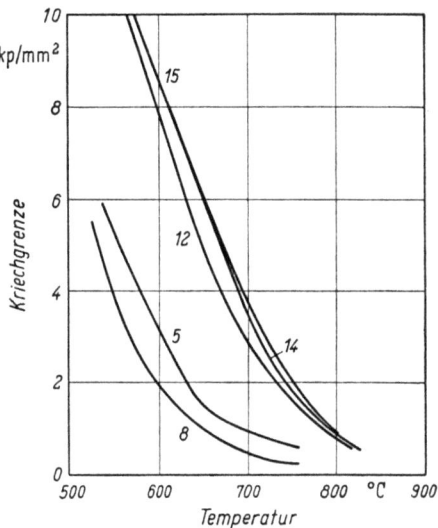

Abb. 183. Kriechgrenze (konstante Dehngeschwindigkeit 10^{-4}%/Std.) von Chromstählen in Abhängigkeit von der Temperatur. Die Zahlen stimmen mit den Nummern der Tab. 11 überein

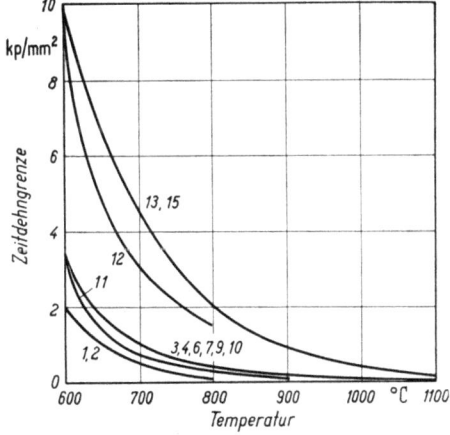

Abb. 184. Zeitdehngrenze (1% bleibende Dehnung in 1000 Std.) von Chromstählen in Abhängigkeit von der Temperatur. Die Zahlen stimmen mit den Nummern der Tab. 11 überein

licherweise spielt dabei die Nähe der Phasengrenze eine Rolle. Weiter zeigt ein Vergleich mit Abb. 183, daß der Abfall der Kriechgrenze

---

[1] Alloy Casting Institute: Data Sheets, Mineola, N. Y., 1957.

mit steigender Temperatur bei den Gußlegierungen langsamer erfolgt als bei den Knetlegierungen. Dies dürfte vor allem auf den Karbidgehalt und die Behinderung der Gleitvorgänge durch die eingelagerten Fremdteilchen zurückzuführen sein. Abb. 187 bringt ergänzende Angaben

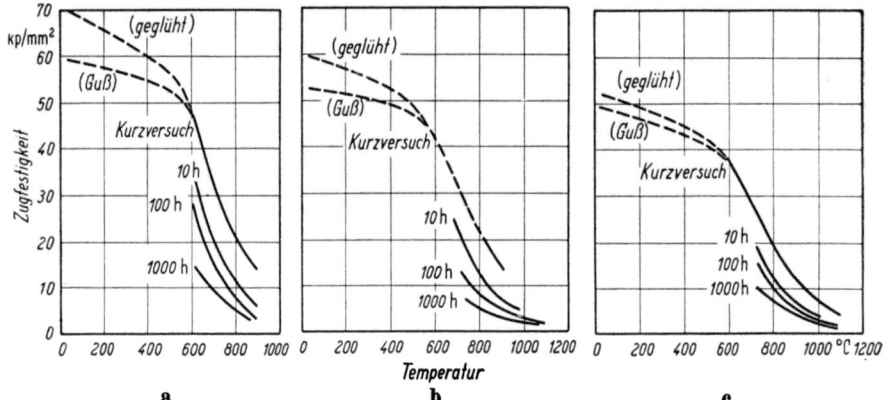

Abb. 185 a – c. Zugfestigkei tzunderfester Gußlegierungen bei höheren Temperaturen in Abhängigkeit von der Versuchszeit.
a) Legierung 24; b) Legierung 28; c) Legierung 31 der Tab. 12

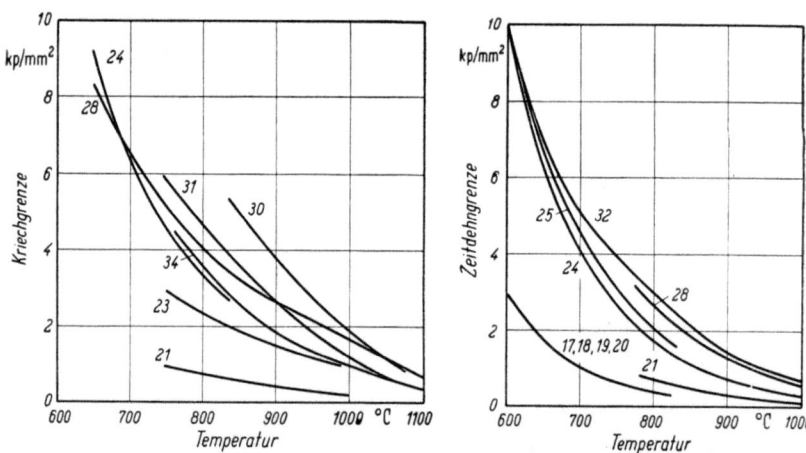

Abb. 186. Kriechgrenze (konstante Dehngeschwindigkeit $10^{-4}\%$/Std.) von zunderfesten Gußlegierungen in Abhängigkeit von der Temperatur. Die Zahlen stimmen mit den Nummern der Tab. 12 überein

Abb. 187. Zeitdehngrenzen (1% bleibende Dehnung in 1000 Std.) von zunderfesten Gußlegierungen in Abhängigkeit von der Temperatur. Die Zahlen stimmen mit den Nummern der Tab. 12 überein

über die Zeitdehngrenze[1,2], deren Höhe durchaus vergleichbar mit der der Knetlegierungen ist (Abb. 184).

[1] HOUDREMONT, E.: Handbuch der Sonderstahlkunde, Berlin/Göttingen/Heidelberg: Springer; Düsseldorf: Stahleisen 1956, Zahlentafel 151.

[2] Edelstahlwerke J. C. Söding & Halbach, Hagen: Hitzebeständige Stähle (Prospektblatt).

2. Heizleiterlegierungen und hochlegierte Konstruktionswerkstoffe

Zu Beginn dieses Kapitels wurde bereits darauf hingewiesen, daß im Vergleich zu den Chromstählen, die für Konstruktionsteile verwendet werden, an die Zunderfestigkeit der Werkstoffe für die stromdurchflossenen Heizelemente viel höhere Anforderungen gestellt werden. Querschnittsverminderungen durch Oxydation, die sich unmittelbar auf den elektrischen Widerstand und damit auf die Leistung des Gerätes auswirken müssen, sollen klein, und örtlich begrenzte Zunderangriffe, die durch lokale Temperaturüberhöhungen sehr rasch zur Zerstörung führen würden, möglichst ganz ausgeschlossen sein. Daher sind die Gleichmäßigkeit, Dichtheit und Haftfestigkeit der schützenden Oxydschicht von ausschlaggebender Wichtigkeit.

Die beiden Hauptgruppen von Heizleiterlegierungen sind schon genannt worden. Auf der einen Seite stehen die Nickel-Chrom- und Nickel-Chrom-Eisen-Legierungen mit kubisch flächenzentrierter Struktur und austenitischem Gefüge, auf der anderen Seite die Eisen-Chrom-Aluminium-Legierungen mit kubisch raumzentrierter Struktur und ferritischem Gefüge. Neben diesen Gruppen gibt es noch einige Sonderwerkstoffe, die in einem getrennten Abschnitt besprochen werden sollen.

Im Gegensatz zu der Vielfalt der Chromstähle hat die Entwicklung der Heizleiterlegierungen zu einer ganz beschränkten Anzahl von Typen geführt, deren wichtigste in Deutschland genormt sind (DIN 17 470).

Es ist verständlich, daß die vorteilhaften Eigenschaften der Heizleiterwerkstoffe auch für zunderfeste Konstruktionen ausgenutzt werden. Man verwendet hierfür entweder genau die gleichen Legierungen oder zumindest ähnliche, wobei die Abwandlungen lediglich wirtschaftliche oder fertigungstechnische Vorteile bieten.

Wenn wir nun in diesem Abschnitt die Eigenschaften der Heizleiterlegierungen und der hochlegierten Konstruktionswerkstoffe betrachten, müssen wir auf folgenden Umstand besonders hinweisen: Die Grundzusammensetzung bestimmt das Zunderverhalten, die Gebrauchseigenschaften und die Verarbeitbarkeit. Um aber die zum Teil recht hohen Anwendungstemperaturen zu ermöglichen, bedient man sich weiterer kleiner Legierungszusätze, deren Einfluß auf die Ausbildung der oxydischen Deckschicht im nächsten Kapitel ausführlich behandelt wird. Die anderen Eigenschaften werden kaum davon betroffen. Daher können wir uns in diesem Abschnitt auf die Zusammenhänge mit der Grundzusammensetzung beschränken und müssen uns nur bei der Betrachtung der höchstzulässigen Anwendungstemperaturen bewußt sein, daß es sich in Wahrheit um *verbesserte* Legierungen handelt.

a) Nickel-Chrom- und Nickel-Chrom-Eisen-Legierungen

Tab. 13 enthält in ihrem ersten Teil die hauptsächlichen Werkstoffe, die sich von den Nickel-Chrom-Legierungen herleiten. In großen Zügen stimmen die Zusammensetzungen mit den Angaben der A.S.T.M-Standards[1] überein. Die höchste Zunderfestigkeit hat die praktisch eisenfreie Legierung mit 20% Cr (Nr. 1). Für ihre Herstellung braucht man das verhältnismäßig teure reine Chrom. Aus dem Wunsch, mit dem wesentlich billigeren Ferrochrom arbeiten zu können, entstanden die beiden nächsten Werkstoffe mit Eisengehalten von etwa 8 und 20%. Die

Tabelle 13. *Heizleiterlegierungen und hochlegierte Konstruktionswerkstoffe,*

Lfd. Nr.	Kurzzeichen nach DIN 17470 bzw. DIN 17742	Zusammensetzung,				
		Cr	Ni	Fe	Si	Al
1	NiCr 80 20	19—21	77—80	0—2	0,5—2	—
2	NiCr 15 Fe	14—17	72—79	6—10	≤0,5	—
3	NiCr 60 15	15—19	58—63	Rest	0,5—2	—
4	NiCr 30 20	19—22	30—35	Rest	0,5—2,5	—
5	—	15—19	34—39	Rest	1,5—2	—
6	CrNi 25 20	24—26	19—21	Rest	1,8—2,3	—
7	(CrAl 8 5)[3]	7—8,5	—	Rest	<1	5—7,5
8	—	13—16	—	Rest	<1	4—5
9	CrAl 20 5	19—21	—	Rest	<1	4,5—5,5
10	—	21—23	—[2]	Rest	<1	4—5
11	—	21—23	—[2]	Rest	<1	4,5—5,5
12	CrAl 25 5	21—25	—[2]	Rest	<1	4,5—6
13	(CrAl 30 5)[3]	27—30	—	Rest	<1	4,5—5,5

Lfd. Nr.	Temperaturfaktor des Widerstandes											
	20°	100°	200°	300°	400°	500°	600°	700°	800°	900°	1000°	1100°	1200°
1	1,000	1,006	1,013	1,021	1,028	1,035	1,024	1,017	1,015	1,018	1,024	1,034	1,047
2	—	—	—	—	—	—	—	—	—	—	—	—	—
3	1,000	1,013	1,029	1,045	1,062	1,077	1,074	1,074	1,078	1,085	1,097	1,113	1,132
4	1,000	1,031	1,067	1,097	1,125	1,153	1,172	1,191	1,211	1,230	1,250	1,269	1,288
5	—	—	—	—	—	—	—	—	—	—	—	—	—
6	1,000	1,042	1,089	1,132	1,171	1,206	1,237	1,263	1,284	1,305	1,326	1,347	—
7	1,000	1,007	1,018	1,031	1,048	1,072	1,106	1,136	1,147	1,151	1,154	1,158	1,161
8	1,000	1,006	1,015	1,025	1,036	1,052	1,075	1,091	1,100	1,107	1,113	—	—
9	1,000	1,002	1,005	1,010	1,015	1,027	1,036	1,043	1,048	1,052	1,055	1,058	1,061
10	1,000	1,002	1,007	1,012	1,019	1,032	1,045	1,055	1,061	1,066	1,068	1,072	1,075
11	1,000	1,002	1,006	1,011	1,017	1,027	1,036	1,043	1,049	1,053	1,056	1,058	1,060
12	1,000	1,000	1,001	1,002	1,004	1,008	1,014	1,021	1,028	1,033	1,035	1,036	1,037
13	1,000	1,000	1,000	1,002	1,004	1,007	1,011	1,014	1,014	1,015	1,015	1,016	1,016

[1] A.S.T.M.-Standard B 344—59.
[2] Zum Teil enthalten diese Legierungen bis zu 0,5% Co.
[3] In DIN 17470, Ausgabe 1951, nicht mehr in Ausgabe 1963.

Heizleiterlegierungen und hochlegierte Konstruktionswerkstoffe 225

Legierung Nr. 2 ist ein weitverbreiteter zunderfester Konstruktionswerkstoff, der kaum als Heizleiter verwendet wird. Die Legierung Nr. 3 gehört dagegen zu den typischen Heizleiterwerkstoffen. Der Werkstoff Nr. 4 ist ein Beispiel dafür, daß sich hochzunderbeständige Heizleiterlegierungen auch mit mehr als 40% Fe herstellen lassen. Die beiden nächstgenannten sind dagegen ausgesprochene Konstruktionsmaterialien, wenn auch die Legierung Nr. 6 mitunter für nicht zu hoch beanspruchte Heizleiter verwendet wird. Im übrigen ist diese schon unter den Chromstählen ausführlich besprochen worden.

Zusammensetzung und physikalische Eigenschaften

Gew.-%		Anwendbarkeitsgrenze in Luft[1] °C	Schmelz- temperatur °C, etwa	Dichte g/cm³	Spez. Widerstand bei 20 °C Ohm mm²/m
Mn, max.	C, max.				
1	0,1	1150/1250 (H)	1400	8,35	1,12
1	0,15	1200 (K)	1400	8,5	0,95
2	0,15	925/1100/1200 (H)	1390	8,25	1,13
1	0,15	850/1100/1150 (H)	1390	7,9	1,04
2	0,15	1000/1100 (K)	1380	7,95	1,00
2	0,2	1050 (H), 1200 (K)	1380	7,8	0,95
1	0,1	1200 (H)	1490	7,1	1,25
1	0,1	1050 (H)	1490	7,3	1,25
1	0,1	1300 (H)	1490	7,15	1,37
1	0,1	1200 (H)	1500	7,25	1,35
1	0,1	1300 (H)	1500	7,15	1,39
1	0,1	1350 (H)	1500	7,1	1,44
1	0,1	1350 (H)	1500	7,1	1,44

Spez. Wärme cal/g grad	Wärme- leitfähigkeit cal/cm sec grad	Ausdehnungskoeffizient 10^{-6} grd^{-1}			Elastizi- tätsmodul kp/mm²	Gefüge
		20—400°	20—800°	20—1000°		
0,11	0,035	15	16,5	17,5	21 800	
0,11	0,035	14,5	16,5	17,5	21 800	austenitisch
0,11	0,032	15	16	17	21 500	oder
0,12	0,031	16	18	19	20 000	austenit-
0,12	0,030	15,5	16,5	17	20 000	ähnlich
0,12	0,031	17	18	19	20 000	
0,12	0,035	12,5	15	16	21 000	
0,12	0,035	12,5	14,5	15,5	21 000	
0,11	0,030	12	14	15,5	21 000	
0,11	0,030	12	14	15	21 000	ferritisch
0,11	0,030	12	14	15	21 000	
0,11	0,030	12	14	15	21 000	

[1] H bei Verwendung als Heizleiterwerkstoff, K bei Verwendung als Konstruktionswerkstoff.

Abb. 188 zeigt die Einordnung in das Zustandsdiagramm Nickel-Chrom-Eisen. Im Bereich stabiler Mischkristalle, wenigstens bis herunter zu 400 °C, liegen nur die drei ersten Legierungen (Nr. 1, 2 und 3 der Tab. 13). Die Legierung Nr. 4 sollte, verglichen mit dem Verhalten reiner ternärer Legierungen, zur Zweiphasigkeit ($\alpha + \gamma$) neigen, was sich aber in der praktischen Verwendung nicht bemerkbar macht.

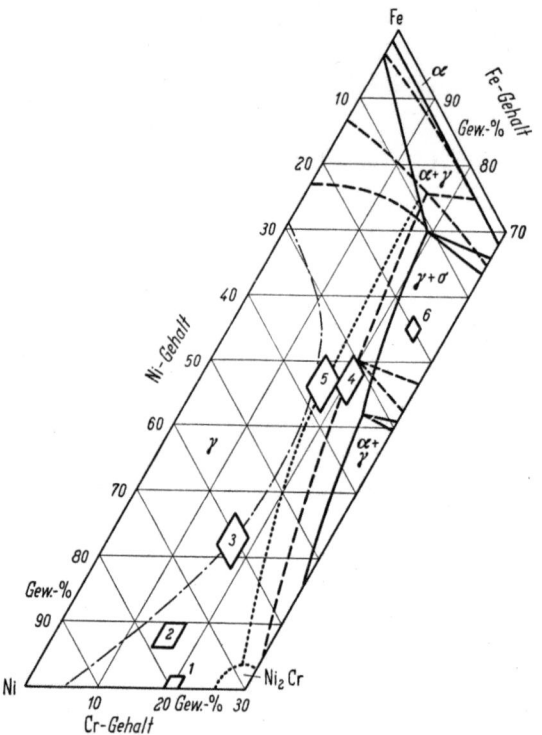

Abb. 188. Technische, zunderfeste Nickel-Chrom-(Eisen-)Legierungen im Zustandsdiagramm. Die Zahlen stimmen mit den Nummern in Tab. 13 überein
Phasengrenzen: ············ bei 550 °C   — — — — bei 650 °C
——————— bei 800 °C   —·—·—·—· Curietemperatur 0 °C

Dagegen kann die Legierung Nr. 6 im Temperaturgebiet zwischen 500° und 800 °C tatsächlich durch den Zerfall in $\gamma + \sigma$ verspröden.

Die in Abb. 188 eingezeichnete strichpunktierte Linie verbindet die Legierungen, deren Curietemperatur gerade 0 °C beträgt[1]. Bis herunter zu 0 °C sind daher die technischen austenitischen Werkstoffe nicht ferromagnetisch; die Legierung Nr. 3 stellt einen Grenzfall dar.

Für die Abb. 188 gelten die gleichen Vorbehalte wie früher, daß nämlich die Lage der Phasengrenzen noch von den weiteren Gehalten an

---

[1] BOZORTH, R. M.: Ferromagnetism, Toronto/New York/London: D. van Nostrand Co. 1953, S. 149.

Silizium, Mangan und Kohlenstoff abhängt. Silizium ist ein Zusatz, der bis zu einem Gehalt von etwa 3% die Zunderfestigkeit wesentlich steigert[1], vor allem im Verein mit den oben erwähnten und im nächsten Kapitel behandelten *lebensdauerverbessernden Zusätzen*. Mangan wird aus Gründen der Verarbeitbarkeit zulegiert, doch nur in der unbedingt notwendigen Höhe, da größere Mangangehalte die Zunderfestigkeit herabsetzen. Kohlenstoff ist als unbeabsichtigte Verunreinigung vorhanden; er beeinträchtigt ebenfalls die Oxydationsbeständigkeit. Das Wechselspiel aller dieser Einflüsse führt zu einer gewissen Variation der höchsten Anwendungstemperatur, ja sogar dazu, daß die Hersteller bewußt Werkstoffe mit gleicher oder nahezu gleicher Grundzusammensetzung, aber verschiedener Beanspruchbarkeit erzeugen. So erklären sich die unterschiedlichen Temperaturen der Anwendbarkeitsgrenze. Diese Grenze liegt ferner bei der Verwendung als Konstruktionswerkstoff (K) höher als bei der Verwendung als Heizleiter (H). 1200°, allenfalls 1250 °C ist jedoch mit Rücksicht auf die Nähe des Schmelzpunktes bei den austenitischen Werkstoffen im Dauergebrauch in keinem Fall überschreitbar. Im übrigen ist die Grenze natürlich auch von den Abmessungen des Heizleiters abhängig, worauf im Kapitel H näher eingegangen wird.

Die Dichte der Legierungen nimmt erwartungsgemäß mit steigendem Eisengehalt ab. Sie wird jedoch auch von der Höhe des Siliziumgehalts bestimmt.

Der spezifische elektrische Widerstand liegt für alle sechs Werkstoffe in der Nähe von 1 Ohm mm²/m, wie dies bereits aus den früheren Darlegungen (S. 186) zu erwarten war. Die für Heizleiter besonders interessante Temperaturabhängigkeit des Widerstandes muß etwas eingehender besprochen werden. Meist wird in Firmenschriften nicht der Temperaturkoeffizient des Widerstandes oder der spezifische Widerstand selbst in Abhängigkeit von der Temperatur angegeben, sondern der Quotient R_T/R_{20} $(= \varrho_T/\varrho_{20})$, für den man den Namen Temperaturfaktor benutzt. Diese Größe ist zweckmäßig, da man mit ihrer Hilfe schnell den Warmwiderstand eines Heizelements aus seinem Kaltwiderstand berechnen kann.

Für den Temperaturfaktor der Legierung Nr. 1 in Tab. 13 findet man in der Literatur und in Firmenschriften Werte, die den ganzen weitschraffierten Bereich in Abb. 189 überdecken. Diese überraschende Tatsache hat zwei Gründe.

Unter den metallkundlichen Besonderheiten der Nickel-Chrom- und Nickel-Chrom-Eisen-Legierungen wurde der Erscheinungskomplex des *K*-Zustandes ausführlich besprochen (S. 174). Er bewirkt unter anderem eine beträchtliche Beeinflussung des Kaltwiderstandes durch die Vorbehandlung. Bei der Abkühlung von Nickel-Chrom-Legierungen ent-

---
[1] HORIOKA, M.: Jap. Nickel Rev. 1 (1933) 292.

steht, während sie das Temperaturgebiet zwischen 500° und 300 °C durchlaufen, eine Widerstandszunahme, deren Größe mit der Verweilzeit in diesem Gebiet wächst. Umgekehrt ist der Kaltwiderstand um so kleiner,

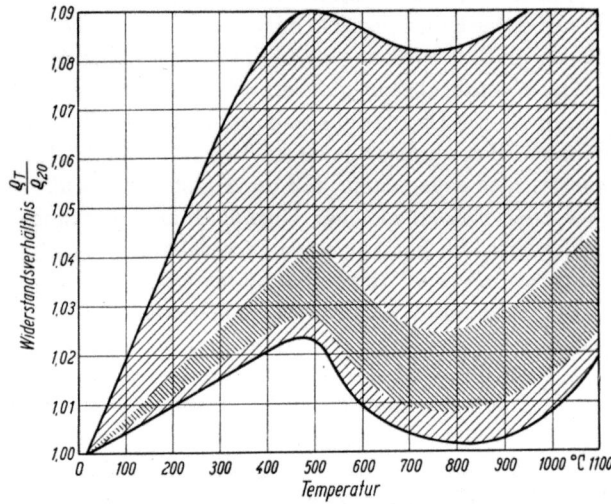

Abb. 189. Temperaturfaktoren der Heizleiterlegierungen vom Typ NiCr 80 20 (Nr. 1 der Tab. 13). Der eng schraffierte Bereich gilt für weichgeglühte, langsam abgekühlte Legierungen

je rascher die Abkühlung erfolgt. Der tiefste Wert wird durch Kaltverformung erreicht. In Abb. 190 sind die Verhältnisse schematisch dar-

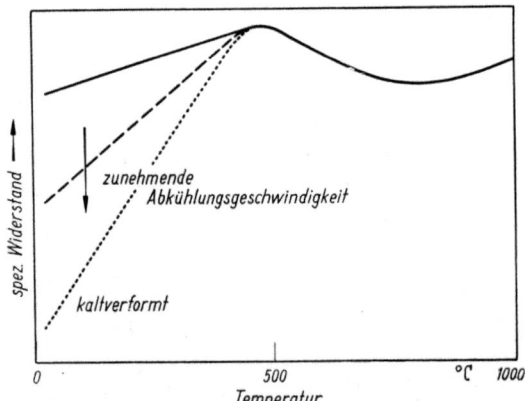

Abb. 190. Einfluß der Vorbehandlung auf die Temperaturabhängigkeit des Widerstandes der Heizleiterlegierungen vom Typ NiCr 80 20 (schematisch)

gestellt. Dividiert man also die oberhalb 600 °C unbeeinflußten Warmwiderstände durch den von der Vorbehandlung abhängigen Kaltwiderstand, so erhält man um so größere Temperaturfaktoren, je schneller das

Material nach der letzten Glühung abgekühlt worden ist. Eine solche Variation der Abkühlgeschwindigkeit ergibt sich in der Praxis dadurch, daß dünnere Drähte meist im Durchlaufverfahren weichgeglüht werden, wobei die Abkühlgeschwindigkeit mit abnehmender Drahtdicke zunimmt. Man erhält also mittelbar eine Abhängigkeit der Temperaturfaktoren vom Drahtdurchmesser[1, 2, 3, 4, 5, 6].

Wie früher dargelegt wurde, sind die Erscheinungen des K-Zustandes umkehrbar. Man kann daher allein durch die Vorbehandlung den spezifischen Widerstand bei Raumtemperatur auf beliebige Werte innerhalb des Bereichs von etwa $\pm 4\%$ bringen; entsprechendes gilt für die Temperaturfaktoren. Abb. 191 zeigt die Ergebnisse von Messungen an einer handelsüblichen Legierung vom Typ NiCr 80 20. Der benutzte Werkstoff

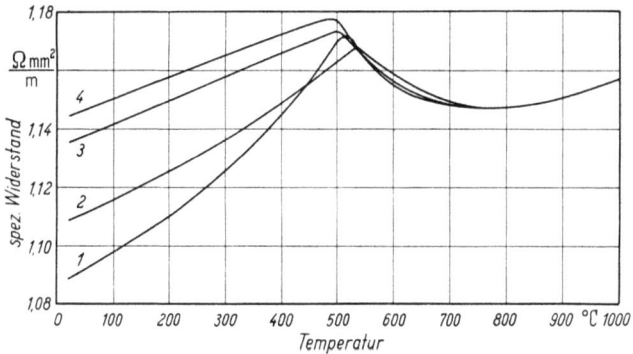

Abb. 191. Temperaturabhängigkeit des spezifischen elektrischen Widerstandes von Heizleiterlegierungen des Typs NiCr 80 20 (Nr. 1 der Tab. 13) nach verschiedener Vorbehandlung, nach THOMAS Vorbehandlung (0,4 mm Drahtdurchmesser): *1* Durchlaufglühung; *2* Abkühlung mit 300 grd/min; *3* Abkühlung mit 3,3 grd/min; *4* Abkühlung mit 0,8 grd/min

war dabei so legiert, daß sein spezifischer elektrischer Widerstand nach einer Durchlaufglühung mit schneller Abkühlung den Wert 1,09 Ohm mm^2/m hatte[7]. Durch langsamere Abkühlung stieg der Kaltwiderstand um rund 5% an. Diese Zusammenhänge werden auch von DUNTON und LEWIS[8] dargelegt.

Angaben über den Widerstand und seine Temperaturabhängigkeit erfordern also bei den eisenfreien und eisenarmen Heizleiterlegierungen die Festlegung einer bestimmten Vorbehandlung. Aus Abb. 191 ent-

---

[1] Driver-Harris Company, Harrison, N. J.: Nichrome, Catalogue R-55.
[2] A. B. Kanthal, Hallstahammar: Das Nikrothal-Handbuch, 1959.
[3] Vacuumschmelze AG, Hanau: Heizleiter-Handbuch, 1954.
[4] Henry Wiggin and Company Ltd., Birmingham: Wiggin Electrical Resistance Materials, Publ. 1084 (1958).
[5] Hoskins Manufacturing Company, Detroit, Mich.: Resistor Alloys, Catalog—M.
[6] Wilbur B. Driver Co., Newark N. J.: Alloy Handbook.
[7] THOMAS, H.: Z. Metallkde. 52 (1961) 813
[8] DUNTON, T. A., u. H. LEWIS: Electr. Rev. 159 (1956) 599.

nimmt man, daß die Abkühlgeschwindigkeit nach der letzten Glühung, mindestens im Temperaturbereich zwischen 500° und 300 °C, zwischen 1 und 10 grad/min liegen sollte, wenn man vergleichbare Verhältnisse schaffen will. Dann schrumpft der weitschraffierte Bereich in Abb. 189 zusammen auf das viel schmalere engschraffierte Band.

Die Unterschiede von Erzeugnis zu Erzeugnis, die dann immer noch zutage treten, sind legierungsbedingt. Abb. 192 zeigt Beispiele für den Einfluß erhöhten Silizium-, Mangan- und Eisengehalts auf den Temperaturfaktor. Eisen und Mangan in kleinen Konzentrationen lassen den spezifischen Widerstand bei Raumtemperatur nahezu ungeändert,

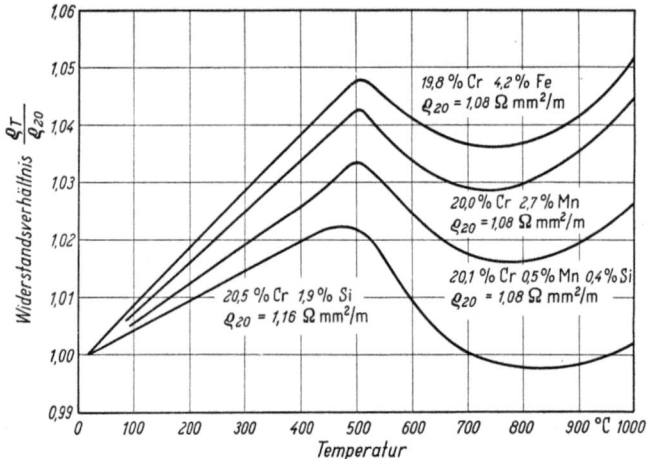

Abb. 192. Einfluß von Zusätzen auf die Temperaturfaktoren des elektrischen Widerstandes von Heizleiterlegierungen des Typs NiCr 80 20 (Nr. 1 der Tab. 13) nach langsamer Abkühlung

vergrößern aber die Temperaturabhängigkeit des Widerstandes. Silizium erhöht den Kaltwiderstand beträchtlich und verkleinert die Temperaturabhängigkeit so stark, daß Legierungen mit 2% Si bei 800° und 900 °C einen kleineren Widerstand haben als bei Raumtemperatur. Die oben erwähnten kleinen Variationen im Gehalt an Mangan, Silizium und *lebensdauerverbessernden Zusätzen* wirken sich somit auf die Temperaturfaktoren des Widerstandes einerseits und auf die Zunderfestigkeit andererseits aus. So ist die nur mit großer Vorsicht zu betrachtende, keineswegs allgemein gültige Meinung gelegentlich ausgesprochen worden, daß — bei langsam abgekühlten Proben — die Widerstand-Temperatur-Kurve um so flacher verlaufe, je höher die obere Anwendungsgrenze des betreffenden Erzeugnisses liege.

Die Temperaturabhängigkeit des spezifischen elektrischen Widerstandes selbst ist in Abb. 193 dargestellt. Dort sind auch die Widerstände der anderen typischen Heizleiterlegierungen Nr. 3 und 4 von Tab. 13

Heizleiterlegierungen und hochlegierte Konstruktionswerkstoffe 231

(und die der unten zu besprechenden Eisen-Chrom-Aluminium-Legierungen) eingezeichnet. Die ausgeprägte S-Form der Kurven verschwindet mit zunehmendem Eisengehalt mehr und mehr, gleichzeitig nehmen auch die anderen Auswirkungen des K-Zustandes ab. So ist die Abhängigkeit des Kaltwiderstandes und damit der Temperaturfaktoren von der Vorbehandlung bei der Legierung Nr. 3 schon kleiner (Abb. 194). Gleichwohl ergibt eine Zusammenstellung aus Firmenschriften auch hier

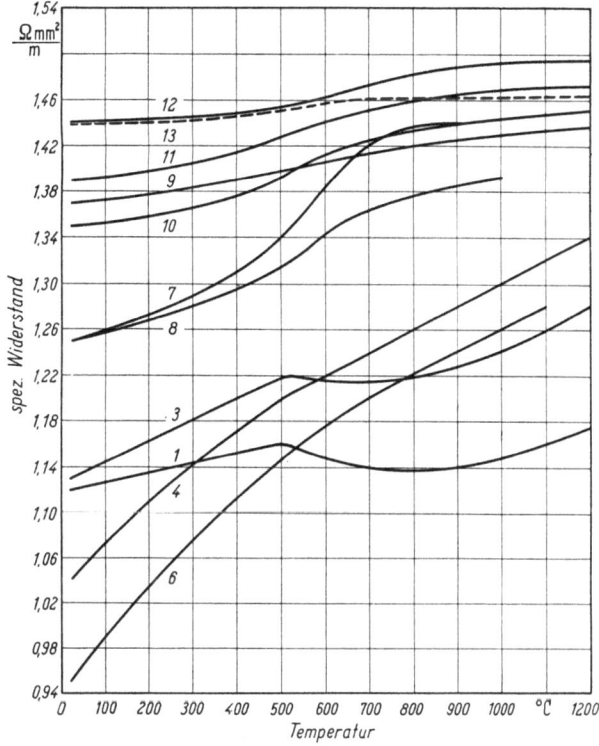

Abb. 193. Temperaturabhängigkeit des spezifischen elektrischen Widerstandes der Heizleiterlegierungen. Die Zahlen stimmen mit den Nummern der Tab. 13 überein (Kurve 9 entspricht den in DIN 17470, Ausg. 1951 für CrAl 20 5 enthaltenen Werten, während die Temperaturfaktoren in Tab. 13 mit Ausg. 1963 des Normblattes übereinstimmen)

eine beträchtliche Streuung der Temperaturfaktoren (Abb. 195). Diese ist aber im wesentlichen legierungsbedingt, da dieser Werkstoff in zwei Varianten, nämlich mit 15 bis 16% Cr oder mit 18 bis 19% Cr, hergestellt wird.

Die in Tab. 13 angegebenen Temperaturfaktoren sind jeweils der unteren Hälfte der Streubereiche von Abb. 189 und Abb. 195 entnommen. Für die Legierung Nr. 1 gibt der amerikanische Standard[1]

---
[1] A.S.T.M. Standard B 344—59.

Temperaturfaktoren an, die für langsame Abkühlung gelten und ziemlich genau mit der unteren Grenzkurve des weiten Streubereichs in Abb. 189 zusammenfallen. Trotzdem nehmen wir an, daß die Zahlen der Tab. 13 besser zutreffende Durchschnittswerte für die Vielzahl der hier zusammengefaßten Erzeugnisse darstellen.

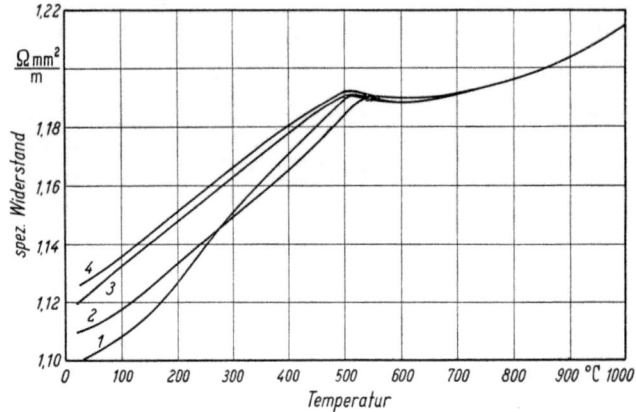

Abb. 194. Temperaturabhängigkeit des spezifischen elektrischen Widerstandes von Heizleiterlegierungen des Typs NiCr 60 15 (Nr. 3 der Tab. 13) nach verschiedener Vorbehandlung (0,4 mm Drahtdurchmesser): *1* Durchlaufglühung; *2* Abkühlung mit 300 grd/min; *3* Abkühlung mit 3,3 grd/min; *4* Abkühlung mit 0,8 grd/min

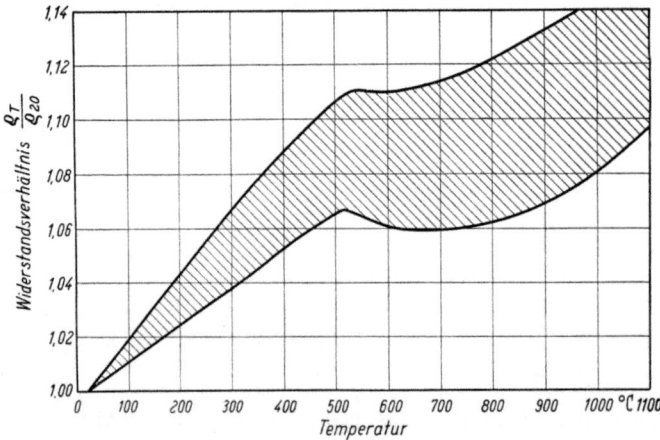

Abb. 195. Temperaturfaktoren der Heizleiterlegierungen vom Typ NiCr 60 15 (Nr. 3 der Tab. 13)

Bei der Legierung Nr. 4 ist kaum noch eine Abhängigkeit von der Vorbehandlung festzustellen; ebenso ist Legierung Nr. 6 praktisch frei von den Auswirkungen des K-Zustandes. Gleichzeitig mit dem Zurücktreten dieser Erscheinungen wird natürlich die Temperaturabhängigkeit des Widerstandes immer stärker.

Die Reihenfolge der spezifischen Widerstände ist bei 20 °C ganz anders als bei Temperaturen über 700 °C (Abb. 193). Im Bilde des K-Zustandes ist dies verständlich. Bei hohen Temperaturen ist das Verhalten einigermaßen normal; die Kurven werden über 1000 °C annähernd parallel und der spezifische Widerstand ist dort um so höher, je mehr Legierungskomponenten vorhanden sind und je näher deren Konzentrationen dem Verhältnis 1:1:1:... kommen, wie folgende Übersicht zeigt:

Spez. Widerstand bei 1000 °C, Ohm mm²/m	Hauptbestandteile %		
	Ni	Cr	Fe
1,15	78	20	—
1,24	60	18	20
1,26	20	25	52
1,30	33	20	55

Unterhalb 700 °C bringt nun der K-Zustand einen um so größeren Widerstandszuwachs, je niedriger der Eisengehalt ist, weshalb bei 20 °C der spezifische Widerstand der Legierung Nr. 1 an die zweithöchste Stelle der austenitischen Werkstoffe rückt.

Die Wärmeleitfähigkeit nimmt mit steigendem Eisengehalt leicht ab. Über ihre Temperaturabhängigkeit ist folgendes zu sagen: Bei den reinen Metallen besorgen die Leitungselektronen in der Hauptsache auch den Wärmetransport, was sich in der Parallelität der elektrischen und thermischen Leitfähigkeit (WIEDEMANN-FRANZ'sches Gesetz) ausdrückt. Mit steigender Temperatur sinkt daher deren Wärmeleitfähigkeit, bis die Elektronen durch die Gitterschwingungen derart gehemmt werden, daß ihr Beitrag zurücktritt gegenüber dem durch das Atomgitter bewirkten Wärmetransport, der mit steigender Temperatur zunimmt. Bei hochlegierten Werkstoffen kann dieser Fall schon von Raumtemperatur ab vorliegen, wobei aber die Hemmung der Elektronenbewegung durch die auch den hohen elektrischen Widerstand erzeugenden Fremdatome erfolgt. Daher steigt die Wärmeleitfähigkeit der zunderfesten Legierungen mit der Temperatur langsam an (Abb. 196)[1].

Die Wärmeausdehnung bietet nichts Besonderes; die Werte entsprechen denen für andere austenitische Legierungen. Mit abnehmendem Nickel- und zunehmendem Eisengehalt stellt man eine leichte Zunahme des Ausdehnungskoeffizienten fest, die zu den etwas höheren Werten der austenitischen Chromstähle (Tab. 11) hinführt.

Die Festigkeitseigenschaften und ihre Temperaturabhängigkeit spielen bei den eigentlichen Heizleiterlegierungen nicht die gleiche wichtige Rolle wie bei den Konstruktionsmaterialien, insbesondere bei den Chromstählen. Deshalb sind bei den Heizleitern nur wenige syste-

---

[1] Vgl. R. W. POWELL: Research, Science and its Appl. in Ind. 7 (1954) 492.

matische Angaben darüber zu finden. Gleichwohl dürfen sie nicht vernachlässigt werden. Denn die Formgebung der Heizelemente stellt bestimmte Anforderungen an die mechanischen Eigenschaften bei Raumtemperatur, die mangels besser geeigneter Größen im allgemeinen auf Zugfestigkeit und Bruchdehnung bezogen werden. Weiterhin sind die Standfestigkeit und Formbeständigkeit der Heizelemente bei hohen Temperaturen von der Zeitdehngrenze oder der Kriechgeschwindigkeitsgrenze abhängig. Auch die Ergebnisse des normalen Zerreißversuchs bei höheren Temperaturen können Bedeutung haben.

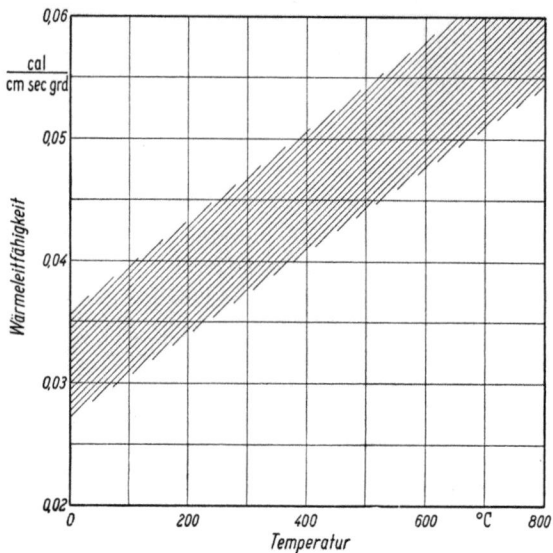

Abb. 196. Temperaturabhängigkeit der Wärmeleitfähigkeit von Heizleiterlegierungen. In dem schraffierten Bereich sind verschiedene Meßreihen zusammengefaßt

Eine gewisse Differenzierung ergibt sich daraus, daß bei dem großtechnisch hergestellten Halbzeug Zugfestigkeit, Bruchdehnung und Streckgrenze von den Abmessungen abhängen in der Weise, daß mit abnehmendem Querschnitt die Zugfestigkeit und die Streckgrenze steigen und die Bruchdehnung fällt. Die Erscheinung macht sich bei Querschnitten unter 1 mm^2 bemerkbar, d. h. in erster Linie bei Drähten, wie sie für kleinere Elektrowärme- und Haushaltgeräte in großen Mengen gebraucht werden. Dabei sind innerhalb der austenitischen Gruppe die Unterschiede von Werkstoff zu Werkstoff kleiner als die Streuungen zwischen den verschiedenen Erzeugnissen gleicher Grundzusammensetzung. Daher wurden in Tab. 14 alle Nickel-Chrom- und Nickel-Chrom-Eisen-Legierungen, also die Werkstoffe Nr. 1 bis 6 von Tabelle 13, zusammengefaßt und ihre mechanischen Eigenschaften mit verhältnismäßig großen

Streubereichen, aber deutlicher Verlagerung der Schwerpunkte je nach Probenquerschnitt angegeben.

Tabelle 14. *Heizleiterlegierungen und hochlegierte Konstruktionswerkstoffe, mechanische Eigenschaften im üblichen Lieferzustand*

Legierungsgruppe	Drahtdurchmesser mm	Streckgrenze (0,2%) kp/mm²	Zugfestigkeit kp/mm²	Bruchdehnung (L = 50 mm), %
Ni–Cr und Ni–Cr–Fe (Werkstoffe Nr. 1–6 der Tab. 13)	>1 0,5–1 0,1–0,5	25–40 30–45 35–50	60–75 68–83 75–90	30–50 30–45 20–40
Fe–Cr–Al (Werkstoffe Nr. 7–13 der Tab. 13)	>0,5 0,1–0,5	40—55 40—55	60—80 65—85	12—25 12—25

Als nächstes betrachten wir die mechanischen Eigenschaften bei erhöhten Temperaturen. In gewisser Weise hängen hier die Ergebnisse der Kurzzerreißversuche von den Bedingungen (Dehngeschwindigkeit, Art der Probenbeheizung, Abmessungen der Proben) ab. Trotzdem lassen sich die in eigenen Untersuchungen gewonnenen[1] und aus Firmenprospekten[2,3,4] stammenden Werte einheitlich darstellen, wie es in Abb. 197 für die beiden ersten Werkstoffe der Tab. 13 und in Abb. 198 für die Legierungen Nr. 4 und 5 der gleichen Tabelle geschehen ist. Zwei Erscheinungen fallen besonders auf: Die deutliche Verzögerung des bei steigender Temperatur an sich zu erwartenden Festigkeitsabfalls bis zu Temperaturen um 500 °C und das überraschende Minimum der Bruchdehnung zwischen 400° und 900 °C; im allgemeinen geht ja mit abnehmender Zugfestigkeit ein Anstieg der Bruchdehnung einher. Zum Teil dürften die Erscheinungen mit dem K-Zustand zusammenhängen, dessen Bildung zu einer deutlichen Härtesteigerung führt[5]. Diese Vermutung liegt auch deshalb nahe, weil das Dehnungsminimum ebenso wie die Auswirkung des K-Zustandes mit steigendem Eisengehalt immer kleiner werden. Daneben hat man jedoch auch an Ausscheidungsvorgänge zu denken, an denen die stets vorhandenen Verunreinigungen, vor allem der Kohlenstoff, beteiligt sein können[6]. Interessant ist dabei, daß die Bruchdeh-

---

[1] FRANZ, H., I. PFEIFFER u. H. PFEIFFER: Veröff. in Vorbereitung.
[2] Henry Wiggin and Company Ltd., Birmingham: Wiggin Electrical Resistance Materials, Publ. 1084, 1958.
[3] Henry Wiggin and Company Ltd., Birmingham: Die Eigenschaften von Monel, Nickel, Inconel.
[4] Vacuumschmelze AG, Hanau: Heizleiterlegierungen (Firmenblatt H 002), 1960.
[5] KÖSTER, W., u. P. ROCHOLL: Z. Metallkde. 48 (1957) 485.
[6] Zum Diagramm Nickel-Chrom-Kohlenstoff vgl. T. MURAKAMI, S. TAKEDA, K. MUTSUZAKI u. T. MURASE: Nippon Kinzoku Gakkai-Si 4 (1940) 189.

nung bei Raumtemperatur kaum durch eine vorhergehende Erwärmung auf die Temperaturen des Minimums beeinflußt wird. Man muß daher ein

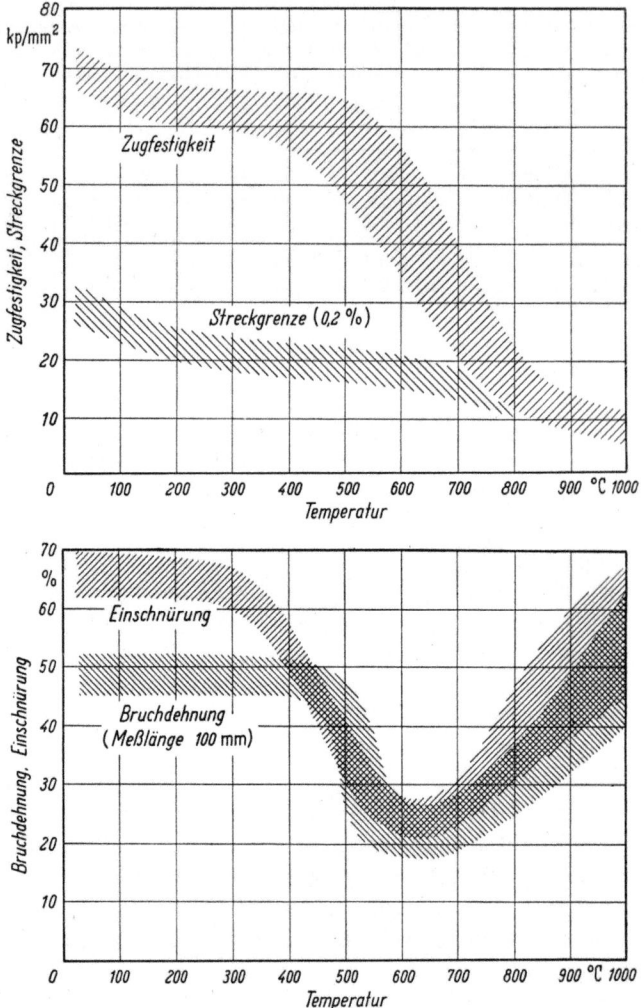

Abb. 197. Mechanische Eigenschaften der Heizleiterlegierungen vom Typ NiCr 80 20 (Nr. 1 der Tab. 13) und der Werkstoffe vom Typ Nr. 2 in Tab. 13 bei höheren Temperaturen im Kurzversuch

enges Zusammenwirken etwaiger Ausscheidungsvorgänge mit der gleichzeitig stattfindenden Verformung bei höherer Temperatur annehmen[1].

Bekanntlich sagen die Ergebnisse des Kurzzerreißversuchs nichts aus über die Warmstandfestigkeit. Hierfür haben wir vielmehr die Zeit-

---

[1] PFEIFFER, I., H. PFEIFFER u. H. FRANZ: Veröff. in Vorbereitung.

Heizleiterlegierungen und hochlegierte Konstruktionswerkstoffe 237

dehngrenzen zu betrachten, für die in DIN 17 470 die mechanischen Spannungen angegeben sind, die in 1000 Stunden zu einer bleibenden

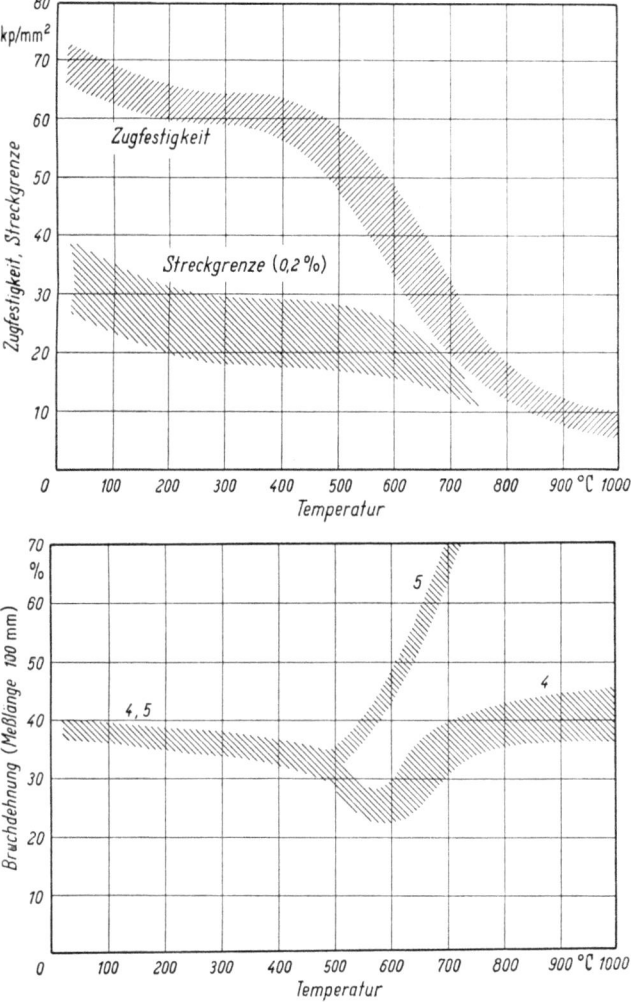

Abb. 198. Mechanische Eigenschaften der Heizleiterlegierungen vom Typ NiCr 30 20 (Nr. 4 der Tab. 13) und der Werkstoffe vom Typ Nr. 5 in Tab. 13 bei höheren Temperaturen im Kurzversuch

Dehnung von 1% führen (vgl. S. 219). In Abb. 199 sind die Normwerte aufgetragen, die für Überschlagsrechnungen dienen können. Zum Vergleich wurden entsprechende Kurven für eine durch Titankarbid verfestigte, nahezu eisenfreie Nickel-Chrom-Legierung[1] hinzugezeichnet.

---
[1] Nickel-Informationsbüro GmbH, Düsseldorf: Die Nimonic-Legierungen.

Die Übereinstimmung ist befriedigend, obwohl die letztgenannte Kurve oberhalb 750 °C zu deutlich tieferen Werten verläuft. WALTHER[1] hat in Kurzzeitversuchen (4 Stunden) an Heizleiterlegierungen bleibende Dehnungen gemessen, die auf wesentlich kleinere Zeitdehngrenzen schließen lassen. Doch sind, abgesehen von gewissen Unsicherheiten der Versuchsanordnung und der Dehnungsbestimmung, die von WALTHER benutzten Prüflasten so groß, daß man mit beträchtlichen Querschnittsverminderungen rechnen muß. Da gleichwohl die Spannungen auf den Anfangsquerschnitt bezogen werden und die Dehnung bei hohen Temperaturen auf Erhöhungen der wirklichen Spannung sehr empfindlich anspricht, lassen sich die Kurven der Dehnung über der Zeit nicht in

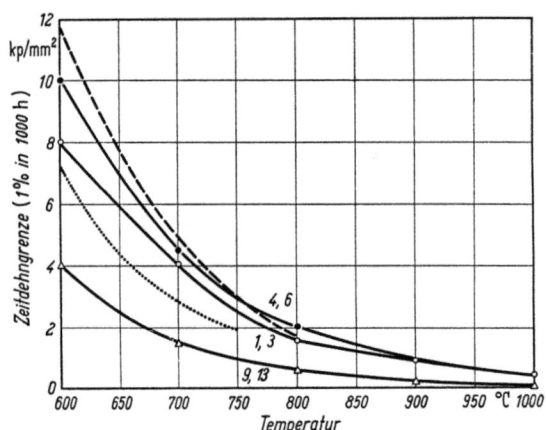

Abb. 199. Zeitdehngrenzen von Heizleiterlegierungen. Die Zahlen stimmen mit den Nummern der Tab. 13 überein
Vergleich: — — — „Nimonic 75", 1% in 1000 Std.;   ········· dasselbe, 0,1% in 1000 Std.

Beziehung setzen zu Ergebnissen von Langzeitversuchen mit kleinen Belastungen und Dehnungen.

Die große Zunderfestigkeit und das eigentümliche Widerstandsverhalten der Nickel-Chrom-Legierungen (Nr. 1 in Tab. 4) haben zu einigen Weiterentwicklungen Anlaß gegeben. So ist ein neuer Heizleiterwerkstoff bekannt gemacht worden[2,3,4], in dem etwa 3,5% Ni durch Aluminium ersetzt sind. Seine Zunderfestigkeit reicht nach Firmenprospekten ebenfalls bis 1250 °C, die Temperaturabhängigkeit seines elektrischen Widerstandes stimmt bis etwa 600 °C weitgehend mit der der aluminiumfreien Legierungen überein. Die starke Änderung der

---

[1] WALTHER, E.: Elektrowärme 17 (1959) 327, 401, 427.
[2] Henry Wiggin and Company Ltd., Birmingham: Brightray H (Prospektblatt).
[3] Henry Wiggin and Company Ltd., Birmingham: Wiggin Electrical Resistance Materials, Publ. 1084, 1958.
[4] Nickel-Contor, Zürich: Elektrizitätsverw. 31 (1957) 337.

Kurvenform oberhalb 600 °C ist charakteristisch für aluminiumhaltige Nickel-Chrom-Legierungen (Abb. 200). Die Ursache des beträchtlichen

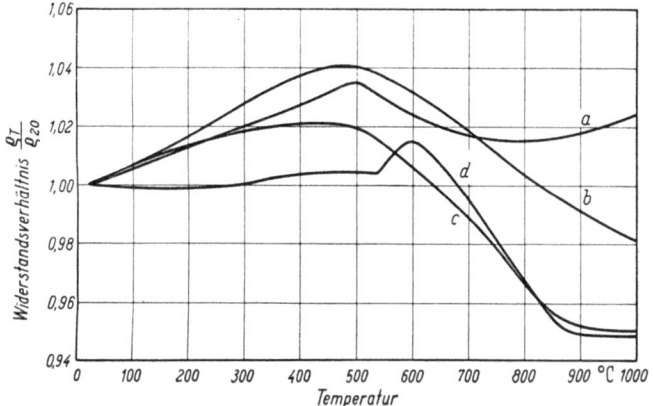

Abb. 200. Temperaturfaktoren des elektrischen Widerstandes praktisch eisenfreier Nickel-Chrom-Legierungen mit 20% Cr
a NiCr 80 20 (Nr. 1 der Tab. 13); *b* kommerzielle Heizleiterlegierung mit 3,5% Al; *c* Versuchslegierung mit 3% Al und 0,8% Si; *d* Widerstandslegierung mit 3% Al und 2% Cu nach optimaler Wärmebehandlung

Widerstandsabfalls oberhalb 700 °C bis zu Werten weit unterhalb des Raumtemperaturwertes ist nicht bekannt. Eine interessante Abwandlung derartiger Legierungen geht aus von der Beobachtung, daß ein Kupfer- oder Eisen-Zusatz zu Nickel-Chrom Aluminium-Legierungen im Verein mit einer zweckmäßigen Wärmebehandlung den Temperaturkoeffizienten des Widerstandes in einem großen Bereich um 20 °C herum auf Werte innerhalb $\pm 20 \times 10^{-6} \text{grd}^{-1}$ erniedrigt. Abb. 201 zeigt in einem Beispiel den

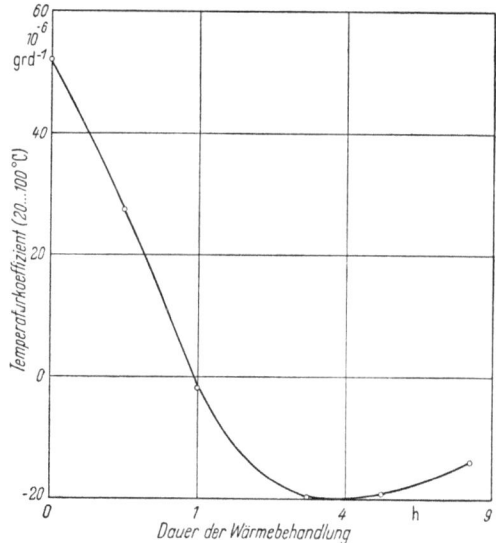

Abb. 201. Einfluß einer Wärmebehandlung bei 500 °C auf den Temperaturkoeffizienten des Widerstandes einer Legierung mit den Hauptbestandteilen: 20% Cr, 3% Al, 3% Cu, 1% Mn, Rest Ni

Einfluß einer Wärmebehandlung bei 500 °C auf den Temperaturkoeffizienten einer entsprechenden Versuchslegierung. Da gleichzeitig die Eigenschaften über lange Zeiten unverändert bleiben, eignen sich solche

Werkstoffe für Meß- und Präzisionswiderstände[1,2]. Gegenüber den altbewährten Kupfer-Mangan-Nickel-Legierungen haben sie den Vorteil eines rund dreimal so hohen spezifischen Widerstandes. Als zunderfest sind sie jedoch nicht anzusprechen.

Über das Oxydationsverhalten ist ganz allgemein zu sagen, daß ebenso wie bei den Chromstählen auch hier die Zunderfestigkeit vom Cr_2O_3-Gehalt der Oxydschicht maßgeblich bestimmt wird. Ein genügend hoher Chromgehalt der Legierung ist daher von entscheidender Bedeutung[3], wie sich anschaulich aus Abb. 202 ergibt. Das Minimum der Lebensdauer zwischen 4 und 8% Cr entspricht dem dort vorhandenen

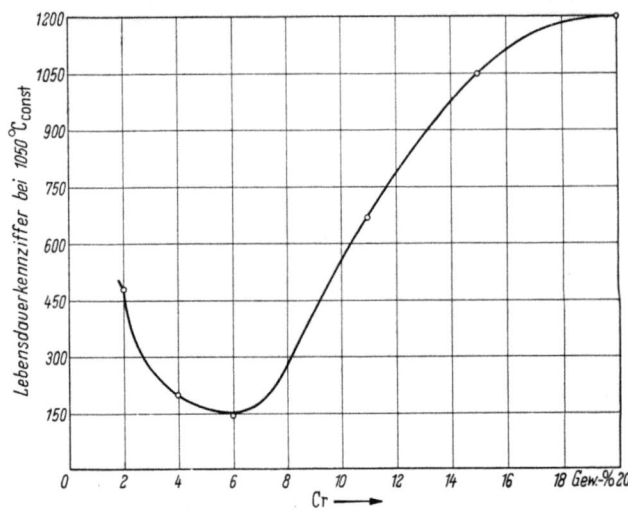

Abb. 202. Lebensdauer von Nickel-Chrom-Legierungen bei 1050 °C in Abhängigkeit vom Chromgehalt

Maximum der Verzunderungsgeschwindigkeit (s. S. 40). Aus Abb. 202 wird verständlich, daß alle hier betrachteten Werkstoffe Chromgehalte von mindestens 14%, vorwiegend sogar von etwa 20% haben, wobei die obere Grenze nur durch die Rücksicht auf die Verarbeitbarkeit gegeben ist. Eine eingehende Erörterung des Oxydationsvorgangs und des Aufbaus der Oxydschichten muß notwendig den wichtigen Einfluß der *lebensdauerverbessernden Zusätze* berücksichtigen und wird daher zusammenfassend im nächsten Kapitel erfolgen.

b) Eisen-Chrom-Aluminium-Legierungen

Neben den Nickel-Chrom- und Nickel-Chrom-Eisen-Legierungen steht die Gruppe der Heizleiterwerkstoffe aus Eisen-Chrom-Aluminium,

---

[1] ARNOLD, A. H. M.: Proc. Instn. electr. Engrs. (B) 103 (1956) 439.
[2] STARR, C. D.: Proc. Instn. electr. Engrs. (B) 104 (1957) 515.
[3] ROHN, W.: ETZ 48 (1927) 227, 317.

Heizleiterlegierungen und hochlegierte Konstruktionswerkstoffe 241

die sich von den früher besprochenen Chromstählen vor allem durch beträchtliche Aluminiumgehalte unterscheiden. Wie aus dem zweiten Teil der Tab. 13 hervorgeht, erlauben einige Vertreter dieser Gruppe sehr hohe Anwendungstemperaturen, die höchsten, die — abgesehen von Edelmetallen und deren Legierungen — mit metallischen Werkstoffen in normaler Luft überhaupt zu erreichen sind.

In Abb. 203 sind die hierher gehörenden Legierungen von Tab. 13 in einem vergrößerten Abschnitt des Dreistoffdiagramms Eisen-Chrom-Aluminium (Abb. 132) eingezeichnet. Oberhalb 600 °C liegen sie sämtlich im Bereich der primären eisenreichen Mischkristalle. Der Chromgehalt liegt zwischen 7 und 30% und variiert viel stärker als der Aluminiumgehalt, der mit einer Ausnahme zwischen 4 und 6% liegt. Darin zeigt sich die kritische und wichtige Rolle des Aluminiumgehalts, von dessen Höhe die Zunderfestigkeit und andererseits die Verarbeitbarkeit empfindlich

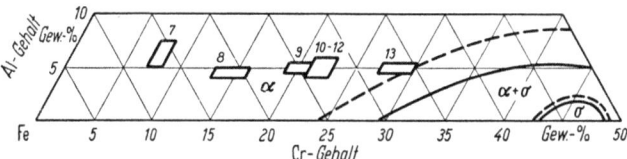

Abb. 203. Technische Eisen-Chrom-Aluminium-Legierungen im Zustandsdiagramm. Die Zahlen stimmen mit den Nummern in Tab. 13 überein
Phasengrenzen: — — — bei 600 °C; ——— bei 700 °C

und viel stärker abhängen als von der Höhe des Chromgehalts — auch wenn man die Konzentrationen nicht in Gewichtsprozent, sondern in Atomprozent angeben würde. Der Grund ist, wie wir später noch sehen werden, die Tatsache, daß die Schutzwirkung der Oxydschicht nicht wie bei den Nickel-Chrom-Legierungen auf der Bildung des Cr_2O_3, sondern auf dem Vorhandensein von Al_2O_3 beruht.

Die Beziehung zwischen den höchsten Gebrauchstemperaturen — wobei eine gewisse Unsicherheit darin liegt, daß diese nicht exakt definiert werden können, sondern den Angaben der Hersteller entnommen werden müssen — und der Grundzusammensetzung ist nach den früheren Ausführungen qualitativ verständlich. Quantitativ darf man sie nicht auswerten, denn die erzielbaren Höchsttemperaturen sind ganz wesentlich bestimmt durch die im nächsten Kapitel ausführlich zu besprechenden kleinen Zusätze.

Wie man in Abb. 203 sieht, liegen die technischen Werkstoffe außerhalb des Zweiphasengebiets $\alpha + \sigma$. Da Silizium das Zweiphasengebiet ausweitet (s. S. 148), beschränkt man die Höhe dieses Zusatzes auf das zu einer wirksamen Desoxydation notwendige Maß. Auch der Mangangehalt wird möglichst niedrig gehalten. Nickel und Kohlenstoff sind als

Austenitbildner unerwünscht. Aluminiumgehalte über 6%, die zu höherer Zunderfestigkeit führen könnten, verbieten sich im allgemeinen mit Rücksicht auf die Verarbeitbarkeit. Schon auf die Legierung Nr. 7 der Tab. 13 trifft dies bis zu einem gewissen Grad zu; ihre Entwicklung wurde seinerzeit von der Notwendigkeit der Rohstoffeinsparung angestoßen. Trotz sehr guter Oxydationsbeständigkeit hat sie inzwischen ihre Bedeutung weitgehend verloren, weil ihr Korrosionswiderstand infolge des niedrigen Chromgehalts gering ist und weil vor allem ihre Kaltverformung große Schwierigkeiten bereitet. Die gegensätzliche Wirkung hoher Aluminiumgehalte einerseits auf den Oxydationswiderstand und andererseits auf die Kaltverarbeitbarkeit ist besonders deutlich bei einer Legierung mit rund 16% Al und 3% Mo, die als weichmagnetischer, mechanisch sehr harter und verschleißfester Werkstoff gebraucht wird. Ihre Zunderfestigkeit wird als sehr gut bezeichnet[1, 2, 3], während die Verformung bei Raumtemperatur außerordentliche Schwierigkeiten macht.

Alle Eisen-Chrom-Aluminium-Legierungen der Tab. 13 sind stark ferromagnetisch. Ihre Curietemperaturen liegen zwischen 500° und 600 °C. Die in Tabelle 13 aufgeführten Eigenschaften sind im übrigen einzelnen Firmenschriften[4, 5, 6, 7, 8] und dem Normblatt DIN 17 470 entnommen.

Infolge des Aluminium- und des hohen Eisengehalts ist die Dichte beträchtlich kleiner als die der Nickel-Chrom- und Nickel-Chrom-Eisen-Legierungen. Der spezifische elektrische Widerstand und seine Temperaturabhängigkeit werden gemäß den früheren Darlegungen (S. 165) durch die Höhe des Chrom- und des Aluminiumgehalts bestimmt (Abb. 193). Die Werte sind im ganzen Anwendungsbereich höher als die der austenitischen Heizleiterlegierungen. Die Temperaturabhängigkeit des Widerstandes ist durchweg verhältnismäßig klein. Dieser Befund ist an sich überraschend. Denn im allgemeinen erniedrigt der Ferromagnetismus den elektrischen Widerstand unterhalb der Curietemperatur beträchtlich. Hier ist dies einigermaßen deutlich nur bei den Legierungen Nr. 7 und 8 zu sehen, bei den übrigen höchstens andeutungsweise. Mit Eisen-Chrom-Aluminium-Legierungen sind sogar Werte bis zu 1,9 Ohm mm²/m

---

[1] NACHMAN, J. F., u. W. J. BUEHLER: J. appl. Physics 25 (1954) 307.
[2] KOJOLA, K. L.: US Dept. of Commerce, Office of techn. Services, Techn. Rep. No. NGF-T-42-56, Navord Report Serial No. 5190 (1955).
[3] MORGAN, E. R., u. V. F. ZACKAY: Metal Progr. 68 (1955) (H. 4) 126.
[4] Vacuumschmelze AG, Hanau: Heizleiter-Handbuch, 1954.
[5] A. B. Kanthal, Hallstahammar: Das Kanthal-Handbuch, 1958.
[6] Vereinigte Deutsche Metallwerke AG, Altena: Handbuch über Heizleiter- und Widerstandswerkstoffe, 1955, 1957.
[7] Edelstahlwerke J. C. Söding & Halbach, Hagen: Handbuch Heizleiter- und Widerstandsmaterial.
[8] C. Kuhbier und Sohn, Dahlerbrück: Cekas, Heizleiter- und Widerstands-Legierungen.

Heizleiterlegierungen und hochlegierte Konstruktionswerkstoffe 243

und mehr erreicht worden[1,2]. Die Erscheinungen des K-Zustandes machen sich, von der Eisen-Aluminium-Seite her, in allen Eisen-Chrom-Aluminium-Legierungen bemerkbar, jedoch entsprechend dem niedrigen Aluminiumgehalt von höchstens 6% nur schwach. Die Widerstandserniedrigung durch Kaltverformung ist immer festzustellen.

Die Wärmeleitfähigkeit liegt in der gleichen Höhe wie bei den Nickel-Chrom- und Nickel-Chrom-Eisen-Legierungen. Als Folge des ferritischen Gefügeaufbaues ist die Wärmeausdehnung ebenso niedrig wie bei Eisen, analog zu den früher besprochenen Verhältnissen bei den Chromstählen.

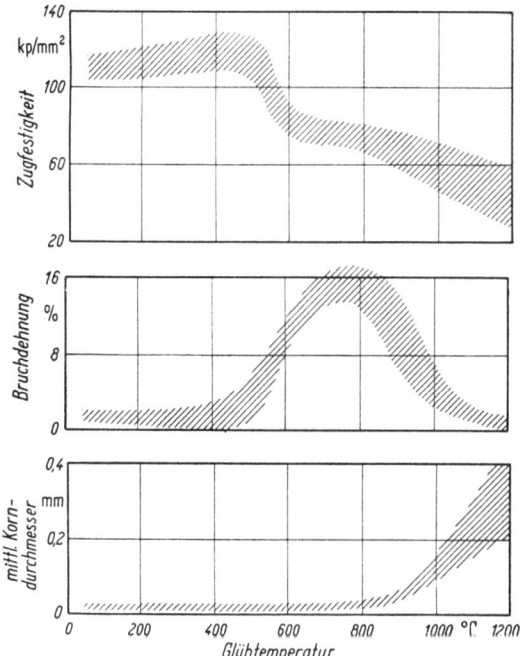

Abb. 204. Mechanische Eigenschaften von Heizleiterlegierungen mit 20 bis 30% Cr, 4,3 bis 5,2% Al, 0 bis 2% Co, 0,45 bis 0,6% Mn, 0,4 bis 0,6% Si, 0,03 bis 0,08% C, Rest Fe, bei Raumtemperatur nach je 2stündiger Glühung, nach HESSENBRUCH

Bei Raumtemperatur unterscheiden sich die Zugfestigkeit und Streckgrenze nicht wesentlich von den Werten der austenitischen Werkstoffe (Tab. 14). Auch hier besteht erfahrungsgemäß eine Abhängigkeit von den Abmessungen, doch kommt man mit einer Abstufung aus. Die Bruchdehnung der ferritischen Legierungen ist wesentlich kleiner als die der austenitischen. Sie erreicht ihre in Tab. 14 angegebenen Höchstwerte überhaupt nur durch eine spezielle Glühbehandlung bei mittleren Temperaturen. Dazu betrachten wir Abb. 204, in der die Raumtempera-

[1] KORNILOV, I. I.: Izvest. Akad. Nauk SSSR 1940, 751.
[2] KORNILOV, I. I., W. MICHEEV u. O. KONENKO-GRACHOVA: Stahl 1940, H. 5/6, 57.

turwerte der Zugfestigkeit und der Bruchdehnung in Abhängigkeit von der Temperatur einer vorausgegangenen zweistündigen Glühung dargestellt sind[1]. Vor der Wärmebehandlung waren die Proben kaltverformt. Die Bruchdehnung der untersuchten Legierungen, wie sie damals (1937) handelsüblich waren, stieg durch eine Glühung zwischen 700° und 800 °C auf einen Maximalwert. Der Beginn der Rekristallisation lag zwischen 400° und 500 °C. Glühungen bei Temperaturen über 800 °C ließen die Bruchdehnung wieder absinken. Dies wird durch das mit steigender Temperatur rasch zunehmende Kornwachstum hervorgerufen, eine Erscheinung, die vielen ferritischen Legierungen eigentümlich ist. Die Zugfestigkeit vermindert sich mit dem Rekristallisationsbeginn und fällt zuerst schnell, dann langsam auf kleinere Werte ab. Die durch das Kornwachstum hervorgerufene Sprödigkeit läßt die Festigkeitswerte nach Hochtemperaturglühungen stärker streuen. In der Zugfestigkeit macht sich die 475°-Versprödung durch ein deutliches Maximum, in der Bruchdehnung höchstens durch ein schwach angedeutetes Minimum bemerkbar. Der Kurvenverlauf in Abb. 204 ist typisch für Legierungen mit 20 bis 30% Cr und rund 5% Al. Ein etwaiger Kobaltzusatz änderte die Ergebnisse nicht merklich.

Während Abb. 204 Festigkeitswerte bei Raumtemperatur enthält, sind in Abb. 205 die Resultate von Zerreißversuchen bei höheren Temperaturen dargestellt. Wie man aus dem Vergleich mit Abb. 197 und Abb. 198 sieht, liegt der Abfall der Zugfestigkeit um rund 100° tiefer als bei den Nickel-Chrom-Legierungen. Er führt bei den ferritischen Werkstoffen auf sehr kleine Werte bei den höchsten Temperaturen. Noch deutlichere Unterschiede sind in der Temperaturabhängigkeit der Bruchdehnung und der Einschnürung zu erkennen. Hier liegt ein unerwarteter Steilabfall schon bei 400 °C und ein jäher Anstieg zwischen 500° und 550 °C. Die daran anschließenden sehr hohen Werte erklären die hervorragende Verformbarkeit der Eisen-Chrom-Aluminium-Legierungen bei hohen Temperaturen. Ob das Minimum der beiden zuletzt genannten Eigenschaften zwischen 450° und 500 °C mit der 475°-Versprödung zusammenhängt, muß dahingestellt bleiben. An sich ist die Verweilzeit auf der betreffenden Temperatur während des Kurzzeitversuchs viel zu klein, um eine nennenswerte Versprödung hervorzurufen. Andererseits wäre es denkbar, daß das Zusammenwirken von Temperatur und plastischer Verformung unter kritischen Bedingungen besondere Erscheinungen hervorruft.

So wie die Zugfestigkeit der ferritischen Eisen-Chrom-Aluminium-Legierungen bei hohen Temperaturen schneller und auf kleinere Werte absinkt als die der austenitischen Nickel-Chrom-(Eisen-)Legierungen,

---

[1] HESSENBRUCH, W.: Elektrowärme 7 (1937) 7.

Heizleiterlegierungen und hochlegierte Konstruktionswerkstoffe 245

so sind auch die Warmstandfestigkeiten sehr verschieden. Dies geht aus allen Messungen der Kriechgrenze[1] oder der Dauerstandfestigkeit[2] hervor. Abb. 199 enthält die Zeitdehngrenzen nach DIN 17 470, die um

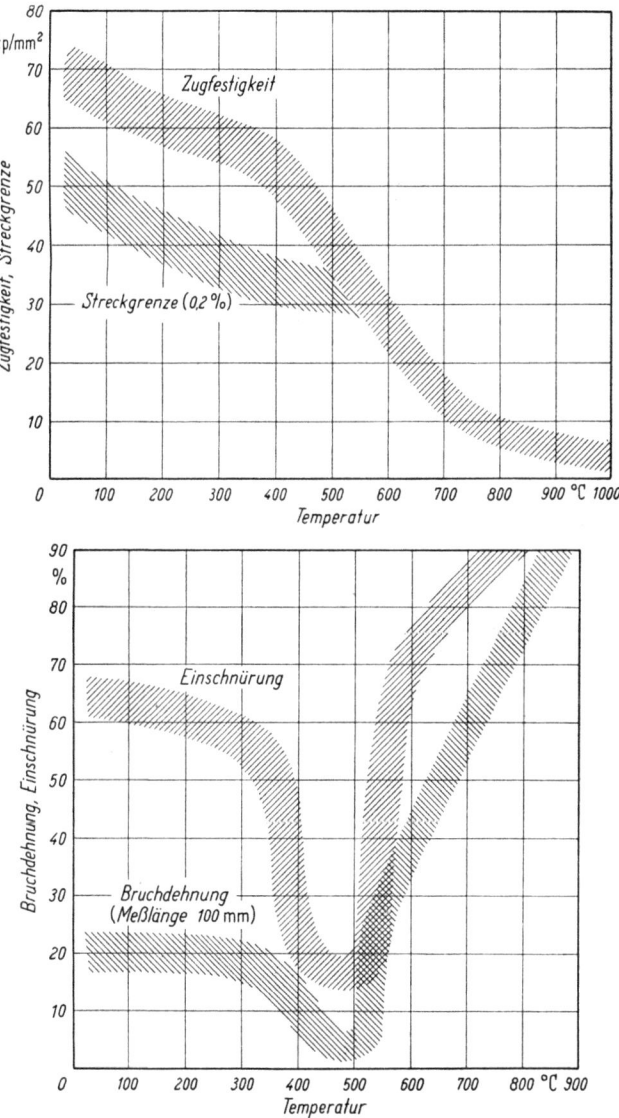

Abb. 205. Mechanische Eigenschaften der Heizleiterlegierungen vom Typ CrAl 20 5 (Nr. 9 der Tab. 4) bei höheren Temperaturen im Kurzversuch

[1] HESSENBRUCH, W.: Elektrowärme 7 (1937) 7.
[2] HESSENBRUCH, W.: ETZ 63 (1942) 89.

den Faktor 3 bis 4 kleiner sind als die der austenitischen Heizleiterlegierungen. Eine ähnliche Relation geht auch aus den abgekürzten Kriechversuchen von WALTHER[1] hervor.

Von den Versprödungserscheinungen der Eisen-Chrom-Aluminium-Legierungen wurden einige schon genannt. Zunächst ist es die oben erwähnte Kornvergröberung, die bei Glühtemperaturen von 1000 °C und mehr rasch eintritt und nachträgliche Verformungen gebrauchter ferritischer Heizleiter bei Raumtemperatur unmöglich macht. Man kann die Temperatur, bei der das starke Kornwachstum einsetzt, beträchtlich nach oben verschieben durch absichtliche Einlagerung nichtmetallischer Teilchen in das Gefüge, wofür beispielsweise Karbide, Oxyde und Nitride in Betracht kommen[2,3]. Die Belegung der Korngrenzen mit solchen Fremdstoffpartikeln geeigneter Größe und Beschaffenheit hindert weitgehend deren Wanderung. Oberhalb 1100 °C setzt jedoch auch dann die Kornvergröberung ein, sei es, weil die Fremdteilchen in Lösung gehen oder weil die Korngrenzenbeweglichkeit die Hindernisse überwindet.

Die 475°-Versprödung ist in Kapitel D ausführlich besprochen worden (S. 131). Ihr Auftreten und ihr Ausmaß werden durch die in den Heizleiterwerkstoffen vorhandenen Aluminiumgehalte nicht wesentlich beeinflußt. Außer in der früher dargestellten Änderung der mechanischen Eigenschaften äußert sie sich bei den Heizleiterlegierungen vom Typ Nr. 9 bis 13 der Tab. 13 in einer deutlichen Erniedrigung des elektrischen Widerstandes. Für die praktische Heizleiteranwendung ist die 475°-Versprödung nicht von großer Bedeutung, da sie während des Erhitzens auf Temperaturen über 600 °C stets innerhalb weniger Minuten wieder verschwindet.

Eine weitere Eigentümlichkeit in den mechanischen Eigenschaften ist die generelle Kaltsprödigkeit der kubisch raumzentrierten Metalle und Legierungen. Der Verformungsbruch, also der in üblicher Weise mit beträchtlicher plastischer Verformung einhergehende Bruch beim Biege- oder Zugversuch, wird bei tiefen Temperaturen abgelöst von dem sogenannten Trennungsbruch, den keine oder nur eine kleine plastische Verformung einleitet. Zwischen beiden Brucharten liegt das sogenannte Übergangsgebiet. Als bestgeeignete Untersuchungsmethode hat sich die Bestimmung der Kerbschlagzähigkeit erwiesen, d. h. die Messung der Arbeit zum Zerschlagen einer gekerbten Probe bestimmter Abmessungen. Diese Arbeit ist klein beim Trennungsbruch und groß beim Verformungsbruch. Das Übergangsgebiet zeigt sich als ein steiler Abfall der Kerbschlagzähigkeit an. Seine Lage und Breite sind unter anderem von der

---

[1] WALTHER, E.: Elektrowärme 17 (1959) 327, 401, 427.
[2] HOUDREMONT, E.: Handbuch der Sonderstahlkunde, Berlin/Göttingen/Heidelberg: Springer; Düsseldorf: Stahleisen 1956, S. 255, 980, 1206.
[3] Österr. Patent 166604.

Zusammensetzung und der Vorbehandlung der Proben abhängig. So ist das Übergangsgebiet des reinen Eisens sehr schmal und liegt bei — 75 °C. Mit steigendem Kohlenstoffgehalt verschiebt es sich zu höheren Tem-

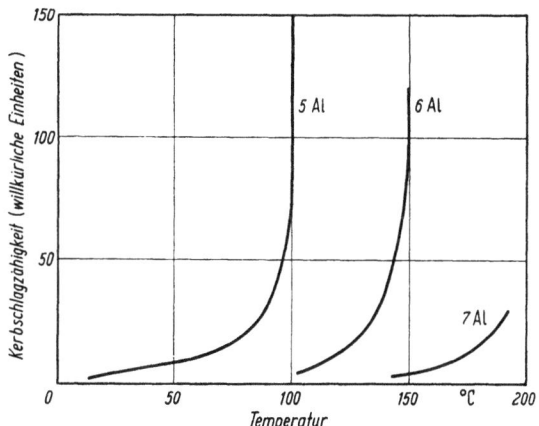

Abb. 206. Einfluß des Aluminiumgehalts auf den Abfall der Kerbschlagzähigkeit von Eisen-Chrom-Aluminium-Legierungen mit 30% Cr

peraturen und wird gleichzeitig erheblich breiter; beispielsweise liegt es bei 0,53% C zwischen + 30 und + 100 °C[1]. Außer Kohlenstoff erhöhen auch Phosphor und Silizium die Übergangstemperatur von Eisen. Mangan und Nickel erniedrigen sie[1]. Doch sind die Auswirkungen kleiner Gehalte, zu denen noch Sauerstoff und Stickstoff kommen, bei Legierungen nicht immer eindeutig, so daß es schwierig ist, systematische Abhängigkeiten zu finden.

Den Einfluß des Aluminiumgehalts auf das Übergangsgebiet der Eisen-Chrom-Aluminium-Legierungen mit 30% Cr zeigt Abb. 206[2]. Kohlenstoff scheint das Übergangsgebiet hier ebenfalls zu höheren Temperaturen zu verschieben, doch ist der Befund für quantitative Aussagen nicht eindeutig genug. Mangan beeinflußt das

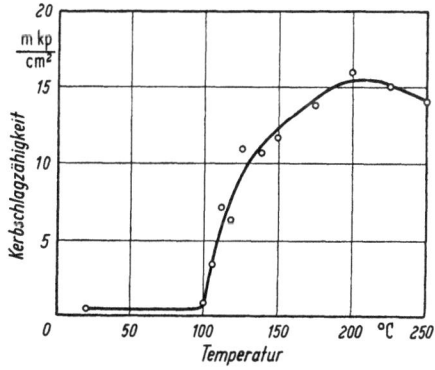

Abb. 207. Beispiel für die Temperaturabhängigkeit der Kerbschlagzähigkeit einer Heizleiterlegierung vom Typ CrAl 30 5 (Nr. 13 der Tab. 13)

---

[1] RINEBOLT, J. A., u. W. J. HARRIS: Trans. A.S.M. 43 (1951) 1175.
[2] CHUBB, W., S. ALFANT, A. A. BAUER, E. J. JABLONOWSKI, F. R. SHOBER u. R. F. DICKERSON: Battelle Memorial Institute, Report No. BMI — 1298, 1958.

Zähigkeitsverhalten praktisch nicht; seine günstige Wirkung auf die Verarbeitbarkeit wird der Verbesserung der Heißverformung zugeschrieben[1]. Abb. 207 zeigt die Temperaturabhängigkeit der Kerbschlagzähigkeit einer handelsüblichen Eisen-Chrom-Aluminium-Legierung. Während aber die Form dieser Kurve allgemeingültig und typisch ist, können die absoluten Zähigkeitswerte und die Lage des Übergangsgebietes durchaus von Werkstoff zu Werkstoff variieren. Auf jeden Fall macht das Zähigkeitsverhalten die oft gegebene Empfehlung verständlich, dicke Drähte aus Eisen-Chrom-Aluminium-Heizleiterlegierungen nicht bei Raumtemperatur, sondern bei 200° bis 300 °C in die endgültige Heizelementform zu bringen.

Eine weitere Versprödungsursache sei noch erwähnt, die ebenfalls ganz allgemein auf die Eigentümlichkeiten des kubisch raumzentrierten Eisens und der ferritischen Legierungen zurückgeht und durch Aufnahme von Wasserstoff hervorgerufen wird. Der Wasserstoff kann dabei während des Herstellungsprozesses der Legierungen aus der Ofenatmosphäre oder bei saurem Beizen oder auch während des Gebrauchs der Heizleiter aufgenommen werden. Am deutlichsten äußert sich die Wasserstoffversprödung in einem überaus starken Absinken der Biegezahl. Der Wasserstoff läßt sich auch bei gröberen Materialabmessungen durch Glühungen im Vakuum in Minuten, durch Glühungen in Luft in Stunden wieder entfernen, wonach die ursprüngliche Duktilität erneut vorhanden ist. Schon während einer Raumtemperaturlagerung nimmt der Wasserstoffgehalt und damit die Versprödung langsam ab; allerdings dauert es unter diesen Umständen je nach Dimension viele Wochen oder Monate, bis eine nennenswerte Duktilität zurückgekehrt ist. Zum Fragenkreis der Wasserstoffversprödung sei auf die zusammenfassende Darstellung von COTTERILL[2] hingewiesen.

Bei Temperaturen unter 1000 °C besteht die Oxydschicht der Eisen-Chrom-Aluminium-Heizleiterlegierungen aus einem Gemisch der Oxyde des Eisens, Chroms und Aluminiums in der Struktur eines kubischen Spinellgitters. Bei 1000 °C und höheren Temperaturen bildet sich mehr und mehr reines Al_2O_3 auf Kosten der durch das Aluminium reduzierten anderen Oxyde[3]. Diese selektive Oxydation des Aluminiums führt zur Nachdiffusion von Aluminium aus dem Inneren des Materials und damit zu einem Aluminiumverlust der Legierung, der bei kleinen Aluminiumgehalten sehr beträchtlich sein kann (beispielsweise über 60% des Anfangsgehalts von 2,2% Al nach einer Glühung von 1000 Stunden bei

---

[1] s. Vorseite [2] CHUBB, W.

[2] COTTERILL, P.: The Hydrogen Embrittlement of Metals, in Progress in Materials Science (Pergamon Press) Bd. 9, Nr. 4, 1961, S. 205ff.

[3] KORNILOV, I. I., u. J. I. SIDORISHIN: C. R. (Doklady) Acad. Sci. URSS 42 (1944) 20.

1200 °C), bei größeren jedoch in erträglichen Grenzen bleibt[1]. Auf jeden Fall ist es also bei diesen Werkstoffen das Al_2O_3, das die für die Zunderfestigkeit entscheidende Schutzwirkung ausübt[2]. Die durch die selektive Oxydation entstehende Aluminiumverarmung bewirkt natürlich Änderungen der vom Aluminiumgehalt abhängigen Werkstoffeigenschaften, besonders des elektrischen Widerstandes. Nimmt man noch die Einflüsse der oxydationsbedingten Querschnittsverminderung und gegebenenfalls der 475°-Versprödung und des K-Zustandes hinzu, so kann man die immer wieder beobachteten und beschriebenen Widerstandsänderungen der Eisen-Chrom-Aluminium-Legierungen während des Gebrauchs[3,4,5] von Fall zu Fall deuten.

3. Verwandte Legierungen und Spezialwerkstoffe

In diesem Abschnitt werden Werkstoffe zusammengestellt, die teils von den ausführlich behandelten Legierungsgruppen abgeleitet sind und speziellen Zwecken dienen, teils ausgesprochene Sonderentwicklungen darstellen.

a) Hochwarmfeste Legierungen

Von den verhältnismäßig gut warmfesten Nickel-Chrom-(Eisen-)Legierungen ist eine Weiterentwicklung zur Erzielung höchster Warmfestigkeit ausgegangen. Die so entstandenen Werkstoffe leiten sich von den praktisch eisenfreien Nickel-Chrom-Legierungen (Nr. 1 in Tab. 13) her und enthalten weitere Zusätze, die sie durch Auslagerung bei 700° bis 900 °C aushärtbar machen (Titan, Aluminium) und die die Rekristallisationstemperatur so weit wie möglich erhöhen (Molybdän, Kobalt). Solche Legierungen sind beispielsweise unter dem Namen *Nimonic* (Warenzeichen!) bekannt geworden[6]. Ihre ausführliche Behandlung würde den Rahmen der vorliegenden Darstellung überschreiten. Die physikalischen Eigenschaften liegen etwa in dem durch die austenitischen Heizleiterlegierungen abgesteckten Gebiet.

In Anbetracht der besonderen Verwendung sind natürlich die Festigkeitseigenschaften eingehend untersucht. Die Zeitdehngrenzen liegen ganz wesentlich höher als die der Heizleiterlegierungen. Beim Kurzzerreißversuch haben im übrigen die Bruchdehnung und Einschnürung gleichfalls ein Minimum zwischen 600° und 800 °C. Die Frage der Zunder-

---

[1] KORNILOV, I. I., u. A. I. SHPIKELMAN: C. R. (Doklady) Acad. Sci. URSS 53 (1946) 805.

[2] GULBRANSEN, E. A., u. K. F. ANDREW: J. electrochem. Soc. 106 (1959) 294.

[3] GRUNERT, A., W. HESSENBRUCH u. K. SCHICHTEL: Elektrowärme 5 (1935) 2.

[4] HESSENBRUCH, W.: Chem. Fabrik 9 (1936) 525.

[5] SCHOENE, E.: Änderung des elektrischen Widerstandes bei Eisen-Chrom-Aluminium-Heizleitern für Temperaturen bis 1300°. Diss. Hannover, 1937.

[6] Nickel-Informationsbüro GmbH, Düsseldorf: Die Nimonic-Legierungen. Vgl. auch K. E. VOLK u. R. ERGANG: Werkstoff-Handbuch Nichteisenmetalle, Düsseldorf: VDI-Verlag 1960, III Ni 5: Hochwarmfeste Legierungen auf Nickelbasis.

festigkeit tritt hier etwas zurück, da die Grenztemperaturen der Anwendung im allgemeinen zwischen 700° und 850 °C liegen.

Ebenfalls von den Heizleiterlegierungen abgeleitet ist eine weitere sehr komplexe, warmfeste Legierung mit der Handelsbezeichnung PMWC, die im wesentlichen aus Nickel-Kobalt-Eisen-Chrom besteht und ferner Molybdän, Wolfram und Titan oder Tantal enthält.

b) Korrosionsbeständige Legierungen

Bei der Besprechung der Eisen-Chrom- und der Nickel-Chrom-Legierungen ist die durch den Chromgehalt verursachte Korrosionsbeständigkeit erwähnt worden (S. 141 und S. 179). Eine speziell interessierende Frage ist die nach dem Widerstand gegen Feuchtigkeit. Die Heizleiterlegierungen Nr. 1, 2 und 3 der Tab. 13 sind absolut rostbeständig. Die höher eisenhaltigen Werkstoffe Nr. 4, 5 und 6 können unter ungünstigen Verhältnissen einen Rostanflug zeigen, der jedoch in keinem Fall tiefer in das Gefüge hineindringt. Anders ist es bei den ferritischen Heizleiterlegierungen Nr. 7 bis 13 der Tabelle 13, die trotz ihres Chromgehalts nicht völlig rostsicher sind und sogar eine gewisse Empfindlichkeit gegen Spannungskorrosion zeigen. Allerdings hat die für die Zunderfestigkeit verantwortliche Al_2O_3-Deckschicht auch eine ausgezeichnete Schutzwirkung gegen Rostangriffe, so daß bei gebrauchten Heizelementen eine Rostgefahr praktisch kaum mehr besteht.

Eine größere Empfindlichkeit gegen Korrosion als die hochlegierten Heizleiterwerkstoffe zeigen die im ersten Abschnitt dieses Kapitels behandelten Chromstähle, wobei wieder die Höhe des Chromgehalts von maßgebendem Einfluß ist.

Die an sich schon recht hohe Korrosionsbeständigkeit der Nickel-Chrom-(Eisen-)Heizleiterlegierungen wird — allerdings auf Kosten der Zunderfestigkeit — durch Molybdänzusätze noch verbessert[1]. So sind beispielsweise die Nickel-Chrom-Molybdän-Eisenlegierungen entstanden, die den Handelsnamen *Contracid* (Warenzeichen!) tragen. Außer der Korrosionsbeständigkeit haben sie eine recht gute Warmfestigkeit und werden mitunter auch für thermisch beanspruchte Federn verwendet. Ihre Wärmeleitfähigkeit sinkt bei tiefen Temperaturen auf sehr kleine Werte ab[2,3], weshalb die Legierungen auch für Rohre und andere Konstruktionsteile in Kryostaten, die bis zum Temperaturbereich des flüssigen Heliums gebraucht werden, Anwendung finden.

Tab. 15 bringt für einige Heizleiter- und hochlegierte Konstruktionswerkstoffe Angaben über das Korrosionsverhalten[4].

---
[1] ROHN, W.: Z. Metallkde. 18 (1926) 387.
[2] KARWEIL, J., u. K. SCHÄFER: Ann. Phys. (V) 36 (1939) 567.
[3] SCHMEISSNER, F., u. H. MEISSNER: Z. angew. Phys. 2 (1950) 423.
[4] Vgl. H. PFEIFFER u. H. THOMAS: Werkstoff-Handbuch Nichteisenmetalle, Düsseldorf: VDI-Verlag 1960, III Ni 4: Nickel-Chrom-Legierungen.

Tabelle 15. *Korrosionsverhalten*

Lfd. Nr.	Etwa entsprechende lfd. Nr. der Tab. 13	Hauptbestandteile, Gew.-%					Natrium-, Kalium-Hydroxyd		Salzsäure 10%	
		Cr	Ni	Fe	Mo	W	50%ige Lösung, heiß	Schmelze 400 °C	20 °C	kochend
1	1	20	Rest	—	—	—	+	—	(+)	—
2	2	15	Rest	8	—	—	+	—	(+)	—
3	3	18	Rest	20	—	—	(+)	—	(+)	—
4[1]	—	15	Rest	15	7	—	(+)	—	+	—
5[2]	—	15	Rest	5	17	5	+	—	+	—

Lfd. Nr.	Schwefelsäure 10%		Salpetersäure 10%		Phosphorsäure 10%		Essigsäure 10%	
	20 °C	kochend	20 °C	kochend	20 °C	kochend	20 °C	kochend
1	(+)	(+)	+	(+)	+	+	+	(+)
2	(−)	(−)	(+)				+	(+)
3	(+)	(−)	+	—	+	(+)	+	(+)
4[1]	+	(+)	+	(−)	+	(+)	+	(+)
5[2]	+	(+)	+	(−)	+	+	+	+

[1] „Contracid B 7 M" (Warenzeichen!).
[2] „Hastelloy C" (Warenzeichen!).

Bedeutung der Beständigkeitsangaben:
+ praktisch beständig   d. h. Gewichtsverlust $< 2{,}4$ g m^{-2} d^{-1}
(+) ziemlich beständig $2{,}4 - 24$ g m^{-2} d^{-1}
(−) nicht besonders beständig $24 - 72$ g m^{-2} d^{-1}
— nicht brauchbar > 72 g m^{-2} d^{-1}.

c) Thermoelement-Legierungen

Die Thermospannung der Nickel-Chrom-Legierungen gegen Nickel hat einen Größtwert bei 9—10% Cr (Abb. 153). Daher hat man diese Paarung schon sehr früh für Thermoelemente benutzt[1,2]. Für Temperaturmessungen zwischen 0 und 1000 °C sind sie weit verbreitet und unter dem Kurzzeichen NiCr-Ni auch genormt (DIN 43710). Die steigenden Anforderungen an die Genauigkeit und Zuverlässigkeit haben dazu geführt, die Stabilität der thermoelektrischen Eigenschaften im Dauergebrauch bei hohen Temperaturen zu prüfen[3,4,5]. Dabei zeigten sich nach Erhitzungen auf mehr als 1000 °C bleibende Änderungen der Thermospannung, die auf eine durch selektive Oxydation (siehe auch S. 55ff.) entstehende Chromverarmung der Oberflächenschicht zurückzuführen sind[6]. Bei

---

[1] ROHN, W.: Z. Metallkde. 16 (1924) 297.
[2] ROHN, W.: Z. Metallkde. 19 (1927) 138.
[3] DAHL, A. I.: J. Res. Nat. Bur. Stand. 24 (1940) 205.
[4] HOFFMANN, F., u. A. SCHULZE: ETZ 41 (1920) 427.
[5] GOEDECKE, W.: Chem. Fabrik 5 (1932) 361.
[6] THOMAS, H.: Härterei-Technik u. Wärmebehandlung 3 (1957) HT 9 (in: Das Industrieblatt 1957).

Vermeidung jeglicher Oxydation bleibt die Thermospannung auch bei 1200 °C über lange Zeiten konstant. An sich ist die Erscheinung nicht überraschend, da die Nickel-Chrom-Legierungen mit 9 bis 10% Cr noch nicht als zunderfest anzusprechen sind[1,2]. Im übrigen macht sich auch der K-Zustand in einer Empfindlichkeit der thermoelektrischen Eigenschaften gegen die Verweilzeit im kritischen Temperaturbereich bemerkbar[3].

Es ist deshalb vorgeschlagen worden, die wirklich zunderfeste Heizleiterlegierung Nr. 1 der Tab. 13 als positiven Thermoelementschenkel zu verwenden[4]. Ein Thermoelement aus einer Legierung vom Typ der Nr. 3 in Tab. 13 und einer hochnickelhaltigen Legierung als Gegenschenkel ist seit langem in der Technik eingeführt (*Chromnickel B — Thermominus*) (Warenzeichen!). Seine thermoelektrische Konstante ist auch bei Gebrauchstemperaturen über 1000 °C sehr gut. Ferner kann man Legierungen vom Typ der Heizleiterwerkstoffe Nr. 4 und 9 der Tab. 13 als Thermoelementschenkel wählen[5]. Damit lassen sich Temperaturen von 1100° und 1200 °C im Dauerbetrieb beherrschen. Nachteilig ist die verhältnismäßig kleine Thermospannung einer solchen Kombination[6].

d) Heizleiter-Sonderwerkstoffe

Mit Rücksicht auf die Zunderfestigkeit und vor allem auch auf den Schmelzpunkt liegt die Dauerverwendungstemperatur der besprochenen metallischen Heizleiterlegierungen bei maximal 1350 °C. Für noch höhere Temperaturen kann man entweder zu Edelmetallen (z. B. Platin, Platin-Rhodium-Legierungen) greifen oder aber hochschmelzende Metalle, wie Molybdän oder Wolfram, verwenden, die allerdings nicht oxydationsbeständig sind, und nur unter Schutzgas betrieben werden können. Die Suche nach Heizleitermaterialien, die bei sehr hohen Temperaturen zunderfest sind, hat zu zwei wichtigen nichtmetallischen Werkstoffen geführt, dem Siliziumkarbid und dem Molybdändisilizid.

α) **Siliziumkarbid.** Das Siliziumkarbid[7], die Verbindung SiC, wird aus Quarzsand und Kohle hergestellt und in Form von Stäben, die aus Pulver geformt und mit Anschlußenden versehen werden, für Heizelemente benutzt (Beispiele für Handelsnamen: *Silit, Cesiwid, Globar* — Warenzeichen!). Dem keramischen Charakter entsprechend sind die

---

[1] s. Vorseite [2] ROHN, W.
[2] HORN, L.: Z. Metallkde. 40 (1949) 73.
[3] THOMAS, H.: Z. Metallkde. 52 (1961) 813.
[4] Brit. Patent 733535, 773919; Canad. Patent 508131.
[5] DBPa. Auslegeschrift 1061093 (Kl. 42 i 8/01).
[6] Vgl. auch W. OBROWSKI: Thermoelemente. ATM, J 241—6 (1961) mit weiteren Literaturangaben zu diesem Problemkreis.
[7] PIRANI, M.: Elektrothermie, Berlin/Göttingen/Heidelberg: Springer 1960, Teil IV: Die technische Herstellung von Siliziumkarbid, von M. SCHAIDHAUF.

Stäbe spröde und nicht verformbar. Der elektrische Widerstand bei Raumtemperatur ist sehr hoch und stark vom Verunreinigungsgehalt abhängig. Mit steigender Temperatur wird er wie bei den Halbleitern kleiner, gleichzeitig tritt der Einfluß der Verunreinigungen mehr und mehr zurück, so daß stark streuenden Werten in der Kälte nahezu der gleiche Warmwiderstand gegenübersteht. Die physikalischen Eigenschaften sind folgende[1, 2]:

Dichte 3,2 g/cm^3,

spez. elektrischer Widerstand bei 20 °C 1600—10000 Ohm mm^2/m, bei 1000 °C 1000 Ohm mm^2/m,

Wärmeleitfähigkeit bei 500 °C 0,049, bei 900 °C 0,038, bei 1300 °C 0,028 cal/cm sec grd,

Ausdehnungskoeffizient (20—1000 °C) $5,2 \times 10^{-6}$ grd^{-1}.

Als Höchsttemperatur im Dauergebrauch werden 1500 °C angegeben. Die Beständigkeit gegen Luft, Sauerstoff und Wasserdampf ist sehr gut.

β) Molybdändisilizid. Während das Siliziumkarbid seit langem in der Elektrowärmetechnik eingesetzt wird, hat man das gleichfalls schon seit geraumer Zeit bekannte Molybdändisilizid erst in den letzten Jahren für die Herstellung von Heizelementen herangezogen. MoSi$_2$ ist eine intermetallische Verbindung mit 37 Gewichtsprozent Silizium und sehr schmalem Homogenitätsbereich[3]; es gehört zu einer großen Gruppe ähnlicher Verbindungen, die Silizium mit Übergangsmetallen bildet[4]. Seine Struktur läßt sich beschreiben durch eine tetragonale Elementarzelle mit $a = 3,20$ Å, $c = 7,88$ Å, $c/a = 2,46$ und 6 Atomen pro Zelle. Sie hat Ähnlichkeit mit der des Graphits, da die Siliziumatome, in Schichten angeordnet, übereinanderliegende Netzwerke aus Sechsecken bilden, die die Molybdänatome zwischen sich aufnehmen[4, 5]. Aus der Struktur erklärt sich die außerordentlich geringe Verformbarkeit bei niedrigen und mittleren Temperaturen.

Der Schmelzpunkt liegt bei etwa 2030 °C. Eine besondere Eigentümlichkeit ist der metallische Charakter der elektrischen Leitfähigkeit. Der spezifische Kaltwiderstand ist klein und sein Temperaturkoeffizient positiv. Für das reine MoSi$_2$ wurden folgende Werte gefunden[6]:

spezifischer elektrischer Widerstand bei 22 °C   0,215 Ohm mm^2/m
Temperaturkoeffizient (22—65 °C) $+ 1,3 \times 10^{-3}$ grd^{-1}

---

[1] s. Vorseite [7] PIRANI, M.
[2] FITZER, E., O. RUBISCH u. F. SELKA: Elektrowärme 16 (1958) 253.
[3] HANSEN, M.: Constitution of Binary Alloys, New York/Toronto/London: McGraw-Hill Book Co. 1958, S. 973ff.
[4] NOWOTNY, H., u. E. PARTHÉ: Planseeberichte 2 (1954) 34.
[5] FITZER, E., u. O. RUBISCH: Elektrowärme 16 (1958) 163.
[6] GLASER, F. W.: J. appl. Physics 22 (1951) 103.

Für die Herstellung von Heizelementen auf dem Sinterwege wird das reine Molybdändisilizid gemischt mit Metallpulver oder Oxydpulver oder beiden, woraus sich die starke Streuung in den Widerstandswerten technischer Massen erklärt. So werden für den Temperaturfaktor R_{1500}/R_{20} Werte zwischen 2 und 8 angegeben[1].

An weiteren Eigenschaften für das Molybdändisilizid finden sich[1]:

Dichte	5,6 g/cm³
spez. Wärme bei 20 °C	0,2 cal/g grd
Wärmeleitfähigkeit bei 200 °C	0,1 cal/cm sec grd
Ausdehnungskoeffizient	7 bis 8×10^{-6} grd^{-1}

Die Festigkeit in der Kälte und in der Wärme ist stark von den dem reinen Molybdändisilizid beigemischten Stoffen abhängig. Bei Raumtemperatur ist das Material sehr spröde und nicht verformbar. Daher wird es durch geeignete Verfahren gleich in Form von Stäben mit verdickten Anschlußenden hergestellt. Wegen des kleinen Kaltwiderstandes macht man den wirksamen Querschnitt möglichst klein und verwendet sogar rohrförmige Heizelemente[2].

Die sehr große Zunderfestigkeit wird auf eine Deckschicht aus praktisch reinem SiO_2 zurückgeführt. Für deren Bildung sind Temperaturen von mehr als 1000 °C und gewisse, wenn auch kleine Sauerstoffgehalte der Glühatmosphäre unerläßlich. Daher ist auch hier, ähnlich wie bei den metallischen Heizleitern, eine Voroxydation bei hohen Temperaturen besonders wichtig. Verletzungen der SiO_2-Schicht heilen oberhalb 1000 °C in oxydierender Atmosphäre wieder aus [1,2,3].

F. Der Einfluß bestimmter Zusatzelemente auf die Oxydationsbeständigkeit von Heizleiterlegierungen und die Zusammensetzung der Oxydschichten

Der Einfluß kleiner Beimengungen oder Verunreinigungen auf die physikalischen Eigenschaften von Metallen und Legierungen ist im Laufe der Zeit mehr und mehr Gegenstand mancherlei Untersuchungen geworden. Er ist mitunter recht beträchtlich; so können beispielsweise die strukturabhängigen Eigenschaften wie etwa die Diffusionsvorgänge durch bestimmte Beimengungen stark beeinflußt werden. Ferner sind Beispiele für die Beeinflussung der chemischen Eigenschaften durch kleine Mengen von Fremdstoffen bekannt; erwähnt sei in diesem Zu-

---

[1] HAGLUND, J., u. S. AMBERG: Elektrowärme 16 (1958) 151. (Der aus den Angaben dieser Autoren für R_{1500}/R_{20} abzuleitende Wert ist unwahrscheinlich hoch.)

[2] FITZER, E., O. RUBISCH u. F. SELKA: Elektrowärme 16 (1958) 253.

[3] FITZER, E., u . O. RUBISCH: Elektrowärme 16 (1958) 163.

sammenhang die Korrosionsanfälligkeit in Abhängigkeit vom Verunreinigungsgrad. Darüber hinaus weiß man seit langem, daß bestimmte Elemente in geringer Konzentration die Qualität der gebräuchlichen Heizleiterlegierungen bezüglich ihrer Zünderbeständigkeit bei hohen Temperaturen erheblich verbessern. Letzterer Effekt soll uns im folgenden in erster Linie interessieren.

Wir werden uns in den weiteren Ausführungen vornehmlich mit den üblicherweise verwandten Heizleiterlegierungen auf Nickel-Chrom-(Eisen-) und Eisen-Chrom-Aluminium-Basis beschäftigen, wie sie im Hinblick auf ihre Zusammensetzung und ihre wesentlichsten Eigenschaften im Normblatt DIN 17470 festgelegt sind (s. Tab. 13).

1. Frühere Ergebnisse zur Beeinflussung der Lebensdauer von Heizleitern

Hinsichtlich der Verbesserung der Hitzebeständigkeit von Nickel-Chrom-Legierungen durch geringe Verunreinigungen machten vor etwa 30 Jahren SMITHELLS, WILLIAMS und GRIMWOOD[1] gelegentlich der Herstellung solcher Legierungen im Wasserstoffstrom einige bemerkenswerte Beobachtungen. Die Verfasser verwandten sowohl Elektrolytchrom als auch das weniger reine Thermitchrom mit 1,04% Fe, 0,30% Si, 0,24% Al, 0,08% Mn und 0,05% Ca. Wie Tab. 16 zeigt, ist die Lebensdauer der mit Thermitchrom erschmolzenen Legierungen besser als die bei Verwendung von Elektrolytchrom.

Tabelle 16.
Lebensdauer von NiCr-Legierungen bei Verwendung verschiedener Chromsorten

Zusammensetzung der Legierungen in %	Nickel	Chrom	Lebensdauer in Stunden bei 1050 °C
80 Ni, 20 Cr	Thermit	Thermit	92
80 Ni, 20 Cr	Elektrolyt	Thermit	83
80 Ni, 20 Cr	Mond	Elektrolyt	55
80 Ni, 20 Cr	Elektrolyt	Elektrolyt	44
70 Ni, 20 Cr, 10 Mo	Mond	Thermit	182
70 Ni, 20 Cr, 10 Mo	Mond	Elektrolyt	115

SMITHELLS und Mitarbeiter stellten durch Zulegieren geringer Mengen Silizium, Aluminium und Mangan fest, auf welche dieser Verunreinigungen die bessere Lebensdauer der unter Verwendung von Thermitchrom hergestellten Legierungen zurückzuführen ist. Ein Zusatz von 1% Si verbesserte, ein solcher von 1% Mn verschlechterte die Lebensdauer. Zusätze von 0,5% Al beeinflußten die Lebensdauer nicht, 1% Al verringerte die Oxydationsbeständigkeit.

Abgesehen von dieser gelegentlichen Beobachtung war zu jenem Zeitpunkt allgemein die Ansicht verbreitet, daß die Beeinflussung der Hochtemperatur-Oxydation durch kleine Mengen von Zusätzen gering sei und

---

[1] SMITHELLS, C. J., S. V. WILLIAMS u. E. J. GRIMWOOD: J. Inst. Met. 46 (1931) 443.

Gehalte von einigen Atomprozenten geeigneter Elemente zur merklichen Änderung der Zunderbeständigkeit erforderlich wären. Das trifft, wie im folgenden gezeigt werden soll, nicht zu.

HESSENBRUCH[1] hat vor etwa 30 Jahren systematische Versuche über die Beeinflussung der Lebensdauer von Heizleiterlegierungen durch kleine Zusätze durchgeführt. Er wandte zunächst das für die Veredelung von Aluminiumlegierungen gebräuchliche Verfahren der Behandlung mit Alkaliverbindungen auf Nickel-Chrom-Legierungen an und stellte geringfügige Verbesserungen der Zunderbeständigkeit fest. Der Einfluß von Natriumfluorid auf NiCr 80 20 zeigte sich in einer Erhöhung der Lebensdauer 0,4 mm starker Drähte bei 1050 °C und kontinuierlicher Glühung von 70 auf 96 Stunden. Der Zusatz solcher Verbindungen ist bei den hochschmelzenden NiCr-Legierungen weit schwieriger als bei den niedrigschmelzenden Aluminiumlegierungen. Im allgemeinen dissoziieren die in Frage kommenden Verbindungen bei den hohen Schmelztemperaturen der Heizleiterlegierungen und verdampfen leicht, so daß sich eher das Zulegieren der betreffenden Metalle empfiehlt. Als geeigneter Zusatz erschienen vor allen Dingen die Erdalkalielemente, die gegenüber den Alkalimetallen relativ hohe Schmelzpunkte aufweisen und mit größerer Wahrscheinlichkeit Legierungsbildung erwarten lassen. Der Einfluß kleiner Zusätze unter 1% zeichnete sich bei einzelnen zugesetzten Elementen durch erstaunliche Wirkungen hinsichtlich der Verbesserung der Oxydationsbeständigkeit aus, bei anderen nicht.

Die zur Untersuchung verwandten Legierungen wurden als 1 kg-Blöckchen im Vakuumofen oder im Hochfrequenzofen erschmolzen, auf 0,4 mm starke Drähte verarbeitet und nach dem Verfahren der normalen Lebensdauerbestimmung im allgemeinen bei 1050 °C geprüft.

Ein Zusatz von Beryllium[2] weist keinen oder nur einen geringen Effekt auf, wie die nachfolgenden Ergebnisse zeigen:

Tabelle 17. *Einfluß von Berylliumzusätzen auf die Lebensdauer von NiCr-Legierungen*

Eisenfreie Legierungen NiCr 80 20		Eisenhaltige Legierungen NiCr 60 15	
Zusätze	Lebensdauer in Stunden bei 1050 °C	Zusätze	Lebensdauer in Stunden bei 1050 °C
—	70	—	67
0,2% Be	97	0,3% Be	57
1,2% Be	81	0,5% Be	69
		0,7% Be	42

---

[1] HESSENBRUCH, W.: Metalle und Legierungen für hohe Temperaturen, 1. Aufl., Berlin (1940) S. 105—118.

[2] Soweit nicht anders vermerkt, beziehen sich im folgenden alle Konzentrationsangaben auf die zugesetzten Mengen der Fremdelemente, ausgedrückt in Gewichtsprozenten. Der wirkliche Gehalt liegt je nach dem Dampfdruck des betreffenden Elements, dem jeweiligen Schmelzverfahren, der Schmelz- und Gießtemperatur, dem Ausmaß der Oxydation usw. z. T. erheblich niedriger.

Bei mikroskopischen Untersuchungen zeigte sich bei Be-haltigen Nickel-Chrom-Legierungen nach der Lebensdauerprüfung ein besonders deutlicher Korngrenzenangriff. Bei anderen Grundlegierungen können kleine Berylliumgehalte durchaus im Sinne einer Verbesserung der Hitzebeständigkeit wirksam werden. Legiert man z. B. reinem Kupfer 1 bis 2% Beryllium zu, so ist eine deutliche Steigerung der Oxydationsbeständigkeit zu beobachten.

Ein Zusatz von Magnesium oder auch Lithium zu Nickel-Chrom-Legierungen verursacht eine verbessernde Wirkung, die jedoch weitaus überragt wird von der Wirkung geringer Calciumzusätze. Abb. 208 zeigt die Verbesserung der Lebensdauer von NiCr 80 20 durch den Zusatz von 0,02 bis 0,5% Calcium. Entsprechend dem hohen Dampfdruck von Calcium bei der Schmelztemperatur der Nickel-Chrom-Legierungen (reines Calcium[1] hat bei 1428 °C einen Dampfdruck von 760 mm Hg) und seiner hohen Sauerstoffaffinität ist der Legierungsgehalt an metallischem Ca sehr viel niedriger. Auch chemisch analytische Gehaltsbestimmungen lassen keine eindeutigen Rückschlüsse zu, da eine Trennung metallischen bzw. in Form seiner oxydischen Ver-

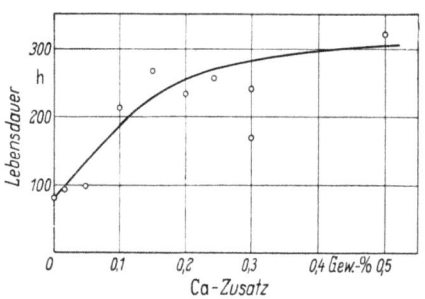

Abb. 208. Einfluß von Calciumzusätzen auf die Lebensdauer von NiCr 80 20 bei 1050 °C, nach HESSENBRUCH

bindung vorliegenden Calciums bei den geringen Konzentrationen außerordentlich schwierig ist, andererseits aber ausschließlich das metallisch einlegierte Zusatzelement wirksam wird. Wir kommen darauf noch im einzelnen zurück.

Vergleicht man die verbessernde Wirkung kleiner Calciumzusätze mit der Lebensdauererhöhung, die bei binären Nickel-Chrom-Legierungen durch Erhöhung des Chromgehaltes zu erzielen ist (Abb. 202), so erkennt man die außerordentliche Bedeutung der kleinen Calciumbeimengungen. Nicht ganz so gute Wirkungen wie Calcium verursachen Zusätze von Strontium oder Barium.

Diese ersten Ergebnisse gaben Anlaß zur Untersuchung der Wirksamkeit kleiner Zusätze der den Erdalkalien benachbarten Elemente. Es ist bereits erwähnt worden, daß geringe Aluminiumgehalte keinen nennenswerten Einfluß auf die Zunderbeständigkeit binärer Nickel-Chrom-Legierungen ausüben. Nach neueren Untersuchungen scheint indessen

---

[1] KUBASCHEWSKI, O., u. E. LL. EVANS: Metallurgical Thermochemistry, London (1956) S. 323.

doch eine günstige Beeinflussung der Oxydationsbeständigkeit von NiCr 80 20-Legierungen durch Aluminiumgehalte in der Größenordnung von 1% erzielt zu werden[1]. Dieser Befund deckt sich mit eigenen Ergebnissen der Verbesserung der Lebensdauer von eisenhaltigen Nickel-Chrom-Legierungen durch Aluminiumzusatz.

Titan wirkt im allgemeinen nicht verbessernd. Zirkon hat dagegen, ähnlich wie Magnesium, einen deutlich positiven Einfluß. Die Wirksamkeit von Siliziumzusätzen wird weiter unten besprochen. Weitaus in den Schatten gestellt wird die Wirkung aller anderen Zusatzelemente jedoch durch Zugabe von 0,05 bis 0,3% Cer-Mischmetall. Es handelt sich dabei um eine Legierung etwa der Zusammensetzung 55 Gew.-% Cer, 28% Lanthan, 12% Neodym und 5% Praseodym. Abb. 209 gibt die durch geringe Cergehalte[2] erzielte Verbesserung der Lebensdauer von NiCr 80 20

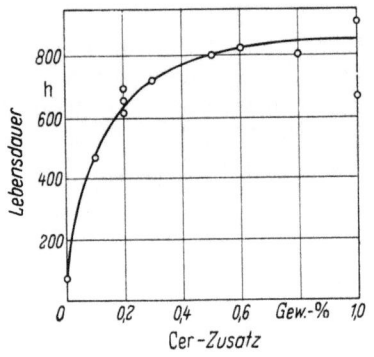

Abb. 209. Einfluß unterschiedlicher Cergehalte auf die Lebensdauer von NiCr 80 20 bei 1050 °C, nach HESSENBRUCH

wieder. Das Ausmaß der erreichbaren Verbesserung ist außerordentlich. Während eine cerfreie Legierung bei 1050 °C eine Lebensdauer von 68 Stunden aufwies, wurden bei einem Cerzusatz von 0,2% Werte zwischen 600 und 700 Stunden gemessen. Wie sich zeigt, sind relativ geringe Gehalte in der Größenordnung 0,1 bis 0,2% besonders wirksam, während eine weitere Erhöhung keine entscheidenden Vorteile mehr bietet.

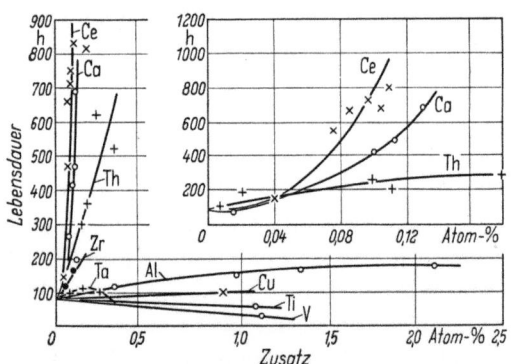

Abb. 210. Einfluß verschiedener Gehalte an Zusatzelementen auf die Lebensdauer von NiCr 80 20 bei 1050 °C, nach HESSENBRUCH

Versuche mit Thorium, Vanadin und Tantal ergaben starke Verbesserungen bei Verwendung von Thorium, geringere bei Tantal und eine Verschlechterung bei Vanadin. Abb. 210 gibt eine Zusammenstellung der Versuchsergebnisse über die Beeinflussung der Lebensdauer von

---

[1] Vgl. z. B. W. BETTERIDGE u. R. BUTCHER: De Ingenieur 69 (1957) Nr. 26, 93.
[2] Wenn wir im folgenden von Cer sprechen, so ist darunter — wenn nicht ausdrücklich anders vermerkt — grundsätzlich Cer-Mischmetall zu verstehen.

NiCr 80 20 durch verschiedene Zusatzelemente wieder. In der rechten oberen Ecke der Darstellung sind zur besseren Sichtbarmachung die entsprechenden Kurven der drei wirksamsten Elemente Cer, Calcium und Thorium in anderem Maßstab eingezeichnet. Die angegebenen Konzentrationen in Atom-% entsprechen den chemisch analytisch ermittelten Gehalten. Bezüglich des Calciumgehalts sei auf das bereits oben Gesagte verwiesen; eine Unterscheidung zwischen metallischem und in Form seiner oxydischen Verbindung vorliegendem Calcium ist praktisch nicht möglich, die angegebenen Werte entsprechen dem Gesamtgehalt. Gerade im Falle des Calciums als eines — wie wir noch sehen werden — der interessantesten Zusatzelemente wäre eine Bestimmung des metallischen Anteils in der Legierung besonders wünschenswert, da ausschließlich das

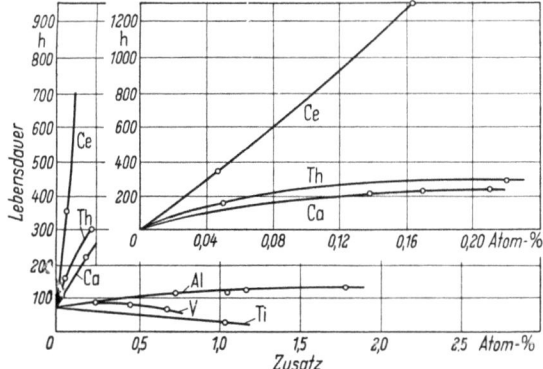

Abb. 211. Beeinflussung der Lebensdauer von NiCr 60 15 bei 1050 °C durch verschiedene Zusatzelemente, nach HESSENBRUCH

metallisch vorliegende und somit diffusionsfähige Element wirksam sein kann, während oxydisch gebundenes Calcium wie andere Verunreinigungen allenfalls mechanisch-technologische Eigenschaftsänderungen bewirkt, nicht aber die Lebensdauer beeinflußt.

Die verbessernde Wirkung kleiner Zusätze der Erdalkalielemente und seltenen Erden beschränkt sich nicht auf die reinen Nickel-Chrom-Legierungen. Auch die Nickel-Chrom-Eisen-Legierungen, die nickelfreien Eisen-Chrom- und Eisen-Chrom-Aluminium-Legierungen werden durch derartige Zusätze ganz bedeutend in ihrem Oxydationsverhalten beeinflußt. Abb. 211 zeigt das Ergebnis entsprechender Versuche an Legierungen mit 60% Ni, 18,5% Cr, Rest Eisen, bei denen ebenfalls besonders ausgeprägt die verbessernde Wirkung von Cer, Calcium und Thorium festzustellen ist. Die angegebenen Gehalte entsprechen wiederum analytisch ermittelten Werten.

Ähnlich liegen die Verhältnisse bei NiCr 30 20 und CrNi 25 20, deren Lebensdauer durch Zusätze von Erdalkalimetallen und seltenen Erden ebenfalls um ein Vielfaches erhöht wird. Hier wie bei allen anderen Heizleiterlegierungen ist eine Fertigung ohne einen gewissen Gehalt an lebensdauerverbessernden Elementen heute nicht mehr denkbar.

Bei den höher schmelzenden Eisen-Chrom-Aluminium-Werkstoffen ist das Zulegieren der in Frage kommenden relativ unedlen Zusatzelemente naturgemäß schwieriger als bei den Legierungen auf Nickel-Chrom-Basis, da sowohl die Oxydations- als auch die Verdampfungsgeschwindigkeit mit steigender Temperatur erheblich zunimmt. Das gleiche gilt für Eisen-Chrom-Legierungen. Abb. 212 gibt die Verbesserung einer Legierung mit 30% Cr durch kleine Zusätze verschiedener Elemente wieder. Cer und Calcium sind auch hier wiederum, insbesondere bei geringen Gehalten, den anderen Legierungszusätzen überlegen, die allerdings sämtlich einen deutlich verbessernden Einfluß ausüben. Bei Beryllium-, Titan-, Zirkon- und ähnlich auch bei Vanadin-Zusätzen nimmt die Wirksamkeit mit höheren Gehalten rasch ab und kehrt sich ins Gegenteil um.

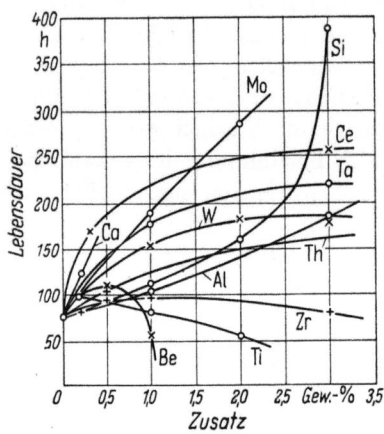

Abb. 212. Einfluß verschiedener Zusätze auf die Lebensdauer von 30%igem Chrom-Eisen bei 1050 °C, nach HESSENBRUCH

Da Eisen-Chrom-Aluminium-Legierungen als die bei hohen Gebrauchstemperaturen zunderbeständigsten Werkstoffe der hier zu besprechenden Legierungsgruppen anzusehen sind, ist bei ihnen eine durch Zusatzelemente erreichbare Erhöhung der Lebensdauer besonders interessant. Cer, Calcium und Thorium zeigen auch hier eine überragende Wirksamkeit, während alle anderen untersuchten Zusatzmetalle keinen nennenswerten Einfluß ausüben. Abb. 213 gibt die an CrAl 30 5 gemessenen Ergebnisse der Lebensdauerprüfung bei 1200 °C wieder. Die Gehalte sind analytisch ermittelt.

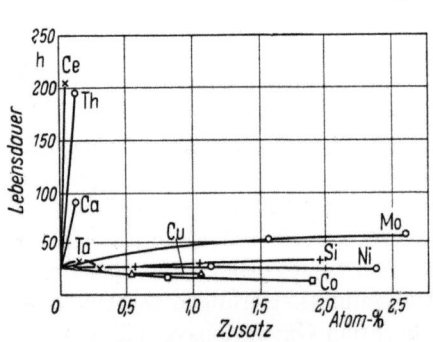

Abb. 213. Wirksamkeit verschiedener Zusatzmetalle bei CrAl 30 5 im Lebensdauerprüftest bei 1200 °C, nach HESSENBRUCH

Mit der Verbesserung der Lebensdauer durch Zusatzelemente geht eine deutliche Veränderung der Oxydschicht einher. Das sonst schwarze

Oxyd zunderbeständiger Nickel-Chrom-Legierungen wird deutlich grün, ja teilweise hellgrün. Das Oxyd der Eisen-Chrom-Aluminium-Legierungen wird durch wirksame Zusatzelemente ebenfalls aufgehellt und bei Temperaturen > 1000 °C fast weiß. Diese deutliche Änderung des Oxydaussehens ist weit mehr als lediglich ein optischer Effekt. Die unterschiedliche Farbe zeigt Variationen der Oxydzusammensetzung an, die einen bedeutenden Einfluß auf die ablaufenden Diffusionsprozesse ausübt. Insbesondere vermögen die Zusatzelemente durch einen noch zu erläuternden Mechanismus eine häufig erwünschte selektive Oxydation zu begünstigen.

2. Der heutige Stand der Qualität von Heizleiterlegierungen

Es erscheint angezeigt, an dieser Stelle einen Überblick über die heute erreichte Qualität der üblichen Heizleiterlegierungen an Hand von

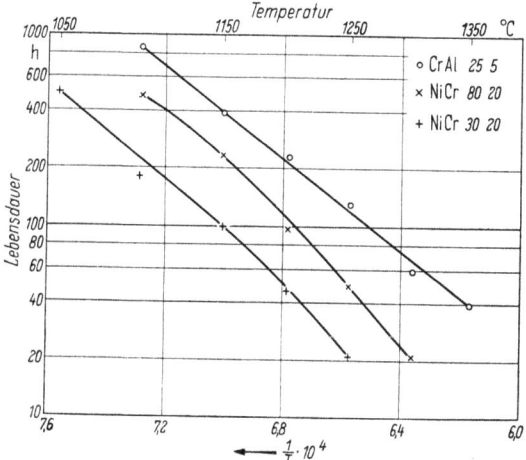

Abb. 214. Die Lebensdauer verschiedener Heizleiterlegierungen in Abhängigkeit von der Temperatur in halblogarithmischem Maßstab

Lebensdauer-Temperaturkurven zu geben, die im normalen Lebensdauerprüftest an 0,4 mm starken Drähten im Zwei-Minuten-Schaltzyklus ermittelt wurden. Als Testproben wurde beliebiges Material handelsüblicher Qualität verwandt. Die Art der Darstellung in Abb. 214 beruht auf der Voraussetzung der Gültigkeit einer modifizierten ARRHENIUS'schen Beziehung. Wenn sich nämlich die Lebensdauer L umgekehrt proportional zur Oxydations-Geschwindigkeitskonstanten k verhält[1], eine im wesentlichen zutreffende Annahme, so erhält man für die Temperaturabhängigkeit der Lebensdauer den Ausdruck (s. Gl. 26):

$$\frac{1}{L} = A' \cdot \exp(-Q/RT) \tag{39a}$$

$$\text{bzw.} \quad \log L = A'' + 0{,}4343\, Q/RT \tag{39b}$$

[1] SCHULZE, A., u. D. BENDER: Metall 9 (1955) 7.

Bei Gültigkeit dieser Beziehung werden im $\log L / \frac{1}{T}$-Diagramm Geraden erhalten, wie sie z. B. in Abb. 214 wiedergegeben sind. Als wesentlichstes Ergebnis ist der Darstellung zu entnehmen, daß die Temperaturabhängigkeit der Lebensdauer und damit die Aktivierungsenergie bei allen geprüften Legierungen etwa gleich sind, und daß ferner Eisen-Chrom-Aluminium-Legierungen (die entsprechenden Werte für CrAl 20 5 und CrAl 8 5 unterscheiden sich nur unwesentlich von der eingezeichneten Kurve) den Werkstoffen auf Nickel-Chrom-Basis hinsichtlich ihrer Oxydationsbeständigkeit eindeutig überlegen sind.

Wie bereits erwähnt, lassen sich derartige Ergebnisse nicht zur Berechnung oder auch nur groben Abschätzung der in speziellen Anwendungsfällen zu erwartenden Lebensdauer einer Heizwicklung heranziehen. Sie geben dem Praktiker lediglich Hinweise auf die Qualitätsmerkmale der einzelnen Legierungen, solange es sich um die geplante Nutzung der betreffenden Werkstoffe in Luft bzw. Sauerstoff handelt. Ferner ist der Abbildung als grobe Näherung zu entnehmen, daß in dem aufgezeigten Temperaturbereich eine Erhöhung der Temperatur um 50° einer Verringerung der Lebensdauer auf etwa den halben Wert entspricht.

Welche Legierung für einen speziellen Anwendungszweck eingesetzt werden sollte, hängt naturgemäß nicht allein von der Zunderbeständigkeit ab, sondern darüber hinaus von einer Reihe weiterer Faktoren, die im einzelnen bereits besprochen wurden bzw. in den späteren Kapiteln behandelt werden. Keinesfalls kann etwa grundsätzlich die Wahl einer bestimmten Legierung in Anlehnung an den in Abb. 214 wiedergegebenen Qualitätsvergleich getroffen werden. Das um so weniger, als bei tieferen Temperaturen in Anbetracht der geringen Oxydationsgeschwindigkeiten die Zerstörung eines Heizelements häufig nicht ursächlich durch die fortschreitende Oxydation hervorgerufen wird, sondern durch Sekundäreffekte wie Brüchigkeit, Korngrenzenangriffe, mechanische Beanspruchungen usw. Aus diesem Grunde empfiehlt es sich, für den Gebrauch bei relativ niedrigen Temperaturen hinsichtlich der Zunderbeständigkeit der zu verwendenden Werkstoffe keine zu hohen Anforderungen zu stellen. Hinzu kommt die Berücksichtigung anderer, insbesondere technologischer Eigenschaften, die beispielsweise bei der Gruppe der austenitischen Legierungen bedeutend günstiger sind als bei den ferritischen Werkstoffen.

Bei den oben angegebenen Legierungen handelt es sich, wie bei allen heute üblichen Heizleitermaterialien, um vornehmlich mit Cer-Mischmetall und Calcium verbesserte Werkstoffe. So erstaunlich die durch den Zusatz bestimmter Elemente erreichbare Qualitätssteigerung ist, so wenig ist bisher über den Mechanismus ihrer Einwirkung bekannt geworden. Wir wollen versuchen, an Hand des relativ geringfügigen Umfanges an einschlägiger Literatur die eigentliche Ursache der verbessernden Wirkung von Zusatzelementen aufzuzeigen.

3. Über den Mechanismus der Wirkungsweise von Zusatzelementen

W. Hoskins (DRP. 215 175) hat vor etwa 50 Jahren die Hypothese aufgestellt, daß alle jene Metalle die Zunderbeständigkeit von reinem Nickel in günstigem Sinne beeinflussen, die in der elektrochemischen Spannungsreihe der Elemente im Vergleich zum Nickel auf der Seite negativer Potentiale stehen und deren Oxyde bei hohen Temperaturen beständig sind und einen Schmelzpunkt von mindestens 1200 °C aufweisen. Dieser Forderung liegt schon die heute wohl als gesichert anzusehende Auffassung zugrunde, daß die Verbesserung der Hitzebeständigkeit durch Zusatzelemente nicht durch Eigenschaftsänderungen des betreffenden Metalls oder der Legierung selbst verursacht wird. Vielmehr spielen sich mit Sicherheit — und diesbezüglich stimmen die betreffenden Literaturangaben fast ausnahmslos miteinander überein — die entscheidenden Vorgänge in den oxydischen Deckschichten ab. Damit wird die Auswahlmöglichkeit der überhaupt für die angestrebte Qualitätssteigerung in Frage kommenden Zusatzelemente bereits beträchtlich eingeengt. Es muß nämlich von jenen Elementen gefordert werden, daß sie — entsprechend den Ausführungen über den Mechanismus der selektiven Oxydation — eine ausreichende Diffusionsgeschwindigkeit in der metallischen Phase aufweisen, und daß ferner ihre Oxyde im Vergleich zu den oxydischen Verbindungen der Hauptkomponenten der Legierung ausreichend große freie Bildungsenthalpien besitzen. Die Voraussetzung möglichst hoher Schmelzpunkte der bei der Oxydation einer Legierung entstehenden Oxyde liegt auf der Hand. Ihre Bedeutung wurde besonders bei der Behandlung der katastrophalen Oxydation behandelt.

In älteren Arbeiten ist verschiedentlich darauf hingewiesen worden, daß sich die Zusätze im Verlauf der Glühung in der Nähe der ursprünglichen Oberfläche der Legierung anreichern. Man könnte daher die Vorstellung gewinnen, daß die besonders wirksamen Zusätze der Erdalkalielemente und seltenen Erdmetalle auf der ursprünglichen Oberfläche eine dichte Oxydhaut bilden, durch die die Hauptbestandteile der Legierung, z. B. Nickel, Chrom, Eisen oder Aluminium, nicht oder nur schwer zu diffundieren vermögen. Diese schon früh geäußerte Ansicht deckt sich z. T. durchaus mit moderneren Anschauungen. Nach Hessenbruch[1] spricht gegen diese Auffassung, daß gerade die Erdalkalien Oxyde bilden,

---

[1] Hessenbruch, W.: Metalle und Legierungen für hohe Temperaturen, 1. Aufl., Berlin (1940) S. 116 ff.

deren Molvolumen kleiner ist als das des Metalls selbst. Bei solchen Metallen bilden sich zwar häufig keine schützenden Deckschichten, andererseits ist mehrfach über Beobachtungen der Gültigkeit des parabolischen Oxydationsgesetzes trotz des vermeintlich ungünstigen Volumenverhältnisses von Oxyd und Metall berichtet worden. Es lassen sich mithin keine allgemein gültigen Richtlinien aufstellen und also auch keine genügend begründeten Voraussagen über das Verhalten dieser oder jener Legierung hinsichtlich eines Sauerstoffangriffs bei höheren Temperaturen machen. Hinzu kommt, daß sicherlich wegen des häufig sehr geringen Gehalts an Zusatzelementen und der ebenfalls starken Oxydbildungstendenz einiger Hauptbestandteile der zunderfesten Legierungen, z. B. Aluminium und Chrom, keine echte selektive Oxydation auftritt, die Oxyde der Zusatzmetalle also nicht in reiner Form entstehen und Rückschlüsse über das Verhalten und die Schutzwirkung anfänglich gebildeter dünner Mischoxydschichten nicht ohne weiteres zu ziehen sind.

HESSENBRUCH ging zur Deutung der Wirkungsweise von Zusatzelementen von der Vorstellung aus, daß zum Zwecke der Verbesserung der Oxydationsbeständigkeit von Heizleiterlegierungen die Diffusion von Metallionen durch die wachsende Oxydschicht hindurch gehemmt werden müsse. Damals war bereits bekannt, daß während der Oxydation Metallionen durch die Oxydschicht hindurch nach außen diffundieren und außerdem — oder in einzelnen Fällen auch ausschließlich — Sauerstoff in Richtung zur metallischen Oberfläche hin eindiffundieren kann. HESSENBRUCH hielt in Anlehnung an die WAGNER-SCHOTTKY'sche Fehlordnungstheorie *Lockerstellen* und Fehlstellen im Oxyd für die bevorzugten Diffusionswege und glaubte sie durch andere Elemente blockieren und damit den Metalltransport und also auch die Oxydationsgeschwindigkeit verringern zu können. Um das zu erreichen, suchte er nach Elementen mit möglichst großem Ionenradius, die als blockierende Verunreinigungen die Diffusionswege im Oxyd verstopfen sollten. Als besonders geeignet erwiesen sich — eine scheinbare Bestätigung dieser Arbeitshypothese — die Erdalkalimetalle und seltenen Erden, darunter das Calcium mit einem Ionenradius von 1,06 Å und das Cer mit einem Ionenradius von 1,02 Å, ferner z. B. die Metalle Thorium, Zirkon und Silizium (vgl. Abbn. 208 bis 213). Besonders erstaunlich ist die Tatsache, daß die genannten lebensdauerverbessernden Elemente in allen üblichen Heizleiterlegierungen gleichermaßen wirksam sind.

Gegen die Annahme der Blockierung von Diffusionswegen in oxydischen Deckschichten durch Elemente mit großen Ionenradien sprechen einige schwerwiegende Argumente. Zunächst sei nur darauf hingewiesen, daß verbessernde Wirkungen sowohl bei Metallen und Legierungen beobachtet werden, deren bei hohen Temperaturen gebildete Oxyde den Defekthalbleitern zuzurechnen sind, als auch bei solchen, deren Oxyde Überschußhalbleiter sind. Bei letzteren ist eine Verstopfung von Diffusionswegen nicht denkbar, da abgesehen von einer möglicherweise vorhandenen Sauerstoffdiffusion überschüssig eingebaute Kationen über Zwischengitterplätze diffundieren und dafür der gesamte Zwischengitterraum zur Verfügung steht. Blockierende Zusatzelemente könnten also nur einen verhältnismäßig geringen Einfluß ausüben. Andererseits läßt sich die Zunderbeständigkeit bestimmter Legierungen auch durch Zusatzelemente mit ausgesprochen kleinen Ionenradien, beispielsweise durch Beryllium mit einen Ionenradius von nur 0,34 Å verbessern. In solchen Fällen dürfte obige Hypothese sicherlich von vornherein auszuschließen sein.

Neben der Vorstellung HESSENBRUCHS über die Wirkungsweise verbessernder Zusatzelemente bestehen einige weitere Theorien. So soll nach HORN[1] die Diffusionsgeschwindigkeit von Chrom in Nickel-Chrom-Legierungen durch Calcium, Cer und andere ähnlich wirksame Elemente gesteigert werden. Dadurch käme es zu einer Chromanreicherung in der Oxydschicht, die die Schutzwirkung der Deckschicht begünstigte. Diese Hypothese erscheint recht fragwürdig, da es sich bei den verbessernden Zusatzelementen grundsätzlich um solche mit sehr großer Sauerstoffaffinität handelt, von denen man mithin annehmen kann, daß sie während der Oxydation nicht in der Legierung verbleiben und dort in irgendeiner Weise wirksam sind, sondern bevorzugt oxydiert werden und sich im Oxyd anreichern.

GULBRANSEN und Mitarbeiter[2] haben sich eingehend mit dem Problem der Wirkungsweise von Zusatzelementen und der Oxydzusammensetzung bei Nickel-Chrom-Legierungen befaßt, speziell mit der Wirkung von Silizium und Mangan in Gehalten bis zu etwa 2%. Sie sahen die wesentliche Aufgabe in der Beantwortung der Frage, ob und in welchem Ausmaß die Zusammensetzung und Kristallstruktur der gebildeten Oxydschichten zur Schutzwirkung jener Elemente in Beziehung zu setzen sind und versuchten, aus Ergebnissen der Elektronenbeugung eine Klärung herbeizuführen.

a) Über die Zusammensetzung der Oxydschichten auf Nickel-Chrom-(Eisen-)Legierungen

Wir wollen diese Frage zum Anlaß nehmen, uns zunächst einen Überblick über die Zusammensetzung der Oxydschichten auf Nickel-Chrom-(Eisen-)Legierungen zu verschaffen und erst im Anschluß in der Betrachtung über die Wirkungsweise der Zusatzelemente fortzufahren.

Für die reinen Metalle Nickel und Chrom sind die Strukturen der bei höheren Temperaturen gebildeten Oxydschichten mehrfach untersucht

---

[1] HORN, L.: Z. Metallkde. 40 (1949) 73.
[2] HICKMAN, J.W., u. E.A. GULBRANSEN: Trans. A.I.M.M.E. 180 (1949) 519. – GULBRANSEN, E.A., u. W.R. MCMILLAN: Industr. Engng. Chem. 45 (1953) 1734.

worden. Das Oxyd des zweiwertigen Nickels ist die einzige beobachtete Oxydphase im Falle der Oxydation von reinem Nickel, während als Oxydschicht auf reinem Chrommetall ausschließlich Cr_2O_3 entsteht[1]. Nickeloxyd ist ein Defekthalbleiter, und die auf Grund der Fehlordnungstheorie vorauszusagenden Einflüsse geringer Legierungszusätze wie Chrom, Mangan oder Lithium auf elektrische Leitfähigkeit und Konzentration an Kationenleerstellen sind experimentell bestätigt worden [2, 3]. Chromoxyd ist ebenfalls ein p-Halbleiter, allerdings mit einem recht eigenartigen Fehlordnungscharakter[4], der nicht ohne weiteres Rückschlüsse auf Art und Ausmaß möglicher Beeinflussungen durch Fremdionen zuläßt. Vergleichbare Untersuchungen an den verschiedenen Spinellen, beispielsweise dem Nickel-Chrom-Spinell $NiCr_2O_4$, sind bisher nicht bekannt geworden. Wir kennen zwar den kristallographischen Aufbau der verschiedenen Spinellgitter[5-8] und besonders aus den Arbeiten von VERWEY[8] den Mechanismus der Elektronenleitung in Spinellen, dagegen sind Art und Ausmaß der Ionenfehlordnung und der Mechanismus der Ionenbewegung in solchen Oxydphasen noch weitgehend ungeklärt. Recht bedeutsam sind in diesem Zusammenhang die Untersuchungen von LINDNER[9] über die Diffusion in Spinellsystemen. Durch Messung des Austausches von Atomen bei idealem Kontakt zwischen einer stark radioaktiven und einer inaktiven Sinterprobe der jeweils untersuchten Spinelle wurden beispielsweise im Nickel-Chrom-Spinell die Diffusionskoeffizienten von Nickel im Temperaturbereich von 1130—1450 °C, von Chrom bei 950—1400 °C bestimmt. Die Ergebnisse sind in Abb. 215 mitgeteilt. Die Diffusionskoeffizienten für Chrom liegen etwas höher als die für Nickel. Als Aktivierungsenergien wurden 74,6 kcal/Mol im Falle der Nickeldiffusion und 72,5 kcal/Mol für die Chromdiffusion gefunden.

In der Literatur finden sich über Struktur und Zusammensetzung der Oxydschichten auf verschiedenen Legierungen durchaus unter-

---

[1] GULBRANSEN, E. A., u. J. W. HICKMAN: Trans. A.I.M.M.E. 171 (1947) 306.
[2] WAGNER, C., u. K. E. ZIMENS: Acta chem. Scand. 1 (1947) 547.
[3] PFEIFFER, H., u. K. HAUFFE: Z. Metallkde. 43 (1952) 364.
[4] HAUFFE, K., u. J. BLOCK: Z. phys. Chem. 198 (1951) 232.
[5] BARTH, T. F. W., u. E. POSNJAK: Z. Kristallogr. 82 (1932) 325.
[6] MACHATSCHKI, F.: Z. Kristallogr. 82 (1932) 348.
[7] KORDES, E.: Z. Kristallogr. 92 (1935) 139.
[8] VERWEY, E. J. W., u. J. H. DE BOER: Rec. Trav. chim. Pays-Bas 55 (1936) 531. – VERWEY, E. J. W., u. P. W. HAAYMAN: Physica 8 (1941) 979. – VERWEY, E. J. W., u. E. L. HEILMANN: J. chem. Physics 15 (1947) 174. – VERWEY, E. J. W., P. W. HAAYMAN u. F. C. ROMEIJN: J. chem. Physics 15 (1947) 181. – VERWEY, E. J. W., F. DE BOER u. J. H. VAN SANTEN: J. chem. Physics 16 (1948) 1091; 18 (1950) 1032. – VERWEY, E. J. W., P. B. BRAUN, E. W. GORTER, F. C. ROMEIJN u. J. H. VAN SANTEN: Z. phys. Chem. 198 (1951) 6.
[9] LINDNER, R., u. Å. ÅKERSTRÖM: Z. phys. Chem. (Neue Folge) 6 (1956) 162.

schiedliche Angaben. IITAKA und MIYAKE[1] haben aus Elektronenbeugungsaufnahmen geschlossen, daß die Schutzwirkung der Oxydschicht auf NiCr 80 20 im wesentlichen auf der Bildung von $NiCr_2O_4$ beruht. Zu den gleichen Rückschlüssen kamen auch HAUFFE und PSCHERA[2], die eine bevorzugte Diffusion von Chromionen durch die Spinellschicht beobachtet haben, die nach ihrer Ansicht durch die relativ große Verdampfungsgeschwindigkeit von Chromoxyd noch begünstigt wird. Sie verursacht entsprechend der schematischen Darstellung in Abb. 216 ein vom Orte abhängiges Defizit an Cr_2O_3 und wirkt somit als zusätzlich treibende Kraft für den Materietransport in der Spinellschicht. Bei hohen Temperaturen soll demnach mit dem Auftreten einer äußeren Chromoxydschicht nicht zu rechnen sein, während sie im mittleren Temperaturbereich wegen des geringeren Dampfdrucks von Cr_2O_3 durchaus gebildet werden kann, wie GULBRANSEN z. B. nachgewiesen hat. Auf der Bildung der gleichen Spinellphase beruht nach QUARRELL[3] die Oxydationsbeständigkeit eines Chrom-Nickel-Stahls mit je 13% Cr und Ni bis zu Temperaturen von 950 °C. Der Befund von MOREAU und BÉNARD über die schichtenweise Anordnung verschiedener Oxyde auf Nickel-Chrom-Legierungen mit Cr-Gehalten bis zu 10% war in Abb. 30 wiedergegeben worden.

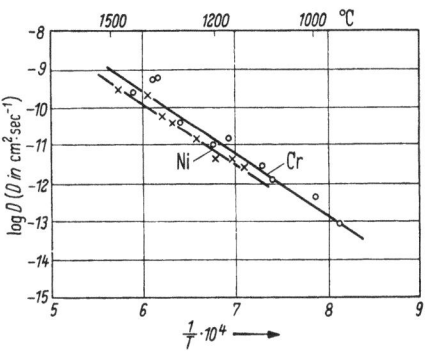

Abb. 215. Selbstdiffusion von Nickel und Chrom in $NiCr_2O_4$, nach LINDNER und ÅKERSTRÖM

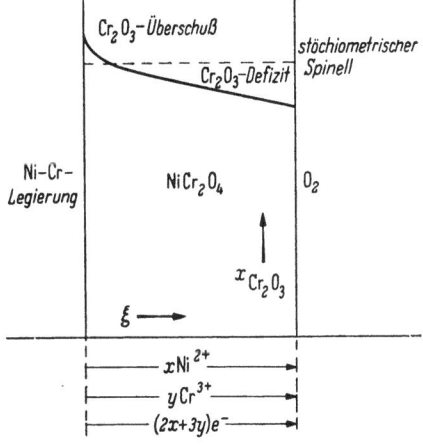

Abb. 216. Schematische Darstellung der Zusammensetzung der Spinellschicht bei Nickel-Chrom-Legierungen mit >10% Cr bei Temperaturen >1000 °C, nach HAUFFE

---

[1] IITAKA, I., u. S. MIYAKE: Nature 137 (1936) 457.
[2] HAUFFE, K., u. K. PSCHERA: Z. anorg. allg. Chem. 262 (1950) 147. – HAUFFE, K.: Z. Metallkde. 42 (1951) 34. – HAUFFE, K.: Oxydation von Metallen und Legierungen, Berlin (1956) S. 164.
[3] QUARRELL, A. G.: Nature 145 (1940) 821.

ZIMA[1] untersuchte die Oxydschichten auf Nickel-Chrom-Legierungen mit 0,3—15% Cr und stellte in guter Übereinstimmung mit Ergebnissen von HORN (s. Abb. 29) fest, daß deren Oxydationsgeschwindigkeit im Vergleich zu reinem Nickel (letztere gleich Eins gesetzt) bis auf 12,4 bei 7,6% Cr ansteigt, um dann scharf abzufallen auf 0,69 bei 11,1% Cr und weiter auf 0,013 bei 20% Cr. Die bei 1100 °C gebildeten Oxydschichten bestehen außen aus Nickeloxyd mit steigendem Gehalt an Cr_2O_3-Kristallen bei zunehmender Chromkonzentration der Legierung. Eine innere Schicht von nahezu pulveriger Konsistenz setzt sich zusammen aus NiO, Cr_2O_3 und $NiCr_2O_4$ mit gleichsinnig zunehmendem Gehalt an Chromoxyd. Die Konzentration an Spinell steigt zunächst bis zu einem Chromgehalt der Legierung von 8,7%, entsprechend etwa jenem Gehalt, der die geringste Zunderbeständigkeit verursacht. Bei weiterer Steigerung der Cr-Konzentration fällt der Spinellgehalt in den Oxydschichten ab bis auf fast den Wert Null bei 14,9% Cr. Die Cr_2O_3-Konzentration nimmt mit steigendem Chromgehalt zu. Unmittelbar an der Phasengrenze Oxyd/Metall wird die Bildung von praktisch reinem Cr_2O_3 angenommen. ZIMA zog aus diesen Ergebnissen den Schluß, daß Chromoxyd besser schützende Eigenschaften aufweist als der Nickel-Chrom-Spinell.

Zu analogen Ergebnissen kamen SCHEIL und KIWIT[2], die ebenfalls dem Cr_2O_3 die Schutzwirkung der Deckschichten zuschreiben. Sie haben das Zunderverhalten von Nickel-Chrom-Eisen-Legierungen bei 1000 °C untersucht und halten eine ausreichende Beständigkeit für gegeben, wenn praktisch ausschließlich Chromoxyd gebildet wird. Die weniger beständigen Legierungen dieser Gruppe sind gekennzeichnet durch die Anwesenheit von Spinellverbindungen und Eisenoxyd in der Deckschicht.

GULBRANSEN und MCMILLAN[3] haben Untersuchungen über die Lebensdauer 0,7 mm starker Drähte aus Legierungen auf Nickel-Chrom-Basis mit unterschiedlichen Gehalten an Silizium, Mangan und einigen anderen Zusatzelementen nach dem A.S.T.M.-Prüfverfahren durchgeführt und die Strukturen der gebildeten Oxydschichten bestimmt. Tab. 18 gibt die Zusammensetzung der geprüften Legierungen und deren nützliche Lebensdauer wieder, die bei einer Widerstandserhöhung von 10% als erreicht gilt.

Der verbessernde Einfluß von Silizium ist überzeugend, während die geringen Lebensdauerwerte der Legierungen 8 und 11 auf das Fehlen von Zusatzelementen zurückzuführen sind. Die Lebensdauern der Chargen 1 und 2 sind gleich, obwohl die letztere stark manganhaltig ist. Die Ergebnisse der Elektronenbeugungsuntersuchungen gestatten,

---

[1] ZIMA, G. E.: Trans. A.S.M. 49 (1957) 924.
[2] SCHEIL, E., u. K. KIWIT: Arch. Eisenhüttenw. 9 (1935/36) 405.
[3] GULBRANSEN, E. A., u. W. R. MCMILLAN: Industr. Engng. Chem. 45 (1953) 1734.

Über den Mechanismus der Wirkungsweise von Zusatzelementen 269

Tabelle 18. *Zusammensetzung und Lebensdauer von Legierungen auf Nickel-Chrom-Basis nach dem A.S.T.M.-Test*

Charge	Zusammensetzung in Gew.-%									Nützliche Lebensdauer 0,7 mm starker Drähte in Stunden	Temperatur in °C
	C	Mn	Si	Cr	Ni	Fe	Zr	Ca	Al	Mg		
1	0,06	0,05	1,03	20,0	Rest	0,25		0,020	0,13		105	1175
2	0,06	2,30	1,01	20,0	Rest	0,25		0,035	0,15		106	1175
3	0,06	0,04	0,23	20,0	Rest	0,25		0,028	0,20		63	1175
4	0,06	0,02	0,82	20,0	Rest	0,25		0,040	0,17		124	1175
5	0,06	0,02	2,09	20,0	Rest	0,25		0,039	0,15		178	1175
6	0,08	0,01	1,39	19,91	Rest	0,34	0,10	0,024	0,07		157	1175
7	0,08	0,01	0,30	19,98	Rest	0,32	0,05	0,029	0,08		86	1175
8	0,12	1,70	0,30	19,98	Rest	0,20				0,006	25	1175
9	0,06	0,10	1,24	16,57	61,47	Rest	0,06	0,029	0,07		245	1125
10	0,06	0,06	0,35	16,47	61,17	Rest	0,04	0,029	0,04		66	1125
11	0,04	1,69	0,31	16,22	61,39	Rest					21	1125

Aussagen über den Einfluß von Silizium und Mangan als Zusatzmetalle zu Heizleiterlegierungen auf Nickel-Chrom-Basis zu machen. Hierfür wurden Proben aus den oben angeführten Legierungen nach sorgfältiger Oberflächenbehandlung im Temperaturbereich von 400—950 °C bei einem Sauerstoffdruck von 1 mm Hg geglüht. Die jeweils beobachtete Oxydzusammensetzung ist in Tab. 19 wiedergegeben.

Der bei den drei letzten Legierungen mit etwa 20% Fe eingetragene inverse Spinell Fe_3O_4 war nicht mit Sicherheit zu identifizieren, lag aber wahrscheinlich vor. Ebenso war im Falle der beiden Legierungen 6 und 7 die Zahl der beobachteten Linien nicht ausreichend für eine sichere Bestimmung des Spinells $NiCr_2O_4$. In keinem Fall ließen sich jedoch Calciumoxyd oder Oxyde anderer Zusatzelemente, noch auch Siliziumdioxyd oder Silikate nachweisen, deren mehrere mit Sicherheit im Oxyd oder wahrscheinlicher an der inneren Phasengrenze Oxyd/Metall vorhanden waren, die sich aber wegen zu geringer Konzentration dem Nachweis entzogen. CAPLAN und COHEN[1] haben bei Untersuchungen über die Oxydation von Eisen-Chrom-Legierungen SiO_2 in der Oxydschicht und überdies angereichert an der inneren Phasengrenze nachweisen können. Zu ähnlichen Ergebnissen kamen SUGIYAMA und NAKAYAMA[2], die im Anfangsstadium der Oxydation siliziumhaltiger nichtrostender Chrom-Nickel-Stähle und eisenfreier Nickel-Chrom-Legierungen hauptsächlich Cr_2O_3 bzw. α-$[Cr, Fe]_2O_3$ und $NiCr_2O_4$ beobachteten, dagegen kein Beugungsdiagramm von SiO_2 erhielten. Erst nach Abtrennung der Oxydfilme und anschließender Glühung bei 1200 °C konnten α-Kristobalit-Kristalle nachgewiesen werden, worauf die Vermutung begründet

---
[1] CAPLAN, D., u. M. COHEN: J. Metals 4 (1952) 1057.
[2] SUGIYAMA, M., u. T. NAKAYAMA: Nippon Kinzoku Gakkai-Si 24 (1960) 541.

270 Oxydationsbeständigkeit von Heizleiterlegierungen

Tabelle 19. *Oxydschichten auf NiCr- und NiCrFe-Legierungen bei 400–950 °C*

	400 °C	500 °C	600 °C	700 °C	800 °C	900 °C	950 °C
1	NiO	NiO + w. Cr_2O_3 (1–30 min)*: NiO (60 min): NiO + w. Cr_2O_3	Cr_2O_3	Cr_2O_3	Cr_2O_3	Cr_2O_3 + w. $NiCr_2O_4$	
2	NiO		(1 min): Cr_2O_3 (10 min): $MnCr_2O_4$ (30–60 min): Cr_2O_3 + $MnCr_2O_4$	(1–30 min): $MnCr_2O_4$ (60 min): $MnCr_2O_4$ + w. MnO + w. $NiCr_2O_4$	MnO + $MnCr_2O_4$	MnO + $MnCr_2O_4$	
3	NiO	Cr_2O_3 + $NiCr_2O_4$	Cr_2O_3	Cr_2O_3	Cr_2O_3	(1 min): Cr_2O_3 + w. $NiCr_2O_4$ (10–60 min): Cr_2O_3 + $NiCr_2O_4$	
4	NiO	NiO + Cr_2O_3	Cr_2O_3	Cr_2O_3	Cr_2O_3	Cr_2O_3 + $NiCr_2O_4$	
5	NiO	Cr_2O_3 + w. $NiCr_2O_4$	Cr_2O_3	Cr_2O_3 + w. $NiCr_2O_4$	(1 min): Cr_2O_3 (10–60 min): Cr_2O_3 + w. $NiCr_2O_4$	Cr_2O_3 + w. $NiCr_2O_4$	
6	NiO	(1 min): NiO (5–60 min): Cr_2O_3	Cr_2O_3	Cr_2O_3	Cr_2O_3	Cr_2O_3 + $NiCr_2O_4$	Cr_2O_3
7	NiO		Cr_2O_3	Cr_2O_3	Cr_2O_3	Cr_2O_3 + $NiCr_2O_4$	(1–5 min): Cr_2O_3 (30–60 min): Cr_2O_3 + $NiCr_2O_4$
8	NiO	NiO	Cr_2O_3 + $MnCr_2O_4$	Cr_2O_3 + $MnCr_2O_4$	$MnCr_2O_4$	(1 min): MnO + $MnCr_2O_4$ (5–60 min): $MnCr_2O_4$	(1–5 min): Cr_2O_3 (30–60 min): Cr_2O_3 + $MnCr_2O_4$
9	Fe_3O_4	Fe_3O_4	Cr_2O_3	Cr_2O_3	Cr_2O_3	Cr_2O_3	(1–5 min): Cr_2O_3 + $NiCr_2O_4$ (30–60 min): Cr_2O_3 + $NiCr_2O_4$
10	Fe_3O_4	(1 min): Fe_3O_4 (5–60 min): Fe_3O_4 + NiO	Cr_2O_3	Cr_2O_3	Cr_2O_3	Cr_2O_3	Cr_2O_3

w. = wenig oder spurenweise.
* Erforderlichenfalls werden die Glühzeiten in Minuten angegeben.

wurde, daß zu Beginn der Oxydation gut schützendes, amorphes SiO_2 entsteht.

In Übereinstimmung mit den Ergebnissen von GULBRANSEN fand LUSTMAN[1] nach intermittierender Oxydation bei 1175 °C röntgenographisch vornehmlich Cr_2O_3 bei der bereits mehrfach genannten NiCr 80 20-Legierung 6, während bei den weniger zunderbeständigen Legierungen 7 und 8 außer Cr_2O_3 erhebliche Gehalte an Spinell und NiO nachgewiesen wurden. In Tab. 20 nimmt der Anteil der verschiedenen gebildeten Oxyde an der gesamten Schicht von links nach rechts ab. Der offensichtliche Einfluß der zyklischen Schaltung auf die Oxydzusammensetzung

Tabelle 20. *Oxydschichten auf NiCr 80 20 bei 1175 °C*

Charge	Oxydzusammensetzung	Nützliche Lebensdauer in Stunden
6	$Cr_2O_3 + NiO$	157
7	$NiO + NiCr_2O_4 + Cr_2O_3$	86
8	$NiO + NiCr_2O_4 + Cr_2O_3$	25

(vgl. Tab. 19 u. 20) dürfte als indirekter Nachweis des durch starke Temperaturwechsel hervorgerufenen Aufreißens und Abplatzens der Oxydschichten zu werten sein. Auf Grund obiger Ergebnisse scheinen die zunderbeständigsten Legierungen nur eine relativ geringe Neigung zur Bildung von NiO in der Oxydschicht aufzuweisen. GULBRANSEN nimmt an, daß es sich überhaupt nur bei Temperaturen unterhalb 500 °C oder bei hohen Temperaturen nach längerer Glühdauer bei zyklischer Schaltung bildet. Er schließt aus der Tatsache, daß z. B. bei den Legierungen 3 und 5 die Oxydzusammensetzung praktisch nicht, wohl aber die Lebensdauer bei zyklischer Schaltung stark vom Siliziumgehalt abhängt, daß nicht unbedingt dem Cr_2O_3 die schützenden Eigenschaften der Oxydschicht zuzuschreiben sind, sondern der Wirkung des Siliziums, das eine Änderung der physikalischen Eigenschaften an der Phasengrenze Legierung/Oxyd verursacht.

Von I. PFEIFFER[2] an NiCr 80 20-, NiCr 60 15- und NiCr 30 20-Legierungen durchgeführte elektronenoptische Untersuchungen der Oxydschichten zeigen, daß die Zusammensetzung des bei vorgegebener Temperatur gebildeten Oxyds stark von der Schichtdicke abhängt (Tab. 21).

Die in der Tabelle angegebenen Oxydverbindungen nehmen in ihren Konzentrationen von oben nach unten ab, während in der Waagerechten etwa vergleichbare Gehalte anzunehmen sind. Aus Tab. 19 war bereits ebenfalls die Abhängigkeit der Oxydzusammensetzung von der

---
[1] LUSTMAN, B.: Trans. A.I.M.M.E. 188 (1950) 995.
[2] PFEIFFER, I.: Z. Metallkde. 51 (1960) 322.

Glühdauer und damit von der Schichtdicke zu ersehen, die nun hier besonders ausgeprägt in Erscheinung tritt. So wurde beispielsweise bei NiCr 80 20 in sehr dünnen Schichten praktisch ausschließlich der Nickel-Chrom-Spinell nachgewiesen und daneben Chromoxyd lediglich in

Tabelle 21. *Zusammensetzung von Oxydschichten auf NiCr- und NiCrFe-Legierungen in Abhängigkeit von der Dicke*

Legierung	Zusammensetzung in Gew.-%					Oxydschichtdicke		
	Ni	Cr	Fe	Si	Mn	300—500 Å (1000 °C)	etwa 1000 Å (800 °C)	10—30 μ (1100 °C)
NiCr 80 20	77,6	21	1	1,4	0,2	$NiCr_2O_4$ Sp. Cr_2O_3	Cr_2O_3 Sp. $NiCr_2O_4$	Cr_2O_3, $NiCr_2O_4$ $MnCr_2O_4$ w. $FeCr_2O_4$
NiCr 60 15	61,4	18	17,5	1,2	0,5	$FeCr_2O_4$ $MnCr_2O_4$ $NiCr_2O_4$		Cr_2O_3, $NiCr_2O_4$ $MnCr_2O_4$ $FeCr_2O_4$
NiCr 30 20	33	21	43	2,3	0,8	$MnCr_2O_4$ w. $FeCr_2O_4$ w. $\alpha\text{-}Fe_2O_3$		Cr_2O_3, $MnCr_2O_4$ $MnFe_2O_4$ Sp. $NiCr_2O_4$

w. = wenig   Sp. = Spuren

Spuren gefunden, während bereits bei 1000 Å gerade umgekehrt Cr_2O_3 den Hauptbestandteil der Schicht ausmacht und $NiCr_2O_4$ nur in Spuren auftritt. Letzterer Befund stimmt mit dem anderer Autoren überein. Im Bereich dickerer Oxydschichten wurden neben dem Chromoxyd als Hauptbestandteil wiederum Nickel-Chrom-Spinell und darüber hinaus in mehr oder weniger starker Konzentration weitere Spinellverbindungen beobachtet. Das gibt Anlaß zu der Vermutung, daß analog zu den Ergebnissen intermittierender Glühung (s. Tab. 20) auch bei konstanter Temperatur nach genügend langer Glühdauer die Kontinuität des Schichtwachstums gestört wird, durch mechanische Spannungen hervorgerufene Schäden auftreten und die Lokalisierung der eigentlichen Reaktion von der Phasengrenze Oxyd/Gas z. T. ins Innere des Systems verlagert wird. Damit müssen zwangsläufig die Oxyde anderer, bei dünneren Schichten nicht in Erscheinung tretender Legierungskomponenten gebildet werden.

Den auffallenden Unterschied der Oxydzusammensetzung bei 300 und 1000 Å dicken Schichten hat I. PFEIFFER als Wechselspiel zwischen der Oxydationsgeschwindigkeit relativ edler Legierungskomponenten und der Reduktionsgeschwindigkeit der Oxydverbindungen dieser Elemente durch das unedlere Chrom gedeutet. Zu Beginn der Oxydation werden wegen der hohen Anfangsgeschwindigkeit jeglicher Oxydationsprozesse genügend Oxyde des Nickels, Eisens und Mangans zur Spinellbildung mit Cr_2O_3 vorhanden sein. Diese Annahme ist sicherlich berechtigt für Schichtdicken bis zu etwa 100 Å, deren Bildungsgeschwindigkeit nach jener bereits genannten Theorie von CABRERA und MOTT[1] im wesentlichen durch die Wirkung vorhandener elektrostatischer Felder bestimmt wird. Erst im weiteren Verlauf der Oxydation wird das Feld mehr und mehr abgeschwächt und die Diffusionsgeschwindigkeit der Ionen im Oxyd allein von der Differenz der chemischen Potentiale an den beiden Phasengrenzen abhängen. Sie wird demzufolge derart verlangsamt sein, daß sich der Reduktionsprozeß der Oxyde edlerer Elemente durch die unedlen Legierungskomponenten auswirken kann und steigende Konzentrationen der sauerstoffaffineren Metalle in der Oxydschicht verursacht.

SiO_2 bzw. Silikate konnten wiederum elektronenoptisch nicht beobachtet werden, wohl aber ließen sie sich bei Betrachtung im polarisierten Licht und chemisch analytisch nachweisen. Sie reichern sich in Nähe der Phasengrenze Legierung/Oxyd in der metallischen Oberfläche an und bewirken eine deutliche Verbesserung der Haftfestigkeit der jeweils gebildeten Oxydschichten. Der metallographische Befund ließ bei den 10—30 μ starken Schichten aller untersuchten Legierungen insofern ein gewisses Anordnungsprinzip der verschiedenen identifizierten Oxydverbindungen erkennen, als das Chromoxyd jeweils in direktem Kontakt mit der Legierung aufwuchs, während die äußere Schicht im wesentlichen aus Spinellen bestand. Mit zunehmendem Eisengehalt der Legierungen nahm der Gehalt an Cr_2O_3 in der Oxydschicht ab, worauf z. T. jedenfalls die in gleichem Sinne abnehmende Lebensdauer zurückzuführen ist.

Wenn sich während der Oxydation einer Legierung deren Zusammensetzung durch den Ablauf einer selektiven Oxydation ändert, so ist mit entsprechenden Eigenschaftsänderungen zu rechnen, wie HOLLER[2] für NiCr 80 20-Legierungen nachgewiesen hat. Die Oxydschicht wurde als Chromoxyd identifiziert, und der Chromverlust hatte einen merklichen Anstieg des Temperaturkoeffizienten des elektrischen Widerstandes der Legierung zur Folge.

Die folgenden Beobachtungen von THOMAS[3] gehen auf die gleiche Ursache zurück. Setzt man ein unedles Thermoelement, bestehend aus einem Nickel- und einem Nickel-Chrom-Schenkel mit 9,5% Cr einer oxydierenden Behandlung bei 1000 °C in Luft aus, so sinkt die Thermospannung deutlich ab. Wird die Oxydschicht anschließend auf mechanischem oder chemischem Wege entfernt, so ändert sich dadurch die Thermospannung nicht. Erst durch zusätzliches Polieren des chromhaltigen Plusschenkels bis zu einer bestimmten Tiefe stellt sich die Ausgangsspannung des Elements wieder ein. Die Klärung dieses bei der technischen Verwendung

---

[1] CABRERA, N., u. N. F. MOTT: Progr. Phys. 12 (1949) 163.
[2] HOLLER, H. D.: Trans. electrochem. Soc. 92 (1947) 91.
[3] THOMAS, H.: Härterei-Technik u. Wärmebehandlung 3 (1957) HT 9 (in: Das Industrieblatt 1957).

zu berücksichtigenden Befundes ist ebenfalls auf die Erscheinung der selektiven Oxydation zurückzuführen, die am NiCr-Schenkel zu einer Chromverarmung führt, die praktisch nur in den Oberflächenbereichen auftritt und qualitative Aussagen über den Konzentrationsverlauf bevorzugt diffundierender Legierungskomponenten zu machen gestattet.

b) Zum Mechanismus der Wirkungsweise von Zusatzelementen bei Legierungen auf Nickel-Chrom-Basis

Kehren wir nunmehr wieder zurück zur Frage der Wirkungsweise von Zusatzelementen und betrachten zunächst die verschiedenen Möglichkeiten ihres Verbleibs während der Glühung bei höheren Temperaturen.

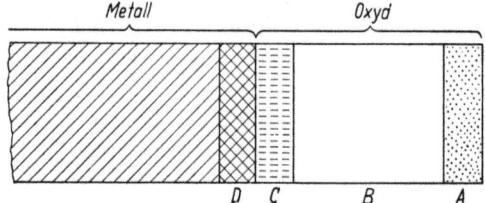

Abb. 217. Schematische Darstellung zur Frage der Wirkungsweise von Zusatzelementen, nach GULBRANSEN und MCMILLAN

Nach GULBRANSEN und MCMILLAN[1] kommen als solche in Frage (s. Abb. 217):

1. Die Zusatzelemente bilden eine eigene Oxydschicht A an der äußeren Phasengrenze,
2. sie bilden Mischoxyde oder Spinelle in Zone A oder B,
3. Bildung einer eigenen Oxydschicht C an der inneren Phasengrenze,
4. Substitution im Oxydgitter B und dadurch Änderung der Fehlordnungskonzentrationen,
5. Anreicherung in der Oberflächenschicht D der Legierung oder in der Oxydzone C.

Ausreichende Diffusionskonstanten der Zusatzelemente vorausgesetzt, wird man im Hinblick auf ihre im allgemeinen sehr große Oxydbildungstendenz eine Anreicherung in den äußeren Oxydlagen für möglich halten können. Allerdings ist zu bedenken, daß sich eine hohe Sauerstoffaffinität zugleich in einem starken Reduktionsvermögen derartiger Elemente äußert, das eine Diffusion durch die vorhandene Oxydschicht hindurch ausschließen und vielmehr eine in der näheren Umgebung der Phasengrenze Metall/Oxyd ablaufende chemische Umsetzung zwischen Oxyd und Zusatzelement verursachen kann. Das dadurch freiwerdende

---

[1] GULBRANSEN, E. A., u. W. R. MCMILLAN: Industr. Engng. Chem. 45 (1953) 1734.

Metall wird sich entweder dem Metallverband einverleiben oder in Richtung zur Gasphase diffundieren.

Entstehen bei höherer Temperatur zwei oder mehr Oxyde, so wirken sich die unterschiedlichen Ausdehnungskoeffizienten der einzelnen Phasen sicherlich nachteilig auf die schützenden Eigenschaften der Deckschicht aus, und das um so mehr, je größer die auftretenden thermischen Wechselbeanspruchungen sind. Bildet sich dagegen eine Spinellverbindung, so ist zumindest im Hinblick auf rein mechanische Belastungen mit einer besseren Schutzwirkung einer solchen Deckschicht zu rechnen, zumal die Spinelle Strukturen aufweisen, deren Gitterparameter sich bei einer Substitution durch andere Metallatome nur geringfügig ändern. Wenn die Meinungen über den Schutz durch Spinelle gegen weitere Verzunderung hitzebeständiger Legierungen auseinandergehen, so mag das nicht zuletzt darauf zurückzuführen sein, daß je nach Versuchsbedingungen entweder einfache Oxyde, Spinelle oder ein Gemisch beider Oxydarten gebildet werden und in letzterem Fall aus oben dargelegten Gründen Schutzeigenschaften, die möglicherweise den aus reinem Spinell gebildeten Oxydschichten zukommen, mehr oder weniger stark vermindert werden.

Calcium und Silizium bilden weder mit Chromoxyd noch auch mit Eisenoxyd Spinelle, sie werden vielmehr in Form reiner Oxydphasen oder als Silikatverbindungen vorliegen. Nach Beobachtungen von LINDNER[1], der durch Verwendung radioaktiver Isotope den Reaktionsmechanismus der Silikatbildung aufzuklären suchte, ist eine Beweglichkeit von Silizium in den von ihm untersuchten Silikaten nicht festzustellen. WAGNER[2] stellte die Hypothese auf, daß die Bildung von Spinellen und Silikaten aus entsprechenden Oxyden auf einer entgegengesetzt gerichteten Diffusion beider Kationensorten durch das entstehende Reaktionsprodukt hindurch beruhe und die Sauerstoffionen unbeweglich seien. Diese Annahme ist nach den Ergebnissen von Lindner für mancherlei Systeme zutreffend, nicht dagegen für eine Reihe von Silikaten. Hier ist ausschließlich das Kation nur einer Oxydphase beweglich, während darüber hinaus der Ablauf der Reaktion die gleichzeitige Diffusion von Sauerstoff zur notwendigen Voraussetzung hat.

Wenn eines der vorhandenen wirksamen Zusatzelemente nicht als Ion in die oxydische Deckschicht einzudiffundieren vermag, sei es aus Gründen mangelnder Löslichkeit, sei es wegen zu hoher Sauerstoffaffinität, die bereits vor Eintritt des betreffenden Elements in die Oxydschicht eine Reaktion mit einem der Oxyde der Legierungsbestandteile zur Folge hat, so besteht die Möglichkeit der Bildung einer geschlossenen Schicht aus Oxyden der Zusatzelemente. Nach GULBRANSEN sollen solche

---
[1] LINDNER, R.: Z. Elektrochem. 59 (1955) 967.
[2] WAGNER, C.: Z. phys. Chem. (B) 34 (1936) 309.

oder andere dünne Oxydfilme genügend undurchlässig sein, somit als Sperre für den Transport von Metallionen durch die Oxydschicht hindurch wirken und also die Verzunderungsgeschwindigkeit der betreffenden Legierungen erheblich herabsetzen. Eine derartige Deutung erscheint fraglich, wenn man bedenkt, daß in manchen Fällen Spurenelemente in Konzentrationen von nur einigen 1000stel % bereits erhebliche Verbesserungen verursachen und unter solchen Bedingungen an die Ausbildung arteigener geschlossener Oxydschichten jener Elemente wohl nicht zu denken ist.

Die Erkenntnisse der SCHOTTKY-WAGNER'schen Fehlordnungstheorie in ihrer Ausweitung auf Oxydationsreaktionen von Metallen und Legierungen legen die Vermutung einer Beeinflussung der Fehlordnungskonzentrationen des jeweils gebildeten Oxyds und insbesondere einer Erniedrigung der Konzentration an diffusionsfähigen Kationen oder Kationenleerstellen durch geeignete Zusatzelemente nahe. Wir haben eine ausführlichere Besprechung der damit in Zusammenhang stehenden Fragen bereits in den früheren Kapiteln gegeben und können uns hier auf die Feststellung beschränken, daß eine Verlangsamung der Oxydationsreaktion auf diesem Wege durchaus möglich erscheint, vermerken aber einschränkend, daß die Auswahlmöglichkeit verbessernder Elemente unter diesem Gesichtspunkt sehr gering sein kann. Das gilt besonders für Legierungen mit p-leitenden Deckschichten und Kationen niedriger Wertigkeit, z. B. für zweiwertige. Eine Erniedrigung der Oxydationsgeschwindigkeit durch Herabsetzung des Gehalts an Kationenleerstellen ist in solchen Fällen nur durch einwertige Metalle möglich, die sich wegen ihrer hohen Dampfdrucke bei den Schmelztemperaturen der Heizleiterlegierungen und ihrer starken Sauerstoffaffinitäten nur schwer zulegieren lassen.

Gegen die Annahme der Wirkungsweise verbessernder Elemente nach einem solchen Mechanismus spricht mancherlei. So wäre nicht zu erklären, daß die verschiedenartigsten Metalle wie Alkalien, Erdalkalien, Seltene Erden und schließlich Thorium, Silizium und Zirkon in gleichem Sinne wirksam sind, da sie in ihren oxydischen Verbindungen in ein-, zwei-, drei- bzw. vierwertiger Form auftreten. Hinzu kommt, daß die Möglichkeit der Verbesserung sich nicht nur auf eine Legierung oder Legierungsgruppe, sondern auf die verschiedensten Werkstoffe erstreckt, deren Oxydzusammensetzung naturgemäß völlig unterschiedlich ist. Und schließlich spricht gegen die Beeinflussung der Fehlordnungskonzentrationen und damit der Oxydationsbeständigkeit der betreffenden Legierungen der Befund von LUSTMAN[1], wonach bei den drei untersuchten Standardlegierungen (s. Tab. 20) zwar die nützliche Lebensdauer in weiten Grenzen verschieden war, bei kontinuierlicher Glühung da-

---

[1] LUSTMAN, B.: Trans. A.I.M.M.E. 188 (1950) 995.

Über den Mechanismus der Wirkungsweise von Zusatzelementen 277

gegen praktisch keine voneinander abweichenden Ergebnisse erhalten wurden.

Zur Untersuchung dieses unterschiedlichen Verhaltens hat LUSTMAN zylindrisch geformte Proben mit einem Durchmesser von etwa 9 mm in einer Versuchsreihe kontinuierlich, in einer weiteren alternierend geglüht. Hierbei wurden die Proben jeweils für $7^1/_2$ Minuten in einen Silitstabofen eingebracht und die gleiche Zeit erkalten gelassen und so fort. Unter Berücksichtigung der Aufheizgeschwindigkeit entsprach diese Behandlung etwa dem A.S.T.M.-Test, da sich die Proben während jedes Schaltintervalls für etwa 2 Minuten auf Solltemperatur befanden. Die Gewichtszunahme der Blöckchen wurde unter Voraussetzung der Bildung reinen Chromoxyds auf den Metallverlust (Schichtdicke oxydierten Metalls) umgerechnet, der in Abb. 218 über der Glühdauer aufgetragen ist. Die gestrichelte Kurve gibt die Ergebnisse für alle drei Legierungen bei kontinuierlicher Glühung wieder, während die anderen Kurven die bei intermittierender Glühung aufgetretenen Qualitätsunterschiede erkennen lassen. Daß im Anfangsstadium der Oxydation die gestrichelte Kurve

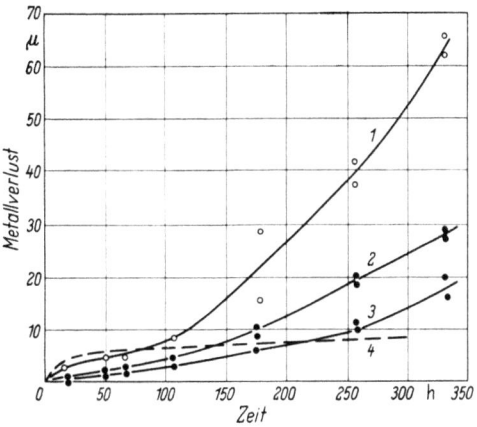

Abb. 218. Oxydation dreier NiCr 80 20-Legierungen bei 1175 °C (s. Tab. 18), nach LUSTMAN

Kurve 1: Legierung 8,
nützliche Lebensdauer: 25 Stunden
Kurve 2: Legierung 7,   } zyklische
nützliche Lebensdauer: 86 Stunden   Schaltung
Kurve 3: Legierung 6,
nützliche Lebensdauer: 157 Stunden
Kurve 4: Alle drei Legierungen bei kontinuierlicher Glühung.

einen größeren Materialverlust anzeigt als die durchgezogenen, ergibt sich aus der Wertung der gesamten Versuchsdauer in letzterem Fall, obwohl die eigentliche Glühdauer jeweils nur der Hälfte der Versuchszeit entspricht und außerdem die relativ lange Aufheizzeit zu beachten ist.

Schließlich besteht die Möglichkeit, daß sich die Zusatzelemente in der Oberflächenschicht der Legierung oder in Form von Oxyden bzw. Silikaten in den inneren Oxydlagen anreichern und damit die physikalischen Eigenschaften an der Phasengrenze, insbesondere das Haftvermögen zwischen Oxydschicht und Legierung beeinflussen. Dabei muß eine derartige Beeinflussung nicht unbedingt positiver Natur sein. Wenn das Vorhandensein artfremder Verbindungen eine zusätzliche Sprödigkeit des Oxyds hervorruft, so werden Spannungen zwischen Legierung

18 a

und Schutzschicht Risse im Oxyd verursachen können. Oder aber bestimmte Zusatzelemente neigen dazu, die Haftfestigkeit der Oxydschicht zu verringern, die dann bei thermischer Wechselbeanspruchung in größeren Schuppen abblättert. Abb. 219 gibt eine schematische Darstellung dieser beiden Fälle. Eine dritte Möglichkeit ist in der Bildung pulverförmigen Oxyds zu sehen, das dann entsteht, wenn die gebildete Deckschicht sowohl sehr spröde als auch wenig haftfest ist. Ein sprödes Oxyd mit ausreichender Haftfestigkeit wird eine bessere Schutzwirkung aufweisen als eine flexible Schicht mit nur geringem Haftvermögen.

Um den Einfluß der bei Temperaturschwankungen auftretenden Spannungen auf die Oxydationsgeschwindigkeit festzustellen, haben GULBRANSEN und ANDREW[1] NiCr 80 20-Legierungen mit unterschiedlichem Siliziumgehalt und entsprechend verschiedenen Lebensdauerwerten z. B. bei 900 °C und einem Sauerstoffdruck von 76 mm Hg bis zu einer Gewichtszunahme von $45 \cdot 10^{-6}$ g/cm² Oberfläche voroxydiert, die Proben in erkaltetem Zustand um 2% gereckt und unter gleichen Bedingungen weitergezundert. Die Ergebnisse sind in den Abbn. 220a und b wiedergegeben. Bei der siliziumarmen Legierung (220a) ist der Anstieg der Oxydationsgeschwindigkeit nach erfolgter Kaltverformung relativ bedeutend, ein Beweis für das geringe Haftvermögen der Oxydschicht. Dagegen ist der Einfluß der Kaltreckung bei ausreichendem Siliziumgehalt (220b) nur gering; thermische Schwankungen werden sich demzufolge weniger stark bemerkbar machen.

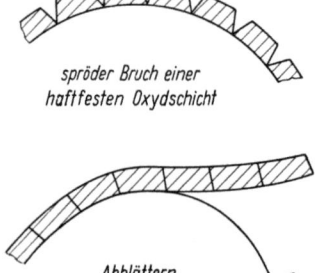

Abb. 219. Mechanische Eigenschaften von Oxydschichten, nach GULBRANSEN und MCMILLAN

spröder Bruch einer haftfesten Oxydschicht

Abblättern nicht haftenden Oxyds

PETERS und ENGELL[2] haben sich mit der Haftfestigkeit von Oxydschichten auf Metallen und Legierungen befaßt, eine Methode zu ihrer Bestimmung entwickelt und z. B. für Eisen sehr starke Unterschiede der Haftfestigkeit in Abhängigkeit von der Oxydationstemperatur festgestellt. Bei Proben, die im Temperaturbereich von 650 bis 1050 °C bis zum Erreichen von Oxyddicken von 0,2 mm Stärke oxydiert worden waren, ergaben sich Werte zwischen 0 und > 100 kp/cm², wobei ein scharf ausgeprägtes Maximum der Haftfestigkeit bei etwa 850 °C beobachtet wurde. Die Bedeutung der Oberflächenenergien der aneinander

---

[1] GULBRANSEN, E. A., u. K. F. ANDREW: Scientific Paper 60-94602-1-P 2, Westinghouse Research Laboratories (1954); A.S.T.M. Spec. Techn. Publ. 171 (1955) 35.
[2] PETERS, F. K., u. H. J. ENGELL: Arch. Eisenhüttenw. 30 (1959) 275. — ENGELL, H. J.: Werkstoffe u. Korrosion 11 (1960) 147.

Über den Mechanismus der Wirkungsweise von Zusatzelementen 279

haftenden Stoffe, der Anpassung der Oberfläche und ihrer Gitter, der Entstehungsspannungen und thermischen Spannungen bei unterschiedlichen Ausdehnungskoeffizienten wurde im einzelnen erläutert.

LUSTMAN[1] hält auf Grund von Oxydationsuntersuchungen an Nickel-Chrom-Heizleiterlegierungen die Ausbildung einer Sperre lediglich für die Kationendiffusion in die Oxydschicht hinein für wahrscheinlich. Damit gewinnt die einwärts gerichtete Sauerstoffdiffusion an Bedeutung, so

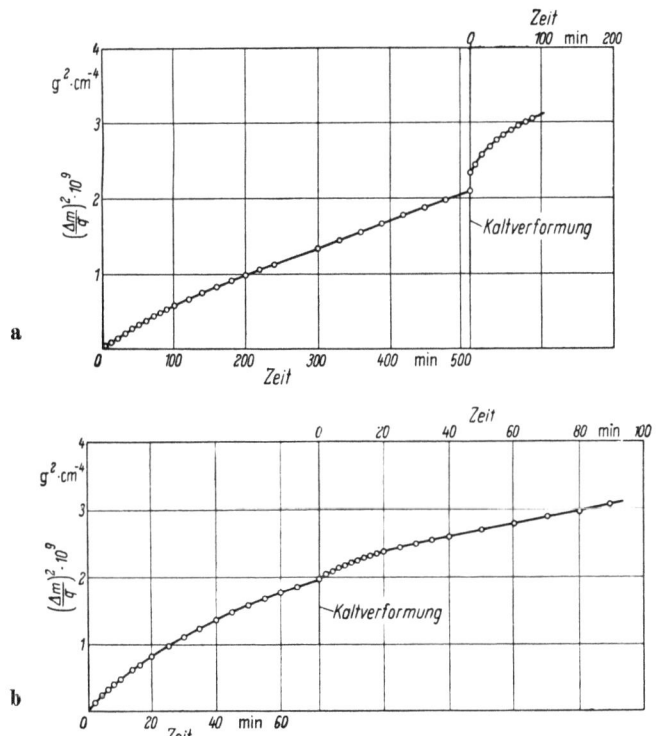

Abb. 220a u. b. Einfluß einer 2%igen Kaltreckung auf die Schutzwirkung von Oxydschichten, nach GULBRANSEN und ANDREW. a) NiCr 80 20 mit 0,23% Si, nützliche Lebensdauer: 63 Stunden; b) NiCr 80 20 mit 2,09% Si, nützliche Lebensdauer: 178 Stunden

daß mindestens ein Teil des Oxydationsprozesses an der Phasengrenze Legierung/Oxyd abläuft. Experimentelle Untersuchungen ließen darauf schließen, daß die durch eindiffundierenden Sauerstoff hervorgerufene Oxydation hinsichtlich des Fortschreitens der Oxydfront in die Legierung hinein nicht einheitlich und gleichmäßig erfolgt, sondern vielmehr die metallische Oberfläche stark aufgerauht und zerklüftet wird. Außerdem findet in gewissem Umfange innere Oxydation statt. Die unterschied-

---
[1] LUSTMAN, B.: Trans. A.I.M.M.E. 188 (1950) 995.

liche Erscheinungsform der Oberfläche der drei in Tab. 20 genannten NiCr 80 20-Legierungen nach 1530 Schaltzyklen bei 1175 °C ist in Abb. 221 deutlich zu erkennen. Die Oberfläche ist um so aufgerauhter, je mehr verbessernde Zusatzelemente die Legierungen enthalten und je zunderbeständiger sie bei intermittierender Glühung sind. Ähnliche Ansichten bezüglich der Wirkungsweise von Zusatzelementen sind z. B. auch von BALLAY[1] und BETTERIDGE[2] vertreten worden.

An der Phasengrenze Legierung/Deckschicht diffundieren sowohl Sauerstoff aus dem Oxyd in die Legierung, als auch umgekehrt Metall aus der Legierung in die Oxydschicht ein. Wenn letzterer Vorgang gegenüber dem ersteren begünstigt ist, wird nach LUSTMAN die Verschiebung der Phasengrenze in die Legierung hinein genügend rasch erfolgen, um eine merkliche Durchdringung der metallischen Oberfläche mit Oxyd zu verhindern. Verursachen dagegen die Zusatzelemente die Bildung einer ausreichend wirksamen Kationensperre, so wird um so mehr Sauerstoff in die Legierung eindiffundieren können, je gehemmter der Kationentransport ist. Dadurch entsteht eine mit Oxyd durchsetzte unregelmäßige Oberfläche des betreffenden Werkstoffes. Sie bewirkt eine Verzahnung von Legierung und Oxyd, die durch die Zusatzelemente hervorgerufen und als Ursache für die

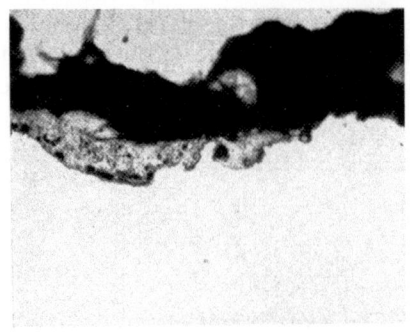

a

b

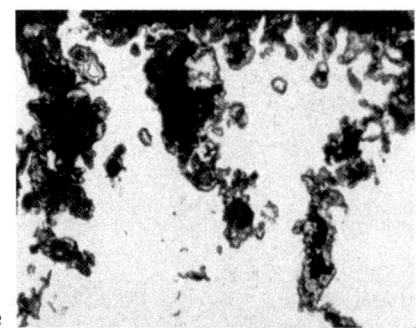

c

Abb. 221 a—c. Verschieden stark aufgerauhte Oberflächen von NiCr 80 20-Legierungen mit unterschiedlichen Gehalten an Zusatzelementen nach 380 Stunden diskontinuierlicher Glühung bei 1175 °C, nach LUSTMAN (Vergr. 750:1). a) Probe 8; b) Probe 7; c) Probe 6; (vgl. Tab. 20)

---

[1] BALLAY, M.: Rév. du Nickel 21 (1955) 13.
[2] BETTERIDGE, W.: IV. Congrès International Du Chauffage Industriel, Ber.18, Gr. 1, Abschn. 16, Paris (1952); Brit. J. appl. Physics 6 (1955) 301.

gute Zunderbeständigkeit verbesserter Heizleiterlegierungen angesehen wird.

Weiterhin ist zu berücksichtigen, daß bei nicht konstant gehaltener Temperatur, also etwa bei der normalen Lebensdauerprüfung oder auch bei betrieblicher Inanspruchnahme der betreffenden Legierungen, wegen der unterschiedlichen Ausdehnungskoeffizienten von Oxyd und Metall Spannungen auftreten, die bei Überschreiten eines bestimmten Ausmaßes zur Bildung von Rissen und schließlich zum Abplatzen einzelner Oxydpartikeln führen. Dementsprechend ist die Lebensdauer der betreffenden Werkstoffe bei hohen Temperaturen nicht allein durch Diffusionsprozesse bestimmt. Die physikalischen Eigenschaften der Oxydschicht, der Legierung und der Phasengrenze Oxyd/ Metall spielen vielmehr eine beherrschende Rolle.

BETTERIDGE[1] hat an Hand von Untersuchungen an drei eisenfreien Nickel-Chrom-Legierungen mit unterschiedlichen Gehalten an Calcium und Cer die Wirksamkeit der Zusatzelemente in der Verbesserung des Haftvermögens der Oxydschichten nachgewiesen. Die Versuchschargen hatten bei 1175 °C und einem Drahtdurchmesser von 0,91 mm A.S.T.M.-

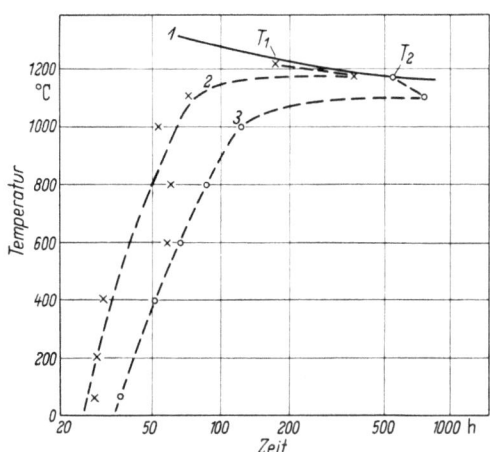

Abb. 222. Ergebnisse der Lebensdauermessungen an zusatzfreiem NiCr 80 20, nach BETTERIDGE. *1* Dauerglühung; *2* alternierende Glühung, $T_{max} = 1225\,°C$; *3* alternierende Glühung, $T_{max} = 1175\,°C$

Lebensdauern von 37, 140 und 606 Stunden. Die Abhängigkeit der Haftung des Oxyds von auftretenden Temperaturschwankungen ist in der Weise ermittelt worden, daß nach Art des A.S.T.M.-Prüftestes in einem 2-Minuten-Schaltzyklus geglüht wurde, dabei aber im Gegensatz zur normalen Prüfung zwar eine konstante obere Temperatur bei einer Versuchsserie jeweils aufrechterhalten, eine untere Temperatur jedoch wahlweise eingestellt wurde. Als obere Temperaturen T_1 und T_2 wurden in je zwei Versuchsreihen bei der zusatzfreien Legierung mit geringster Lebensdauer 1175 und 1225 °C, bei den beiden anderen Legierungen 1225 und 1275 °C gewählt.

Die Ergebnisse (Abbn. 222—224) sind in mancherlei Hinsicht interessant. Sie bestätigen das annähernd gleiche Verhalten der nach dem
_____
[1] s. Vorseite [2] BETTERIDGE, W.

normalen Lebensdauerprüftest so unterschiedlichen Werkstoffe hinsichtlich ihrer Oxydationsbeständigkeit bei konstanter Temperatur (durchgezogene Kurven). Die gestrichelten Kurven geben die Abhängigkeit der Lebensdauer von der unteren Grenztemperatur für die beiden oberen Temperaturen T_1 und T_2 wieder. Geringe Temperaturschwankungen beeinflussen die Haftfestigkeit nur unwesentlich; bei nicht zu großen Differenzen zwischen den oberen und unteren Temperaturen — je nach Legierung etwa 50 bis 100° — werden dementsprechend merklich längere Lebensdauern beobachtet als bei konstanter Maximaltemperatur. In den Abbildungen zeigt sich dieser Befund durch einen zunächst annähernd gleichen Verlauf der durchgezogen und gestrichelt eingezeichneten Kurven. Werden bestimmte kritische Temperaturdifferenzen überschritten, so ergeben sich niedrigere Lebensdauerwerte. Dieses Absinken macht sich um so stärker bemerkbar, je geringer die Qualität der betreffenden Legierung ist, d. h. je weniger Zusatzelemente sie enthält. Infolge der mit zunehmender Differenz zwischen oberer und unterer Temperatur vermehrten Spannungen in der Oxydschicht wird diese in verstärktem Maße aufbrechen und abplatzen, wodurch eine mehr oder weniger starke Abnahme der Lebensdauer verursacht wird.

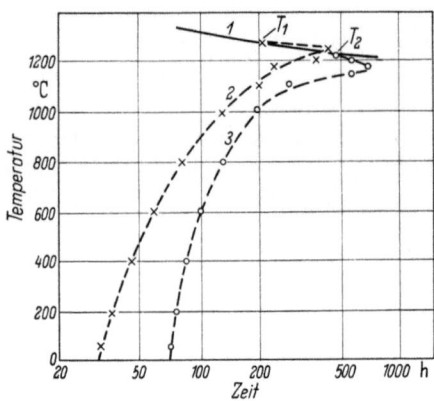

Abb. 223. Ergebnisse der Lebensdauermessungen an NiCr 80 20 mit geringem Gehalt an Zusatzelementen, nach BETTERIDGE. *1* Dauerglühung; *2* alternierende Glühung, $T_{max} = 1275\,°C$; *3* alternierende Glühung, $T_{max} = 1225\,°C$

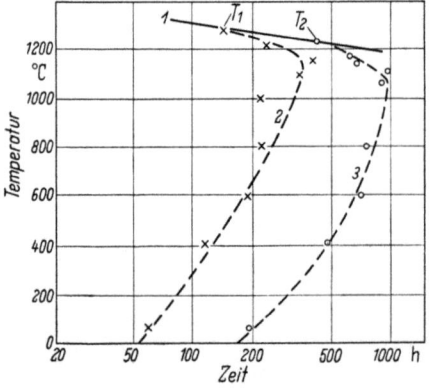

Abb. 224. Ergebnisse der Lebensdauermessungen an NiCr 80 20 mit höheren Gehalten an Zusatzelementen, nach BETTERIDGE. *1* Dauerglühung; *2* alternierende Glühung, $T_{max} = 1275\,°C$; *3* alternierende Glühung, $T_{max} = 1225\,°C$

Natürlich gelten diese Ergebnisse nur für die genannten Versuchsbedingungen und sagen z. B. nichts aus über den Einfluß der Probendimension und des Schaltzyklus. Trotzdem geben sie in qualitativer Hinsicht ein recht gutes Bild der Verhältnisse bei alternierender Glühtemperatur, und wir wollen daraus als Hinweis für die Anwendung von Heizleiterlegierungen zwei Gesichtspunkte ableiten.

Die Wicklung eines Industrieofens sollte nach Möglichkeit so ausgelegt sein, daß — selbst bei Inkaufnahme längerer Anheizzeiten — die Solltemperatur bei Vollast nur möglichst wenig überschritten wird und also nur möglichst geringe Temperaturdifferenzen auftreten. Wird hingegen mit erhöhter Leistung aufgeheizt, so sollte nach oder besser kurz vor Erreichen der Solltemperatur durch geeignete Schalt- und Regelmaßnahmen dafür gesorgt werden, daß sich nur geringfügige Schwankungen der Heizleitertemperatur ergeben. Ist diese Forderung nicht erfüllt, so wird die Lebensdauer der Heizelemente wegen überhöhter Temperatur bei eingeschaltetem Heizstrom im Vergleich zu optimaler Auslegung des Ofens um so geringer sein, je mehr die Solltemperatur überschritten wird. Die Heizwicklung selbst kann recht beträchtlichen Temperaturschwankungen unterliegen, wenngleich die gesamte Ofentemperatur infolge der Trägheit des Ofens nur Abweichungen um relativ minimale Beträge vom Sollwert aufweist. Insbesondere besteht die Möglichkeit, daß bei der nicht zu vermeidenden zyklischen Schaltung Temperaturunterschiede an der Wicklung um mehr als 100° auftreten können, was entsprechend der obigen Darstellung eine beträchtliche Abnahme der Lebensdauer zur Folge hat. Weiterhin erscheint es in vielen Fällen angebracht, bei gelegentlichen Betriebsunterbrechungen den betreffenden Ofen nicht auszuschalten, sondern auf Temperaturen zu halten, die möglichst dicht — höchstens 100° — unterhalb der Solltemperatur liegen.

c) **Zum Mechanismus der Wirkungsweise von Zusatzelementen bei Legierungen auf Eisen-Chrom-Aluminium-Basis**

Bei den Eisen-Chrom-Aluminium-Heizleiterlegierungen liegen im Gegensatz zu den Werkstoffen auf Nickel-Chrom-Basis die Verhältnisse insofern anders, als bei hohen Glühtemperaturen grundsätzlich keine heterogen zusammengesetzten Oxydschichten entstehen, sondern vielmehr die Schutzwirkung durch eine praktisch reine Al_2O_3-Schicht gewährleistet ist. Das folgt z. B. aus Untersuchungen von BANDEL[1], KORNILOV[2], SCHEIL[3] und GULBRANSEN[4] die an einer Reihe ternärer Legierungen bei verschiedenen Temperaturen durchgeführt wurden. In Abb. 225 sind Ergebnisse der Aluminiumverarmung einer CrAl 30 5-Legierung nach 1350°-Glühungen in Luft in Abhängigkeit von der Glühdauer eingetragen. Als Versuchsmaterial stand ein gezogener, weich-

---
[1] BANDEL, G.: Arch. Eisenhüttenw. 15 (1941/42) 271.
[2] KORNILOV, I. I., u. A. I. SHPIKELMAN: Ber. Akad. Wiss. USSR 53 (1946) 813; 54 (1946) 515.
[3] SCHEIL, E., u. E. H. SCHULZ: Arch. Eisenhüttenw. 6 (1932/33) 155.
[4] GULBRANSEN, E. A., u. K. F. ANDREW: J. electrochem. Soc. 106 (1959) 294.

geglühter 3,8 mm starker Draht zur Verfügung, der mittels direkten Stromdurchgangs einer kontinuierlichen Glühung unterworfen wurde. Das Ausmaß der durch selektive Oxydation verursachten Konzentrationserniedrigung hängt naturgemäß von der Glühtemperatur, der Dauer der Glühung und nicht zuletzt von der Dimensionierung der zu untersuchenden Probe ab.

Um den Einfluß von Zusatzelementen auf die Zunderbeständigkeit von Eisen-Chrom-Aluminium-Heizleiterlegierungen mit 27% Chrom und 5% Aluminium quantitativ zu erfassen, bestimmte PFEIFFER[1] die Lebensdauer dieser Werkstoffe in Abhängigkeit vom Cergehalt. Mit einem Zusatz von ausschließlich 0,2% Cer wurden bei 1200 °C nach dem normalen Prüftest Lebensdauern von etwa 150 Stunden gemessen, während die gleichen Legierungen ohne Cerzusatz nur Lebensdauern von etwa 30 Stunden erreichten.

Die Ergebnisse der chemischen Analyse zeigten, daß die Legierungen während der Oxydation fortlaufend an Cer verarmten, ein Befund, der die relativ hohe Diffusionsgeschwindigkeit der Seltenen Erden in der Legierung und ihre starke Tendenz zur Oxydbildung deutlich werden läßt. Tab. 22 enthält die Zusammenstellung der Versuchsergebnisse zur Bestimmung der Cerverarmung von Heizleiterlegierungen auf Eisen-Chrom-Aluminium-Basis.

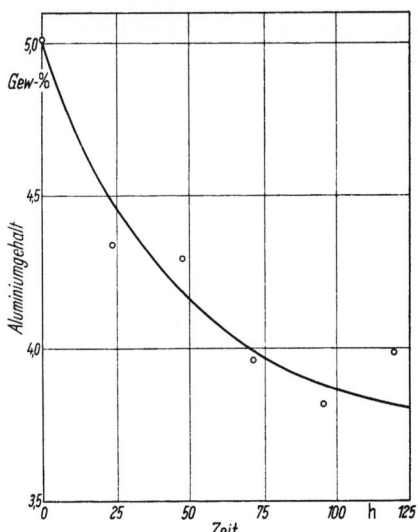

Abb. 225. Aluminiumverarmung einer Eisen-Chrom-Aluminium-Heizleiterlegierung bei 1350 °C in Luft

Tabelle 22. *Cerverarmung in FeCrAl-Legierungen mit 27% Cr und 5% Al nach Glühungen bei 1400 °C in Luft*

Legierung	Drahtdurchmesser in mm	Schaltung	Glühdauer in Stunden	Cergehalt in %	
				vor der Glühung	nach der Glühung
A	2,97	kontinuierlich	67	0,14	0,11
B	3,16	kontinuierlich	68	0,13	0,08
C	3,80	kontinuierlich	59	0,21	0,17
C	3,80	kontinuierlich	70	0,21	0,03
C	3,80	kontinuierlich mit einer Unterbrechung	43	0,21	0,11

[1] PFEIFFER, H.: Werkstoffe u. Korrosion 8 (1957) 573.

Zieht man die Tatsache in Betracht, daß die Oxydschichten wegen ihrer ausgezeichneten Schutzwirkung unter den angegebenen Versuchsbedingungen nur sehr dünn sind (Größenordnung 0,1 mm), so beweisen die Ergebnisse eine zwar unterschiedliche, aber im Mittel recht beachtliche Anreicherung der seltenen Erdmetalle in der Oxydschicht. Die chemisch analytischen Gehaltsbestimmungen geben einen weiteren Hinweis darauf, daß die Zusatzelemente nicht in der Legierung selbst, sondern vielmehr in Form ihrer oxydischen Verbindungen in der Oxydschicht wirksam werden.

Glühversuche der gleichen Legierungen mit einem Zusatz von reinem radioaktivem Cer haben ebenfalls die bevorzugte Oxydation dieses

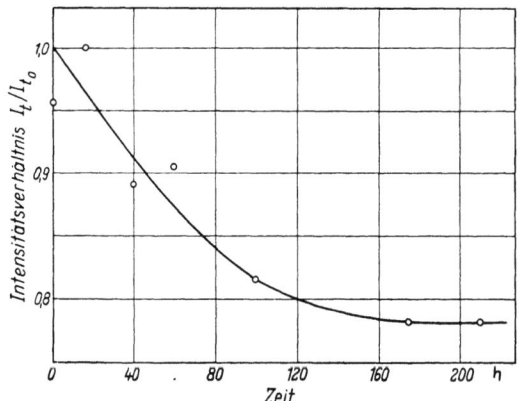

Abb. 226. Verhältnis der Strahlungsintensitäten einer FeCrAl-Legierung mit 0,1 Gew.-% radioaktivem Cer nach und vor Glühungen bei 1300 °C in Luft in Abhängigkeit von der Zeit

Elements bewiesen. Abb. 226 gibt die mit einem β-Zählrohr gemessenen Intensitäten I_t 3,7 mm starker Drähte nach Glühungen bei 1300 °C und vollständiger Entfernung der Oxydschichten im Vergleich zu den Anfangsintensitäten I_{t_0} wieder. Die erhaltene Kurve zeigt die Abnahme der Cerkonzentration mit zunehmender Glühzeit.

Wir wollen versuchsweise die Erkenntnisse der Fehlordnungstheorie auf den speziellen Fall der Verbesserung von FeCrAl-Heizleiterlegierungen durch geringe Cerzusätze anwenden und uns fragen, ob die Erhöhung der Zunderbeständigkeit auf diese Weise gedeutet werden kann.

Bei der Glühung solcher Legierungen in Luft oder Sauerstoff entsteht praktisch reines Al_2O_3, wie sich röntgenographisch und chemisch analytisch nachweisen läßt. KORNILOV und SIDORISHIN[1] haben einen unterschiedlichen Oxydationsverlauf bei mittlerer und höherer Tempe-

---

[1] KORNILOV, I. I., u. I. I. SIDORISHIN: Ber. Akad. Wiss. USSR 42 (1944) 20. – COLOMBIER, L.: Métaux 30 (1955) 294.

ratur beobachtet. In ersterem Fall entsteht ein isomorphes Oxydgemisch aus den Oxyden aller drei Legierungskomponenten, die in Form von Spinellen vorliegen. Mit steigender Glühtemperatur wird die selektive Oxydation des Aluminiums schließlich vorherrschend; dabei bildet sich bis zu Temperaturen von etwa 1000 °C γ-Al$_2$O$_3$, die Konzentration an Al nimmt in den Oberflächenbereichen der Legierung ab, und die Diffusion von Aluminium setzt in erheblichem Umfange ein. Die Bestimmung der Gitterkonstanten (Tab. 23) der bei verschiedenen Temperaturen gebildeten Oxyde macht die geschilderten Verhältnisse deutlich.

Tabelle 23. *Gitterkonstanten der bei verschiedenen Temperaturen auf CrAl 30 5 entstandenen Oxydschichten*

Temperatur in °C	400	600	700	800	1000
Gitterkonstanten in Å	8,328	8,195	8,077	8,050	7,882

Nach GLOCKER[1] ist die Gitterkonstante für γ-Al$_2$O$_3$ 7,91 Å, während die hier in Frage kommenden Spinelle FeAl$_2$O$_4$ und FeCr$_2$O$_4$ Gitterparameter von 8,10 und 8,36 Å aufweisen. Den analytisch ermittelten Al$_2$O$_3$-Gehalt einer nach Erreichen einer bestimmten Schichtdicke untersuchten Zunderschicht gab KORNILOV mit 98,72% an. PFEIFFER hat im Bereich von 1000 bis 1400 °C α-Al$_2$O$_3$ nachgewiesen. Beide Ergebnisse stimmen mit dem in der Literatur angegebenen Umwandlungspunkt der beiden Oxydmodifikationen von etwa 1000 °C überein.

Aluminiumoxyd ist ein Überschußhalbleiter[2]; es befindet sich also bei hohen Temperaturen eine gewisse, von Sauerstoffdruck und Temperatur abhängige Menge an überschüssigem Aluminium in Form von Ionen und Elektronen auf Zwischengitterplätzen im Oxydgitter gelöst. Diese fehlgeordneten Al-Ionen sind praktisch allein diffusionsfähig und damit Träger des Materietransports. Die Anwendung des Massenwirkungsgesetzes ergibt für die Gleichgewichtsbeziehung

$$1/2\,Al_2O_3 \rightleftarrows Al\bigcirc^{\cdots} + 3\,\ominus + 3/4\,O_2 \tag{40}$$

bei jeweils vorgegebenen Sauerstoffdrucken und Temperaturen ein konstantes Produkt der fehlgeordneten Ionen und Überschußelektronen

$$x_{Al\bigcirc\cdots} \cdot x_{\ominus}^3 = K. \tag{41}$$

Durch Zugabe von CeO$_2$ zu Al$_2$O$_3$ steigt unter der Voraussetzung der Bildung eines homogenen Mischkristalls die Elektronen-Fehlordnungskonzentration an:

$$CeO_2 \rightleftarrows Ce\bullet^{\cdot}(Al) + \ominus + 1/2\,Al_2O_3 + 1/4\,O_2. \tag{42}$$

---

[1] GLOCKER, R.: Materialprüfung mit Röntgenstrahlen, Berlin (1958).
[2] HARTMANN, W.: Z. Phys. 102 (1936) 709. – SCHWAB, G. M., J. BLOCK, W. MÜLLER u. D. SCHULTZE: Naturwiss. 44 (1957) 582.

Die Vierwertigkeit des auf einem normalen Gitterplatz sitzenden Cer-Ions verursacht die einfach positive Aufladung dieser Kationenstörstelle, die durch ein zusätzliches freies Elektron kompensiert wird. Das bedeutet aber nach (41) ein Absinken der Konzentration an diffusionsfähigem Aluminium, und eine einleuchtende Erklärung der verbessernden Wirkung von Cer wäre damit gegeben.

Wenn die Wirkung des Cerzusatzes gemäß Gleichung (42) auf einer Änderung der Fehlordnungskonzentrationen im Oxyd beruhen sollte, so müßten auch die Zunderkonstanten des parabolischen Zeitgesetzes der Oxydation vom Cergehalt abhängig sein. Zur experimentellen Prüfung wurden Oxydationsversuche an zusatzfreien Eisen-Chrom-Aluminium-Legierungen und solchen mit einem Zusatz von 0,1 Gew.-% Cer bei 1100 °C durchgeführt und der Sauerstoffverbrauch volumetrisch gemessen. Die Ergebnisse zeigt Abb. 227; die Oxydationsgeschwindigkeitskonstanten sind praktisch gleich. Damit darf als erwiesen gelten, daß sich Ceroxyd entweder überhaupt nicht in der gesamten Oxydschicht löst, oder wenn doch, dann nicht nach den oben angestellten Überlegungen wirksam wird, sei es, daß es sich nicht homogen löst, sei es, daß es in dreiwertiger Form vorliegt und somit das Fehlordnungsgleichgewicht (41) nicht beeinflußt.

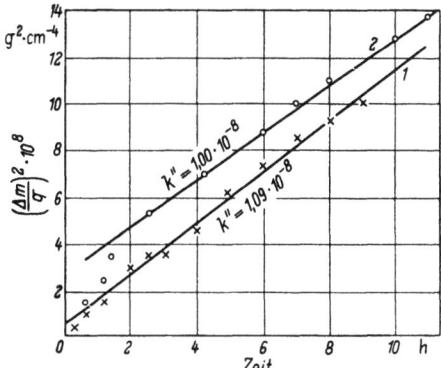

Abb. 227. Oxydation von Eisen-Chrom-Aluminium-Legierungen bei 1100 °C und einem Sauerstoffdruck von 1 Atm. Kurve 1: 0,1 Gew.-% Cer; Kurve 2: Kein Cerzusatz

Dieser Befund zeigt, daß gute Zunderbeständigkeiten bei der betrachteten Gruppe von Legierungen allein durch die Bildung einer einwandfreien Aluminiumoxydschicht gewährleistet sind, daß also a priori die Fehlordnungskonzentration oder die Beweglichkeit der diffundierenden Al-Ionen oder beide Größen im Al_2O_3 genügend klein sind, um einen ausreichenden Schutz gegen die Oxydation zu bewirken.

Um so dringlicher wird der Wunsch nach dem experimentellen Nachweis des Verbleibs der Zusatzelemente, der allerdings schwierig zu erbringen ist. Einmal sind bei FeCrAl-Legierungen die erreichbaren Oxydschichtdicken sehr gering, solange es sich jedenfalls um kompakte und fehlerfreie Deckschichten handelt, und zweitens sind sie sehr spröde, so daß eine Handhabung nicht ganz einfach ist. Weiterhin ist die Konzentration der Zusatzelemente klein, und eine quantitative Bestimmung örtlicher Konzentrationen macht Schwierigkeiten, zumal andere interessante Zusätze, z. B. Calcium, in weitaus geringeren Legierungsgehalten als das Cer wirksam sind.

Versuche unter Verwendung reinen radioaktiven Cers als Zusatzmetall weisen auf eine Anreicherung von Cer während der Hochtemperaturglühung in den ersten, dem Metall benachbarten Oxydlagen hin. Quadratische Stangen mit einem Querschnitt von 0,16 cm² aus CrAl 25 5 mit einem Zusatz von 0,1%˙ radioaktivem Cer wurden 115 Stunden lang auf 1350 °C erhitzt, das gebildete Oxyd anschließend mechanisch abgetrennt und seine β-Strahlungsintensität unter Verwendung geeigneter Schablonen gemessen. Die beiden Seiten der abgelösten Oxydflitter entsprechen den Phasengrenzen Legierung/Oxyd und Oxyd/Gas. Tab. 24 gibt die an der Außen- und Innenseite der Oxydschicht gemessenen Intensitäten in Impulsen je Minute und Flächeneinheit ($I/\text{min} \cdot \text{cm}^2$) wieder. Um auszuschließen, daß das Verhältnis der innen und außen gemessenen Intensitäten (I_i/I_a) durch ein Konzentrationsgefälle diffusionsfähiger Cerionen innerhalb der Oxydschicht verursacht ist, das sich durch Glühung des isolierten Oxyds ausgleichen müßte, wurden einige Oxydplättchen nach erfolgter Messung des Intensitätsverhältnisses einer 5stündigen Glühung bei 1100 °C unterworfen und anschließend erneut gemessen. Die Ergebnisse sind in der letzten Spalte wiedergegeben.

Tabelle 24.
Ergebnisse der Intensitätsmessungen von Oxydschichten abzüglich Nulleffekt

Versuch	Innenseite der Schicht, Mittelwerte $I_i/\text{min} \cdot \text{cm}^2$	Außenseite der Schicht, Mittelwerte $I_a/\text{min} \cdot \text{cm}^2$	I_i/I_a	I_i/I_a nach zusätzlicher 1100°-Glühung
1	75800	53700	1,41	1,38
2	116600	97200	1,20	
3	65800	44000	1,50	1,37
4	151000	124100	1,22	
5	137700	95500	1,44	1,55
6	118800	76700	1,55	1,51

Die Anreicherung von Ceroxyd an der Phasengrenze Legierung/Oxyd ist an sich vom rein thermodynamischen Standpunkt aus gesehen sehr einleuchtend. Eine ausreichende Diffusionsgeschwindigkeit in der Legierung vorausgesetzt, sollte ein im Vergleich zu den übrigen Legierungsbestandteilen besonders unedles Element an der Metalloberfläche oxydiert werden, oder dort bereits vorhandenes Oxyd reduzieren und im weiteren Verlauf der Oxydation bei Annahme alleiniger Kationendiffusion in den inneren Oxydlagen verbleiben. Im Falle der Oxydation einer Legierung, deren bei höherer Temperatur gebildete Oxydschicht praktisch aus reinem Aluminiumoxyd besteht, bleibt allerdings zu berück-

Über den Mechanismus der Wirkungsweise von Zusatzelementen 289

sichtigen, daß die freie Bildungsenthalpie von Al_2O_3 stärker negativ und damit die Tendenz zur Oxydbildung stärker ausgeprägt ist als jene von CeO_2. Bei 1350 °C beträgt die Bildungsarbeit von CeO_2 ohne Berücksichtigung der Konzentrations- bzw. Aktivitätsverhältnisse nach TRIPP und KING[1] —172 kcal/Mol, die des Al_2O_3 dagegen —184 kcal/Mol, bezogen jeweils auf ein Mol Sauerstoff. Die Differenz der Bildungsarbeiten ist allerdings bei der angegebenen Temperatur nur gering, so daß das Auftreten beider Oxyde nebeneinander verständlich erscheint. Dagegen ist die freie Bildungsenthalpie von Ce_2O_3 bei der gleichen Temperatur mit —220 kcal/Mol absolut gesehen deutlich größer. Die Bildung und homogene Auflösung des Ceroxyds mit dreiwertigem Kation in der Aluminiumoxydschicht vermöchte sowohl die Nichtbeeinflussung der Konzentration fehlgeordneter, diffusionsfähiger Ionen im Al_2O_3 und damit die vom Cergehalt unabhängigen Geschwindigkeitskonstanten der Oxydbildung, als auch die Anreicherung des Spurenelements in den inneren Oxydlagen zu erklären. Eine Entscheidung bezüglich der Bildung von Ceroxyd dieser oder jener Oxydationsstufe ist wegen der zu geringen Konzentration praktisch nicht möglich.

Die Beeinflussung der Qualität von Heizleiterlegierungen durch Zusatzelemente, die nur in der Größenordnung einiger 1000stel % zulegiert werden, ist noch weit schwieriger zu deuten. In einer weiteren Versuchsreihe wurde die FeCrAl-Grundlegierung mit einer im Prüftest erreichten Lebensdauer von 30 Stunden unter bestimmten Versuchsbedingungen in 10 kg-Schmelzen mit jeweils etwa 0,005% Calcium legiert. Die Lebensdauer stieg um den Faktor 10 auf etwa 300 Stunden. Bei derart kleinen Mengen einen quantitativen Nachweis über den Verbleib und eine eventuelle örtliche Anreicherung des zugesetzten Metalls zu führen, erscheint aussichtslos, zumal die Verwendung radioaktiven Calciums wegen des hohen Dampfdrucks bei der Schmelztemperatur der Legierung erhebliche Schwierigkeiten bereiten würde.

Einen weiteren Anhaltspunkt über die Wirkungsweise von verbessernden Zusätzen gewinnt man durch folgende Überlegung. Einerseits ist die Oxydationsgeschwindigkeit bei zusatzfreien und zusatzhaltigen FeCrAl-Legierungen bei kontinuierlicher Glühung gleich; ferner ist das parabolische Gesetz anwendbar, die wachsende Oxydschicht also für die zunehmende Hemmung der Reaktion verantwortlich zu machen. Andererseits werden die im üblichen Prüftest ermittelten Lebensdauerwerte durch Zusatzelemente stark beeinflußt. Demnach kann die bei alternierender Glühung des zusatzfreien Materials sich bildende Oxydschicht nicht die nach dem parabolischen Gesetz zu erwartende sein, d. h. die mittlere Schichtdicke muß kleiner sein. Das kann sie aber nur durch laufenden Oxydverlust, also durch Abplatzen von Oxyd. Diese mangelnde

---
[1] TRIPP, H. P., u. B. W. KING: J. Amer. ceram. Soc. 38 (1955) 432.

290   Oxydationsbeständigkeit von Heizleiterlegierungen

Haftfestigkeit der Oxydschicht ist eine Folge des starken Temperaturwechsels und tritt um so ausgeprägter in Erscheinung, je geringer die durch Zusätze erreichte Verbesserung der Legierungsqualität ist.

Zum experimentellen Nachweis des Einflusses von Zusatzelementen auf die Haftfestigkeit von Oxydschichten wurden FeCrAl-Legierungen mit und ohne Calciumzusatz nach Glühung bei konstanter Temperatur in Wasser abgeschreckt. Abb. 228 spricht für die Richtigkeit der Über-

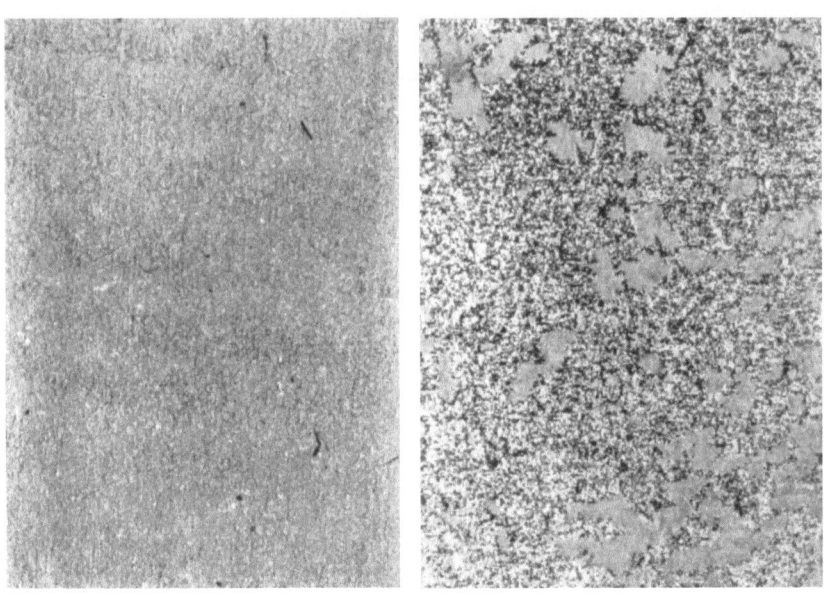

a   b

Abb. 228a u. b. Unterschiedliche Haftfestigkeit der Oxydschicht auf CrAl 25 5-Legierungen (a) mit und (b) ohne Calciumzusatz nach 24stündiger Glühung bei 1200 °C in Luft und Wasserabschreckung. (Vergr. 20 : 1)

legungen; während dem linken Bild entsprechend bei einer Legierung mit einem Calciumgehalt von einigen 1000stel % nach 24stündiger Glühung bei 1200 °C eine fest haftende Oxydschicht entstand, die selbst bei anschließender Wasserabschreckung nicht abplatzte, zeigt das rechte Bild nach der gleichen Behandlung bei der zusatzfreien Legierung nur noch Flitter anhaftenden Oxyds. Ganz ähnlich liegen die Verhältnisse bei NiCr 80 20-Legierungen, wie Abb. 229 erkennen läßt. Oben im Bild ist eine Legierung mit geringen Calciumzusätzen gezeigt, während unten eine Wendel aus der entsprechenden Legierung ohne Zusätze abgebildet ist. Die beiden Wicklungen stammen aus einem Ofen, der bei einer Heizleitertemperatur von 1200 °C über mehrere Monate betrieben wurde, bis die zusatzfreie Legierung durchbrannte. Abb. 230 zeigt den Boden des betreffenden Ofens nach Entfernung der Heizelemente. In den beiden oberen Rillen

Über den Mechanismus der Wirkungsweise von Zusatzelementen   291

waren Wendeln aus der verbesserten, in den unteren aus der Ca-freien Legierung untergebracht. Das Bild läßt deutlich erkennen, daß die unteren Rillen schalenförmig abgeplatztes Oxyd enthalten, während die oberen relativ sauber erscheinen.

Abb. 229. Heizelemente aus verbessertem (oben) und zusatzfreiem (unten) NiCr 80 20 nach Gebrauch bei 1200 °C, nach HESSENBRUCH[1]

Abb. 230. Boden eines Muffelofens, der teils mit verbessertem, teils mit zusatzfreiem NiCr 80 20 betrieben wurde, nach HESSENBRUCH

---

[1] HESSENBRUCH, W.: Metalle und Legierungen für hohe Temperaturen, 1. Aufl., Berlin (1940) S. 113—114.

19*

Ein analoger Effekt zeigt sich z. B. auch bei NiCr 30 20-Legierungen mit und ohne Aluminiumzusatz. Während die unter konstanten Versuchsbedingungen an beiden Legierungen gemessenen Zunderkonstanten annähernd gleich sind und um etwa eine Zehnerpotenz höher liegen als bei CrAl 25 5-Legierungen, beträgt die im normalen Prüftest bei 1200 °C ermittelte Lebensdauer einer 1,25% Aluminium enthaltenden Legierung 78 Stunden, dagegen die der zusatzfreien nur 19 Stunden. Abb. 231 zeigt die unterschiedliche Haftfestigkeit der entstehenden Oxydschichten an 0,4 mm starken Drähten nach 24stündiger Glühung bei 1000 °C und anschließender Wasserabschreckung. Die Al-haltige Wendel im linken

a   b

Abb. 231a u. b. Haftfestigkeit der in 24 Stunden bei 1000 °C in Luft auf NiCr 30 20-Legierungen (a) mit und (b) ohne Aluminiumzusatz entstandenen Oxydschichten nach anschließender Wasserabschreckung. (Vergr. 10 : 1)

Bild weist ein in kompakter Form anhaftendes Oxyd auf, während bei der gleichen Behandlung die Oxydschicht der zusatzfreien Wendel fast quantitativ abgeplatzt ist.

Diese Ergebnisse und der experimentelle Befund der bei kontinuierlicher Glühung gemessenen gleichen Oxydationsgeschwindigkeiten zweier Legierungen der gleichen Werkstoffgruppe, deren Lebensdauerwerte sich stark unterscheiden, beweisen die Richtigkeit der Annahme, daß die Wirkungsweise der qualitätserhöhenden Zusätze in einer Verbesserung der Haftfestigkeit der bei der Zunderung entstehenden Schutzschicht zu sehen ist. Ob nun die an der Phasengrenze Legierung/Oxyd in oxydischer Form angereicherten Zusatzelemente eine Anpassung der unterschiedlichen Wärmeausdehnungskoeffizienten von Legierung und Oxyd bewirken, oder ob sie durch sonstige Änderungen physikalischer Eigenschaften eine bessere Anpassungsfähigkeit der Deckschicht an das

Metallgitter gewährleisten, mag dahingestellt sein; jedenfalls ist einleuchtend, daß bei einer Materialprobe, deren Oxyd jeweils bei thermischer Wechselbeanspruchung mehr oder weniger stark abplatzt, das parabolische Gesetz zwar in bestimmten zeitlichen Bereichen gilt, nicht aber über den gesamten Oxydationsverlauf anwendbar ist. Dementsprechend ist verständlich, daß die Lebensdauer einer Heizleiterlegierung um so geringer ist, je mehr Oxyd während oder nach einer Glühung abspringt.

Eine weitere Beobachtung spricht für die Theorie der Verbesserung des Haftvermögens oxydischer Schutzschichten auf metallischen Heizleiterlegierungen durch Zusatzelemente. Zundert man einen FeCrAl-Draht normaler Qualität bei hoher Temperatur in zyklischer Schaltung, so entsteht eine Oxydschicht aus praktisch reinem Al_2O_3. Wird dagegen unter gleichen Bedingungen ein Draht aus zusatzfreiem Material geglüht, so bildet sich eine schwarze Oxydschicht, ein Gemisch aus den Oxyden aller Legierungskomponenten. Mithin begünstigen die Zusatzelemente *scheinbar* die selektive Oxydation des Aluminiums. Derartige Möglichkeiten der Beeinflussung sind u. W. noch nicht beobachtet worden, und selbst wenn sie denkbar wären, ist es unwahrscheinlich, daß Zusatzgehalte in der Größenordnung einiger 1000stel % ausreichen — wie für den Fall des Calciums in FeCrAl-Legierungen sichergestellt — den Mechanismus der Oxydation vollkommen zu ändern. Weiterhin wäre unverständlich, warum die gleichen Zusatzelemente in völlig verschiedenartigen Werkstoffen in gleichem Sinne wirksam sein sollten. Wohl aber vermag eine von Zusatzgehalten abhängige unterschiedliche Haftfestigkeit der Oxydschicht am Metall im Falle der Zunderung von Eisen-Chrom-Aluminium-Legierungen die scheinbar selektive Oxydation des Aluminiums zu erklären. Man stelle sich eine FeCrAl-Blechprobe mit vollkommen oxydfreier Oberfläche etwa in einer ideal reinen Argonatmosphäre bei hoher Temperatur vor. Bei Verdrängung des inerten Gases durch Sauerstoff werden wegen der außerordentlich hohen Anfangsgeschwindigkeit der Oxydation zunächst alle in dem betreffenden Werkstoff enthaltenen Legierungskomponenten an der Oberfläche der Probe oxydiert werden, so daß die ersten Oxydlagen aus einem Oxydgemisch bestehen und Diffusionsvorgänge innerhalb der Legierung noch kaum eine Rolle spielen. Im weiteren Verlauf der Zunderung wird aus der Legierung heraus an die Phasengrenze Metall/Oxyd diffundierendes Aluminium infolge seiner starken Sauerstoffaffinität sowohl Chromoxyd als auch Eisenoxyd zu Metallen reduzieren bzw. mit letzterem zunächst den Spinell $FeAl_2O_4$ bilden. Schließlich wird die gesamte Oxydschicht bei gleichzeitig weiterem Dickenwachstum aus praktisch reinem Al_2O_3 bestehen. Wenn nun diese Schutzschicht wegen nicht ausreichenden Haftvermögens durch dauernde Temperaturwechsel aufbricht oder abplatzt, wird immer wieder blanke metallische

Oberfläche dem Sauerstoffangriff ausgesetzt sein. Es werden also immer wieder außer Aluminiumoxyd auch die Oxyde der anderen in der Legierung enthaltenen Metalle gebildet werden. Damit erklärt sich das schwarze Aussehen der Oxydschicht bei nicht verbesserten Legierungen, die in ihrer Schutzwirkung keineswegs vergleichbar mit einer kompakten Al_2O_3-Schicht ist.

Die Bildung des Eisen-Aluminium-Spinells in dünnen Oxydschichten wurde von I. PFEIFFER[1] durch elektronenmikroskopische Untersuchungen nachgewiesen, die an etwa 300 Å dicken bei 1100 °C in Luft gebildeten Schichten vorgenommen wurden. Beugungsaufnahmen ergaben einen Gitterparameter des kubischen Oxyds von 8,15 Å. Nach GLOCKER[2] sind die in Frage kommenden Parameter 8,10 Å für $FeAl_2O_4$ und 7,91 Å für γ-Al_2O_3. Zieht man die von LINDNER[3] durchgeführten Untersuchungen der Diffusion in Spinellen in Betracht, so sollte man analog zu einer Reihe von Beobachtungen an solchen Oxydsystemen beim Eisen-Aluminium-Spinell ebenfalls mit einer Beweglichkeit der auf Tetraederplätzen sitzenden Fe-Ionen rechnen müssen. Da die Spinellverbindung in dickeren Oxydschichten aber nicht mehr beobachtet wird, überwiegt offensichtlich die Geschwindigkeit der FeO-Reduktion durch nachdiffundierendes Aluminium jene der Spinellbildung, und der weitere Aufbau der Oxydschicht geht im Sinne der Ausbildung praktisch reinen Aluminiumoxyds vonstatten.

G. Die Reaktionen zunderfester Legierungen mit verschiedenen Gasen, keramischen Massen und anderen angreifenden Substanzen

Soweit in den bisherigen Kapiteln von Reaktionen der Metalle und Legierungen bei hohen Temperaturen gesprochen wurde, ist fast ausschließlich vom Sauerstoff als dem gasförmigen Reaktionspartner die Rede gewesen. Im folgenden soll nun in einer zusammenfassenden Darstellung das Verhalten zunderfester technischer Legierungen (vgl. besonders Tab. 13) gegenüber bestimmten Gasatmosphären (mit Ausnahme von Luft oder Sauerstoff) und gegenüber flüssigen und festen Stoffen bei hohen Temperaturen besprochen werden. Außer der Beschreibung der Erscheinungsformen des chemischen Angriffs werden besonders auch der Verlauf und Mechanismus der jeweiligen Reaktionen zu behandeln sein. Beispiele aus der Praxis und ihre Erörterung sollen dazu beitragen, ein möglichst abgerundetes Bild einzelner Angriffsarten entwickeln zu können.

---

[1] PFEIFFER, I.: Z. Metallkde. 53 (1962) 309.
[2] GLOCKER, R.: Materialprüfung mit Röntgenstrahlen, Berlin (1958).
[3] LINDNER, R., u. Å. ÅKERSTRÖM: Z. phys. Chem. (Neue Folge) 6 (1956) 162.

Das besondere Merkmal zunderbeständiger Legierungen im Vergleich zu anderen metallischen Werkstoffen ist ihre Fähigkeit, mit Sauerstoff dichte, auch bei wechselnder Temperatur gut haftende und schwer schmelzbare oxydische Deckschichten zu bilden, die einen unmittelbaren Kontakt zwischen Legierung und Umgebung verhindern und dadurch die Möglichkeit jeder wie auch immer gearteten Reaktion stark herabmindern. Darin liegt die Bedeutung, die bei hohen Temperaturen einem ausreichenden Sauerstoffgehalt in der Umgebung des Heizleiters beizumessen ist.

Kommt dagegen ein hochtemperaturbeständiger Werkstoff, ohne daß eine schützende Oxydschicht sich hat ausbilden können, mit reaktionsfreudigen Stoffen außer Sauerstoff in Berührung, so können chemische Umsetzungen sowohl an der Oberfläche als auch im Innern der Legierung ablaufen. Dabei weisen außen gebildete Reaktionsprodukte in den meisten Fällen im Gegensatz zum Oxyd keine ausgesprochene Schutzwirkung auf. Der Prozeß geht mit unverminderter Geschwindigkeit vonstatten, und das betreffende Material ist nach verhältnismäßig kurzer Zeit zerstört. Ein analoger Vorgang spielt sich ab, wenn eine zunächst vorhandene Oxydschicht bei hohen Temperaturen mit Stoffen in Berührung kommt, die ihre Zerstörung bewirken. Dies kann durch Metalldämpfe, geschmolzene Salze, ungeeignete keramische Massen usw. geschehen. Derartige Angriffe treten häufig nur örtlich begrenzt auf, mit einer Ausheilung der Oxydschicht an solchen Stellen ist im allgemeinen nicht zu rechnen, und die Legierung ist nach kurzer Zeit unbrauchbar.

1. Der Angriff durch Gase (außer Luft und Sauerstoff)

Zunächst seien die Möglichkeiten einer Schädigung in Abhängigkeit von der Art der Glühatmosphäre und der Zusammensetzung der jeweils verwandten Gasgemische behandelt. Derartigen Problemen wird ein verhältnismäßig weiter Rahmen eingeräumt werden, da die entsprechenden Anwendungsfälle sehr unterschiedlicher Natur und also auch die beobachteten Erscheinungen sehr vielseitig sind.

a) Der Einfluß des Wasserstoffs

Neben anderen ist der Wasserstoff einer der wichtigsten Bestandteile von Schutzgasatmosphären, wie sie in großem Umfang industrielle Verwendung finden. Als reduzierendes Gas stellt er die tragende Komponente im Spaltammoniak dar und ist in unterschiedlichen Konzentrationen in allen Gasgemischen vorhanden, wie sie durch teilweise Verbrennung von Stadtgas, Methan, Propan und anderen kohlenstoffhaltigen Gasen entstehen.

Trotz mancherlei ungünstiger Auswirkungen des Wasserstoffs auf bestimmte Eigenschaften metallischer Werkstoffe ist seine Anwesenheit in der Glühatmosphäre im Hinblick auf das Verhalten der Widerstandsheizungen eher als günstig zu bezeichnen. Reaktionen mit der Legierung selbst finden nicht statt, da die Hydride der in Frage kommenden Metalle bei hohen Temperaturen unbeständig sind. Eine Oxydation in normalem Wasserstoff ist ebenfalls weitgehend oder gar völlig ausgeschlossen, und die Lebensdauer von Heizwendeln erscheint praktisch unbegrenzt[1]. Aus dem gleichen Grunde können mit Wasserstoff betriebene Blankglühöfen z. B. bis zu Temperaturen von etwa 1200 °C durchaus mit Heizelementen aus Eisen betrieben werden, wenn nur dafür gesorgt wird, daß erst bei genügend niedrigen Temperaturen oxydierende Gase, z. B. technischer Stickstoff einströmen.

Eine Nickel-Chrom- oder Nickel-Chrom-Eisen-Legierung mit 20% Cr kann in normalem Wasserstoff bei höheren Temperaturen reduzierend geglüht werden bzw. blank bleiben, wie eine thermodynamische Überlegung zeigt. Es sei für solche Legierungen der Gleichgewichts-Wasserdampfpartialdruck des Wasserstoffs für 1200 °C zu bestimmen, bei dem das Material also weder oxydiert noch auch reduziert wird. Nach KUBASCHEWSKI und EVANS[2] werden folgende freien Bildungsenergien der fraglichen Reaktionen erhalten:

		$\Delta G(1200\ °C)$
$4/3\,\text{Cr} + \text{O}_2$	$= 2/3\,\text{Cr}_2\text{O}_3$	$-117\,500$ cal/Mol
$2\,\text{H}_2\text{O}$	$= 2\,\text{H}_2 + \text{O}_2$	$+\ 79\,200$ cal/Mol
$4/3\,\text{Cr} + 2\,\text{H}_2\text{O}$	$= 2/3\,\text{Cr}_2\text{O}_3 + 2\,\text{H}_2$	$-\ 38\,300$ cal/Mol

Mit
$$\Delta G = -RT \ln K$$

errechnet man unter der weitgehend zutreffenden Annahme einer nur geringfügigen Abweichung der Aktivität von der Konzentration[3] den fraglichen Wasserdampfdruck zu:

$$-\frac{38\,300}{4{,}574 \cdot T} = 2 \log p_{\text{H}_2\text{O}} + 4/3 \log x_{\text{Cr}}$$

(x_{Cr} = Molenbruch des Legierungsbestandteils Chrom)

$$p_{\text{H}_2\text{O}} = 4 \cdot 10^{-3}\ \text{atm}.$$

Ist der H_2O-Anteil der Gasatmosphäre größer als diesem Druck entsprechend, so wird Chrom selektiv oxydiert, andernfalls etwa vor-

---

[1] HESSENBRUCH, W., E. HORST u. K. SCHICHTEL: Arch. Eisenhüttenw. 11 (1937/38) 225.

[2] KUBASCHEWSKI, O., u. E. LL. EVANS: Metallurgical Thermochemistry, London (1956) S. 331–338.

[3] KUBASCHEWSKI, O., W. A. DENCH u. G. HEYMER: Z. Elektrochem. 64 (1960) 801. – PANISH, M. B., R. F. NEWTON, W. R. GRIMES u. F. F. BLANKENSHIP: J. phys. Chem. 62 (1958) 980.

handenes Chromoxyd reduziert. Der errechnete Wert ist gleichbedeutend mit einem Taupunkt des Gases von rd. —5° C, der bei normalem Wasserstoff im allgemeinen unterschritten wird. Mithin lassen sich solche Legierungen also in einfacher Weise reduzieren, woraus nicht ohne weiteres zu schließen ist, daß Heizelemente aus diesen Werkstoffen in entsprechenden Blankglühöfen nicht oxydieren könnten. Meistens ist die Abdichtung nicht ausreichend, und es vermag Luft einzudringen, oder es wird Feuchtigkeit vom Glühgut selbst oder der Ofenausmauerung abgegeben und dadurch der kritische H_2O-Gehalt überschritten.

Ganz anders liegen die Verhältnisse bei den aluminiumhaltigen ferritischen Legierungen, die nach Ausbildung einer im wesentlichen aus Al_2O_3 bestehenden Oxydschicht selbst in sehr reinem Wasserstoff nicht zu reduzieren sind. Umgekehrt wird blankes Material bei höheren Temperaturen oxydiert werden, wie die thermodynamische Berechnung für vergleichbare Eisen-Aluminium-Legierungen zeigt. So beträgt z. B. bei einem Al-Gehalt von 5 Gew.-% der Gleichgewichts-Wasserdampfdruck bei 1300 °C unter Berücksichtigung der Konzentrations- und Aktivitätsverhältnisse[1] etwa $7 \cdot 10^{-7}$ atm, ein Druck, der im allgemeinen und insbesondere bei Betriebsglühungen nicht erreicht oder gar unterschritten wird. Man spricht häufig von reduzierenden Glühatmosphären, ohne sich bewußt zu sein, daß das betreffende Gasgemisch unter vorgegebenen Bedingungen zwar gegenüber einem bestimmten Glühgut, nicht aber generell als reduzierend zu bezeichnen ist. Das zeigen deutlich die oben angestellten Überlegungen. In der Tat entsprechen die experimentellen Erfahrungen durchaus den theoretischen Voraussagen. Während die genannten austenitischen Legierungen in normalem Wasserstoff bei hohen Temperaturen — zumindest im Laborversuch — vollkommen blank bleiben, ist die Oxydation der ferritischen Heizleiterwerkstoffe unter den gleichen Bedingungen nicht zu vermeiden. Sie kann natürlich nur sehr langsam verlaufen, und die Lebensdauer ist demzufolge erheblich höher als unter gleichen Bedingungen in Luft.

Andererseits sind sehr wohl die nachteiligen Einflüsse mechanischer Art bekannt, die durch den wegen seines kleinen Ionenradius außerordentlich leicht in Metalle und Legierungen eindiffundierenden Wasserstoff hervorgerufen werden. Über die hohe Versprödungsneigung ferritischen Materials ist bereits gesprochen worden. Eine andere Folgeerscheinung sei nur am Rande erwähnt. In Verbindung mit vorhandenen Spannungen, z. B. Abkühlungsspannungen, wie sie nach der Warmverformung oder bei der Abkühlung von Gußblöcken auftreten, rufen ausreichend hohe Wasserstoffgehalte infolge der mit sinkender Temperatur abnehmenden Löslichkeit die sogenannte Flockenbildung in

---

[1] RADCLIFFE, S. V., B. L. AVERBACH u. M. COHEN: Acta Met. 9 (1961) 169.

Stählen hervor[1]. Flocken sind feine, transkristallin verlaufende Risse, die meistens völlig regellos angeordnet sind und eine tiefgreifende Schädigung des betroffenen Materials darstellen.

Eine besondere Erscheinung soll schließlich nicht unerwähnt bleiben, die gelegentlich bei bandförmigen Heizelementen in Blankglühöfen beobachtet wird. Die Bänder klaffen bei höheren Temperaturen nach einiger Zeit auf, wie Abb. 232 am Beispiel einer NiCr 80 20-Legierung nach Einsatz in einer Schutzgasatmosphäre mit rd. 20% Wasserstoff zeigt. Die Entstehung solcher Taschen und Ausbeulungen kann verschiedene Ursachen haben:

1. Der Werkstoff ist an Wasserstoff übersättigt, der beim Schmelzprozeß durch Luftfeuchtigkeit, Ofenauskleidung und Vormaterial entsprechend der relativ hohen Löslichkeit im schmelzflüssigen Zustand von der Legierung aufgenommen worden ist. Beim Erstarren und während

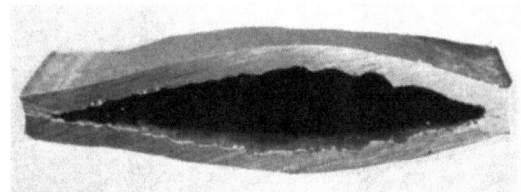

Abb. 232. Spaltbildung in einem Band aus NiCr 80 20 durch Glühung in wasserstoffhaltiger Atmosphäre. (Vergr. 2 : 1)

der Warmformgebung diffundiert zwar ein Teil des Wasserstoffs nach außen und entweicht, das aber nicht unbedingt in ausreichendem Maße, d. h. bis unterhalb der jeweiligen mit abnehmender Temperatur stark erniedrigten Löslichkeitsgrenze. Entweder sind die Haltezeiten bei höheren Temperaturen zu gering oder die Querschnitte zu groß und damit die Diffusionswege zu lang, und schließlich entspricht einer häufigen Beobachtung, daß selbst unter günstigen Bedingungen nicht immer der gesamte Wasserstoff abgegeben wird; vielmehr verbleibt ein geringer Restgehalt, der außerordentlich schwer zu entfernen ist[2]. Bei Überschreitung der Löslichkeitsgrenze scheidet sich Wasserstoff in molekularer Form in feinen Poren, in der Nähe von Verunreinigungen oder an sonstigen bevorzugten Stellen aus und reichert sich dort unter hohem Druck an. Der dadurch verursachte dreiachsige Spannungszustand kann bei erhöhter Temperatur und also geringer Festigkeit des Materials die geschilderte Erscheinung der Taschenbildung zur Folge haben.

---

[1] Vgl. DANA jr., A. W., F. J. SHORTSLEEVE u. A. R. TROIANO: Trans. A.I.M.M.E. 203 (1955) 895.

[2] SCHENCK, H., u. H. WÜNSCH: Arch. Eisenhüttenw. 32 (1961) 779.

2. Eindiffundierender Wasserstoff kann im Innern mit Verunreinigungen wie Oxyden, Sulfiden, Phosphiden oder Karbiden reagieren, wobei gasförmige Reaktionsprodukte unter höherem Druck entstehen, die ihrerseits bei hohen Temperaturen zu Auftreibungen führen können. Der maximal mögliche Druckanstieg richtet sich nach den Gleichgewichtsverhältnissen der jeweiligen Reaktion. Der entsprechende Gleichgewichtsdruck ist bei der Reduktion von z. B. Chrom-, Silizium- oder Manganoxyd und bei anderen in Frage kommenden Verbindungen unter den gegebenen Bedingungen derart gering, daß der Gesamtdruck sich nur unwesentlich vom Wasserstoffdruck der Glühatmosphäre unterscheidet. Ein solcher Mechanismus kommt demnach als Ursache der Bildung größerer Spalten und Hohlräume bei Heizleiterlegierungen kaum in Betracht. Die Wasserstoffkrankheit des Kupfers dagegen ist ohne Zweifel auf eine derartige Reaktionsfolge zurückzuführen, da die Gleichgewichtsbeziehung

$$Cu_2O + H_2 \rightleftharpoons 2Cu + H_2O$$

wegen des relativ edlen Charakters des Kupfers weitgehend nach rechts verlagert ist und entsprechend hohe Wasserdampfdrucke auftreten.

3. Am ehesten dürfte die folgende Deutungsmöglichkeit den Verhältnissen gerecht werden. Einen großen Einfluß auf die Wasserstoffaufnahme einer Legierung üben solche Verbindungen aus, die an der metallischen Oberfläche atomaren Wasserstoff abzugeben vermögen, z. B. Halogenwasserstoff oder andere Säuren, die als Beizrückstände vom Glühgut in den Ofenraum eingeschleppt werden können. Im Gleichgewicht mit der Umgebung vermag dann das Material weit mehr Wasserstoff aufzunehmen als in normalem Wasserstoffgas von Atmosphärendruck, und entsprechend stellen sich z. B. in Poren oder Mikrolunkern sehr viel höhere Drucke ein. Man denke an das völlig analoge Problem der Bildung von Beizblasen, die häufig schon bei Raumtemperatur entstehen[1]. Quantitative Aussagen können allerdings nicht gemacht werden, da Druck oder Konzentration des an der Metalloberfläche durch Reaktion gebildeten atomaren Wasserstoffs nicht bekannt und demzufolge auch die Gleichgewichtsdrucke im Innern nicht anzugeben sind.

b) Der Angriff durch Wasserdampf

Es erweist sich als außerordentlich schwierig, allgemeingültige Feststellungen über die Beeinflussung der Oxydationsgeschwindigkeit von Metallen oder Legierungen durch Wasserdampf zu machen. Soweit entsprechende Untersuchungsergebnisse vorliegen, ist jeweils zum Vergleich das Zunderverhalten der betreffenden Werkstoffe in Luft herangezogen worden.

---

[1] BARDENHEUER, P., u. G. THANHEISER: Mitt. K.-Wilh.-Inst. Eisenforschg. 10 (1928) 323.

Wasserdampf als reine Glühatmosphäre kommt nur in Ausnahmefällen in Betracht. Eine solche Ausnahme bildet die Verwendung von Heizleitermaterial in hochbelasteten Durchlauferhitzern, in denen die Wicklung direkt vom Wasserstrom umflossen wird. Wenngleich auch hier in unmittelbarer Nähe der metallischen Oberfläche mit der Bildung von Wasserdampf zu rechnen ist, so kommt doch bei der gegebenen Strömungsgeschwindigkeit genügend Wasser in flüssiger Phase mit dem Heizleiter in Berührung, und die Elementtemperaturen sind entsprechend niedrig; demzufolge wird ein durchaus zufriedenstellendes Zunderverhalten beobachtet.

Relativ häufig ist die Verwendung feuchter Glühatmosphären, z. B. von H_2–H_2O-Gasgemischen zur Entkohlungsglühung. In solchen Gasen unterliegen die üblichen Heizleiterlegierungen allesamt dem Angriff durch Oxydation, während eine Reihe von Metallen, wie Eisen, Nickel und Kupfer, unter gleichen Bedingungen reduzierend geglüht werden können bzw. bei bestimmten Legierungen ausschließlich selektive Oxydation stattfinden kann. Diese letztere Möglichkeit kann man sich zur Verbesserung der Zunderbeständigkeit gewisser Legierungen zunutze machen, wie PRICE und THOMAS[1] für Kupfer- und Silberlegierungen gezeigt haben. Auch auf Eisen-Chrom-Aluminium-Heizleiterlegierungen läßt sich auf diesem Wege eine außerordentlich reine Aluminiumoxydschicht erzeugen.

Durch das Glühgut selbst kann ebenfalls Feuchtigkeit in die Glühatmosphäre eingebracht werden, oder in Schutzgasen bildet sich H_2O durch Reaktion von Wasserstoff mit Oxyden. Schließlich kann, besonders am Ofeneingang, kondensierter Wasserdampf mit der Heizwicklung in Berührung kommen und die dadurch verursachte Abschreckbehandlung Anlaß zum Aufbrechen und Abplatzen der Oxydschicht geben.

Die Art der Beeinflussung durch Wasserdampf als Bestandteil der Glühatmosphäre hängt von mancherlei Faktoren ab, so z. B. von der Zusammensetzung der sich bei der Glühung bildenden Oxydschicht und damit von der Legierung selbst. CAPLAN und COHEN[2] haben in dieser Richtung Untersuchungen an Chrom-Nickel-Stählen durchgeführt, deren Ergebnisse auszugsweise mitgeteilt werden sollen, um damit zu zeigen, daß gewisse Unterschiede der Legierungszusammensetzung deutliche Änderungen des Verhaltens gegenüber Wasserdampf bei höheren Temperaturen zur Folge haben können. Die in Tab. 25 angegebenen Legierungen (vgl. auch Tab. 11) wurden in Form zylindrischer Proben elektropoliert und sowohl in sorgfältig getrockneter als auch in bei

---

[1] PRICE, L. E., u. G. J. THOMAS: J. Inst. Met. 63 (1938) 21.
[2] CAPLAN, D., u. M. COHEN: Corrosion 15 (1959) 141t; Trans. A.I.M.M.E. 194 (1952) 1057.

Der Angriff durch Gase 301

32 °C mit Wasserdampf gesättigter Luft bei verschiedenen Temperaturen oxydiert.

Tabelle 25. *Zusammensetzung der untersuchten Stähle in Gew.-%*

Legierung	C	Mn	Si	Ni	Cr
A: Typ 302	0,07	1,49	0,40	10,1	18,7
B: Typ 309	0,12	1,90	0,63	13,2	23,0
C: Typ 446	0,20	0,40	0,44	0,32	26,5

In Abb. 233 sind die Ergebnisse von Langzeitglühungen in trockener und feuchter Luft bei 1093 °C wiedergegeben. Während sich bei der

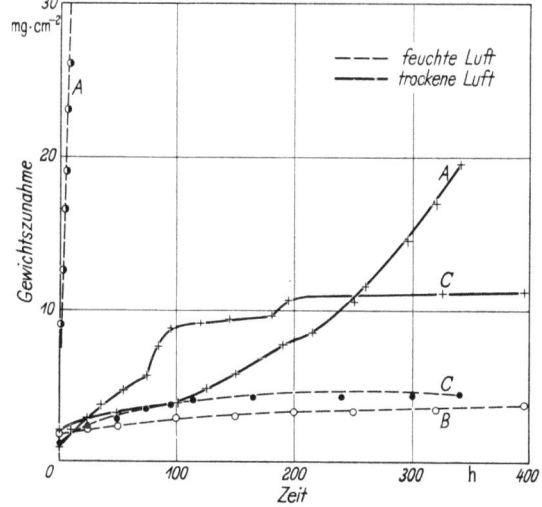

Abb. 233. Oxydation der in Tab. 25 angegebenen Legierungen in trockener und feuchter Luft bei 1093 °C, nach CAPLAN und COHEN

Legierung A ein besonders nachteiliger Einfluß des Wasserdampfes zeigte, lagen die Verhältnisse bei der nickelarmen Legierung C gerade umgekehrt, indem in feuchter Luft eine deutliche Verbesserung der Oxydationsbeständigkeit beobachtet wurde. Dem geringsten Angriff in dampfhaltiger Atmosphäre unterlag die Legierung B. Dieser Befund wird allein verständlich, wenn man die Zusammensetzung der bei der Glühung entstandenen Oxydschichten beachtet. Während sich im Falle der Legierung C mit 27% Chrom eine Oxydschicht mit weit überwiegendem Anteil an Chromoxyd bildete (Cr : Fe = $\sim$ 20 : 1), war das entsprechende Verhältnis bei Legierung A etwa 1 : 20 in feuchter und 1 : 3 in trockener Luft. Die Verfasser halten für möglich, daß der bei der Reaktion mit Wasserdampf entstehende Wasserstoff Kationenleerstellen im Defekthalbleiter Cr_2O_3 besetzt und demzufolge die Kationendiffusion gehemmt und die Oxydationsbeständigkeit der Legierung mit hohem Chromoxydgehalt in der Zunderschicht erhöht wird. Dieser Mechanismus und die dadurch verursachte Schutzwirkung versagen bei Legierung A, deren Zunderschicht nur wenig Chromoxyd enthält.

Die Verringerung der Zunderbeständigkeit durch Wasserdampf kann in manchen Fällen in Übereinstimmung mit Beobachtungen von HOUDREMONT und BANDEL[1] auf die Bildung lockerer, durchlässiger Oxydschichten zurückzuführen sein. Ergebnisse dieser Art wurden an unlegierten und niedriglegierten Stählen gewonnen, die in reinem Wasserdampf eine um etwa 50—100% höhere Oxydationsgeschwindigkeit aufwiesen als in Luft. Erst bei stärkeren Legierungsgehalten wurde eine Verbesserung des Verhaltens in Wasserdampf festgestellt, wenngleich die Oxydationsgeschwindigkeit immer noch größer war, als die unter sonst gleichen Bedingungen in Luft gemessene. Bei höheren Temperaturen indessen (> 800 °C) wurden infolge des Zusammensinterns der Oxydschichten etwa vergleichbare Zunderbeständigkeiten beobachtet.

Abgesehen von derartigen Sekundäreffekten, wie der Auflockerung von Oxydschichten oder der Eindiffusion von Wasserstoffionen mit ihren möglichen Folgeerscheinungen, wird das Verhalten metallischer Werkstoffe in feuchter Glühatmosphäre vom Fehlordnungscharakter der entstehenden Deckschicht mitbestimmt werden. So ist nach KUBASCHEWSKI und EBERT[2] bei der Oxydation von Aluminium die Kationendiffusion durch die Oxydschicht zeitbestimmend für die Reaktion, und da es sich hier um einen Überschußhalbleiter handelt, kann keine Abhängigkeit der Oxydationsgeschwindigkeit vom Sauerstoffpartialdruck der umgebenden Gasphase erwartet werden. Demnach ist auch mit einem nachteiligen Einfluß von Wasserdampf nicht zu rechnen. Das gleiche gilt zweifellos für FeCrAl-Heizleiterlegierungen, deren Oxydschicht bei hohen Temperaturen ebenfalls aus praktisch reinem Al_2O_3 besteht.

LUSTMAN[3] gab in einer allgemeinen Übersicht den Einfluß verschiedener Glühatmosphären auf die Beständigkeit von Stählen im Sinne einer zunehmenden Reaktionsgeschwindigkeit in der Reihenfolge Kohlendioxyd, trockene Luft, Sauerstoff, Wasserdampf an. Nach seiner Meinung entspricht die Beständigkeit eines Stahls in Wasserdampf bei 500 °C etwa derjenigen in Luft bei 650°, während ein ausreichender Widerstand gegen Dampf bei 950 °C zu vergleichen ist mit einem entsprechenden in Luft bei 1200°. Derartige Angaben dürfen jedoch keineswegs als allgemeingültig angesehen werden, sondern weisen ledig-

---

[1] HOUDREMONT, E., u. G. BANDEL: Arch. Eisenhüttenw. 11 (1937/38) 131.
[2] KUBASCHEWSKI, O., u. H. EBERT: Z. Metallkde. 38 (1947) 232.
[3] LUSTMAN, B.: Metal Progr. 50 (1946) 850.

Der Angriff durch Gase 303

lich auf die in vielen Fällen beobachtete Tendenz eines schädigenden Einflusses von Wasserdampf hin.

c) **Der Angriff durch Stickstoff**

Die Reaktionsträgheit des häufig als *inertes Gas* angesprochenen molekularen Stickstoffs bringt es mit sich, daß im Bereich niedriger und mittlerer Temperaturen keinerlei Gefahr einer Schädigung selbst in sehr reinem Stickstoffgas besteht. An sich ist der Stickstoff ein recht legierungs- und diffusionsfreudiges Element, woraus man bei der Nitrierhärtung der sogenannten Nitrierstähle weitgehenden Nutzen zieht. Man glüht zu diesem Zweck die betreffenden Werkstoffe bei etwa 600 °C im Ammoniakstrom[1] und hat dabei den Vorteil eines reichlichen Angebotes durch Aufspaltung des NH_3 an der metallischen Oberfläche gebildeten atomaren Stickstoffs, der sehr leicht in die Legierung einzudiffundieren vermag. Auf diesem Wege wird die hohe Aktivierungsenergie der N_2-Spaltung und damit die sonst erforderliche Dissoziation als zeitbestimmende und stark hemmende Teilreaktion des Nitrierungsprozesses umgangen.

Andererseits nimmt mit steigender Temperatur die Wahrscheinlichkeit einer Aufstickung auch in molekularem Stickstoff zu, da in gleichem Sinne die erforderlichen Energiebeträge zur Aufspaltung in zunehmendem Maße geliefert werden. Ebenso nimmt aber auch die Oxydationsgeschwindigkeit zu, und gerade bei den typischen Heizleiterlegierungen bilden die kompakt aufwachsenden Oxydschichten selbst bei geringer Sauerstoffkonzentration der Gasphase eine zuverlässige Behinderung der Stickstoffeinwanderung.

BRUNHOUSE und TITUS[2] haben auf der Suche nach geeigneten Mantelwerkstoffen für Brennstoffelemente gasgekühlter Hochtemperaturreaktoren einige Legierungen auf Nickel-Chrom-Basis mit unterschiedlichen Gehalten an Eisen, Molybdän, Titan und Aluminium in die engere Wahl gezogen. Sie erwiesen sich als ausreichend warmfest und in Stickstoff mit einem Sauerstoffanteil von 0,5% bei 950 °C genügend beständig, so daß ihre Verwendung bei einer geforderten Lebensdauer von 10000 Stunden aussichtsreich erschien. Je nach der Legierungszusammensetzung hatten sich zwar bei 1000stündigen Glühungen im genannten Gasgemisch bei 955 °C unterschiedliche Mengen von Nitriden in oberflächennahen Bereichen gebildet, aber auch bei entsprechenden Glühungen in Luft wurden vergleichbare Beobachtungen gemacht. Insbesondere erwies sich die Eindringtiefe der Ausscheidungen auf Korngrenzen wie im Gitter als wenig abhängig vom Stickstoffgehalt der Gasphase.

---

[1] Vgl. EILENDER, W., u. O. MEYER: Arch. Eisenhüttenw. 4 (1930/31) 343.
[2] BRUNHOUSE, J. S., u. G. W. TITUS: Corrosion 17 (1961) 203t.

Das Verhalten von zunderfesten Stählen gegenüber Stickstoff ist gekennzeichnet durch die unterschiedlichen Affinitäten der einzelnen Legierungselemente zu dieser in den meisten Glühatmosphären vorhandenen Gaskomponente. Sie steigen in der Reihenfolge Nickel, Eisen, Mangan, Chrom, Aluminium, um nur die wichtigsten Metalle zu nennen. Abgesehen von der Löslichkeit der verschiedenen Werkstoffe für Stickstoff und der Zusammensetzung der gebildeten Nitridausscheidungen können mit der Stickstoffaufnahme bedeutende Gefügeänderungen ein-

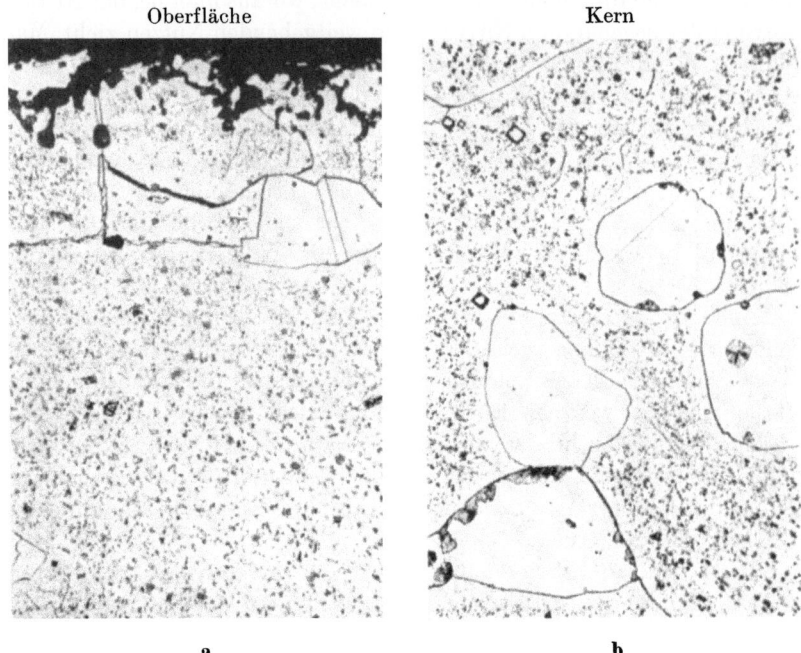

a b
Abb. 234a u. b. Bildung von Stickstoffaustenit bei einem Stahl mit 30% Chrom nach 1000 Stunden in Luft bei 1200 °C, nach BANDEL. (Vergr. 100:1)

hergehen, die ihrerseits wiederum wesentliche Eigenschaftsänderungen zur Folge haben.

Besonders augenfällig tritt die Bildung austenitischer Gefügebestandteile bei ferritischen Chromstählen durch Stickstoffeinlagerung in Erscheinung[1,2], die sich bei der Abkühlung in ein perlitisches oder martensitisches Gefüge umwandeln können. Stickstoff erweitert wie der Kohlenstoff das Gebiet der γ-Mischkristalle[3]; man findet aus diesem Grunde und wegen der zusätzlichen Verarmung der Grundmasse an Chrom

[1] HOUDREMONT, E., u. G. BANDEL: Arch. Eisenhüttenw. 11 (1937/38) 131.
[2] BANDEL, G.: Arch. Eisenhüttenw. 11 (1937/38) 139. – HESSENBRUCH, W., E. HORST u. K. SCHICHTEL: Arch. Eisenhüttenw. 11 (1937/38) 225.
[3] KRAINER, H., u. O. MIRT: Arch. Eisenhüttenw. 15 (1941/42) 467.

durch Nitridbildung bei Glühungen in stickstoffhaltigen Gasen häufig von der Oberfläche her nach innen fortschreitend austenitische Bereiche. Abb. 234 zeigt ein 30%iges Chromeisen nach 1000 stündiger Glühung bei 1200 °C in Luft, wobei der Stickstoffgehalt bei der 4 mm dicken Blechprobe von 0,013 auf insgesamt 0,18% angestiegen war. Das Material ist übersät mit Nitridausscheidungen, und die Austenitbereiche, die gerade perlitisch zu zerfallen beginnen, sind durch ihre Zwillingsbildung deutlich als solche zu erkennen. Nach einer Glühung in reinem Stickstoff bei 1200 °C wurden bereits nach 20 Stunden in einer 5 mm starken Probe 0,86% N_2 nachgewiesen. Abb. 235 zeigt die dabei beobachtete Bildung von Stickstoffperlit in Nähe der Oberfläche.

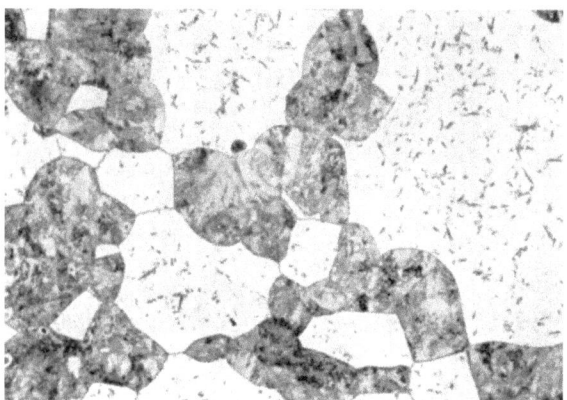

Abb. 235. Stickstoffperlit an der Oberfläche eines Stahls mit 30% Chrom nach 20 stündiger Glühung in reinem Stickstoff bei 1200 °C und anschließender Luftglühung (167 Stunden, 1200°), nach BANDEL. (Vergr. 100 : 1)

Je niedriger der Chromgehalt der Stähle (vgl. Abb. 87), desto leichter, d. h. bei um so niedrigerer Temperatur, kürzerer Glühzeit und geringerer Stickstoffaufnahme, bilden sich Austenit, Perlit bzw. Martensit. Ein hitzebeständiger Chrom-Silizium-Stahl mit 0,15% C, 2,3% Si, 19% Cr und einem anfänglichen Stickstoffgehalt von 0,008% blieb bis zu Temperaturen von 1000 °C in Luft auch nach längerer Zeit noch rein ferritisch und zeigte lediglich feine Nitridausscheidungen. Nach 200 Stunden bei 1100° dagegen hatte sich bereits bis zu einer Eindringtiefe von 3 mm austenitisches und martensitisches Gefüge gebildet, wie Abb. 236 erkennen läßt. Zugleich sind Angaben über die analytisch ermittelten Stickstoffgehalte in verschiedenen Zonen mitgeteilt, die das Konzentrationsgefälle des aufgenommenen Stickstoffs anzeigen. Auch auf die Kohlenstoffverteilung wirkt sich die Austenitbildung aus. Wegen des höheren Lösungsvermögens des Austenits gegenüber demjenigen des Ferrits reichert sich der Kohlenstoff in den oberflächennahen Bereichen an, wie in Abb. 236 angegeben. Bei der gleichen

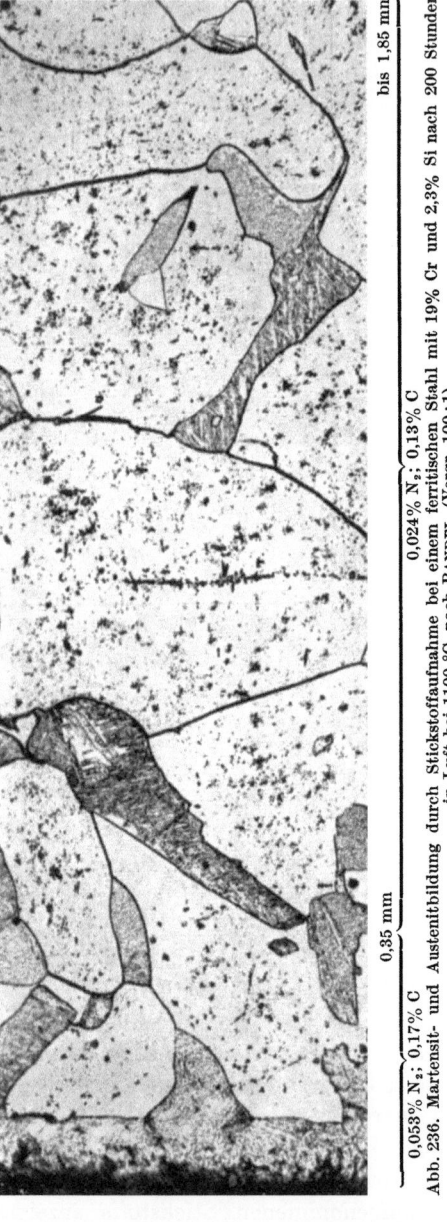

Abb. 236. Martensit- und Austenitbildung durch Stickstoffaufnahme bei einem ferritischen Stahl mit 19% Cr und 2,3% Si nach 200 Stunden in Luft bei 1100 °C, nach BANDEL. (Vergr. 100:1)

Legierung war nach einer 200 stündigen Glühung bei 1200 °C in Luft die Kohlenstoffkonzentration in Nähe der Oberfläche auf den doppelten Wert des Ausgangsgehaltes angestiegen.

Auch bei zusätzlichem Aluminiumgehalt in Eisen-Chrom-Legierungen können derartige Gefügeumwandlungen auftreten. Allerdings sind bei solchen Werkstoffen zur Austenitbildung höhere Stickstoffgehalte erforderlich, da wegen der ausgeprägten Nitridbildungstendenz des Aluminiums dieses zunächst den Stickstoff weitgehend abbindet, bevor es überhaupt zu einer Chromverarmung und Aufweitung des γ-Gebietes kommen kann. Abb. 237a zeigt das Gefüge einer FeCrAl-Heizleiterlegierung mit 27% Cr und 5% Al nach 465 stündiger Glühung bei 1200 °C in Stickstoff und anschließender langsamer Ofenabkühlung. Man erkennt außer den Nitridausscheidungen deutlich das perlitische Gefüge. Zur Umwandlung in Stickstoffaustenit wurde die gleiche Probe jeweils eine Stunde lang auf 1000, 1100 bzw. 1200 °C erhitzt und in Wasser abgeschreckt. Während bei den niederen Temperaturen noch keinerlei Andeutung eines Übergangs vom Perlit zum Austenit zu beobachten war, zeigte sich nach der 1200°-Glühung eine weitgehende Umwandlung an, wie die Vielzahl der Zwillinge in Abb. 237b beweist.

Lebensdaueruntersuchungen in der in den Abbn. 85 und 86 gezeigten und dort näher beschriebenen Anlage ergaben folgendes Bild der Stickstoffanfälligkeit von ferritischen und austenitischen Heizleiterlegierungen[1]. Die nach dem früher mitgeteilten Verfahren in technischem Stick-

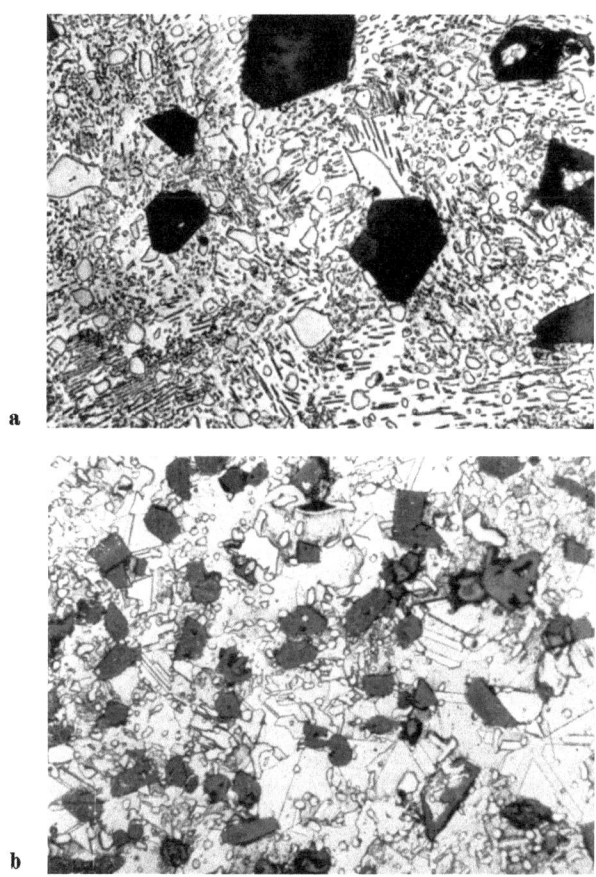

Abb. 237 a u. b. Nitridausscheidungen und Stickstoffaustenit bzw. -perlit in CrAl 25 5 nach 465stündiger Glühung bei 1200 °C in reinstem Stickstoff, nach WILKE-DÖRFURT (unveröffentlicht). a) Stickstoffperlit nach langsamer Ofenabkühlung. (Vergr. 600:1); b) Stickstoffaustenit nach anschließender 1200°-Glühung und Wasserabschreckung. (Vergr. 200:1)

stoff bestimmten Lebensdauerwerte 0,4 mm starker Drähte dreier Werkstoffe sind in Abhängigkeit von der Temperatur in Abb. 238 aufgetragen und zum Vergleich die entsprechenden Ergebnisse der Prüfung in Luft angegeben. Bei den Legierungen auf Nickel-Chrom-Basis werden bei Glühungen in Stickstoff bessere oder mindestens gleiche Lebensdauern erreicht wie in Luft, während bei Eisen-Chrom-Aluminium-Legierungen

[1] PFEIFFER, H.: Arch. Eisenhüttenw. 29 (1958) 575.

gerade das Gegenteil der Fall ist. Die Verbesserung gegenüber der Glühung in Luft bei den nickelhaltigen Werkstoffen tritt in reineren Gasen noch ausgeprägter in Erscheinung. Sie ist entweder eine Folge der bei nur geringem Sauerstoffgehalt der Glühatmosphäre verlangsamten Oxydationsreaktion, oder eine etwa auftretende Schädigung wird durch die Erniedrigung der Oxydationsgeschwindigkeit mehr als ausgeglichen.

In Ammoniakgas mit 99,9 Vol.-% NH_3 und in einem Gasgemisch mit 25% N_2 und 75% H_2 wurde bei den austenitischen Legierungen ein abnorm steiler Anstieg der Lebensdauer mit abnehmender Temperatur beobachtet, wie die Zusammenstellung der Versuchsergebnisse in Tab. 26 und der Vergleich mit den Lebensdauern in Luft zeigt.

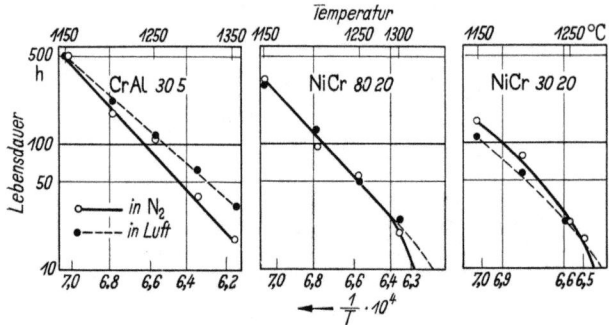

Abb. 238. Temperaturabhängigkeit der Lebensdauer von Heizleiterlegierungen in technischem Stickstoff und in Luft

Tabelle 26. *Lebensdauer von Nickel-Chrom- und Nickel-Chrom-Eisen-Legierungen in Ammoniak*

Legierung	Temperatur [°C]	Lebensdauer in Stunden in Ammoniak	25% N_2, 75% H_2	Lebensdauer in Luft [h]
NiCr 80 20	1050	900		630
NiCr 80 20	1150	46		145
NiCr 80 20	1200	12	457	89
NiCr 30 20	1150	59	509	106
NiCr 30 20	1200	3	95	54

Spaltammoniak kann demnach für die genannten Legierungen durchaus als Schutzgas Verwendung finden. Die niedrigeren Lebensdauerwerte in Ammoniak im Vergleich zum Wasserstoff-Stickstoff-Gemisch mit 75 Vol.-% H_2 und 25 Vol.-% N_2 dürften auch hier auf die Bildung atomaren Stickstoffs durch Aufspaltung des bei hoher Temperatur unbeständigen Ammoniaks an der metallischen Oberfläche zurückzuführen sein. Dem steht die höhere Aufspaltungsenergie des molekularen Stickstoffs und damit die geringere Gasaufnahme gegenüber.

Anders liegen die Verhältnisse bei der Glühung von Eisen-Chrom-Aluminium-Legierungen in Ammoniak, wie Abb. 239 zeigt. Die temperaturunabhängige bzw. mit ansteigender Temperatur sogar zuneh-

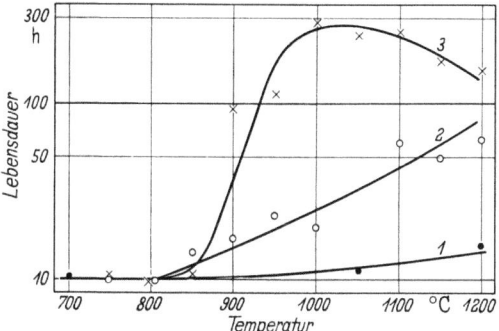

Abb. 239. Temperaturabhängigkeit der Lebensdauer von CrAl 30 5 in Ammoniak.
Kurve *1*: bei einer Strömungsgeschwindigkeit von 375 cm³/min; Kurve *2*: bei einer Strömungsgeschwindigkeit von 125 cm³/min; Kurve *3*: mit angeschweißten Anschlußenden aus NiCr 80 20 bei einer Strömungsgeschwindigkeit von 125 cm³/min

mende Lebensdauer (Kurven 1 und 2) finden ihre Deutung in folgender Weise: Während Eisennitrid bei hohen Temperaturen nicht beständig ist, kann bei etwa 600—800 °C im Ammoniakstrom eine völlige Durchnitrierung der Legierung erfolgen, wie die in einem Zwischenstadium unterbrochene Behandlung in Abb. 240 erkennen läßt. Die Reaktion verläuft sehr rasch, da die gebildete Nitridschicht porös und rissig ist und demnach keinerlei Schutzeigenschaften aufweist. Dieser Prozeß vollzieht sich in dem genannten Temperaturbereich, also bei allen Prüfdrähten jeweils in unmittelbarer Nähe der gut wärmeleitenden Stromzuführungen, wo denn auch grundsätzlich die Durchbrennstellen auftraten.

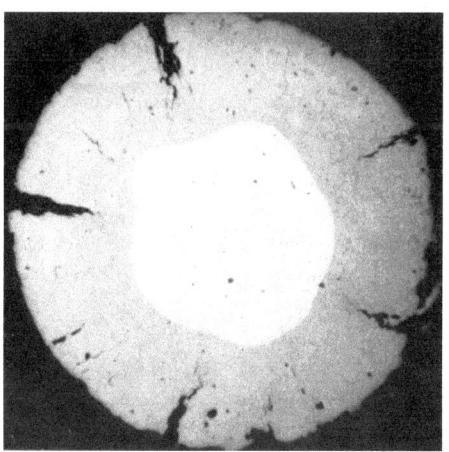

Abb. 240. Querschliff eines Eisen-Chrom-Aluminium-Drahtes mit 27% Cr und 5% Al nach 2stündiger Glühung bei 700 °C in Ammoniak. (Vergr. 150 : 1)

Die Aufstickungsgeschwindigkeit in diesen besonders gefährdeten Bereichen und damit auch die Lebensdauer müssen demnach unabhängig von der Temperatur sein (Kurve 1). Der Anstieg der Lebensdauer mit steigender Temperatur bei geringerer Strömungsgeschwindigkeit des

Gases (Kurve 2) beruht darauf, daß ein um so größerer Teil des Ammoniaks bereits in der Umgebung der glühenden Drahtwendel aufspaltet, je höher die Prüftemperatur gewählt wird, und daß der dabei gebildete atomare Stickstoff schon in der Gasphase durch Rekombination in den molekularen Zustand übergeht. Bei einer Temperatur von 1200 °C z. B. bewirkt das relativ geringe Angebot an ungespaltenem Gas bei der langsamen Strömungsgeschwindigkeit eine verminderte Aufstickungsgeschwindigkeit und damit eine höhere Lebensdauer. Unterhalb 800° dagegen gelangt nahezu nur ungespaltenes Ammoniak an die metallische Oberfläche, das Angebot ist trotz verminderter Strömung ausreichend groß und die Lebensdauer nicht abhängig vom Gasstrom.

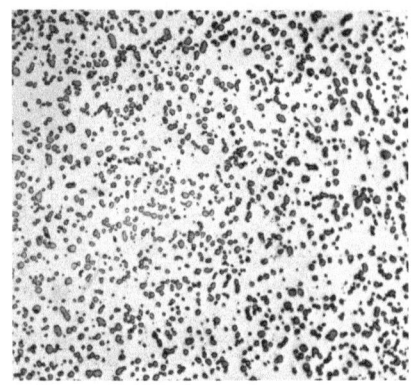

Abb. 241. Ausscheidungen von Chromnitrid in NiCr 80 20 nach einer Glühdauer von 125 Stunden bei 1050 °C in Ammoniak. (Vergr. 200:1)

Zur Ermittlung der wirklichen Lebensdauer in Abhängigkeit von der Temperatur wurden Anschlußenden aus einer relativ unempfindlichen austenitischen Legierung an die Prüfwendeln angeschweißt, die dann in ihrer gesamten Länge die gewünschte Temperatur erreichten. Die so gewonnenen Ergebnisse zeigt die Kurve 3. Bei höheren Temperaturen wurden eine normale Abhängigkeit der Lebensdauern von der Glühtemperatur und im Schliffbild Nitridausscheidungen im Innern und keine in sich geschlossene Nitridschicht beobachtet, während im Bereich tieferer Temperaturen mit zunehmender Eisennitridbildung die entsprechenden Werte erwartungsgemäß mit denen der Kurven 1 und 2 zusammenfallen.

Die Nitridbildung im Innern einer Legierung verläuft analog der früher besprochenen inneren Oxydation. Sie kann bei solchen Legierungen auftreten, deren Grundmetall eine merkliche Löslichkeit für Stickstoff aufweist und die relativ stickstoffaffine Elemente enthalten. Unter bestimmten Voraussetzungen hinsichtlich der Gasdurchlässigkeit außen gebildeter Deckschichten wird eine Reaktion zwischen eindiffundierendem Stickstoff und den unedleren Legierungsbestandteilen, ausgehend von der Oberfläche und ins Innere der Legierung fortschreitend, mit mehr oder weniger scharfer Reaktionsfront ablaufen.

Bei den austenitischen Legierungen kann eine innere Nitrierung auf Grund der verhältnismäßig großen Stickstoffaffinität von Chrom auftreten; das zeigt Abb. 241 für eine eisenfreie Nickel-Chrom-Legierung. Wie wir gesehen haben, spielt eine eventuelle Aufstickung bei dieser

Werkstoffgruppe im Hinblick auf das Verhalten des Materials bei hohen Temperaturen keine so bedeutende Rolle. Vielleicht deshalb nicht, weil das hier die Oxydationsbeständigkeit bewirkende Chrom in relativ hoher Konzentration vorhanden ist und die Bildung von Chromnitrid sich nicht in dem Maße schädigend auswirken kann, wie im Falle der ferritischen Legierungen der Verbrauch des Aluminiums durch Nitridbildung.

Die Möglichkeit der inneren Nitrierung bei Eisen-Chrom-Aluminium-Legierungen beruht auf der von Temperatur und Stickstoffpartialdruck der Glühatmosphäre abhängigen Löslichkeit von Stickstoff im Grundmetall Eisen, ferner der verhältnismäßig großen Stickstoffaffinität der

Abb. 242. Elektronenmikroskopische Aufnahme von hexagonalem Aluminiumnitrid in CrAl 30 5 nach 175 Stunden bei 1200 °C in reinstem Stickstoff. (Vergr. 2500 : 1)

Legierungselemente Aluminium und Chrom und schließlich einer bei hohen Temperaturen ausreichend großen Diffusionsgeschwindigkeit des Stickstoffs in der Legierung.

So wurden denn auch lichtmikroskopisch und durch elektronenoptische Feinbereichsbeugung nach längerer Glühdauer bei 1200 °C in hochreinem Stickstoff bei Eisen-Chrom-Aluminium-Legierungen zwei Arten von Nitridausscheidungen festgestellt (Abb. 237). Bei den grauen, kantigen und sehr formenreichen Einschlüssen handelt es sich um das hexagonale Aluminiumnitrid AlN, das im Schrifttum bereits mehrfach behandelt wurde[1,2]. Eine elektronenmikroskopische Aufnahme zeigt diese Teilchenart (Abb. 242), die sich entsprechend ihrer kristallo-

---

[1] BANDEL, G.: Arch. Eisenhüttenw. 11 (1937/38) 139. – HESSENBRUCH, W., E. HORST u. K. SCHICHTEL: Arch. Eisenhüttenw. 11 (1937/38) 225.

[2] KOCH, W., CH. ILSCHNER-GENSCH u. H. ROHDE: Arch. Eisenhüttenw. 27 (1956) 701.

graphischen Konstitution optisch anisotrop verhält und im polarisierten Licht Doppelbrechung zeigt. Offensichtlich bildet sich das Aluminiumnitrid in Form dünner Blättchen, wie das häufig beobachtete Sichtbarwerden der Grundmasse innerhalb einzelner Nitridpartikeln vermuten läßt.

Die weiß erscheinenden rundlichen Bestandteile ließen sich als optisch isotropes und also kubisch kristallisierendes Chromnitrid CrN identifizieren, wenngleich durch Feinbereichsbeugung ausschließlich die hexagonale Modifikation Cr_2N nachgewiesen wurde (Abb. 243). Der offensichtliche Widerspruch zwischen licht- und elektronenoptischem Befund wurde durch die Annahme aufzuklären versucht, daß während der Feinbereichsbeugung der jeweils nur sehr dünnen, gut durchstrahlbaren Teilchen durch lokale Überhitzung eine Umwandlung des kubischen in das temperaturbeständigere hexagonale Nitrid stattgefunden hat.

Um Anhaltspunkte über das quantitative Ausmaß der Nitridbildung zu gewinnen, wurden quaderförmige Proben von 10 mm Kantenlänge aus der gleichen ferritischen Legierung gefertigt, in hochreinem Stickstoff bei 1200 °C geglüht und anschließend der Stickstoffbestimmung nach KJELDAHL unterworfen. Tab. 27 enthält die analytisch ermittelten Stickstoffgehalte.

Abb. 243. Hexagonales Chromnitrid in CrAl 30 5 nach gleicher Glühbehandlung wie in Abb. 242. (Vergr. 5000 : 1)

Oberhalb einer Glühdauer von etwa 400 Stunden erhöht sich der Stickstoffgehalt offensichtlich nicht mehr. Unter der Voraussetzung einer völligen Umwandlung des gesamten Aluminiums und Chroms in die Nitridverbindungen AlN und CrN sollte der Gewichtsanteil an aufgenommenem Stickstoff rd. 9% betragen. Dieser Wert wird etwas erniedrigt durch die Bildung einer sehr dünnen äußeren Nitridschicht, die sich mit einem — in Tab. 27 nicht berücksichtigten — Stickstoffanteil von 34,0% als nahezu reines AlN erwies (theoretischer Gehalt: 34,2%). Demnach verlaufen die thermodynamisch möglichen Reaktionen nicht vollkommen; es scheinen vielmehr mit zunehmender Anreicherung an

Nitriden zusätzliche Reaktions- oder Diffusionshemmungen aufzutreten und unter den angewandten Versuchsbedingungen ein Endzustand größter Stickstoffaufnahme erreicht zu werden.

Tabelle 27. *Stickstoffgehalte in CrAl 30 5 nach Glühung in reinstem Stickstoff bei 1200 °C*

Versuch Nr.	Glühdauer [h]	Gesamtstickstoffgehalt [%]
1	250	3,80
2	350	4,02
3	465	4,30
4	875	4,47
5	1750	4,39

Die Vorgänge der Nitrierung werden bei dieser Legierungsgruppe kompliziert durch die starke Sauerstoffaffinität des Aluminiums, die — besonders bei kontinuierlicher Glühung — bevorzugt Anlaß zur Bildung einer geschlossenen Oxydschicht gibt und damit die Stickstoffaufnahme verhindert oder zumindest erschwert. Das wird deutlich bei einem Vergleich der freien Bildungsenthalpien der betreffenden Verbindungen, die z. B. bei 1200 °C auf ein Mol des reagierenden Gases bezogen für Al_2O_3 -191 kcal, für AlN dagegen näherungsweise nur -55 kcal betragen[1]. Andererseits läßt sich abschätzen, daß bei hinreichend erniedrigtem Sauerstoffpartialdruck der Glühatmosphäre wegen der Konzentrationsabhängigkeit jener thermodynamischen Größen und der kinetischen Verhältnisse die Nitridbildung gegenüber der Oxydbildung vorherrschend sein kann, bzw. sogar eine praktisch reine nitridische Deckschicht gebildet wird. Derartige Beobachtungen sind bei kontinuierlichen Glühungen in reinstem Stickstoff gemacht worden, während in technischem Stickstoff mit einem Sauerstoffgehalt von etwa 1% bei 1200 °C eine praktisch reine Al_2O_3-Deckschicht entstand und nach 24 Stunden noch keinerlei Nitridausscheidungen beobachtet wurden. Das widerspricht nicht den Ergebnissen der Lebensdauerprüfung (Abb. 238), da diese bei zyklischer Schaltung und also starker thermischer Belastung der Oxydschicht vorgenommen wurde. Bei entsprechenden Versuchen in chemisch reinem Stickstoff mit 99,98% N_2 zeigte sich dagegen selbst bei kontinuierlicher Glühung bereits von den Kanten ausgehend ein Stickstoffeinbruch durch starke Nitridanhäufungen im Innern an, während in einiger Entfernung von den besonders gefährdeten Kanten auch in oberflächennahen Bereichen eine Nitridausscheidung nur in vernachlässigbar geringem Ausmaß festzustellen war.

---

[1] KUBASCHEWSKI, O., u. E. LL. EVANS: Metallurgical Thermochemistry, London (1956) S. 331—338.

314 Die Reaktionen zunderfester Legierungen

Damit im Einklang steht die Beobachtung, daß an Kanten, Graten, Oberflächenfehlern usw. die Bedingungen für die Ausbildung dichter, schützender Deckschichten denkbar ungünstig sind. Das wird besonders deutlich in Abb. 244, dem Schliffbild einer Blechprobe aus zusatzfreiem CrAl 30 5-Material, dessen an Luft gebildete Oxydschicht durch scharfes Einritzen örtlich verletzt wurde und bei nachfolgender 27stündiger Glühung in reinstem Stickstoff bei 1000 °C nicht mehr ausheilte. Vielmehr erfolgte von der schadhaften Stelle aus ein starker Nitrideinbruch.

Die schädigende Wirkung einer inneren Nitrierung ferritischer Heizleiterlegierungen beruht weitgehend auf einer Störung der Ausbildung schützender Oxydschichten. Gerade das Aluminium, das durch Nach-

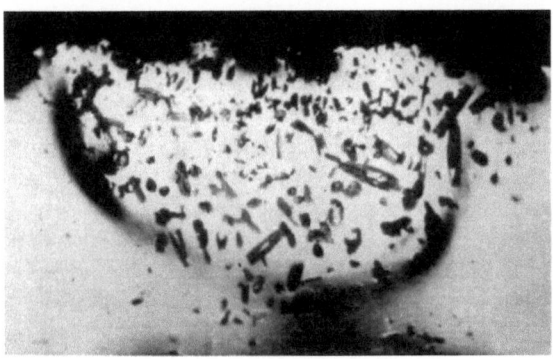

Abb. 244. Nitrideinbruch nach örtlicher mechanischer Zerstörung der Oxydschicht einer Eisen-Chrom-Aluminium-Legierung und anschließender 27stündiger Glühung in reinstem Stickstoff bei 1000 °C. (Vergr. 150:1)

diffusion zum Aufbau der normalen Oxydschicht zur Verfügung stehen sollte, wird durch Nitridbildung zu einem mehr oder weniger großen Anteil bereits in der Legierung selbst abgebunden. In Form seiner Verbindungen ist es aber auch bei hohen Temperaturen nicht diffusionsfähig und kann an dem weiteren Wachstum der Deckschicht nicht teilnehmen. Sobald nun ein kritisches, von der bereits erreichten Oxydschichtdicke und der Temperatur abhängiges Angebot an Aluminium je Zeit- und Oberflächeneinheit unterschritten wird, bilden sich außer Aluminiumoxyd die normalerweise nicht beobachteten Oxyde von Chrom und Eisen. Die Schutzeigenschaften solcher Oxydgemische sind nicht vergleichbar mit denen einer reinen Al_2O_3-Schicht. Sie erweisen sich als weniger haftfest und also nicht beständig gegen Temperaturwechsel; auch ist der den Fortgang der Oxydationsreaktion bedingende Stofftransport in solchen Zunderschichten weit weniger gehemmt als in einer normal ausgebildeten Oxydschicht. Die mit steigendem Gehalt besonders an Eisenoxyd stetig verminderte Schutzwirkung der Deckschicht hat einen zunehmenden Stickstoffeinbruch und eine Ausbreitung der Nitridzone zur Folge. Nachdem ein derartiger Zerstörungsvorgang örtlich begrenzt oder über weite Bereiche der Oberfläche des betreffenden Werkstoffs hinweg einmal eingesetzt hat, ist mit einer Ausheilung der Oxydschicht wegen mangelnden Aluminiumnachschubs nicht mehr zu rechnen; im weiteren Verlauf nehmen sowohl die Oxydationsgeschwindigkeit der Legierungskomponenten Eisen und Chrom als auch die Geschwindigkeit der Nitridbildung fortlaufend zu. Die dadurch verursachte örtliche Querschnittsabnahme hat eine Erhöhung der Temperatur und damit eine Beschleunigung des Zerstörungsprozesses zur Folge. Hinzu kommt das im Vergleich zur Legierung größere Molvolumen der Nitride, das zu Spannungen, Korngrenzenrissen und möglicherweise unerwünschten Verformungen führen kann.

d) Der Angriff kohlenstoffhaltiger Gase

Wegen der weitverbreiteten Anwendung in der Praxis kommt jenen Schutzgasen eine besondere Bedeutung zu, die als Gasgemische mit

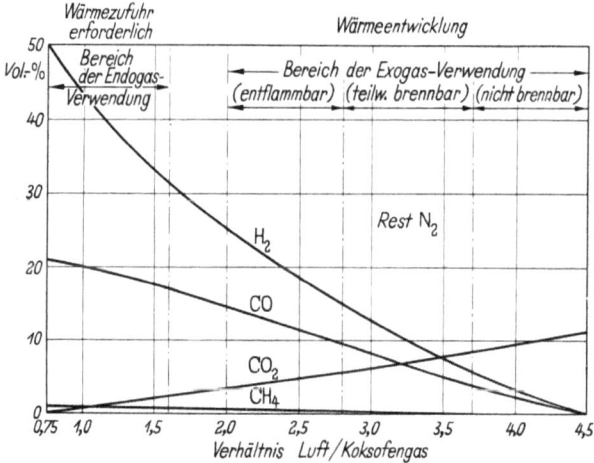

Abb. 245. Zusammensetzung von Schutzgasatmosphären, erhalten durch teilweise Verbrennung von Koksofengas, nach MEYER-WITTING

wechselnden Anteilen an Stickstoff, Wasserstoff, Kohlenmonoxyd, Kohlendioxyd und Kohlenwasserstoffen zum Einsatz gelangen. Sie werden durch teilweise Verbrennung von z. B. Stadtgas, Koksofengas, Propan oder Methan gewonnen. Je nach Wahl des Gas-Luft-Mengenverhältnisses läßt sich die Zusammensetzung der resultierenden Glühatmosphäre weitgehend variieren und den jeweiligen Erfordernissen anpassen. Ein Beispiel für die Streubreite des Mischungsverhältnisses zeigt Abb. 245, in der die Gehalte der einzelnen Gaskomponenten bei der teilweisen Verbrennung von Koksofengas in Abhängigkeit von der Luftdosierung angegeben sind[1].

Als Endgas werden entsprechend der Darstellung solche Gasgemische angesprochen, bei deren Herstellung die während der Verbrennung entwickelte Wärme wegen des geringen Luftangebotes nicht ausreicht, die notwendige Verbrennungstemperatur von mindestens 900 °C aufrechtzuerhalten. Während sich Gase eines derartigen aus der Abbildung zu entnehmenden Zusammensetzungsbereiches demnach in endothermer Reaktion bilden, ist die Wärmeentwicklung bei erhöhter Luftzufuhr bedeutend größer, die Reaktionswärme reicht zur Aufrechterhaltung der Brenntemperatur aus, die Bildung von Exogas verläuft exotherm.

Im allgemeinen wird man die Zusammensetzung des Schutzgases so wählen, daß praktisch keine Reaktionsmöglichkeit mit dem Glühgut besteht, daß sich also die Gasphase mit dem zu glühenden Material möglichst im Zustand chemischen Gleichgewichts befindet. Das dementsprechend erforderliche Gasgemisch hängt stark von dem wärmezubehandelnden Werkstoff selbst und von der Glühtemperatur ab. Mit anderen Worten, eine bestimmte Gasatmosphäre ist nicht generell als oxydierend oder reduzierend oder z. B. als aufkohlend oder entkohlend zu bezeichnen, vielmehr können sich derartige Aussagen immer nur auf eine bestimmte Legierung bei einer vorgegebenen Temperatur beziehen. Deshalb spielen sich auch in elektrisch beheizten, unter Schutzgas arbeitenden Industrieöfen am Glühgut einerseits und an der Heizwicklung andererseits durchaus unterschiedliche chemische Reaktionen ab. Besonders augenfällig zeigt sich dieser Unterschied in Blankglühöfen, in denen der Sauerstoffteildruck der Glühatmosphäre in den meisten Fällen zwar zur Oxydation der als Heizleiter verwandten Legierungen, nicht aber zur Oxydbildung am Glühgut ausreicht. Ein und dieselbe Gasphase wirkt also sowohl oxydierend als auch reduzierend, je nach Zusammensetzung der Materialien, die sich in der Glühzone befinden.

Im Grunde genommen beruht eine Schädigung der Heizleiterlegierungen in kohlenstoffhaltigen Gasen auf analogen chemischen Reaktionen und physikalischen Prozessen, wie sie beim Stickstoffangriff bereits beschrieben wurden. Wie dort der atomare Stickstoff, so ist es hier der Kohlenstoff in elementarer Form, der sich durch Zersetzung seiner Verbindungen bildet und in die Legierung eindiffundiert. Die Folgeerscheinung ist wiederum eine mit dem Vorgang der inneren Oxydation zu vergleichende Bildung von Metallkarbiden im Innern des Materials. Ob und inwieweit sich dieser Prozeß abspielen kann, ist auch hier weitgehend eine Frage des Gehalts der Glühatmosphäre an oxydierenden

---

[1] MEYER-WITTING, O.: Elektrowärme 16 (1958) 4.

Komponenten, also Sauerstoff, Kohlendioxyd und Wasserdampf, da eine kompakte Oxydschicht das Eindringen von Kohlenstoff in die Legierung beträchtlich erschwert.

In der Praxis macht man von dieser Schutzwirkung weitgehend Gebrauch, indem Heizelemente vor Inbetriebnahme in derartigen Glühatmosphären zunächst in Luft gut voroxydiert werden. Andererseits wirken sich abwechselnd aufkohlende und oxydierende Glühungen nur nachteilig auf das Verhalten der Legierungen aus, da hierbei besonders die an den Korngrenzen ausgeschiedenen Karbide in Oxyde umgewandelt werden und das gleichzeitig entstehende Kohlenoxyd entweicht. Der Zusammenhalt des Metallgefüges wird gestört, die Korngrenzen werden von der Oberfläche her trichterförmig aufgeweitet, das gebildete CO bewirkt eine Auflockerung der außen vorhandenen Oxydschicht, und der Zerstörungsprozeß geht mit zunehmender Geschwindigkeit vonstatten.

Die Kohlenstoffaufnahme bei zunderfesten Werkstoffen ist aus verschiedenen Gründen schädlich. Auf die Folgen einer alternierenden Glühung in aufkohlenden und oxydierenden Gasen wurde soeben hingewiesen. Von besonderer Bedeutung ist ferner die mit steigendem Kohlenstoffgehalt zunehmende Erniedrigung des Schmelzpunktes vor allem der austenitischen Legierungen. So haben beispielsweise KÖSTER und KABERMANN[1] im Dreistoffsystem Nickel-Chrom-Kohlenstoff Schmelzgleichgewichte untersucht und im Temperaturbereich von 1045—1305 °C mehrere Eutektika festgestellt. Bei ausreichender Kohlenstoffaufnahme kann demnach bei Legierungen auf Nickel-Chrom-Basis der Schmelzpunkt um bis zu etwa 350° erniedrigt werden. Diesem Umstand muß gegebenenfalls durch eine ausreichende Senkung der höchsten Betriebstemperatur Rechnung getragen werden, zumal die betreffenden Werkstoffe ohnehin normalerweise bis zu Temperaturen eingesetzt werden, die nicht sehr weit vom Schmelzpunkt entfernt sind.

Chrom neigt unter den in Frage kommenden Elementen bevorzugt zur Karbidbildung und liegt je nach Legierung, Glühtemperatur und Kohlenstoffgehalt als kubisches $Cr_{23}C_6$, triklines Cr_7C_3 oder orthorhombisches Cr_3C_2 vor. Bei den beiden kohlenstoffärmeren Verbindungen kann der Chromanteil bis zu einem gewissen Ausmaß durch Eisen ersetzt sein, nach GOLDSCHMIDT[2] bis zu 30% bei $Me_{23}C_6$ und 60% bei Me_7C_3.

POMEY[3] hat zur Untersuchung der Karbidbildung und ihrer Folgen in einem Gasgemisch mit 1,5% C_3H_8, 20% CO, 40% H_2, Rest Stickstoff u. a. die zunderfesten Legierungen NiCr 30 20 und CrNi 25 20 als Testmaterial ausgewählt und Glühungen bei 825° und 950 °C vorgenommen.

---

[1] KÖSTER, W., u. S. KABERMANN: Arch. Eisenhüttenw. 26 (1955) 627.
[2] GOLDSCHMIDT, H. J.: J. Iron Steel Inst. 160 (1948) 345.
[3] POMEY, G.: Trans. A.I.M.M.E. 218 (1960) 310.

Die Ergebnisse wurden unter dem Gesichtspunkt der Karbidausscheidung, der Umwandlung einer zunächst entstehenden Karbidphase in eine solche mit höherem Kohlenstoffgehalt, der Bildung der σ-Phase und der Verarmung der Grundmasse an Chrom als Folge der Ausscheidungen erörtert. Während der Glühung lagerte sich Kohlenstoff auf der metallischen Oberfläche ab und diffundierte in die Legierung ein; dabei schieden sich zunächst Karbide entlang der Korngrenzen, später auch im Gefüge selbst aus.

Das Problem der σ-Phasenbildung in CrNi 25 20-Legierungen verdient unter den genannten Bedingungen in besonderem Maße hervorgehoben zu werden. Bei 825 °C wurden nahe der Oberfläche lediglich Karbidausscheidungen, dagegen keine σ-Phase beobachtet, die normalerweise in diesen Temperaturbereichen entsteht. Das wurde als Folge ihrer relativ geringen Bildungsgeschwindigkeit und der Änderung der Legierungszusammensetzung durch Karbidbildung gedeutet, wobei schließlich Chromgehalte erreicht werden, die außerhalb des Beständigkeitsbereichs der σ-Phase liegen. So wurde z. B. in Nähe der Oberfläche eine Abnahme der Chromkonzentration von 25 auf 10% nachgewiesen. Anders im Innern der Legierung; hier erwies sich unter den vorgegebenen Versuchsbedingungen der Chromgehalt als ausreichend hoch zur Bildung der spröden intermetallischen σ-Phase. Sie schied sich bevorzugt in Nachbarschaft der Karbide aus, die als $Me_{23}C_6$ identifiziert wurden und bei einem analytisch ermittelten Chromgehalt von 63% ihre Entstehung offensichtlich begünstigen (Abb. 246).

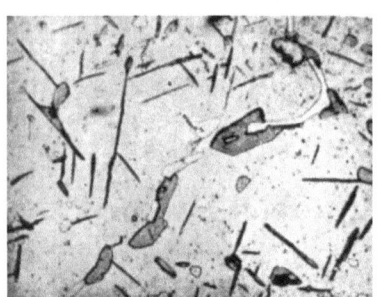

Abb. 246. (Cr, Fe)$_{23}$C$_6$ (hell) und σ-Phase (dunkel) in CrNi 25 20 nach Glühung in aufkohlender Atmosphäre bei 825 °C, nach POMEY. (Vergr. 900:1)

Um einen Überblick über das Verhalten von Heizleiterlegierungen in aufkohlenden Atmosphären zu gewinnen, haben PFEIFFER und SOMMER[1] an CrAl 25 5, NiCr 80 20 und NiCr 30 20 Lebensdaueruntersuchungen in den in Tab. 28 zusammengestellten Gasen durchgeführt und die Folgeerscheinungen derartiger Glühungen erörtert.

Zur Herstellung der verschiedenen Gasgemische sind Flaschengase mit den üblichen Verunreinigungen verwandt worden. Art und Gehalt dieser Beimengungen, Erschwerung der Temperaturmessung durch Ablagerung von Kohlenstoff auf der Oberfläche der Prüfdrähte, gelegentliches Beschlagen der Glaswandungen der einzelnen Prüfstände und schließlich der besonders bei den austenitischen Legierungen deutlich

---
[1] PFEIFFER, H., u. G. SOMMER: Werkstoffe u. Korrosion 13 (1962) 667.

ausgeprägte Steilabfall der Lebensdauer in bestimmten Temperaturbereichen haben die Reproduzierbarkeit der einzelnen Meßwerte erheblich beeinträchtigt. Deshalb wurde hier zur graphischen Auswertung die Auftragung der Lebensdauer im logarithmischen Maßstab direkt über der Temperatur gewählt.

Tabelle 28. *Zusammensetzung der Glühatmosphären*

Lfd. Nr.	Gasart	Hauptbestandteile in Vol.-%						
		H$_2$	CO	CO$_2$	CH$_4$	C$_3$H$_8$	N$_2$	O$_2$
1	Endogas	40	20				40	
2	Exogas	20	13	7	2		58	
3	Exogas + O$_2$	25	7	4	3		59	2
4	Methan				97			
5	Propan					95		
6	Kohlenmonoxyd		99					
7	Kohlendioxyd			99				
8	H$_2$-CO	95	5					
9	H$_2$-CO	80	20					
10	H$_2$-CO	40	60					
11	H$_2$-CO-CH$_4$	64,5	31		0,5	4		

In Abb. 247a sind die in Endogas und Exogas gemessenen Lebensdauerwerte in Stunden für die eisenfreie Nickel-Chrom-Legierung aufgetragen. Zum Vergleich wurden wiederum die entsprechenden Ergebnisse der Prüfung in Luft eingezeichnet (gestrichelte Kurve). Den drei Kurven gemeinsam ist der Steilabfall der Lebensdauer in bestimmten Temperaturbereichen, der auf die zuvor erwähnte Schmelzpunktserniedrigung durch Kohlenstoffaufnahme zurückzuführen ist.

Die Lage des Steilabfalls ist deutlich vom Gehalt an oxydierenden Gasen abhängig, wie ein Vergleich der drei Kurven zeigt. Das beruht auf der Schutzwirkung sich bildender Oxydschichten und damit der unterschiedlichen Kohlenstoffaufnahme, die ihrerseits eine von der jeweils erreichten Konzentration abhängige Schmelzpunktserniedrigung zur Folge hat. Die verschieden starke Aufkohlung in Abhängigkeit vom Sauerstoffgehalt der Glühatmosphäre lassen die Abbildungen 248 und 249 erkennen. Sie zeigen Schliffbilder der Legierung NiCr 30 20 nach Glühung in Endogas bei 1100 °C. Dabei wurde zur Herstellung des Gasgemisches Stickstoff unterschiedlicher Reinheit verwandt. Nach 100 Stunden Glühdauer zeigt sich bei einem Gehalt von 40 Vol.-% chemisch reinen Stickstoffs eine deutlich höhere Karbidkonzentration (Abb. 248) als nach 250 Stunden bei Verwendung technischen Stickstoffs (Abb. 249). Zugleich hat in letzterem Fall der relativ hohe Sauerstoffgehalt eine starke Korngrenzenoxydation hervorgerufen.

Aber noch ein weiterer Gesichtspunkt spielt für die Lage des Steilabfalls eine gewisse Rolle, nämlich das spektrale Emissionsvermögen.

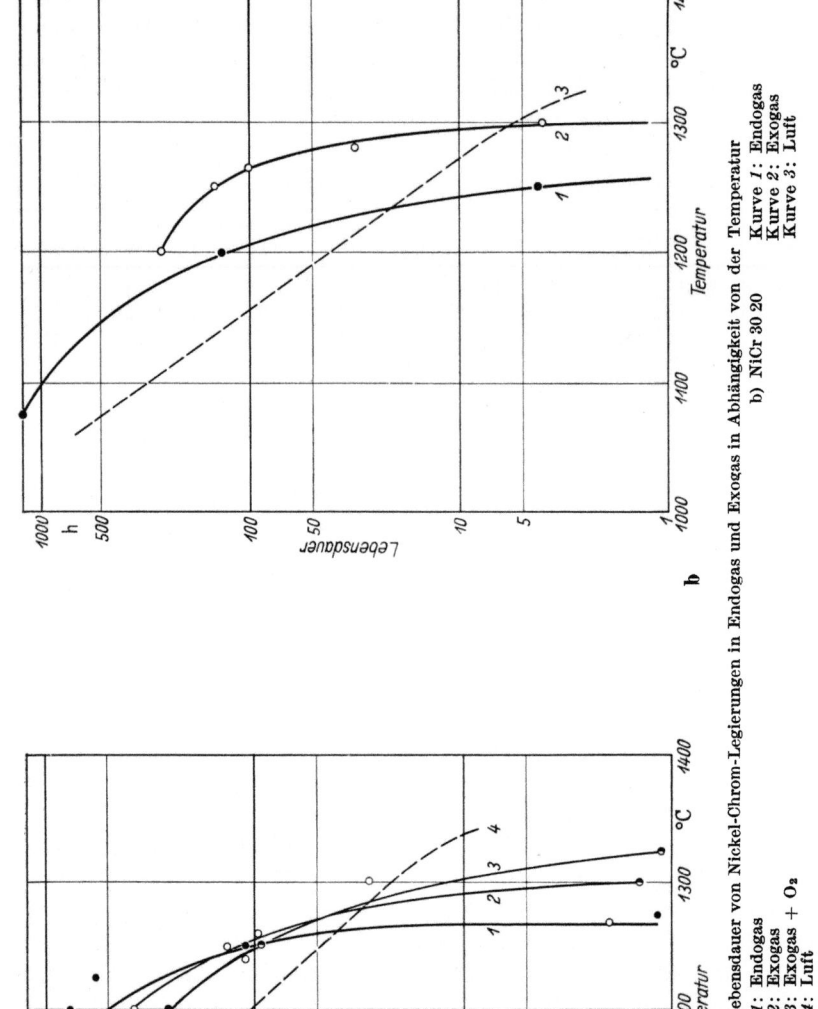

Abb. 247a u. b. Lebensdauer von Nickel-Chrom-Legierungen in Endogas und Exogas in Abhängigkeit von der Temperatur

a) NiCr 80 20
Kurve 1: Endogas
Kurve 2: Exogas
Kurve 3: Exogas + O₂
Kurve 4: Luft

b) NiCr 80 20
Kurve 1: Endogas
Kurve 2: Exogas
Kurve 3: Luft

Der Angriff durch Gase 321

Die Temperaturen der Prüfdrähte wurden mit einem auf die Strahlung des schwarzen Körpers geeichten Teilstrahlungspyrometer gemessen. Ein oxydiertes Material kommt hinsichtlich seines Strahlungsvermögens

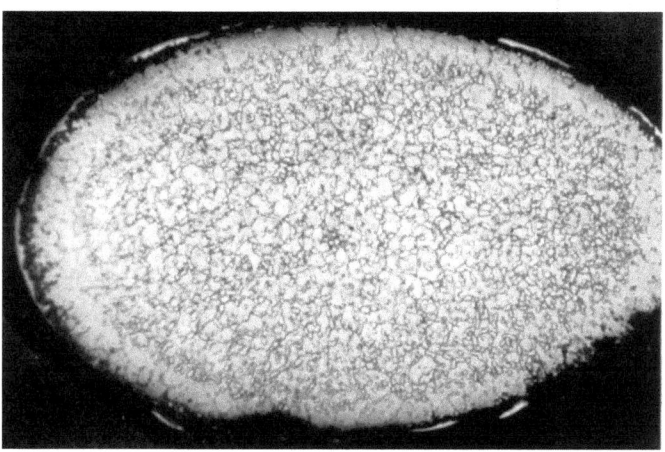

Abb. 248. Relativ starke Aufkohlung bei NiCr 30 20 nach 100 Stunden bei 1100 °C in Endogas unter Verwendung reinen Stickstoffs. (Vergr. 150:1)

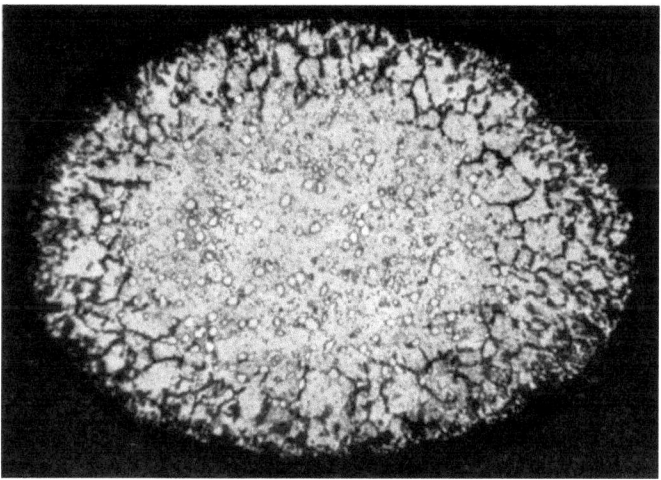

Abb. 249. Relativ geringe Aufkohlung bei NiCr 30 20 nach 250 Stunden bei 1100 °C in Endogas unter Verwendung technischen Stickstoffs. (Vergr. 150:1)

einem idealen schwarzen Körper im allgemeinen weit näher als ein Material mit blanker oxydfreier Oberfläche[1]. Daraus aber folgt für die wahre Temperatur eines durch direkten Stromdurchgang aufgeheizten

[1] HILD, K.: Mitt. K.-Wilh.-Inst. Eisenforschg. 14 (1932) 59. – EULER, J.: Elektrotechn. Z. 70 (1949) 427. – WALTHER, E.: Elektrowärme 17 (1959) 327.

Pfeiffer/Thomas, Zunderfeste Legierungen, 2. Aufl. 21

Werkstoffs eine Abhängigkeit von der Strahlungsemission und damit von der Oberflächenbeschaffenheit. Pyrometrisch werden entsprechend der Differenz von wahrer und schwarzer Temperatur zu niedrige Temperaturen gemessen, durch die der Steilabfall nach links verschoben sein muß. Mit anderen Worten, wenn zwei gleichdimensionierte Heizelemente ein und derselben Legierung mit oxydierter bzw. blanker Oberfläche unter sonst gleichen Bedingungen bei einer vorgegebenen Leistungsaufnahme betrieben werden, dann erreicht das blanke Material eine — bis zu mehr als 100° — höhere Temperatur als das voroxydierte. Dabei wird in beiden Fällen die gleiche Energie an die Umgebung abgestrahlt.

Um Aussagen über die Anteiligkeit beider Effekte, der Aufkohlung und des Emissionsverhaltens, an der beobachteten Lage des Steilabfalls der Lebensdauer machen zu können, wurden Glühungen in entsprechenden aufkohlenden Gasgemischen in einem Rohrofen durchgeführt. Infolge der indirekten Beheizung wird der Einfluß des Emissionsvermögens der Legierungen ausgeschaltet, und durch aufgenommenen Kohlenstoff verursachte Schmelzpunktserniedrigungen sind auf diese Weise hinreichend verläßlich zu bestimmen. Die Versuche ergaben für verschiedene Gase eine recht gute Übereinstimmung zwischen beobachtetem Schmelzbeginn einerseits und der Lage des Steilabfalls andererseits, ein Beweis für den dominierenden Einfluß der Aufkohlung.

Das spektrale Emissionsvermögen und seine Abhängigkeit von der Oberflächenbeschaffenheit hat offenbar nur unter extremen Bedingungen einen größeren Einfluß. So wurde in Endogas und auch in anderen stark reduzierend wirkenden Gasgemischen häufig ein sehr kurzzeitiges Durchbrennen von Prüfwendeln bereits bei deutlich niedrigeren pyrometrisch gemessenen Temperaturen — bis herab zu 1120 °C — beobachtet, als aus Abb. 247 zu entnehmen ist. Hier muß es sich ohne Zweifel um ein Zusammenwirken beider Einflußgrößen gehandelt haben. Bei Kenntnis der durch Kohlenstoffaufnahme hervorgerufenen Schmelzpunktserniedrigung und der maximalen Differenz zwischen wahrer und pyrometrisch gemessener Temperatur, die durch Glühung in reinem Wasserstoff bestimmt wurde, lassen sich mit Hilfe des PLANCKschen Strahlungsgesetzes das Emissionsvermögen und die Abweichung der wahren von der gemessenen Temperatur für ein stark aufgekohltes Material bestimmen. Das spektrale Emissionsvermögen $\varepsilon(\lambda, T)$ wurde auf diesem Wege für die eisenfreie Legierung NiCr 80 20 mit blanker oxydfreier Oberfläche zu 0,36 ermittelt. Dieser Wert stimmt sehr gut mit dem von anderen Autoren[1] für die gleiche Legierung bei niedrigen Temperaturen angegebenen Emissionsgrad von 0,35 überein. Damit ergibt sich rechnerisch für die blanke Nickel-Chrom-Legierung, deren Schmelzpunkt durch

---
[1] American Institute of Physics Handbook, New York/Toronto/London: McGraw-Hill Book Company Inc. 1957, Kap. 6, S. 73/74.

Kohlenstoffaufnahme auf 1220 °C erniedrigt war, in guter Übereinstimmung mit der Beobachtung am Steilabfall eine schwarze Temperatur von 1125 °C.

Für die Praxis bedeutet die Abhängigkeit der Strahlungsemission von der Oberflächenbeschaffenheit, daß um so größere Differenzen der wahren und der schwarzen Temperaturen an der Heizwicklung auftreten, je ärmer die Glühatmosphäre an oxydierenden Komponenten ist. Für die Strahlung ist die *schwarze* Temperatur des Leiters entscheidend, wobei für die Wärmeabgabe an die Umgebung die bei hohen Temperaturen relativ geringe Wärmeübertragung durch Konvektion außer acht bleiben kann. Andererseits ist für die Reaktionsfreudigkeit der Legierungen, die Diffusionsgeschwindigkeiten und die Formbeständigkeit allein die *wahre* Temperatur maßgebend.

Auch hier zeigt sich der Vorteil einer ausreichenden Voroxydation der Heizwicklung, durch die bei vorgegebener Leistung und konstanten Betriebsbedingungen eine Erniedrigung der wahren Heizleitertemperatur bei konstanter Strahlungsintensität, d. h. gleichbleibender schwarzer Temperatur erreicht wird. Weiterhin ist unter diesem Gesichtspunkt durchaus als günstiger Umstand zu werten, daß kaum praktische Anwendungsbedingungen denkbar sind, unter denen Oxydschichten der Heizleiterwerkstoffe reduziert werden würden. Dieser Vorteil sollte jedoch nicht überbewertet werden, da zur Erreichung der für verschiedene Legierungen unterschiedlichen optimalen Strahlungseigenschaften nach WALTHER[1] selbst bei höheren Temperaturen mehrstündige Glühungen in Luft erforderlich sind und also ausreichend dicke Oxydschichten vorhanden sein müssen.

Bei Temperaturen unterhalb des Steilabfalls sind Endo- und Exogas den Ergebnissen in Abb. 247a entsprechend durchaus als Schutzgase im Hinblick auf das Verhalten der Nickel-Chrom-Legierung anzusprechen, wie der Vergleich mit den Lebensdauern in Luft zeigt. Das gleiche gilt für den eisenhaltigen Werkstoff NiCr 30 20 (s. Abb. 247b). Dort wird im übrigen ein analoger Verlauf der einzelnen Kurven in den verschiedenen Gasgemischen beobachtet.

Bei beiden Legierungen zeigt sich interessanterweise, daß die Lebensdauer im Bereich niedriger Temperaturen um so geringer wird, je höher die Temperatur des Steilabfalls liegt. Die Ursache für die Überschneidung der Kurven ist darin zu sehen, daß einerseits die Verschiebung des Steilabfalls zu höheren Temperaturen eindeutig auf den Gehalt der Glühatmosphäre an oxydierenden Gasen zurückzuführen ist; andererseits ist bei hinreichend erniedrigter Temperatur der schädigende Einfluß des Kohlenstoffgehalts der Glühatmosphäre offensichtlich derart gering, daß

---

[1] WALTHER, E.: Elektrowärme 17 (1959) 327.

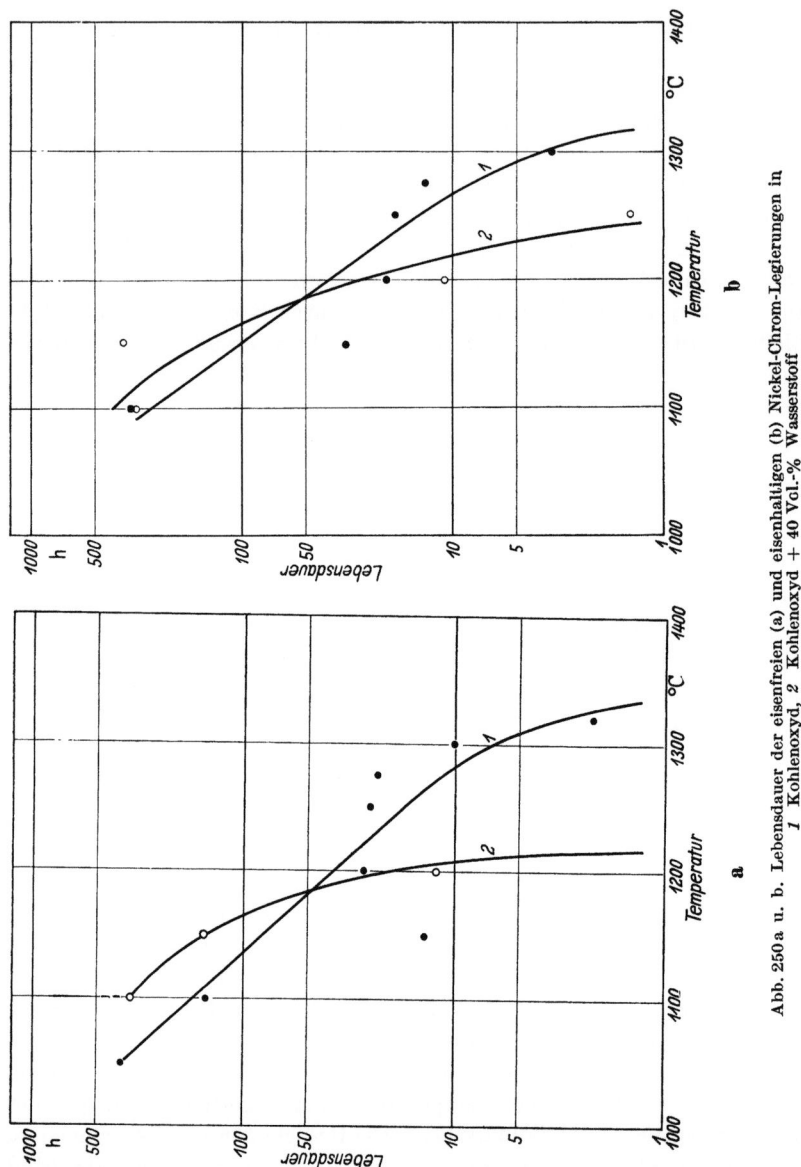

Abb. 250a u. b. Lebensdauer der eisenfreien (a) und eisenhaltigen (b) Nickel-Chrom-Legierungen in 1 Kohlenoxyd, 2 Kohlenoxyd + 40 Vol.-% Wasserstoff

die Lebensdauer weitgehend durch die Abhängigkeit der Oxydationsgeschwindigkeit vom Sauerstoffgehalt des Gasgemisches im früher besprochenen Sinne bestimmt wird.

Die unterschiedliche Lage des Steilabfalls bei Glühungen in Kohlenmonoxyd und CO–H$_2$-Gasgemischen (s. Abb. 250) ist auf die gleichen,

Der Angriff durch Gase 325

durch verschiedene Gehalte an oxydierenden Gasen bedingten Umstände zurückzuführen.

Die metallographische Beurteilung der Verhaltensweise von Heizleiterlegierungen in kohlenstoffhaltigen Atmosphären gibt in erster Linie Aufschluß über die Verteilung der Karbide auf Korngrenzen und im Kristallinnern, wie Abb. 251 erkennen läßt; sie zeigt eine eisenfreie Nickel-Chrom-Legierung nach 20stündiger Glühung bei 1100 °C in einem Kohlenmonoxyd-Wasserstoff-Gasgemisch mit einem Methanzusatz von 4%. Besonders auffällig ist die dichte Belegung der Korngrenzen, an

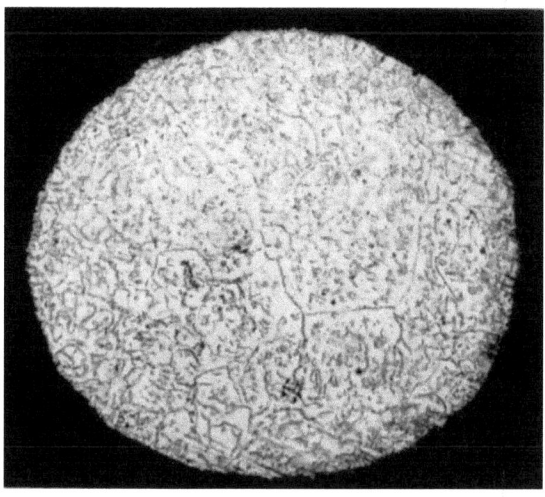

Abb. 251. Karbidverteilung in NiCr 80 20 nach 20 Stunden bei 1100 °C in H_2–CO–CH_4. (Vergr. 150:1)

denen sich die Karbide wie zu Perlenschnüren aneinandergereiht bevorzugt ausscheiden.

Eine Folge der dadurch hervorgerufenen und von FLEETWOOD[1] nachgewiesenen Chromverarmung an den Kristallitsäumen ist die in diesen Bereichen verminderte Oxydations- und Korrosionsbeständigkeit der Legierungen. Dort setzt demzufolge — besonders deutlich bei den eisenhaltigen Werkstoffen zu beobachten — eine verstärkte Oxydbildung und Aufweitung der Korngrenzen ein, wie Abb. 252 und für ein sehr weit fortgeschrittenes Stadium Abb. 253 erkennen lassen. Die Oberflächenbereiche werden in zunehmendem Maße zerklüftet und aufgelockert, und Diffusions- sowie Reaktionsgeschwindigkeiten steigen stark an. Zugleich werden auch die auf den Korngrenzen sitzenden Karbide von nachdiffundierendem Sauerstoff angegriffen und in die entsprechenden Oxyde umgewandelt, während das dabei gebildete Kohlenoxyd größtenteils entweicht.

[1] FLEETWOOD, M. J.: J. Inst. Met. 90 (1961/62) 429.

Mit der Chromverarmung im Zusammenhang dürfte die Beobachtung stehen, daß häufig die Randzone völlig karbidfrei oder verarmt an Kar-

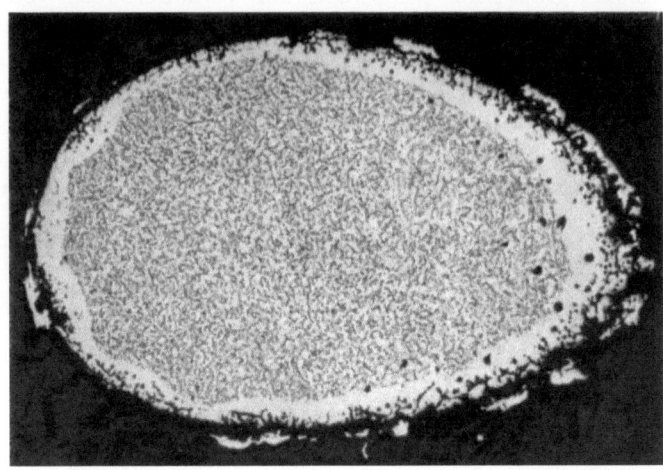

Abb. 252. Beginnende Korngrenzenoxydation aufgekohlten Materials; NiCr 30 20 nach 250 Stunden bei 1000 °C in Exogas + Sauerstoff. (Vergr. 150:1)

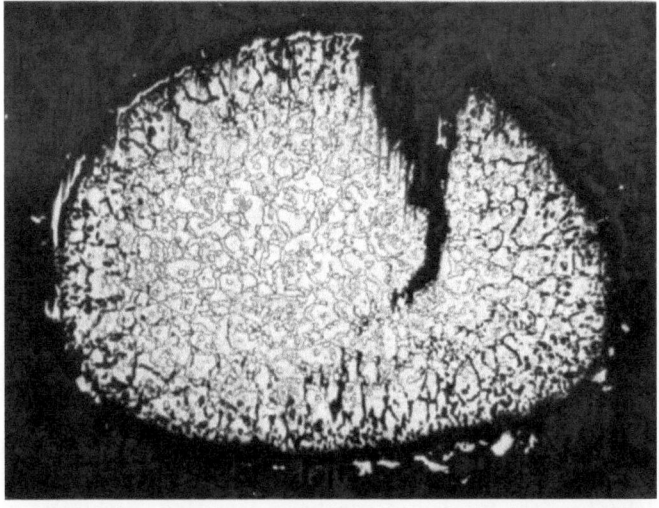

Abb. 253. Starke Korngrenzenaufweitung der eisenhaltigen austenitischen Legierung nach 36 Stunden bei 1200 °C in Kohlenoxyd. (Vergr. 150:1)

biden befunden wird, wie die Abb. 252 und deutlicher noch Abb. 254 zeigen. Der Chromgehalt ist unmittelbar an der Oberfläche durch selektive Oxydation erniedrigt, und die Wahrscheinlichkeit der Karbidbildung nimmt unter den gegebenen Bedingungen ab. Diese Ansicht wird auch von DOVEY und JENKINS[1] vertreten, die die Ursachen der Korrosion austenitischer Heizleiterlegierungen bei 900—1000 °C in teilverbranntem Stadtgas untersucht haben.

Die bevorzugte Karbidbildung an Korngrenzen wird besonders deutlich bei sehr hohen Temperaturen, wie die Schliffaufnahmen in Abb. 255 für die eisenfreie Legierung nach Glühungen bei 1250 und 1300 °C in CO–H_2-Gemischen veranschaulichen. Die Glühzeit betrug jeweils weniger als eine Minute, eine Zeit, die zur Bildung stark verdickter, eutektisch aufgeschmolzener Korngrenzen ausreichte. Abb. 256 zeigt ein derartiges Eutektikum bei stärkerer Vergrößerung, wie es sich bei 1200 °C in

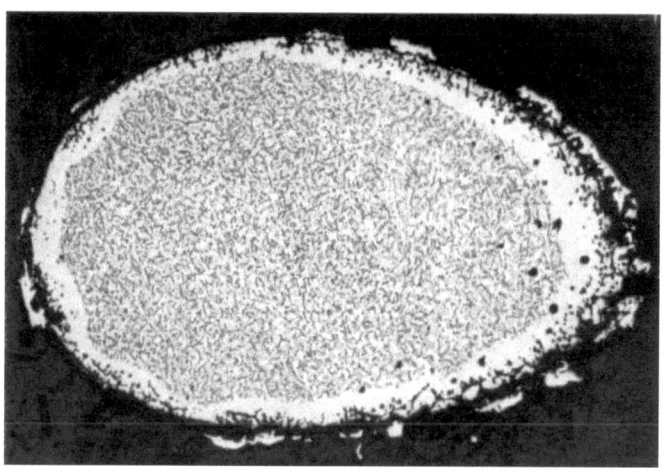

Abb. 254. Karbidfreie Randzone bei NiCr 30 20 nach 3 Stunden bei 1300 °C in Kohlenoxyd. (Vergr. 150 : 1)

Kohlenmonoxyd ausgebildet hat[2]. Im Innern des Materials dürfte die Temperatur wegen der außen erfolgenden Wärmeabgabe etwas höher gewesen sein, so daß dort jenes von KÖSTER[3] mit einem Schmelzpunkt von etwa 1220 °C angegebene Eutektikum aus NiCr-Mischkristall und den Karbidphasen Cr_3C_2 und Cr_7C_3 zu vermuten ist. Das entspricht dem röntgenographischen Befund, der überwiegend das kohlenstoffreichere neben wenig kohlenstoffärmerem Karbid erkennen ließ.

Von Ausnahmen abgesehen wurde die Teilchengröße der ausgeschiedenen Karbide in einem vorgegebenen aufkohlenden Gasgemisch jeweils um so größer befunden, je höher einerseits die Temperatur und je länger andererseits die Versuchszeit gewählt wurden. Die Keimzahl je Volumenelement erwies sich dagegen unter den angewandten Bedin-

---

[1] DOVEY, D. M., u. I. JENKINS: J. Inst. Met. 76 (1949/50) 581.
[2] PFEIFFER, H., u. G. SOMMER: Z. Elektrochem. 66 (1962) 671.
[3] KÖSTER, W., u. S. KABERMANN: Arch. Eisenhüttenw. 26 (1955) 627.

328 Die Reaktionen zunderfester Legierungen

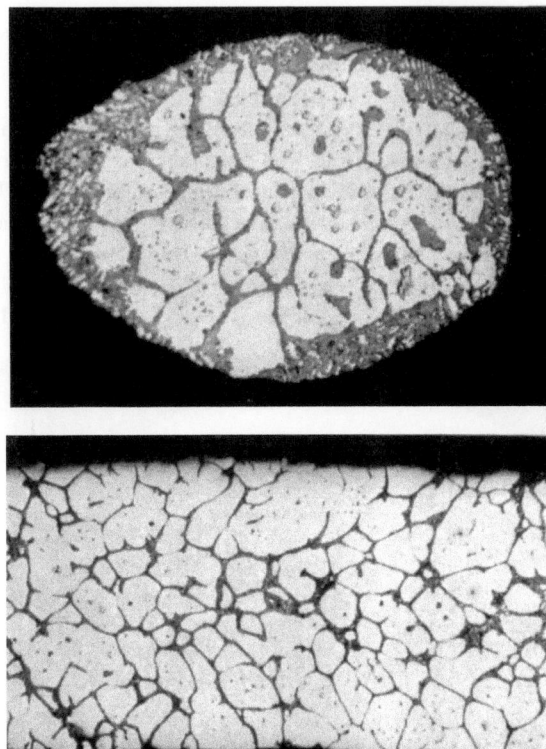

Abb. 255a u. b. Starke Karbidanhäufung auf Korngrenzen bei NiCr 80 20 nach Glühzeiten < 1 min.
a) 60% CO, Rest H₂; 1250 °C; b) 20% CO, Rest H₂; 1300 °C. (Vergr. 130 : 1)

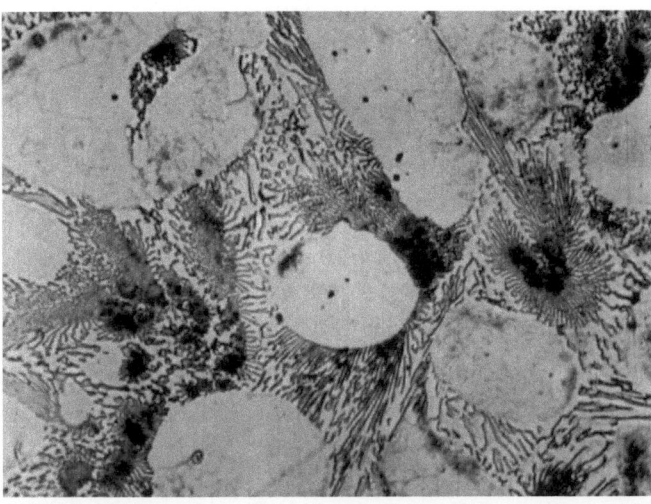

Abb. 256. Eutektikum in NiCr 80 20 nach 35 Stunden bei 1200 °C in Kohlenoxyd. (Vergr. 700 : 1)

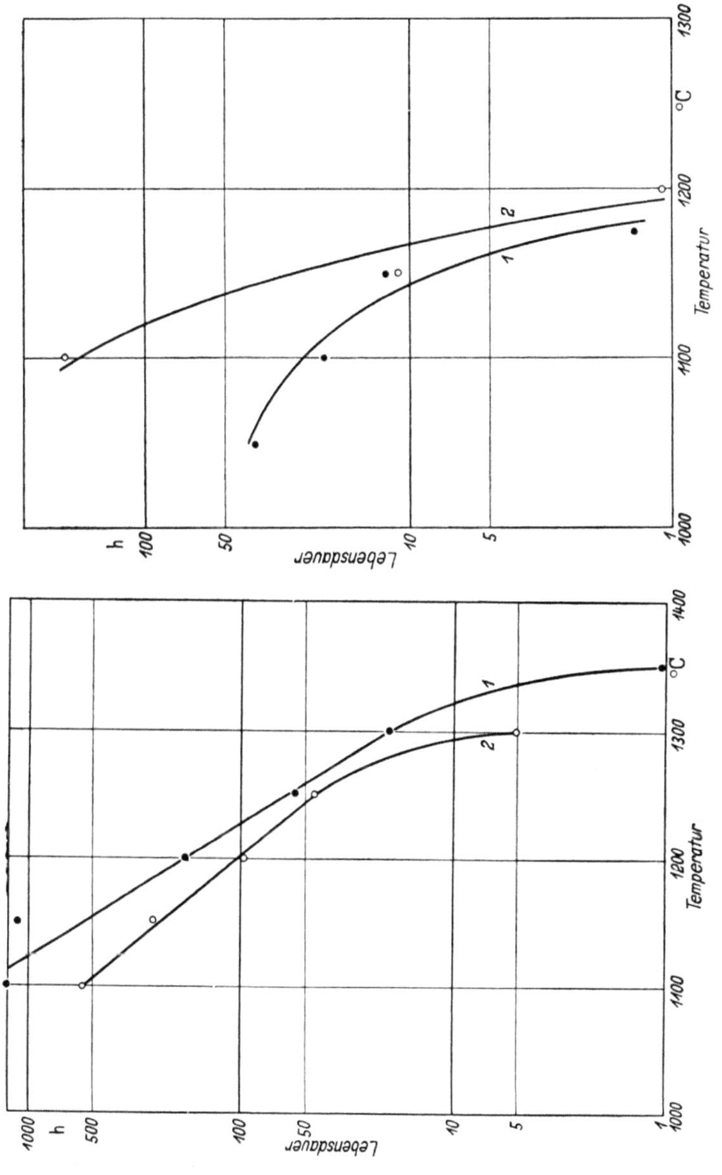

Abb. 257 a u. b. Lebensdauer austenitischer Legierungen in Kohlendioxyd (a) und einem Gasgemisch mit 64,5% H$_2$, 31% CO, 4% CH$_4$ und 0,5% CO$_2$ (b). Kurve 1: NiCr 80:20; Kurve 2: NiCr 30:20

gungen als weitgehend unabhängig von der Temperatur und Glühdauer.

In Kohlendioxyd haben sich sowohl bei der eisenfreien als auch der eisenhaltigen austenitischen Legierung im großen und ganzen höhere Lebensdauern ergeben als in Luft, wie ein Vergleich der Abb. 257 a mit den gestrichelten Kurven in Abb. 247a und b erkennen läßt. Selbst bei höheren Temperaturen ist keine Kohlenstoffaufnahme erfolgt, ein Steilabfall also nicht sehr deutlich ausgeprägt und vergleichbar dem auch in Luft bei Annäherung an den Schmelzpunkt beobachteten.

Kohlenwasserstoffe wirken besonders stark aufkohlend und verringern dementsprechend die Lebensdauer beträchtlich, wie aus Abb. 257b

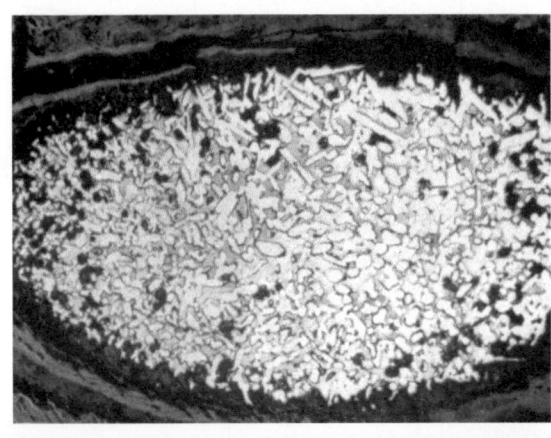

a

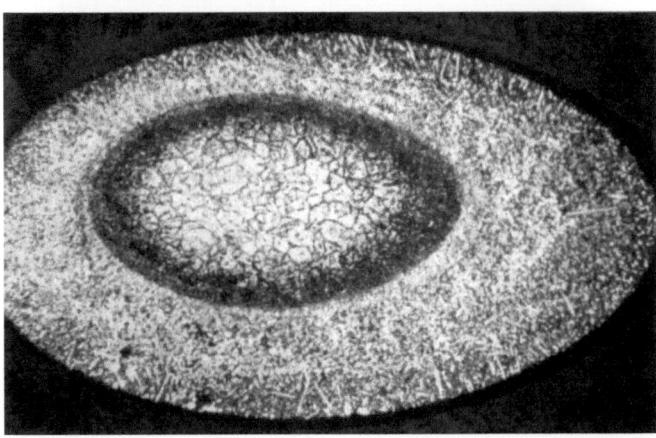

b

Abb. 258a u. b. Schliffbilder von NiCr 30 20 nach Glühung in Kohlenwasserstoffen bei 1150 °C
a) Methan, 85 Stunden; b) Propan, <0,01 Stunden. (Vergr. 100:1)

zu ersehen ist. Ein Methanzusatz von 4 Vol.-% zu einem H_2–CO-Gasgemisch hat bereits eine deutliche Verminderung der Lebensdauer zur Folge, die bei der eisenfreien Legierung am stärksten ausgeprägt ist. Die Abbn. 258a und b zeigen das Ausmaß des Angriffs in Methan und Propan. Besonders auffällig ist der bei Glühungen in Propan häufig beobachtete schmale, dunkel erscheinende Saum sehr feiner Karbidausscheidungen. Dieser Bereich stellt die Front des eindringenden Kohlenstoffs dar, dessen Reaktionsprodukte mit der Legierung, die Karbide, dort noch keine Gelegenheit zu weiterem Wachstum hatten. Während sich in den äußeren Zonen bereits gröbere Karbidausscheidungen gebildet haben, ist der Bereich innerhalb des dunklen Saumes im wesentlichen noch frei von Karbiden.

Bei der Gruppe der ferritischen Werkstoffe erwies sich in kohlenstoffhaltiger Atmosphäre die Reproduzierbarkeit der Versuchsergebnisse als relativ gut. Im ganzen gesehen sind mit Ausnahme der Lebensdauer in Kohlenwasserstoffen die Abweichungen von den in Luft gemessenen Werten geringer als bei den nickelhaltigen Werkstoffen. Dafür sprechen z. B. die Ergebnisse der Lebensdauerprüfung, wie sie für einige Gasgemische in Abb. 259a—c wiedergegeben sind. Auch hier ist wiederum eine Zunahme der Beständigkeit der Werkstoffe mit zunehmendem Gehalt der Glühatmosphäre an oxydierenden Komponenten festzustellen, wie ein Vergleich der Kurven 1 und 2 in Abb. 259a zeigt. Die deutliche Verminderung der Lebensdauer in Exogas mit Sauerstoffzusatz (Kurve 3) wurde auf die Bildung von Wasserdampf an der Drahtoberfläche zurückgeführt, der unter solchen Entstehungsbedingungen offensichtlich einen schädigenden Einfluß hat. Auf Grund der thermodynamischen Verhältnisse bildet sich auch bei dieser Werkstoffgruppe bevorzugt Chromkarbid.

Aus diesen Ergebnissen sollten indessen für die Praxis nicht zu weitreichende Schlüsse gezogen werden, da die selbst in sehr sauerstoffarmen Glühatmosphären auf den ferritischen Werkstoffen gebildete Aluminiumoxydschicht durch eine unter betriebsüblichen Anwendungsbedingungen leicht mögliche örtliche Verletzung erheblich an Schutzwirkung verlieren kann. Solche Schäden können im normalen Betrieb durch mechanische Einflüsse, z. B. durch die Reibung der Heizwicklung auf der keramischen Unterlage hervorgerufen werden und heilen bei ausreichendem Sauerstoffangebot wieder aus, nicht aber mit genügender Sicherheit auch in sauerstoffarmen Gasen.

Auch bei den ferritischen Legierungen hat sich gezeigt, daß die Karbidausscheidungen zunächst an den Korngrenzen und erst im weiteren Verlauf der Glühbehandlung auch im Innern der Kristallkörner gebildet werden. Die Korngröße der einzelnen Karbidteilchen ist im allgemeinen größer als bei den austenitischen Legierungen. Abb. 260a gibt dafür einen anschaulichen Beweis. Nach längerer 1100°-Glühung einer CrAl 25 5-Legierung im Zwei-Minuten-Schaltzyklus waren sowohl die Korngrenzen mit recht groben Karbidpartikeln belegt, als auch hatten sich unmittelbar an der Oberfläche Karbidausscheidungen angereichert. Diese Teilchen zeigen im polarisierten Licht keinen Effekt und sind demnach als kubisch kristallisierendes $Cr_{23}C_6$ anzusprechen, wobei wiederum ein Teil des Chroms durch Eisen ersetzt sein kann. Die

332 Die Reaktionen zunderfester Legierungen

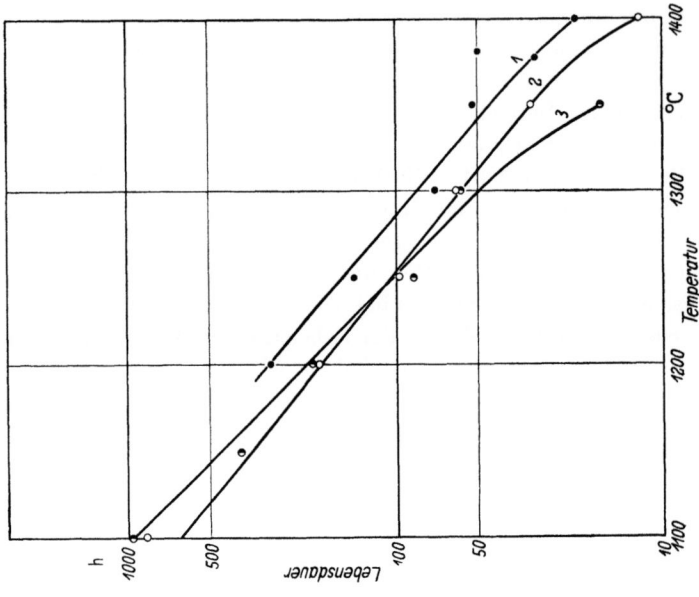

b

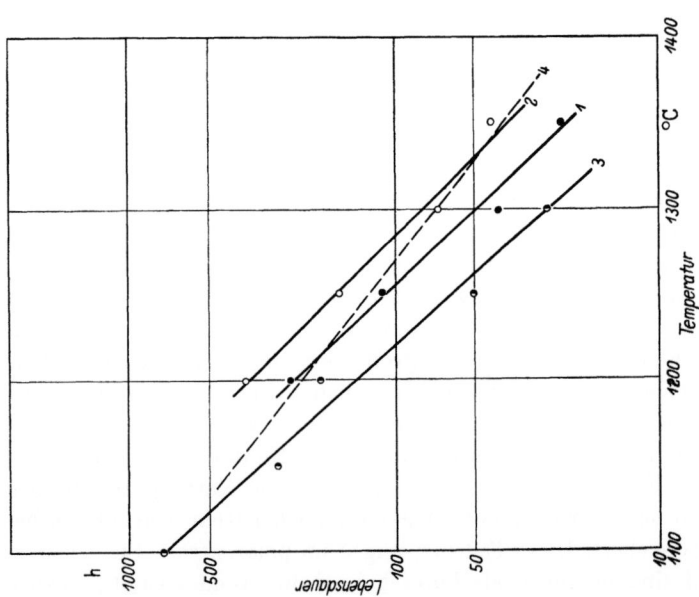

a

Bildung der kohlenstoffärmsten Karbidphase stimmt auch mit dem Ergebnis der röntgenographischen Analyse überein.

Enthält die Glühatmosphäre sowohl Kohlenstoff als auch Stickstoff, so werden außer Karbiden auch Nitridausscheidungen nachgewiesen. Wegen der durch die Aufkohlung verursachten Verarmung der Grund-

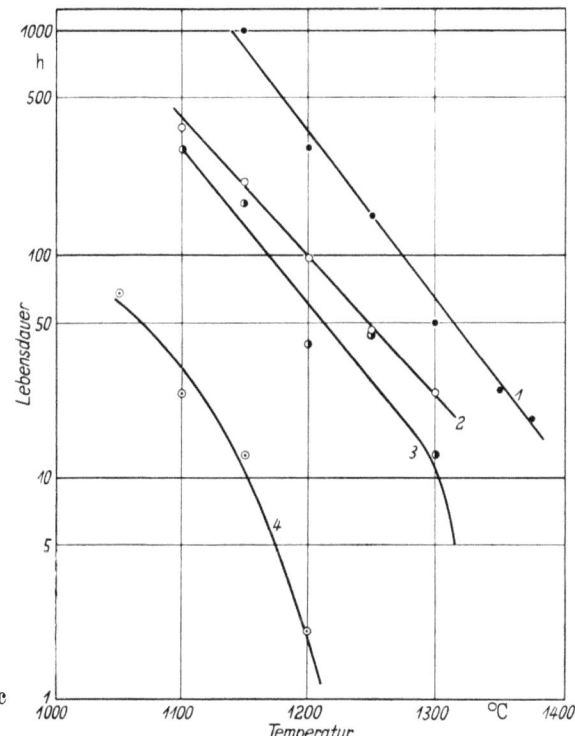

Abb. 259 a—c. Lebensdauer der ferritischen Legierung CrAl 25 5 in verschiedenen kohlenstoffhaltigen Atmosphären und in Luft

a) Kurve *1*: Endogas
Kurve *2*: Exogas
Kurve *3*: Exogas + O₂
Kurve *4*: Luft

b) Kurve *1*: CO
Kurve *2*: CO + 40% H₂
Kurve *3*: CO + 80% H₂

c) Kurve *1*: CO₂
Kurve *2*: 64,5% H₂
31,0% CO
4,0% CH₄
0,5% CO₂
Kurve *3*: Methan
Kurve *4*: Propan

masse an Chrom wird dessen im Vergleich zu Aluminium ohnehin geringere Tendenz zur Nitridbildung weiter vermindert. So wurde nach einer längeren Glühung bei 1200 °C in Endogas neben den Karbidausscheidungen ausschließlich Aluminiumnitrid festgestellt, das im Gegensatz zu den Karbiden eher statistisch über das Gefüge verteilt vorliegt (Abb. 260 b).

Auch durch Kohlenstoffaufnahme können ferritische Legierungen in analoger Weise wie durch Stickstoffeinlagerung bedeutende Gefügeänderungen erfahren, wie Abb. 261 nach einer Glühung in Methan zeigt. In den Kohlenwasserstoffen ist das Ausmaß der Aufkohlung besonders groß; die früheren Korngrenzen erscheinen als breite Karbidkanäle

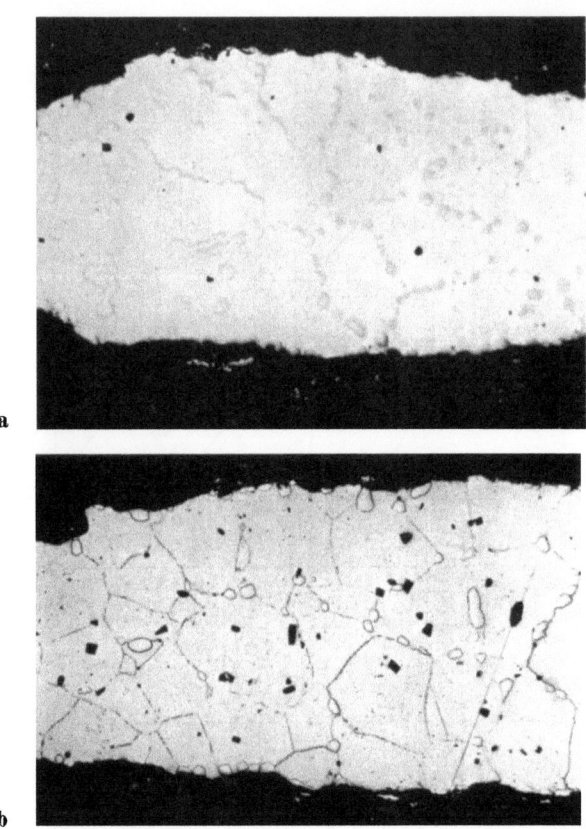

Abb. 260a u. b. Schliffbilder von CrAl 25 5 nach Glühung in aufkohlenden Gasen
a) 400 Stunden bei 1100 °C in 64,5% H_2, 31 CO, 4 CH_4, 0,5 CO_2; b) 260 Stunden bei 1200 °C in Endogas. (Vergr. 100 : 1)

(oberes Bild), während — besonders deutlich im unteren Bild — die Grundmasse völlig perlitisch zerfallen ist. Die gleiche Beobachtung gilt auch für Glühungen in Propan, das schon bei weit niedrigeren Temperaturen eine sehr starke Aufkohlung bewirkte. Auch die ferritischen Legierungen zeigten nach kurzzeitigen Glühungen in Propangas den bei austenitischen Werkstoffen beobachteten scharf begrenzten schmalen Saum sehr feiner Karbidausscheidungen, wie er in Abb. 258b deutlich wurde.

In diesem Zusammenhang ist schließlich noch eine besondere Erscheinung zu behandeln, die recht häufig beim Einsatz austenitischer Heizleiterlegierungen in teilverbrannten, aufkohlenden Gasen — aber nicht nur dort — beobachtet wird und unter der Bezeichnung *Grünfäule* bekannt geworden ist (im angelsächsischen Schrifttum als *green rot*,

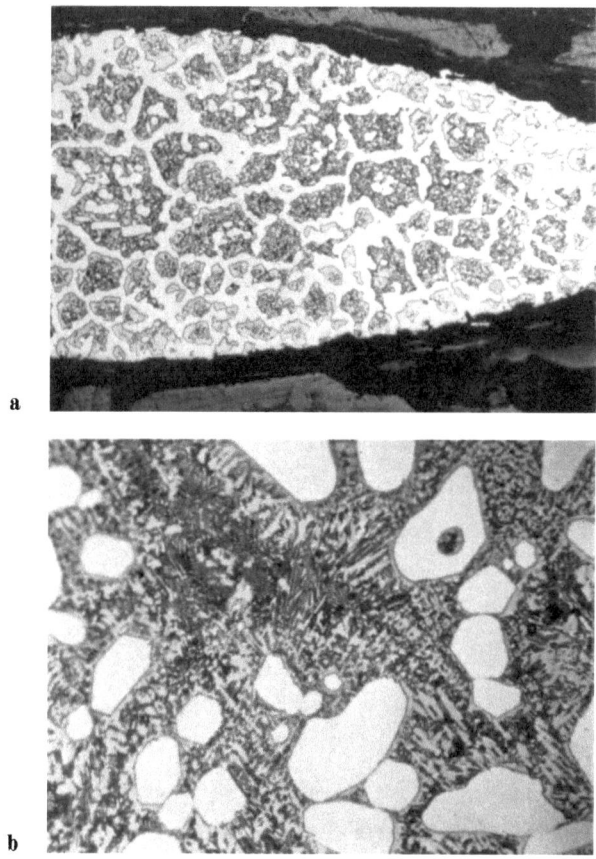

Abb. 261 a u. b. Starke Karbidkonzentration und Gefügeumwandlung bei CrAl 25 5 nach Glühung in Methan
a) 250 Stunden, 1100 °C (Vergr. 100 : 1); b) 40 Stunden, 1300 °C (Vergr. 350 : 1)

im französischen als *carie verte* bezeichnet). Sie ist gekennzeichnet durch eine innere Oxydation vornehmlich entlang der Korngrenzen, wird bei Glühungen in solchen Gasen beobachtet, deren Sauerstoffgehalt zwar eine Oxydation des Chroms gestattet, nicht aber zur Bildung von Nickel- bzw. Eisenoxyd ausreicht und tritt besonders intensiv bei den eisenfreien austenitischen Legierungen auf, während die Wahrscheinlichkeit eines derartigen Angriffs mit steigendem Eisengehalt innerhalb dieser

a
×1

b
×20

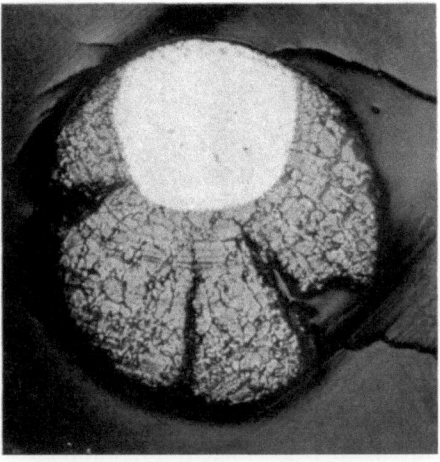
c
×7

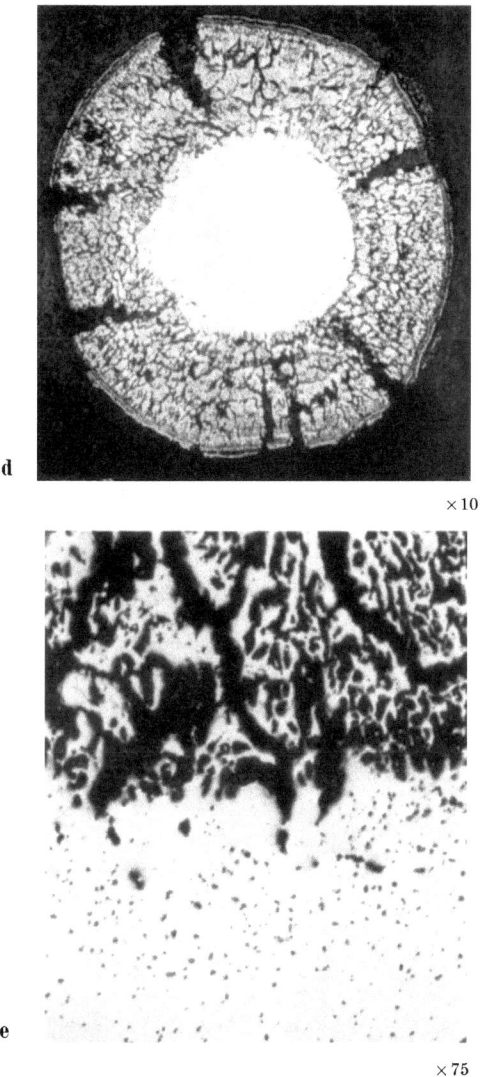

Abb. 262 a—e. Grünfäule bei eisenfreien Nickel-Chrom-Legierungen

Werkstoffgruppe abnimmt; bei den ferritischen zunderfesten Legierungen schließlich ist diese Art des Angriffs unbekannt. Das bestimmende Merkmal eines solchen ungewöhnlichen Oxydationsverlaufs ist die abnorm hohe Geschwindigkeit, mit der dieser Prozeß vonstatten geht. Sind die Bedingungen für die Entstehung der Grünfäule gegeben, so erfolgt die völlige Zerstörung des befallenen Materials meistens in sehr kurzer Zeit.

Die Eigenart des Angriffs bringt es mit sich, daß trotz der sehr schnell verlaufenden und bis tief ins Innere des Materials hinein sich abspielenden Reaktion der elektrische Widerstand und damit die Leistung des betreffenden Heizelements praktisch nicht geändert werden. Demnach sind auch bei örtlich begrenztem Angriff keine heißen Stellen an der Wicklung zu beobachten, wie sie sonst nach erfolgter Schädigung grundsätzlich auftreten, und solcherart anomales Verhalten wird denn auch meistens erst in sehr weit fortgeschrittenem Stadium entdeckt. Diese überraschende Tatsache der Nichtbeeinflussung des elektrischen Widerstandes durch die geschilderte intensive Reaktion dürfte in folgender Weise zu erklären sein: Grünfäule, deren Name von dem erdiggrünen Aussehen einer Bruchstelle befallenen Materials herrührt, wird überwiegend im mittleren Temperaturbereich von etwa 800—950 °C beobachtet. Die ins Innere des Werkstoffs hinein fortschreitende selektive Oxydation des Chroms hat die Bildung einer Schicht, bestehend aus Chromoxyd, metallischem Nickel und je nach Legierung auch Eisen zur Folge. Dadurch nimmt zwar das Metallvolumen bei einer bestimmten Draht- oder Bandlänge ab, dafür ist aber andererseits der spezifische Widerstand des elementaren Nickels (und Eisens) selbst bei den genannten Temperaturen geringer als der der Ausgangslegierung. Die beiden gegenläufigen Einflußgrößen heben sich in etwa auf, und der Gesamtwiderstand bleibt also konstant.

Die heterogen zusammengesetzte äußere Schicht erweist sich als sehr spröde und rissig und vermag dem Fortgang der Reaktion keinen nennenswerten Widerstand entgegenzusetzen. Eine Auswahl von Bildern zeigt das Ausmaß des Zerstörungsprozesses bei NiCr 80 20 verschiedener Elementformen (Abb. 262). Infolge des hohen Nickelanteils der Schicht, der im Schliffbild bei 75facher Vergrößerung deutlich sichtbar wird, ist sie stark ferromagnetisch, ein nützliches Erkennungsmerkmal einer derartigen Ausfallerscheinung.

Eine eindeutige und widerspruchsfreie Erklärung der Grünfäulereaktion hat bislang noch nicht gegeben und die Frage nach den zu ihrer Entstehung notwendigen Voraussetzungen nicht schlüssig beantwortet werden können. Das liegt nicht zuletzt daran, daß erhebliche Schwierigkeiten bestehen, den Effekt im Labormaßstab zu reproduzieren. BUCKNALL und PRICE[1] haben sich eingehend mit diesem Problemkreis beschäftigt und unter bestimmten Bedingungen Grünfäule erzeugen können. Sie haben Nickel-Chrom-Legierungen mit unterschiedlichen Silizium- und Eisengehalten bei 950 °C in einer Wassergasatmosphäre mit und ohne Zusatz von Schwefel und Öldampf geglüht und beobachteten einen anomalen Angriff bevorzugt bei den eisenfreien Legierungen in einer Gasatmosphäre vom Typ des teilverbrannten Stadtgases mit

---

[1] BUCKNALL, E. H., u. L. E. PRICE: Rev. Métall. 45 (1948) 129.

Zusätzen aufkohlender Substanzen. Die Anwesenheit von Eisen oder Silizium verminderte das Ausmaß der Reaktion beträchtlich. Überraschenderweise wurde ebenfalls ein günstiger Einfluß von Schwefelwasserstoff in der Glühatmosphäre festgestellt. Die bevorzugte Absorption des H_2S soll die des Wasserdampfes verhindern, welch letztere als Vorstufe der Eindiffusion von Sauerstoff angesehen wird. Schließlich wurde von den genannten Autoren ein erheblicher Einfluß der Strömungsgeschwindigkeit des Gasgemisches beobachtet.

COPSON, LANG und HOPKINSON[1] konnten ebenfalls in Laborversuchen an austenitischen Legierungen mit unterschiedlichen Chromgehalten Grünfäule erzeugen. Sie haben Kohlenmonoxyd als Glühatmosphäre verwandt und keine bedeutende Abhängigkeit vom Vorhandensein solcher Beimengungen wie Kohlendioxyd, Wasserdampf und Wasserstoff festgestellt. Das Maximum des Angriffs wurde im Temperaturbereich von etwa 800—950 °C beobachtet, während das Ausmaß der Reaktion sowohl bei rd. 700° als auch bei 1000 °C geringer war. Die Ergebnisse erwiesen sich z. T. als sehr wenig reproduzierbar und stark von Verunreinigungsgehalten der verwandten Gase abhängig, ein Befund mehr, der auf die Schwierigkeit einer endgültigen Klärung hinweist. Diese geringe Reproduzierbarkeit wird vielleicht noch unterstrichen durch eigene Versuche, auf die gleiche Weise in trockenem, feuchtem oder alternierend trockenem und feuchtem Kohlenmonoxyd Grünfäule zu erzeugen. Das gelang bei Nickel-Chrom-Legierungen mit 4—20% Cr nur in außerordentlich geringfügigem Ausmaß, selbst bei nur sehr kleinen Gehalten an Silizium, Eisen und anderen Elementen und nach einigen hundert Stunden Glühzeit bei 950 °C. Auch die Behauptung eines günstigen Einflusses geringer Gehalte ausgesprochener Karbidbildner wie z. B. Niob und Titan scheint demnach nicht genügend gesichert zu sein.

Bislang noch nicht völlig geklärt dürfte auch die Frage der Notwendigkeit von Kohlenstoff in der Glühatmosphäre als Voraussetzung für das Auftreten der Grünfäule sein. So wurde z. B. von SPOONER, THOMAS und THOMASSEN[2] ein derartiger Angriff an NiCr-Thermoelementlegierungen mit 10% Chrom und versuchsweise auch an Werkstoffen des Typs NiCr 80 20 bei Glühungen in Luft in sehr engen Schutzrohren beobachtet. Wegen des Sauerstoffverbrauchs und der mangelnden Nachdiffusion ist ein genügend niedriger Sauerstoffpartialdruck innerhalb der umgebenden Gasatmosphäre denkbar, der insbesondere unter dem Zersetzungsdruck von Nickeloxyd liegen kann. Zur Bestätigung wurde eine oxydierte Nickelprobe zusammen mit einer

---

[1] COPSON, H. R., u. F. S. LANG: Corrosion 15 (1959) 194 t.- HOPKINSON, B. E., u. H. R. COPSON: Corrosion 16 (1960) 608 t.
[2] SPOONER, N. F., J. M. THOMAS u. L. THOMASSEN: Trans. A.I.M.M.E. 197 (1953) 844.

oxydfreien Probe der genannten Thermoelementlegierung in einem evakuierten Quarzrohr mehrere Stunden lang bei etwa 1000 °C geglüht. Die Legierung wurde magnetisch und zeigte Grünfäule; die Reaktion ist der Versuchsanordnung entsprechend bei einem Sauerstoffdruck abgelaufen, der kleiner oder gleich dem NiO-Zersetzungsdruck war. Zwar wird auf die fördernde Wirkung von Kohlenstoff, Schwefel und anderen korrosiven Substanzen hingewiesen, die indessen als nicht notwendig zur Erzeugung der Grünfäule erachtet werden.

Im Einklang mit diesen Ergebnissen steht die Beobachtung des gelegentlichen Auftretens von Grünfäule an austenitischen Heizleiterlegierungen in verdichteten Einbettmassen[1]. Wegen des geringen Porenvolumens kann hier ebenfalls eine ausreichende Erniedrigung des Sauerstoffdrucks eintreten und durch die Nachdiffusion von außen lediglich die fortschreitende Cr_2O_3-Bildung gedeckt werden.

e) Der Angriff schwefelhaltiger Gase

Am bekanntesten — weil sehr häufig in der Praxis beobachtet — sind jene Schäden, die durch Reaktion zunderfester Legierungen mit Schwefel und seinen Verbindungen bei höheren Temperaturen hervorgerufen werden. Dabei handelt es sich im allgemeinen nur um Spuren dieses Elements, die z. B. bei nicht ausreichender Gasreinigung in der Glühatmosphäre verbleiben. Andererseits weisen verschiedene in unmittelbarer Nachbarschaft des Heizleiters befindliche oder mit ihm in Kontakt stehende Stoffe, wie keramische Bauteile, Einbettmassen, thermische und elektrische Isolationsmaterialien, Asbest, Ziehmittel, Öle usw., häufig unzulässig hohe Gehalte an Schwefelverbindungen auf, die sich je nach Gebrauchstemperatur und Anwendungsbedingungen mehr oder weniger schädigend auswirken.

Eine zusammenfassende Darstellung des Einflusses von Schwefel auf die Zunderbeständigkeit von Heizleiterwerkstoffen auf Nickel-Chrom-Basis hat vor einigen Jahren WENDEROTT[2] gegeben und dabei im einzelnen auf die Möglichkeiten der Herkunft des Schwefels verwiesen und die Wirkungsweise des Angriffs geschildert. Der Mechanismus der Reaktion unter aufschwefelnden Bedingungen ist schon im älteren Schrifttum sehr ausführlich erörtert worden[3]. Im folgenden sollen die Ursachen der verheerenden Wirkung des Schwefelangriffs und seine Erscheinungs-

---

[1] PFEIFFER, H.: Werkstoffe u. Korrosion 12 (1961) 669.
[2] WENDEROTT, B.: Elektrowärme 16 (1958) 170.
[3] HESSENBRUCH, W.: Metalle und Legierungen für hohe Temperaturen, 1. Aufl., Berlin (1940) S. 147ff. - HOUDREMONT, E., u. G. BANDEL: Arch. Eisenhüttenw. 11 (1937/38) 131. - HESSENBRUCH, W., E. HORST u. K. SCHICHTEL: Arch. Eisenhüttenw. 11 (1937/38) 225. — BANDEL, G.: Arch. Eisenhüttenw. 15 (1941/42) 271.

form aufgezeigt und die Widerstandsfähigkeit der Heizleiterwerkstoffe in Abhängigkeit von ihrer Zusammensetzung besprochen werden.

Besonders störend wirkt sich der Einfluß des Schwefels bei nickelhaltigem Material aus, und das um so mehr, je höher der Nickelgehalt liegt. Demnach ist von allen üblichen Heizleiterlegierungen der Werkstoff NiCr 80 20 am meisten gefährdet, während mit abnehmendem Nickelgehalt die Gefahr ernsthafter Schäden vermindert wird. Als sehr beständig erweisen sich dementsprechend die nickelfreien Werkstoffe, z. B. die ferritische Legierung CrAl 25 5.

Das Versagen der nickelhaltigen Werkstoffe gegenüber einer schwefelhaltigen Umgebung bei höheren Temperaturen beruht auf der Bildung

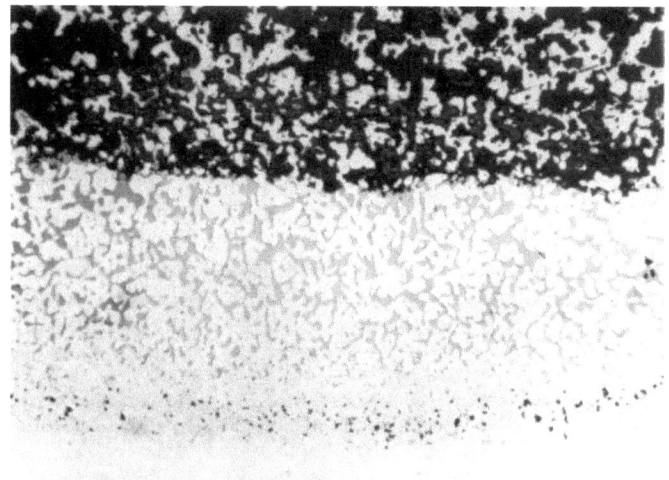

Abb. 263. Starker Schwefelangriff bei NiCr 80 20. (Vergr. 150:1)

des sehr niedrig schmelzenden Eutektikums Ni–Ni$_3$S$_2$ mit einem Sulfidanteil von etwa 80 Gew.-%, dessen Schmelzpunkt bei 645 °C liegt[1]. Dadurch besteht wiederum die Möglichkeit eines stark beschleunigten Reaktionsablaufs, wie wir ihn bereits früher in analoger Weise als katastrophale Oxydation bei Vorhandensein von Vanadinoxyd oder bei der Schmelzpunktserniedrigung austenitischer Legierungen durch Aufkohlung kennengelernt haben. Der erforderliche hohe Schwefelgehalt zur Bildung des genannten Eutektikums kann an der Oberfläche des glühenden Materials je nach der Höhe des Schwefelangebots, nach der Art der vorliegenden Schwefelverbindung, der Temperatur und der Vorbehandlung der Legierung mehr oder weniger leicht erreicht werden.

---

[1] HANSEN, M.: Constitution of Binary Alloys, New York/Toronto/London: McGraw-Hill Book Company Inc. 1958, S. 1035.

Der Angriff konzentriert sich wiederum bevorzugt auf die Korngrenzen, die gegebenenfalls aufschmelzen können und somit eine starke Eindiffusion von Schwefel ermöglichen. Das weit verästelte Geflecht der niedrig schmelzenden Phase zeigt Abb. 263 am Beispiel einer NiCr 80 20-Legierung nach Glühung in schwefelhaltiger Atmosphäre. Die Ausscheidung von Sulfiden an den Korngrenzen hat eine Auflockerung des Metallgefüges und damit eine Abnahme der Duktilität zur Folge; das Material wird spröde und empfindlich gegen mechanische Beanspruchung. Hinzu kommt, daß das Sulfid ein wesentlich größeres Molvolumen hat als das betreffende Metall und diese Volumenzunahme eine Aufweitung der

Abb. 264. Schwefelpocken auf NiCr 80 20. ($^1/_3$ natürl. Größe)

angegriffenen Stellen verursacht. Tab. 29 enthält einige Angaben über die in diesem Zusammenhang am meisten interessierenden Sulfide.

Tabelle 29. *Einige Eigenschaften von Metallsulfiden nach einer Zusammenstellung von* KUBASCHEWSKI *und* v. GOLDBECK[1]

Sulfid	Existenzbereich	Schmelzpunkt [°C]	Volumenquotient	Bildungswärme je g-Atom S [kcal]
Al_2S_3	Al_2S_{3-x} (>950 °C)	1100	3,7	64,3
MgS			1,4	84,0
CrS	$CrS_{1,0-1,17}$		2,5	
Cr_2S_3	$Cr_2S_{2,44-2,96}$			(56)
MnS		1530	2,95	49,0
MnS_2		zers.	4,7	(49)
FeS	$FeS_{1,0-1,3}$	1195	2,57	22,8
FeS_2	$FeS_{1,95-2,05}$	zers.	3,4	20,8
Ni_3S_2	$Ni_3S_{1,75-2,4}$ (700°)	(810)		24,8
NiS	$NiS_{1,0-1,06}$ (500°)	zers.	2,5	20,2
NiS_2	NiS_{2+x}	zers.	4,25	15,9

Nimmt man die Möglichkeit einer nachträglichen Oxydation der Sulfide durch in der Umgebung des Heizleiters immer vorhandenen Sauerstoff oder einer zwischenzeitlich vorgenommenen Glühung in Luft hinzu, so wird die Bildung der häufig beobachteten Ausblühungen, der sogenannten *Schwefelpocken*, verständlich. Abb. 264 zeigt die typische

---

[1] KUBASCHEWSKI, O., u. O. v. GOLDBECK: Metalloberfl. (A) 8 (1954) 33.

Erscheinungsform dieser Pusteln, die treppenförmig ausgebildeten Kegeln gleichen. Sie erwiesen sich im vorliegenden Fall metallographisch als ein Metall-Oxyd-Sulfid-Gemisch, dessen Schwefelgehalt 2,7 Gew.-% betrug.

Wenngleich sich der Schwefel gegenüber den austenitischen Legierungen bereits bei sehr geringen Konzentrationen als ein außerordentlich angriffsfreudiges Element erweist, so spielt doch die Art seiner chemischen Bindung und das Vorhandensein anderer störender Partner eine bedeutende Rolle. So haben FARBER und EHRENBERG[1] an einer Reihe von Metallen und Legierungen das Korrosionsverhalten bei hohen Temperaturen in H_2S und SO_2 untersucht. Dabei zeigte sich erwartungsgemäß die starke Anfälligkeit einer Legierung mit 80% Ni, 13% Cr und 7% Fe in einer Heliumatmosphäre mit 5% H_2S. Unter sonst gleichen Bedingungen erwies sich der Werkstoff in Helium mit einem Zusatz von 5% SO_2 als relativ beständig. Die Korrosion von Nickel durch Schwefelwasserstoff schien durch eine CO-Atmosphäre noch begünstigt zu werden. Schwefelwasserstoff und in gleicher Weise auch Schwefel in elementarer Form greifen bei hohen Temperaturen also sehr viel stärker an als Schwefeldioxyd, das offensichtlich durch Oxydbildung eine gewisse Schutzwirkung gegen die Aufschwefelung ausübt.

Die ferritischen Heizleiterwerkstoffe sind weit beständiger in schwefelhaltigen Glühatmosphären als die austenitischen, und Schwefelverunreinigungen in der Umgebung des Heizelements verursachen keine nennenswerten Schäden. Allerdings kann bei hohen Schwefelgehalten der Gasphase auch mit diesen Legierungen nicht im Bereich zu hoher Temperaturen gearbeitet werden. Zur Veranschaulichung dessen möge ein Beispiel genügen, nämlich die nach kurzer Zeit eingetretene völlige Zerstörung eines Thermoelement-Schutzrohres aus CrAl 25 5, das in einem sogenannten Clausofen zur Schwefelgewinnung bei einer Ofentemperatur von 1100 °C eingesetzt gewesen war. In derartigen Anlagen wird Schwefelwasserstoff mit gerade soviel Luftüberschuß verbrannt, daß Schwefel ausschließlich in elementarer Form gebildet wird.

Das Schutzrohr war demnach bei hoher Temperatur dem Angriff einer Glühatmosphäre mit erheblichen Gehalten an H_2S und Schwefeldampf ausgesetzt. Abb. 265 zeigt das Ausmaß des eingetretenen Zerstörungsprozesses; in dem angeschliffenen Bereich ist die Wandstärke des Rohres auf etwa $1/3$ ihres ursprünglichen Wertes vermindert worden. Die chemische Analyse der äußeren Schicht ergab einen Schwefelgehalt von 36 Gew.-%. Unter der Voraussetzung, daß die Hauptbestandteile der Legierung quantitativ in die stöchiometrisch zusammengesetzten Sulfidverbindungen FeS, Cr_2S_3 und Al_2S_3 überführt worden wären, ergäbe sich ein Gehalt von 42% Schwefel. Demnach hat eine weitgehende Sulfid-

[1] FARBER, M., u. D. M. EHRENBERG: J. electrochem. Soc. 99 (1952) 427.

bildung und insbesondere keine selektive oder auch nur bevorzugte Reaktion der einen oder anderen Legierungskomponente stattgefunden. Der fehlende Anionengehalt dürfte durch Sauerstoff und möglicherweise auch Stickstoff zu ergänzen sein.

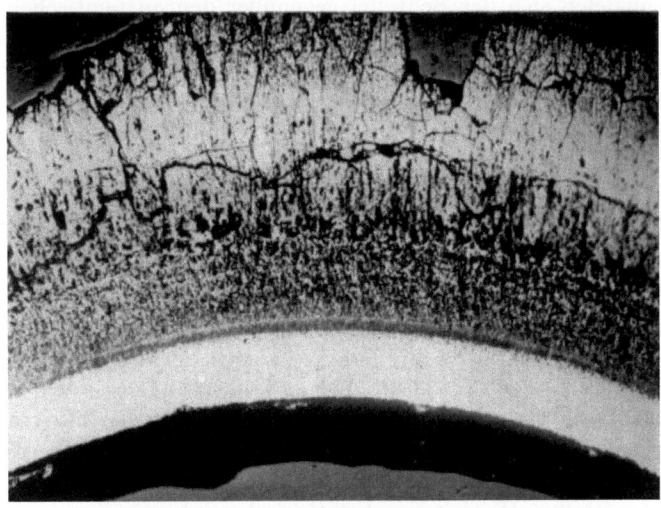

Abb. 265. Sulfidbildung auf einem Thermoelement-Schutzrohr aus CrAl 25 5 in stark schwefelhaltiger Atmosphäre bei hoher Temperatur. (Vergr. 15 : 1)

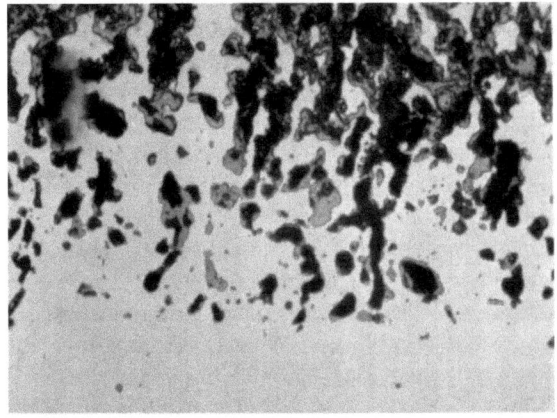

Abb. 266. Wie Abb. 265; Phasengrenze Legierung/Sulfid bei starker Vergrößerung. (Vergr. 300 : 1)

Die gebildete Deckschicht weist deutlich zwei unterschiedliche Bereiche auf, eine kompakte äußere und eine sehr poröse innere Zone. Das spricht wiederum — wie im Kapitel B ausführlich dargelegt — für eine entgegengesetzt gerichtete Diffusion von Metallionen nach außen und Schwefel nach innen. Abb. 266 läßt bei starker Vergrößerung den an der

Phasengrenze Sulfidschicht/Legierung nach Art einer inneren Oxydation in den metallischen Bereich vorgetragenen Angriff des Schwefels erkennen, wobei dort wegen der relativ starken Reaktionstendenz des Aluminiums außer Oxyden vermutlich zunächst bevorzugt Al_2S_3 gebildet wurde.

2. Der Angriff von Halogenen, Salzen, Emaillen und ähnlichen Stoffen auf zunderfeste Legierungen

In diesem Abschnitt wird die Rede sein von Angriffen auf Heizleiterwerkstoffe bei hohen Temperaturen, wie sie häufig z. B. in Salzbad-, Glasschmelz-, Emaillier- und Glasuröfen beobachtet werden. In derartigen Anlagen ist die Atmosphäre in vielen Fällen durch vom Glühgut abgegebene Halogenverbindungen, besonders durch chlor- und fluorhaltige verunreinigt. Diese Stoffe greifen — wie auch die elementaren Halogene selbst — hitzebeständige Legierungen bereits bei mittleren Temperaturen sehr stark an. Während Salze im allgemeinen eine Verschlakkung und Auflösung der Oxydschichten verursachen und nur einen indirekten Einfluß auf den metallischen Bereich ausüben, dringen die Halogene selbst tief ins Innere der Legierungen ein und bilden Schwermetall-Halogenide, die zum Teil als flüssige Phase vorliegen können. Dabei werden die oxydischen Deckschichten nur wenig angegriffen, worauf übrigens das Verfahren zur Isolierung von Oxydeinschlüssen in Stählen vermittels elementaren Chlors beruht.

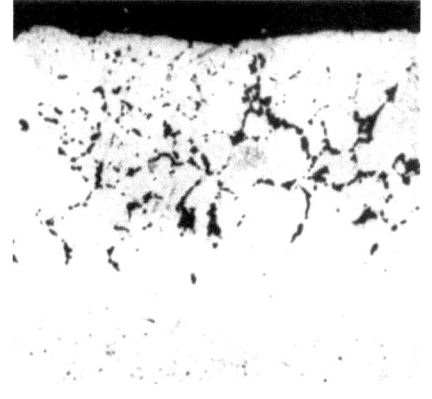

Abb. 267. Chlorangriff auf ein NiCr 80 20-Heizelement einer Chloriermuffel, nach HESSENBRUCH[1]. (Vergr. 75 : 1)

Abb. 267 zeigt einen Längsschliff durch einen Draht aus NiCr 80 20, der als Heizleiter für einen Chlorier-Ofen diente. Äußerlich erschien die Wicklung noch unversehrt, obwohl bereits ein tiefgreifender Angriff und an einzelnen Stellen eine völlige Zerstörung stattgefunden hatte. Durch einen Riß in der Chloriermuffel war Gas ausgetreten und hatte mit der Wicklung reagiert. Ein Salzsäureangriff äußerte sich in ähnlicher Weise, wie Abb. 268 zeigt. Darauf sollte bei der Glühung sauer gebeizten Materials geachtet werden. Wenngleich am Glühgut keinerlei Schäden

---

[1] HESSENBRUCH, W.: Metalle und Legierungen für hohe Temperaturen, 1. Aufl., Berlin (1940) S. 146/47.

auftreten, so läßt doch dessen Glühzeit keinen Vergleich mit der des Heizleiters zu, der außerdem bei erheblich höherer Temperatur arbeitet. Besonders stark greifen fluorhaltige Gase an, worauf bei der Zusammenstellung von Emaillen soweit als möglich Rücksicht zu nehmen ist.

ARBELLOT[1] hat sich mit dem Verhalten von Nickel und seinen Legierungen bei Anwesenheit von Halogenen befaßt und z. B. für Chlor und Salzsäure als höchste Anwendungstemperatur der Werkstoffe etwa 500 °C angegeben. Da zumeist höhere Betriebstemperaturen in Frage kommen, werden nur durch geeignete Abschirmungen der halogenempfindlichen Heizelemente genügende Lebenserwartungen zu gewährleisten sein. Nach TETER und RITCHIE[2] kann in Flußsäure-Wasserdampf noch bei 575 °C eine hinreichende Beständigkeit von Nickel-Chrom-Legierungen bei gleichzeitig guter Warmfestigkeit erwartet werden.

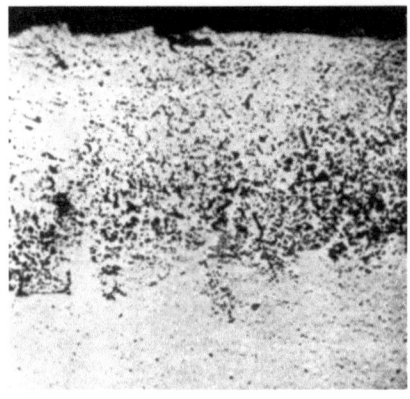

Abb. 268. Angriff von Salzsäuredämpfen auf eisenfreies Nickel-Chrom bei 900 °C, nach HESSENBRUCH. (Vergr. 180 : 1)

Zum Härten, Vergüten, Nitrieren und Aufkohlen von Stählen werden in der Technik häufig Salzbäder, bestehend aus verschiedenen Chloriden, Fluoriden, Nitraten und Karbonaten verwendet, die je nach Zusammensetzung und damit der Lage ihrer Schmelzpunkte für die jeweiligen Zwecke eingesetzt werden. Das Tiegelmaterial und bei mangelnder Abdichtung auch die Heizwicklungen sind dabei den stärksten Angriffen ausgesetzt. Die geschmolzenen Salze nehmen Metalloxyde verhältnismäßig leicht in Lösung auf, und eine durch vorherige Oxydation gebildete Oxydschicht hat keinen besonderen Einfluß auf die Zerstörungsgeschwindigkeit der Legierungen bei Kontakt mit Salzen oder ihren Dämpfen.

Die auffälligste Erscheinung derartiger Angriffe auf zunderfeste Nickel-Chrom-Legierungen ist die von vielen Autoren gemachte Beobachtung der Entstehung von Hohlräumen im metallischen Bereich[3], die sich von der Oberfläche her ins Innere hinein ausbreiten. Diese an den Kirken-

---

[1] ARBELLOT, L.: Corrosion et Anticorrosion 5 (1957) 112.
[2] TETER, E. K., u. C. F. RITCHIE: N. S. Atomic Energy Commission Rep. 1959 (NYO–1330).
[3] MANLY, W. D., J. H. COOBS, J. H. DE VAN, D. A. DOUGLAS, H. INOUYE, P. PATRIARCA, T. K. ROCHE u. J. L. SCOTT: Progress in Nuclear Energy 2 (1960) 164. – BAKISH, R., u. F. KERN: Corrosion 16 (1960) 533 t. – EDELEANU, C., J. G. GIBSON u. J. E. MEREDITH: J. Iron Steel Inst. 196 (1960) 59. – MOSKOWITZ, A., u. L. REDMERSKI: Corrosion 17 (1961) 305 t.

dall-Effekt erinnernde und z. B. von MANLY und EDELEANU damit in Beziehung gebrachte Löcherbildung ist weitgehend unabhängig von der Art der verwendeten Salzbäder und der jeweils gewählten Legierungszusammensetzung. Abb. 269 zeigt das Ausmaß der Zerstörung am Beispiel einer Nickel-Chrom-Eisen-Legierung mit 15% Cr und 7% Fe nach einer Eintauchzeit von 6 Tagen bei 800 °C. Als Salzbad war ein äquimolekulares Gemisch von Natrium- und Kaliumchlorid mit einem Zusatz von 20% K_2TaF_7 und Spuren von Chlor verwandt worden, das während der Versuchsdauer unter Stickstoff gehalten wurde. Wachsen mehrere Poren zu größeren Hohlräumen zusammen, so vermögen sich einzelne Bereiche des porösen, schwammartigen Materials abzulösen, wie in der

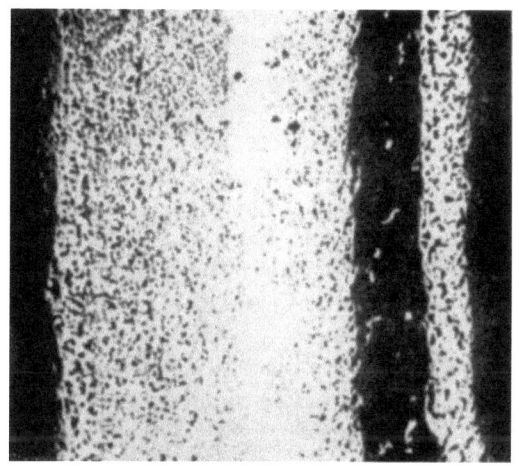

Abb. 269. Bildung von Löchern in einer Nickel-Chrom-Eisen-Legierung durch Salzangriff, nach BAKISH und KERN. (Vergr. 60 : 1)

Abbildung deutlich wird. BAKISH und KERN[1] gaben für die vorgenannten Bedingungen eine Eindringgeschwindigkeit der porösen Zone von 0,03—0,04 mm je Tag an, wobei die Poren sowohl an den Korngrenzen als auch innerhalb der einzelnen Kristallite beobachtet wurden.

Analytisch ließ sich bei dem angegebenen Beispiel in der korrodierten Oberfläche eine weitgehende Verarmung an Chrom und weniger ausgeprägt an Eisen nachweisen. Das Ergebnis (0,5% Cr, 2,8% Fe und 96,6% Ni) ist interessant und lehrreich und vermittelt neben dem metallographischen Befund einen sicheren Hinweis auf den Mechanismus des Salzangriffs, der letztlich in einer selektiven Korrosion zu sehen ist. Durch Reaktion an der metallischen Oberfläche mit in der Salzschmelze gelöstem Sauerstoff, Chlor oder anderen Oxydationsmitteln wird besonders das

---

[1] s. Vorseite ³ R. BAKISH u. F. KERN.

Chrom wegen seines relativ unedlen Charakters abgebunden, und in oberflächennahen Bereichen tritt bevorzugt an den Korngrenzen eine entsprechende Verarmung der Legierung ein, die um so schneller erfolgen kann, als die Salzschmelze die Bildung einer schützenden Deckschicht verhindert. Bei ausreichend hoher Temperatur löst das durch ständigen Chromverbrauch aufrechterhaltene Konzentrationsgefälle einen Materiestrom aus, der darin besteht, daß Chrom über Leerstellen und Korngrenzen aus den inneren Bereichen heraus an die Oberfläche diffundiert. Die dadurch verursachte Erhöhung der Leerstellenkonzentration führt alsbald zur Übersättigung des Gitters und wird durch Ausscheidung von Leerstellen in Form sichtbarer Löcher abgebaut. Dieser Prozeß vermag bis zum völligen Verbrauch des vorhandenen Chroms zu führen, wenn nicht lange vorher bereits der betreffende Werkstoff wegen der zugleich verminderten Oxydationsbeständigkeit ausgefallen ist.

Die einzige Möglichkeit einer Abhilfe dürfte in diesem Falle darin bestehen, die selektive Korrosion und damit die ausgeprägte Chromverarmung von vornherein zu verhindern und also für hinreichend reduzierende Bedingungen Sorge zu tragen. Ein solcher Weg erscheint allenfalls denkbar im Hinblick auf eine Verbesserung der Lebensdauer des Tiegelmaterials. Schwieriger oder gar unwirtschaftlich dürfte dagegen der Versuch ausfallen, die Heizelemente selbst in gleicher Weise schützen zu wollen, die — wenn auch nicht durch direkten Kontakt — leicht durch Salzspritzer oder -dämpfe zerstört werden können.

Auch die Verwendung ferritischer Legierungen bietet unter diesen Bedingungen keinerlei Vorteile. Zwar unterscheidet sich das Erscheinungsbild des Salzangriffs insofern von dem soeben geschilderten, als hier keine auffällige Löcherbildung beobachtet wird; dagegen ist die Stärke des Angriffs und das Ausmaß der Schädigung von Oxyd und Legierung mindestens vergleichbar der entsprechenden Anfälligkeit austenitischer Werkstoffe.

Der Befund der selektiven Korrosion mit ihren Folgeerscheinungen ist nicht auf Nickel-Chrom-(Eisen-)Legierungen beschränkt, wie aus Untersuchungen von SMITH und HOFFMAN[1] hervorgeht. Vielmehr tritt sie in analoger Weise z. B. auch bei Nickel-Molybdän-Eisen-Legierungen mit jeweils etwa 10—20% Mo und Fe bei 815 °C in geschmolzenem Natriumhydroxyd auf. Wie dort das Chrom, so werden hier Molybdän und Eisen selektiv herausgelöst, und es bilden sich in gleicher Weise poröse Bereiche an der Oberfläche.

Andere Salze, wie z. B. Sulfate und Phosphate, erweisen sich als weit weniger schädigend als die Halogenverbindungen, wie WADDAMS, WRIGHT und GRAY[2] für eine Legierung auf der Basis NiCr 80 20 gezeigt

---

[1] SMITH, G. P., u. E. E. HOFFMAN: Corrosion 13 (1957) 627t.
[2] WADDAMS, J. A., J. C. WRIGHT u. P. S. GRAY: J. Inst. Fuel 32 (1959) 246.

Der Angriff von Halogenen, Salzen, Emaillen auf zunderfeste Legierungen 349

haben. Eine Auswahl der Versuchsergebnisse ist in Tab. 30 enthalten, in der die Gewichtsverluste in das Korrosionsmedium eingetauchter Rohre mitgeteilt sind. Mit Ausnahme der Versuche in Na_2SO_4 + 1% NaCl waren die Ergebnisse recht gut reproduzierbar.

Tabelle 30. *Gewichtsabnahme einer austenitischen Legierung nach 24 Stunden bei 800 °C in mg/cm^2*

Korrosionsmedium	ohne Zusatz	mit Zusatz von 1% NaCl
Luft	0,40	—
Na_2SO_4	0,57	1,7—435,0
K_2SO_4	0,94	34,4
$CaSO_4$	0,86	3,3
$MgSO_4$	0,74	2,2
NaCl	21,70	—
$Ca_3(PO_4)_2$	0,40	10,8
Na_2HPO_4	1,17	30,0
Na_2SiO_3	4,37	12,5

Im Gegensatz zu vorher besprochenen Angriffen hat es sich hier allerdings um die Korrosion durch Salz in festem Aggregatzustand gehandelt. Eine Ausnahme bildet vielleicht das Natriumchlorid, dessen Schmelzpunkt gerade bei 800 °C liegt. Der Mechanismus des kombinierten Sulfat-

Abb. 270. Örtlich begrenzter Angriff auf ein Heizelement aus NiCr 80 20 in einem Glasurbrennofen. (Vergr. 15 : 1)

Chlorid-Angriffs wird in einer Zerstörung der Oxydschicht durch NaCl, der Reduktion der Sulfate zu Sulfiden an der metallischen Oberfläche und der Eindiffusion von Schwefel mit allen Folgeerscheinungen gesehen und diese Annahme durch metallographische Untersuchungen erhärtet.

Wie tiefgreifend sich häufig unter ähnlichen Anwendungsbedingungen selbst örtlich begrenzte Korrosionsschäden auswirken, zeigt an einem besonders drastischen Beispiel ein Längsschliff durch eine Heizwicklung aus NiCr 80 20, die in einem Glasurbrennofen eingesetzt war (Abb. 270).

Der lokal aufgetretene Angriff hat letztlich zu einer Querschnittsverminderung geführt und damit ein Aufschmelzen der Legierung im Bereich des Angriffszentrums bewirkt, wie das tief ins Innere des Materials hineinreichende Schmelzgefüge erkennen läßt. Als weiteres Beispiel der Zerstörung unter derartigen Bedingungen zeigt Abb. 271 eine Heizwicklung aus CrAl 25 5, in deren unmittelbarer Nähe Glas zum Schmelzen

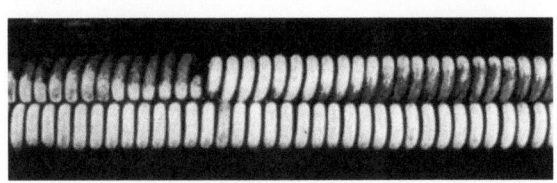

Abb. 271. Einseitiger Angriff auf eine Heizwendel aus CrAl 25 5 in einem Glasschmelzofen; die einzelnen Wendelabschnitte sind willkürlich zusammengelegt.
($^1/_3$ natürl. Größe)

gebracht wurde. Man erkennt auf einer Seite der Drahtwendel die normal ausgebildete Oxydschicht, während auf der dem schmelzflüssigen Glas zugewandten Seite ein starker Angriff stattgefunden hat.

3. Der Angriff geschmolzener Metalle

Zum Schmelzen von Metallen wie Aluminium, Zink, Zinn und Blei mit ihren niedrigen Schmelzpunkten werden in der Praxis vorwiegend elektrisch beheizte Öfen verwandt, obwohl die Lebensdauer der Heizelemente häufig nur gering ist. Dieser Nachteil liegt in den außerordentlich schweren Schäden begründet, die durch flüssige Metalle oder auch Metalldämpfe am Heizleiter hervorgerufen werden. Sie zerstören die Oxydschicht, diffundieren in die Legierung ein und erniedrigen bei ausreichendem Angebot den Schmelzpunkt, so daß durch auslaufendes Material tiefe Löcher an der Oberfläche entstehen können. Zugleich geben sie Anlaß zu unerwünschten Eigenschaftsänderungen, wie Gitterumwandlungen und Änderungen der Leitfähigkeit und des thermischen Ausdehnungsverhaltens. Schließlich vermindern sie wegen ihrer Anreicherung in oberflächennahen Bereichen die Oxydationsbeständigkeit der betreffenden Werkstoffe und wirken sich nachteilig auf die Zusammensetzung der im weiteren Verlauf der Glühung gebildeten Zunderschichten aus.

Mit ähnlichen Folgeerscheinungen ist beim Kontakt mit Schwermetalloxyden bei höheren Temperaturen zu rechnen. Hier überwiegt indessen die Reaktion mit der schützenden Deckschicht des Heizleiters, während die Eindiffusion des Fremdmetalls nur nach vorheriger Reduktion seiner Oxydverbindungen erfolgen kann und dementsprechend nur selten beobachtet wird. Die Sonderstellung niedrigschmelzender Oxyde, wie die des Vanadins und Molybdäns und ihr Einfluß auf das Zunderverhalten von Metallen und Legierungen, ist bereits unter dem Gesichtspunkt der katastrophalen Oxydation im Kapitel B ausführlich behandelt worden.

Einige Abbildungen sollen das Ausmaß der Zerstörungen veranschaulichen, wie sie durch Zinn, Aluminium, Kupfer oder Blei in Berührung mit Heizleiterlegierungen bei höheren Temperaturen entstehen. Die Schäden wurden jeweils in Industrieöfen beobachtet, und genaue Einsatzbedingungen sind nicht bekannt. Sie haben in diesem Zusammenhang auch keine erhebliche Bedeutung, da in allen Fällen sichergestellt ist, daß der erkennbare Angriff allein durch die genannten Metalle hervorgerufen wurde.

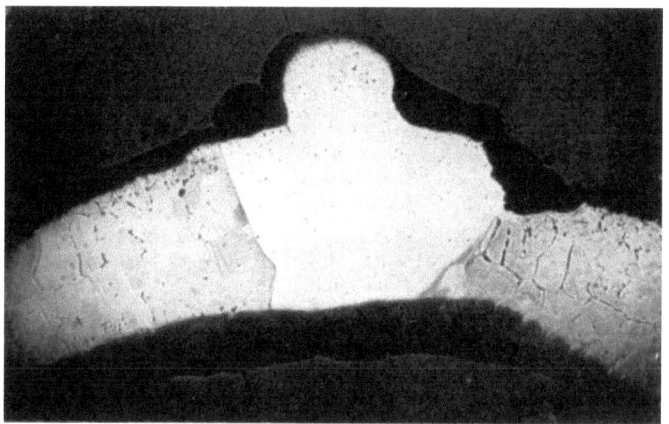

Abb. 272. Zerstörung einer CrAl 25 5-Legierung durch Zinn. (Vergr. 10 : 1)

Abb. 272 zeigt die Gefügeumwandlung der ferritischen Legierung CrAl 25 5 durch Berührung mit flüssigem Zinn. Das Material ist örtlich völlig durchlegiert, wie die unterschiedliche Gefügeausbildung mit scharfer Reaktionsfront erkennen läßt. Auch Aluminium diffundiert sehr rasch ein, wofür die Abb. 273 für den Fall einer eisenfreien Nickel-Chrom-Legierung ein anschauliches Beispiel liefert. Hier waren in einem Warmhalteofen für Aluminiumschmelzen Metallspritzer auf die Heizwicklung gelangt und die betroffenen Wendeln innerhalb kurzer Zeit ausgefallen.

Der Angriff flüssigen Kupfers auf eine CrNi 25 20-Legierung, die als Förderband in einem Hartlötofen eingesetzt war, äußerte sich dagegen in einer bevorzugten Zerstörung der Oxydschicht, die völlig borkig und rissig erscheint (Abb. 274). Winzige Schmelztröpfchen des verwendeten Hartlots waren bereits mit bloßem Auge auf der Oberfläche festzustellen. Auch durch Reaktion mit Bleidämpfen wurde im Anfangsstadium die oxydische Deckschicht einer Eisen-Chrom-Aluminium-Legierung völlig

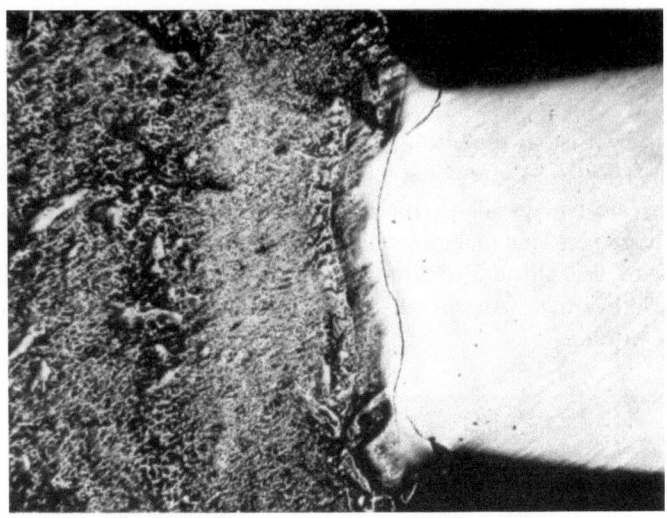

Abb. 273. Durch Aluminiumspritzer zerstörtes Heizelement aus NiCr 80 20. (Vergr. 20 : 1)

Abb. 274. Zerstörung einer CrNi 25 20-Legierung durch flüssiges Kupfer. (Vergr. 10 : 1)

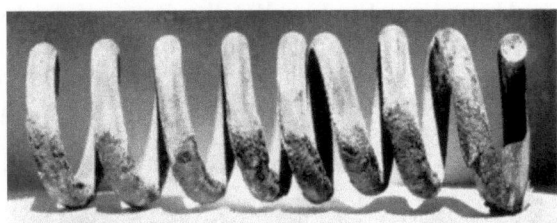

Abb. 275. Einseitiger Angriff von Bleidämpfen auf eine Heizwicklung aus CrAl 25 5. (Natürl. Größe)

Einfluß von keramischen Stoffen auf das Oxydationsverhalten 353

verschlackt, wie Abb. 275 erkennen läßt. Man sieht deutlich die der verunreinigten Atmosphäre zugewandte Seite der Wicklung, während die gegenüberliegenden Wendelabschnitte normal oxydiert erscheinen.

Die hier geschilderten Angriffe bei höheren Temperaturen sind derart verheerend, die Legierungsfreudigkeit jener niedrigschmelzenden Metalle im allgemeinen so groß und die Zerstörung vorhandener Oxydschichten so intensiv, daß Abhilfemaßnahmen am ehesten auf konstruktivem Wege gesucht werden sollten. Zwar nutzt man häufig die günstige Energiebilanz bei freistrahlender Anordnung der Heizelemente aus, sollte aber unter Inkaufnahme mancher Nachteile davon Abstand nehmen, wenn sich auf anderem Wege die Gefahr einer Berührung mit Metallen nicht mit Sicherheit ausschließen läßt.

4. Der Einfluß von keramischen Stoffen auf das Oxydations- und Korrosionsverhalten von Heizleiterlegierungen

Die Berührung zwischen Heizelementen und keramischen Stoffen läßt sich in betriebsfertigen Anlagen im allgemeinen nicht umgehen, sei es, daß feuerfeste Steine zur Auflage dienen, sei es, daß die Elemente mit Verschmiermassen festgelegt oder in Isoliermassen eingepreßt werden, wie z. B. bei Rohrheizkörpern und Massekochplatten. Immer besteht die Möglichkeit einer Reaktion der feuerfesten Massen oder bestimmter Bestandteile derselben mit der Oxydschicht des Heizleiters, die dadurch ihre schützenden Eigenschaften verlieren kann.

Zur Erörterung dieses für die Elektrowärmetechnik bedeutenden Fragenkomplexes, der in der Literatur nur wenig Berücksichtigung gefunden hat, sollen im wesentlichen Untersuchungsergebnisse von PFEIFFER[1] herangezogen werden. Es erscheint zweckmäßig, eine Aufteilung nach zwei in ihrer Art unterschiedlichen Gesichtspunkten vorzunehmen.

a) Einfluß keramischer Stoffe auf die Oxydbildung bei hohen Temperaturen

Zur Bestimmung des Einflusses von Isoliermassen wurde nach einem geeignet abgewandelten Verfahren die Lebensdauer 0,4 mm starker Drähte im Kontakt mit keramischen Stoffen gemessen und mit entsprechenden Ergebnissen in Luft verglichen. Die in beiderseits offene Keramikschiffchen eingebrachten Prüfwendeln waren bis zu halben Höhe in der zu untersuchenden Masse locker eingebettet. Nach jeweils achtstündiger kontinuierlicher Glühung wurde für die Dauer von 10 Minuten abgekühlt und dabei Raumtemperatur erreicht.

---
[1] PFEIFFER, H.: Werkstoffe u. Korrosion 12 (1961) 669.

Insgesamt sind 34 im Handel befindliche Isoliermassen mit den Hauptbestandteilen Al_2O_3, MgO und SiO_2 im Hinblick auf ihr Verhalten gegenüber typischen Heizleiterlegierungen bei hohen Temperaturen geprüft worden. Dabei ergab sich, daß nur etwa der dritte Teil dieser Massen keinerlei nachteiligen Einfluß auf ferritische wie austenitische Werkstoffe ausübte und alle übrigen mehr oder weniger starke Schäden hervorriefen. Zwar sind die Gebrauchstemperaturen bei entsprechenden Anwendungsfällen im allgemeinen weit niedriger als die hier gewählten Prüftemperaturen, die bei 1200 °C und höher lagen, andererseits kann sich aber ein negativer Einfluß irgendeiner Isoliermasse auf das Oxydationsverhalten der zunderfesten Legierungen durchaus über weite Temperaturbereiche erstrecken, und schließlich ist die Möglichkeit eines Temperaturstaus am Heizelement in Erwägung zu ziehen.

Zur Bestimmung der Anfälligkeit der verschiedenen Legierungen wurde für jeden Werkstoff die mittlere prozentuale Erniedrigung der Lebensdauer in sämtlichen geprüften Isoliermassen gegenüber der unter analogen Bedingungen an Luft gemessenen angegeben. Dabei zeigte sich, daß eine Schädigung bei den ferritischen Heizleiterlegierungen im Mittel in geringerem Maße erfolgte als bei austenitischem Material. Dem steht allerdings die hier nicht berücksichtigte relativ hohe Korrosionsanfälligkeit der erstgenannten Gruppe gegenüber. Bei den Legierungen auf Nickel-Chrom-(Eisen-)Basis steigt eindeutig die Anfälligkeit gegenüber ungeeigneten Massen mit zunehmendem Eisengehalt.

Eine Voraussage über die eventuelle Beeinflussung des Oxydationsverhaltens von Heizleiterlegierungen durch Einbettmassen ist nicht allein auf Grund analytischer Gehaltsbestimmungen möglich. So sind es zwar häufig, aber doch nicht grundsätzlich vor allem Eisenoxyd- und Alkaliverunreinigungen, die einen besonders nachteiligen Einfluß haben; zur Erzielung einer weitgehenden Sicherheit sollte trotz aller Vorbehalte die chemische Analyse zur Qualitätsbeurteilung einer Isoliermasse herangezogen werden. Eine im wesentlichen aus Al_2O_3 und SiO_2 bestehende Einbettmasse wies außer anderen Verunreinigungen 2,5% Eisenoxyd auf und beeinträchtigte die Lebensdauer der austenitischen Legierungen sehr stark, die der ferritischen dagegen nicht. Andererseits wurde reinem Sintermagnesit bis zu 4,5% Eisenoxyd zugesetzt und trotzdem bei sämtlichen zunderfesten Werkstoffen keine Verminderung der Lebensdauer bei 1200 °C festgestellt. Hier wie auch bei anderen Zusatzstoffen spielt offensichtlich eine entscheidende Rolle, in welcher Form gebunden sie in der Masse vorliegen, welche Reaktionsmöglichkeiten bestehen und welchen Temperaturen die betreffende Anlage ausgesetzt wird.

Weiterhin soll eine für den Einsatz bei hohen Temperaturen bestimmte Isoliermasse möglichst frei von Alkaliverbindungen sein, wenn auch hier

Einfluß von keramischen Stoffen auf das Oxydationsverhalten 355

wiederum nicht unter allen Umständen Nachteile zu erwarten sind. So wurde beispielsweise bei Verwendung normalen Kaolins mit einem K_2O-Gehalt von etwa 1% zwar eine Beeinträchtigung des Hochtemperaturverhaltens der austenitischen, nicht aber der ferritischen Legierungen beobachtet, während sich eine weitere Isoliermasse mit einem Alkaligehalt von 0,4% sämtlichen Werkstoffen gegenüber völlig neutral verhielt. Auf den nachteiligen Einfluß vorhandener Schwefelverunreinigungen, die zumindest bei austenitischem Material zu ernsthaften Schäden Anlaß geben können, sei in diesem Zusammenhang nur noch einmal nachdrücklich hingewiesen.

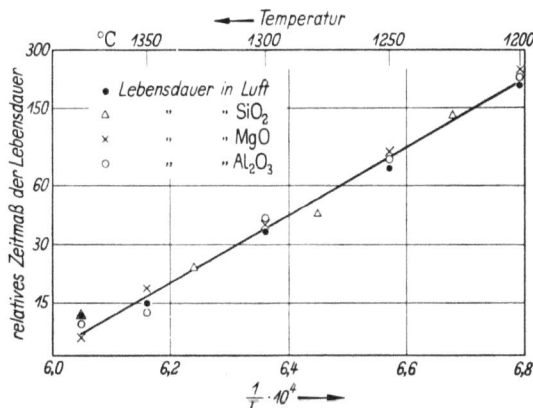

Abb. 276. Die Lebensdauer von CrAl 30 5 in reinen Isoliermassen in Abhängigkeit von der Temperatur

Reine Massen auf Al_2O_3-, MgO- oder SiO_2-Basis geben im allgemeinen nur wenig Anlaß zu Störungen[1]; deshalb ist auch die Beanspruchung der zunderfesten Werkstoffe in trockenen und meistens noch verdichteten Füllmassen im Vergleich zu anderen Möglichkeiten eines Kontaktes mit keramischen Massen gering. Dagegen besteht besonders bei den sogenannten Verschmiermassen die Gefahr eines Angriffs; sie werden zur Erzielung einer genügenden Verbundfähigkeit mit bestimmten Zusätzen versehen, die bei feuchter Aufbringung sowohl Korrosionsschäden verursachen, als auch die Lebensdauer bei hohen Temperaturen beeinträchtigen können.

In Abb. 276 sind Versuchsergebnisse der Lebensdauerprüfung in den genannten reinen Massen und zum Vergleich in Luft zusammengestellt, die an einer Legierung CrAl 30 5 im Temperaturbereich von 1200 bis

---

[1] Vgl. auch BACKHAUS, K.: VDE-Fachberichte 18 (1954); Jahrb. d. Elektrowärme (1956) S. 447.

1380 °C gewonnen wurden. Wegen der gewählten Schaltperiode ist in diesem Fall die Lebensdauer praktisch gleich der Glühzeit. Die Streuungen und Abweichungen der einzelnen Werte voneinander sind derart gering, daß der Temperaturverlauf der Lebensdauer unter den verschiedenen Bedingungen durch nur eine Gerade wiedergegeben werden kann; eine negative Beeinflussung durch die reinen Isoliermassen ist also nicht in Erscheinung getreten. Damit ist erwiesen, daß die Ursache

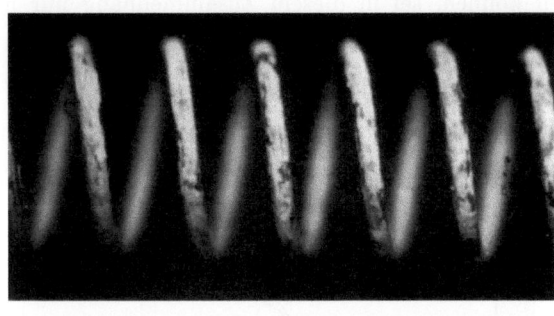

a

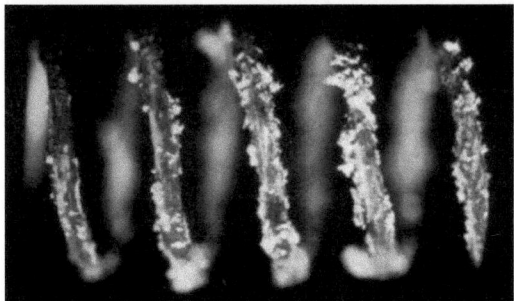

b

Abb. 277a u. b. Einfluß der Korngröße einer Al_2O_3-Masse auf das Oxydationsverhalten von CrAl 30 5 während 3×10 Stunden bei 1300 °C bei Kornfraktionen von a) 0,006—0,63 mm Dmr.; b) etwa 0,006 mm Dmr. (Vergr. 10:1)

beobachteter Schäden jeweils in den gewollten oder auch ungewollten Zusätzen und Verunreinigungen der keramischen Massen gesehen werden muß. Das gleiche gilt auch für die anderen zunderfesten Werkstoffe.

Einschränkend ist allerdings auf einen gewissen Einfluß der Korngröße der Isoliermassen auf die Oxydation der Legierungen hinzuweisen. Bei normalerweise nicht schädigenden Massen wurde bei Wahl einer sehr feinen Kornfraktion häufig doch eine Beeinträchtigung des Verhaltens zunderfester Werkstoffe bei hohen Temperaturen beobachtet. Die Abbn. 277a und b geben dafür einen anschaulichen Beweis; sie zeigen 0,4 mm starke Drähte einer ferritischen Heizleiterlegierung nach 3 · 10 h Glühzeit bei 1300 °C mit zwischenzeitlichen Abkühlungen bei Einbettung in einer Isoliermasse mit 99,6% Al_2O_3 verschiedener Körnung. Für die handelsübliche Masse, bei deren Verwendung keinerlei Beeinflussung der Lebensdauer sowohl der ferritischen als auch austenitischen Legierungen festgestellt wurde, betrug der Korngrößenbereich 0,006 bis 0,63 mm Durchmesser. Das Aussehen der Prüfwendel erwies sich nach der vorgenommenen Behandlung als normal (Abb. 277a). Dagegen ist die gleiche Masse nach dem Aussieben auf eine Kornfraktion von ausschließlich 0,006 mm als durchaus angriffsfreudig zu bezeichnen, wie Abb. 277b erkennen läßt. Die Lebensdauer der ferritischen Legierung lag in der gesiebten Masse um etwa 70% niedriger als in der normalen. In weiteren Untersuchungen dieser Art konnte gezeigt werden, daß unterhalb einer Kornfraktion von 0,03 mm das Ausmaß der beobachteten Schäden mit abnehmender Korngröße ansteigt. Entweder nimmt also die Aktivität und damit die Reaktionsfreudigkeit eines keramischen Stoffes mit zunehmender Kornverfeinerung zu, oder die verschiedenen Siebfraktionen weisen unterschiedliche Gehalte an Verunreinigungen auf.

b) Das Korrosionsverhalten zunderfester Legierungen bei Kontakt mit keramischen Stoffen

Korrosionsschäden bei Legierungen auf Nickel-Chrom-(Eisen-)Basis sind sehr selten und treten nur unter außergewöhnlich ungünstigen Bedingungen auf. Dagegen erweisen sich die ferritischen Werkstoffe als deutlich empfindlicher gegenüber korrodierenden Angriffen; das zeigt sich z. B. durch ihre Rostanfälligkeit.

Der Ablauf der elektrochemischen Reaktion eines Korrosionsprozesses birgt zweierlei Gefahrenmomente in sich, einmal die negative Beeinflussung der technologischen Eigenschaften, zum anderen die Behinderung einer normalen Oxydausbildung an korrosionsgeschädigten Stellen. Ob nun das eine oder das andere als Ursache auftretender Schäden überwiegt, läßt sich nicht generell entscheiden, sondern hängt vielmehr von den jeweiligen Einsatzbedingungen ab. Immerhin gibt die Beobachtung zu denken, daß gelegentlich bei Naßeinbettung Heizelemente aus ferritischem Material bereits während des Trocknungsprozesses, also vor der eigentlichen Inbetriebnahme brechen. Unter ungünstigen Verhältnissen kann demnach ein derart intensiver Korrosionsangriff erfolgen, daß in kurzer Zeit (z. B. innerhalb 24 Stunden) die Oberflächenschäden im Verein mit den durch die Wickelverformung hervorgerufenen Spannungen zum Bruch führen.

Die weitere Folge eines durch die äußeren Bedingungen ermöglichten Korrosionsablaufs steht im Einklang mit der Beobachtung einer anomalen

Oxydausbildung im Bereich mechanisch stark geschädigter Oberfläche. Die für die ferritischen Heizleiterlegierungen so wesentliche selektive Oxydation unterbleibt, und statt dessen entsteht in beiden Fällen ein wenig schützendes Oxydgemisch.

Der Mechanismus der elektrochemischen Reaktion eines Korrosionsprozesses bei feucht eingebetteten Legierungen ist durch die Bildung sogenannter *Belüftungs-Lokalelemente*[1] gekennzeichnet. Sie entstehen bei unterschiedlichem Sauerstoffgehalt der wäßrigen Phase, und ihre Ausbildung wird in diesem besonderen Fall durch die verschieden dichte Belegung der metallischen Oberfläche mit einzelnen Körnchen der

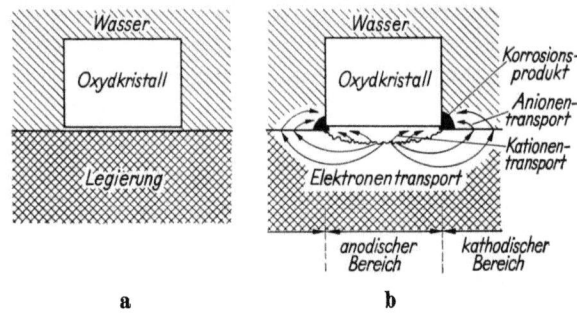

Abb. 278a u. b. Schematische Darstellung des Korrosionsangriffs in feuchter Verschmiermasse a) im Ausgangszustand, b) im fortgeschrittenen Stadium

Isoliermasse ermöglicht. In sehr engen Spalten zwischen beiden kommt es in dem dort vorhandenen beliebig dünnen Wasserfilm durch Oxydbildung zu einer Sauerstoffverarmung, die wegen des gleichzeitig stark gehemmten Diffusionsausgleichs nicht behoben werden kann. An diesen Stellen bilden sich anodische Bereiche, in denen Metall in Lösung geht; die Oberfläche wird zunächst aufgerauht, und schließlich entstehen mehr oder weniger tief eingefressene Löcher (Abb. 278). Gleichzeitig wandern die freiwerdenden Elektronen zu den kathodischen Oberflächenbereichen, wo sich bei weniger engem Kontakt noch genügend Sauerstoff in wäßriger Lösung befindet, und bilden mit dem Elektrolyten Hydroxylionen, die ihrerseits mit dem gelösten Metall unter Hydroxyd-Bildung reagieren.

Die Korrosionsgeschwindigkeit ist unter anderem vom p_H-Wert und Salzgehalt des Elektrolyten und demzufolge von der Art und Qualität der jeweiligen Isoliermasse abhängig. Damit findet die Beobachtung ihre Erklärung, daß etwa 80% der untersuchten Massen bei feucht eingebetteten ferritischen Legierungen bei Raumtemperatur keine fest-

---

[1] Vgl. z. B. HOUDREMONT, E.: Handbuch der Sonderstahlkunde, Berlin (1956) S. 782.

Einfluß von keramischen Stoffen auf das Oxydationsverhalten 359

stellbare Korrosion verursachten, während die restlichen 20% unterschiedlich starke Korrosionsschäden hervorriefen.

Für den Fall einer erforderlichen Naßeinbettung — besonders der ferritischen Werkstoffe — ist demnach dringend eine leicht zu bewerkstelligende Qualitätsbestimmung der zu verwendenden Masse anzuraten; sie kann z. B. darin bestehen, daß man das betreffende Material probeweise einbettet, längere Zeit feucht hält und anschließend eine Oberflächenkontrolle des Heizleitermaterials durchführt. Auch bei Verwendung korrodierender Isoliermassen läßt sich die Gefahr eines Angriffs weitgehend vermindern. Die Korrosion erfordert Zeit, und sie läuft ab, solange die äußeren Bedingungen — und dazu gehört vor allem das Vor-

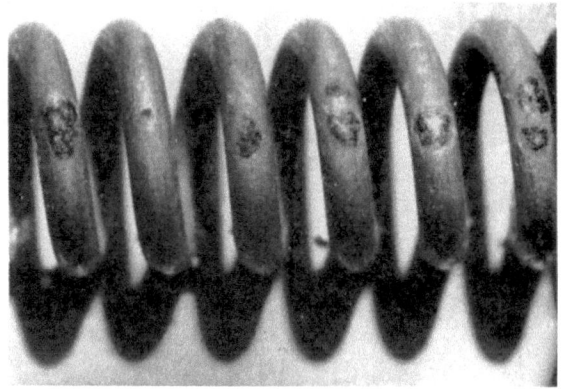

Abb. 279. Angriff einer Isoliermasse auf SiO_2-Basis auf eine Heizwicklung aus CrAl 20 5. (Vergr. 10:1)

handensein von Feuchtigkeit — es erlauben. Ein geeignet geführter Trocknungsprozeß sollte demnach ermöglichen, einen Korrosionsangriff von vornherein zu verhindern. Das wurde selbst in an sich stark angreifenden Massen erreicht, indem die Trocknung unmittelbar nach erfolgter Einbettung durch direkten Stromdurchgang vorgenommen wurde; dabei muß der Heizleiter eine Temperatur von mindestens 600 °C annehmen. Dieses Verfahren hat gegenüber der indirekten Trocknung den Vorteil, daß die Umgebung des korrosionsanfälligen Materials binnen kurzem frei von Feuchtigkeit ist, während die gesamte Masse langsam nachtrocknen kann. Wird sie dabei rissig und verliert ihre Haftfähigkeit, dann mag auch ein kurzes Aufheizen auf 600° Heizleitertemperatur und eine Nachtrocknung bei stark verminderter Leistung zum Ziele führen. Grundsätzlich sollte jedoch direkt geheizt werden, damit im gesamten System an der Wicklung selbst die höchsten Temperaturen herrschen und dorthin keine Feuchtigkeit gelangen kann.

360   Die Reaktionen zunderfester Legierungen

Eine andere häufig gemachte Beobachtung an eingebetteten Wendeln ist die, daß nach einer gewissen Glühzeit ein Angriff auf jeweils mehreren nebeneinander liegenden Windungen in etwa gleicher Höhe stattgefunden hat, wie Abb. 279 zeigt. Wenngleich auch hier ein Korrosionsangriff nicht sicher auszuschließen ist, so spricht doch die regelmäßige Anordnung

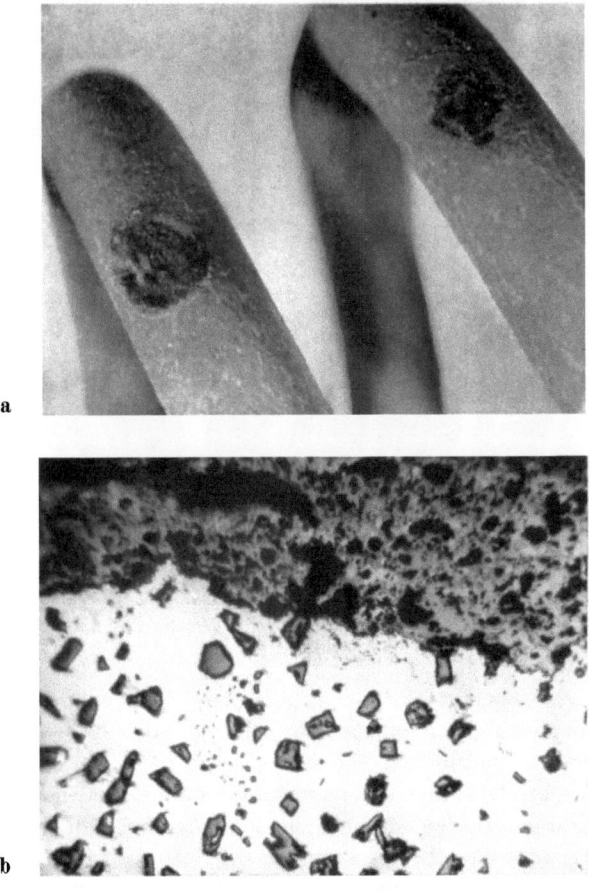

Abb. 280 a u. b. Oberflächenschäden bei CrAl 30 5 durch Tragsteine
a) (Vergr. 5 : 1); b) (Vergr. 60 : 1)

der Schadensstellen vielmehr dafür, daß sich im Laufe der Zeit in zunehmendem Maße ein Kurzschlußstrom in Richtung der Wendelachse ausgebildet hat. Das ist häufig eine Folge örtlich angereicherter Verunreinigungen der keramischen Masse, wie sie oft bereits mit bloßem Auge zu erkennen sind. Sie können eine erhöhte Leitfähigkeit der Masse bewirken, greifen das Oxyd des Heizleiters an und begünstigen schließlich den — an sich immer vorhandenen — *Überbrückungsstrom* zwischen einzelnen Windungen in einem Maße, daß durch eine Art Funkenerosion die beobachteten Schäden auftreten.

Die geschilderten Befunde sind zwar nicht ihrer Natur nach, aber in Erscheinungsform und Auswirkung vergleichbar mit Schäden, wie sie häufig durch Tragsteine verursacht werden (Abb. 280a). Je nach ihrer Qualität und in Abhängigkeit von der Betriebstemperatur zeichnen sich die Auflagestellen mehr oder weniger deutlich auf der Heizwicklung ab, deren Lebensdauer dadurch beträchtlich vermindert werden kann. Ein Querschliff an einer solchen Stelle (Abb. 280b) läßt die Schwere des Angriffs erkennen. Die im Innern der Legierung gebildeten Nitridausscheidungen und der poröse Charakter der Deckschicht machen deutlich, daß die Schutzwirkung der ursprünglich vorhandenen Oxydschicht weitgehend verlorengegangen ist.

H. Anwendungstechnik

In den vorhergehenden Kapiteln wurden die wichtigsten Typen der zunderfesten Legierungen, die metallkundlichen Zusammenhänge ihres Aufbaus, die physikalisch-chemischen Grundlagen ihrer Oxydationsbeständigkeit und schließlich ihr Verhalten beim praktischen Einsatz besprochen. In diesem Schlußkapitel sollen einige Folgerungen für die technische Anwendung gezogen und Hinweise auf wichtige Gesichtspunkte gegeben werden, die der Aufmerksamkeit des Konstrukteurs und des Technikers besonders bedürfen, um den Eigenheiten der Werkstoffe und den Anforderungen der Praxis gerecht zu werden.

1. Auswahl der Legierungen

In Kapitel E wurde mehrfach auf die Vielfalt der in der Technik üblichen Werkstoffe, sowohl bei den Konstruktionsmaterialien als auch bei den Heizleiterlegierungen, hingewiesen. Letzten Endes hat diese Vielfalt ihren Grund darin, daß die Anforderungen der Elektrowärmetechnik zu verschiedenartig sind, als daß man sie mit einem oder einigen wenigen Werkstoffen erfüllen könnte. Mit anderen Worten: Es gibt keine an sich beste zunderfeste Legierung; vielmehr gibt es eine Reihe von Werkstoffen, aus der man den auswählen kann, der dem jeweiligen Verwendungszweck am besten angepaßt ist, wobei man auf die technischen Anforderungen und auf den Preis Rücksicht nimmt. Für den stets sich ergebenden Kompromiß ist die Kenntnis einer Anzahl von Faktoren wichtig, auf die hier eingegangen werden soll.

Bei den Chromstählen spielt der wirtschaftliche Gesichtspunkt eine ganz besondere Rolle. Man wählt im allgemeinen aus der Vielfalt des

Angebotes diejenige Legierung aus, die bei niedrigsten Kosten die technischen Anforderungen erfüllt. Die höher legierten Werkstoffe, insbesondere die nickelhaltigen, werden dort eingesetzt, wo sowohl gute Duktilität als auch größere Warmfestigkeit verlangt wird. Die Anfälligkeit der Chromstähle gegen chemisch aggressive Medien geht etwa parallel mit dem Verhalten der entsprechenden Heizleiterlegierungen. Bei diesen ist die Beanspruchung stets kritischer. Daher legen wir sie einer eingehenderen Betrachtung zugrunde und bedienen uns der Einfachheit halber der deutschen Normbezeichnungen (siehe Tab. 13 in Kapitel E) zur Nennung der einzelnen Werkstofftypen.

a) Heizleiter in verschiedenen Ofenatmosphären

Die Tab. 13 in Kapitel E gibt die höchstzulässigen Heizleitertemperaturen bei der Verwendung in Luft an. Danach kommen für 1300 °C und mehr nur die ferritischen Eisen-Chrom-Aluminium-Legierungen in Betracht. Für Temperaturen von 1250 °C und darunter stehen die ferritischen und die austenitischen Werkstoffe in dieser Hinsicht gleichberechtigt nebeneinander.

Wesentlich differenzierter wird das Bild, wenn die Umgebung des Heizleiters nicht reine Luft ist. Reaktionen mit festen, nichtmetallischen Stoffen sind schon behandelt worden (siehe S. 353 ff.); wir brauchen nicht erneut darauf einzugehen, da sich stets solche keramischen Massen finden lassen, die auch bei den höchstzulässigen Heizleitertemperaturen chemisch inaktiv sind und die Lebensdauer nicht beeinträchtigen. Auch eine Schädigung durch Feuchtigkeit, etwa aus der Einbettmasse, läßt sich durch zweckmäßige Verarbeitungsmethoden vermeiden (siehe S. 359). Damit scheiden Klein- und Haushaltgeräte, wie Kochplatten, Lötkolben, Rohrheizkörper, Strahlkamine usw., aus dieser Betrachtung aus, und wir richten unsere Aufmerksamkeit auf die Atmosphäre von Industrieöfen, die oft sehr wesentlich von Luft verschieden ist.

Das ist dann der Fall, wenn das Glühgut bei hoher Temperatur aggressive Gase oder Dämpfe abgibt, oder wenn während der Glühung chemische Prozesse zwischen Atmosphäre und Ofeninhalt stattfinden sollen (Härtung durch Kohlenstoff- oder Stickstoffaufnahme, Entkohlung, Erzeugung korrosionshemmender Oberflächenschichten und anderes mehr), oder wenn zur Vermeidung der Oxydation des Glühgutes Schutzgase verwendet werden. Da die zunderfesten Legierungen zur Verwendung in Luft entwickelt wurden, sollte man nach Möglichkeit die das Glühgut umgebenden andersartigen Gase durch Glühhauben oder -kästen von ihnen fernhalten, wobei geringe Mengen hindurchdiffundierender Gase durch eine geschickt geleitete Konvektion abgeführt werden können. Leider ist dieser Weg aus technischen oder wirtschaftlichen Gründen oft nicht gangbar. Deshalb müssen wenigstens in großen

Auswahl der Legierungen 363

Zügen die Folgerungen bekannt sein, die zu ziehen sind, wenn die Heizelemente in von Luft verschiedenen Gasen arbeiten.

Diese Konsequenzen ergeben sich aus den Darlegungen in Kapitel G. Dort wurden an Hand von Proben aus Wissenschaft und Praxis und auf Grund systematischer Untersuchungen die Möglichkeiten, das Ausmaß und der Ablauf der Schädigungen erläutert. Es ergibt sich daraus, daß manche Heizleiterlegierungen in bestimmten Atmosphären überhaupt nicht und andere nur bei mehr oder weniger stark herabgesetzten Temperaturen betrieben werden können.

Tab. 31 gibt Anhaltspunkte dafür, wie sich verschiedene Glühatmosphären auf die höchstzulässigen Gebrauchstemperaturen auswirken. Dieser Übersicht sind nur die höchstgezüchteten Werkstoffe der Tab. 13 (Kapitel E) zugrunde gelegt, wie man den für Luft geltenden Angaben entnehmen kann. Keinesfalls soll die Tabelle so verstanden werden, daß man die Legierungen bedenkenlos in allen Fällen bis zu den jeweiligen Höchsttemperaturen benutzen könnte. Kleine Unterschiede in der Zusammensetzung der Ofengase

Tabelle 31. *Heizleiterlegierungen. Beispiele für zulässige Höchsttemperaturen in verschiedenen Gasen*

Ofenatmosphäre	Hauptbestandteile der Ofenatmosphäre (ungefähr)	Zulässige Höchsttemperatur (°C) der Heizleiterlegierung		
		NiCr 80 20	NiCr 30 20	CrAl 25 5
Luft	20% O_2, Rest N_2	1250	1150	1350
Stickstoff	$\geq$99% N_2	1250	1150	(1150)
Spaltammoniak	75% H_2, Rest N_2	1250	1150	—
Kohlendioxyd	$\geq$99% CO_2	1250	1200	1250
Kohlenwasserstoffe (z. B. CH_4)		—	(1050)	—
(Leuchtgas)	(H_2, CO, CO_2, CH_4, N_2)	—	(1050)	—
teilverbranntes Leuchtgas[1]	$\leq$15% H_2, Rest N_2	1250	1150	1300
	5—25% H_2, $\leq$14% CO, $\leq$10% CO_2, Rest N_2	1200	1200	1150
	30—50% H_2, 20% CO, Rest N_2	(1100)	1100	1150
schwefelhaltig	z. B. SO_2-haltig	—	750	—
	z. B. H_2S-haltig	—	700	—

Teilverbrennung mit { viel (1. Zeile) / mäßiger (2. Zeile) / geringer (3. Zeile) } Luftzufuhr

[1] Teilverbrennung mit Luftzufuhr

23a*

oder an sich geringfügige Verunreinigungen in der Umgebung der Heizelemente führen unter Umständen zu ganz wesentlichen Modifizierungen. Daher sei im vorliegenden Zusammenhang die Wichtigkeit einer unmittelbaren Zusammenarbeit zwischen Erzeuger und Verbraucher besonders betont.

Wenn in Tab. 31 statt einzelner Temperaturen waagerechte Striche angebracht sind, dann sagt das, daß die Legierung für die betreffende Ofenatmosphäre ungeeignet ist. Eingeklammerte Temperaturen deuten an, daß eine Verwendung bis zu dieser Temperatur zwar grundsätzlich möglich, aber von einer gewissen Unsicherheit begleitet ist, da schon kleine zusätzliche Einflüsse (Verletzungen der Oxydschicht, Temperaturüberhöhungen und ähnliches) zu einer radikalen Verkürzung der Lebensdauer führen können. Kohlenwasserstoffe und Leuchtgas sind nur zur Vervollständigung genannt, kommen aber als ausschließliche Ofenatmosphären in der Praxis kaum vor.

Gegenüber früheren Angaben ähnlicher Art[1] enthält die Tab. 31 mancherlei Änderungen, die auf die in Kapitel G beschriebenen neueren Untersuchungen zurückgehen. Zur Erläuterung der in der Tabelle enthaltenen Einflüsse sollen in ganz großen Zügen die Schädigungsmöglichkeiten und -arten der Heizleiter in verschiedenen Gasen umrissen werden, auch wenn sich dabei einige Wiederholungen der Ausführungen des vorigen Kapitels ergeben.

Vorangesetzt sei eine grundsätzlich wichtige Bemerkung. Die gegen fortschreitende Oxydation und bis zu einem gewissen Grad auch gegen andere chemische Angriffe schützende Deckschicht beruht auf der sehr leichten Oxydierbarkeit einzelner Legierungskomponenten (Chrom, Aluminium u. a.). Zu ihrer Entstehung genügt es daher vielfach, daß ein oxydierender Bestandteil, wenn auch nur in kleiner Konzentration, in der Ofenatmosphäre enthalten ist. Beispielsweise kann es einen großen Unterschied für die Lebensdauer eines Heizelements bedeuten, ob dieses in einem *chemisch reinen* oder in einem *technisch reinen* Gas arbeitet. Denn technisch reine Gase enthalten meist geringe oxydierend wirkende Verunreinigungen (Luft, Sauerstoff, Wasserdampf). Hierbei werden die Begriffe oxydierend (und reduzierend) aus ihrer Wirkung auf den Heizleiter, nicht auf das Glühgut abgeleitet.

Ein gewisser Feuchtigkeitsgehalt der Luft ist also häufig nicht schädlich, in stark reduzierenden Gasen im allgemeinen sogar nützlich, da er mithilft, die schützende Oxydschicht zu erzeugen. Die Eisen-Chrom-Aluminium-Legierungen sind zwar nicht völlig rostbeständig, doch verhindert eine durch Voroxydation gebildete Oxydschicht einen Rostangriff nahezu völlig.

---

[1] HESSENBRUCH, W.: Chem. Fabrik 9 (1936) 525.

In reinem Wasserstoff findet keinerlei Angriff statt. Bekanntlich lassen sich darin nicht nur die typischen Heizleiterlegierungen, sondern auch Metalle ohne jede Zunderfestigkeit (Eisen, Molybdän) bis zu hohen Temperaturen verwenden. Die Wasserstoffversprödung der ferritischen Werkstoffe ist bei eingebauten Heizelementen kaum nachteilig. Feuchter Wasserstoff wirkt ähnlich wie trockene Luft.

Die Schädigung durch Stickstoff und stickstoffhaltige, sauerstoffarme oder -freie Gase beruht auf der Bildung von Nitriden. In den austenitischen Legierungen wird durch die Abbindung von Chrom der wirksame Gehalt an dieser für die Zunderfestigkeit und in einigen Werkstoffen auch für die Gefügestabilität verantwortlichen Komponente erniedrigt, was aber wegen des großen Vorrats keinen entscheidenden Einfluß hat. Eindeutig nachteilig wirkt sich dagegen die Bildung von Aluminiumnitrid in den ferritischen Heizleiterlegierungen aus, weshalb man diese in solchen Atmosphären im allgemeinen nicht verwendet.

Wieder andere Verhältnisse ergeben sich durch die Aufnahme von Kohlenstoff. In den austenitischen Heizleiterlegierungen entstehen Karbide und niedrig schmelzende Eutektika, bevorzugt auf den Korngrenzen, die bei häufigen Temperaturwechseln zu deren Aufreißen führen. Diese Erscheinung erniedrigt lediglich die höchstzulässige Anwendungstemperatur (vgl. Tab. 31). Kohlendioxyd wirkt oxydierend und daher ähnlich oder auch schwächer als Luft. Kohlenoxyd ist viel aggressiver, und Kohlenwasserstoffe greifen am stärksten an. Alle diese Gase und ihre Mischungen in verschiedenen Mengenanteilen können in teilverbranntem Leuchtgas, das häufig als Schutzatmosphäre für das Glühgut dient, vorkommen. Recht gut widerstehen dem Angriff durch Kohlenstoff auch die Eisen-Chrom-Aluminium-Legierungen; nur gegen Kohlenwasserstoffe sind sie nicht beständig. Unter den austenitischen Werkstoffen bewähren sich die eisenhaltigen im allgemeinen besser als die eisenfreien.

Besonders herausgestellt wird häufig die Empfindlichkeit der nickelhaltigen Legierungen gegen Schwefel, die auf der Entstehung eines sehr niedrig schmelzenden Eutektikums zwischen Ni und Ni_3S_2 beruht und daher bei sinkendem Nickel- und zunehmendem Eisengehalt kleiner wird. Die Eisen-Chrom-Aluminium-Legierungen sind weitgehend unempfindlich gegen Schwefelgehalte der Glühatmosphäre. In reinem Schwefelwasserstoff sind jedoch auch die ferritischen Werkstoffe nicht beständig, sondern werden durch Sulfidbildung zerstört. In diesem Zusammenhang sei angemerkt, daß größere Aluminiumgehalte die Widerstandsfähigkeit eisenhaltiger austenitischer Legierungen vom Typ NiCr 60 15 gegenüber Schwefelwasserstoff wesentlich erhöhen können[1]. Da jedoch große

---

[1] GRUBER, H.: Z. Metallkde. 23 (1931) 151.

Aluminiumzusätze die Verarbeitbarkeit beträchtlich erschweren, haben derartige Werkstoffe praktisch keine Bedeutung erlangt.

Nicht aufgeführt wurden in Tab. 31 halogenhaltige Atmosphären, weil darin alle Heizleiterlegierungen stark angegriffen und in kurzer Zeit zerstört werden.

b) Eigenschaften der Heizleiterlegierungen

Die physikalischen und mechanischen Eigenschaften der Werkstoffe, die in Kapitel E eingehend dargelegt und besprochen worden sind, liefern gleichfalls Gesichtspunkte für die Auswahl in bestimmten Anwendungsfällen, dies vor allem dann, wenn man nicht bis an die obere Verwendungsgrenze gehen muß und auch keine besonderen chemischen Angriffe zu fürchten hat, also in Industrieöfen ebenso wie in Haushalt- und Kleingeräten.

Die Dichte der ferritischen Legierungen ist um 10 bis 15% kleiner als die der austenitischen Legierungen. Um die gleiche elektrische Leistung zu erzielen, bringt daher die Verwendung der ferritischen Werkstoffe unter vergleichbaren Verhältnissen eine Gewichtsersparnis. Falls auf gleiche Oberflächenbelastung geachtet wird, bringt der höhere spezifische elektrische Widerstand der Eisen-Chrom-Aluminium-Legierungen eine Vergrößerung des Heizleitervolumens mit sich, im Vergleich zu den Nickel-Chrom-(Eisen-)Legierungen (Näheres s. S. 387).

Die Wärmeleitfähigkeit und die spezifische Wärme der beiden Legierungsgruppen stimmen annähernd überein. Auch die bei niedrigen Temperaturen vorhandenen Unterschiede in der Wärmeausdehnung verschwinden bei hohen Temperaturen mehr und mehr. In manchen Fällen stört es, daß alle Eisen-Chrom-Aluminium-Legierungen unterhalb etwa 600 °C ferromagnetisch sind. Bei Wechselstrombetrieb wirken sie gleichsam als selbstinduktive Schwinger und können, während das Temperaturgebiet bis hinauf zum Curiepunkt bei der Aufheizung durchschritten wird, Rundfunkstörungen verursachen[1]. Die austenitischen Werkstoffe zeigen diese Erscheinung nicht, da sie nicht ferromagnetisch sind.

Natürlich achtet man auch auf die Duktilität, die nach den Ausführungen in Kapitel E bei den austenitischen Werkstoffen grundsätzlich besser ist als bei den ferritischen. Die erstgenannten sind mit Ausnahme von CrNi 25 20 frei von Versprödungserscheinungen und lassen sich daher auch nach Gebrauch biegen oder sonstwie verformen. Die Legierung CrNi 25 20 kann durch Bildung der σ-Phase teilweise spröde werden und soll daher trotz ihrer guten Warmfestigkeit nicht zwischen 500° und 750 °C im Dauergebrauch verwendet werden.

---

[1] GERBER, W., u. A. WERTHMÜLLER: Techn. Mitt. (Schweiz. Telegraphen- u. Telephon-Verwaltung, Bern) 23 (1945) 241.

Auswahl der Legierungen

Bei den ferritischen Legierungen sind besonders die 475°-Versprödung und die Grobkornbildung zu beachten. Für bei hohen Temperaturen betriebene Heizelemente ist von beiden Erscheinungen weniger zu fürchten als für Widerstandselemente, die im Wechsel oder im Dauerbetrieb mittelhohen Temperaturen und gleichzeitig stärkeren Erschütterungen ausgesetzt sind. Die Nickel-Chrom- (Eisen-) Legierungen sind dagegen unempfindlich gegen Erschütterungen und auch schon allein wegen ihrer größeren Warmfestigkeit formbeständiger und widerstandsfähiger gegen statische und dynamische Belastungen bei mittleren und höheren Temperaturen.

Zusammenfassend läßt sich über den Vergleich der beiden Heizleitergruppen sagen, daß es nicht möglich ist, schlechthin eine Reihenfolge der Qualität aufzustellen, daß sich vielmehr die Werkstoffe angesichts der vielfältigen Anforderungen der Elektrowärmetechnik in durchaus sinnvoller Weise ergänzen.

c) Chromstähle und hochlegierte Konstruktionswerkstoffe

Wie zu Beginn dieses Abschnittes erwähnt, wurden

Tabelle 32. *Schutzrohr-Werkstoffe. Anwendungsgrenzen in Luft und Beständigkeit in verschiedenen Gasen*

Werkstoff (Deutsche Normbezeichnung)	Lfd. Nr. Tab. 11	Lfd. Nr. Tab. 13	Anwendbarkeitsgrenze in Luft °C	Ofenatmosphäre — Beständigkeit des Werkstoffs bei hoher Temperatur			
				oxydierend	schwefelhaltig reduzierend	stickstoffhaltig (sauerstoffarm)	aufkohlend
× 10 CrSi 18	6	—	1050	sehr groß	mittel	mittel	mittel
× 10 CrAl 18	7	—	1050		groß		gering
× 10 CrAl 24	9	—	1200		ziemlich groß		mittel
× 10 CrSi 29	10	—	1200				mittel
× 12 CrNiTi 18 9	12	—	800	gering	gering	ziemlich groß	mittel
× 15 CrNiSi 25 20 CrNi 25 20	15	6	1200			groß	ziemlich groß
NiCr 60 15	—	3	1200				groß
NiCr 35 20	—	(5)	1200				gering

die Heizleiterlegierungen mit Absicht vorweg behandelt. Was dort über die Schädigung durch verschiedene Gase gesagt wurde, läßt sich sinngemäß auf die Chromstähle übertragen. Dabei hat man allerdings zu beachten, daß deren Hauptbestandteil stets Eisen ist. Daher muß man, da im allgemeinen die Oxydschicht nicht den gleichen Grad an Dichtheit, Haftfestigkeit und Schutzwirkung erreicht wie bei den Heizleiterlegierungen, in den meisten Fällen auch mit Reaktionsprodukten des Eisens rechnen. Andererseits tritt die durch Nickel hervorgerufene Empfindlichkeit gegenüber Schwefel zurück.

Viele physikalische Eigenschaften sind hier weniger differenziert als bei den Heizleiterwerkstoffen. Ausschlaggebend sind vielmehr, da es sich ja um Konstruktionsmaterialien handelt, die mechanischen Eigenschaften. Gefügestabilität, Duktilität, Festigkeit in Kälte und Wärme und Standfestigkeit bei höheren Temperaturen spielen eine wichtige Rolle. Hierzu vergleiche man die ausführlichen Darlegungen in Kapitel E.

Eine besondere Verwendungsart der Chromstähle und der hochlegierten Konstruktionswerkstoffe sei noch erwähnt, nämlich der Einsatz in Form nahtlos gezogener oder nahtgeschweißter Schutzrohre für Temperaturfühler in Medien aller Art (vgl. DIN 43 720) und die Anfertigung von Tiegeln, von Rühr- und Schöpfeinrichtungen und anderen Einbauteilen für Bäder mit Salz- oder Metallschmelzen.

Tabelle 33. *Schutzrohr-Werkstoffe in Salz- und Metallschmelzen*

Schmelze	Grenztemperatur °C	Verwendbarer Werkstoff Deutsche Normbezeichnung	Lfd. Nr. in Tab. 11	Lfd. Nr. in Tab. 13
Cyanhaltige Salzschmelze	950	X 15 CrNiSi 25 20 CrNi 25 20	15 —	— 6
Chloridhaltige Salzschmelze	1050	X 10 CrSi 18 X 10 CrAl 18 X 10 CrAl 24 X 10 CrSi 29	6 7 9 10	— — — —
Bleischmelze	700	NiCr 60 15 NiCr 35 20	— —	3 (5)
Aluminiumschmelze	700	NiCr 35 20	—	(5)
Zinkschmelze Messingschmelze Kupferschmelze	480 900 1250	} X 10 CrAl 24 X 10 CrSi 29	9 10	— —

Tab. 32 macht Angaben über die höchste Dauerverwendungstemperatur in Luft, die im großen und ganzen mit den Anwendbarkeitsgrenzen in Tab. 11 (Kapitel E) übereinstimmen und qualitative Aussagen über die Beständigkeit in verschiedenen Gasen, Tab. 33 gibt Hinweise für die Verwendung in Salz- und Metallschmelzen.

Auswahl der Legierungen

Die qualitativen Angaben der Beständigkeit gegenüber aggressiven Gasen (Tab. 32) lassen sich vergleichen mit den für die Heizleiter in Tab. 31 gegebenen Empfehlungen. Hier wie dort ist die Beständigkeit der nickelfreien Werkstoffe gegen Schwefelgehalte der Atmosphäre groß, die der nickelhaltigen kleiner, ebenso sind die aluminiumhaltigen Chromstähle gegen Stickstoff weniger beständig als die aluminiumfreien siliziumhaltigen.

Für Schutzrohre in Salz- und Metallschmelzen wird bei geringerer Beanspruchung häufig unlegierter oder niedriglegierter Stahl verwendet, der als *nicht zunderfest* außerhalb des hier zu betrachtenden Gesichtskreises bleibt. Zum Beispiel wird *Stahl* meist gebraucht für Salpetersalzbäder bis zu 500 °C und für Zinnschmelzen bis 650 °C, ferner für Magnesium und magnesiumhaltiges Aluminium bis 700 °C, für Lagermetall bis 600 °C und für Bleischmelzen bis 600 °C. Allerdings gibt DIN 43 720 ganz bestimmte Stahlqualitäten für diese Verwendungsarten an und gilt im übrigen nur für die Fälle, in denen man tatsächlich metallische Werkstoffe an Stelle der im allgemeinen sehr viel widerstandsfähigeren keramischen Materialien benutzt. Gerade für Tiegel von Metallschmelzen ist die Verwendung keramischer Stoffe die Regel, während für die Schutzrohre der Temperaturfühler Metalle wegen ihrer besseren Wärmeleitfähigkeit Vorteile bieten, wobei wegen der leichten Auswechselbarkeit ihre unter Umständen rasche Zerstörung nicht entscheidend ins Gewicht fällt.

Obwohl für Hochtemperatur-Salzbäder chemisch sehr stabile Salze verwendet werden, treten Reaktionen mit den metallischen Stoffen ein, die eine Herabsetzung der höchstzulässigen Gebrauchstemperatur notwendig machen.

In Metallschmelzen findet durch Legierungsbildung stets ein mehr oder weniger starker Angriff statt, gegen den eine gegebenenfalls durch Vorglühung erzeugte Oxydschicht nur unvollkommen schützt. Keinerlei Schutz bietet eine solche Schicht dann, wenn das flüssige Metall die Oxyde der zunderfesten Legierung reduzieren kann. Andererseits können unter Umständen durch Legierungsbildung intermetallische Phasen entstehen, die den weiteren Angriff hemmen. In Einzelfällen nutzen zusätzliche Schutzmaßnahmen, etwa ein feuerfester Anstrich oder ein sonstwie erzeugter festhaftender, nichtmetallischer Überzug. Ausgehend von der Beobachtung, daß der stärkste Angriff oft an der Grenze zwischen dem flüssigen Metall und der Luft erfolgt, wird auch ein unregelmäßiger Wechsel der Eintauchtiefe oder der Badhöhe oder eine Abdeckung des Metalls an der Grenzzone durch Keramik empfohlen.

Die Bewährung in Metallschmelzen steht unmittelbar in Zusammenhang mit der Lötbarkeit. In beiden Fällen erschweren die Oxydschichten die Benetzung und oberflächliche Legierungsbildung; sie sind daher für den Lötvorgang hinderlich, für die Beständigkeit in Metallschmelzen dagegen nützlich. Im Dauergebrauch genügen aber für den Angriff der Metallschmelzen bereits kleine Poren in der Oxydschicht, die sich ja mangels Sauerstoff nicht schließen können.

Zur Vermeidung der als Lötbrüchigkeit bekannten Erscheinung, bei der die Korngrenzen eines metallischen, innere Spannungen enthaltenden Werkstoffs unter dem Einfluß einer Metallschmelze aufreißen, muß man die mit der Schmelze in Berührung kommenden Teile stets vorher weichglühen. Schon kleine Verformungen, beispielsweise durch Tiefziehen oder Biegen, können sonst Schwierigkeiten verursachen.

Entsprechend der schlechten Weichlötbarkeit bewähren sich die Nickel-Chrom-Eisen-Legierungen gegenüber flüssigem Blei gut, wenn man nur für die Fernhaltung von Bleioxyd sorgt, das die Haltbarkeit der zunderfesten Werkstoffe stark beeinträchtigt. Aluminium vermag wegen seiner großen Affinität zu Sauerstoff die meisten Oxyde zu reduzieren und greift daher im allgemeinen stark an.

Bei Zinkschmelzen ist wegen des starken Angriffs der Einsatz legierter Werkstoffe überhaupt problematisch. Denn gegenüber Eisen bringt die Verwendung der in Tab. 33 empfohlenen Chromstähle nur eine geringe Verbesserung. Zwischen Zink und Eisen entsteht die intermetallische Phase Γ (nahe der Zusammensetzung $FeZn_3$), die zur Familie der γ-Messing-Strukturen gehört. Unterhalb 480 °C und oberhalb 530 °C ist die Diffusion der Metallatome durch sie hindurch der für den Angriff geschwindigkeitsbestimmende Vorgang, der in diesen Temperaturbereichen proportional der Wurzel aus der Zeit fortschreitet. Zwischen 480° und 530 °C bildet sich diese hemmende Schicht nicht, weshalb dort der Angriff stärker und proportional mit der Zeit vor sich geht[1, 2, 3]. So erklärt sich die niedrige Grenztemperatur in Tab. 33. Im übrigen soll der Angriff bei steigendem Silizium-Gehalt des Chromstahls zu- und bei steigendem Aluminium-Gehalt der Zinkschmelze abnehmen[2].

Wegen ihres Zink-Gehalts reagieren Messingschmelzen stärker mit den zunderfesten Legierungen als Kupferschmelzen, woraus die unterschiedlichen Grenztemperaturen verständlich werden.

2. Oberflächenbelastung

Im Gegensatz zum vorigen Abschnitt behandeln wir in diesem und dem folgenden ausschließlich Heizleiterlegierungen, da nur bei diesen die direkte Beheizung durch den elektrischen Strom vorkommt.

---

[1] PÜNGEL, W., E. SCHEIL u. R. STENKHOFF: Arch. Eisenhüttenw. 9 (1935/36) 301.
[2] SCHEIL, E., u. H. WURST: Z. Metallkde. 29 (1937) 224.
[3] HORSTMANN, D.: Stahl u. Eisen 73 (1953) 659.

Oberflächenbelastung 371

Die im stromdurchflossenen Heizleiter entstehende JOULE'sche Wärme fließt zu einem kleinen Teil, der meist vernachlässigt werden kann, durch die Anschlüsse und Befestigungsstellen ab, zum überwiegenden Teil wird sie durch die Oberfläche abgegeben. Es liegt daher nahe, die in der Zeiteinheit entwickelte Wärmemenge oder auch die dafür aufgewendete elektrische Leistung zur Größe der Heizleiteroberfläche in Beziehung zu setzen. Man nennt den Quotienten

$$\frac{elektrische\ Leistung}{Oberfläche}$$

die (spezifische) Oberflächenbelastung, ausgedrückt in Watt/cm^2. Aus den folgenden Überlegungen geht die Wichtigkeit dieser Größe für die Dimensionierung von Heizelementen hervor.

In einem gegebenen Raum läßt sich grundsätzlich die gleiche Heizleistung mit einer kleinen Wärmequelle auf hoher Temperatur oder mit einer großen Wärmequelle auf niedrigerer Temperatur entwickeln. Im ersten Falle ist die Oberflächenbelastung groß, d. h. es tritt eine große Zahl von Kalorien pro Sekunde durch die Oberflächeneinheit; im zweiten Falle ist sie klein. Die Gesamtleistung ist nach der Definition stets das Produkt aus der Oberflächenbelastung und der Größe der Oberfläche.

Der Wärmedurchgang durch die Oberflächeneinheit ist um so größer, je höher die Temperatur des Heizleiters über der seiner Umgebung liegt. Diese Temperaturdifferenz wird hauptsächlich durch die Oberflächenbelastung bestimmt. Zur näheren Erläuterung der Verhältnisse seien im folgenden drei typische Anwendungsfälle unterschieden.

α) Ofen mit ruhendem Glühgut. Im stationären Zustand braucht das Heizelement nur die unvermeidlichen, aber meist kleinen Wärmeverluste nach außen zu decken. Die Oberflächenbelastung ist daher niedrig. Da sie für die Übertemperatur des Heizleiters über die Ofentemperatur verantwortlich ist und der Heizleiterwerkstoff eine bestimmte Grenze nicht überschreiten darf, nimmt sie mit steigender Ofentemperatur ab.

β) Durchlauferhitzer für Flüssigkeiten (Wasser) oder Gase (Luft) stellen das andere Extrem dar. Die erzeugte Wärme wird außerordentlich schnell weggeführt, so daß die höchstzulässige Heizleitertemperatur kaum je erreicht wird — wenn nicht der Durchfluß fehlerhaft stockt. Die Oberflächenbelastung ist daher groß und wächst mit zunehmender Nutzungstemperatur und steigender Durchflußgeschwindigkeit.

γ) Durchlauföfen und Haushaltgeräte nehmen eine Mittelstellung ein. Das Glüh- oder Kochgut bzw. die Umgebung sind stets beträchtlich kälter als das Heizelement, weshalb die Wärmeabgabe je Oberflächeneinheit wesentlich größer ist als im Falle α, aber bei weitem nicht so groß wie im Falle β. Daher liegen die Oberflächenbelastungen bei mittleren Werten und sind gerade bei Kleingeräten in bedeutendem Maße von der Konstruktion abhängig. Beispielsweise erfordern Heizsonnen, Strahlkamine und Brotröster (freistrahlende Elemente) größere Oberflächenbelastungen als Massekochplatten oder Heizrohre (eingebettete Elemente).

Aus diesen Darlegungen geht hervor, daß die Oberflächenbelastung in erster Linie von der Bauart und der Arbeitsweise des Elektrowärmegeräts bestimmt wird. Je nach den technischen Gegebenheiten und Anforderungen kann man zwischen einer notwendigen und einer höchstzulässigen Oberflächenbelastung unterscheiden.

Die Oberflächenbelastung darf stets nur so hoch gewählt werden, daß die Heizleitertemperatur in die Nähe der Anwendungsgrenze rückt. Unter sonst gleichen Verhältnissen könnte somit einem Werkstoff mit höherer Verwendungsgrenztemperatur auch eine größere Oberflächenbelastung zugeschrieben werden. Diese Abhängigkeit wird im allgemeinen weit überdeckt von den Einflüssen der Konstruktion und der Arbeitsweise der Geräte. Daher scheidet die Oberflächenbelastung als universelles Gütemerkmal für den Werkstoff aus.

Seinerzeit haben ROHN und GRUNERT[1] noch eine andere Auswirkung der Oberflächenbelastung betrachtet, nämlich die Temperaturdifferenz zwischen der Oberfläche und der Drahtmitte eines dicken Heizleiters. Bei einem frei abstrahlenden Stab mit 60 mm Durchmesser ist die Temperatur in der Achse beträchtlich höher als an der Oberfläche (Abb. 281); oberhalb 1000 °C beträgt die Temperaturdifferenz 100 grd und mehr. Theoretisch wurde für die Temperaturdifferenz zwischen Achse und Oberfläche eines freistrahlenden zylindrischen Stabes folgende Formel abgeleitet[2]:

$$\varDelta T = \frac{q}{\lambda} \cdot \frac{r^2}{4}.$$

Hierin ist q die in der Raum- und Zeiteinheit erzeugte Wärmemenge, λ die Wärmeleitfähigkeit und r der Halbmesser des Heizleiters. Führt man die Oberflächenbelastung n ein, so erhält man mit dem elektrischen Wärmeäquivalent ε

$$\varDelta T = \frac{\varepsilon}{2} \frac{nr}{\lambda}.$$

Bei konstanter Oberflächenbelastung, was nach den unter a) folgenden Ausführungen für Drähte mit mehr als 3 mm Durchmesser näherungsweise konstante Oberflächentemperatur bedeutet, ist demnach die Tem-

---

[1] HESSENBRUCH, W.: 1. Aufl. dieses Buches (1940) S. 212f.
[2] FISCHER, W.: Elektrowärme 3 (1933) 50.

Oberflächenbelastung 373

peraturdifferenz zwischen Stabachse und -oberfläche proportional dem Stabhalbmesser. Andererseits ist sie bei konstanten Abmessungen proportional der Oberflächenbelastung, was von ROHN und GRUNERT experimentell bestätigt wurde.

Aus dieser Betrachtung ergibt sich eine obere Begrenzung der Oberflächenbelastung durch die Bedingung, daß die Temperatur in der Stabachse keinesfalls die Schmelztemperatur erreichen darf. Doch ist bei den praktisch vorkommenden Heizleiterabmessungen die Temperaturdiffe-

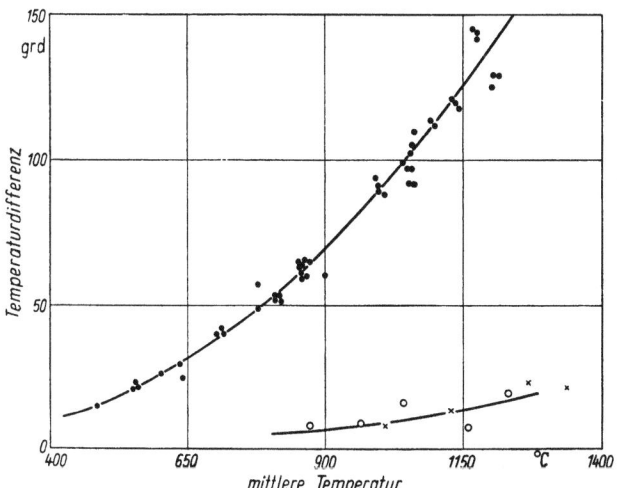

Abb. 281. Temperaturdifferenz zwischen Oberfläche und Achse eines langen zylindrischen Ni–Cr-Heizleiters, nach GRUNERT und ROHN
● 60 mm   × 6 mm   ○ 3 mm Durchmesser

renz zwischen Achse und Oberfläche stets nur ein kleiner Bruchteil der Spanne zwischen der höchstzulässigen Anwendungstemperatur und der Schmelztemperatur. Daher sind die hieraus ableitbaren Belastungsgrenzen ohne praktische Bedeutung.

Es ist vielmehr der Zusammenhang der Oberflächenbelastung mit der Temperaturdifferenz zwischen dem Heizleiter und seiner Umgebung, den wir zu betrachten haben. Nur auf diesem Wege lassen sich für einfach zu übersehende Fälle brauchbare Anhaltswerte der Oberflächenbelastung gewinnen. Im folgenden behandeln wir drei typische Arten von Heizleiteranordnungen.

a) Frei ausgespannte gerade Heizleiter

Ein gerader draht- (oder band-)förmiger, im Vergleich zu seiner Dicke sehr langer Heizleiter wird waagerecht in ruhender Luft frei ausgespannt und mit durchfließendem Strom erhitzt. Die jeweilige elektrische Leistung, d. h. das Produkt aus Stromstärke und Spannungsabfall, dividiert durch die Größe der Heizleiteroberfläche ergibt die Oberflächenbelastung; die Temperatur wurde optisch mit einem Teilstrahlungspyrometer gemessen. Die Ergebnisse derartiger Versuche[1] sind in Abb. 282 dargestellt.

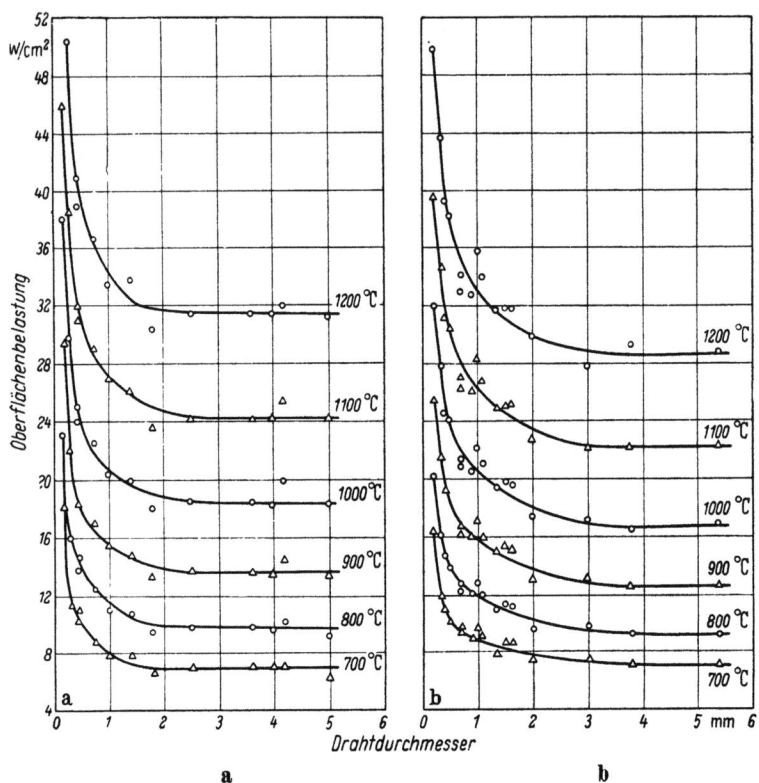

Abb. 282 a u. b. Oberflächenbelastung gerader, in ruhender Luft frei und waagerecht ausgespannter Heizleiterdrähte in Abhängigkeit von der Temperatur und vom Drahtdurchmesser.
a) Ni–Cr–(Fe)-Legierungen, b) Fe–Cr–Al-Legierungen

Voraussetzung für reproduzierbare Ergebnisse ist eine gute Voroxydation der Proben. Dazu muß man sie mindestens eine Stunde lang auf die höchstzulässige Temperatur erhitzen. Während dieser Glühung steigen das Gesamt- und das Teil-Emissionsvermögen auf Endwerte an, die sich bei fortgesetzter Glühung nicht mehr ändern[2], woraus man schließen kann, daß sich die das Strahlungsverhalten bestimmende Oxydschicht in ausreichendem Maße ausgebildet hat. Ist diese Voraussetzung

---

[1] Vacuumschmelze AG, Hanau: Heizleiter-Handbuch, 1954.
[2] WALTHER, E.: Elektrowärme 17 (1959) 327, 401, 427.

Oberflächenbelastung

Tabelle 34a.
Oberflächenbelastung ($Watt/cm^2$) frei ausgespannter gerader Drähte aus Nickel-Chrom(-Eisen)-Heizleiterlegierungen in ruhender Luft von 20 °C

d [mm]	700 °C	800 °C	900 °C	1000 °C	1100 °C	1200 °C
0,2	18,2	23,1	29,5	38,0	46,0	59,7
0,3	12,0	16,0	22,0	30,0	39,6	50,5
0,4	10,7	14,8	19,2	25,5	33,2	42,5
0,5	10,0	14,0	18,0	23,8	31,1	39,5
0,6	9,5	13,4	17,3	22,9	29,9	37,9
0,7	9,0	12,8	16,8	22,2	29,0	36,7
0,8	8,7	12,3	16,3	21,6	28,3	35,8
0,9	8,4	11,9	15,9	21,2	27,7	35,0
1,0	8,1	11,6	15,5	20,7	27,2	34,4
1,2	7,6	11,0	15,0	20,1	26,5	33,3
1,4	7,3	10,6	14,6	19,6	25,9	32,6
1,6	7,1	10,2	14,3	19,3	25,4	32,1
1,8	7,0	10,0	14,1	19,0	25,0	31,8
2,0	6,9	9,9	13,9	18,8	24,7	31,7
2,5	6,9	9,8	13,6	18,5	24,3	31,5
3,0	6,9	9,8	13,6	18,4	24,2	31,5
3,5	6,9	9,8	13,6	18,4	24,2	31,5
4,0	6,9	9,8	13,6	18,4	24,2	31,5
4,5	6,9	9,8	13,6	18,4	24,2	31,5
5,0	6,9	9,8	13,6	18,4	24,2	31,5
6,0	6,9	9,8	13,6	18,4	24,2	31,5

Tabelle 34b.
Oberflächenbelastung ($Watt/cm^2$) frei ausgespannter gerader Drähte aus Eisen-Chrom-Aluminium-Heizleiterlegierungen in ruhender Luft von 20 °C

d [mm]	700 °C	800 °C	900 °C	1000 °C	1100 °C	1200 °C
0,2	13,5	18,2	25,0	33,0	39,5	53,0
0,3	10,8	15,2	20,6	28,0	33,6	43,5
0,4	9,1	13,2	18,0	23,9	30,3	38,5
0,5	8,2	12,0	16,5	21,6	28,2	35,8
0,6	7,7	11,3	15,6	20,6	27,0	34,3
0,7	7,4	10,8	15,0	19,9	26,1	33,2
0,8	7,2	10,5	14,5	19,4	25,4	32,3
0,9	7,0	10,2	14,1	19,0	24,8	31,6
1,0	6,8	10,0	13,8	18,6	24,3	31,0
1,2	6,5	9,5	13,3	17,9	23,5	30,1
1,4	6,3	9,1	12,8	17,4	22,8	29,4
1,6	6,1	8,8	12,4	16,9	22,3	28,8
1,8	5,9	8,5	12,1	16,5	21,8	28,4
2,0	5,8	8,3	11,8	16,1	21,4	28,0
2,5	5,4	7,8	11,2	15,3	20,6	27,2
3,0	5,3	7,6	10,8	14,9	20,2	26,8
3,5	5,1	7,3	10,6	14,7	20,1	26,6
4,0	5,0	7,2	10,6	14,7	20,1	26,6
4,5	5,0	7,2	10,6	14,7	20,1	26,6
5,0	5,0	7,2	10,6	14,7	20,1	26,6
6,0	5,0	7,2	10,6	14,7	20,1	26,6

erfüllt, dann stimmen die Ergebnisse der Nickel-Chrom- und Nickel-Chrom-Eisen-Legierungen einerseits und der Eisen-Chrom-Aluminium-Legierungen andererseits unter sich so weitgehend überein, daß Abb. 282 nur zwei Kurvenscharen enthält, eine für die austenitischen und eine für die ferritischen Werkstoffe. Die zur Erreichung einer bestimmten Temperatur notwendige Oberflächenbelastung liegt bei den austenitischen Legierungen stets höher als bei den ferritischen (s. auch Tab. 34), was auf das unterschiedliche Strahlungsverhalten der Oxydschicht zurückzuführen ist.

Im Gegensatz zu den selektiv, d. h. unter Bevorzugung einzelner Wellenlängen strahlenden blanken Metallen sind die oxydbedeckten Heizleiter als sogenannte graue Strahler anzusprechen[1,2], da ihr Emissionsvermögen zwar kleiner als das des schwarzen Körpers ist (85 bis 95%), aber in der Wellenlängenabhängigkeit mit diesem übereinstimmt. Diese Tatsache ist wichtig für die optische Temperaturmessung mit Teilstrahlungspyrometern. Das von EULER[2] an eisenfreien Nickel-Chrom-Legierungen gefundene, besonders kleine Emissionsvermögen könnte vermuten lassen, daß die Temperaturmessung falsche Werte liefert. Doch steht dies nicht in Einklang mit den Ergebnissen der Abb. 282, wonach — im Gegensatz zu EULER — zwischen eisenfreien und eisenhaltigen Nickel-Chrom-Legierungen praktisch kein Unterschied besteht.

Zur Erklärung der Unterschiede zwischen den austenitischen und den ferritischen Werkstoffen sei daran erinnert, daß die stabile Oxydschicht der erstgenannten im wesentlichen aus Cr_2O_3, die der letztgenannten in der Hauptsache aus Al_2O_3 besteht. Nun hat HILD[3] gefunden, daß das Gesamtemissionsvermögen des reinen Al_2O_3 wesentlich kleiner ist als das des reinen Cr_2O_3 (Abb. 283). Natürlich sind die Unterschiede bei den Heizleitern nicht so groß wie bei den reinen Oxyden, da Beimischungen anderer Oxyde, die bei den technischen Werkstoffen stets vorkommen, das Emissionsvermögen beträchtlich verändern. Beispielsweise wird das Emissionsvermögen von Al_2O_3 durch Zumischung von Cr_2O_3 merklich angehoben (Abb. 284), wobei gerade kleine Konzentrationen (unter 5 Mol-%) besonders stark wirken[3]. Für die technischen Legierungen fand WALTHER[1], daß das Emissionsvermögen 85 bis 95% von dem des schwarzen Körpers beträgt, wobei das Gesamtemissionsvermögen mit der Temperatur leicht zunimmt, während das spektrale ($\lambda = 0,65\,\mu$) Emissionsvermögen temperaturunabhängig ist. Wie erwartet, sind die Unterschiede zwischen den Werkstoffgruppen im gleichen Sinne wie die Unterschiede der Oberflächenbelastungen (Abb. 282) und machen

---

[1] WALTHER, E.: Elektrowärme 17 (1959) 327, 401, 427.
[2] EULER, J.: ETZ 70 (1949) 427.
[3] HILD, K.: Mitt. K.-Wilh.-Inst. Eisenforschg. 14 (1932) 59.

zwanglos die an geraden frei ausgespannten Heizleitern gewonnenen Ergebnisse verständlich. Daher läßt sich sagen, daß die austenitischen Nickel-Chrom-(Eisen-)Legierungen die erzeugte Wärme besser abstrahlen als die ferritischen Eisen-Chrom-Aluminium-Legierungen.

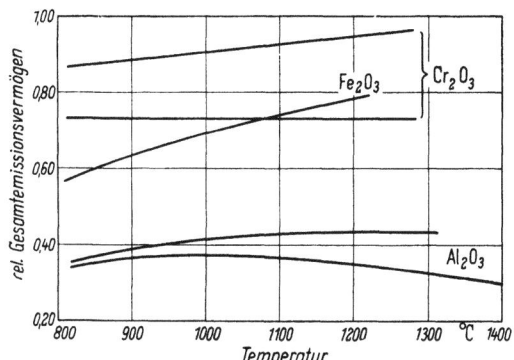

Abb. 283. Gesamtemissionsvermögen verschiedener Metalloxyde, bezogen auf das des schwarzen Körpers, nach HILD

Als nächstes ist in Abb. 282 die Abhängigkeit der notwendigen Oberflächenbelastung vom Drahtdurchmesser zu betrachten. Bei dünnen Drähten steigt die Oberflächenbelastung mit abnehmendem Durchmesser

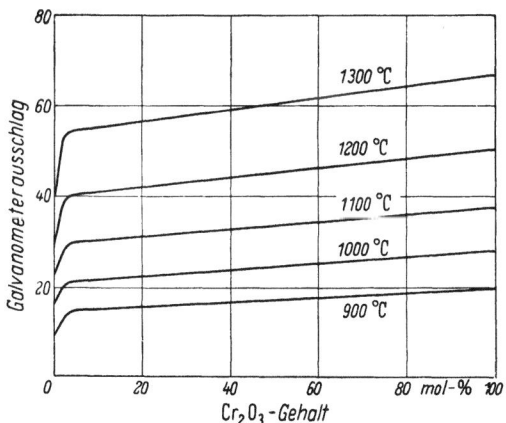

Abb. 284. Änderung der Emission von glühendem Al_2O_3 durch Zumischung von Cr_2O_3, nach HILD

steil an, so daß hyperbelartige Kurven entstehen. Zur Deutung hat man davon auszugehen, daß die Wärmeabgabe an die Luft nicht nur durch Strahlung, sondern auch durch Wärmeleitung und durch Konvektion erfolgt. Die sehr schwer theoretisch zu erfassenden Verhältnisse sind in folgender Weise in eine übersehbare Form gebracht worden[1,2,3,4,5]. Definiert man eine Wärmeübergangszahl α durch die Beziehung

$$Q = \alpha \cdot (T - T_0) \cdot O \cdot t,$$

dann ist $\quad \alpha = \dfrac{\lambda}{d} \cdot \Phi(B), \quad$ worin $\quad B = \dfrac{d^3 \delta^2 (T - T_0)}{g \eta^2 T_0} \quad$ ist.

Hierin ist

Q die an die Luft abgegebene Wärmemenge
T die Heizleitertemperatur
T_0 die Temperatur der Umgebung
O die Heizleiteroberfläche
t die Zeit

λ die Wärmeleitfähigkeit der Luft
d der Drahtdurchmesser
δ die Dichte der Luft
η die Zähigkeit der Luft
g die Erdbeschleunigung

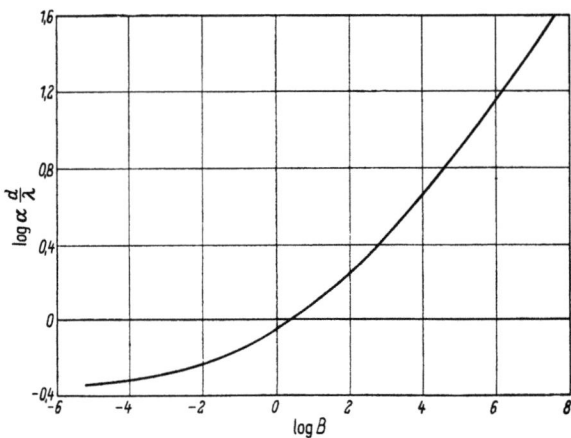

Abb. 285. Kennfunktion $\alpha \dfrac{d}{\lambda} = \Phi(B)$ des Wärmeübergangs zylindrischer Körper

Aus den verschiedensten Versuchen wurde die Kennfunktion Φ für eine Variation der Größe B über 13 Zehnerpotenzen ermittelt. Sie hat den in Abb. 285 dargestellten Verlauf[3].

Für unsere Betrachtungen ist wichtig, daß B für Drahtdurchmesser unter 1 mm Werte weit unter 1 annimmt, wir uns also im vorliegenden Fall auf dem linken Ausläufer der Kurve von Abb. 285 bewegen, wo $\Phi(B)$

---

[1] NUSSELT, W.: Gesundh.-Ing. 38 (1915) 477.
[2] JAKOB, M., in Handb. d. Physik, hrsg. von H. GEIGER u. K. SCHEEL, Bd. 11 (1926) S. 132ff.
[3] FISCHER, J.: Z. techn. Phys. 19 (1938) 25, 57, 105.
[4] SCHACK, A.: Der industrielle Wärmeübergang, Düsseldorf: Stahleisen 1957, S. 64ff.
[5] FISCHER, J.: Z. angew. Phys. 4 (1952) 90.

Oberflächenbelastung 379

nahezu konstant ist. Daher nähert sich, in Übereinstimmung mit dem experimentellen Befund, die Abhängigkeit der Wärmeabgabe vom Drahtdurchmesser bei dünnen Drähten in der Tat immer mehr einem rein hyperbolischen Gesetz

$$\alpha \approx \frac{\text{const}}{d}.$$

So sind die Kurven der Abb. 282 verständlich. Die Oberflächenbelastungen der dicken Drähte werden durch die mit der vierten Potenz der absoluten Temperatur ansteigenden Strahlungsverluste im wesentlichen bestimmt. Dazu addieren sich die mit abnehmendem Drahtdurchmesser stark wachsenden Leitungs- und Konvektionsverluste. Würde man die gleichen Versuche im Vakuum machen, dann würden natürlich bei gleichen Oberflächenbelastungen alle Drähte heißer werden, aber die dünnen sehr viel mehr als die dicken.

Es hat nicht an Versuchen gefehlt, den Zusammenhang zwischen den Abmessungen, der Temperatur und der Oberflächenbelastung in einfacher Weise darzustellen. So gab STÄBLEIN[1] folgenden Ausdruck an:

$$i^2 = \frac{q}{\varrho}(a + ub).$$

Tabelle 35. *Oberflächenbelastung gerader frei ausgespannter Heizleiter. Empirische Größen nach F.* STÄBLEIN *für die Formel* $10n = \dfrac{a}{u} + b$

Temperatur °C	a	b
100	5	1,4
200	10	3,7
300	16	8,0
400	24	14,5
500	35	24
600	48	38
700	63	58
800	80	84
900	100	117
1000	123	158
1100	150	208
1200	181	268
1300	217	339

Hierin ist i die Stromstärke (Amp.), q der Querschnitt (mm²) und u der Umfang (mm) des Drahtes und ϱ der spezifische elektrische Widerstand (Ohm mm²/m) bei der jeweiligen Temperatur; a und b sind empirisch gewonnene, temperaturabhängige Größen, deren Werte von 100 zu 100 grd bis hinauf zu 1300 °C angegeben sind (Tab. 35). Führt man die Oberflächenbelastung n (Watt/cm²) ein, so erhält man

$$10n = \frac{a}{u} + b.$$

Hier haben wir in der Tat die Trennung in ein von den Abmessungen unabhängiges Glied (b), das in der Hauptsache die Strahlungsverluste enthält, und einen mit $\dfrac{1}{d}$ variierenden Ausdruck zur Berücksichtigung der Wärmeleitung und der Konvektion. In Abb. 286 ist die Oberflächen-

---
[1] STÄBLEIN, F.: ETZ (1924) 495.

belastung über dem reziproken Wert des Drahtumfangs aufgetragen. Mit den Größen von Tab. 35 liefert die Formel von STÄBLEIN die Geraden, die befriedigend die Mitte halten zwischen den an den austenitischen und den ferritischen Legierungen gewonnenen Meßwerten. Die austenitischen

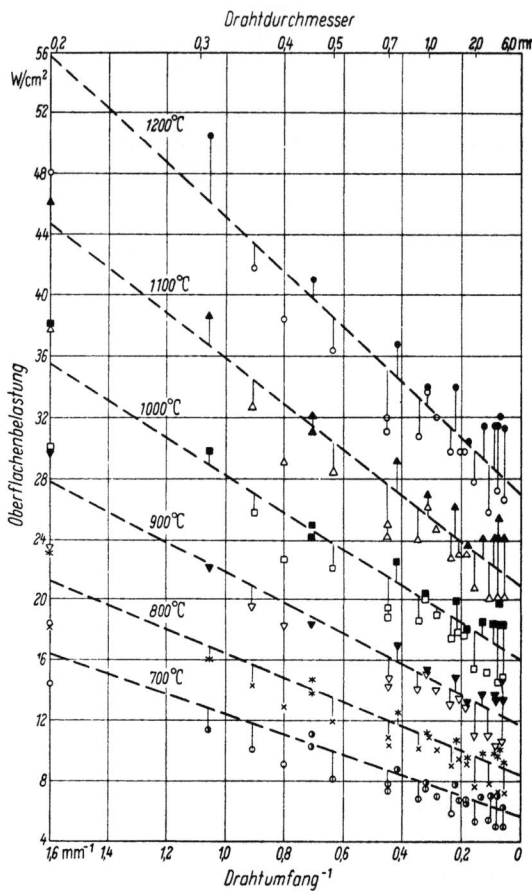

Abb. 286. Oberflächenbelastung gerader, in ruhender Luft frei und waagerecht ausgespannter Heizleiterdrähte in Abhängigkeit vom reziproken Drahtumfang.

● ▲ ■ ▼ ★ ◐ Ni–Cr–(Fe)-Legierungen
○ △ □ ▽ × ◑ Fe-Cr-Al-Legierungen

— — — — — berechnet nach $10\,n = \dfrac{a}{u} + b$ (nach STÄBLEIN)

Werkstoffe liefern etwas höhere, die ferritischen etwas niedrigere Oberflächenbelastungen, als aus der Formel von STÄBLEIN folgt.

Da die theoretische Behandlung sich im allgemeinen auf Runddrähte beschränkt, haben wir diese auch hier bevorzugt betrachtet. Die Formel von STÄBLEIN gilt jedoch ebenso für Bänder und sagt aus, daß die zur Erreichung einer bestimmten Temperatur notwendige Oberflächenbelastung für ein waagerecht frei ausgespanntes Band ebenso groß ist wie für einen gleich angeordneten Runddraht mit gleichem Umfang (nicht etwa mit gleichem Querschnitt!). Auch feinere Bänder haben aber meist einen Umfang, der mit dem dickerer Drähte vergleichbar ist. Daher findet man experimentell für Bänder mit mehr als 1 mm Breite Oberflächenbelastungen, die mit denen dicker Drähte sehr weitgehend übereinstimmen und daher nach Abb. 282 kaum von den Abmessungen abhängen.

b) Gewendelte Heizleiter in Kleingeräten

Der Fall gerader, frei ausgespannter Heizleiter kommt in der Elektrowärmetechnik ziemlich selten vor. Meist werden die Drähte über einen Dorn gewickelt, so daß eine Wendel mit einem bestimmten Durchmesser und einer definierten Steigung entsteht. In diesem Abschnitt betrachten wir die Anwendung gewendelter Heizelemente in Klein- und Haushaltgeräten, wo die Wärme normalerweise an eine kältere Umgebung reichlich abfließen kann.

Durch das Wendeln wird die zur Erreichung einer bestimmten Temperatur notwendige Oberflächenbelastung herabgesetzt, weil nur noch ein Teil der Heizleiteroberfläche frei abstrahlen kann. Der Quotient

$$K = \frac{\text{Oberflächenbelastung der Wendel}}{\text{Oberflächenbelastung des geraden Drahtes}}$$

ist vom Wickeldorndurchmesser kaum, stark dagegen vom Windungsabstand abhängig. Als Maß für den Windungsabstand benutzen wir den Steigungsfaktor k, der das Verhältnis der Steigung, d. h. des Abstandes von Drahtmitte zu Drahtmitte zweier benachbarter Windungen, zum Drahtdurchmesser bedeutet. Bei $k = 1$ berühren sich demnach die Windungen gegenseitig, bei $k = 2$ ist der lichte Abstand zwischen zwei Windungen gerade gleich dem Drahtdurchmesser.

K. RUF[1] hat den Quotienten K für die verschiedensten Wendeln experimentell bestimmt und mit seiner Hilfe und der oben behandelten Formel von STÄBLEIN die Oberflächenbelastungen für abgestützte Wendeln in Abhängigkeit von der Temperatur, dem Steigungsfaktor k und dem Drahtdurchmesser d berechnet (Abb. 287). Die Abstützung bestand darin, daß die Wendel lose auf einen keramischen Tragstab geschoben war. Der Parameter $k = 6$ liefert bereits die gleichen Oberflächenbelastungen, wie sie für ungewendelte, frei ausgespannte Drähte gelten. Aus diesem Schaubild geht, worauf RUF besonders hinwies, der starke Einfluß des Windungsabstandes auf die Drahttemperatur hervor. Ist beispielsweise ein 0,5 mm dicker Draht zu einer mit 10 W/cm²

---
[1] RUF, K.: Werkst. u. Betr. 79 (1946) 157.

belasteten Wendel mit $k = 2{,}5$ gewickelt, so ruft ein örtliches Ausziehen auf $k = 6$ (2,5 mm lichten Windungsabstand) eine Senkung der Temperatur von ursprünglich 880 °C auf 710 °C, ein örtliches Zusammendrücken auf $k = 1$, d. h. bis zur gegenseitigen Berührung, eine Temperatursteigerung auf 1150 °C hervor. Dieses Beispiel unterstreicht

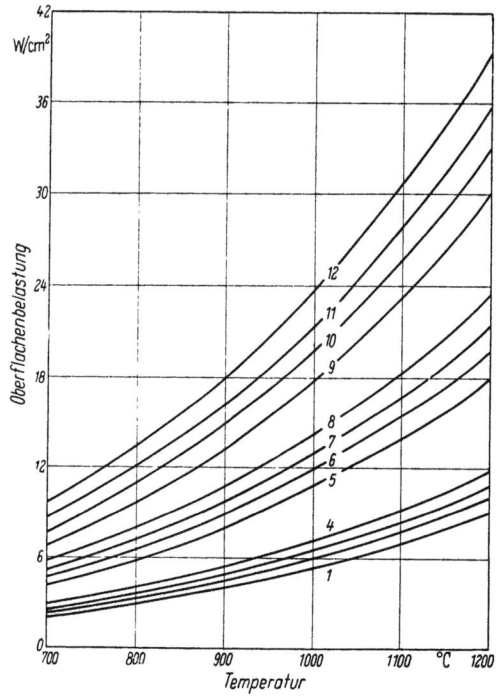

Abb. 287. Abhängigkeit der Oberflächenbelastung gewendelter abgestützter Heizleiterdrähte von der Temperatur, dem Drahtdurchmesser und der Steigung, nach RUF
Bedeutung der Kurvennummern:

Drahtdurchmesser mm	Steigungsfaktor		
	$k = 1$	$k = 2{,}5$	$k = 6$
2	1	5	9
1	2	6	10
0,7	3	7	11
0,5	4	8	12

außerdem die eingangs gemachten Ausführungen, daß die Oberflächenbelastung allein nicht für die Haltbarkeit eines Heizleiters verantwortlich ist, sondern nur in Verbindung mit der Konstruktion und der Arbeitsweise des Gerätes.

Wegen des großen Einflusses, den der Windungsabstand für die Heizleitertemperatur und damit für die Haltbarkeit hat, legt man gern die einzelnen Windungen durch Einbettung der Wendel in eine keramische

Oberflächenbelastung 383

Masse unverrückbar fest. Da hierdurch die Wärmeabgabe je nach Art und Wärmeleitfähigkeit der Masse beeinflußt wird, werden die Oberflächenbelastungen zusätzlich modifiziert. Im Versuch brachte ein Aufstreichen von Schamottemasse auf die abgestützte Wendel bei $k = 2$ eine Verkleinerung der Oberflächenbelastung auf $^2/_3$ des ursprünglichen Wertes[1]. So wird verständlich, daß beispielsweise in Kochplatten die Oberflächenbelastung im allgemeinen unter 10 W/cm^2 zu halten ist, auch wenn Heizleitertemperaturen von 1000 °C zugelassen werden.

c) Gewendelte Heizleiter in Industrieöfen

In Industrieöfen mit ruhendem Glühgut herrschen andere Verhältnisse als im Haushaltgerät. Denn das Heizelement befindet sich in einer Umgebung (Ofenwand, Glühgut) annähernd gleicher Temperatur. Die Oberflächenbelastung wird bestimmt durch den Unterschied zwischen der Ofentemperatur und der höchstzulässigen Heizleitertemperatur. Sie muß daher um so kleinere Werte annehmen, je höher die Ofentemperatur ist.

Nach STANSEL[2], PASCHKIS[3] und RUF[1] ist in Abb. 288 die Übertemperatur des Heizleiters in Abhängigkeit von der Ofentemperatur und der Oberflächenbelastung dargestellt. Die Kurven sind in der Hauptsache bestimmt durch die allgemeine Strahlungsbeziehung, jedoch modifiziert dadurch, daß bei einer Wendel nur ein Teil der gesamten Heizleiter-

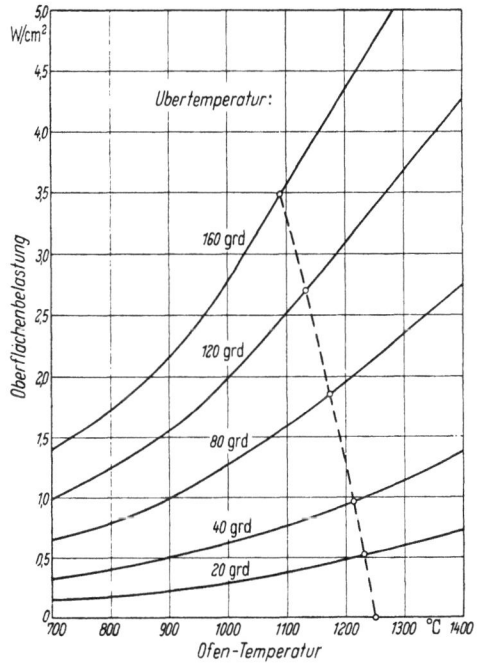

Abb. 288. Zusammenhang zwischen der Ofentemperatur, der Übertemperatur des Heizelementes und der Oberflächenbelastung für gewendelte Heizleiterdrähte in Industrieöfen mit ruhendem Glühgut, nach RUF.
——————— graphisch ermittelte Abhängigkeit der Oberflächenbelastung von der Ofentemperatur für einen speziellen Anwendungsfall

---

[1] s. S. 381 [1] RUF, K.
[2] STANSEL: Gen. Electr. Rev. (1928) 670.
[3] PASCHKIS, V.: Elektrische Industrieöfen für Weiterverarbeitung, Berlin: Springer 1932, S. 64ff.

Oberfläche abstrahlen kann, und daß zudem die Nachbarschaft der Windungen eine Korrektur erfordert. Aus diesem Bild lassen sich die zulässigen Oberflächenbelastungen in folgender Weise gewinnen. Gegeben sei eine Heizleitertemperatur von 1250 °C. Unter der Annahme, daß diese in dem betrachteten Fall stets erreicht wird, gehört dann zur Übertemperatur 20° eine Ofentemperatur von 1230 °C, zur Übertemperatur 40° eine Ofentemperatur von 1210 °C usw. Verbindet man die so erhaltenen Punkte miteinander, so erhält man für die konstante Heizleitertemperatur von 1250 °C die Oberflächenbelastung als Funktion der Ofentemperatur, die erwartungsgemäß mit steigender Ofentemperatur stark abfällt. Die so ermittelten Werte sind für die Praxis noch zu hoch, da der schwer übersehbare Einfluß der Wärmedämmung durch das übliche Einlegen der Heizwendel in Rillensteine nicht berücksichtigt ist und man ferner nicht ohne Notwendigkeit das Heizelement bis zu seiner tatsächlichen Grenze beansprucht. Die für die Praxis gültigen Werte sind im Abschnitt d zusammengestellt.

Geht man mit der Heizleitertemperatur bis an die jeweils gültige Grenze, so wird aus der gegebenen Darstellung deutlich, daß der Heizleiterwerkstoff auch einen gewissen Einfluß auf die Höhe der zulässigen Oberflächenbelastung hat, und zwar ausschließlich über seine Anwendungsgrenztemperatur (Tab. 36).

d) Folgerungen für die Praxis

Die Ergebnisse der vorhergehenden Ausführungen seien hier nochmals kurz zusammengefaßt.

Gerade, frei ausgespannte Heizleiter brauchen zur Erreichung bestimmter Temperaturen in Luft Oberflächenbelastungen nach Tab. 34 und Abb. 282, die mit der Temperatur rasch zunehmen. Für austenitische Legierungen liegen die Werte infolge der unterschiedlichen Strahlungszahlen durchweg etwas höher als für ferritische. Durchschnittliche Anhaltswerte der Oberflächenbelastungen lassen sich mit einer einfachen Formel von STÄBLEIN (vgl. Abb. 286) berechnen.

Gewendelte Heizleiter in Haushalt- und Kleingeräten mit ebenfalls einem großen Temperaturgefälle gegen ihre Umgebung brauchen wesentlich kleinere Oberflächenbelastungen, vor allem wenn sie eingebettet sind. Zu große Belastungen würden die Temperatur unzulässig hoch steigen lassen, wobei noch zu berücksichtigen ist, daß es sich meist um dünne Drähte oder Bänder handelt, deren Anwendungsgrenze von Natur aus tiefer liegt als die dicker Leiter. Im allgemeinen wählt man die Oberflächenbelastungen für derartige Geräte im Bereich zwischen

$$5 \text{ und } 7 \text{ W/cm}^2.$$

Dimensionierung von Heizelementen 385

Gewendelte Heizleiter in großen Industrieöfen mit ruhendem Glühgut arbeiten im Normalfall nahe ihrer Anwendungsgrenze. Die *zulässige* Oberflächenbelastung richtet sich nach dem Unterschied zwischen dieser Grenze und der Ofentemperatur und sinkt daher, wenn die Ofentemperatur steigt. In der Praxis gelten die Werte der Tab. 36 als zweckmäßig, und zwar für austenitische und für ferritische Werkstoffe sowohl in Draht- als auch in Bandform. Modifizierungen treten ein bei verstärkter Wärmeabfuhr (Durchlauföfen) und bei speziellen Heizelementformen (z. B. freistrahlende Stäbe). Wegen der großen Mannigfaltigkeit der möglichen Abwandlungen lassen sich dafür keine allgemeingültigen Werte angeben.

Tabelle 36. *Zulässige Oberflächenbelastungen in Öfen mit ruhendem Glühgut*

Ofentemperatur °C	Anwendungsgrenze des Heizleiterwerkstoffs	
	≥ 1250 °C	1000—1200 °C
	zulässige Oberflächenbelastung, W/cm²	
800	2—5	1,4—3
1000	1,2—3	0,7—1,5
1200	0,5—1,5	—

3. Dimensionierung von Heizelementen

Die elektrische Leistung eines Elektrowärmegerätes und die seiner Konstruktion und Arbeitsweise angepaßte Oberflächenbelastung legen, bei gegebener Anschlußspannung und im Verein mit dem spezifischen elektrischen Widerstand der gewählten Legierung, die Abmessungen der Heizleiter fest. Selbstverständlich ist dabei zu berücksichtigen, wie die Leistung auf die Heizelemente, sofern das Gerät mehrere hat, aufgeteilt wird. Große Industrieöfen werden häufig mit Drehstrom betrieben; man unterteilt die Heizung in drei Gruppen, die wahlweise in Stern- oder Dreieck geschaltet werden. Bei Dreieckschaltung ist die Gesamtleistung dreimal so groß wie bei Sternschaltung. Die Leistung jeder Heizgruppe ist in beiden Fällen ein Drittel der Gesamtleistung. Außerdem ist die Spannung pro Gruppe bei Dreieckschaltung $\sqrt{3}$ mal so groß wie bei Sternschaltung. Jede Gruppe kann wieder in mehrere, meist gleiche Einzelelemente unterteilt sein. Bei Haushaltgeräten, die an einer Phase angeschlossen werden, verwendet man, z. B. bei Kochplatten oder Strahlkaminen, im allgemeinen zwei oder mehr Heizelemente mit verschiedener Leistung, die einzeln oder in Parallel- oder Serienschaltung betrieben werden können, wodurch sich verschiedene Leistungen auf Grund der Kombinationsmöglichkeiten ergeben. Auch hier ist der Berechnung die Leistung jedes Elements zugrunde zu legen.

In den nachstehenden Formeln werden die folgenden Größen verwendet:

ϱ spez. elektrischer Widerstand in   L gestreckte Länge in m
   Ohm mm²/m
N Leistung in Watt   d Drahtdurchmesser in mm
R Widerstand in Ohm   B Bandbreite in mm
n Oberflächenbelastung in Watt/cm²   D Banddicke in mm
U Spannung in Volt $z = \dfrac{B}{D}$

Aus den beiden Grundbeziehungen

$$\frac{U^2}{N} = R = \frac{4\varrho L}{\pi d^2} \left(\text{bzw. } \frac{\varrho L}{BD}\right) \quad \text{und} \quad n = \frac{N}{\pi L d} \left(\text{bzw. } \frac{N}{2L(B+D)}\right)$$

erhält man die Größen L/d^2 und Ld (bzw. L/BD und $L(B+D)$ und damit prinzipiell die Möglichkeit, die Abmessungen einzeln auszurechnen. Unter Berücksichtigung der verwendeten Einheiten ergeben sich folgende Formeln:

Draht   Band

$$d^3 = \frac{4}{10\,\pi^2} \frac{\varrho \cdot N^2}{U^2 \cdot n} \qquad D^3 = \frac{1}{20z(z+1)} \frac{\varrho \cdot N^2}{U^2 \cdot n}$$

$$B^3 = \frac{z^2}{20(z+1)} \frac{\varrho \cdot N^2}{U^2 \cdot n}$$

$$L^3 = \frac{1}{400\,\pi} \frac{U^2 \cdot N}{\varrho \cdot n^2} \qquad L^3 = \frac{z}{400(z+1)^2} \frac{U^2 \cdot N}{\varrho \cdot n^2}$$

Die Ausdrücke für Draht und Band entsprechen einander vollkommen. Nur die Zahlenfaktoren sind verschieden; in diesen rühren die Zehnerpotenzen daher, daß hier mm, cm und m nebeneinander verwendet werden. Bei Band ist das Verhältnis $z = $ Breite/Dicke frei wählbar; in der Praxis liegt es im allgemeinen zwischen 5 und 30, hat also die Größenordnung 10.

Es ist nun der Bequemlichkeit und Neigung anheimgestellt, die Wurzelausdrücke wirklich auszurechnen oder aber die Abmessungen durch Probieren zu ermitteln. Für die letztgenannte Methode geben die Hersteller Tabellen heraus, in denen für die Werkstoffe und alle wichtigen Abmessungen der Widerstand pro Meter und die Oberfläche pro Meter angegeben sind. Man berechnet zuerst für eine beliebig gewählte Abmessung die zur Erreichung des geforderten Widerstandes notwendige gestreckte Länge, hierauf die Gesamtoberfläche, vergleicht den Quotienten Leistung/Oberfläche mit dem für den betreffenden Fall gültigen Wert der Oberflächenbelastung und paßt die Abmessungen entsprechend an.

Die im Abschnitt 2 für Klein- und Großgeräte empfohlenen Oberflächenbelastungen sind Größtwerte. Jede Unterschreitung wirkt sich vorteilhaft auf die Lebensdauer des Heizleiters aus, jede Überschreitung ist kritisch. In den eben gegebenen Berechnungsformeln tritt die Oberflächenbelastung stets in Verbindung mit dem spezifischen elektrischen Widerstand, einer reinen, von Legierung zu Legierung variierenden Stoffgröße auf. Es ist nun interessant, die Beziehung zwischen den Heizleiterabmessungen, der Oberflächenbelastung und dem spezifischen Widerstand näher zu betrachten. Wir beschränken uns dabei auf Drähte; die Ergebnisse lassen sich ohne Schwierigkeit auf Bänder übertragen.

Nach den Berechnungsformeln variieren bei konstanter Oberflächenbelastung der Drahtdurchmesser d mit $\sqrt[3]{\varrho}$ und die Länge L mit $\sqrt[3]{\frac{1}{\varrho}}$. Geht man zu einem Material mit größerem spezifischem Widerstand ϱ über, so nimmt das insgesamt benötigte, durch $d^2 \cdot L$ bestimmte Drahtvolumen mit $\sqrt[3]{\varrho}$ zu. Bei konstanter Oberflächenbelastung steigt also die Menge des benötigten Heizleitermaterials mit dem spezifischen Widerstand[1]. Dieses klare Ergebnis widerlegt die verbreitete Meinung, eine Heizleiterlegierung biete um so größere wirtschaftliche Vorteile, je größer ihr spezifischer Widerstand ist. Ohne Nachteil ist eine Vergrößerung des spezifischen Widerstandes dann, wenn der Quotient $\frac{\varrho}{n^4}$ konstant bleibt, d. h. wenn auch die Oberflächenbelastung erhöht werden kann.

Bei konstantem spezifischem Widerstand ϱ variiert der Durchmesser d mit $\sqrt[3]{1/n}$, die Länge L mit $\sqrt[3]{1/n^2}$, also das Volumen mit $\sqrt[3]{1/n^4}$. Hieraus sieht man, wie stark sich eine Erhöhung der Oberflächenbelastung n in einer Einsparung von Heizleitervolumen auswirkt, sofern nicht gleichzeitig der spez. Widerstand allzu sehr vergrößert wird. Man wird sich daher fragen, wie die zulässige Oberflächenbelastung gesteigert werden kann.

In erster Linie bietet sich der Weg über konstruktive Maßnahmen, indem man die Wärmeabgabe des Heizleiters an seine Umgebung verbessert. Bei Industrieöfen sollte man die Wendeln nicht in tiefe keramische Rillen einlegen, sondern in einen möglichst großen Raumwinkel frei strahlen lassen. Allzu kleine Steigungen sind zu vermeiden. Recht günstig sind freistehende Heizstäbe, doch ist deren Widerstand bei Verwendung metallischer Werkstoffe so klein, daß man oft nicht ohne einen Niederspannungstransformator auskommt. Auch eine Erleichterung der Konvektion in der Ofenatmosphäre erlaubt größere Oberflächenbelastungen.

Im Vergleich zu den konstruktiven Verbesserungen sind die Möglichkeiten, die Heizleiterwerkstoffe selbst in dieser Richtung zu modifizieren, gering. Bei hohen Temperaturen spielt die Strahlungsbilanz die Hauptrolle, die im wesentlichen den Ausdruck

$$C(T_H^4 - T_U^4)$$

---

[1] DEISINGER, W., u. H. PFEIFFER: ETZ-B 7 (1955) 382.

enthält, wo C die Strahlungszahl (Emissions- bzw. Absorptionsvermögen), T_H die Heizleitertemperatur und T_U die Temperatur seiner Umgebung ist. Die Strahlungszahl ist durch den Aufbau und die Zusammensetzung der Oxydschicht bestimmt. Da diese Oxydschicht der Träger der Zunderfestigkeit ist, kann man sie nicht im Interesse einer größeren Strahlungszahl abwandeln, ohne ihre zweite und wichtigere Aufgabe zu berücksichtigen. Überdies beträgt nach den Darlegungen in Abschnitt 2 das Emissionsvermögen ohnehin schon 85 bis 95% von dem des schwarzen Körpers, so daß allenfalls nur kleine Erhöhungen erreichbar sind. Eine andere Möglichkeit wäre es, die Heizleitertemperatur T_H hinaufzusetzen. Bei hohen Ofentemperaturen ist dies gleichbedeutend mit einer Erhöhung der Anwendungsgrenztemperatur. Auch in dieser Hinsicht ist bei den üblichen metallischen Werkstoffen kaum mehr etwas zu erwarten, da die Nähe des Schmelzpunktes eine unüberschreitbare Grenze setzt.

Es hat demnach nicht den Anschein, als könnte man über den spezifischen Widerstand oder über die Oberflächenbelastung Einsparungen an Heizleitervolumen und damit wirtschaftliche Vorteile erzielen. Vielmehr geht man häufig den umgekehrten Weg, indem man nicht die höchstzulässigen Oberflächenbelastungen einsetzt, sondern einen gewissen Sicherheitsabstand von den Maximalwerten beachtet. Hierdurch erhält man einen etwas größeren Drahtdurchmesser und eine etwas größere gestreckte Länge und gleichzeitig damit eine beträchtliche Verlängerung der Lebensdauer. Anschaulich gesprochen, braucht ein längerer und dickerer Heizdraht nicht so heiß zu werden wie ein kürzerer, dünnerer, um die gleiche Nutzungswärme zu erzeugen.

Schon gefühlsmäßig wird man erwarten, daß ein dickerer Draht eine größere Lebensdauer hat als ein dünnerer. Diese Abhängigkeit ließ sich experimentell belegen. Dazu wurden Drähte mit Durchmessern von 0,1 mm bis 4,5 mm frei ausgespannt in einer der üblichen *Lebensdauerprüfung* (s. S. 107ff.) ähnlichen Weise bei zyklischer Beanspruchung untersucht. Bei den Drähten mit Durchmessern unter 1 mm betrug die Prüftemperatur einheitlich 1200 °C, bei den dickeren Drähten wurde die unterschiedliche Zunderfestigkeit berücksichtigt, indem die austenitischen auf 1250 °C und die ferritischen auf 1380 °C erhitzt wurden. Die Ergebnisse sind in Abb. 289 dargestellt. Der lineare Anstieg der Lebensdauer mit dem Drahtdurchmesser ist verständlich, da man einen unmittelbaren Zusammenhang mit dem Verhältnis Volumen/Oberfläche oder Querschnitt/Umfang erwarten kann, das eben proportional dem Drahtdurchmesser ist. Auffallend ist, daß die Lebensdauerkurve der Eisen-Chrom-Aluminium-Legierungen bei Drähten mit mehr als 3 mm Durchmesser abbiegt und dann waagerecht verläuft[1]. Durch den Mechanismus der selektiven Oxydation läßt sich dieses

---
[1] Vacuumschmelze AG, Hanau: Heizleiterlegierungen (Firmenblatt H 001) 1960.

Dimensionierung von Heizelementen

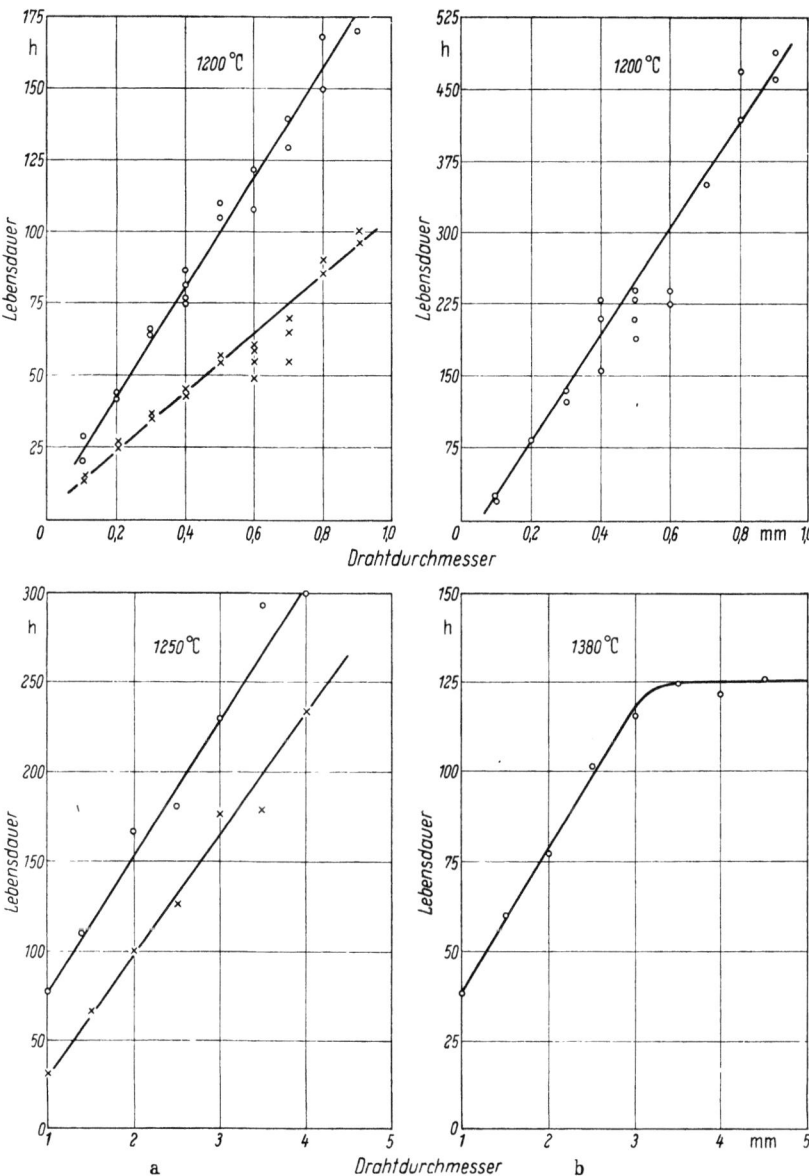

Abb. 289a u. b. „Lebensdauer-Versuch" an Heizleiterdrähten in Abhängigkeit vom Drahtdurchmesser.

a) Ni–Cr–(Fe)-Legierungen   b) Fe–Cr–Al-Legierungen
○ NiCr 80 20
× NiCr 30 20

Verhalten verstehen. Für die Praxis bedeutet es, daß man mit 3,5 mm dicken Drähten die größtmögliche Lebensdauer erreicht hat. Eine Vergrößerung des Durchmessers über dieses Maß hinaus kann aus Gründen des elektrischen Widerstandes oder der Formbeständigkeit zweckmäßig sein, sie erhöht jedoch die Lebensdauer nicht direkt, sondern nur mittelbar über eine Verkleinerung der Oberflächenbelastung im Sinne der oben gemachten Ausführungen.

Aus Abb. 289 läßt sich unter Zuhilfenahme der Temperaturabhängigkeit der Lebensdauer folgern, daß eine für 2 mm dicke Drähte erprobte höchstzulässige Gebrauchstemperatur z. B. für 1 mm dicke Drähte um 50° erniedrigt werden muß, und zwar sowohl bei den austenitischen als auch bei den ferritischen Werkstoffen.

4. Lieferformen und Prüfungen

Da die verformbaren Chromstähle zur Herstellung aller möglichen Konstruktionen und Bauteile Verwendung finden, werden sie in einer großen Vielfalt von Halbzeugformen geliefert, als Tafeln, Bänder, Stangen, Stäbe, Rohre, Drähte. Für die Abmessungen und die Beschaffenheit gelten die auch für anderes Halbzeug üblichen Gütevorschriften und Normen. Aus den zunderfesten Gußlegierungen werden ebenfalls die mannigfachsten Formen hergestellt.

Eine Sonderausführung und Anwendung der Chromstähle sei hier erwähnt. In großem Umfang werden Chromstähle als Oberflächenschutz verwendet, sei es, daß sie auf niedriger legierte Werkstoffe aufplattiert werden oder sei es, daß man sie durch Oberflächenreaktionen zwischen Werkstück und Gasatmosphäre und Eindiffundieren der angelagerten Legierungskomponenten erzeugt. Auf solche Weise lassen sich nicht nur chromreiche *(Inchromieren)*, sondern auch zusätzlich silizium- oder aluminiumhaltige *(Silizieren, Alitieren)* Schichten erzeugen, die mechanisch hart, korrosionsbeständig und bis zu einem gewissen Grad zunderfest sind. Wir beziehen uns hier jedoch ausschließlich auf Anwendungstemperaturen über 800 °C, wo die Diffusionsgeschwindigkeit so groß ist, daß sowohl aufplattierte als auch durch Einwanderung erzeugte Oberflächenschichten ihre Zusammensetzung und ihren Aufbau und mithin auch ihre Eigenschaften während der Gebrauchszeit allmählich verändern; daher soll auf diese Einsatzart nicht näher eingegangen werden.

Halbzeug aus Heizleiterlegierungen besteht naturgemäß aus Drähten und Bändern bestimmten Querschnitts. Gröbere Bänder werden in großer Breite gewalzt und dann geschnitten; feinere Bänder laufen meist über den Drahtweg, indem man Runddrähte passenden Durchmessers flachwalzt. Aus diesem Grund findet man gelegentlich die Bezeichnung *Flachdraht*. Nach den üblichen Abnahmebedingungen wird der Wider-

Lieferformen und Prüfungen 391

stand pro Meter der Drähte und Bänder bei Raumtemperatur überprüft und innerhalb gewisser Grenzen (meist ± 5% vom Sollwert) gehalten. Die Hersteller haben die Möglichkeit, durch kleine Änderungen des Durchmessers von Drähten oder der Dicke von Bändern Abweichungen des spezifischen elektrischen Widerstandes auszugleichen. Da andererseits der spezifische Widerstand selbst mit einer gewissen Toleranz festgelegt ist (DIN 17470, DIN 17471), ergibt sich von selbst eine Beschränkung der Abmessungsstreuungen.

Bei den Abnahmewerten des Widerstandes dünnerer Drähte aus NiCr 80 20 und NiCr 60 15 sind die nicht unbeträchtlichen Änderungen zu berücksichtigen, die bei der ersten Inbetriebnahme eintreten können (s. S. 227 ff.). Wie schon früher ausführlich dargelegt wurde, kann man diese Änderungen nicht generell durch eine sogenannte künstliche Alterung vorwegnehmen, da sie reversibel sind. Auch nach einer Alterung spricht der Kaltwiderstand auf jede Variation der Abkühlungsbedingungen erneut an, wobei es allein auf die Durchlauf- oder Verweilzeit im Temperaturbereich zwischen 300° und 500 °C ankommt. Man verzichtet daher im allgemeinen aus wirtschaftlichen Erwägungen auf eine künstliche Alterung und berücksichtigt die zu erwartenden Widerstandsänderungen durch Zuhilfenahme von Erfahrungswerten.

Dünne Drähte werden im Normalfall blank geglüht geliefert, da sich dann die Anschlußenden bequem anbringen lassen. Dickere Drähte kommen sowohl blank geglüht als auch mit leicht oxydierter Oberfläche zur Lieferung und zum Einsatz. Entsprechendes gilt für Halbzeug in Bandform.

Die Oxyde der Heizleiter leiten bei Raumtemperatur den elektrischen Strom praktisch nicht. Man kann daher bei der Herstellung von Hochohmwiderständen oxydierte Drähte Windung an Windung wickeln, wenn keine großen Spannungsunterschiede bestehen. Bei den hochnickelhaltigen Heizleiterlegierungen hat man Verfahren ausgearbeitet, um die Isolationsfähigkeit der Oxydschichten so stark zu erhöhen, daß Wechselspannungen von mindestens 10 Volt keinen Durchschlag erzeugen. Gemäß dem Halbleitercharakter der Oxyde geht allerdings die Isolationsfähigkeit bei hohen Temperaturen mehr und mehr verloren.

Für die Weiterverarbeitung dünner Heizleiterdrähte ist die Gleichmäßigkeit der mechanischen Eigenschaften besonders wichtig. Diese wird durch eine sogenannte Wickelprobe geprüft. Hierzu läßt man den fertigen Draht auf einen rotierenden Dorn auflaufen, Windung an Windung, und zieht dann die entstandene Wendel auf die zwei- bis vierfache Länge auseinander. Die kleinsten Ungleichmäßigkeiten machen sich dabei durch verschieden große Windungsabstände bemerkbar. In einem Gerät würde eine solche ungleichmäßige Heizwendel an Stellen zu kleiner Steigung überhitzt und damit gefährdet. Als Ursachen der Inhomogenitäten kommen in Betracht: Ungleichförmige Temperaturverteilung bei der Schlußglühung (wird bei der Durchlaufglühung vermieden); Oberflächenfehler, zum Beispiel Längsrisse geringer Tiefe; Unrundheiten des Drahtquerschnitts, hervorgerufen durch fehlerhafte oder abgenutzte oder exzentrisch beanspruchte Ziehsteine. Um dünne Drähte auf Automaten ohne Schwierigkeiten wickeln zu können, werden mangels besserer mechanischer Kenngrößen in vielen Fällen besondere Forderungen an die Zugfestigkeit und die Bruchdehnung gestellt. Dabei ist natürlich deren Querschnittsabhängigkeit (Tab. 14 in Kap. E) zu beachten.

Schließlich sei noch auf einige einfache Möglichkeiten hingewiesen, um die Heizleiterlegierungen voneinander unterscheiden zu können, sei es, daß Zweifel an der Indentität bestehen, oder sei es, daß man ein unbekanntes Material in die bekannten Typen einordnen will. Zunächst lassen sich mit einem Dauermagneten die ferritischen (ferromagnetischen) von den austenitischen (nicht ferromagnetischen) Werkstoffen trennen. Innerhalb der austenitischen Gruppe kann man dann mit Hilfe der Thermospannung die einzelnen Legierungen voneinander unterscheiden, indem man den fraglichen Draht nacheinander mit Drähten bekannter Zusammensetzung in Kontakt bringt und die Berührungsstelle erwärmt; beispielsweise taucht man die blanken Drahtenden in eine Metallschmelze ein. Stimmt der unbekannte Draht mit dem Vergleichsdraht überein, dann erhält man keine Thermospannung, andernfalls wegen der starken Abhängigkeit der Thermospannung von der Zusammensetzung recht deutliche Ausschläge am Millivoltmeter. Diese Methode versagt leider innerhalb der ferritischen Werkstoffgruppe, wo man, da auch der elektrische Widerstand wenig charakteristisch ist, schließlich doch auf die chemische Analyse angewiesen ist.

5. Herstellung von Heizelementen

Um große Längen auf kleinem Raum unterzubringen, werden, wie schon öfter erwähnt, Heizleiterdrähte zu Wendeln gewickelt; für Heizleiterbänder ist die Wellenform üblich. Der Durchmesser der Wendeln muß in einem zweckmäßigen Verhältnis zum Drahtdurchmesser stehen, damit auch bei hohen Temperaturen eine genügende Steifigkeit und Formbeständigkeit gesichert ist. Bei zu großem Wendeldurchmesser können die Windungen umsinken, wie Abb. 290 in einem Beispiel zeigt. Ist der Wickeldorndurchmesser zu klein, dann besteht die Gefahr, daß die Bruchdehnung in der Außenfaser des Drahtes überschritten wird, wodurch Querrisse entstehen. Im allgemeinen wird empfohlen daß der Wickeldorndurchmesser das 3- bis 7fache des Drahtdurchmessers betragen soll.

Das Ausziehen der zunächst dicht gewickelten Wendeln auf die übliche Steigung, die das 2- bis 4fache des Drahtdurchmessers beträgt (Steigungsfaktor [nach Abschnitt 2 dieses Kapitels] $k = 2$ bis $k = 4$) geschieht bei Raumtemperatur; gelegentlich[1,2] wird auch geraten, es bei höherer Temperatur (900 °C für die austenitischen und 700° bis 750 °C für die ferritischen Werkstoffe) vorzunehmen, weil man dann ungleiche Windungsabstände mit größerer Sicherheit vermeidet.

Drähte mit mehr als 1 mm Durchmesser wickelt man gleich mit der richtigen Steigung, und zwar im allgemeinen bei Raumtemperatur; bei ferritischen Legierungen u. U. auch bei 200° bis 300 °C. Das Anwärmen im zweiten Fall, das durch elektrischen Strom, durch eine Flamme oder durch einen kleinen Durchlaufofen geschehen kann[2,3,4], hat den Zweck, mit Sicherheit oberhalb des Zähigkeitsabfalls (s. S. 246ff.) zu arbeiten. Die früher empfohlenen Wickeltemperaturen über 400 °C[5,6] sind mit Rücksicht auf die geringere Verformungsfähigkeit in diesem Gebiet (s. S. 244f.) zu vermeiden. Werden, wie es üblich ist, zunächst

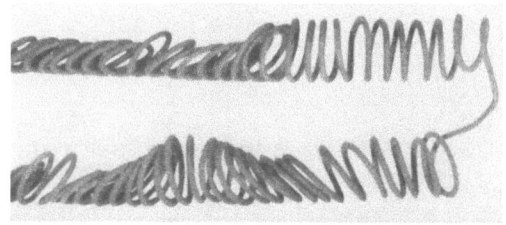

Abb. 290. Infolge zu großen Wickeldorndurchmessers bei Überhitzung umgesunkene Wendel aus einer ferritischen Heizleiterlegierung

lange gerade Wendeln gewickelt und diese hinterher in die gewünschte Haarnadel- oder Mehrfachform gebracht, dann soll das örtliche Aufbiegen bei den ferritischen Werkstoffen bei Rotglut, z. B. unter lokaler Erhitzung mit einer Schweißflamme, bei den austenitischen Werkstoffen aber kalt erfolgen; ein Anwärmen führt im zweiten Fall leicht in den Bereich stark verminderter Verformungsfähigkeit (s. S. 235ff.) und hat dann Risse und Brüche zur Folge[4,7]. — Diese für Drähte gegebenen Richtlinien lassen sich ganz entsprechend auf die Weiterverarbeitung von Bändern übertragen.

---

[1] A. B. Kanthal, Hallstahammar: Das Nikrothal Handbuch, 1959.
[2] A. B. Kanthal, Hallstahammar: Das Kanthal Handbuch, 1958.
[3] Vacuumschmelze AG, Hanau: Heizleiter-Handbuch, 1954.
[4] Vereinigte Deutsche Metallwerke AG, Altena: Handbuch über Heizleiter- und Widerstandswerkstoffe, 1955, 1957.
[5] HESSENBRUCH, W.: Elektrowärme 7 (1937) 7.
[6] GRUNERT, A., W. HESSENBRUCH u. K. SCHICHTEL: Elektrowärme 5 (1935) 2.
[7] Vacuumschmelze AG, Hanau: Heizleiterlegierungen (Firmenblätter H 001 und H 002), 1960.

Die Anschlußenden der Heizelemente erhalten stets einen größeren Querschnitt, damit sie auf niedrigerer Temperatur bleiben. Bei dünnen Drähten kann man einfach das Ende mehrmals umbiegen, so daß nebeneinanderliegende Schlaufen entstehen, die man verdrillt. Oder man setzt durch Lichtbogen- oder Punktschweißung eine Litze an, die aus Drähten mit geringerer Zunderbeständigkeit (Nickel-Chrom-Eisen- oder Eisen-Chrom-Legierungen oder bei hohen Ansprüchen an die Biegefähigkeit auch Nickel) besteht.

Wendeln aus dickem Draht erhalten Anschlußbolzen mit mindestens dem doppelten Querschnitt, ebenfalls meist aus Material mit kleinerer Zunderfestigkeit, wobei man durch konstruktive Maßnahmen dafür sorgt, daß das Anschlußende nicht die Temperatur des Ofeninnern annimmt. Zu diesem Zweck läßt man das Ende des Heizdrahtes auf eine gewisse Länge gerade, so daß es in den für den Anschluß vorgesehenen Kanal der

Abb. 291. Anschweißen der Anschlußbolzen an das Ende einer Wendel aus ferritischem Heizleitermaterial

feuerfesten Auskleidung hineinreicht und erst dort in den Anschlußbolzen übergeht. Die Verbindung zwischen Draht und Anschlußende wird stets durch Verschweißen vorgenommen. Während dieser Vorgang, unter Beachtung der Hinweise im nachstehenden Abschnitt, bei den austenitischen Legierungen problemlos ist, besteht bei den ferritischen Werkstoffen die Gefahr, daß sie durch die Erhitzung bis zum Schmelzpunkt gerade an einer Biegebeanspruchungen ausgesetzten Stelle grobkörnig werden und verspröden. Daher wendet man den in Abb. 291 dargestellten Kunstgriff an[1]. Das Ende des Drahtes wird in eine axiale Bohrung des Anschlußendes gesteckt und durch einen seitlichen Schlitz mit ihm verschweißt, wobei man gegebenenfalls das Drahtstück unmittelbar vor dem Bolzen zusätzlich mit Wasser kühlen kann. — Die Enden bandförmiger Heizelemente werden durch beiderseits aufgelegte Bandlagen verstärkt, und diese an den Rändern miteinander und mit dem Heizband verschweißt.

6. Bearbeitung

In diesem Abschnitt werden einige Bearbeitungsfragen behandelt, die bei den zunderfesten Legierungen besondere Aufmerksamkeit erfordern.

---

[1] s. Vorseite [6] GRUNERT, A., W. HESSENBRUCH u. K. SCHICHTEL.

Bearbeitung 395

a) Spanabhebende und spanlose Verformung

Alle zunderfesten Legierungen sind spanabhebend bearbeitbar, aber ausnahmslos schlechter als etwa Eisen oder Messing. Man kann ähnlich verfahren wie bei hochlegierten Stählen und muß vor allem kleine Schnittgeschwindigkeiten vorsehen. Zusätze zur Verbesserung der Zerspanbarkeit, wie sie bei anderen Legierungsarten verwendet werden, verbieten sich hier mit Rücksicht auf die Zunderfestigkeit.

Die spanlose Verformung ist schon mehrfach, sowohl in Kapitel E als auch in den vorhergehenden Abschnitten dieses Kapitels, behandelt worden. Es gilt dabei in erster Linie, die Bearbeitung in den hierfür empfohlenen Temperaturbereichen vorzunehmen und die Temperaturen stark beschränkter Verformungsfähigkeit unbedingt zu vermeiden. Selbstverständlich gestatten die verformbaren zunderfesten Legierungen auch das Tiefziehen, und zwar die austenitischen wegen ihrer größeren Duktilität besser als die ferritischen. Diese Art der Bearbeitung betrifft vor allem die Chromstähle und die hochlegierten Konstruktionsmaterialien. Sie erfordert die gleiche Aufmerksamkeit wie bei anderen metallischen Werkstoffen (kleine Ausgangskorngröße, Freiheit von Texturen, häufige Zwischenglühungen, Vermeidung kritischer Verformungsgrade). Außerdem ist es wichtig, hinterher die Oberfläche von Verunreinigungen durch fremde Metalle oder durch Schmiermittel sorgfältig zu reinigen, da andernfalls die Zunderfestigkeit beeinträchtigt wird.

b) Schweißen

Bei den zunderfesten Legierungen sind alle Schweißverfahren grundsätzlich anwendbar. In jedem Falle ist die unerläßliche Vorbedingung, daß die zu verbindenden Stellen metallisch blank, d. h. insbesondere frei von Oxyden sind. Ebenso wichtig ist es, daß während des Schweißvorganges selbst möglichst kein neues Oxyd entsteht. Da sich gerade auf den zunderfesten Legierungen sehr leicht und schnell Anlaufschichten bilden, ist die Bedingung der metallischen Reinhaltung nur mit Vorsichtsmaßnahmen zu erfüllen. Gleichzeitig ergibt sich daraus ein Gütemaßstab für die einzelnen Schweißmethoden.

Ganz allgemein haben die elektrischen Verfahren den Vorrang, und unter diesen sei an erster Stelle das Schweißen unter Edelgas mit einer Wolfram-Gegenelektrode genannt (*Argonarc*-Verfahren). Die Erhitzung bleibt dabei örtlich und zeitlich eng begrenzt, und die Gefahr, daß fremde Stoffe aufgenommen werden oder die Zusammensetzung sich ändert, ist sehr gering, da keinerlei Zusatzwerkstoffe benötigt werden. Natürlich ist auch die elektrische Punktschweißung gut von Oxyd befreiter Teile ohne weiteres möglich, doch hat man dabei stets zu bedenken, ob die so erzielte Verbindung den hohen Gebrauchstemperaturen standhält.

Die Lichtbogenschweißung mit Graphitstab-Gegenelektrode ist ebenfalls im Gebrauch. Man zieht dafür Gleichstrom vor und verbindet die Graphitelektrode mit dem negativen und das Metall mit dem positiven Pol der Stromquelle. Andernfalls nimmt die Legierung unerwartet große Kohlenstoffmengen auf; für Eisen-Chrom-Aluminium-Legierungen findet sich folgende Gegenüberstellung[1]:

Vorgang	Kohlenstoffaufnahme in % bei		
	Gleichstrom, Graphitelektrode		Wechselstrom
	negativ	positiv	
Schnelle Schweißung	0,15	0,80	0,20
Langsame Schweißung	0,15	1,00	3,00

Verwendet man statt Graphit eine metallische Schweißelektrode, die dabei verzehrt wird, so soll diese nach Möglichkeit die gleiche Zusammensetzung haben wie das Schweißgut und zweckmäßig mit dem positiven Pol der Stromquelle verbunden werden[2]. Weiterhin wird empfohlen, die Länge des Lichtbogens etwa gleich dem Durchmesser der Zusatzelektrode zu halten[2].

Statt der elektrischen Schweißung kann auch die Gasschmelzschweißung (*Autogen*-Verfahren) verwendet werden. Hierbei ist die Anwendung eines Flußmittels, häufig auf Boraxgrundlage, unbedingt erforderlich. Dieses wird mit Wasser angerührt und auf die blanken Metallteile gestrichen. Nach dem Trocknen schweißt man mit kleiner, neutraler oder schwach reduzierender Flamme. Ein großer Azetylenüberschuß würde Aufkohlung, ein Sauerstoffüberschuß Porositäten und Oxydablagerungen in der Schweißzone verursachen. Der Zusatzdraht soll gerade fließen, die von ihm abfallenden Tropfen müssen stets auf blanke Schmelze treffen. Als Beispiel dafür, daß sich auch mit dem Autogenverfahren hervorragende Verbindungen herstellen lassen, zeigt Abb. 292 eine von geübter Hand hergestellte Schweißnaht an einem Schutzrohr in der Aufsicht und im Querschliff.

Sollen gebrauchte Heizelemente repariert werden, dann empfiehlt es sich, die Bruchstellen abzuschrägen, damit die Enden auf einer größeren Länge miteinander verbunden werden können. Wenn der Platz es zuläßt, vergrößert man den Querschnitt an der Schweißstelle, indem man Drahtenden mit einer Muffe und Bandenden mit darübergelegten Bandstücken verbindet.

Wegen ihrer oxydauflösenden Wirkung müssen Flußmittelreste nach dem Schweißen mit großer Gründlichkeit entfernt werden. Auch kleine

---

[1] A. B. Kanthal, Hallstahammar: Das Kanthal Handbuch, 1958.
[2] ANGER, E. M., W. E. DUNDON u. G. THOMPSON: Weld. Eng. 38 (1953) H. 9) 52.

Bearbeitung 397

zurückbleibende Spuren beeinträchtigen sonst die Zunderfestigkeit in starkem Maße.

Es versteht sich von selbst, daß die Schweißverfahren für die hier in Rede stehenden hochwertigen Legierungen ins einzelne ausgearbeitet sind. Es würde jedoch den Rahmen der vorliegenden Darstellung überschreiten, detaillierte Fertigungsanweisungen zu geben. Für solche sei vielmehr auf die Spezialliteratur verwiesen[1].

a

$4/_5$ natürl. Größe

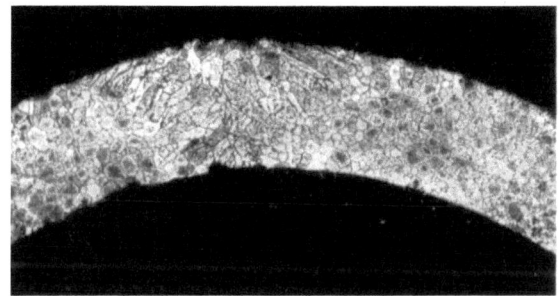

b

Vergr. 7:1

Abb. 292a u. b. Aufsicht und Querschliff einer autogen hergestellten Schweißnaht an einem Schutzrohr aus einem zunderfesten Chromstahl

c) Löten

Das Weichlöten mit Blei-Zinn-Loten kommt bei zunderfesten Legierungen selten vor. Es erfordert einwandfrei metallisch blanke Flächen, die notfalls eletrolytisch abgebeizt werden. Nicht nur die schnell entstehende, festhaftende Oxydschicht, sondern auch der Nickelgehalt der austenitischen Werkstoffe erschwert die Benetzung.

Auch zum Hartlöten mit Silber- oder Messinglot braucht man sehr gut gereinigte Flächen. Meist lötet man mit dem Schweißbrenner, nachdem man die zu verbindenden Stellen mit Flußmittel, beispielsweise Borax mit Flußspatzusatz, bestrichen hat. Ähnlich wie nach dem Schweißen

---

[1] Nickel-Informationsbüro GmbH: Schweißen von korrosions- und hitzebeständigen austenitischen Chrom-Nickel-Stählen, Düsseldorf 1958; mit weiteren Literaturangaben.

sind auch nach dem Löten die Flußmittelreste sorgfältig zu entfernen. Das Hartlöten elastisch verspannter oder kaltverformter Teile ist unbedingt zu vermeiden, da sonst die sogenannte Lotbrüchigkeit auftritt. Diese besteht darin, daß bei der Benetzung mit dem flüssigen Lot die Korngrenzen des verspannten Gefüges tief hinein aufreißen und sich teilweise mit Lot füllen. Beim Hartlöten werden zwar die zu verbindenden Stellen auf Rotglut erhitzt, doch genügt dies nicht zur Beseitigung der Spannungen. Vielmehr ist es nötig, die Teile vor dem Löten regelrecht weichzuglühen.

Während sich Verschweißungen stets so herstellen lassen, daß die Zunderfestigkeit der Verbindungsstelle überhaupt nicht oder nicht wesentlich vermindert ist, schließt natürlich eine Lötverbindung den Gebrauch bei hohen Temperaturen aus, nicht nur wegen des niedrigen Lotschmelzpunktes, sondern auch deshalb, weil die Lote keinerlei Zunderfestigkeit besitzen.

7. Einbau von Heizelementen

In Haushalt- und Kleingeräten ist man mehr und mehr dazu übergegangen, die Heizwendeln allseitig in feuerfeste Massen einzubetten und nach Möglichkeit einzupressen. Das Einbetten wird naß oder trocken vorgenommen. Über die Massen selbst ist in Kapitel G das Nötige gesagt worden.

Wird die Masse naß eingebracht, so ist zu beachten, daß die ferritischen Heizleiter nicht ganz rostbeständig sind. Wenn durch das Wendeln oder andere Bearbeitungen die Draht- oder Bandoberflächen innere Spannungen enthalten, dann besteht überdies die Gefahr der sogenannten Spannungskorrosion, bei der tiefgehende inter- oder intrakristalline Risse das Material brüchig machen. Dagegen hilft ein kurzes Ausglühen der fertigen Heizwendel vor dem Einbetten, wobei gleichzeitig eine gegen Rostangriff schützende Oxydschicht entsteht. Trotzdem empfiehlt es sich, wie bereits auf S. 359 ausgeführt, die Trocknung stark zu beschleunigen, am besten dadurch, daß man das Heizelement mit hindurchfließendem Strom erhitzt, um seine unmittelbare Umgebung zuerst wasserfrei zu machen. Selbstverständlich muß man dabei auf die verhältnismäßig große elektrische Leitfähigkeit der feuchten Einbettungsmasse Rücksicht nehmen. Die Vorsichtsmaßnahmen gegen einen Angriff durch Feuchtigkeit sind, wie erwähnt, nur bei den ferritischen Werkstoffen wichtig; die austenitischen sind in dieser Beziehung unempfindlich.

Bei trockener Einbettung rüttelt man das keramische Pulver ein und verdichtet es dann durch starken Druck, um das Heizelement unverrückbar festzulegen und gleichzeitig durch Beseitigung von Hohlräumen und zu großer Porosität eine möglichst gute Wärmeableitung nach außen zu erzielen. Das Einpressen verursacht beträchtliche Verkleinerungen des Elementwiderstandes, die, wie sich an wieder ausgebauten Wendeln nachweisen läßt, auf regelrechte Stauchungen des Heizdrahtes zurückgehen. Lassen sich bei hohen Drucken solche Stauchungen nicht vermeiden, dann ist die Einhaltung gleichbleibender Herstellungsbedingungen und die vorherige Berücksichtigung der Widerstandsänderungen um so wichtiger.

Die Heizelemente in großen Öfen werden wegen der bei hohen Temperaturen kleinen Standfestigkeit auf ihrer ganzen Länge unterstützt. Meist legt man sie in Nuten oder Rillen der feuerfesten Auskleidung ein. So günstig diese Einbauart für den mechanischen und elektrischen Schutz ist, so ungünstig wirkt sich die wärmedämmende Umhüllung auf zwei oder gar drei Seiten auf den Wärmeübergang zum Glühgut und damit auf die zulässige Oberflächenbelastung aus (vgl. oben Abschnitt 2). Ungleich günstiger ist unter diesem Gesichtspunkt das Aufschieben der Wendeln auf Tragstäbe oder -rohre. Bei bandförmigen Heizleitern gilt das Entsprechende. Für das feuerfeste Material selbst gilt ganz allgemein, daß der Tonerde- (Al_2O_3)-Gehalt um so größer sein muß, je höher die Temperatur ist. Über die Zusammensetzung im einzelnen und über nützliche oder schädliche Bestandteile sind in Kapitel G nähere Ausführungen gemacht worden.

Bei allen Konstruktionen muß auf die Wärmeausdehnung der Heizleiter die gebührende Rücksicht genommen werden. Daher ist es wichtig, sie stets locker und frei verschieblich anzuordnen. Aus dem gleichen Grund ist die Haarnadelform beliebt, die verhältnismäßig leicht nachgibt. Ferner können auch mitunter bleibende Volumenänderungen eintreten, wie sie zum Beispiel bei der 475°-Versprödung der ferritischen Legierungen besprochen wurden. Es empfiehlt sich ganz allgemein, Wendeln nicht stramm auf ein keramisches Rohr zu wickeln, sondern einen kleinen Spielraum zu lassen und die Windungen dann mit einer Verschmiermasse festzulegen. In diesem Zusammenhang sei auch die Erscheinung größerer Dimensionsänderungen erwähnt, deren Ausmaß mit abnehmender Materialdicke stark wächst, und die mit der selektiven Oxydation in Zusammenhang gebracht werden[1].

Wie bei allen Isolatoren verkleinert sich der elektrische Widerstand der feuerfesten Einbettmassen und der Trag- und Auskleidungssteine bei hohen Temperaturen. Daher soll die Beheizung stets so konstruiert sein, daß Teile mit großen elektrischen Spannungsunterschieden auch räumlich möglichst weit voneinander getrennt sind. Andernfalls kann ein Kurzschlußstrom durch eine zu geringe Isolatordicke entstehen, der lawinenartig anschwillt und den Heizleiter samt Umgebung total verschlackt und zerstört. Auf diesen Punkt ist besonders auch bei der Anordnung und Durchführung der Anschlußenden zu achten.

---
[1] PFEIFFER, H.: Z. Metallkde. 52 (1961) 481.

Namenverzeichnis

Abrahamson II, E. P. 171
Achter, M. R. 48
Adcock, F. 126, 141
Agashe, V. V. 49
Akerström, A. 266, 294
Albrecht, W. M. 79
Alfant, S. 122, 162, 247
Allen, J. A. 106
Amberg, S. 254
Amero, R. C. 87
Amgwerd, P. 90
Andersen, A. G. H. 148
Anderson, W. A. 65
Andrew, K. F. 25—28, 49, 79, 109, 249, 278, 283
Andrews, K. W. 204, 207
Andrievsky, A. I. 77
Anger, E. M. 396
Arbellot, L. 346
Archarow, W. I. 77
Arkel, A. E. van 16
Arnold, A. H. M. 240
Arnold, S. M. 54
Aronsson, B. 148, 149
Austin, C. R. 170, 182
Averbach, B. L. 297
Avery, J. W. 109, 189
Aylmore, D. W. 29

Backkaus, K. 355
Baer, H. G. 172, 173, 177
Baerlecken, E. 127, 129, 135, 136, 203
Bain, E. C. 121
Bakish, R. 346—347
Baldwin, W. M. 61
Ball, F. L. 49
Ballay, M. 280
Bampfylde, J. W. 156, 157, 160
Bandel, G. 133, 150, 283, 302, 304—306, 311, 340

Bannister, L. C. 105
Bardenheuer, P. 299
Bardolle, J. 49, 53
Barnes, R. 45
Barnett, W. J. 204, 208
Barth, T. F. W. 266
Bash, F. E. 110
Bastien, P. 121, 126, 129, 132, 135, 136
Bauer, A. A. 122, 162, 247
Bauer, O. 169
Baukloh, W. 14, 71
Baumann, H. 27, 147, 162
Baumbach, H. H. von 34
Baur, J. P. 38
Beck, F. H. 71, 81
Beck, P. A. 124, 125, 140
Bedworth, R. E. 25, 28, 59
Behrndt, K. 100
Bénard, J. 40, 43, 49—51, 55, 57, 59, 61, 74, 76
Bendel, S. H. 80
Bender, D. 111, 114—115, 261
Bennett, W. D. 157
Bentle, G. G. 142
Bergman, G. 123
Berry, C. R. 18
Betteridge, W. 87, 258, 280—282
Bindari, A. E. 203
Birchenall, C. E. 23, 73, 76, 78, 82
Bircumshaw, L. L. 50
Blankenship, F. F. 296
Blankowa, E. B. 77
Blazey, C. 64
Blin, J. 70
Block, J. 266, 286
Bloom, D. S. 124, 125, 171
Bouillon, F. 55
Bowers, R. 100

Bozorth, R. M. 182, 186, 226
Bradley, A. J. 152, 154, 163, 183
Brandes, E. A. 147, 193
Brasunas, A. de S. 71, 86—87
Braun, P. B. 266
Bredemeier, H. 92
Brenner, S. S. 88—89
Bridges, D. W. 38
Brown, B. R. 183, 186
Brunhouse, J. S. 303
Buchholtz, H. 201, 203
Bucknall, E. H. 170, 182, 338
Buehler, W. J. 155, 242
Bumm, H. 183
Bungardt, K. 122, 130, 132, 133, 135, 136
Burger, E. 154
Burns, B. D. 183, 186
Butcher, R. 258

Cabrera, N. 23, 273
Cagnet, M. 30
Cahn, R. W 157
Calnan, E. A. 77
Campbell, W. E. 103, 106
Caplan, D. 63, 198, 269, 300
Carlsen, K. M. 53
Carroll, K. G. 132, 136
Castaing, R. 41
Castellan, G. W. 42
Cathcart, J. V. 28, 51
Chaston, J. C. 69
Chévenard, P. 97, 174, 179
Child, H. C. 90
Chubb, W. 122, 162, 247
Churaev, P. V. 81
Clark, C. L. 170, 193

Namenverzeichnis 401

Clews, C. J. B. 77
Cohen, M. 63, 198, 269, 297, 300
Colombier, L. 197, 200, 285
Constable, F. H. 93, 103
Coobs, J. H. 346
Cook, A. J. 121, 126, 129, 183, 186
Copson, H. R. 339
Corson, M. G. 145
Cotteril, P. 248
Crangle, J. 142
Crussard, C. 41
Cubicciotti, D. 26, 28—29, 104
Cunningham, G. W. 86
Cupp, C. R. 64

Dahl, A. I. 251
Dana, jr., A. W. 298
Dankov, P. D. 81
Darby, J. B. 124
Davies, M. H. 23, 73, 78
Day, A. G. 97
Deal, B. E. 75
De Beaulieu, Ch. 30
De Boer, J. H. 16, 266
De Brouckère, L. 50, 61
Deisinger, W. 113, 116, 387
De la Tullaye, R. 97
Dench, W. A. 296
De Van, J. H. 346
Dickerson, R. F. 122, 162, 247
Dickins, G. J. 123
Dijew, N. P. 77
Dixit, K. R. 49
Donau, J. 99
Douglas, A. M. B. 123
Douglas, D. A. 346
Dovey, D. M. 327
Downey, J. W. 124
Dravnieks, A. 74, 83
Druyvesteyn, M. J. 69
Düker, H. 49
Dulis, E. J. 132, 136, 203, 204, 205, 207
Dundon, W. E. 396
Dunn, C. 55
Dunn, J. S. 59, 61, 111

Dunnington, B. W. 71, 81
Dunton, T. A. 229
Dünwald, H. 97
Durand, J. 54
Duret, M. 55
Duwez, P. 129
Dyess, J. B. 105

Ebel, H. 152
Eberly, W. S. 121, 191
Ebert, H. 302
Edeleanu, C. 346
Ehlers, H. 50
Ehrenberg, D. M. 343
Ehrlich, P. 78
Eilender, W. 303
Eiselstein, H. L. 210
Emmanuel, G. N. 204, 206
Engell, H.-J. 24, 32, 81, 102—103, 278
Ergang, R. 182, 183, 249
Esch, U. 28
Euler, J. 321, 376
Evans, E. B. 61
Evans, E. Ll. 7, 13, 257, 296, 313
Evans, H. 155
Evans, U. R. 81, 93, 105, 107

Fabritius, H. 127, 129, 135, 136
Farber, M. 343
Farquhar, M. C. M. 145
Fassell jr., W. M. 38
Fast, J. D. 12
Feder, R. 157
Fischbeck, K. 30, 43, 213
Fischer, J. 378
Fischer, W. 113, 372
Fishel, W. P. 121, 142
Fisher, J. C. 44
Fisher, R. M. 132, 136
Fitzer, E. 88, 253, 254
Fleetwood, M. J. 325
Floyd, R. W. 170, 172, 188
Fontana, M. G. 71—72, 81, 84
Foote, F. 126, 170
Frank, F. C. 50
Franz, H. 235, 236
Frenkel, J. 17

Fricke, R. 58
Fröhlich, K. W. 61, 64
Furman, D. E. 202

Garrod, R. I. 145
Geiger, G. F. 216
Geld, P. W. 76
Gensch, Ch. 37, 96
Gerber, W. 366
Gerritsen, A. N. 176, 178
Gertsriken, S. D. 177
Gibbons, M. D. 12
Gibson, J. G. 346
Gilman, J. J. 206, 208
Glaser, F. W. 143, 145, 146, 253
Gleiser, M. 87—88
Glocker, R. 286, 294
Goedecke, W. 251
Goldbeck, O. von 28, 56, 342
Goldschmidt, H. J. 183, 317
Gorter, E. W. 266
Goswami, A. 49
Grant, N. J. 86—87, 124, 125, 171, 177, 182
Gray, P. S. 348
Greenfield, P. 124, 125
Gregg, S. J. 29
Greiner, E. S. 143, 145
Griffiths, R. 71
Grimes, W. R. 296
Grimwood, E. J. 255
Grobe, A. H. 65
Grønlund, F. 49, 55
Gruber, H. 365
Gruhl, W. 75
Grunert, A. 249, 372, 393, 394
Grunewald, H. 19, 79
Grünewald, K. 38, 56—58, 97, 104
Guggenheimer, K. M. 145
Gulbransen, E. A. 25—29, 49, 60—61, 79, 99—100, 109, 249, 265—268, 274, 278, 283
Gundermann, J. 58
Gutovsky, I. G. 146
Gwathmey, A. T. 49, 51—52

Haase, O. 49
Haayman, P. W. 266
Haglund, J. 254
Hall, L. L. 28
Hansen, M. 120, 142, 152, 163, 170, 181, 253, 341
Harris, G. T. 88, 90
Harris, W. J. 247
Harris, W. W. 49
Harsch, J. W. 110
Hart, R. K. 50
Hartmann, W. 286
Hatfield, W. 57
Hauffe, K. 19—22, 24, 28, 30, 36—37, 39, 43, 58, 64, 79, 96, 102, 104, 266—267
Hauttmann, A. 161
Hawkes, M. F. 137
Heger, J. J. 192
Heilmann, E. L. 266
Heindlhofer, K. 71, 197
Heitler, H. 145
Hessenbruch, W. 111, 113, 116, 244, 245, 249, 256, 263—265, 291, 296, 304, 311, 340, 345, 364, 372, 393, 394
Heymer, G. 296
Hibbart, W. 55
Hickman, J. W. 60—61, 265—266
Hild, K. 321, 376
Hinton, K. G. 172, 177
Hirsch, W. 203
Hoare, F. E. 131
Hoch, G. 206
Hoffman, E. E. 348
Hoffman, R. E. 46—47
Hoffmann, F. 251
Hogan, L. M. 145
Höhne, J. von 77
Holler, H. D. 273
Honda, K. 95
Honjo, G. 60
Hopkins, B. E. 28
Hopkinson, B. E. 339
Horioka, M. 95, 188, 227
Horn, L. 39, 57, 95, 179, 252, 265
Horst, E. 116, 296, 304, 311, 340

Horstmann, D. 370
Hoselitz, K. 145
Houdremont, E. 133, 141, 142, 146, 150, 169, 182, 194, 201, 202, 216, 220, 222, 246, 302, 304, 340, 358
Hoyt, S. L. 111, 113
Hubrecht, L. 61
Hume-Rothery, W. 123, 125
Huntoon, R. T. 77

Iitaka, I. 267
Ilschner, B. 23—24, 70, 74, 76, 102—103
Ilschner-Gensch, Ch. 86, 311
Imai, Y. 132, 133, 136
Imoto, S. 130
Inouye, H. 346
Ipatjew, W. W. 198
Irish, C. R. 201
Ivanick, W. 143, 145, 146

Jablonowski, E. J. 122, 162, 247
Jaffee, R. I. 87
Jakob, M. 378
Jardinier-Offergeld, M. 55
Jay, A. H. 152, 154
Jenkins, A. E. 27
Jenkins, C. H. M. 170, 182
Jenkins, I. 327
Jepson, W. B. 29
Jessin, O. A. 76
Jette, E. R. 126, 143, 145, 148, 170
Johnson, W. A. 46, 65
Johnston, T. J. 80
Jolivet, H. 161
Jones, F. W. 121, 126, 129
Jones, R. M. 152, 153
Josso, E. 136
Jost, W. 17—18, 32
Juenker, D. W. 82

Kabermann, S. 317, 327
Kaeckenbeeck-van der Schrick, C. 55
Kamen, E. L. 124
Kartmazow, G. N. 171

Karweil, J. 250
Kasanzew, W. A. 124
Kasper, J. S. 123
Kawamoto, M. 125
Kehrer, H. P. 178
Kern, F. 346—347
Kerr, I. S. 49
Kerr, J. A. 90
Kienlin, A. von 122, 135, 136, 141
King, B. W. 289
Kinna, W. 74
Kirkby, H. W. 203, 205
Kiwit, K. 57, 61, 142, 147, 197, 212, 268
Knapton, A. G. 124
Knorr, W. 74
Koch, W. 311
Kogan, V. S. 171
Koh, P. H. 203, 208
Kohlschütter, V. 96
Kojola, K. L. 242
Konenko-Grachova, O. K. 162, 163, 243
Koonce, E. 54
Kordes, E. 266
Kornilov, I. l. 131, 162, 163, 170, 172, 243, 248, 249, 283, 285
Köster, W. 92, 122, 135, 136, 141, 177, 235, 317, 327
Kotschnew, M. J. 77
Krächter, H. 201, 203
Kraemer, F. 201, 203
Krähenbühl, E. 96
Krainer, H. 304
Kröhnke, O. 169
Krulla, R. 179
Kubaschewski, O. 7, 13, 28, 56, 257, 296, 302, 313, 342
Kumada, K. 128, 132, 133, 136

Lachance, M. H. 87
Lacombe, P. 54
Landt, W. 213
Lang, F. S. 339
Lange, W. 9
Langmuir, J. 44
Larsen, B. M. 71, 197

Namenverzeichnis

Larsen, W. L. 87—88
Laubmeyer, C. 11, 30—31, 81
Lawless, K. R. 49, 52
Le Claire, A. D. 45
Lement, B. S. 124
Lena, A. J. 137, 208
Leontis, T. E. 28, 42
Leroux, J. A. 64
Leslie, W. C. 84
Lewis, H. 87, 229
Li, C. H. 74, 80
Lihl, F. 122, 152, 154, 157, 159
Lindegaard-Andersen, A. 82
Lindner, R. 266, 275, 294
Link, H. S. 126, 137, 192, 204, 205
Lipson, H. 145
Lismer, R. E. 204, 207
Lockwood, C. K. 216
Long, E. A. 100
Longo, T. A. 199
Loriers, J. 29
Lu, S. S. 163
Lucas, G. 75, 77, 88
Lucas, L. N. D. 50
Lüdering, H. 208
Ludwig, R. 73
Lundström, T. 148, 149
Lustman, B. 109, 271, 276, 279, 302

Maak, F. 68
Machatschki, F. 266
Mackenzie, J. D. 82
Mallet, M. W. 79
Manly, W. D. 124, 346
Mardeschew, S. 77
Marshall, P. W. 126, 137, 192
Martens, H. 129
Martius, N. M. 49
Masing, G. 169
Masumoto, H. 132, 133, 136, 155, 172
Matsunaga, Y. 179
Matsuzaki, Y. 144
Matthews, I. C. 131
Matz, W. 191
McCollam, C. H. 170, 193
McDonald, H. J. 74, 83

McMillan, W. R. 49, 265, 268, 274
Meijering, J. L. 48, 64, 69, 84
Mellor, G. A. 170, 182
Menezes, L. 123
Menzel, E. 50
Menzel-Kopp, Ch. 50
Meredith, J. E. 346
Merwe, J. H. van der 50
Meissner, H. 250
Meussner, R. A. 76, 82
Meyer, F. R. 12
Meyer, O. 303
Meyer-Witting, O. 316
Micheev, W. S. 131, 162, 163, 243
Miley, H. A. 93, 105, 107
Mima, G. 130
Minz, R. S. 162, 163, 172
Mirt, O. 304
Mischenko, M. T. 77
Mitchell, T. E. 19
Miyake, S. 60, 267
Möller, H. 143
Mollwo, E. 19
Monkman, F. C. 87
Moore, W. J. 42, 80
Moos, M. von 146
Moreau, J. 30, 40, 49, 57, 59, 61, 76
Morgan, E. R. 242
Morley, J. J. 203, 205
Moskowitz, A. 346
Mott, N. F. 23, 273
Mrowec, S. 83
Müller, H. G. 177
Müller, W. 286
Murakami, T. 235
Murase, T. 235
Murata, T. 143
Murphy, D. W. 71
Muth, P. 177
Mutsuzaki, K. 235

Nachman, J. F. 155, 242
Nagai, N. 131
Nakayama, T. 269
Naumann, F. K. 208
Neher, H. V. 101
Nelson, B. J. 59
Nenno, S. 125, 137, 168

Neuhaus, A. 22, 50
Neundeubel, L. 30, 43
Nevitt, M. V. 124, 125
Newell, H. D. 193, 197
Newton, R. F. 296
Nicholson, M. E. 126, 192, 202
Nisbet, J. D. 183
Nishiyama, Z. 137
Nordheim, R. 177
Nordstrom, V. H. 170
Norton, J. T. 29
Nowotny, H. 253
Nurse, J. T. 77
Nusselt, W. 378

Oberhoffer, P. 146
Obrowski, W. 252
Oertel, W. 146, 213
Ogawa, S. 144
Oliver, D. A. 88
Orlowa, G. M. 198
Osawa, A. 143
Oudar, J. 55

Panish, M. B. 296
Parthé, E. 253
Paschkis, V. 383
Patriarka, P. 346
Pauling, L. 143
Paxton, H. W. 122, 132, 135, 136, 137
Peter, W. 191
Peters, F. K. 278
Pfefferkorn, G. 54
Pfeiffer, H. 11, 21—23, 28, 30—31, 39, 43, 64, 70, 74, 76, 79, 81, 96, 109, 116, 235, 236, 250, 266, 284, 307, 318, 327, 340, 353, 387, 399
Pfeiffer, I. 235, 236, 271, 294
Pfeil, L. B. 57, 70
Phalnikar, C. A. 61
Philibert, J. 41, 140
Pilling, N. B. 25, 28, 59
Pirani, M. 252, 253
Pomey, G. 121, 126, 129, 132, 135, 136, 140, 141, 317
Portevin, A. M. 161
Posnjak, E. 266

26a

Post, C. B. 121, 191
Powell, R. W. 233
Preece, A. 75, 77, 88
Preis, H. 90
Preston, G. D. 50, 137
Prétet, E. 161
Price, L. E. 61—62, 105, 300, 338
Price, P. E. 182
Progrushchenko, A. V. 177
Pryce, L. 204, 207
Pschera, K. 267
Pugh, J. W. 183
Püngel, W. 370
Putman, J. W. 124, 171

Quarrel, A. G. 267
Queneau, B. 170

Radavich, J. F. 212
Radcliffe, S. V. 297
Raether, H. 50
Raether, S. 64
Rahmel, A. 32, 90, 96
Rajan, N. S. 140
Randell, E. C. 199
Rathenau, G. W. 84
Raub, E. 64, 124
Raynor, G. V. 123, 125
Read, T. A. 123
Redmerski, L. 346
Rees, W. P. 183, 186
Reinhold, H. 18, 32
Rengstorff, G. W. P. 89
Reynolds, E. E. 87
Rhines, F. N. 28, 42, 59, 65—67
Rhodin, T. N. 100
Rickett, R. L. 142
Rideout, S. 124
Riedrich, G. 193, 201
Rinebolt, J. A. 247
Ritchie, C. F. 346
Ritter, F. 141
Ritter, G. 98
Roberts, B. W. 172
Robillard, A. 54
Rocchini, A. G. 87
Roche, T. K. 346
Rocholl, P. 177, 235
Roe, W. P. 121

Rohde, H. 311
Rohn, W. 101, 109, 111, 113, 174, 179, 240, 250, 251, 252, 372
Romeijn, F. C. 266
Ronge, G. 12
Roros, J. K. 123
Rosenberg, S. J. 201
Royer, L. 51
Rubisch, O. 253, 254
Ruf, K. 139, 140, 381, 383
Ruka, R. 49

Sachs, K. 87
Sadron, C. 173
Saito, H. 132, 133, 136, 155
Saito, M. 95
Salt, F. W. 107
Salzer, F. 30, 43, 213
Samans, C. H. 137, 202, 203, 206
Santen, J. H. van 266
Sartell, J. A. 74, 80
Sato, H. 144, 145
Schaarwächter, W. 208
Schack, A. 378
Schäfer, K. 250
Schafmeister, P. 182, 183
Schaidhauf, M. 252
Scheil, E. 57, 61, 142, 147, 197, 212, 268, 283, 370
Scheil, M. A. 111, 113
Schenck, H. 27, 147, 162, 298
Schichtel, K. 116, 249, 296, 304, 311, 340, 393, 394
Schläpfer, P. 90
Schmahl, N. G. 27, 147, 162
Schmeissner, F. 250
Schneider, A. 28
Schoene, E. 111, 249
Schottky, W. 17, 169
Schüle, W. 178
Schüller, H. J. 122, 172
Schultze, D. 286
Schulz, E. H. 61, 283
Schulze, A. 111, 114—115, 165, 167, 251, 261
Schulze, A. H. 177

Schwaab, P. 122, 172
Schwab, G. M. 51, 286
Schwab, J. 88
Scott, J. L. 346
Seith, W. 73
Seitz, F. 70
Selissky, Y. P. 146
Selka, F. 253, 254
Senio, P. 123
Shirley, H. 90
Shober, F. R. 122, 162, 247
Shoemaker, D. P. 123
Shortsleeve, F. J. 126, 192, 202, 298
Shpikelman, A. I. 170, 249, 283
Sidorishin, I. I. 248, 285
Simnad, M. 75
Simnad, M. T. 23, 73, 76, 78
Sinnott, M. J. 45
Skinner, E. N. 210
Smeltzer, W. W. 30, 43, 76
Smith, C. S. 64
Smith, G. P. 28, 348
Smith, G. V. 203, 204, 205, 207
Smithells, C. J. 109, 189, 255
Smoluchowski, R. 48
Soec, H. J. 75
Soldate, A. M. 143
Sommer, G. 318, 327
Speiser, R. 87—88
Spilners, A. 75
Spooner, N. F. 339
Spretnak, J. W. 87—88
Spyra, W. 122, 130, 132, 133, 135, 136
Stäblein, F. 137, 139, 140, 379
Stanley, J. K. 77, 203, 206
Stansel 383
Starr, C. D. 240
Stein, C. 171
Stenkhoff, R. 370
Stevens, J. 55
Stickler, R. 157, 159
Stock, A. 98

Namenverzeichnis 405

Stöckmann, F. 19
Stokes, R. J. 80
Stössel, W. 50
Stout, V. L. 12
Sturdy, G. E. 94
Stüwe, H. P. 123
Sucksmith, W. 154
Sugihara, M. 132, 133, 136, 172
Sugiyama, M. 269
Sully, A. H. 125
Swalin, R. A. 172
Sykes, C. 90, 155, 156, 157, 160

Tagaya, M. 125, 137, 168
Takahashi, M. 172
Takahashi, N. 60
Takeda, S. 131, 235
Talbot, A. M. 202
Talbot, J. 43, 51
Tammann, G. 25, 92
Taniguchi, S. 153, 154, 155
Taylor, A. 152, 153, 170, 172, 177, 188
Taylor, W. H. 123
Teter, E. K. 346
Thanheiser, G. 299
Thiel, G. 71
Thielsch, H. 194
Thomas, G. J. 61—62, 105, 300
Thomas, H. 146, 157, 159, 165, 175, 176, 178, 188, 229, 250, 251, 252, 273
Thomas, J. G. N. 107
Thomas, J. M. 339
Thomas, U. B. 103, 106
Thomassen, L. 339
Thompson, G. 396

Thyssen, M. H. 212
Tipton, C. R. 94
Tisinai, G. F. 203, 206
Titus, G. W. 303
Tödt, F. 146
Tofaute, W. 133
Tränckler-Greese, R. 19, 79
Trautmann, C. E. 87
Trehan, T. N. 49
Trillat, J. J. 60
Tripp, H. P. 289
Troiano, A. R. 204, 208, 298
Tubandt, C. 18, 32
Tucker, C. W. 123
Turnbull, D. 46
Turner, T. 64
Tylecote, R. F. 19, 41, 77

Upthegrove, C. 71
Utida, Y. 95

Valensi, G. 42
Vasyutinsky, B. M. 171
Vermilyea, D. A. 29
Vernon, W. H. J. 77
Verwey, E. J. W. 266
Vierk, A. L. 36
Volk, K. E. 249

Waber, J. T. 94
Waché, X. 97
Waddams, J. A. 348
Wagner, C. 17, 28—29, 34, 37—38, 40, 56—58, 80, 97, 104, 266, 275
Walther, E. 238,·246, 321, 323, 374, 376
Waterstrat, R. M. 123, 140

Webb, W. W. 29
Weddle, M. 88
Weill, A. R. 145
Weininger, J. L. 80
Weitbrecht, G. 58
Wenderott, B. 340
Werber, T. 83
Werthmüller, A. 366
Wever, F. 81, 143
White, A. E. 170, 193
Wilke-Dörfurt, U. 307
Williams, R. O. 122, 132, 135, 136, 137, 141, 170, 185
Williams, S. V. 109, 189, 255
Wilman, H. 49
Wilsdorf, H. G. F. 50
Wise, E. M. 94
Wood, W. P. 142
Wright, J. C. 348
Wünsch, H. 298
Wurst, H. 370
Wyman, L. L. 64
Wysong, W. S. 29

Yamamoto, H. 144, 145
Yamamoto, M. 153, 154, 155
Yano, Z. 172, 177
Yearian, H. J. 199
Young, F. W. 51, 55
Yukawa, S. 45

Zackay, V. F. 242
Zemany, P. D. 80
Ziegler, N. A. 160
Zima, G. E. 268
Zimens, K. E. 28, 40, 266
Zmeskal, O. 203

Sachverzeichnis

Abmessungen von Heizleitern 386
Affinität des Kohlenstoffs zu Metallen 317
— — Sauerstoffs zu Metallen 4, 5, 8, 9, 15, 21, 63, 64
— — Stickstoffs zu Metallen 304, 306, 310—311
Aktivierungsenergie der Oxydation 4, 20, 41—44, 262
— — Diffusion 45, 46
Allotropie des Chroms 120, 171
Aluminium, Zerstörung von Heizleiterlegierungen durch —, 350—352
—, Zusatz zu Ni-Cr-Legierungen 188, 238
— -nitrid 193, 306, 311—314, 333, 365
— -oxyd 162, 241, 248—249
Ammoniak 303, 308—310
Anlauffarben 26, 53, 91—93
—, Dickenbestimmung 91—93, 105—107
Anschlußenden 394
Antiferromagnetismus 141
Anwendungsarten 189—190, 227, 361, 371
Argonarc-Schweißung 395
Ausscheidungen im Gefüge 70
Austenitstabilisatoren 121, 191, 200
Austenitstabilität 202
Auswahl der Legierungen 361—370

Bildungsenergie, s. Freie Bildungsenergie
Blei, Zerstörung zunderfester Werkstoffe durch —, 350—352

Chrom-karbide 203, 317—318, 327, 331
— -nitrid 310—312
— -oxyd 198—200, 212, 240, 266—272
— -stähle 190—222, 361—362, 367—370
— —, Gußlegierungen 212—218
— —, nickelfrei 191—200
— —, nickelhaltig 200—212

Dampfdruck von Metallen und Oxyden 10, 16, 267
Deckschichten nicht oxydischer Art 295, 309, 338, 343—344
Defekthalbleiter 18, 19, 22, 24, 32—34, 37—39, 63
Dichte, Chromstähle 196—197
—, Eisen-Aluminium-Legierungen 153
—, Eisen-Chrom-Aluminium-Legierungen 164
—, Eisen-Chrom-Legierungen 137
—, Eisen-Silizium-Legierungen 145
—, Gußlegierungen 214—215
—, Heizleiterlegierungen 224—225, 242, 366
—, Nickel-Chrom-Eisen-Legierungen 185
—, Nickel-Chrom-Legierungen 172
Diffusion, Beeinflussung durch Zusatzelemente 264—265, 276, 279—280
— in Metallen und Legierungen 27, 40, 44—48, 53, 58, 67, 68, 70, 111, 265, 351
— — Metalloxyden 17, 20—24, 30, 31, 42, 62, 64, 70—83, 264
— — Spinellen 266—267, 294
Dimensionierung von Heizelementen 385—390
Dimensionsänderung bei der Oxydation 399
Dissoziation von Metalloxyden 9—12, 15, 58, 64

Einbauart von Heizelementen 399
Einbettung 358—361, 398
Eisenoxyde 162, 198, 199, 212, 248
Elastizitätsmodul 129, 196—197, 214 bis 215, 224—225
Elektrometrische Bestimmung von Oxydationsgeschwindigkeiten 105—107
Emissionsvermögen 319—323, 374—377

Sachverzeichnis 407

Endogas 316, 319—323, 332, 333
Epitaxie 22, 48—55
Eutektika, niedrigschmelzende 84—86
Eutektikumsbildung im System Nickel-Chrom-Kohlenstoff 317, 327—328, 365
— — — Nickel-Nickelsulfid 341, 365
—, Ursache der katastrophalen Oxydation 84—90
Exogas 316, 319—320, 332

Fehlordnung in Oxyden 17—22, 30, 31, 33—41, 62, 63, 78, 79, 286, 302
Ferritstabilisierung 191, 203
Ferromagnetismus der Chromstähle 202, 209
— — Eisen-Aluminium-Legierungen 154, 175
— — Eisen-Chrom-Aluminium-Legierungen 164
— — Eisen-Chrom-Legierungen 137
— — Eisen-Silizium-Legierungen 145
— — Heizleiterlegierungen 226, 242, 366
— — Nickel-Chrom-Eisen-Legierungen 186
— — Nickel-Chrom-Legierungen 173
Freie Bildungsenergie von Oxyden 5 bis 10, 14, 15, 67—69, 289
— — — —, Konzentrationsabhängigkeit 14, 15, 296, 313
— — — —, Temperaturabhängigkeit 6, 7
Feuchtigkeit 357—359, 364, 398
—, Einfluß auf Oxydation s. Wasserdampf

Gasatmosphären, Einfluß auf Hochtemperaturverhalten 362—366
—, chemische Reaktionen, s. unter den einzelnen Gasen
Gasschmelzschweißung 396
Gebrauchstemperatur, höchstzulässige 196—197, 201, 214—215, 224—225, 227, 241, 363, 368, 390
Gefügeumwandlung durch Kohlenstoff 334
— — Stickstoff 304—307
Gitterkonstante der Eisen-Aluminium-Legierungen 153—154
— — Eisen-Chrom-Aluminium-Legierungen 164

Gitterkonstante der Eisen-Chrom-Legierungen 137—138
— — Eisen-Chrom-Silizium-Legierungen 148
— — Eisen-Silizium-Legierungen 145
— — Nickel-Chrom-Eisen-Legierungen 186
— — Nickel-Chrom-Legierungen 172
Gleichgewichtskonstante der Metalloxydation, s. Massenwirkungsgesetz
Gravimetrische Verfahren zur Bestimmung des Oxydationsverlaufs 94 bis 101
Grobkornbildung 146, 160, 168, 193, 244, 246
Grünfäule 335—340
— in Einbettmassen 340
— bei Glühung in Luft 339
Gußeisen 212—213
Gußlegierungen 212—218

Haftfestigkeit von Oxydschichten 88, 108, 277—278, 281, 290—293
—, Einfluß der Temperatur 282, 300
Halogene und Halogensäuren, Angriff durch —, 345—346
Härtbarkeit 192, 206, 249
Härte 69, 70, 141
Heizleitervolumen 387
Hohlräume im Metall und an der Phasengrenze Metall/Oxyd 70—73, 346—347

Identifizierung von Heizleiterlegierungen 392
Innere Oxydation 40, 64—70, 310, 335
Interferenzfarben, s. Anlauffarben
Isoliermassen, s. keramische Stoffe
Isolierung durch Oxydschichten 391

K-Zustand 159, 174—179, 187, 227 bis 233, 243
Karbidbildung, s. kohlenstoffhaltige Gase
Karbide 194, 203—208, 217
Katastrophale Oxydation 84—90, 189
Keimbildung an der Oxydoberfläche 48, 49, 54, 55
Keramische Stoffe, Einfluß auf Oxydbildung 353—361
Kerbschlagzähigkeit 246—248
Kohlenstoffhaltige Gase 315—335, 365
Kohlenstoff in Chromstählen 192, 213

Kohlenwasserstoffe 330, 334, 363, 365
Korngrenzen-ausscheidung 68, 318, 325, 327, 331, 334, 342
— -oxydation 319, 335
Korngröße von Isoliermassen 356—357
Kornwachstum 69
Korrosion in Einbettmassen 357—361
Korrosionsbeständige Legierungen 250 bis 251
— Stähle 201
Korrosionsverhalten der Eisen-Aluminium-Legierungen 160
— — Eisen-Chrom-Legierungen 141
— — Eisen-Silizium-Legierungen 146
— — Nickel-Chrom-Eisen-Legierungen 188
— — Nickel-Chrom-Legierungen 179
Kriech-grenze 219
— -vorgang 218—219
Kupfer, Angriff durch —, 350—352

Lebensdauer, Abhängigkeit vom Drahtdurchmesser 388—390
Lebensdauerprüfung in Isoliermassen 353—356
— — Luft 107—116, 261
— — verschiedenen Gasen 116—118, 307—310, 318—324, 329—333
Leistung von Elektrowärmegeräten 385
Lichtbogenschweißung 396
Lieferformen 390
Lineares Zeitgesetz der Oxydation 26 bis 31, 42
Lötbrüchigkeit 370, 398
Löten 397—398

Markierungsversuche 70, 72, 74—76, 79, 83
Massenwirkungsgesetz, Bedeutung für Fehlordnungsgleichgewichte 34—38, 40, 286—287
— der Metalloxydation 9, 13, 58, 296
Mechanische Eigenschaften der Chromstähle 196—197, 209, 218—222
— — — Eisen-Aluminium-Legierungen 160
— — — Eisen-Chrom-Aluminium-Legierungen 168
— — — Eisen-Chrom-Legierungen 141
— — — Eisen-Silizium-Legierungen 146
— — — Gußlegierungen 214—215, 221—222

Mechanische Eigenschaften der Heizleiterlegierungen 234—238, 243—245
— — — Nickel-Chrom-Eisen-Legierungen 188
— — — Nickel-Chrom-Legierungen 179
Metallschmelzen, Angriff durch —, 350—353, 368—370
Molybdändisilizid 253
Molybdänoxyd 84—87, 89

Nickelsulfid 341
Nitridbildung, s. Stickstoff

Oberflächenbelastung 370—385, 387 bis 388, 399
—, Definition 371
—, frei ausgespannte Drähte 373—381
—, gewendelte Heizleiter 381—384
—, praktische Werte 384—385
— und Heizleitervolumen 387
Oberflächenschäden und Oxydbildung 314, 358
Ofenatmosphäre 362—366, s. auch unter Gasatmosphären
Optisches Verfahren zur Bestimmung des Oxydationsverlaufs 92, 93
Oxydation von Eisen 11, 30—32, 43, 71—73, 81, 92, 93, 107
— — Eisen-Nickel-Legierungen 57, 59, 76
— — Nickel 39, 92, 93, 102, 103
Oxydationsbeständigkeit, Einfluß von Aluminium 188, 238, 258, 292
— — Chrom 40, 267—273
— — Erdalkalien 256—260, 289 bis 291
— — Mangan 227, 269
— — Seltenen Erden 258—260, 284
— — Silizium 227, 268—269, 271, 273
— — Thorium, Titan, Zirkon 258 bis 260
Oxydationsverhalten der Chromstähle 193, 195, 197—200, 210—212, 213, 301
— — Eisen-Aluminium-Legierungen 160
— — Eisen-Chrom-Aluminium-Legierungen 168
— — Eisen-Chrom-Legierungen 63, 141
— — Eisen-Chrom-Silizium-Legierungen 149

Sachverzeichnis

Oxydationsverhalten der Eisen-Silizium-Legierungen 147
— — Heizleiterlegierungen 111, 240, 261—262, 268
— — Nickel-Chrom-Legierungen 39 bis 41, 71, 179
Oxydschichten auf Heizleiterlegierungen 261, 265—273
—, Schutz gegen Angriff durch Gase 303, 313, 314, 317, 319, 331, 364
— — — — durch keramische Massen 360—361
—, Zusammensetzung und Struktur 27, 55, 56, 75, 78, 198—200, 248—249, 261, 265—273

Parabolisches Zundergesetz 24—26, 28, 30, 31, 35, 41, 42, 289
Phasen, intermetallische (außer σ), in Eisen-Aluminium-Legierungen 152
— — — Eisen-Chrom-Aluminium-Legierungen 163
— — — Eisen-Chrom-Legierungen 131
— — — Eisen-Chrom-Silizium-Legierungen 148
— — — Eisen-Silizium-Legierungen 143
Phasengrenzen, Verschiebung durch kleine Zusätze 121, 192, 201, 202, 226
Phasengrenzreaktion 22, 25, 30, 31, 67
Plastizität von Oxydschichten 80—83
Poröse Zunderschichten 26—27, 29
Prüfung 390—392, s. auch Lebensdauerprüfung
Punktschweißung 395

Radioaktive Markierung 76, 78, 285, 288
Rauhigkeitsfaktor 27, 94
Reaktionsgeschwindigkeit 12, 21—23, 41, 67, 68, 77, 78
Reduktion von Oxyden, kathodisch 105 bis 107
— — — mit Kohlenstoff 7
— — — — unedleren Metallen 9
— — — — Wasserstoff 9, 13, 14, 296—297
Reparatur von Heizelementen 396
Rostangriff 364, 398

Salzschmelzen 368—369
Salzverbindungen, Angriff durch —, 345—349

Schmelzpunktserniedrigung durch Eindiffusion von Fremdmetallen 350
— — Kohlenstoffaufnahme 317, 319, 322
— — Schwefelaufnahme 341
Schutz-gasatmosphären 315
— -rohre 368—370
Schwefel-angriff 340—345, 349, 365
— -pocken 342
Schweißen 395—397
Selektive Oxydation 22, 55—63, 273 bis 274, 293, 300, 338
— —, Konzentrationsabnahme bestimmter Komponenten 251, 283 bis 286, 347—348
— —, Temperatureinfluß 286
Sigma-Phase 121—131, 148, 172, 183, 185, 192, 201—208, 217, 226, 318, 366
—, metallographischer Nachweis 206 bis 208
Silizium-dioxyd 198, 200
— -karbid 252
Spaltammoniak, Einfluß auf Lebensdauer 308
Spannungen, mechanische, in Oxydschichten 81, 82, 278
— —, durch Wickelverformung 357
Spannungskorrosion 398
Spinellverbindungen 162, 198, 199, 212, 248, 286, 294
—, Mechanismus der Bildung 275
—, Schutzeigenschaften 266—273, 275
Standardbildungsarbeit von Oxyden 6—10, 13—15
Stauchung beim Einbetten 399
Steigungsfaktor 381—383, 392
Stickstoff, atomarer 303, 308
—, Einfluß auf Heizleiterlegierungen 303—315, 365
— -aufnahme 312—313
Strahlungs-bilanz 387—388
— -emission 319—323, 376—377

Temperaturabhängigkeit der Lebensdauer 261
— — Oxydation 41—44
Thermoelementlegierungen 251—252
Thermospannung der Eisen-Chrom-Legierungen 140
— — Nickel-Chrom-Eisen-Legierungen 188
— — Nickel-Chrom-Legierungen 179

Trocknungsverfahren bei Naßeinbettung 359, 398

Überschußhalbleiter 18, 19, 22, 32—37, 63, 78, 286
Überstrukturen im System Eisen-Aluminium 152—155, 157
— — Eisen-Chrom 131, 136
— — Eisen-Chrom-Aluminium 163
— — Eisen-Silizium 143, 145, 148
— — Nickel-Chrom 172, 173, 175, 177
— — Nickel-Eisen 183, 187
Übertemperatur 372—373, 383

Vanadinpentoxyd 84, 86—88, 90
Verfahren zur Bestimmung der Zunderbeständigkeit 90—118
Verformung 395
475°-Versprödung 131—137, 168, 193, 202, 246
Versprödung von Chromstählen 206
— Heizleiterlegierungen 246, 366 bis 367
Volumetrische Bestimmung der Oxydationsgeschwindigkeit 102—104

Waagentypen 95—100
Wärme, spez. 196—197, 214—215, 224 bis 225
Wärmeausdehnung der Chromstähle 196—197, 208—209
— — Eisen-Aluminium-Legierungen 160
— — Eisen-Chrom-Legierungen 141
— — Gußlegierungen 214—215, 217
— — Heizleiterlegierungen 224—225, 243
— — Nickel-Chrom-Eisen-Legierungen 188
— — Nickel-Chrom-Legierungen 179
— oxydischer Deckschichten 275, 281
Wärmeleitfähigkeit der Chromstähle 196—197
— — Eisen-Aluminium-Legierungen 160
— — Eisen-Chrom-Aluminium-Legierungen 168
— — Eisen-Chrom-Legierungen 140
— — Eisen-Silizium-Legierungen 146
— — Gußlegierungen 214—215

Wärmeleitfähigkeit der Heizleiterlegierungen 224—225, 233, 243
— — Nickel-Chrom-Eisen-Legierungen 188
— — Nickel-Chrom-Legierungen 179
Wärmeübergang 377—379
Warmfeste Legierungen 189, 249
Warmfestigkeit 220
Wasserdampf, Einfluß auf Oxydation 62, 63, 75, 299—303
Wasserstoff, atomarer 299
—, Einfluß auf Hochtemperaturverhalten 295—299
—, Spaltbildung bei Heizbändern 298 bis 299
— -löslichkeit 298—299
— -versprödung 248
Wickeldorndurchmesser 392
Wickeln 392—393
Wickelprobe 391
Wickeltemperatur 393
Widerstand, elektrischer, Änderung der Temperaturabhängigkeit 111, 273
— — der Chromstähle 196—197
— — — Eisen-Aluminium-Legierungen 155
— — — Eisen-Chrom-Aluminium-Legierungen 164
— — — Eisen-Chrom-Legierungen 138
— — — Eisen-Chrom-Silizium-Legierungen 149
— — — Eisen-Silizium-Legierungen 145
— — — Gußlegierungen 214—215
— — — Heizleiterlegierungen 224 bis 225, 227—233, 242, 366
Widerstand, spez., und Heizleitervolumen 387
Widerstands-änderung während der Glühung 91, 110—112, 249
— -legierungen 178, 239

Zeit-dehngrenze 219, 236—238, 245
— -gesetze der Anfangsoxydation 23, 24
Zinn, Zerstörung durch —, 350—351
Zunderschichten bei Metallen mehrerer Wertigkeitsstufen 22, 23, 31, 32, 37, 43, 52, 73, 74, 78, 81
Zusammensetzung der Chromstähle 196 bis 197

Zusammensetzung der Gußlegierungen 214—215
— — Heizleiterlegierungen 224—225
Zusatzelemente, Einfluß, s. Oxydationsbeständigkeit
—, Ursachen der Lebensdauerverbesserung 263—265, 274—294
Zustandsdiagramm der Chromstähle, nickelfrei 191
— — —, nickelhaltig 200

Zustandsdiagramm des Systems Eisen-Aluminium 152
— — — Eisen-Chrom 120
— — — Eisen-Chrom-Aluminium 162
— — — Eisen-Chrom-Silizium 148
— — — Eisen-Silizium 142
— — — Nickel-Chrom 170
— — — Nickel-Chrom-Eisen 182
— — — Nickel-Eisen 181
— der Gußlegierungen 216
— — Heizleiterlegierungen 226, 241

III 18/97   721/38/62

MIX
Papier aus verantwortungsvollen Quellen
Paper from responsible sources
FSC® C105338

If you have any concerns about our products,
you can contact us on
ProductSafety@springernature.com

In case Publisher is established outside the EU,
the EU authorized representative is:
**Springer Nature Customer Service Center GmbH
Europaplatz 3, 69115 Heidelberg, Germany**

Printed by Libri Plureos GmbH
in Hamburg, Germany